System Modeling and Simulation

시스템 모델링 시뮬레이션

－국방 모델링 시뮬레이션 중심으로－

| 김탁곤 지음 |

한티미디어

저자 소개

김탁곤 (tkim@kaist.ac.kr)

KAIST, 전기전자공학부

저서

- *Theory of Modeling and Simulation*, Academic Press, 2000
- *Artificial Intelligence and Simulation* (*LNAI* 3397), Springer, 2005
- *Modeling and Simulating Command and Control*, Springer, 2013

시스템 모델링 시뮬레이션

- 국방 모델링 시뮬레이션 중심으로 -

발행일 2020년 6월 30일
저 자 김탁곤
발행인 김준호
발행처 한티미디어

등 록 제15-571호 2006년 5월 15일
주 소 서울시 마포구 동교로 23길 67 3층
전 화 02)332-7993~4 | **팩 스** 02)332-7995
가 격 25,000원

마케팅 노호근 박재인 최상욱 김원국
편 집 김은수 유채원
관 리 김지영 문지희
ISBN 978-89-6421-402-2 (93390)

이 책에 대한 의견이나 잘못된 내용에 대한 수정정보는 아래의 한티미디어 홈페이지나 이메일로 알려주시기 바랍니다.
독자님의 의견을 충분히 반영하도록 늘 노력하겠습니다.

홈페이지 www.hanteemedia.co.kr | **이메일** hantee@hanteemedia.co.kr

---

서문 PREFACE

과학적이고 합리적인 국방 의사결정 요구에 부응하고 국방환경에서의 여러 가지 현실적인 제약사항을 극복하기 위한 수단으로 국방 모델링 및 시뮬레이션(M&S)이 널리 활용되고 있다. 이것은 군 구조, 교리 및 개념의 발전, 작전계획/방책의 수립 및 검증, 군사 훈련/연습, 무기체계 소요 도출·검증 등 다양한 국방업무 수행 과정에서 국방 M&S 기술이 중요한 도구로 인식되고 있음을 의미한다. 이러한 인식 제고와 활용범위의 확대에 즈음하여 국방 M&S 기술의 적용이 지속적으로 긍정적인 효과를 보장할 수 있도록 하려면 반복적인 업무를 통해 축적된 경험만으로 국방 M&S를 발전시키는 데 분명히 한계가 있다. 결국, 국방 M&S를 담당하게 되는 인원들이 올바른 방향으로 발전적인 업무를 수행할 수 있도록 하기 위해서는 국방 M&S 기술에 대한 기본적인 이해가 선행되어야 하는 것이다.

국방 M&S 기술은 M&S 이론, 국방도메인 지식 및 정보통신기술(ICT)을 포괄하는 융합적인 기술이다. 국방 모델은 모의(추상화) 수준에 따라 공학급, 교전급, 임무급, 전구급으로 나누어지며 모델 실행 방법에 따라 Live, Virtual 및 Constructive 시뮬레이션으로 나눈다. 이 책은 국방 M&S 기술 전반에 걸친 총론으로 모의 수준이 교전급 이상인 이산사건 모델의 Constructive 시뮬레이션 기법을 주 대상으로 한다. 이 책은 국방 M&S 기술을 가르치는 대학(원)의 국방 M&S학과, 국방 시스템공학과, 국방 획득학과 등에서 국방 M&S 관련 교과목의 교재로 사용할 수 있도록 집필하였다. 아울러, 국방관련 연구소와 방산업체 등에서 국방 M&S 기술을 필요로 하는 연구원 및 현장 기술자들이 활용할 수 있도록 실무 중심의 교재로 저술하였다.

이 책은 저자가 지난 30여 년 동안 연구해온 M&S 이론과 함께 그동안 수행한 국방 M&S 연구/개발 과제들로부터 익힌 실무 경험을 바탕으로 국방 M&S의 전체 수명주기를 다루었다. 이 책의 특징은 국방 M&S 기술과 관련된 개념을 슬라이드들로 제시하고 이들을 설명하는 형식이다. 슬라이드들은 지난 20년 동안 군·산·학·연에서 실시한 120여 회의 기술세미나와 지난 8년 동안 KAIST 산학협동공개강좌(강좌명: 국방 M&S기술 I, II, III)에서 사용한 것들 중 일부를 발췌하여 재구성한 것이다. 이 책에 포함된 모든 사례연구 소개는 [슬라이드 7-4-9]에 제시된 도구들을 사용하여 저자의 연구실에서 구현한 모델들과 이들의 시뮬레이션 결과물들이다.

이 책의 구성은 다음과 같다. 1장에서는 M&S의 정의와 수명주기를 포함한 기본적인 배경지식, M&S의 3요소 및 이들 사이의 관계(V&V)를 다루며, 국방 M&S에서 참조되고 있는 4개의 모의 수준과 3가지 시뮬레이션 방법에 대해 설명한다. 2장에서는 시스템에 대한 정의와 모델의 분류에 대해 서술한다. 또한 교전급 이상 국방모델링에 사용되는 비정형화된 이산사건 모델링 기법들과 대표적인 정형화 모델링 틀(공식)인 DEVS(Discrete Event Systems Specification) 형식론을 설명한다. 3장에서는 DEVS 모델링 틀을 이용한 이산사건 모델링과 이들을 이용한 국방체계의 성능, 효과도 및 전투효과도 지수 측정방법을 소개하고 C4ISR 체계에서 고려할 수 있는 성능, 효과도 및 전투효과도 지수를 제시한다. 4장에서는 모델을 실행시키는 시뮬레이션 엔진의 개념과 알고리즘에 대해 소개한다. 5장에서는 이산사건 M&S와 관련되는 통계학의 기본개념과 통계적 가설 검증법을 설명하고 실험설계 방법, 입력 데이터 모델링 기법, 입/출력 데이터에 기초한 모델의 Validation 절차를 설명한다. 6장에서는 국방 M&S 체계들 사이의 연동 개념과 국제표준 연동구조를 사용한 연동체계 구성 방법을 설명하며, 현재 우리 군에서 사용하고 있는 국제표준 연동구조인 HLA-RTI 기술을 소개한다. 7장에서는 국방 M&S 기술의 구체적 적용 분야로서 훈련, 분석, 획득에서의 활용에 대해 간략하게 소개하고 추가적인 적용 분야로 인식되고 있는 전투실험 및 시험평가 과정에서의 M&S 활용 방안에 대해 설명한다. 8장에서는 국방 M&S 기술의 고급 주제로서 다중 해상도/충실도 모델링 기술, 에이전트 기반 모델링 기술 및 역방향 시뮬레이션 기술에 대해 설명한다. 아울러, 최근 4차 산업혁명 시대의 주요기술로 부각되고 있는 빅 데이터 기반의 기계학습과 에이전트 기반의 의사결정을 포함하는 인공지능(AI) 기술을 국방 M&S에서 어떻게 응용할 수 있는지에 대해 서술한다.

이 책은 1장부터 8장까지 차례대로 정독하면서 학습할 수도 있지만 필요에 따라 선택적으로 공부할 수도 있을 것이다. 국방 M&S 입문자와 초급기술자들은 1~5장과 7장을 필수적으로 공부하고 6장과 8장은 선택적으로 학습하는 것을 추천한다. 국방 M&S 업무 경험은 많지만 M&S 기술에 대한 체계적인 지식 습득의 기회가 부족했던 사람들도 위와 같은 방법으로 학습하는 것이 좋겠다. 해당분야 전문가로서 필요에 따라 특정 주제를 다시 학습하고자 하는 경우에는 해당 장절을 선택적으로 참고할 수 있을 것이다. 슬라이드를 중심으로 기술하는 이 책의 특성을 고려할 때, 먼저 슬라이드를 보고 해당되는 개념을 이해하도록 생각해본 다음에 슬라이드 설명 내용을 통해 자신의 생각을 정리하면서 이해 정도를 확인하는 방법으로 학습할 것을 추천한다.

이 책은 많은 분들의 노고의 결실로 출판될 수 있었다. 먼저, 이 책의 집필을 제안하고 출판까지 맡아주신 한티미디어 김준호 사장님과 관계자 여러분께 감사를 드린다. 이 책의 출판 준비를 위해 자료 정리를 도와준 정다혜 양과 초고 전체를 꼼꼼히 검토하고 교정해 주신 한국국방연구원 국방모의연구실장을 역임한 유호동 박사님께 진심으로 감사를 드린다. 마지막으로, 독자들이 이 책을 통해 국방 M&S 기술을 습득하고 실무에 적용함으로써 보다 발전적으로 국방 M&S 관련 업무를 수행할 수 있도록 하는 데 다소나마 도움이 되기를 바란다.

2020. 06

저자

목차 CONTENTS

제 3 장 국방체계 M&S 기법

제 4 장 시뮬레이션 엔진(알고리즘) = 모델 실행기

제 5 장 모의실험 설계 및 시뮬레이션 출력 분석

제 6 장 M&S 체계 연동 기술

제 7 장 국방 M&S 활용

제 8 장 고급 국방 M&S 기술

제1장 M&S 정의 및 국방 M&S 분류

국방 M&S(Modeling and Simulation)는 다양한 국방체계를 대상 시스템(체계)으로 다루며 일반적인 M&S 이론을 기반으로 국방체계의 특수성이 고려된 맞춤형 M&S 기술이다. 이 장에서는 M&S의 이론적 배경을 살펴보고 이를 바탕으로 국방 M&S 방법 및 국방체계의 분석 개념에 대해 알아본다. M&S의 정의와 수명주기를 포함한 기본적인 배경 지식과 M&S의 3요소, 그리고 이들 사이의 관계인 V&V(Validation and Verification)에 대해 설명한다. 국방 M&S에서 참조되고 있는 4개의 모의수준 – 공학급, 교전급, 임무급 및 전구급 – 모델의 분류와 3가지 유형의 시뮬레이션 방법 – Live, Virtual 및 Constructive 시뮬레이션 – 에 대해 설명한다. 또한 국방 M&S 기술을 활용한 국방체계의 분석, 설계 및 최적화의 개념에 대해서도 설명한다.

1.1 M&S 정의 및 M&S 수명주기

[슬라이드 1-1-1] M&S 정의 및 올바른 이해

- ◆ M&S = 모델링(Modeling) + 시뮬레이션(Simulation)
  - ❖ 모델: 대상 시스템의 동작 명세서(방정식, 규칙, 그래프, 테이블, 차트 등)
  - ❖ 시뮬레이션: 모델을 실행시키는 가상 실험
- ◆ M&S에 대한 올바른 이해
  - ❖ M&S는 컴퓨터 프로그래밍이 아니며 S/W 공학도 아니다.
  - ❖ 모델(예: 방정식)과 시뮬레이션 알고리즘(예: 방정식 푸는 법)은 별개 문제임.
  - ❖ M&S 결과에 대한 신뢰도는 모델(데이터 + 연산 논리)의 정확도에 달려 있다.

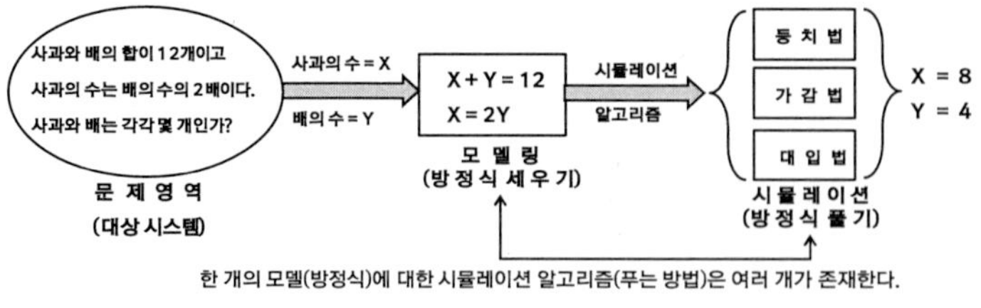

[1-1-1]

M&S(Modeling and Simulation)는 모델링과 시뮬레이션을 통칭하는 것을 의미한다. 모델은 대상 시스템의 동작 명세서로서 방정식, 규칙, 테이블, 혹은 그래프 등으로 표현될 수 있다. 모델에 명세된 동작은 소프트웨어(S/W), 하드웨

어(H/W) 혹은 실기동 등으로 구현할 수 있다. 따라서 M&S는 단순하게 컴퓨터 프로그래밍이나 S/W 공학이 아니다. M&S 과정에서 모델링(예: 방정식을 세우는 것)과 시뮬레이션(예: 방정식을 푸는 과정)은 별개의 문제이다. 이것은 다시 말하면 한 개의 모델에 대한 모델실행 방법이 여러 가지가 존재한다는 의미이다. 예를 들면, 모델이 2원 1차 연립방정식인 경우, 이 방정식을 푸는 방법(시뮬레이션 방법)은 등치법, 가감법, 대입법 등이 존재하게 된다.

일반적으로 M&S 이론 연구는 2가지 방향, 즉 모델을 표현하는 방법과 모델을 실행시키는 방법으로 나뉜다. 전자는 모델링 이론 연구이고, 후자는 시뮬레이션 알고리즘(엔진) 연구이다. 모델링 이론 연구는 대상 체계를 정확하고 애매모호함 없이 표현하는 방법을 고안하는 것을 목표로 하며, 시뮬레이션 엔진 연구는 주어진 모델을 짧은 시간에 적은 메모리를 사용하여 실행시키는 방법을 찾는 것을 목표로 한다. M&S 결과에 대한 신뢰도는 모델의 정확도(충실도: Fidelity)에 달려 있다. 모델의 정확도는 모델에 포함된 데이터/파라미터의 정확도와 모델을 표현하는 논리의 정확도에 따라 결정된다.

[슬라이드 1-1-2] M&S 효과 및 신뢰성

- ◆ M&S 적용 효과
  - ❖ 과학적 의사결정
    - ● 의사결정 결과에 대한 신뢰성 증대
  - ❖ 효율적 업무수행
    - ● 비용과 시간 절감
  - ❖ 안전한 시스템 운용
    - ● 가상적 모의실험으로 위험성 감소
- ◆ 모델 검증: 신뢰성 전제 조건
  - ❖ 검증은 모델링 목적에 상응하는 데이터에 국한한다.
  - ❖ 모델링 목적을 만족시키는 검증
    - ● 모델 논리 검증
    - ● 모델 데이터 검증
    - ● 모델 구현 검증
- ◆ 검증되지 않은 모델의 사용
  - ❖ M&S 결과의 신뢰도 없음
  - ❖ 의사결정의 혼란
  - → 모델 검증을 위한 데이터 수집의 제도화 필요

[1-1-2]

M&S 적용 효과는 과학적 의사결정, 효율적 업무수행 및 안전한 시스템 운용으로 요약될 수 있다. 구체적으로 M&S 적용은 의사결정 결과에 대한 신뢰성을 증대시키며, 의사결정 과정의 비용과 시간을 절감시킴과 동시에 가상적 모의실험으로 실제 시스템 운용에 대한 위험성을 감소시킬 수 있다. M&S 결과의 신뢰성은 모델 검증이 전제되어야 한다.

모델 검증은 모델링 목적에 맞는 동작 범위에만 국한되어야 하며 모델 논리 및 모델 데이터 실증(Validation)과 모델 구현 검증(Verification)으로 나뉠 수 있다. 검증되지 않은 모델의 사용은 결과에 대한 신뢰도를 떨어뜨리며, 의사결정자로 하여금 혼란을 야기한다. 모델 검증은 최종적으로 운용 중인 대상 시스템의 실제 데이터를 사용하여야 하므로 모델의 신뢰도 향상을 위해서 데이터 수집의 제도화가 필요하다.

[슬라이드 1-1-3] M&S 관련 용어: 유추적 의미

시나리오적 표현	프로그래밍 용어	M&S 용어
시나리오 { 속성 변수 속성 변수를 바꾸는 규칙	프로그램 모듈 { 데이터 데이터에 정의된 연산	모델 { 상태 변수 상태 천이 함수
시나리오 작성	프로그래밍	모델링
시나리오 수행	프로그램 수행	시뮬레이션
시나리오 검증	프로그램 디버깅	모델 검증
시나리오 테스트	프로그램 테스트	모델 실증
시나리오 평가	프로그램 복잡도 분석	성능 측정

[1-1-3]

M&S 분야에서는 개념 이해가 어려운 생소한 전문적 학술용어들이 사용되고 있다. 처음 접하는 용어의 개념을 이해하기 위한 효과적인 방법 중의 하나로 이미 개념이 이해된 용어와 새로운 용어를 비교하면서 배워 나가는 유추적 학습법이 있다. 슬라이드에서는 이러한 유추적 이해를 위하여 우리가 일반적으로 사용하는 시나리오적 표현과, 컴퓨터 프로그래밍 용어 및 M&S 용어를 비교하였다. 프로그래밍에 경험이 있는 독자들은 M&S 전문 용어와 프로그래밍에서 사용하는 용어를 비교해 보는 것이 이해에 도움이 될 것이다. 반면, 프로그램에 경험이 없는 독자들은 시나리오적 표현과 M&S 용어를 비교해 보는 것이 좋을 것이다. 간략히 말하면, S/W만을 사용하는 M&S는 분석 대상 시나리오를 모델로 표현한 후, 이를 프로그램으로 구현하여 컴퓨터로 실행시키는 과정으로 이해하면 될 것이다.

[1-1-4] 모델링: 사람이 하는 일

M&S 과정에서 모델링은 사람이 하는 일이며, 모델링 틀을 이용하게 된다. 모델링 틀은 대상 시스템의 동작/운용 법칙을 나타내는 도메인 지식을 완전하고 정확하게 표현하기 위하여 미리 만들어진 Template으로서 방정식, 규칙, 논리 등을 표현할 수 있다. 따라서 모델링은 주어진 Template에 대상 시스템의 도메인 지식을 채워 넣는 과정이다. 방정식 모델에서는 계수를 채우는 과정이며, 규칙 모델에서는 조건에 따른 결과를 (조건, 결과)의 형태로 나열하는 과정이다. 즉, 모델링은 도메인 지식을 주어진 모델링 틀에 맞게 변환하는 과정이라고 할 수 있다. 공학/물리학의 경우 도메인 지식은 거의 모두를 교과서를 통하여 알아낼 수 있다.

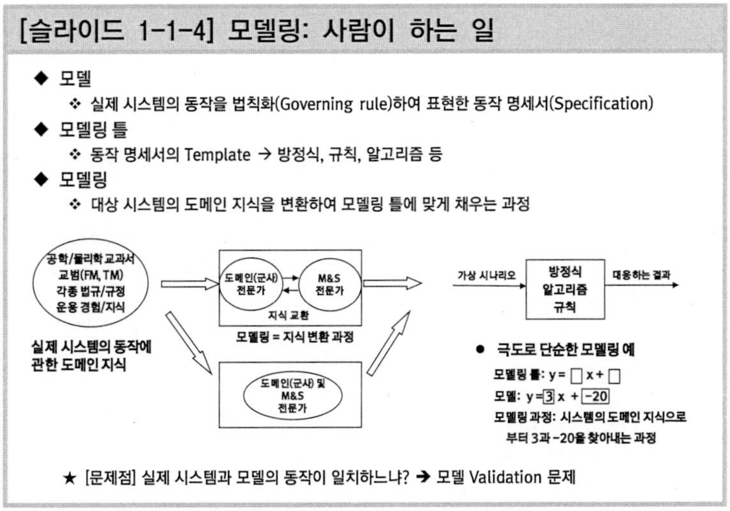

[슬라이드 1-1-4] 모델링: 사람이 하는 일

- ◆ 모델
  - ❖ 실제 시스템의 동작을 법칙화(Governing rule)하여 표현한 동작 명세서(Specification)
- ◆ 모델링 틀
  - ❖ 동작 명세서의 Template → 방정식, 규칙, 알고리즘 등
- ◆ 모델링
  - ❖ 대상 시스템의 도메인 지식을 변환하여 모델링 틀에 맞게 채우는 과정

공학/물리학 교과서
교범(FM, TM)
각종 법규/규정
운용 경험/지식

실제 시스템의 동작에 관한 도메인 지식

도메인(군사) 전문가
M&S 전문가
지식 교환

모델링 = 지식 변환 과정

도메인(군사) 및 M&S 전문가

가상 시나리오
방정식
알고리즘
규칙
대응하는 결과

● 극도로 단순한 모델링 예

모델링 틀: y = □ x + □

모델: y = 3 x + -20

모델링 과정: 시스템의 도메인 지식으로부터 3과 −20을 찾아내는 과정

★ [문제점] 실제 시스템과 모델의 동작이 일치하느냐? ➔ 모델 Validation 문제

국방체계인 경우 도메인 지식은 FM(Field Manual), TM(Technical Manual) 등의 교범에 수록된 것들과 각종 법규/규정 및 문서화되어 있지 않은 운용 경험/지식 등을 포함한다. 국방 모델링인 경우 도메인 전문가는 군 관계자가 되어야 하며, M&S 기술에 대한 지식은 없을 수 있다. 반대로 모델링 기술이 있는 민간인 M&S 전문가는 군사 도메인 지식이 전무할 수 있기 때문에, 도메인 전문가와 M&S 전문가가 협동적으로 모델을 개발해야 한다. 이러한 모델링 과정을 협동모델링 방법이라 부르며 (8.4)절에서 자세히 다루기로 한다.

슬라이드 우측 하단에는 단순화된 모델링 과정의 예를 보이고 있다. 1원 1차 방정식이 모델링 틀로 사용되며, 모델링 과정에서 x의 계수와 상수항이 채워져야 한다. 실제로 도메인 지식으로부터 x의 계수 3과 상수항 −20을 채워 넣어 모델을 완성하였다. M&S 결과의 가장 큰 의문점은 실제 시스템 동작과 모델 표현이 얼마나 일치하는가에 있으며, 이는 모델의 정확도(충실도) 문제로서 Validation을 통하여 검증하여야 한다. 위에 예시한 $y = 3x - 20$ 모델에서 $x = 1$이면 $y = 3 \times 1 - 20 = -17$이지만 실제 시스템에서 y를 측정해 본 결과 y의 값이 −15가 되었다면 모델의 정확도에 문제가 있다는 것이다.

[1-1-5] 모델 명세 방법 및 표현

모델 명세에 사용되는 틀은 수식에 기반을 둔 틀과 비수식적 틀로 나눌 수 있다. 대표적인 수식적 모델링 틀이 방정식인데, 전투기 기동 모델의 경우 3차원 편미분방정식이 모델링 틀로 사용된다. 반면에 규칙 집합은 비수식적 모델링 틀의 예로서 (조건, 결과)를 나열한 형태이다. 예를 들어 출퇴근 시간을 예측하는 모델을 규칙 기반 틀을 사용하여 표현할 경우 슬라이드에 보인 규칙 5, 규칙 11 등이 될 수 있으며, 국방체계인 경우 진급, 보직, 정년 등을 결정하는 인사 모델에서 규칙 기반 틀을 사용할 수 있다. 슬라이드에서 제시한

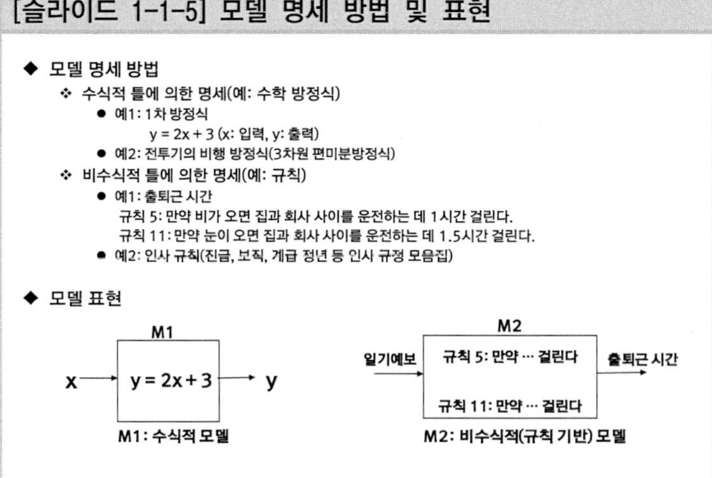

모델 M1과 M2는 각각 수식적 모델링 틀 및 비수식적 규칙 기반 모델링 틀을 사용한 예이다.

[슬라이드 1-1-6] 시뮬레이터 = 모델 + 모델 실행 엔진

◆ 시뮬레이터
= 모델 + 시뮬레이션 엔진(모델 실행기) + 기타 자원의 집합체

◆ 시뮬레이터의 구현 = S/W + H/W + Network + 장치/디바이스 + 디스플레이 + …
- ❖ 예1: 모델이 S/W로만 구성(국방 M&S 용어 → Constructive 시뮬레이터)
  - ● 워 게임 시뮬레이터
- ❖ 예2: H/W + 입력 장치 + 출력 디스플레이로 구성(국방 M&S 용어 → Virtual 시뮬레이터)
  - ● 비행 시뮬레이터
  - ● 훈련용 시뮬레이터

◆ 시뮬레이터 구현 방법

입력 → [방정식 / 알고리즘 / 규칙 등] → 출력 (모델) ⇒ [M&S 전문가 ↔ SI/장치/디스플레이 전문가, 협조] (시뮬레이터 개발 과정) ⇒ 가상 시나리오 → [모델 / 시뮬레이션 엔진 / 네트워크 / 입/출력 장치 / 디스플레이 / 기타 H/W] (시뮬레이터) → 대응하는 결과

★ [문제점] 시뮬레이터의 동작이 모델(명세서)과 일치하는가? → 모델 Verification 문제

[1-1-6]
시뮬레이터란 모델을 실행시키는 장치로서 모델과 시뮬레이션 엔진, 시뮬레이션 실행에 필요한 기타 자원으로 구성된다. 기타 자원은 디스플레이(상황도), 조이스틱 등의 입력 및 출력 장치를 포함한다. 시뮬레이터는 워 게임 시뮬레이터와 같이 모델을 S/W로 구현하여 실행시키는 경우도 있지만, 비행훈련 시뮬레이터와 같이 모델을 H/W, 입력 장치 및 출력 디스플레이를 사용하여 실행시킬 수 있다. 국방 M&S인 경우, S/W로만 구성된 시뮬레이터를 Constructive 시뮬레이터, H/W 장비 형태의 시뮬레이터를 Virtual 시뮬레이터라고 부른다. 시뮬레이터의 구현은 모델을 실행시키는 데 필요한 전문가들의 협업에 의해서 이루어지며 전문가 그룹에는 M&S 전문가를 포함한 정보통신기술(ICT) 전문가들이 포함된다. 구현된 시뮬레이터에 모의실험을 위한 가상 시나리오를 입력하면 대응하는 결과를 출력할 수 있다.

시뮬레이터 구현을 할 때에는 모델에서 명세한 동작과 구현된 시뮬레이터의 동작이 일치하느냐를 검증하는 Verification 과정이 필요하다. Validation은 구현된 시뮬레이터 없이도 일부 가능하지만 Verification은 구현된 시뮬레이터가 반드시 필요하다. Verification과 Validation은 M&S에서 가장 중요한 이슈이므로 (1.2)절에서 보다 상세히 다루도록 한다.

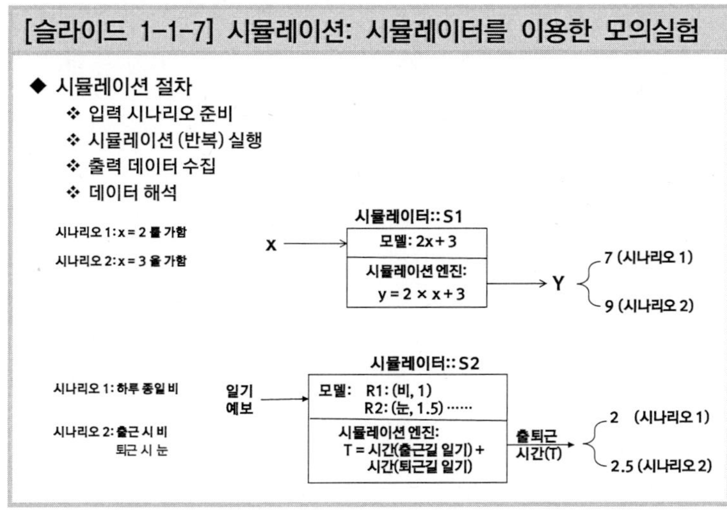

[1-1-7]

시뮬레이션의 일반적인 절차는 시나리오를 준비해서 모델을 실행시키고 출력 데이터를 수집해서 해석한다. 시나리오는 모델에서 사용된 여러 가지 입력변수의 조합에 의해 구성된다. 특히, 사용된 변수들이 난수의 특성을 가지고 있는 경우 몬테칼로 시뮬레이션을 통해 많은 횟수의 시뮬레이션이 반복되어야 한다. 시뮬레이션은 모델 내부 논리에 의해 입력값을 출력값으로 변환하는 과정이므로 난수화된 입력변수를 사용한 시뮬레이션 출력은 난숫값을 가지게 된다. 이러한 출력 난숫값들로부터 파라미터 추정 등 의미 있는 해석을 위해서는 확률 및 통계 이론 적용이 필요하다.

슬라이드에서는 시뮬레이터를 모델과 시뮬레이션 엔진으로 분리하여 표현하였다. 시뮬레이터 S1의 경우, 모델은 간단한 1차 방정식으로 표현되었고 입력 시나리오에 미지수 x를 가하여 출력을 구하였다. 시뮬레이터 S2는 규칙 기반 모델로서 일기예보에 따른 출/퇴근 시간을 예측하는 모델이다. 규칙 R1:(비, 1)은 비가 오면 소요시간이 1시간 걸린다는 것이고, 규칙 R2:(눈, 1.5)는 눈이 오면 1.5시간 걸린다는 것을 의미한다. 이러한 간단한 규칙 모델에 일기예보 시나리오를 입력하면 출/퇴근 시간을 예측하는 시뮬레이션을 할 수 있다. 구체적으로, 시나리오 1은 하루 종일 비가 오므로 왕복 2시간이 소요되고, 시나리오 2는 출근 시 비가 오고 퇴근 시 눈이 오므로 시뮬레이션 엔진에서 출근 소요시간을 R1:(비, 1)의 모델 규칙에서 계산하고 퇴근 소요시간을 R2:(눈, 1.5)의 모델 규칙에서 계산하여 이들을 합하면 2.5시간이 된다.

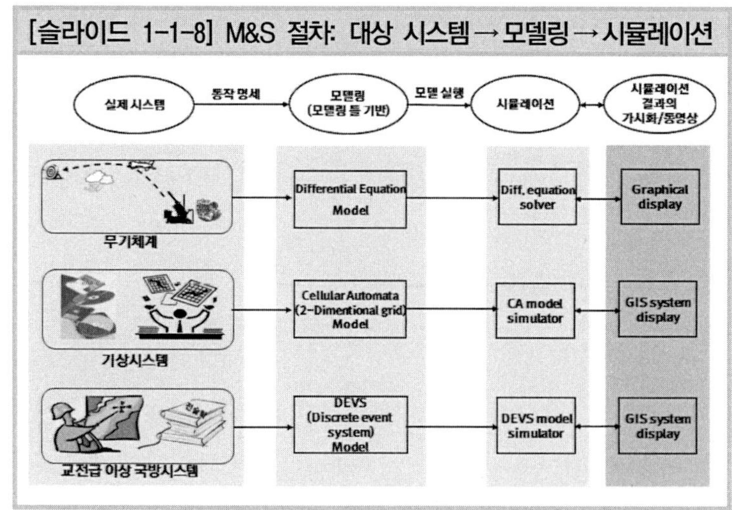

[1-1-8]
슬라이드는 대상 시스템을 시뮬레이션하는 과정을 순차적으로 나타내고 있다. 실제 시스템의 동작 명세는 정해진 모델링 틀(공식)에 의해 모델링되며 시뮬레이션을 통해 결과를 출력하고 필요시 정적 및 동적 가시화를 할 수 있다. 모델링 틀은 대상 시스템의 종류에 따라 달라진다. 예를 들면, 무기체계의 기동인 경우 미분방정식(Differential Equation) 모델 틀이 사용되며, 가상공간을 표현하는 시스템인 경우는 셀 오토마타(Cellular Automata) 모델 틀을 사용할 수 있고, 교전급 이상 국방시스템의 경우 DEVS(Discrete Event Systems Specification) 모델 틀을 사용할 수 있다. 각각의 모델을 시뮬레이션하기 위해서는 모델 고유의 특성에 맞는 시뮬레이션 알고리즘(엔진)이 필요하다. 예를 들면, 미분방정식 모델의 경우 미분방정식 해석기(Solver)를 사용하며, 다른 모델인 경우도 모델 해석을 위한 해석기가 필요하다.

일반적으로 모델링과 시뮬레이션 방법은 분리된 별개의 문제로, 모델링은 모델 개발자의 몫이지만 시뮬레이션 방법은 시뮬레이션 엔진이 내장된 M&S 환경/도구에서 제공한다. 모델과 시뮬레이션 엔진의 분리는 모델 및 시뮬레이션 엔진의 재사용성을 증대시키는 가장 효율적인 방법이다.

[1-1-9] 모델링 틀(=공식)의 개념

모델링 틀은 모델링을 위해 미리 규격화해 놓은 Template으로서 모델 개발 과정에서 개발자가 채워 넣어야 할 빈 공간들을 가지고 있다. 비유적으로 말하면, 붕어빵을 만들 때 사용하는 붕어빵 틀과 같다. 붕어빵 틀이 있으면 붕어빵에 사용되는 재료를 다르게 함으로써 여러 가지 붕어빵을 만들 수 있다. 마찬가지로 모델링 틀은 틀 속에 채워 넣는 정보에 따라 여러 가지의 모델을 완성할 수 있다.

모델링 틀은 주어진 문제의 부류(Class of Problems)에 따라 일정한 틀이 수학적 혹은

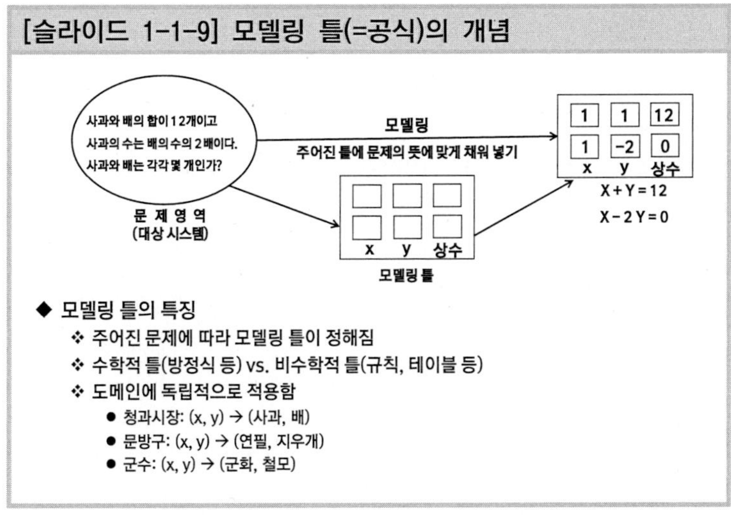

비수학적으로 정의된다. 모델링 틀의 특징은 문제 부류가 동일한 경우 대상 시스템(도메인)에 독립적으로 적용할 수 있다는 것이다. 구체적으로 말하면, (x, y)로 표현된 2개의 미지수를 갖는 2원 1차 연립방정식 모델링 틀을 사용할 수 있는 문제 부류에서 x와 y는 도메인에 따라 여러 가지가 될 수 있다. 예를 들면, 청과시장에서는 x를 사과, y를 배, 문방구에서는 x를 연필, y를 지우개, 그리고 군수에서는 x를 군화, y를 철모로 정의하면 동일한 모델링 틀을 사용하여 2원 1차 연립방정식 모델을 만들 수 있다.

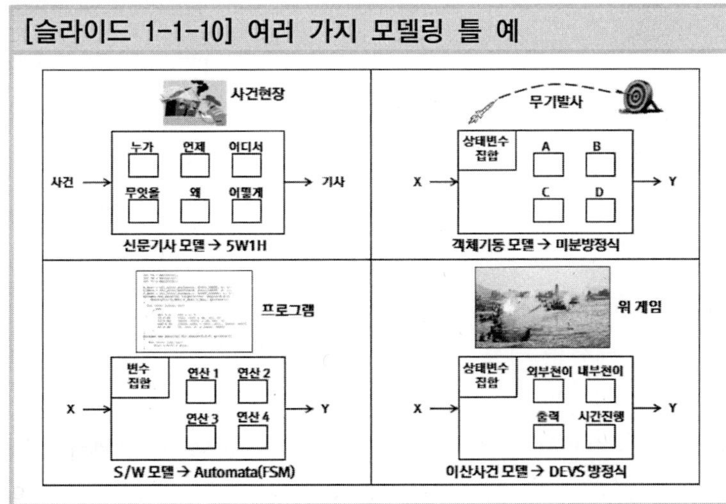

[1-1-10]

신문기사는 육하원칙(5W1H)이라는 틀을 사용하여 만들어진다. 5W1H 틀은 어떤 사건 발생에 대한 정보를 빠트림 없이 정확하게 기사화하는 데 필요한 모델링 도구이다. 대상 시스템이 무기체계인 경우 무기의 기동 모델은 미분방정식 모델링 틀에 필요한 계수를 넣어 주면 완성된다. S/W를 모델링할 경우의 모델링 틀은 Automaton 혹은 유한상태기계(FSM: Finite State Machine)가 사용된다. 오토마타 모델링 틀은 대상 시스템을 표현하는 상태변수들과 이들을 갱신하는 연산들로 채워지게 된다.

대상 시스템이 워 게임(임무급 이상의 모의수준을 갖는 국방 모델)인 경우 모델링 틀은

DEVS 방정식이 사용될 수 있다. DEVS 방정식 틀은 입력, 출력 및 상태변수를 나타내는 3개의 집합과 이들 상태변수를 갱신하는 2개의 함수, 출력을 결정하는 함수, 그리고 시간을 갱신하는 함수 등 총 4개의 함수로 구성된다. 따라서 DEVS 방정식 틀은 3S4F(3 Sets 4 Functions), 즉 3개의 집합들과 4개의 함수들로 구성된다. DEVS 방정식 틀의 의미는 워 게임을 포함한 모든 이산사건 모델이 DEVS 방정식으로 표현될 수 있다는 것이다.

[슬라이드 1-1-11] 모델링 틀의 일반성 예: 민수 vs. 국방 M&S

		모델표현	민수분야 의미	국방분야 의미
정적 (Static) 시스템		$2x + 3y = 10$ $x - 4y = 5$ (대수방정식)	시스템: 청과시장 x: 사과 y: 배	시스템: 내무반 x: 군화 y: 철모
동적 (Dynamic) 시스템	연속시간	$dQ/dt = AQ + BX$ $Y = CQ + DX$ (미분방정식)	시스템: 자동차 X: 가속페달 Y: 주행거리 Q: 자동차 위치	시스템: 전투기 X: Throttle Y: 비행거리 Q: 비행기 위치
	이산사건	$q_{n+1} = \delta_{int}(q_n) \oplus \delta_{ext}(q_n, x_n)$ $y_{n+1} = \lambda(q_n)$ (DEVS 방정식)	시스템: 통신라우터 x: {메시지 받음, ACK 받음} y: {메시지 보냄, ACK 보냄 } q: 메시지 수	시스템: 워 게임 x: {기동, 탐지} y: {적 발견, 교전명령} q: 생존자 수

[1-1-11]
시스템 모델링 틀은 모의 수준이 동일하고 문제 부류(유형)가 동일한 경우에는 국방 M&S와 민수 M&S에서 동일하게 사용될 수 있다. 정적(Static) 시스템은 시스템 출력이 입력에만 영향을 받는 함수로 주어진다. 반면, 동적(Dynamic) 시스템의 출력은 입력과 시스템 내부의 상태변수 값에 의해서 결정되며, 상태변수는 시간에 따라 변하게 된다. 대표적인 정적 시스템 모델링 틀로서 대수방정식(2원 1차 연립방정식)을 예로 들 수 있는데, 국방분야와 민수분야에서 사용되는 (x, y)는 각각 (군화, 철모) 및 (사과, 배)가 될 수 있다. 동적 시스템 모델링 틀은 연속시간 모델과 이산사건 모델에 따라 달라지며, 각각 미분방정식과 DEVS 방정식을 사용할 수 있다.

미분방정식 틀의 경우, 민수분야에서는 자동차 기동 모델에 사용되고 국방분야에서는 전투기 기동 모델에 사용될 수 있다. 마찬가지로, DEVS 방정식 틀의 경우, 민수분야에서는 통신라우터 모델에 사용된다면, 국방분야에서는 워 게임 모델에 사용될 수 있다. 슬라이드에서는 미분방정식 및 DEVS 방정식 모델에서 사용되는 동일 이름을 갖는 변수들(x, y, q)이 민수분야와 국방분야에서 다른 의미로 사용된다. 국방분야의 워 게임 모델에서 입력(x)은 (기동, 탐지), 출력(y)은 (적 발견, 교전명령), 상태변수(q)는 (생존자 수)를 표현하지만, 민수분야의 통신라우터 모델에서의 입력(x)은 (메시지를 받았다), 출력(y)은 (메시지를 보냈다), 상태변수(q)는 (메시지 수)를 나타낸다.

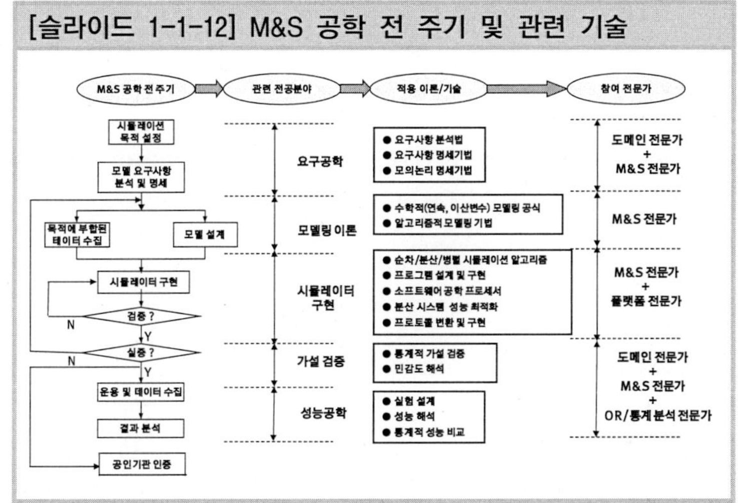

[1-1-12]

M&S 공학은 전자공학, 기계공학, 전산학 등과 같은 독립적인 학술분야라기보다는 공학, 물리학, 전산학, 통계학, OR(Operational Research) 등이 융합된 다학제적 전공분야이다. M&S 공학의 전 주기에서 가장 우선되는 단계는 시뮬레이션 목적 설정이다. 왜냐하면, 똑같은 대상 시스템이라고 하더라도 목적에 따라 모델이 달라지며, 최종 결과물도 목적에 맞는 분석지수에 대한 해석이 필요하기 때문이다. 요구사항 분석 및 명세 과정은 목적지향적으로 이루어져야 한다. 요구사항 명세 과정은 상위 레벨의 모델 설계이다. 명세된 요구사항으로부터 모델을 설계하고 구현한 후, 검증(Verification)과 실증(Validation) 과정을 거치면 해당 모델이 대상 시스템을 정확(충실)하게 표현하는 것으로 간주한다. 검/실증된 모델은 목적에 맞는 실험 계획에 의해 시뮬레이션을 수행하고 데이터를 수집하여 결과 분석을 하게 되며, 필요시 공인기관에서 인증을 받을 수 있다.

관련 학술분야를 기준으로 살펴보면 첫 번째는 요구공학으로 요구사항의 분석, 명세, 검증 등을 다루는 학술분야이다. 모델링 이론은 대상 시스템을 모델링하는 수학적 혹은 비수학적 틀에 대한 연구와, 틀을 사용하지 않는 알고리즘적 모델링 기법을 연구하는 학술분야이다. 시뮬레이터 구현에서는 주어진 모델을 시간(시뮬레이션 실행) 및 공간(프로그램 용량) 관점에서 효율적으로 실행시키는 방법을 연구한다. 가설검증은 통계학에서 사용되는 통계적 추론에 기반하여 모델의 시뮬레이션 데이터와 실제 시스템에서 수집된 데이터를 비교하여 모델을 실증(Validation)하는 데 사용된다. 성능공학은 시뮬레이션 결과로부터 수집된 데이터로부터 통계적 파라미터를 추정하거나, 성능 지수를 측정하고 비교 분석하는 학술분야이다.

M&S 공학의 학제적 특성상 M&S 과정에는 여러 전공분야 전문가 그룹이 참여하게 된다. 도메인 전문가는 대상 시스템에 대한 전문지식을 가지고 있다. 예를 들어 모델링 대상이 전투기 기동이라고 하면 항공공학 전공자가 도메인 전문가이며, 모델링 대상이

통신망이라고 하면 전자공학/전산학 전공자가 도메인 전문가이다. M&S 전문가는 모델을 설계하고 구현하여 실행시키는 과정에 대한 전문지식을 갖게 되며, 구현에 관련된 ICT(정보통신기술) 전문가를 플랫폼 전문가라고 한다. 물론, 대상 시스템에 따라서는 한 사람이 도메인 전문가, M&S 전문가 그리고 플랫폼 전문가 역할을 할 수도 있다. 마지막으로 OR/통계 분석 전문가는 목적에 맞는 분석을 위하여 실험계획법에 따라 모의실험을 설계하고 시뮬레이션 결과를 분석하게 된다.

[슬라이드 1-1-13] 모델링 시 고려 사항

- ◆ 모델의 추상화 레벨(모의수준)
  - ❖ 무엇을 고려하고 무엇을 무시할 것인가에 따라 모델이 달라진다.
  - ❖ 예: 최고 의사결정권자용 모델, 관리자용 모델, 실무자용 모델
  - ❖ 국방 모델: 4가지 모의수준은 공학급, 교전급, 임무급, 전구급이다.
- ◆ 모델의 해상도
  - ❖ 시스템 변수 값을 나타내는 상세도에 따라 모델이 달라질 수 있다.
  - ❖ 예: 나이를 년 단위로 나타내는 모델, 나이를 월 단위로 나타내는 모델
  - ❖ 국방 모델: 동일한 모의수준에서도 변숫값의 상세도를 달리할 수 있다.
- ◆ 모델의 다측면성
  - ❖ 동일 시스템에 대하여 고려하는 측면에 따라 모델이 달라진다.
  - ❖ 예: 컴퓨터의 온도특성, 컴퓨터의 견고성, 컴퓨터의 계산능력
  - ❖ 국방 모델: 동일한 모의수준의 모델에서도 분석하고자 하는 성능/효과도가 달라지면 모델이 달라질 수 있다.

➔ 목적지향적(Objective-driven) M&S

1. 시뮬레이션의 목적에 따라 모델이 결정되어야 한다.
2. 똑같은 시스템에 대해서도 시뮬레이션 목적에 따라 모델이 달라질 수 있다.

[1-1-13]

모델의 추상화 레벨(혹은 모의수준)은 대상 시스템의 동작/기능/성능 중 무엇을 반영하고 무엇을 무시할 것인지를 결정하는 것이다. 모의수준은 모델 사용자가 실무자인지 관리자인지 아니면 최고 의사결정권자인지에 따라 달라질 수 있다. 국방 모델에서는 모의수준을 4단계(공학급, 교전급, 임무급, 전구급)로 나누어서 모델링하는 것이 일반적이다. 모델의 해상도(상세도)는 대상 시스템 변숫값과 변숫값 갱신 규칙을 어느 정도 상세하게 표현하는가를 의미한다. 예를 들면, 나이를 계산하는 모델에서 변숫값인 나이를 년 단위로 표현할 수도 있고 월 단위로 표현할 수도 있다. 마찬가지로, 나이를 바꾸는 규칙을 1년 단위로 할 수도 있고 6개월 단위로 할 수도 있다. 국방 모델에서는 동일한 모의수준의 모델들에 변숫값과 갱신 규칙을 다르게 표현할 수도 있다. 모델의 다측면성은 동일한 시스템에 대하여 고려하는 측면에 따라 모델이 달라진다는 이론이다. 예를 들면, 컴퓨터 모델에서 온도특성을 분석하는 모델과 견고성을 분석하는 모델, 그리고 계산능력을 분석하는 모델은 완전히 다른 모델들이다. 동일한 모의수준의 국방 모델에서도 분석 대상 지수에 따라 완전히 다른 모델이 존재하게 된다.

어떤 시스템을 모델링할 경우 그 시스템이 가지고 있는 모든 기능/성능을 모델에 반영할 필요는 없다. M&S 과정에서는 주어진 목적에 맞게 기능/성능을 추상화한 모델을 개발

하고, 모의실험을 통하여 주어진 목적이 만족되었는지를 분석하게 된다. 이러한 M&S 과정을 목적지향적(Objective-driven) M&S라고 부른다. 목적지향적 M&S에서는 동일한 시스템이라고 할지라도 시뮬레이션 목적에 따라 모델이 달라지며, 실험 설계도 달라진다. 역으로 생각하면, 한 개의 모델로 대상 시스템 전체의 기능/성능을 세부적으로 완전하게 표현하는 것은 거의 불가능하므로 M&S 목적을 만족하는 범위 내에서 모델 표현을 추상화해야 한다.

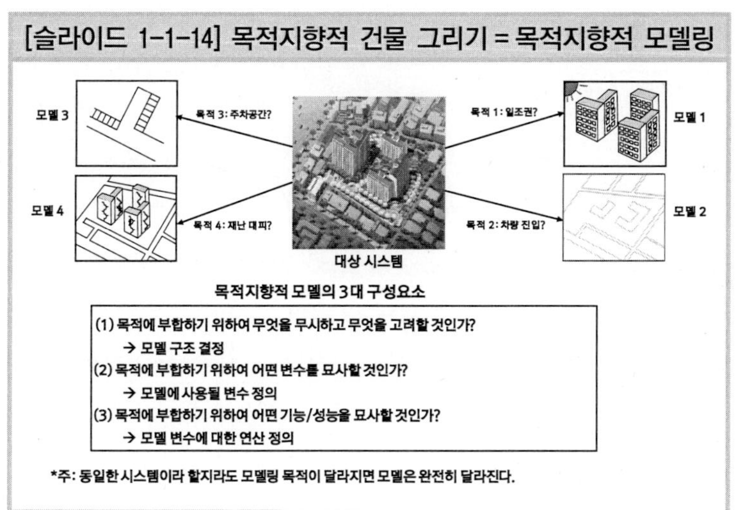

[1-1-14]
목적지향적 모델링은 한 개의 대상 시스템에 대해서 모델링 목적에 따라 모델은 달라질 수 있다는 개념이다. 목적지향적 모델링은 목적지향적 건물 그리기 개념으로 설명할 수 있다. 대상 시스템이 그림과 같은 도시 중심가의 주상복합 아파트라고 하자. 건물에 대한 그림은 목적에 따라 많은 개수가 존재하지만 슬라이드에는 4가지 그림이 예시되었고, 각각의 목적이 명시되어 있다. 이와 같은 목적지향적 건물 그리기를 모델링에 적용하기 위하여 목적지향적 모델링의 3대 구성요소를 나열하였다. 첫 번째는 목적에 부합하기 위하여 모델에서 무엇을 무시하고 무엇을 고려할 것인지를 결정하는 추상화 과정으로, 모델 구조를 결정한다. 모델 구조는 부 모델들의 정의 및 이들 사이의 연결 관계를 정의한다. 두 번째는 모델링 목적에 부합하기 위해서 어떤 변수를 묘사할 것인지를 결정하는 것으로, 모델에 사용되는 상태변수를 정의한다. 세 번째는 모델링 목적에 부합하기 위해 어떤 기능/성능을 묘사할 것인지를 결정하는 것으로, 모델에 정의된 변수들의 연산을 정의한다. 결론적으로 동일한 시스템이라고 할지라도 모델링 목적이 달라지면 모델은 완전히 달라진다.

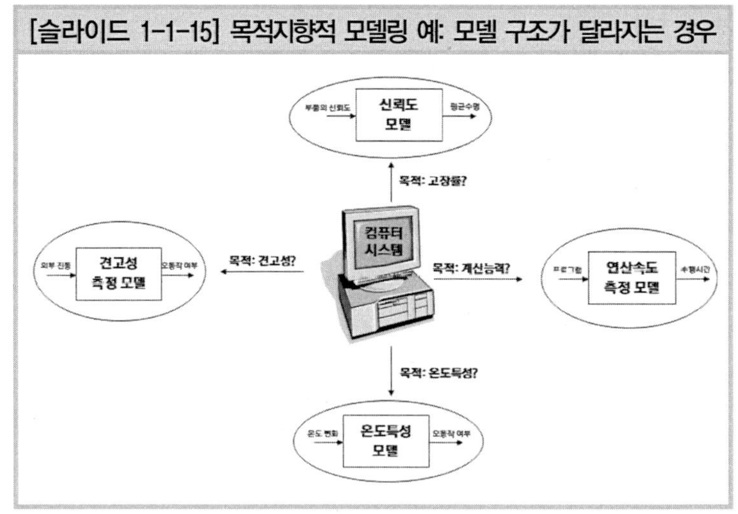

[1-1-15]
모델링 목적에 따라 모델 구조가 달라지는 경우를 컴퓨터 시스템의 목적지향적 모델링을 예로 살펴볼 수 있다. 컴퓨터 시스템은 여러 가지 기능/성능을 가진 복합적인 시스템이다. 따라서 컴퓨터 시스템 모델은 모델링 목적에 따라 여러 가지 형태의 구조가 존재한다. 슬라이드에서는 4가지 모델링 목적에 따른 4가지 다른 모델 형태를 제시하였다. 예를 들면, 온도특성 모델은 3차원 편미분방정식 모델로서 온도 변화에 따른 오동작 여부를 판단하는 모델이 된다. 연산속도 측정 모델은 명령어집합 모델로서 응용프로그램을 입력하여 프로그램이 수행되는 데 걸리는 시간을 계산한다.

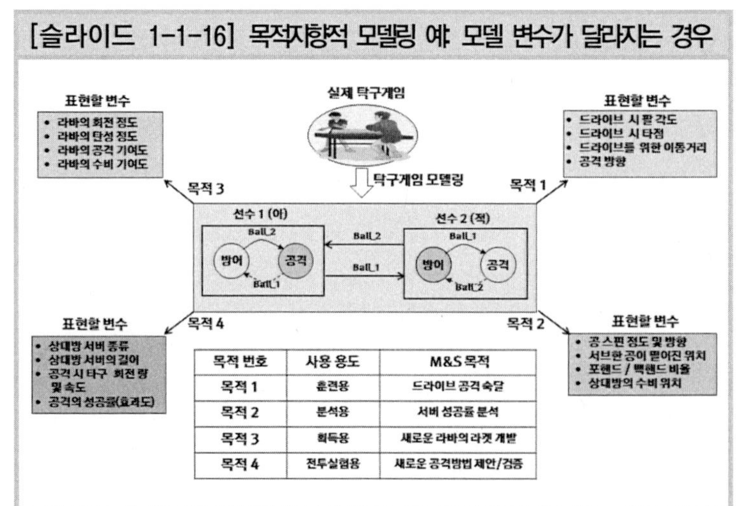

목적 번호	사용 용도	M&S 목적
목적 1	훈련용	드라이브 공격 숙달
목적 2	분석용	서비 성공률 분석
목적 3	획득용	새로운 라바의 라켓 개발
목적 4	전투실험용	새로운 공격방법 제안/검증

[1-1-16]
모델링 목적에 따라 모델 내부에 사용되는 변수가 달라지는 경우를 탁구게임의 목적지향적 모델링으로 예시하였다. 탁구게임 모델을 두 선수의 공격 및 방어 상태 전환으로 표현하였고 이 과정에서 여러 가지 변수들을 갱신하는 것으로 가정하였다. 갱신 대상 변수들은 모델링 목적에 따라 달라지는데, 4가지의 모델링 목적에 따른 이들 갱신 대상 변수들을 표시하였다. 예를 들면, 목적 1은 드라이브 공격 숙달 훈련에 필요한 변수들로서 드라이브 시 팔의 각도, 타점, 이동거리 및 공격방향 등이다. 목적 2,

3, 4도 마찬가지로 설명할 수 있다.

훈련용, 분석용, 획득용, 전투실험용 등은 국방 M&S 활용방안을 제시할 때 사용되는 용어들로서 민수에서도 그대로 적용될 수 있다. 훈련용은 탁구선수들의 훈련을 위해서, 분석용은 선수 혹은 팀 전체의 신체적/전술적/전략적 역량을 분석하기 위해서, 획득용은 탁구에 필요한 새로운 장비를 개발하기 위해서, 전투실험은 기존의 것과는 다른 새로운 공격 및 방어, 전술, 전략을 개발하는 데 필요하다.

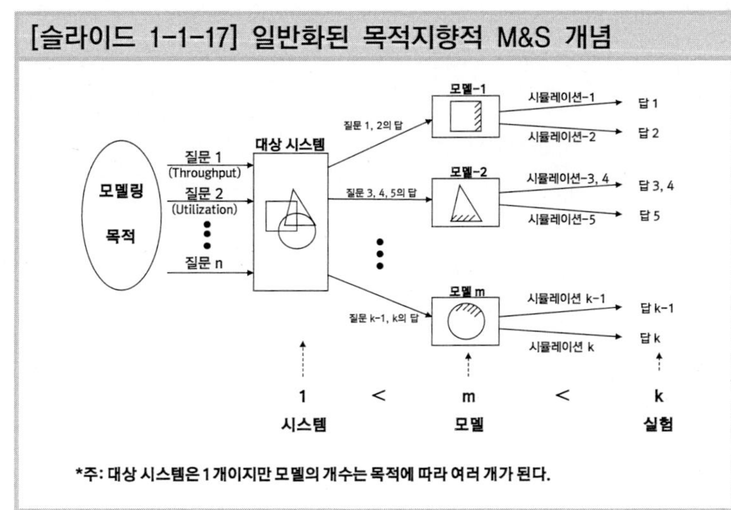

[1-1-17]

목적지향적 모델링에서 모델링 목적은 시스템 기능/성능 중 궁금한 것에 대한 질문으로 구체화된다. 따라서 M&S 결과는 이러한 질문에 답을 내놓아야 한다. 예를 들면, 대상 시스템에 대한 성능 관련 질문은 질문-1(Throughput: 단위 시간당 처리량), 질문-2(Utilization: 자원 사용률) 등이 될 수 있다. 가장 쉬운 목적지향적 모델링은 한 개의 질문에 한 개의 모델을 만든 후, 시뮬레이션을 통하여 주어진 질문에 답하는 것이다. 그러나 이러한 방법은 모델의 개수가 너무 많아지기 때문에 질문들을 분석하여 몇 개의 질문에 적합한 한 개의 모델을 만드는 것이 효율적이다. 슬라이드에서는 질문-1과 질문-2를 답할 수 있는 모델-1을 만들고 질문-3, 4, 5를 답할 수 있는 모델-2를 만드는 것을 예시하고 있다.

한 개의 대상 시스템에 대하여 k개의 모든 질문에 답하기 위해서는 m개의 모델이 필요하게 된다. 한 개의 모델은 한 가지 이상의 질문을 답할 수 있기 때문에, 주어진 모델에 대한 시뮬레이션은 질문 수만큼 독립적으로 수행되어야 한다. 예를 들면, 질문-1과 질문-2를 답하기 위한 모델-1의 경우, 시뮬레이션-1은 질문-1(Throughput)을 답하고 시뮬레이션-2는 질문-2(Utilization)를 답하도록 시뮬레이션 실험이 설계되고 수행되어야 한다. 결론적으로 한 개의 시스템에 대한 모델의 개수는 목적에 따라 여러 개가 될 수 있으며, 한 개의 모델에 대한 시뮬레이션 실험도 질문에 따라 여러 가지가 수행될 수 있다.

1.2 M&S 3요소 및 V&V(Validation and Verification)

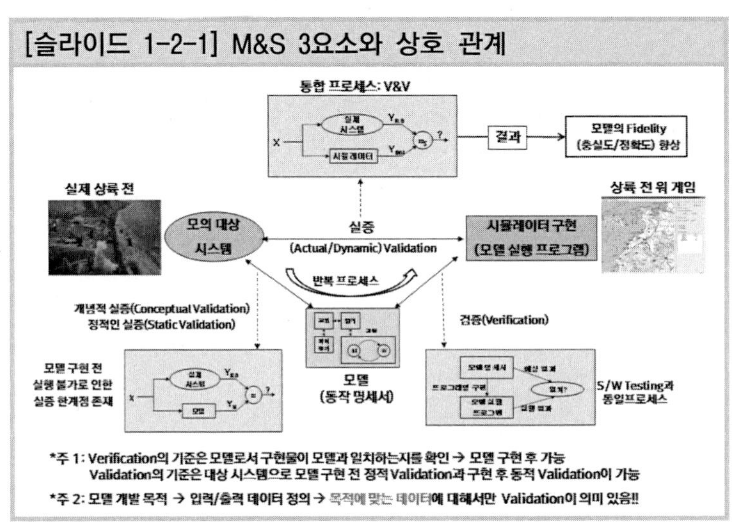

[1-2-1] M&S의 3요소는 대상 시스템, 모델, 그리고 시뮬레이터이다. 대상 시스템은 실증(Validation)을 위한 원천 데이터 소스의 역할을 하며, 모델은 대상 시스템의 동작 명세서, 그리고 시뮬레이터는 모델을 구현한 프로그램(혹은 프로그램과 기타 자원)이다. 실증(Validation)은 대상 시스템이 기준이며 모델(동작 명세서)과 대상 시스템 동작 사이의 일치 정도가 미리 정한 수준 이상의 적합성(Conformance) 혹은 수용성(Acceptability)을 만족하는지를 확인하는 과정이다. 반면, 검증(Verification)은 모델이 기준이며 구현된 시뮬레이터(시뮬레이션 S/W) 동작이 모델 명세서와 정확히 일치하는지를 검사하는 과정이다. 실증과 검증을 합쳐서 V&V라고 하며, 시험(Test)은 V&V 수행방법 중 한 가지로서 개발시험은 Verification, 운용시험은 Validation 과정으로 볼 수 있다.

실증은 모델 명세서만을 사용한 실증과 시뮬레이터를 구현한 후 데이터를 이용한 실증으로 나눌 수 있다. 전자를 개념적 실증 또는 정적인 실증이라고 부르며 후자를 실제적, 동적인 실증이라고 부른다. 정적인 실증은 도메인 전문가와 모델 개발자의 대면 실증(Face Validation) 등과 같은 주관적인 확인 과정이다. 동적인 실증은 동일한 입력 시나리오에 대하여 시뮬레이터에서 발생한 데이터와 대상 시스템에서 수집한 데이터를 통계적으로 비교하는 객관적인 확인 과정이다. 검증은 일반적인 S/W의 코드 디버깅과 같은 과정으로, 모델의 동작 명세와 이에 대응하는 시뮬레이터의 동작을 1:1로 비교하면서 100% 정확성을 보장해야 한다. 이론적으로는 V&V 과정이 2개로 분리되어 있지만 실제적으로는 V&V를 동시에 수행하는 것이 일반적이며, V&V의 최종 목표는 모델의 신뢰도 향상에 있다고 할 수 있다.

V&V 개념 중 중요한 사항은 검증의 기준은 모델이고 실증의 기준은 대상 시스템이라는 점이다. 따라서 검증을 통과했다는 것이 반드시 실증을 통과할 수 있음을 의미하는 것은 아니다. 왜냐하면 실증에서 확인할 기능이 통과된 검증에는 포함되지 않을 경우도 발생하기 때문이다. 역으로, 실증을 통과했다는 것이 반드시 검증을 통과했다는 것을 의미하는 것도 아니다. 왜냐하면 실증에서 요구하는 기능들이 검증에 필요한 기능이 아닌 경우도 발생하기 때문이다. 확실한 사실은 실증에 포함된 모든 기능들은 반드시 검증 통과가 선행되어야 한다는 것이다.

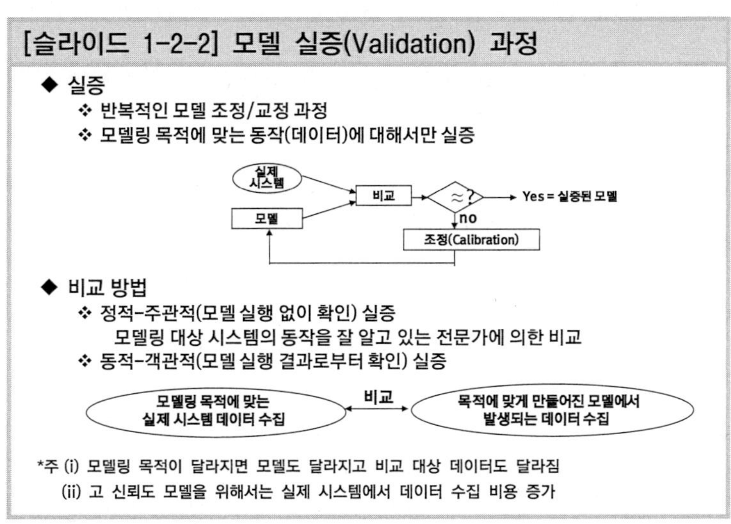

[1-2-2]
모델 실증은 실제 대상 시스템과 모델을 기능/성능/효과도 측면에서 비교하는 과정이다. 슬라이드에 사용된 기호 "≈"는 "통계적으로 같다"는 의미이다. 왜냐하면, 시뮬레이션에 사용되는 데이터/파라미터 값들은 난수인 경우가 대부분이며, 실제 시스템에서 출력된 난수 집단과 모델에서 출력된 난수 집단의 비교는 통계적으로 이루어지기 때문이다. 동일한 입력에 대하여 모델과 대상 시스템의 출력값이 통계적으로 일치하지 않으면 모델을 조정(Calibration)한다. 모델 조정 과정은 총기 사격 시 영점 조정과 같은 과정이다. 비교 방법은 정적-주관적 비교와 동적-객관적 비교로 구분되며 [슬라이드 1-2-1]에서 비교적 상세히 설명하였다. 여기서 주의할 점은, 모델링 목적이 달라지면 모델이 달라지고, 비교 대상 데이터도 완전히 달라진다는 것이다. 고 신뢰도 모델 확보는 실제 시스템으로부터 데이터 수집에 소요되는 시간과 경비를 지불해야 가능하다.

[슬라이드 1-2-3] 실증(Validation) 3단계

- ◆ 실증을 위한 3단계 과정(Nayor and Finger 1967)
  - (1) 직관적 실증이 가능한 모델 개발
  - (2) 모델 가정에 대한 실증
  - (3) 입력/출력에 대한 실증
- ◆ 직관적 실증 → 정적 실증: 모델 구현물 없이 가능
  - ❖ 사용자와 대상 시스템 전문가가 직관적으로 옳다고 판단되는 모델 개발
  - ❖ 사용자와 모델 개발자가 협조하여 모델 개발
  - ❖ 민감도 해석
    - ● 변수 a값 변화량에 따른 변수 b값의 변화량 → 변수 b의 변수 a에 대한 민감도
- ◆ 모델 가정에 대한 실증 → 동적 실증: 모델 구현 후 실행 결과 필요
  - ❖ 구조적(모델 논리) 가정
    - ● 시스템 운용 및 동작, 시스템 컴포넌트 및 컴포넌트 연결
  - ❖ 데이터 가정
    - ● 평균, 분산 및 분포함수에 대한 가정 → 통계적 가설 검증법 사용
- ◆ 입/출력에 대한 실증 → 동적 실증: 모델 구현 후 실행 결과 필요
  - ❖ 동일한 입력에 대한 실제 시스템의 출력과 시뮬레이션 출력의 동일성 검증
    - ● 두 개의 출력이 동일하다는 것을 Equivalent Test로 증명함

[1-2-3]

실증 과정에 대한 이론은 다수가 존재하지만 Nayor 등이 1967년에 제안한 실증을 위한 3단계 과정이 일반적으로 적용될 수 있다. 제안된 3단계를 요약하면, 직관적 실증이 가능한 모델 개발, 모델 가정에 대한 실증 및 입/출력에 대한 실증이다. 직관적 실증의 첫 번째 방법은 사용자와 대상 시스템 전문가가 직관적 판단으로 모델의 정확도를 판단하는 것이다. 또 다른 방법으로는 사용자와 모델 개발자가 모델 개발 과정에서 대면 실증(Face Validation) 과정을 통해 협조적으로 모델을 개발하는 것이 가능하다. 민감도 해석은 직관적 실증 과정에서 전문가의 판단으로 모델변수들 사이의 관계를 추적해 보는 것이다. 예를 들어 두 개의 변수 v(속도)와 t(도달시간)가 한 모델에서 사용하는 변수라고 할 때, v가 커지면 t는 반비례하여 감소한다는 것이 물리법칙이다. 따라서 이 모델에서 v가 2배 증가하면 t는 1/2로 감소해야 한다. 만약 모델에서 v가 2배 증가했는데 t가 1/4로 감소했다면 이 모델에 문제가 있는 것이다.

모델 가정에 대한 실증은 모델의 구조적 가정과 모델에 입력되거나 출력된 데이터값들에 대한 확인이다. 구조적 가정은 시스템 운용 및 동작, 시스템을 구성하는 컴포넌트, 그리고 컴포넌트들 사이의 연결 관계에 대한 것들이다. 데이터에 대한 가정은 입력 데이터 모델과 출력 데이터의 통계적 특성에 대한 가정이다. 데이터 가정에 대한 실증은 데이터의 통계적 파라미터에 기반을 둔 통계적 가설 검증법을 사용하여 확인할 수 있다. 입력 데이터 모델에 대한 실증은 분포함수에 대한 통계적 가설 검증법이 사용되며, 출력 데이터의 실증은 모델의 출력 데이터와 대상 시스템의 출력 데이터의 적합성(Goodness-of-fit) 검정으로 판정한다.

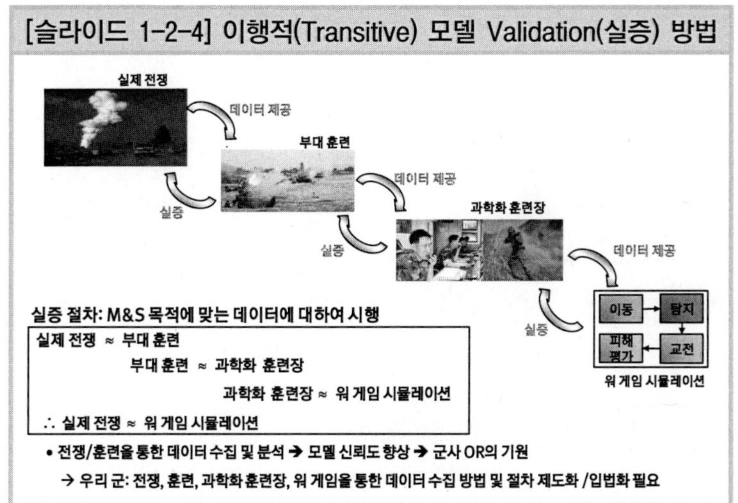

[1-2-4]

실제 전쟁 상황을 워 게임 모델로 대체하여 시뮬레이션 분석하고자 할 때, 워 게임 모델의 실증이 선행되어야 한다. 실증을 위해서는 실제 전쟁에서 수집된 데이터와 워 게임 모델에서 발생시킨 데이터 사이의 적합성을 통계적으로 비교하여야 한다. 그러나 실제 전쟁 데이터와 워 게임 모델 데이터를 직접적으로 비교하는 대신에, 이행적(Transitive) 방법을 이용할 수 있다. 이행적 모델 실증에서는 실제 전쟁, 부대 훈련, 과학화 훈련장 및 워 게임 모델들을 순차적으로 겹쳐서 실증한다. 즉, 실제 전쟁과 부대 훈련을 실증하고 부대 훈련과 과학화 훈련장을 실증하며 과학화 훈련장과 워 게임 모델을 실증하는 것이다. 만약, 실제 전쟁 데이터와 부대 훈련에서 수집한 데이터가 통계적으로 일치한다고 하자. 또한 부대 훈련과 과학화 훈련장의 데이터, 과학화 훈련장과 워 게임 모델의 데이터가 각각 통계적으로 일치한다면, 실제 전쟁과 워 게임 모델의 데이터가 통계적으로 일치한다는 논리검증법이다. 실제로 전쟁/훈련 과정에서 데이터를 수집하고 분석하여 모델에 반영한 고 신뢰도 모델을 활용하여 국방체계의 효율적인 운용 방안을 연구하는 것이 군사 OR(운용연구: Operation Research)의 기원이다. 따라서 우리 군에서도 전쟁, 훈련, 과학화 훈련장 및 워 게임 모델의 데이터 수집 방법 및 절차를 제도화/법제화하는 것이 고 신뢰도 모델 확보 및 국방 운용연구를 위해 매우 중요하다.

[1-2-5] 목적지향적 M&S 및 V&V 예시

목적지향적 M&S 및 V&V의 예로 “내무반에서 사과 먹는 시스템”을 생각해 보자. 내무반에 병사들이 모여 사과를 나누어 먹는 시스템을 모델링하기 위해서 3가지의 목적을 설정하였다. 목적 1은 먹고 남은 사과의 개수를 구하는 것이고, 목적 2는 사과를 먹는 데 걸리는 시간을 구하는 것이며, 목적 3은 장병 1인당 1년에 먹는 사과의 총수를 구하는 것이다. M&S의 목적이 달라지면 모델 구조가 달라지고 모델 내부에 정의할 변수가 달라진다.

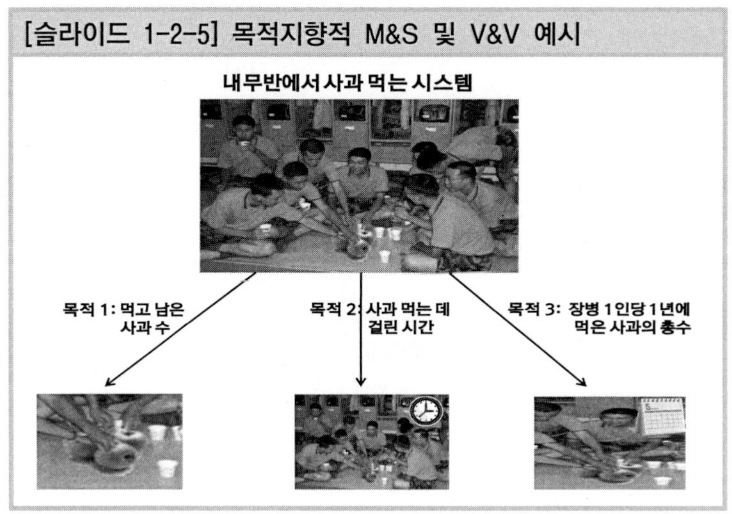

예를 들면, 목적 1에서 사과의 개수가 모델의 변수가 되지만 목적 2에서는 시계와 사과의 개수가 모델의 변수로 정의되어야 한다.

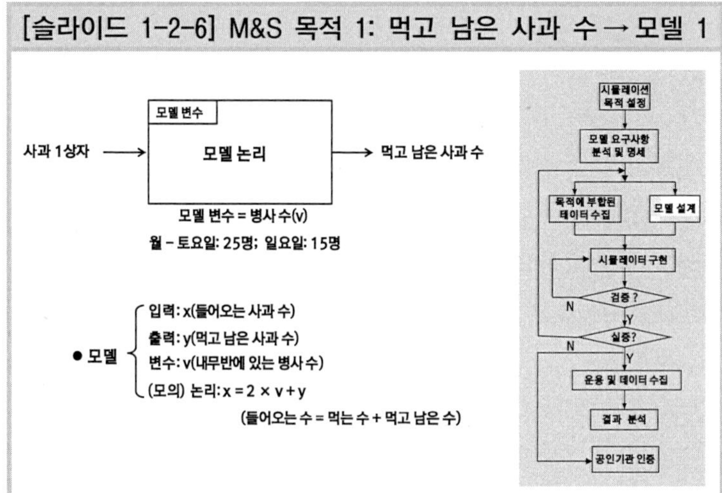

[1-2-6]

위 슬라이드의 오른쪽 다이어그램은 M&S 공학의 전체 수명주기를 나타내며, 현재 진행 중인 단계는 모델 설계 단계로 이 단계는 목적지향적으로 이루어져야 한다. 내무반 시스템에 대한 M&S의 목적은 "먹고 남은 사과 수"를 계산하는 것으로, 이를 모델 1로 정의하여 입력, 출력, 모델변수 및 모의논리를 그림과 같이 표현하였다. 모델 1의 입력은 내무반으로 들어오는 사과의 개수, 출력은 먹고 남은 사과의 수, 모델변수는 내무반에 있는 병사 수, 그리고 모의논리는 (들어오는 사과의 수 = 먹은 사과의 수 + 먹고 남은 사과의 수)로 기술한 것이다.

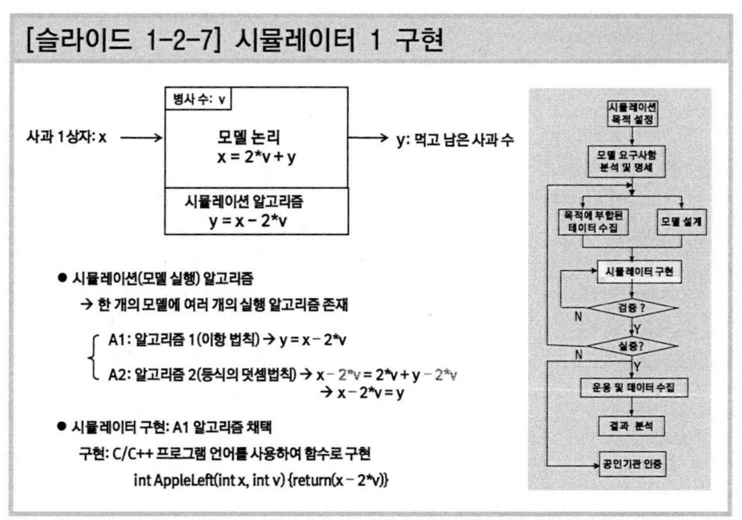

[1-2-7]
오른쪽에 표시한 M&S 공학 수명주기의 절차에 따라 설계된 모델 1을 S/W를 사용하여 시뮬레이터 1로 구현하였다. 시뮬레이터 1은 모델 1과 시뮬레이션 알고리즘으로 분리되어 구성되어 있다. 모델 1은 앞 슬라이드에서 정의한 모의논리로부터 방정식 $x = 2 \times v + y$로 표현된다. 모델 1($x = 2 \times v + y$)을 실행하여 출력 y를 구하는 시뮬레이션 알고리즘(혹은 시뮬레이션 엔진)은 여러 가지가 존재할 수 있다. 이 슬라이드에서는 2가지 알고리즘, A1과 A2를 예로 제시하였다. A1 알고리즘은 이항법칙을 이용하여 출력 y를 구하는 방법이며, A2는 등식의 덧셈법칙을 이용하여 출력 y를 구하는 방법이다. 여기서는 A1 알고리즘을 채택한 후 C 또는 C++ 언어를 사용한 간단한 시뮬레이터(함수) 구현 결과를 나타냈다.

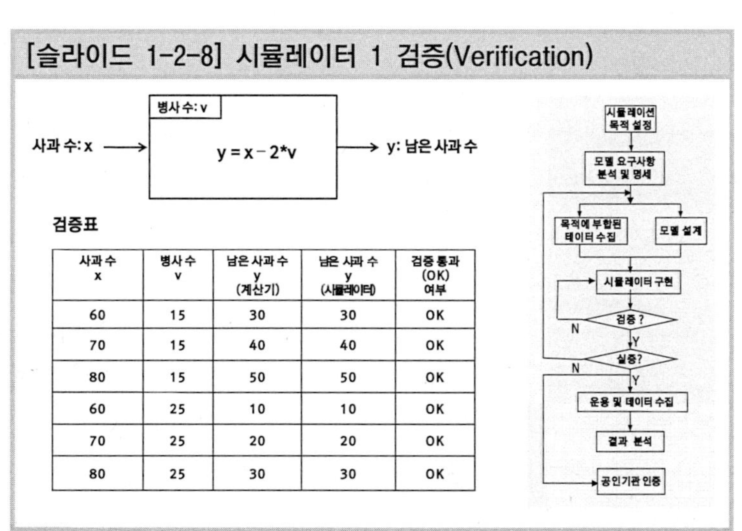

사과 수 x	병사 수 v	남은 사과 수 y (계산기)	남은 사과 수 y (시뮬레이터)	검증 통과 (OK) 여부
60	15	30	30	OK
70	15	40	40	OK
80	15	50	50	OK
60	25	10	10	OK
70	25	20	20	OK
80	25	30	30	OK

[1-2-8]
M&S 공학 수명주기에 따라 구현된 시뮬레이터를 검증(Verification)해 보기로 하자. 검증은 검증표에 나타낸 모든 가능한 입력과 병사 수에 대하여 시뮬레이터를 통해 구한 남은 사과의 수와 계산기로 계산한 것의 일치 여부를 확인하는 과정이다. 검증표에서 보인 바와 같이 모든 입력 조건과 병사 수에 대하여 검증이 통과되었다.

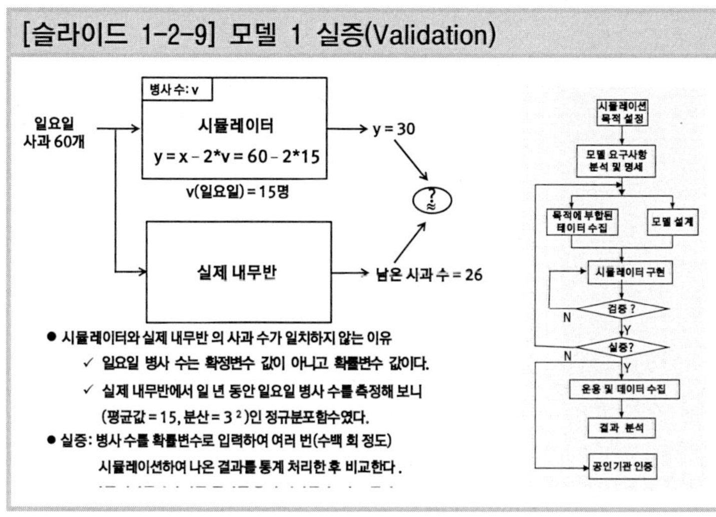

[1-2-9]
여기서는 구현된 시뮬레이터를 실증(Validation)해 보기로 하자. 슬라이드 왼쪽 위에는 모델 실증을 하기 위해 실제실험과 모의실험의 결과를 비교하는 방법을 표시하였다. 실제실험으로 일요일에 사과 60개를 내무반에 반입하여 병사들에게 먹게 한 후 먹고 남은 사과의 수는 26개로 확인되었다. 모의실험은 동일하게 사과 60개를 입력값으로 하여 시뮬레이터를 실행시킨 것으로서, 남은 사과 수는 30개로 확인되었다. 시뮬레이터의 출력과 실제시스템의 출력이 일치하지 않았기 때문에 모델 실증은 실패하였다.

모델의 조정(Calibration)을 위하여 두 출력이 일치하지 않은 원인을 분석하였다. 출력에 영향을 미치는 모델변수인 일요일 내무반 병사 수는 15명으로 확정된 값이 아니고 난수의 특성을 가지고 있다는 것을 발견하였다. 즉, 일요일에 내무반의 병사 수는 토요일에 외출/외박을 나간 병사 수에 따라 달라진다. 자세한 통계자료에 의하여 일요일에 내무반의 병사 수는 평균 15명, 분산 9명인 정규분포를 따르는 난수임을 알 수 있었다. 따라서 다음과 같은 과정으로 모델을 수정하여 재실증하였다. 첫째, 병사 수를 정규분포를 만족하는 확률변수로 만들어 하나씩 시뮬레이터에 입력하여 수백 회의 시뮬레이션을 반복하여 출력(남은 사과 수)을 구하였다. 둘째, 이렇게 구한 출력값들의 평균값과 신뢰구간을 구하여 통계적 가설검증법((5.2)절 참조)에 의해 실제 내무반에서 먹고 남은 사과의 수와 비교하였다.

[1-2-10] M&S 목적 2: 사과 먹는 데 걸리는 시간 → 모델 2

여기서는 M&S의 목적을 병사 한 사람이 사과 2개를 먹는 데 걸리는 시간을 구하는 것이라 가정하자. 모델 2는 이러한 목적에 부합되는 모델로서 입력, 출력, 모델변수 및 모의논리를 그림과 같이 표현하였다. 입력(x)은 사과먹기 시작시간이며 출력(y)은 사과먹기 종료

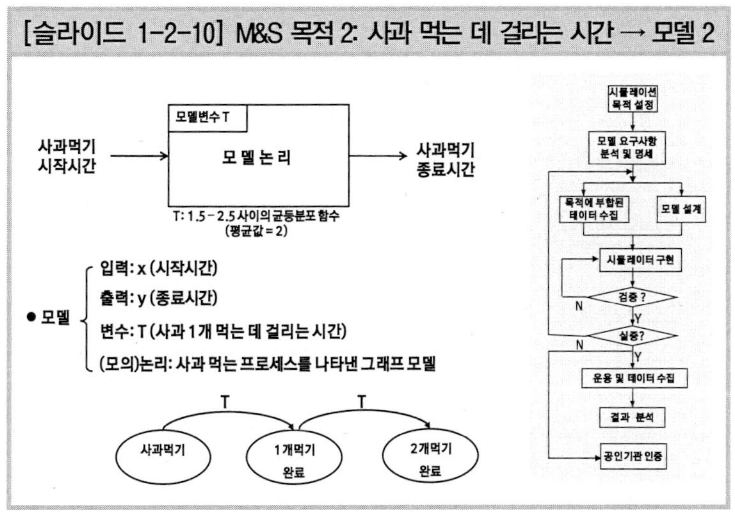

시간이다. 모델변수 T (단위는 초, 분, 시간 등)는 사과 1개를 먹는 데 걸리는 시간으로 정의하였다. T값은 난숫값으로 [1.5, 2.5] 사이의 균등분포 함수로 평균값은 2이다. 모의논리는 상태천이도(그래프) 형태로 명세하였으며, 사과먹기를 시작하여 T 경과 후에 1개를 다 먹고 다시 T 경과 후에 또 다른 1개를 다 먹는다는 의미이다.

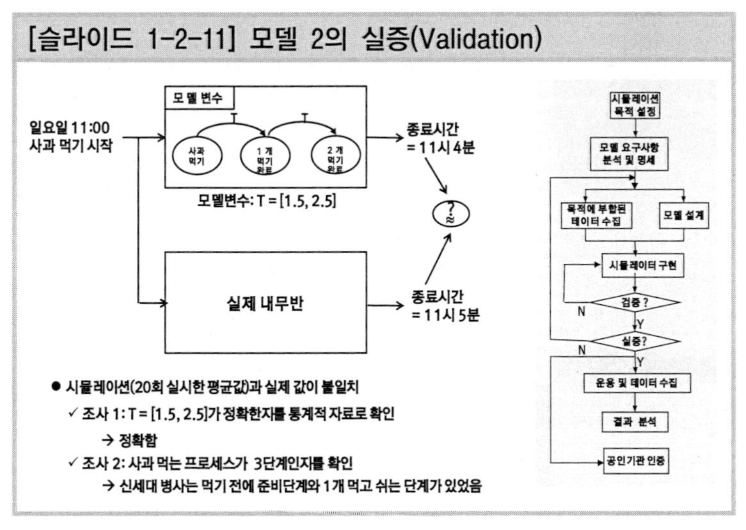

[1-2-11]

모델 2의 실증을 위하여 모델 1의 실증에서와 동일한 과정을 적용한다. 일요일 아침 11:00에 사과 2개를 먹기 시작하는 시나리오를 만들어 실제 내무반과 모델 2에 입력하였다. 모델 2에서는 T값이 확률변수이기 때문에 시뮬레이션을 20회 실시하고 평균값을 취하여 종료시간을 구하였다. 사과먹기 종료시간이 모델 2에서 11:04, 실제 내무반에서 11:05로 측정되어 두 출력의 결과가 불일치하기 때문에 모델 실증에 실패하였다.

실증 실패의 원인을 찾아 모델을 조정하기 위하여 데이터 실증과 모의논리 실증의 2가지 조사를 실시하였다. 데이터 실증은 T값이 통계적으로 정확한지를 확인하는 것이고 모의논리 실증은 사과먹기 프로세스가 정확한지를 확인하는 것이다. 이를 확인한 결과, T값은 통계적으로 정확하였지만 모의논리는 다른 점이 발견되었다. 즉, 사과를 먹는 과정에서 신세대 병사들의 프로세스는 먹기 전에 준비단계를 두고 있었으며 1개를 먹은 후 조금 쉬고 나서 2개째를 먹는 것이 확인되었다.

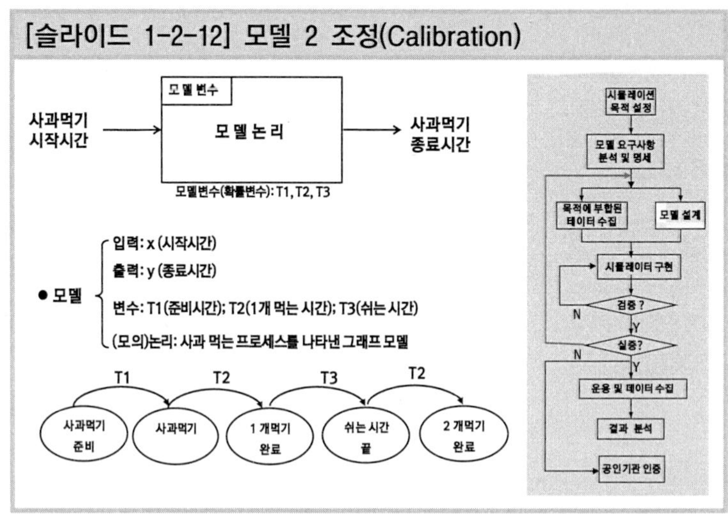

[1-2-12]

모델 2의 조성을 위하여 사과먹기 프로세스에 대한 모의논리를 슬라이드에 보인 것과 같이 수정하였다. 모의논리에 필요한 추가적인 모델변수를 T1(준비시간), T2(1개 먹는 시간), T3(쉬는 시간)을 확률변수로 정의하였다. 모의논리는 앞 슬라이드에서 설명한 신세대 병사들의 사과 먹는 프로세스를 반영한 상태천이도(그래프)이다. 모델 2의 실증은 슬라이드에서와 동일한 과정을 통해 데이터 실증과 모의논리 실증을 반복해야 한다.

1.3 국방 모델 모의수준 및 시뮬레이션 방법

[1-3-1] 국방시스템: 복합체계(SoS: System of Systems)

국방시스템은 여러 개의 독립적 시스템들로 구성되며 각 시스템이 개별적으로는 달성 불가능한 기능/성능/효과도를 만족시키는 복합체계(SoS: System of Systems)이다. 이러한 국방시스템을 한 가지 추상화 수준으로 모델링하는 것은 복잡도 제어 측면에서 비효율적이다. 따라서 국방시스템 모델은 공학급, 교전급, 임무급, 전구급의 4단계 수준으로 모의된다. 공학급 모델의 목적은 무기체계의 기능/성능을 표현하기 위함이다. 교전급 모델은 주어진 무기체계를 사용하여 1:1 또는 1:다수의 교전 능력을 모의하는 것이다. 임무급 모델은

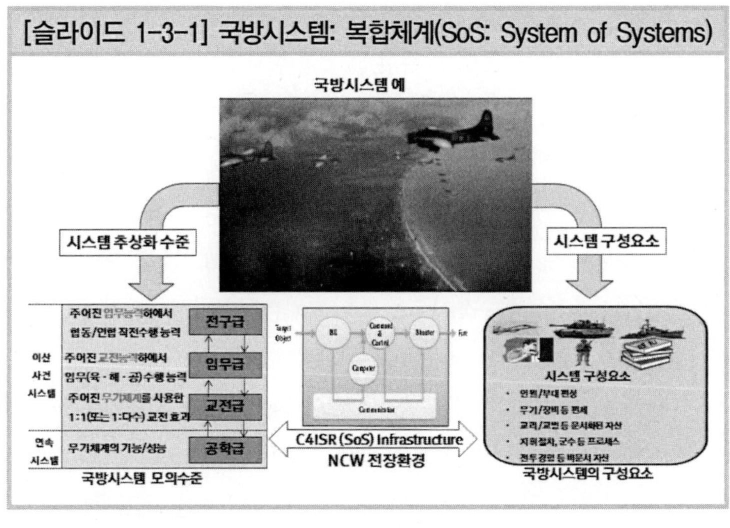

주어진 교전 능력을 통한 임무수행 능력을 모의하며, 전구급 모델은 주어진 임무수행 능력을 전제로 합동/연합 작전 수행 능력을 모의하는 것이다. 공학급 모의수준은 연속시스템 모델로 표현되며 교전급 이상의 모의수준은 이산사건 시스템 모델로 표현된다.

국방시스템 구성요소는 국방시스템을 운용하는 모든 부(sub) 체계들을 포함한다. 이들은 부대 편성, 무기/장비, 교리/교범 등과 같은 문서화된 자산, 지휘절차와 같은 프로세스, 그리고 전투경험 등과 같이 문서화되지 않은 자산을 포함한다. NCW(Network Centric Warfare)는 IT 기술을 기반으로 이러한 구성요소를 효율적으로 통합하여 수행하는 현대전 개념을 의미한다. NCW의 하부구조(Infrastructure)인 C4ISR은 ISR(정보·감시·정찰), C2(지휘·통제), C(통신), C(컴퓨터)로 구성되며 위 슬라이드의 아래 중앙에 표시된 정보처리 과정을 통해 적 위협에 대응하는 타격체계를 운용할 수 있도록 한다.

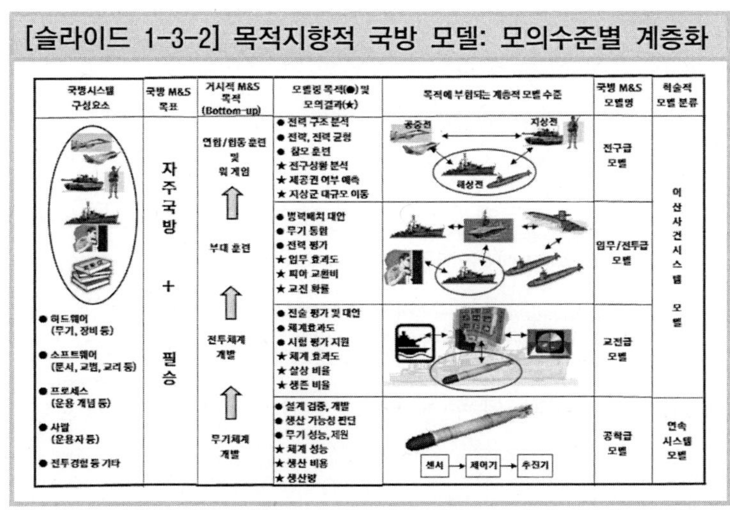
[슬라이드 1-3-2] 목적지향적 국방 모델: 모의수준별 계층화

국방시스템 구성요소	국방 M&S 목표	거시적 M&S 목적 (Bottom-up)	모델링 목적(●) 및 모의결과(★)	목적에 부합되는 계층적 모델 수준	국방 M&S 모델명	학술적 모델 분류
● 하드웨어 (무기, 장비 등) ● 소프트웨어 (문서, 교범, 교리 등) ● 프로세스 (운용 개념 등) ● 사람 (운용자 등) ● 전투경험 등 기타	자주국방 + 필승	연합/합동 훈련 및 워 게임	● 전력 구조 분석 ● 전략, 전력 균형 ● 참모 훈련 ★ 전구상황 분석 ★ 제공권 여부 예측 ★ 지상군 대규모 이동	공중전 지상전 해상전	전구급 모델	이산사건시스템 모델
		부대 훈련	● 병력배치 대안 ● 무기 통합 ● 전력 평가 ★ 임무 효과도 ★ 피아 교환비 ★ 교전 확률		임무/전투급 모델	
		전투체계 개발	● 전술 평가 및 대안 ● 체계효과도 ● 시험 평가 지원 ★ 체계 효과도 ★ 살상 비율 ★ 생존 비율		교전급 모델	
		무기체계 개발	● 설계 검증, 개발 ● 생산 가능성 판단 ● 무기 성능, 제원 ★ 체계 성능 ★ 생산 비용 ★ 생산량	센서 → 제어기 → 추진기	공학급 모델	연속 시스템 모델

[1-3-2]

국방시스템은 복합체계로서 전체적인 기능/성능/효과도를 한 개의 모델로 표현하는 것은 현실적으로 불가능하다. 따라서 국방 모델은 모델링 목적에 따라 모의수준을 4단계로 계층화시킨 후 모의수준별로 별도의 모델을 개발하여 운용한다. 국방

시스템은 H/W, S/W, 프로세스, 사람, 전투경험 등 다양한 구성요소들이 포함되며 여러 형태의 모델들로 추상화될 수 있다. 국방 M&S의 목표를 "자주국방과 필승"으로 정할 경우, 이 목표를 달성하기 위한 거시적 목적은 무기체계 개발, 전투체계 개발, 훈련 등이 될 수 있다.

각 모의수준에서 설정된 모델링 목적과 모델을 사용한 모의결과를 각각 ●표와 ★표로 표시하였다. 예를 들어, 무기체계 개발에서 모델링 목적(●)은 체계 설계 검증, 개발, 생산 가능성 판단, 무기 성능, 제원 등을 측정하는 것이고, 모의결과(★)는 성능, 생산 비용, 생산량 등이 될 것이다.

잠수함에 탑재된 어뢰 무기체계를 개발하는 경우를 예로 생각해 보자. 어뢰의 공학급 모델은 센서모델, 제어모델, 추진모델로 구성되어 있다. 센서모델은 수중 음향을 탐지하는 소나의 기능을 음향 공학적으로 표현해야 하며, 제어모델은 센서가 탐지한 목표물을 추적하기 위한 알고리즘이 포함되며, 추진모델은 어뢰의 기동방정식이 포함되어야 한다. 어뢰와 함께 다른 무기체계들을 잠수함에 탑재하여 전술적으로 운용할 수 있도록 구성하면 잠수함 전투체계가 된다. 잠수함과 수상함을 사용한 여러 형태의 작전 훈련들이 해상전 부대훈련이 되며, 여기에 지상전, 상륙전 등의 요소를 포함시키면 연합/합동 훈련이 된다.

M&S 공학에서 다루는 학술적 모델 형태는 연속시스템 모델과 이산사건 모델로 나누어진다. 연속시스템 모델은 대상체계(예: 어뢰)의 변숫값(예: 현재 위치)을 실숫값으로 정의한 후 변숫값의 갱신을 모든 시간에 대하여 추적하는 모델이다. 반면, 이산사건 모델은 대상체계(예: 센서)의 변숫값(예: 탐지 유무)을 이산값(예: {탐지, 미탐지})으로 정의한 후 변숫값을 사건이 발생할 때 갱신하는 모델이다. 연속시스템 모델과 이산사건 모델은 각각 미분방정식과 DEVS 방정식으로 표현될 수 있다.

[1-3-3] 국방모델링 수학 공식 및 도메인 지식

모의수준에 따른 국방 모델들의 예를 슬라이드에 열거하였다. (훈)은 훈련용을 (분)은 분석용을 의미한다. 여기서 주의할 것은 같은 모델이 다른 모의수준에서도 운용될 수 있다는 것이다. 예를 들면, EADSIM(통합방공작전모델)은 교전급 및 임무급으로 운용될 수 있다. 교전급 이상 모의수준을 표현하는 이산사건 모델은 일반적으로 DEVS 방정식으로 표현되지만 몇 가지 가정 사항을 고려하면 연속시스템 방정식의 일종인 란체스터 방정식으로도 표현할 수 있다.

모델링은 모델링 틀에 대상체계의 도메인 지식을 채워 넣는 과정이라고 하였다. 교전급

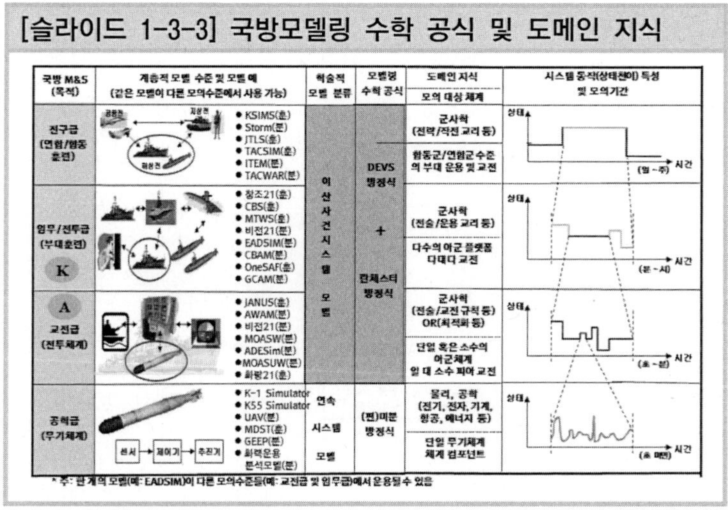

[슬라이드 1-3-3] 국방모델링 수학 공식 및 도메인 지식

국방 M&S (목적)	계층적 모델 수준 및 모델 예 (같은 모델이 다른 모의수준에서 사용 가능)	학술적 모델 분류	모델링 수학 공식	도메인 지식 / 모의 대상 체계	시스템 동작(상태천이) 특성 및 모의기간
전구급 (연합/합동 훈련)	공중전, 지상전, 해상전 ● KSIMS(훈) ● Storm(분) ● JTLS(훈) ● TACSIM(훈) ● ITEM(분) ● TACWAR(분)	이산사건시스템 모델	DEVS 방정식 + 칸체스터 방정식	군사학 (전략/작전 교리 등) / 합동군/연합군 수준의 부대 운용 및 교전	상태, 시간 (월~주)
임무/전투급 (부대훈련) K	● 창조21(훈) ● CBS(훈) ● MTWS(훈) ● 비전21(분) ● EADSIM(분) ● CBAM(분) ● OneSAF(훈) ● GCAM(분)			군사학 (전술/운용 교리 등) / 다수의 아군 플랫폼 다대다 교전	상태, 시간 (분~시)
A 교전급 (전투체계)	● JANUS(훈) ● AWAM(분) ● 비전21(분) ● MOASW(분) ● ADESim(분) ● MOASUW(분) ● 화랑21(훈)			군사학 (전술/교전 규칙 등) OR(최적화 등) / 단일 혹은 소수의 아군체계 일 대 소수 피아 교전	상태, 시간 (초~분)
공학급 (무기체계)	센서 → 제어기 → 추진기 ● K-1 Simulator ● K55 Simulator ● UAV(분) ● MDST(훈) ● GEEP(분) ● 화력운용 분석모델(분)	연속 시스템 모델	(편)미분 방정식	물리, 공학 (전기, 전자, 기계, 항공, 에너지 등) / 단일 무기체계 체계 컴포넌트	상태, 시간 (초 미만)

* 주: 한 개의 모델(예: EADSIM)이 다른 모의수준들(예: 교전급 및 임무급)에서 운용될 수 있음

이상은 도메인 지식으로 군사학 지식이 필요하며, 공학급의 도메인 지식으로는 물리, 공학 등이다. 구체적으로, 전구급, 임무급, 교전급 및 공학급의 도메인 지식은 각각 전략/작전 교리, 전술/운용 교리, 전술/교전 규칙 및 전기/전자/전산/기계/항공 공학 등이다. 모의 대상 체계로는 전구급의 경우 합동군/연합군 수준의 전투, 임무급의 경우는 다대다 교전, 교전급의 경우는 일대일(다) 교전, 그리고 공학급의 경우는 단일 무기체계이다. 대상 체계의 모의수준이 높을수록 모의 시간 간격은 길어지며 모의 상세도/정확도는 떨어지게 된다.

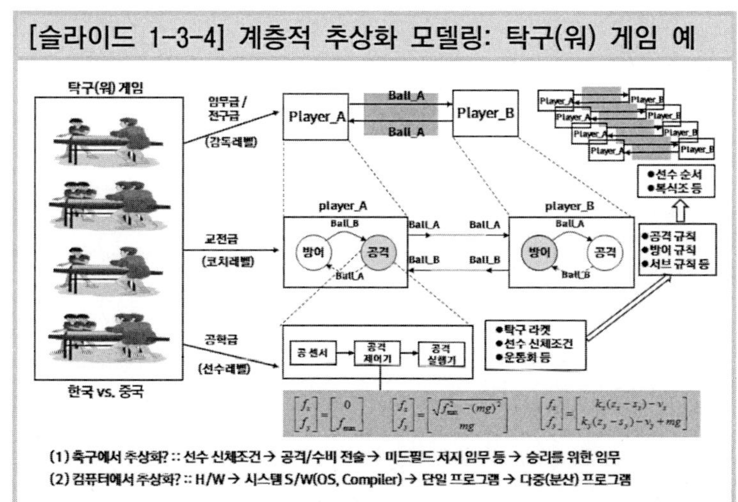

[1-3-4]

국가대항전 탁구게임은 임무급/전구급 워 게임에 대응된다. 임무급 수준 모의에서는 경기에서의 승리를 위해서 일 대 일(단식) 및 이 대 이(복식) 게임을 누가 어떤 순서로 수행할지를 결정하는 전술/전략을 표현해야 한다. 교전급 수준 모의에서는 게임이 진행되는 과정의 공격과 수비에서 득/실점 규칙, 서브 규칙 등이 표현되어야 한다. 공학급 수준 모의에서는 게임에 사용되는 자원(사람, 탁구공, 탁구라켓)들의 제원, 즉 선수 신체조건, 탁구공과 탁구라켓, 운동화 등의 물리적 특성을 표현해야 한다.

따라서 공학급은 선수레벨, 교전급은 코치레벨, 그리고 임무급/전구급은 감독레벨에서 모의된다. 국방 M&S 모델의 4가지 모의수준은 탁구뿐만 아니라 축구를 포함한 모든 스포츠 게임에 적용될 수 있다. 아울러, 컴퓨터에서도 H/W는 공학급, 시스템 S/W(OS, 컴파일러)는 교전급, 단일 응용프로그램은 임무급, 그리고 다중(분산) 응용프로그램은 전구급에 대응하는 것으로 생각할 수 있다.

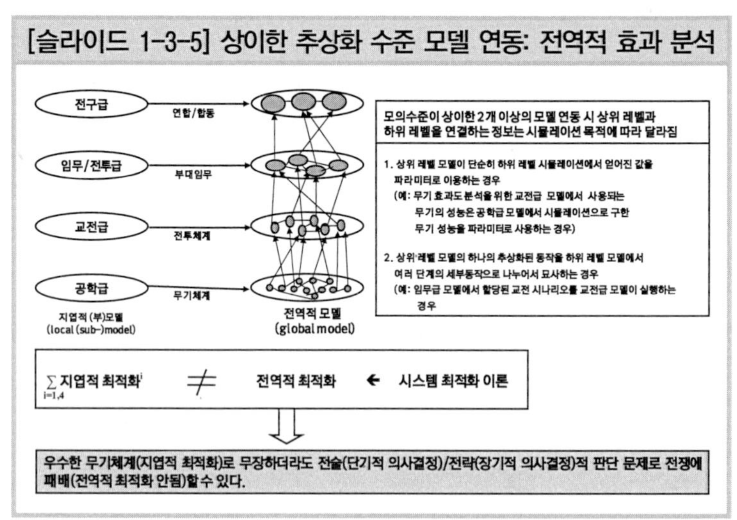

[1-3-5]
모의분석은 모의수준별로 나누어진 공학급, 교전급, 임무급 및 전구급 모델들을 지엽적인 관점에서 독립적으로 수행할 수 있다. 모델의 연동은 모의수준이 상이한 모델들을 상호 운용하는 한 가지 방법이다. 인접한 모의수준 모델들을 연동하여 상호 운용할 경우, 상위 모의수준 모델은 하위 모의수준 모델에서 미리 모의된 결과값을 파라미터로 활용할 수 있다. 반대로, 하위 모의수준 모델은 상위 모의수준 모델의 기능 혹은 시나리오를 구체적으로 모의할 수 있다.

공학급에서 전구급까지 연동된 전역적 모델의 분석은 모의수준별 모델들의 독립적, 지엽적 분석에서 발견되지 못한 전투발전요소들의 새로운 융합을 발견할 수 있다. 시스템 최적화 이론에서는 지엽적으로 최적화된 값들의 조합이 반드시 전역적 최적화 값이 되지는 않는다. 예를 들면, 주어진 제원(공학급)을 갖는 무기체계로 교전을 할 경우, 교전 교리/수칙(교전급)에 의해 교전의 승패가 좌우된다. 즉, 우수한 무기체계(지엽적 최적화)로 무장을 하더라도 전술/전략적 판단 오류로 전쟁에 패배(전역적 최적화 실패)할 수 있다는 것을 의미한다.

[1-3-6] 공학급 모델 개요

공학급 모델은 단일 무기체계/장비 또는 체계 컴포넌트 등을 물리/공학을 기반으로 표현한

[슬라이드 1-3-6] 공학급 모델 개요

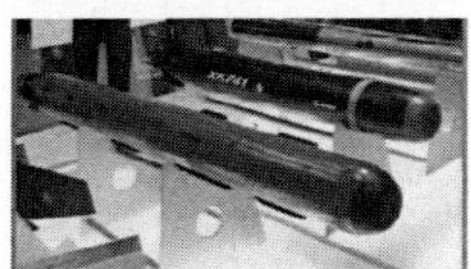

(1) 모델 특성

- 물리/공학을 기반으로 시스템을 모사함
- 기능 검증, 성능 측정(MOP: Measure of Performance), 생산성, 컴포넌트의 비용 등을 측정

모의 대상 체계	모델링 목적	모의결과	동작특성 및 모의기간	도메인 지식
• 단일 무기체계 • 체계 컴포넌트	• 설계 검증, 개발 • 생산 가능성 판단 • 무기 성능, 제원	• 체계 성능 • 생산 비용 • 생산량	상태 / 시간 (초 미만)	물리, 공학 (전기, 전자, 기계, 항공, 에너지 등)

(2) 모델 예 → 획득용의 경우 전력화된 모델이 제한적임

훈련용	분석용	획득용
• UAV Simulator • GEEP • K-1 Simulator • K55 Simulator	• 화력운용 분석모델 • MDST	• 국방관련 연구소 및 방위산업체 등에서 자체 개발/보유하여 공개가 제한적임

수학적 모델이다. 훈련용 모델은 주로 부대 훈련 절차, 시뮬레이터 장비 설계 및 제작에 사용되고, 분석용 모델은 분석 대상 체계의 세부 기능/동작 모의에 사용되며, 획득용 모델은 체계 설계 및 검증, 성능 예측, 비용 분석 등에 사용된다. 이 슬라이드에서는 공학급 모델의 모의 대상 체계, 모델링 목적, 모의결과, 동작특성, 모의기간 및 도메인 지식을 정리하였고 한국군 보유 훈련용/분석용 공학급 모델들의 예를 제시하였다. 획득용 모델인 경우, 군에서 전력화된 획득용 모델의 사례는 거의 없다. 왜냐하면, 군에서는 직접 체계개발을 하지 않으며 체계개발을 담당하는 국방관련 연구소 또는 방산업체 등에서 획득(체계개발)용 모델들을 자체적으로 개발/보유하고 있기 때문이다.

[슬라이드 1-3-7] 교전급 모델 개요

(1) 모델 특성

- 일 대 일, 혹은 일 대 소수의 피아 교전 상황과 같은 제한된 교전 시나리오 묘사
- 특정 목표 또는 적의 위협체계에 대해서 개별 플랫폼과 무기체계의 효과도(MOE: Measure of Effectiveness)를 측정함

모의 대상 체계	모델링 목적	모의결과	동작특성 및 모의기간	도메인 지식
• 단일 혹은 소수의 아군 체계 • 일 대 소수 피아 교전	• 전술 평가 및 대안 • 체계 효과도 • 시험 평가 지원	• 체계 효과도 • 살상 비율 • 생존 비율	상태 / 시간 (초 ~ 분)	• 군사학 (전술/교전 규칙 등) • OR(최적화 등)

(2) 모델 예

훈련용	분석용
• JANUS • 화랑21	• 비전21 • AWAM • MOASW • MOASUW

[1-3-7]

교전급 모델은 일 대 일 또는 일 대 소수의 피아 교전 상황과 같은 제한적인 교전 시나리오를 모의하며, 특정 목표 또는 적의 위협체계에 대한 개별 플랫폼 및 무기체계의 효과도를 측정한다. 이 슬라이드에서는 교전급 모델의 모의 대상 체계, 모델링 목적, 모의결과, 동작특성, 모의기간 및 도메인 지식을 정리하였고 한국군 보유 교전급 모델들의 예를 제시하였다.

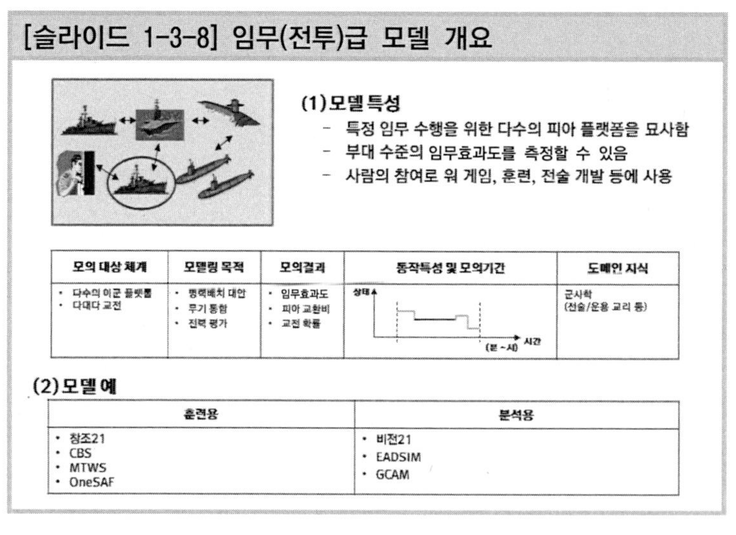

[1-3-8]

임무급 모델은 주어진 임무 수행을 위한 다수의 피아 플랫폼을 모의하여 부대 수준의 임무효과도(성공률)를 측정한다. 게이머의 참여로 워 게임, 훈련, 전술 개발 등에 사용된다. 이 슬라이드에서는 임무급 모델의 모의 대상 체계, 모델링 목적, 모의결과, 동작특성, 모의기간 및 도메인 지식을 정리하였고 한국군 보유 임무급 모델들의 예를 제시하였다.

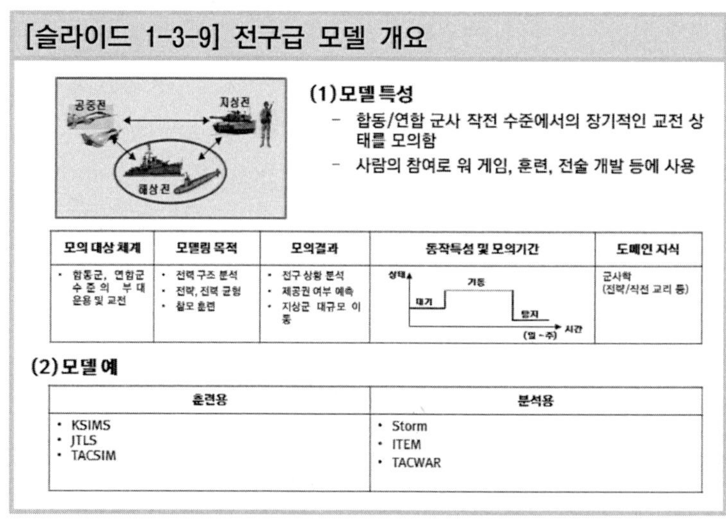

[1-3-9]

전구급 모델은 합동/연합 군사 작전 수준을 표현하여 장기적인 교전 상태를 모의한다. 게이머의 참여로 워 게임, 훈련, 전술 개발 등에 사용된다. 이 슬라이드에서는 모의 대상 체계, 모델링 목적, 모의결과, 동작특성, 모의기간 및 도메인 지식을 정리하였고 한국군 보유 전구급 모델들의 예를 제시하였다.

[1-3-10] 국방 시뮬레이션 방법: L, V 및 C

시뮬레이션은 모델(모의 시나리오)을 실행시키는 과정이다. 국방 M&S에서 시뮬레이션 방법은 시스템(체계, 장비)과 이를 운용하는 운용자의 형태에 따라 다르게 정의된다. 시스

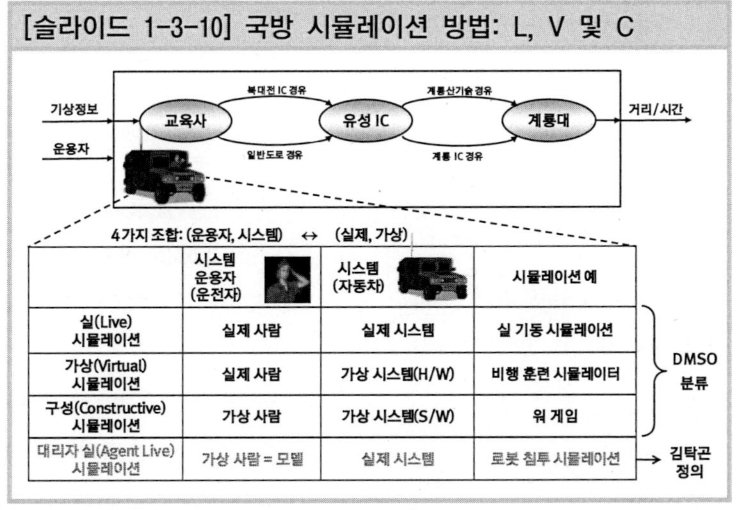

	시스템 운용자 (운전자)	시스템 (자동차)	시뮬레이션 예
실(Live) 시뮬레이션	실제 사람	실제 시스템	실 기동 시뮬레이션
가상(Virtual) 시뮬레이션	실제 사람	가상 시스템(H/W)	비행 훈련 시뮬레이터
구성(Constructive) 시뮬레이션	가상 사람	가상 시스템(S/W)	워 게임
대리자 실(Agent Live) 시뮬레이션	가상 사람 = 모델	실제 시스템	로봇 침투 시뮬레이션

템은 실제 또는 가상 시스템으로 2가지 형태가 있고, 운용자도 실제 또는 가상 사람(S/W, 모델)으로 2가지 형태가 있다. 실제 사람이 실제 시스템에서 주어진 모의 시나리오를 실행시키는 것을 Live 시뮬레이션이라고 정의한다. 실제 사람이 가상 시스템(시뮬레이터 장비)에서 주어진 모의 시나리오를 실행시키는 것을 Virtual 시뮬레이션이라고 정의한다. 가상 사람(모델)이 가상 시스템(모델)에서 주어진 모의 시나리오를 실행시키는 것을 Constructive 시뮬레이션이라고 정의한다. Live, Virtual, Constructive 시뮬레이션은 미 국방성 산하 M&S 사무국(DMSO: 현재는 MSCO로 변경됨)에서 정의하였다.

시스템과 운용자의 조합 중 마지막 한 가지는 가상 사람(모델 혹은 S/W)이 실제 시스템을 사용하여 주어진 모의 시나리오를 실행시키는 시뮬레이션으로, 저자는 개인적으로 Agent Live 시뮬레이션이라고 정의하였다. Agent Live 시뮬레이션은 무인기, 로봇 등을 시뮬레이션하는 데 사용될 수 있다. 무인기/로봇은 실제 시스템이지만 이들을 움직이는 것은 가상 사람(S/W 혹은 모델)이기 때문이다. Agent Live 시뮬레이션은 무인/로봇 무기체계를 개발할 때 이들 무기를 이용한 교전/운용 전술 등을 개발하는 데 유용하게 사용될 수 있을 것이다.

[1-3-11] 대리자 실 시뮬레이션 응용 예: 보·로 협동작전

저자가 정의한 국방 시뮬레이션의 4번째 방법인 대리자 실(Agent Live) 시뮬레이션의 응용 예로서 보병 특수부대와 로봇 간의 보·로 협동작전을 가정해 보자. 작전의 목적은 고층 건물의 지하 2층에 감금된 인질을 구출하는 것이며 최소의 구출시간과 최소의 인명피해를 목표로 한다. 공격목표와 일정한 거리의 위치에 로봇과 특수부대가 집결해 있다. 로봇은 공격목표에 대한 정보를 수집하여 무선통신을 통하여 특수부대에 전달한다. 지네 로봇은 건물 지하의 상세도를 영상으로 촬영하고 잠자리 로봇은 건물 상공에서 영상을 촬영한다.

지하와 지상에서 촬영한 영상 정보를 무선통신으로 수신한 특수부대는 M&S를 통하여 미리 검증된 절차(교리)에 따라 구출작전을 즉시 개시한다. 따라서 M&S의 목적은 구출작전 수행을 위한 효과적인 보·로 협동체계 및 구출절차(교리)를 도출하고, 작전에 소요되는 예상시간 및 작전수행에 따른 피해를 예측하는 것이다.

[슬라이드 1-3-12] L, V, C 시뮬레이션의 특징 및 활용

		구성(Constructive) 시뮬레이션	가상(Virtual) 시뮬레이션	실 기동(Live) 시뮬레이션
특 징		• 실험을 위한 다양한 시나리오 구성 용이 • 다양한 모의수준에서 다양한 성능/효과 지수의 신속한 측정	• 실제 장비와 유사한 물리적 환경에서 장비 조작/숙달 훈련 • 훈련자의 육체적/정신적 능력 반영	• 실시간 실행으로 인한 시나리오 반복 및 재연 불가 • 실험 환경의 시간적/공간적 제약 및 안전성/경제성 문제
활용 방안	훈련용	• 다양한 모의수준에서 워게임	• 장비/시스템 숙달	• 전투실험 주제를 구현하는 실 기동 실험
	분석용	• 전력 구조(기술 인프라, 전술, 구조, 교리) 제안 및 분석 • V, L 시뮬레이션용 시나리오 모의실험	• 훈련자의 실시간 의사 결정 능력 • 장비의 기능 및 성능 측정	• C, V 시뮬레이션에서 사용되는 변수에 대한 원천 자료 제공 • C, V 시뮬레이션 모델 실증(Validation)
표준 연동구조 및 기술현황		• DIS: V-V 간의 연동 • HLA(DIS++): C-C 및 C-V 간의 연동 • TENA(Test and Training Enabling Architecture): L-L - 훈련 장비/실체계 연동 • DIS-HLA - TENA 연동 불가 → LVC-IA 제안(2011~구현 목표)		

[1-3-12]

여기서는 L, V, C 시뮬레이션 각각에 대한 특징과 활용 방안을 요약하였고, 2개 이상의 시뮬레이션을 연동하는 데 사용되는 표준 연동구조 및 기술현황을 소개하였다. L, V, C 각 시뮬레이션의 특징과 활용방안은 이 슬라이드에 기술된 내용을 참조하기로 한다. 표준 연동구조는 2개 이상의 독립 시뮬레이션을 연동하여 시뮬레이션하는 데 사용되는 인터페이스와 객체모델을 정의한다. 연동 대상 시뮬레이션의 형태는 V-V 연동, C-C 연동, L-L 연동과 같이 동일한 형태가 될 수도 있고 V-C 연동, L-C 연동, L-V-C 연동과 같이 이기종 시뮬레이션이 연동될 수도 있다. 표준 연동구조 및 기술현황은 "제7장 M&S 체계 연동 기술"에서 자세히 다루기로 한다.

[슬라이드 1-3-13] 민수 M&S와 국방 M&S 비교

	민수 M&S	국방 M&S
대상 시스템	민수 시스템	국방 시스템
시스템 예	전기, 전자, 기계, 항공, 생산, 경제, 경영 등 (구성요소 예: 사과, 배)	무기체계, 전투체계, 전술학, 인사, 군수 등 (구성요소 예: 군화, 소총)
공통점	● 수학적 모델링 틀(모델링 공식)은 동일함 ■ 연속시간 시스템 → 미분방정식(수식으로 표현) ■ 이산사건 시스템 → DEVS 방정식(객체 형식으로 표현)	
차이점	● 공학 시스템(전기, 기계 등) 개발에 주로 사용 ● 공학급 수준 모델 사용 → 미분방정식 모델 ● 도메인 지식 → 공학 교과서	● 공학급, 교전급, 임무급, 전구급 등 ● 공학급 → 미분방정식 모델 ● 교전급 이상 → DEVS 방정식 모델 ● 도메인 지식 → 군사과학 교과서

[1-3-13]
민수 M&S와 국방 M&S를 몇 가지 관점에서 비교하여 보자. 민수 M&S의 경우 대상 시스템은 전기, 전자, 기계, 항공, 생산, 경제 시스템 등이 된다. 국방 M&S의 경우 대상 시스템은 무기체계, 전투체계, 전술학, 인사, 군수 시스템 등이 된다. 민수와 국방 M&S의 공통점은 사용하는 용어만 다를 뿐, 수학적인 모델링 틀이 같다는 것이다. 사용되는 모델링 틀은 연속시간 시스템의 경우 미분방정식, 이산사건 시스템의 경우 DEVS 방정식을 이용할 수 있다. 반면에 민수와 국방 M&S의 차이점은 모델의 모의수준에서 찾아볼 수 있다. 민수 M&S 대상은 대부분 전자 혹은 기계 등이 포함된 공학 시스템으로 전공 교과서에 잘 기술된 도메인 지식을 사용하며 국방 모의수준 관점에서 보면 공학급 M&S에 국한된다. 반면 국방 M&S는 국방시스템의 복잡도 때문에 모의수준을 공학급, 교전급, 임무급, 전구급의 4단계로 나누어 모델링한다. 공학급 모델은 자원의 물리적/공학적 특성을 연속 시스템으로 표현하기 때문에 미분방정식을 사용한다. 교전급 이상은 자원의 운용 특성을 이산사건 시스템으로 표현하기 때문에 DEVS 방정식을 사용한다.

[1-3-14] 민수/국방 M&S 기술의 현 실태

민수/국방 M&S의 현 실태를 M&S 기술 관점에서 알아본다. 국방 M&S의 영역으로는 모델 개발 기술, 모델 운용/분석 기술 및 M&S 정책 개발이 있다. 모델 개발 기술은 M&S 전문가에 의해 다루어지며, 모델 운용 기술은 OR 전문가에 의해 다루어진다. 이 전문가들을 자동차 도메인에서 비유하면, 각각 자동차를 만드는 기술자와 운전하는 사용자라고 할 수 있다. M&S 정책 개발 전문가를 위와 같이 비유하면 중·장기적으로 판매할 신차를 기획하는 기획자라고 할 수 있다.

국내 M&S 기술 전반에 대한 수준은 M&S 공학에 대한 체계적인 정규 교육과정 미흡으로 선진국에 비해 크게 뒤떨어져 있다. 다수의 대학교의 대학원 과정에 "국방 M&S 관련

[슬라이드 1-3-14] 민수/국방 M&S 기술의 현 실태

- ◆ 국방 M&S 영역 및 역할
  - ❖ 모델 개발 기술
    - ● M&S 전문가 → 자동차 만드는 사람
  - ❖ 모델 운용/분석 기술
    - ● OR 전문가 → 자동차 운전하는 사람
  - ❖ M&S 정책 개발
    - ● M&S 정책 및 중 · 장기 발전 계획 → 신차 기획하는 사람
- ◆ 모델 개발 기술의 체계적인 이론교육 미흡
  - ❖ 국내 다수의 "국방 M&S 학과" 혹은 유사 학과 존재
    - ● M&S 운용 기술(OR) 중심으로 교과과정 편성
  - ❖ 전자, 기계, 항공 등 공학 전공학과 교육
    - ● M&S 도구 사용자로 공학체계(공학급 모델) 분석/설계에 활용함
  - ❖ M&S 전문가 학술단체인 "한국시뮬레이션학회" 존재
    - ● 회원 수가 타 학회(예: 대한전자공학회 등)에 비해서 적고 활동 미미함

➔ "M&S 공학"의 정의 및 M&S 공학 전체 Life cycle에 대한 교육 필수

학과"가 존재하지만 M&S 운용 기술 중심으로 교과과정이 편성되어 있다. 민수분야의 전기/전자, 기계, 항공 등 공학 전공학과에서는 M&S 도구를 사용한 공학체계 분석/설계가 교과과정의 기본이지만 M&S 기술 자체에 대한 교육은 관심 대상이 아니다. 다행히 국내에서 M&S 전공자들이 참여한 "한국시뮬레이션학회"가 1991년도에 창립되어 전문가들이 꾸준히 관련 연구를 진행하고 있다. 그러나 M&S 기술의 산업적 한계성으로 인하여 타 학회(예: 전자공학회, 정보과학회 등)에 비해 관심이 부족하며 회원 수나 활동 면에서 크게 미흡한 실정이다.

1.4 국방체계 분석, 설계 및 최적화

[1-4-1] M&S 목적: 동작/기능 vs. 성능/효과도 모델링

모델링의 목적은 모델을 사용하여 무엇을 할 것인지를 결정하는 것으로, 시스템의 동작이나 기능을 검증, 또는 성능이나 효과도를 측정하는 것으로 나눌 수 있다. 시스템의 동작을 검증하는 모델에서는 검증 대상의 범위가 설정되어야 한다. 예를 들면, 시스템의 동작 기능이 5천 개인 경우, 모델에서 5천 개를 다 반영할 것인지 아니면 천 개만 반영할 것인지를 결정해야 한다. 그 후에, 검증 대상 범위를 만족하는 모델을 사용한 모의실험을 통하여 필요한 동작 검증을 한다. 성능/효과도 측정 모델에서는 측정지수가 정의되어야 하는데, 성능 지수는 throughput, delay time 등이 될 수 있으며 효과도 지수는 생존율, 임무성공률 등이 될 수 있다. 이들 지수를 반영한 모델이 개발되고 이를 이용하여 모의실험이 실행된 후 성능 측정이 이루어지게 된다. 국방 M&S 관점에서 시스템 동작은 주로 훈련 모델에서

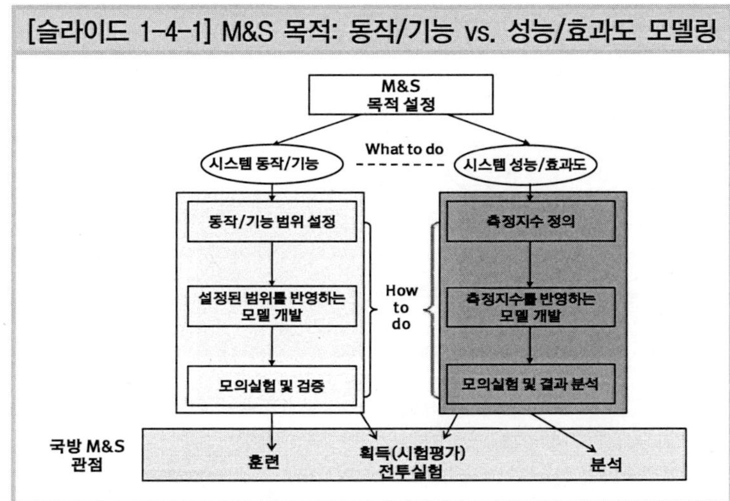

훈련 시나리오로 반영되며 시스템 성능/효과도는 주로 분석 모델에 반영된다. 또한 체계 획득(시험평가) 및 전투실험에서는 기능 혹은 성능 중 한 가지가 반영되거나 두 가지 모두를 반영한 모델이 필요하다.

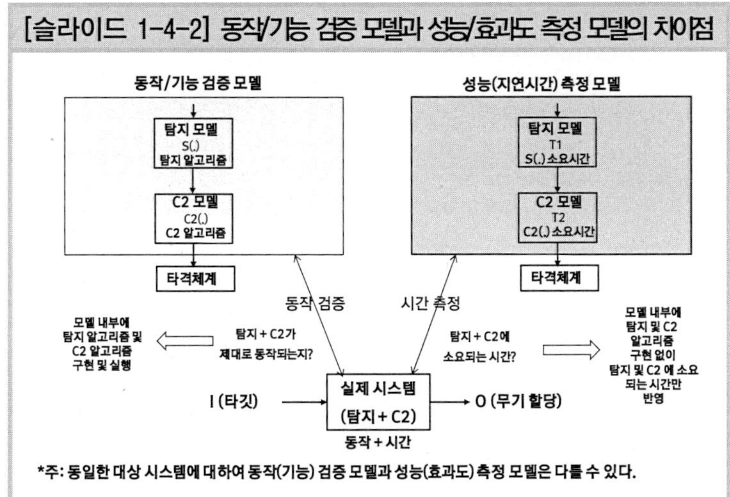

[1-4-2]

대상 시스템에 대한 동작/기능 검증 모델과 성능/효과도 측정 모델은 다를 수 있다. 예를 들어 탐지와 C2가 결합된 실제 시스템을 가정해 보자. 탐지는 외부의 객체가 어떤 범위 이내에 들어오는지를 관찰하며, C2(Command and Control)는 지휘통제로서 탐지된 정보를 이용하여 교전에 대한 의사결정을 한다. 슬라이드 왼쪽 위는 동작/기능 검증 모델이고, 오른쪽 위는 지연시간을 측정하는 모델이다. 동작/기능 검증 모델은 검증 대상인 탐지 및 C2 기능을 알고리즘으로 모델링할 필요가 있다. 그러나 지연시간 측정 모델인 경우, 탐지 및 C2 기능을 모델에 표현하지 않고 단지 탐지에 소요된 시간과 C2에 소요된 시간만 모델에 표현하면 된다. 이 경우, 탐지 및 C2 기능은 이미 검증된 상태이거나 성능 모델과는 무관하게 차후 검증하면 된다고 가정한다.

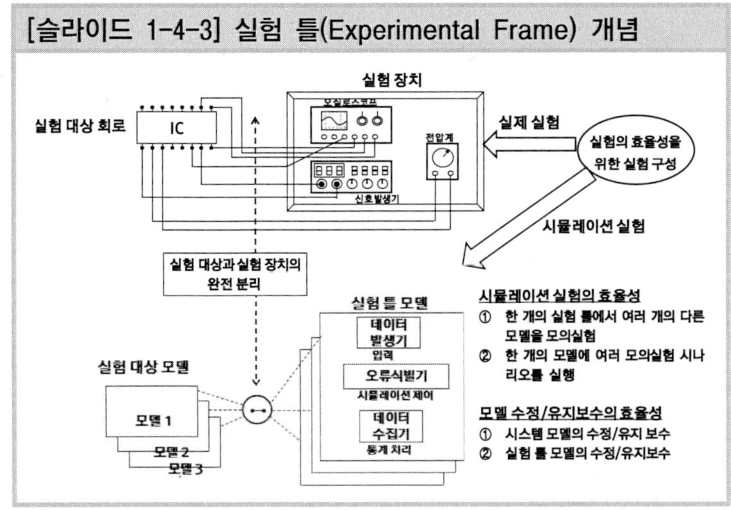

[1-4-3]

시뮬레이션 실험 틀은 실험 대상 모델과 실험을 위해 별도로 만들어진 모델을 분리하는 개념이다. 이러한 분리 개념은 전자공학 실험 등과 같은 타 공학 실험에서도 사용되는 것이다. 분리 개념을 이해하기 위하여 슬라이드 위의 전자회로 실험과 아래의 시뮬레이션 실험을 비교하였다. 전자회로 실험에서 대상 회로와 실험 장치는 물리적으로 다른 장치들이며 공간적으로 분리되어 있다. 실험 장치는 전자회로 실험실의 각 테이블에 미리 세팅되어 있는 것이고, 모든 전자회로 실험에 사용할 수 있다. 실험 장치는 회로에 신호를 가하는 신호발생기, 신호파형을 관찰하는 오실로스코프 및 회로의 각 점에서 전압을 측정할 수 있는 전압계로 구성되어 있다. 실험 장치 중 신호발생기는 실험 목적에 따라 파형의 종류, 파형의 주파수 및 진폭을 바꿀 수 있다.

시뮬레이션 실험에서도 실험 틀이 사용된다. 실험 틀 속에는 실험 대상 모델에 입력을 가하는 데이터 발생 모델(회로실험의 신호발생기에 대응), 시뮬레이션 실행 과정에서 변수들을 관찰하는 오류식별 모델(회로실험의 오실로스코프에 대응) 및 출력값을 측정하는 데이터 수집 모델(회로실험의 전압계에 대응)로 구성된다. 모델과 실험 장치를 분리한 시뮬레이션 실험 틀은 시뮬레이션 실험 및 모델 수정/유지보수를 효율적으로 수행할 수 있도록 한다. 시뮬레이션 실험의 효율성은 한 개의 실험 틀이 여러 개의 다른 모델 모의실험에 사용됨과 동시에 한 개의 모델로 여러 모의실험을 실행할 수 있다는 것이다. 모델 수정/유지보수의 효율성은 시스템 모델과 실험 틀 모델이 분리되어 독립적으로 수정 및 유지보수가 가능하다는 것이다.

[1-4-4] 실험 틀 예: 전구급 국방 시스템

모델링 목적이 전구급 전투에서 시간이 경과함에 따라 생존자 수를 구하는 문제라고 가정하자. 전구급 전투 시나리오를 기반으로 전구급 분석 모델을 개발한 후 실험 틀을 설계한다.

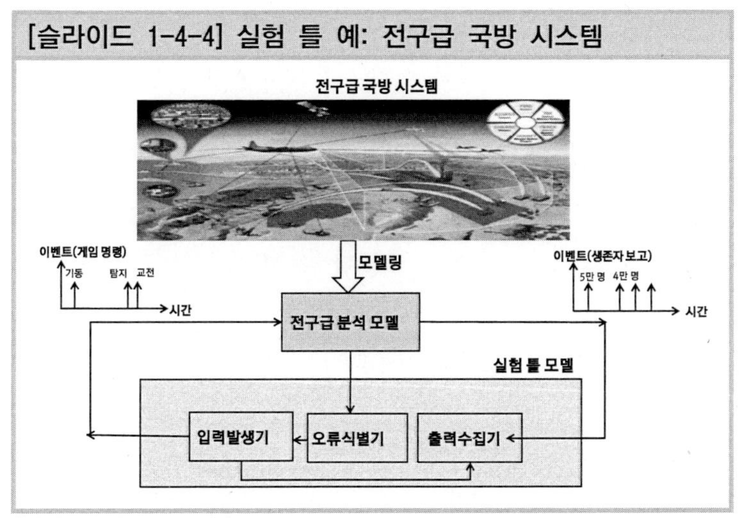

실험 틀 모델은 3개의 모델(입력발생기, 오류식별기, 출력수집기)로 구성된다. 입력발생기 모델은 전구급 분석 모델에 전투 시나리오를 제공한다. 오류식별기는 시뮬레이션이 진행되는 과정에서 생존자 수를 관찰하여 전투 도중에 생존자 수가 증가하면 오류라고 판단하고 시뮬레이션을 중단한다. 출력수집기는 시간이 경과함에 따라 생존자 수를 집계하여 통계 처리한다. 오류식별기는 시뮬레이션 진행 중 오류를 식별하여 시뮬레이션을 중단시키고 모델을 수정함으로써 모델의 검증을 용이하게 하고 불필요한 시뮬레이션 실행을 배제시키는 역할을 한다.

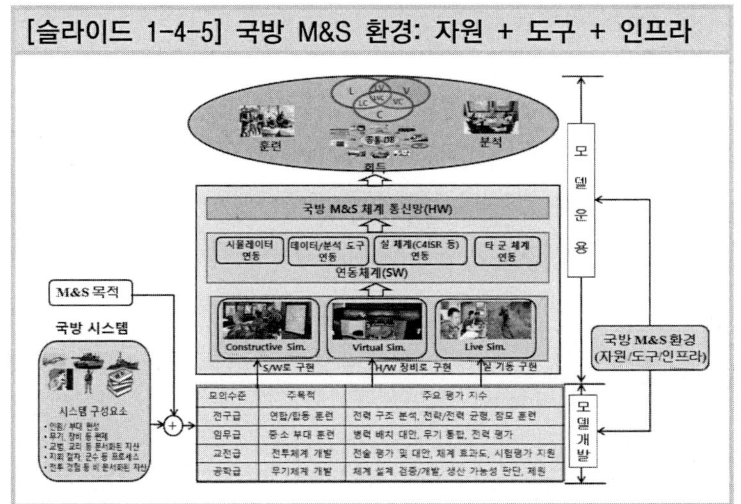

모의수준	주목적	주요 평가 지수
전구급	연합/합동 훈련	전력 구조 분석, 전략/전력 균형, 참모 훈련
임무급	중소 부대 훈련	병력 배치 대안, 무기 통합, 전력 평가
교전급	전투체계 개발	전술 평가 및 대안, 체계 효과도, 시험평가 지원
공학급	무기체계 개발	체계 설계 검증/개발, 생산 가능성 판단, 제원

[1-4-5]

국방 M&S 환경은 국방 모델들을 개발하여 훈련/분석/획득 과정에서 효율적으로 활용할 수 있도록 지원하는 자원/도구/인프라를 말한다. 국방 모델들은 국방시스템 구성요소들을 목적에 맞게(목적지향적으로) 모의하는 부(sub) 모델들을 결합한 것이다. 모델은 모의수준별로 공학급, 교전급, 임무급, 전구급 모델들로 나누어서 활용 목적에 맞게 개발된다. 모델의 형태는 S/W만으로 구현되어 Constructive 시뮬레이션으로 운용되는 모델, H/W 장비 형태로 구현되어 Virtual 시뮬레이션으로 운용되는 모델, 그리고 실 기동으로 구현되는 Live 시뮬레이션으로 구분할 수 있다. 이러한 3가지 형태의 모델들은 단독 운용이 기본이지만, 실제 작전 환경과 유사한 운용 환경을 제공하기 위하여 모델들 간의 연동(예: C-C, V-V, L-L, V-C, L-C, L-V-C 연동 등)이나 모델들과 타 체계들과의 연동(예: C-C4ISR 등) 형태로 운용될 수 있다. 연동을 지원하기 위해서는 별도의 연동체계(예: HLA/RTI 등)가 필요하며, 이러한 연동체계는 국방 M&S 체계 전용 통신망 위에서 운용되어 훈련/분석/획득의 목적으로 활용될 수 있다.

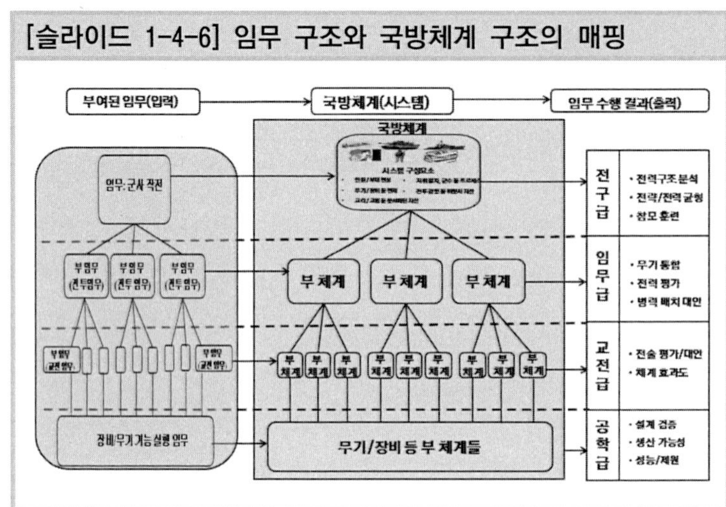

[1-4-6]

시스템은 외부 입력을 받아 내부 논리에 따라 이를 처리한 후 결과를 출력하는 기능을 한다. 국방체계(시스템)도 일반적인 시스템과 동일하게 부여된 임무를 입력으로 하여 임무를 수행한 후 임무 수행 결과를 출력한다. 일반적으로 시스템의 구조와 임무(입력)의 구조는 동일하지 않으며 시스템의 효율성은 임무(입력) 구조를 시스템 구조에 어떻게 매핑하는지에 따라 달라진다. 국방체계는 시스템에 입력되는 부여된 임무 구조와 시스템 구조를 1:1로 매핑(임무 혹은 부임무들을 시스템 구성요소에 할당하는 것)시킴으로써 시스템의 효율성(임무수행 효율성)을 극대화한 시스템이다. 즉, 군 작전 수행을 위한 임무 구조는 계층구조로서 이를 실행하는 부대/조직의 구조도 동일하게 계층구조가 된다. 따라서 최상위 레벨의 임무는 전구급, 그 하위 레벨의 임무는 임무급, 그 다음 하위급 레벨의 임무는 교전급, 그리고 최하위급 레벨의 임무는 공학급에서 수행되어 각 레벨의 임무수행 결과를 출력하게 된다.

임무 구조와 시스템 구조가 일치하지 않는 경우를 생각해 보자. 만일 군 임무 구조(수행절차)가 모든 임무를 한 사람에게만 보고하는 비계층적 구조라고 할 때, 국방체계는 현재와 같은 계층구조라고 가정하면 임무수행 효율성은 크게 감소할 것이다. 즉, 비계층구조로 된 임무를 계층구조 시스템에 매핑하려면 여러 가지 비효율성이 발생할 것이다. 실제로,

시스템 이론의 고전적인 연구분야 중 한 가지가 임무 구조와 시스템 구조가 다를 경우 효율성을 극대화하는 매핑 알고리즘을 고안하는 것으로서, 이는 분산/병렬 컴퓨팅이나 생산 시스템 분야에서 주요한 연구 주제이다.

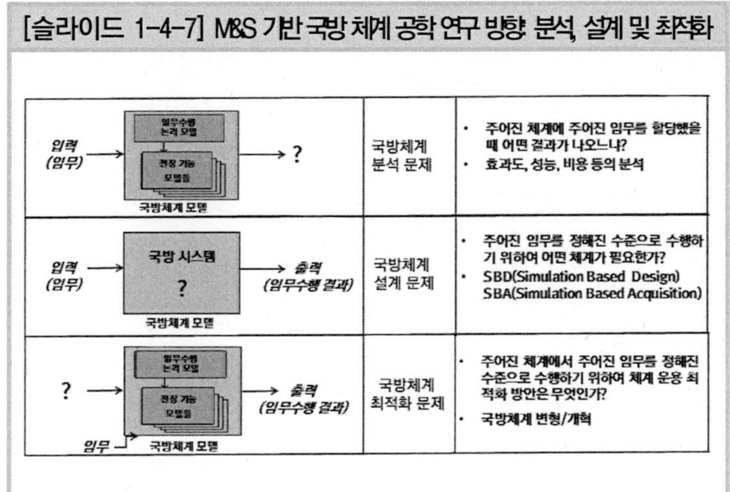

[1-4-7]

체계공학의 3가지 이슈는 체계의 분석, 설계 및 최적화로 요약될 수 있으며, M&S 기법은 이들 문제를 해결하기 위한 필수적인 도구로 사용되어 왔다. 체계공학 문제는 대상체계, 입력 및 출력의 3가지 조합으로 정의할 수 있다. 국방체계 분석 문제는 주어진 체계에 주어진 임무를 할당했을 때 어떤 결과가 나올 것인지를 M&S를 통하여 분석해 내는 것이다. 예를 들면 효과도 분석, 성능 분석 등이다. 국방체계 설계 문제는 주어진 임무를 정해진 수준으로 수행하기 위한 체계의 구조 및 기능을 M&S를 통하여 찾아내는 것이다. 시뮬레이션 기반 설계(SBD: Simulation Based Design) 및 시뮬레이션 기반 획득(SBA: Simulation Based Acquisition)이 대표적인 예이다. 국방체계 최적화 문제는 주어진 체계에서 주어진 임무를 정해진 수준으로 수행하기 위한 체계 운용 최적화 방안을 M&S를 통해서 도출해 내는 것이다. 부대 개편, 임무수행 절차 혁신 등이 포함된 국방업무변혁(RMA: Revolution of Military Affairs) 문제가 대표적인 예이다.

[1-4-8] 국방체계 분석지수: 성능 vs. 효과도

국방체계는 수행할 대상 임무에 따라 체계 구성요소들을 여러 가지 형태로 조합하여 구현할 수 있지만 기본적인 골격은 자원(혹은 자산)과 운용기술의 결합 형태이다. 자원과 운용기술이 결합된 체계는 효과도와 성능으로 평가할 수 있다. 효과도는 적용된 운용기술로 주어진 임무 달성이 가능한지를 평가하는 것이고, 성능은 사용된 자원이 임무수행에 얼마나 효율적인지를 측정하는 것이다. 따라서 성능 분석은 공학급 모델이 주 대상이며, 효과도 분석은

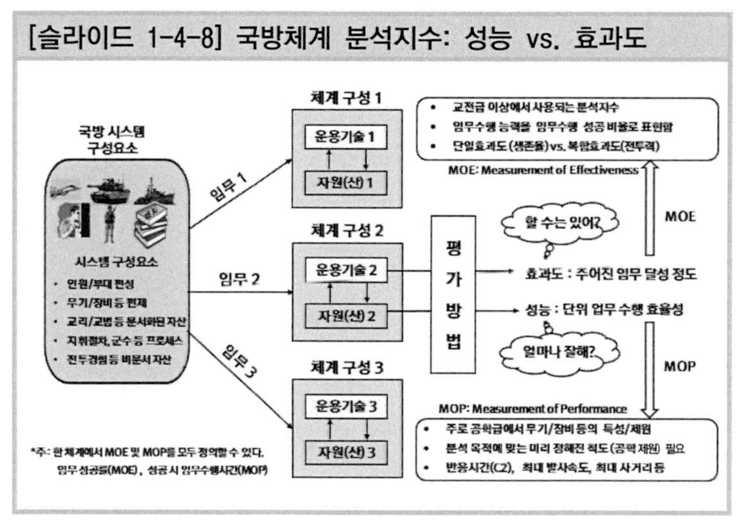

교전급 이상의 모델이 대상이다.

효과도 척도(MOE: Measure of Effectiveness)는 임무수행 능력을 비율로 표현한다. MOE는 단순한 1:1(다수) 교전에서의 생존율과 같은 단일효과도와 부대 간 교전에서 사용되는 인원, 장비, 유류 등의 손실률을 통합한 복합효과도로 나눌 수 있다. 단일효과도 척도 산출의 예로서, 수상함에 탑재된 방어용 무기체계(예: 기만기)를 사용하여 적 잠수함에서 발사하는 공격용 무기(예: 어뢰)를 피하는 시나리오를 가정해 보자. M&S를 통하여 어뢰 발사(공격)와 이에 대응되는 기만기 운용(방어) 시나리오를 N회 반복한 결과, 수상함의 기만기가 N1번 어뢰를 기만하여 어뢰를 회피했다면 수상함의 생존율은 N1/N이 된다. 성능 척도(MOP: Measure of Performance)는 무기/장비의 특성이나 제원 값으로 표현하며 최대발사속도, 최대사거리 등으로 나타낸다.

체계 분석에서는 대상체계의 MOE와 MOP 중 한 가지를 측정하는 것이 일반적이지만, 한 대상체계에 대하여 MOE와 MOP를 모두 정의할 수도 있다. 예를 들면, 어떤 체계에서 임무 성공률(MOE)을 측정하는 경우 임무 성공에 따른 임무수행시간(MOP)을 함께 측정할 수도 있다. 또한, 무기체계인 경우 MOE를 MOP로 변환하여 사용하는 경우도 있다. 무기체계의 명중률, N1/N의 의미는 주어진 발사/목표물 조건하에서 무기체계를 N번 발사하여 N1번 명중시킨 비율로 정의되는 MOE로 해석될 수 있다. 이때의 MOE는 사거리와 관계가 있으므로 동일한 무기체계의 유효사거리(MOP: 제원)를 명중률이 50%가 되는 거리(예: 200m)로 정의하는 경우도 있다.

[1-4-9] 국방체계 분석지수: 단일효과도 vs. 복합효과도

국방체계의 효과도는 여러 가지 형태로 정의될 수 있지만 크게 단일효과도와 복합효과도로 구분하여 측정될 수 있다. 국방체계의 효과도는 전투력을 좌우하는 전투력 핵심요소들에 대한 감소율로 표현되는데, 야전교범[육군 야전교범 31-6]에서는 병력, 장비, 탄약, 유류

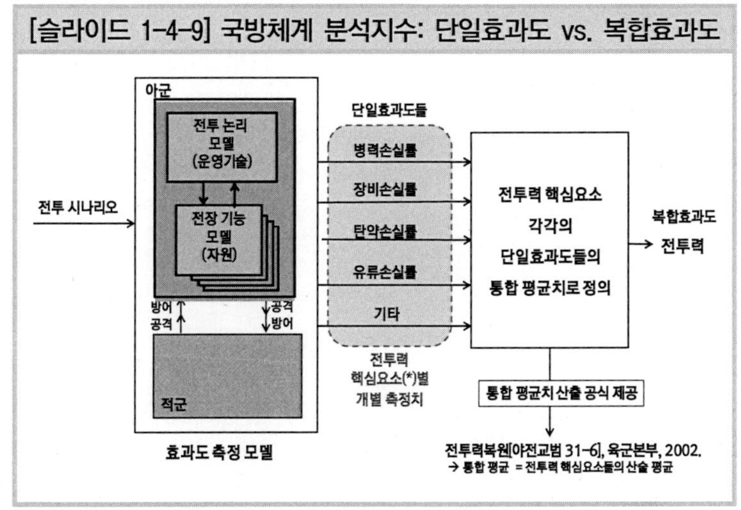

등의 자원(산)을 전투력 핵심요소로 정의한다. 단일효과도는 체계에 사용된 각 자산별 감소율을 측정하는 것이며, 복합효과도는 각 자산별 감소율을 통합 평균한 값으로 전투효과도, 전투력 등으로 정의한다. 복합효과도 산출을 위한 통합 평균을 구하는 방법은 여러 가지로 정의할 수 있으며 적용 방법에 따라 복합효과도 값도 달라질 수 있다.

전투력복원교범[육군 야전교범 31-6]에는 복합효과도 산출을 위한 통합 평균 방법으로 전투력 핵심요소들의 단일효과도에 대한 산술 평균 공식을 사용한다. 이러한 계산 방법은 모든 전투력 핵심요소들이 전투력에 미치는 영향이 동일하다고 가정하는 것이다. 예를 들면, 병력손실률이 50%이고 장비손실률이 50%인 경우의 복합효과도는 (50 + 50) / 2 = 50%라는 것이다. 만약 병력이 전투력에 미치는 영향이 장비가 전투력에 미치는 영향보다 크거나 작다면 단순한 산술 평균값은 복합효과도를 나타내는 데 적절하지 않을 것이다. 극단적인 예로서, 병력의 손실률이 100%이고 장비의 손실률이 0%인 경우(병력은 없고 장비만 남아 있는 경우)를 생각해 보자. 산술 평균에 의한 복합효과도는 (100 + 0) / 2 = 50%가 되므로 병력손실률 50%와 장비손실률 50%일 때의 복합효과도와 동일한 전투력을 갖게 되는 비논리적인 상황이 발생한다.

[1-4-10] 단일효과도와 복합효과도 측정 예

슬라이드는 전투모델 시뮬레이션을 이용하여 단일효과도와 복합효과도를 측정하는 과정을 보여준다. 먼저, 청·홍군 전투모델에 전투 시나리오를 입력한다. 시뮬레이션은 미리 정한 종료조건이 만족될 때까지 진행된다고 가정한다. 종료조건은 전투력 핵심요소에 해당하는 자산들의 유지수준이 일정수준 이하로 떨어질 때라고 가정한다. 모의실험에서는 편제(혹은 시작 시점) 자산을 100%로 하고 전투 시나리오를 수행하는 과정에서 정해진 시간 간격마다 현재 자산을 측정하여 감소율(= 현재자산 / 편제자산)을 구한다. 단일효과도는 각 자산별,

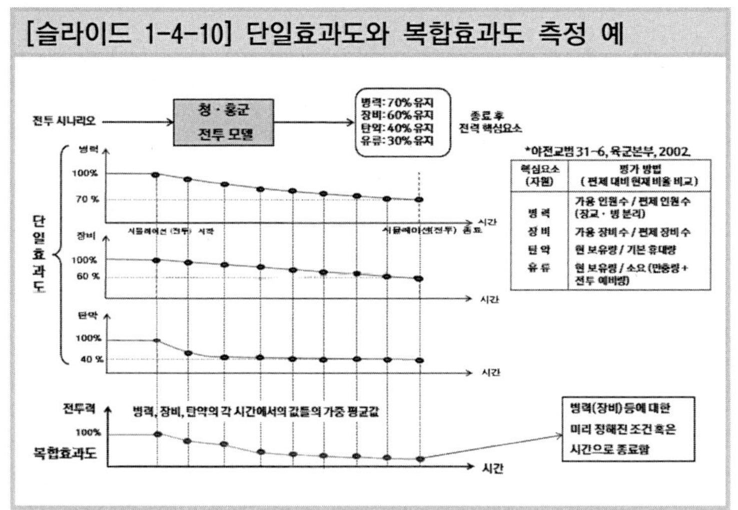

[슬라이드 1-4-10] 단일효과도와 복합효과도 측정 예

시간대별 감소율로 구해지며, 이들 단일효과도를 시간대별로 동기화하여 통합 평균하면 시간대별 복합효과도(예: 전투력)가 구해진다. 시간대별 효과도는 전투상황 진행과정을 동적으로 분석할 경우에 사용되며, 전투 종료조건(시간 혹은 조건으로 정의함)을 만족하는 종료 시점의 효과도 값을 사용할 수도 있다.

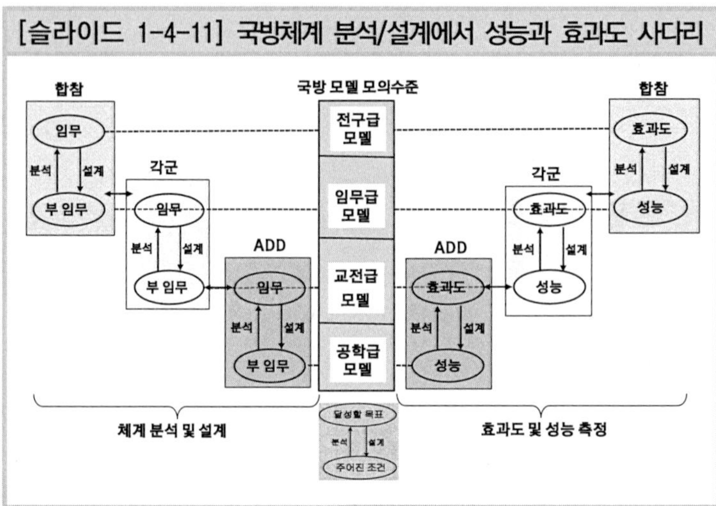

[슬라이드 1-4-11] 국방체계 분석/설계에서 성능과 효과도 사다리

[1-4-11]

국방체계 구조의 계층적 특성으로 인하여 체계 분석/설계 과정도 모의 수준별로 다른 모델을 사용하여 계층적으로 이루어진다. 체계 분석은 주어진 조건(성능/효과도)하에서 임무 목표 달성이 가능한지를 분석하는 과정이며, 체계 설계는 목표 임무를 달성하기 위한 효과도/성능 조건을 만족하는 체계를 탐색하는 과정이다. 위 슬라이드에서는 임무를 반복하여 여러 개의 부임무로 분리하고, 말단의 임무는 무기체계를 통하여 수행되는 과정을 표현하였다. 어떤 임무에 대한 임무효과도는 주어진 성능으로 부임무를 수행하는 과정을 모의함으로써 측정될 수 있다. 또한 부임무에 대한 임무효과도는 주어진 성능으로 다음 단계의 임무를 수행하는 과정을 모의함으로써 측정될 수 있다. 즉, 하위 모의수준에서 구한 성능은 차상위 모의수준의 효과도를 구할 때 사용될 수 있다.

또한 하위 모의수준에서 구한 효과도는 차상위 모의수준에서 볼 때 성능으로 해석할 수 있다. 저자는 체계 분석/설계 과정에서 성능과 효과도가 사다리 모양으로 반복되는 과정을 성능/효과도 사다리로 부르기로 한다.

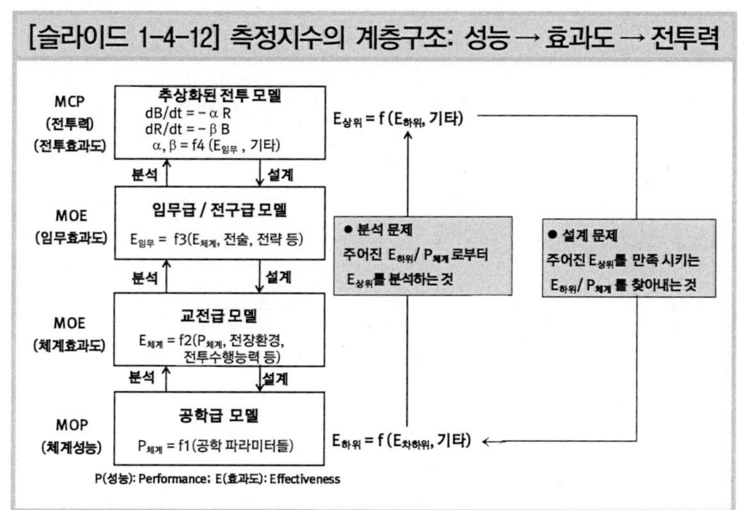

[1-4-12] 국방체계 측정지수들의 계층적 구조는 성능 → 효과도 → 전투력 형태로 구성되며 모의수준이 다른 모델들을 사용하여 측정할 수 있다. 측정지수들의 계층구조란, 상위급 모의수준 모델들의 효과도를 측정할 때 하위급 모의수준 모델들에서 구해진 성능 또는 효과도를 파라미터로 사용한다는 것이다. 예를 들면, 공학급 모델에서 구한 체계성능($P_{체계}$)은 교전급에서 구하고자 하는 체계효과도($E_{체계}$)의 파라미터로 사용된다. 마찬가지로, 교전급에서 구한 체계효과도($E_{체계}$)는 임무급/전구급에서 구하고자 하는 임무효과도($E_{임무}$)의 파라미터가 된다. 위 슬라이드에서는 이러한 관계를 함수관계로 표현하였고 각각의 함수관계는 시뮬레이션 모델의 논리를 의미한다. 예를 들면, $E_{체계}$ = f2($P_{체계}$, 전장환경, 전투수행능력)의 의미는 $P_{체계}$ 값의 성능 지수를 갖는 무기체계를 주어진 전장환경과 전투수행능력 하에서 교전하는 시뮬레이션 모델의 출력이 $E_{체계}$라는 것을 나타낸다.

최상위 수준으로 추상화된 전투모델에서 전투효과도(전투력)를 구하는 과정을 시뮬레이션 모델 대신 해석적 모델(닫힌 형태의 방정식 모델)인 란체스터 방정식으로 사용하는 경우를 생각해 보자. 방정식에서 B와 R은 각각 아군과 적군의 자산(병력, 장비 등)을 표현한다. dB/dt는 단위시간당 아군의 자산 변화량을, dR/dt은 단위시간당 적군의 자산 변화량을 표현한다. 이 방정식의 의미는 아(적)군의 단위시간당 자산 변화량, dB/dt(dR/dt)이 적(아)군의 현재 자산 R(B)에 비례하여 감소(−부호)한다는 것이다. 이때 비례상수 α, β는 각각 아군 및 적군의 전투손실률이다. 아(적)군 전투손실률 α(β)의 의미는 적(아)군 1명당 단위시간 (dt)에 발생하는 아(적)군 손실 −dB(−dR)를 의미한다. 아(적)군 전투손실률이

1이라는 의미는 적(아) 1명이 단위시간(예: 1초 동안)에 아군 1명을 없앨 수 있다는 의미이다. 따라서 란체스터 방정식은 아(적)군 전투손실률이 크면 적(아) 1명당 아(적)군의 피해도 비례하여 커진다는 것을 표현하는 간단한 미분방정식이다. 모델의 계층구조를 통하여 란체스터 방정식의 직관적인 문제점을 쉽게 확인할 수 있는데, 아(적)군의 모든 전술, 전략, 전장환경, 전투수행능력 등을 한 개의 지수인 전투손실률로 표현하고 있다는 점이다.

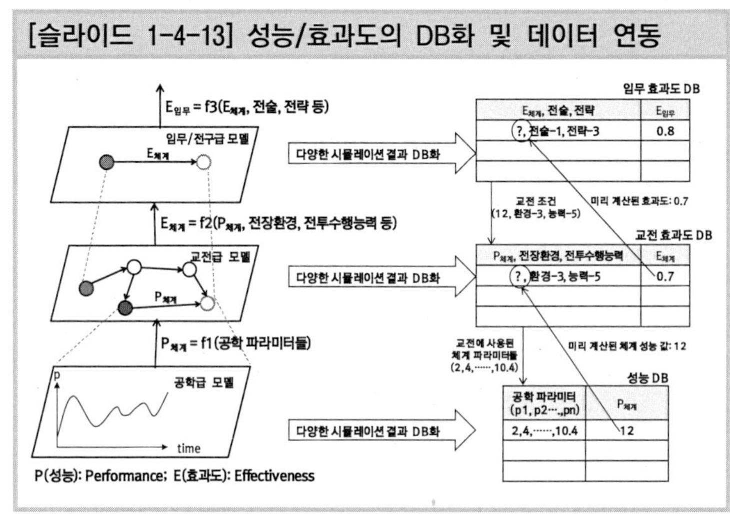

[1-4-13]

국방체계 분석에서 하위 모의수준 모델의 분석지수가 상위 모의수준 모델 분석에 사용된다는 것은 이미 설명하였다. 이 슬라이드의 왼쪽 그림은 이러한 개념을 설명하고 있다. 공학급 모델에서 구한 성능은 교전급 모델의 효과도 분석에 사용되고, 교전급 모델의 효과도는 임무/전구급 모델의 효과도 분석에 사용된다. 이러한 개념을 바탕으로 하위 모의수준 모델 분석 결과를 데이터베이스(DB) 등에 저장한 후 상위 모의수준 모델 분석에 그대로 사용할 수 있다. 예를 들면, 임무급 분석은 정해진 임무 종료조건이 만족될 때까지 교전을 반복하게 된다. 이때 교전 시나리오와 교전 조건은 임무급에서 반복적으로 할당하게 되며 일반적으로 교전 조건은 매번 달라진다. 따라서 다양한 교전 조건에 따른 교전급 모델의 효과도 측정 시뮬레이션 결과를 {(교전 조건, 효과도)}의 형태로 DB에 저장해 놓았다고 가정하자. 그러면 임무급 모델의 시뮬레이션 수행 과정에서 교전 조건에 따른 교전 모델 시뮬레이션을 수행하지 않고서 미리 저장된 DB에서 주어진 교전 조건과 일치하는 효과도 값을 찾아내 사용할 수 있다.

참고문헌

[1-1] 합동참모본부, 『국방 워게임모델 목록집』, 2009.

[1-2] 김충영 외, 『군사 OR 이론과 응용』, 도서출판 두남, 2004.

[1-3] 김탁곤, 「모델링 시뮬레이션 공학(M&S Engineering)」, 정보처리학회 논문지, vol. 14, no. 6, pp. 3-17, 2007. 11.

[1-4] 이종호, 『모델링 및 시뮬레이션』, 21세기군사연구소, 2008.

[1-5] 최상영, 『국방 모델링 및 시뮬레이션 총론』, 선학사, 2010.

[1-6] Banks, J. and Carson, J.S. II, "Discrete-Event System Simulation," Prentice-Hall, 1984.

[1-7] Hill R.H., Miller J.O. and McIntyre G.A., "Applications of discrete event simulation modeling to military problems," In Proceedings of the 2001 Winter Simulation Conference, Arlington, VA, December 9-12, 2001, pp. 780-788.

[1-8] MIL-STD-3022, Documentation of Verification, Validation and Accreditation (VV&A) for Modeling and Simulations, April 2012, available at "http://everyspec.com"

[1-9] Paul K. Davis, "Generalizing concepts and methods of verification, validation and accreditation (VV&A) for military simulations," RAND, 1992.

[1-10] Paul A. Fishwick, "Simulation Model Design and Execution," Prentice-Hall, 1995.

[1-11] Lalit K. Piplani, Joseph G. Mercer and Richard O. Roop, "System Acquisition Manager's Guide for the use of Models and Simulations," Defense Systems Management College, 1994.

[1-12] Michael, R.H., "Using Army Force-on-Force Simulations to Stimulate C4I Systems for Testing and Experimentation. Command & Control Research & Technology Symposium," ICCRTS, 1999.

[1-13] Il-Chul Moon, Kathleen M. Carley, and Tag Gon Kim, "Modeling and Simulating Command and Control," Springer, 2013.

[1-14] Mooney C.Z., "Monte Carlo simulation," Saga Publications, 1997.

[1-15] E.H. Page and R. Smith, "Introduction to military training simulation: a guide for discrete event simulationists," In Proceedings of the 30th Conference on Winter Simulation, CA, USA: IEEE Computer Society Press, 1998, pp. 53-60.

[1-16] Sargent, R.G., "A Tutorial on Validation and Verification of Simulation Models," In Proceedings of the 1988 Winter Simulation Conference, Washington, D.C., USA, December 13-16, 1988, pp. 33-39.

[1-17] Smith R., "Essential techniques for military modeling and simulation," In Proceedings of the 1998 Winter Simulation Conference, Washington, D.C., USA, December 13-16, 1998, pp. 805-812.

[1-18] B.P. Zeigler, H. Praehofer and T.G. Kim, "Theory of Modeling and Simulation(2nd ed.)," Academic Press, 2000. 1998, pp. 805-812.

제 2 장 시스템 분류 및 모델링 기법

시스템 모델은 대상 시스템의 동적 특성(행위)을 수학적 형식론 또는 언어적 논리로 표현한 것으로 시스템의 종류에 따라 모델의 표현방법은 달라질 수 있다. 이 장에서는 대상 시스템의 상태변수(속성변수) 값을 갱신(천이)하는 방법에 따라 시스템의 종류를 분류하고 이들에 대한 모델링 기법을 다룬다. 이산수학의 기초적인 집합이론에 기초한 모델링 틀(공식)의 개념을 소개하고 모델링 틀을 이용한 모델링 기법에 대해 설명한다. 또한 교전급 이상 모의수준의 이산사건 모델을 계층적으로 모듈화하여 표현하는 모델링 틀인 DEVS(Discrete Event Systems Specification) 형식론과 이를 적용한 이산사건 모델링 방법 및 절차에 대해 설명한다.

2.1 시스템 및 모델 분류

[슬라이드 2-1-1] System 및 System of Systems

◆ 시스템 정의 [출처: IEEE Standard Dictionary]
'A combination of components that act together to perform a function not possible with any of the individual parts'
→ 여러 개의 구성품(Component)들이 모여서 개별 구성품들만으로는 불가능했던 기능/성능을 만족시키는 구성품들의 조합

◆ System of Systems(SoS) 정의
❖ 시스템 정의에서 시스템을 구성하는 Component들이 독립적인 역할을 수행하는 시스템인 경우 이들의 조합을 SoS라 함

System
System Elements
Primary System Functions
Customers
People
Processes
Products
Ref: MIL-STD-499B
(국방 표준)

시설/장비, HW, SW, 데이터, 자료/재료/기구 등
입력
Products
물적 자원
출력
People
인적 자원
Processes
운영 절차
운용자, 관리자
의사결정자 등
서비스
운용기술 등
시스템 구성 요소

[2-1-1]
시스템(체계)은 여러 개의 구성품들이 결합되어 개별 구성품만으로 할 수 없었던 기능이나 성능을 만족시키는 구성품들의 조합을 말한다. 복합체계(SoS: System of Systems)는 시스템 정의에서 사용된 구성품들이 독립적인 역할(기능/성능)을 수행하는 시스템인 경우로, 재귀적으로 정의된다. 즉, 복합체계는 독립적 기능/성능을 가진 개별 시스템들이 할 수 없는 기능/성능을 만족하는 개별 시스템들의 조합을 SoS라고

정의한다. 일반적으로 국방시스템(체계)은 SoS로 분류되며, 시스템공학 분야에서는 C4ISR 체계를 복합체계의 대표적인 예로 사용한다. 시스템의 구성요소는 크게 자원과 운용기술로 구분된다. 미 국방성 표준인 MIL-STD-499B에서는 시스템의 구성요소를 3P, 즉 Products, People 그리고 Processes로 정의한다. Products는 물적 자원, People은 인적 자원, 그리고 Processes는 물적/인적 자원을 사용한 서비스 및 운용기술을 포함한다.

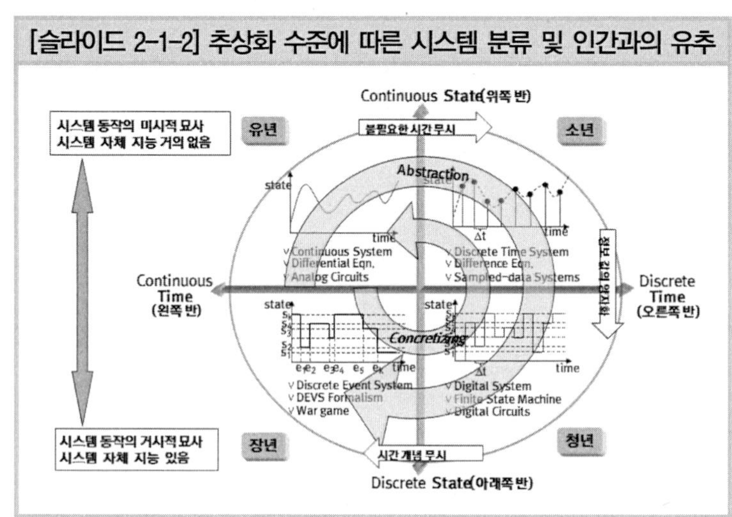

[2-1-2] M&S에서는 복잡한 시스템을 목적에 따라 추상화(Abstraction)하여 보다 단순한 형태의 모델로 표현한 후 이를 시뮬레이션하고 분석한다. 추상화란 모델링 과정에서 시스템의 동작특성 중 필요한 부분은 고려하고 필요하지 않은 부분은 무시하는 것을 의미한다. 따라서 한 개의 시스템은 모델링 목적에 따라 여러 형태의 추상화된 모델로 표현된다. 모델 추상화 과정은 국방 모델을 목적에 따라 모의수준을 달리한 공학급, 교전급, 임무급, 전구급 모델로 나누는 과정이라는 것을 [슬라이드 1-3-2]에서 이미 설명하였다. 시스템 추상화는 상태변수(State)와 이들 값의 갱신/관찰 시간(Time)을 각각 연속적인(Continuous) 값과 이산적인(Discrete) 값으로 구분하면 슬라이드에서와 같이 총 4가지 조합이 된다. 슬라이드에서 원의 위쪽 반영역은 상태변수가 연속적인 값을 나타내며, 아래쪽 반영역은 상태변수가 이산적인 값을 나타낸다. 원의 오른쪽 반영역은 갱신/관찰 시간이 이산적인 값을 나타내며 왼쪽 반영역은 연속적인 값을 나타낸다.

연속변수 값은 수학적으로 실숫값을 의미하며 이산변수 값은 수학적으로 정숫값 또는 {죽었다, 살았다}와 같이 이산적 집합으로 주어진다. 변숫값과 시간값을 연속 혹은 이산적 값으로 표현하는 이유는 모델링 목적에 따라 미시적으로 표현해야 할 경우는 연속값으로, 거시적으로 표현해야 할 경우는 이산값으로 추상화하기 위함이다. 예를 들어 사람을 모델링할 경우, 상태변수의 하나인 키를 미시적으로 표현하고자 할 때는 실숫값인 175.3cm로 나타내지만, 거시적으로 표현하고자 할 때는 정숫값인 175cm로 표현할 수 있다. 더 나아가 키를 단순히 {크다, 중간이다, 작다}의 3가지 이산값으로 표현할 수도 있다. 또한 사람이 뛰어가는 경우에 현재의 위치를 갱신/관찰하는 시간 간격을 미시적으로 1/100분 단위로 표현할 수도 있지만, 거시적으로 1분 또는 1시간 단위로 표현할 수도 있다.

슬라이드에서 원의 왼쪽 윗부분(4사분면)은 상태변수와 시간이 모두 연속값인 경우로서, 이러한 특성을 갖는 시스템을 연속시스템(Continuous System)이라 부른다. 왼쪽 아랫부분(3사분면)은 상태변수는 이산값을 가지지만 시간은 연속값을 가지는 경우로, 이러한 특성을 갖는 시스템을 이산사건 시스템(Discrete Event System)이라 부른다. 연속시스템은 시스템의 동작을 미시적으로 묘사하며 시스템 자체의 의사결정능력(지능)이 없는 "유년"기 시스템인 반면, 이산사건 시스템은 시스템의 동작을 거시적으로 묘사하며 시스템 자체의 의사결정능력(지능)을 가지고 있는 "장년"기 시스템이라 생각할 수 있다. 연속시스템의 대표적인 예로는 아날로그 시스템이 있으며, 이산사건 시스템의 예로는 위 게임 모델이 있다. 이들 연속시스템 및 이산사건 시스템의 수학적 모델은 각각 미분방정식과 DEVS 방정식으로 표현될 수 있다.

연속시스템은 모든 시간에 모든 상태변수 값을 갱신/관찰하는 시스템이다. 그러나 목적에 따라 모든 시간에 상태변수 값을 갱신/관찰하는 대신 일정 시간 간격으로 표본화(샘플링)하여 갱신/관찰할 수도 있다. 시간을 표본화하여 불필요한 시간 정보를 무시하는 시스템이 1사분면에 위치한 이산시간 시스템(Discrete Time System)으로 "소년"기 시스템이라 할 수 있다. 이산시간 시스템은 시간을 일정 간격으로 표본화했지만 상태변수 값은 실숫값을 가진다. 그러나 상태변수 값을 실숫값으로 표현하지 않고 이산적인 값(집합, 정수 등)으로 표현할 수 있으며, 이러한 시스템이 디지털 시스템으로 "청년"기 시스템이라 할 수 있다. 이산시간 시스템의 대표적인 예로 샘플데이터 시스템이 있으며, 디지털 시스템의 예로는 컴퓨터 논리회로 등이 있다. 이산시간 시스템 및 디지털 시스템의 수학적 모델은 각각 미분방정식과 유한상태기계(Finite State Machine)로 표현될 수 있다.

디지털 시스템에서는 상태변수의 갱신/관찰 시간 간격이 이산적인 값이다. 그러나 모델링 목적에 따라 모든 이산시간 값에 대하여 상태변수를 갱신/관찰할 필요가 없다. 어떤 시스템에서는 시스템 외부에서 발생하는 사건이 입력되거나 시스템 내부에서 사건이 발생하는 경우에만 상태변수를 갱신/관찰할 수도 있다. 이렇게 시간 개념을 무시하고 사건 중심으로 시스템을 추상화시킨 것이 이산사건 시스템이다. 이산사건 시스템의 시간은 수학적으로 실수(원의 아랫부분)라고 했지만, 이것은 모든 실수 시간값에서 상태변수를 갱신/관찰한다는 의미가 아니라, 상태변수를 갱신/관찰하는 사건발생 시각이 임의의 시각으로 모든 시간(실수)값이 될 수 있다는 뜻이다.

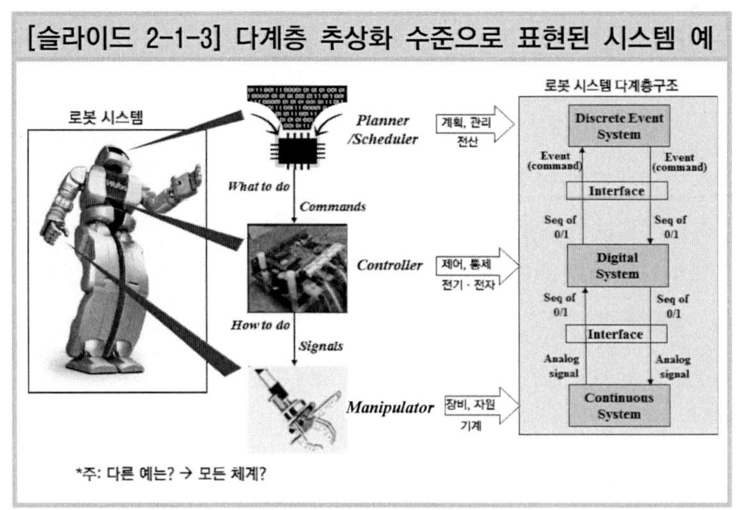

[2-1-3]

국방시스템을 포함하는 대부분의 실세계 시스템들은 [슬라이드 2-1-2]에서 분류한 추상화 수준들이 계층적으로 결합된 다(중)계층구조를 갖는다. 이 슬라이드는 다계층구조를 갖는 로봇 시스템의 예를 보여주고 있다. 최상위 계층은 계획과 스케줄을 담당하는 지능 부분으로 이산사건 시스템, 중간 계층은 상위 계층의 명령을 실행하기 위해서 하위 계층의 장비, 자원을 제어/통제하는 디지털 시스템, 그리고 최하위 계층은 실제의 장비, 자원들로 구성된 연속시간 시스템이다. 다계층구조로 이루어진 로봇 시스템을 연구하기 위해서는 각 계층구조에 특화된 전공이 필요하며 최상위 계층은 전산학, 중간 계층은 전자공학, 그리고 최하위 계층은 기계공학에서 주로 다루게 된다. 다계층구조는 거의 모든 실세계 시스템에 존재하며, 컴퓨터 시스템인 경우에 최하위 계층이 H/W이고 중간 계층이 운영체제(OS)이며 최상위 계층은 응용프로그램으로 볼 수 있다. 국방시스템인 경우 최하위 계층을 공학급 모델로, 다음 계층을 교전급 모델로, 최상위 계층을 임무급/전구급 모델로 추상화시킨다.

[2-1-4] 시스템 분류: 정적 시스템 vs. 동적 시스템

시스템 모델링을 위해 시스템의 동작특성이 동적 시스템인지 정적 시스템인지를 알아야 한다. 시스템의 구조는 슬라이드에서와 같이 입력 x(t), 출력 y(t), 그리고 상태 Q로 나타낸다. 현재 시각 t에서 상태 Q는 시각 t′(> t)에서 출력 y(t′)을 유일하게 정할 수 있는 최소의 정보로 정의된다. 상태변수 Q가 시간에 무관한 시스템을 정적 시스템이라 하며, 상태변수 Q가 시간의 함수 Q(t)인 시스템을 동적 시스템이라고 부른다. 정적 시스템에서 출력은 입력만의 함수이고, 동적 시스템에서 출력은 입력과 상태변수의 함수이다. 정적 시스템의

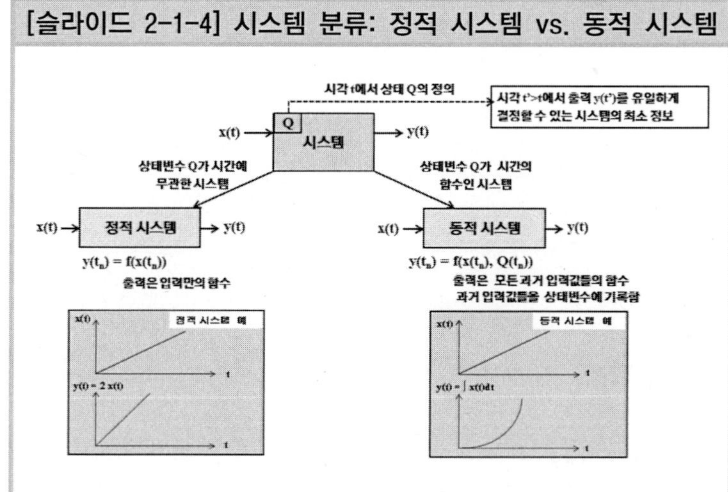

예는 $y(t) = 2x(t)$이고, 동적 시스템의 예는 $y(t) = \int x(t)dt$이다.

정적 시스템 $y(t) = 2x(t)$의 경우에 어떤 시각 $t = T1$에서의 출력값 $y(T1)$은 $T1$에서의 입력값인 $x(T1)$만 알면 $y(T1) = 2x(T1)$으로 결정된다. 그러나 동적 시스템 $y(t) = \int x(t)dt$의 경우에는 시각 $t = T1$에서 출력값 $y(T1)$은 $x(T1)$값만으로는 알 수 없다. $y(T1)$값은 T1 바로 이전 시간인 $t = (T1-\Delta T)$까지의 $x(t)$의 적분값과 $t = (T1-\Delta T)$에서 $t = T1$까지의 $x(t)$의 적분값을 합해야 한다. 여기서, ΔT는 적분 시간 간격을 쪼개는 단위로서, T1에서 T2까지를 N개로 등분하면 $\Delta T = (T1-T2)/N$이 된다. 따라서 $y(T1) \approx y(T1-\Delta T)+\Delta T*x(T1)$이다. 이때, 매 ΔT의 간격으로 $x(t)$를 적분한 값을 상태변수 $Q(t)$에 저장해 놓으면 $t = T1-\Delta T$에서 $Q(t)$값은 $Q(T1-\Delta T) = y(T1-\Delta T)$로 되어 $t = T1$에서의 출력값은 $y(T1) \approx Q(T1-\Delta T)+\Delta T*x(T1)$로 된다. 이러한 방법으로 시스템의 입력에 대한 출력을 구하는 방법을 Euler 적분법이라고 하며, $y(t)$의 정확도와 계산시간은 ΔT의 크기에 따라 달라진다. 시뮬레이션 과정에서 동일한 입력 $x(t)$에 대하여 ΔT를 작게 하면 $y(t)$의 정확도는 향상되지만 계산시간이 길어지는 문제가 발생한다. 일반적으로 ΔT의 크기는 시뮬레이션 목적에 따라 다르게 정한다.

[2-1-5] 동적 시스템 모델 분류

동적 시스템 모델은 관점에 따라 여러 가지 형태로 분류할 수 있다. 여기서는 상태변수 갱신 시점, 상태변수 갱신 방법, 그리고 상태변수들 사이의 관계식 표현방법에 따라 분류하였다. 상태변수 갱신 시점에 따른 모델 분류는 연속/이산시간 모델, 이산사건 모델 및 하이브리드 모델로 분류된다. 상태변수를 갱신하는 방법은 확정적으로 갱신하는 경우와 확률적으로 갱신하는 경우가 있으며, 이들을 각각 확정적 모델과 확률적 모델이라고 한다. 상태변수들 사이의 관계식은 변수들 사이의 제약조건을 표현하는데, 이에 따른 분류는 해석적 모델과

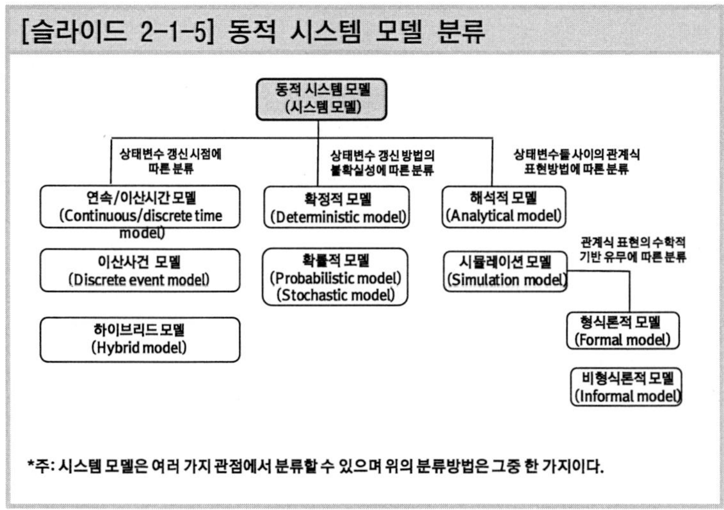

시뮬레이션 모델이 포함된다. 해석적 모델은 변수들 사이의 관계식을 닫힌 형태의 수학 방정식으로 나타내며, 시뮬레이션 모델은 변수들 사이의 관계를 수식이 아닌 논리적 상관관계로 표현한다. 시뮬레이션 모델 표현이 수학적 기반의 논리적 상관관계로 표현될 경우를 형식론적 모델이라 부르며, 그렇지 않은 경우를 비형식론적 모델이라 부른다. 다음 몇 장의 슬라이드에서 이들 모델들에 대하여 자세히 설명한다.

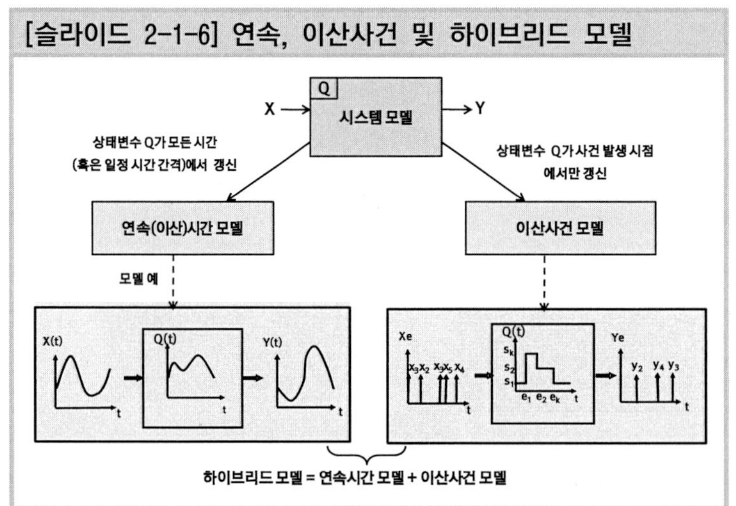

[2-1-6]

연속시간 모델은 상태변수 Q가 갱신/관찰되는 시간으로 모든 시간, 즉 실숫값의 시간이 해당되지만 컴퓨터(디지털) 시뮬레이션 과정에서는 이산시간 모델과 같이 실숫값이 아닌 표본화된 이산시간에서만 Q값이 갱신/관찰된다. 이산사건 모델은 상태변수 Q의 갱신/관찰이 사건 발생 시점에서만 발생된다. 이 슬라이드에서 연속(이산)시간 모델과 이산사건 모델의 입력, 출력 및 상태변수의 궤적을 나타내었다. 하이브리드 모델은 연속시간 모델과 이산사건 모델이 혼재된 모델로, 국방시스템을 포함하여 [슬라이드 2-1-3]에 예시한 로봇 시스템과 같이 대부분의 실세계 시스템은 하이브리드 모델로 표현된다.

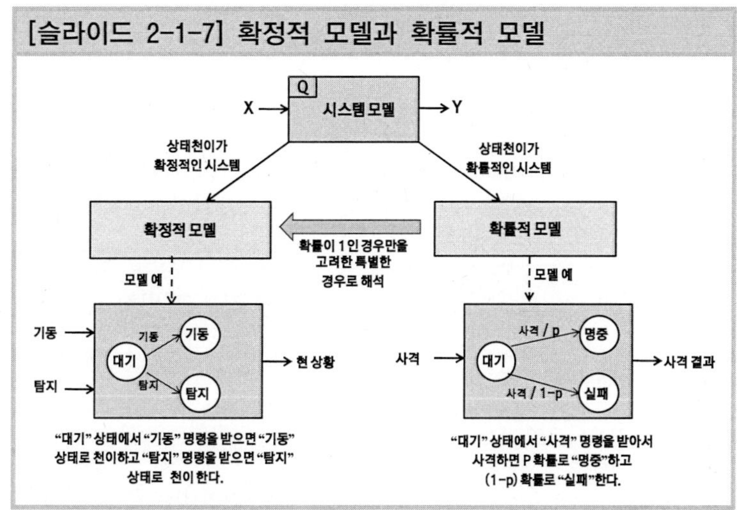

[2-1-7]

확정적 모델은 상태변수의 갱신, 즉 상태천이가 확정적으로 이루어지는 모델이며, 확률적 모델(또는 Stochastic 모델)은 상태천이가 확률적으로 이루어진다. 이 슬라이드에는 2가지 형태의 이산사건 모델을 나타내었다. 왼쪽 아래에 도시한 확정적 이산사건 모델에서는 현재의 "대기" 상태에서 "기동" 명령을 받으면 "기동" 상태로 천이하고, "탐지" 명령을 받으면 "탐지" 상태로 천이한다는 것을 나타낸다. 오른쪽 아래에 도시한 확률적 이산사건 모델에서는 현재의 "대기" 상태에서 "사격" 명령을 받으면 p의 확률로 "명중"시키고, (1−p)의 확률로 "실패"한다는 상태천이를 나타낸다.

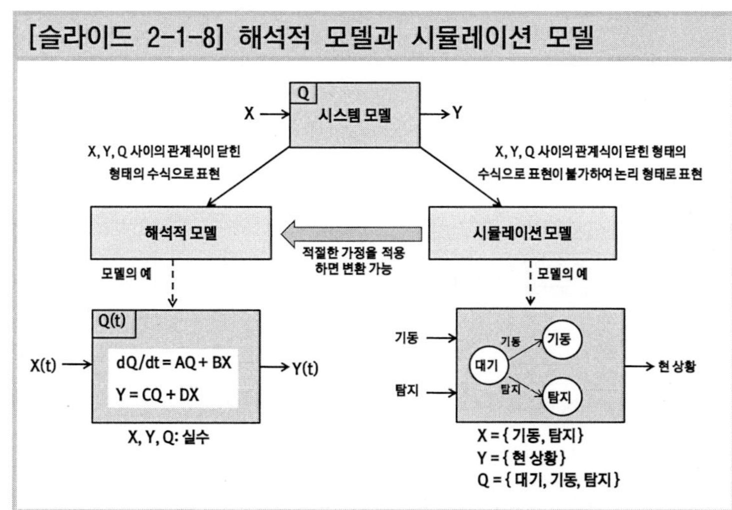

[2-1-8]

해석적 모델은 모델의 입력 X, 출력 Y, 상태 Q 사이의 관계식이 닫힌 형태의 수학 방정식으로 표현되며, 시뮬레이션 모델은 이들 3개 사이의 관계가 수식이 아닌 논리적 형태로 표현된다. 시뮬레이션 모델은 대부분의 경우 적절한 가정을 적용하면 해석적 모델로 변환이 가능하다. 해석적 모델의 예는 슬라이드의 왼쪽 아래에 도시한 연속시스템 모델을 표현하는 미분방정식이다. 시뮬레이션 모델의 예는 오른쪽 아래에 도시한 이산사건 모델로서 상태천이도를 이용하여 모델의 논리를 표현한다.

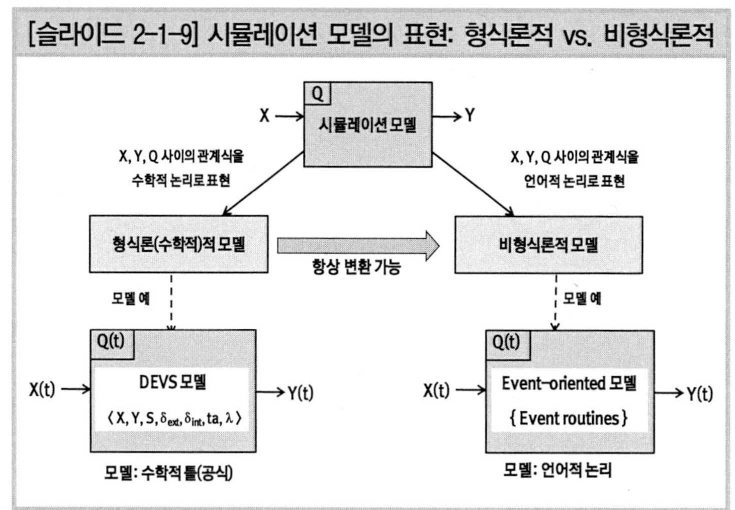

[2-1-9]

시뮬레이션 모델 중 X, Y, Q 사이의 논리적 관계를 수학적으로 표현한 것을 형식론적(수학적) 모델이라 하고, 그렇지 않은 경우를 비형식론적 모델이라고 한다. 형식론적 모델은 항상 비형식론적 모델로 변환 가능하다. 이 슬라이드의 왼쪽 아래에 도시한 DEVS 모델은 형식론적 이산사건 시뮬레이션 모델이며, 오른쪽 아래에 도시한 Event-oriented 모델은 이산사건 시뮬레이션 모델을 언어적 논리로 표현한 모델이다.

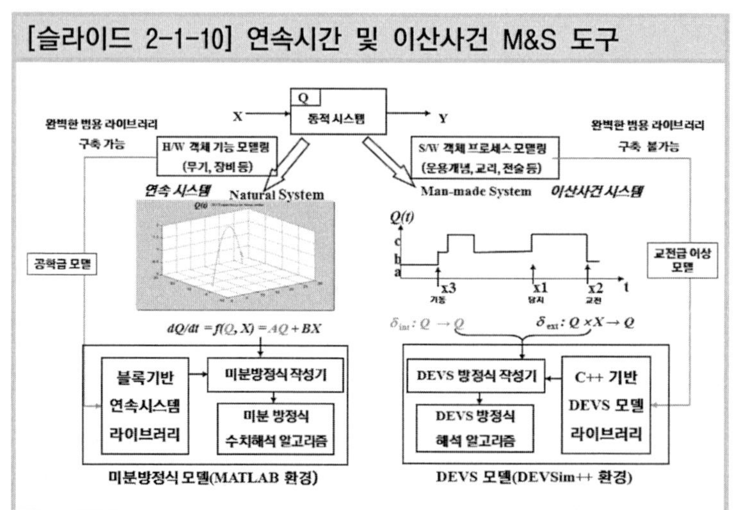

[2-1-10]

연속시간 및 이산사건 모델을 개발하고 시뮬레이션할 수 있는 M&S 환경 및 도구는 여러 가지가 있지만, 여기서는 대표적인 예를 소개한다. 국방 M&S에서 연속시간 모델은 무기, 장비 등 H/W 객체의 기능을 모델링하는 공학급 모델 개발에 사용된다. 반면, 이산사건 모델은 운용개념, 교리, 전술 등 S/W 객체의 프로세스를 모델링하는 교전급 이상 모델 개발에 사용된다. 공학급 모델인 미분방정식으로 시스템을 모델링하고 시뮬레이션하는 대표적인 M&S 환경 및 도구가 MATLAB이며, 교전급 이상 모델인 DEVS 방정식으로 시스템을 모델링하고 시뮬레이션하는 대표적인 M&S 환경이 DEVSim++ 환경이다. MATLAB 환경에서는 블록 기반 연속시스템 라이브러리의 도움을 받아 미분방정식 모델을 작성하면 수치해석기(시뮬레이션 알고리즘)를 통해 시뮬레이션할 수 있다. 마찬가지로, DEVSim++ 환경에서는 DEVS 모델 라이브러리의 도움을 받아 DEVS 방정식이 작성되면 DEVS 방정식 해석기(시뮬레이션 알고리즘)를 통해 시뮬레이션할 수 있다.

2.2 모델링 틀의 개념

[슬라이드 2-2-1] 모델링 틀, 형식론 및 방법론

- 모델링 틀(Framework)
  - 모델을 명세하는 데 사용되는 공식 혹은 미리 만들어 놓은 템플릿
  - 모델링에 필요한 모든 정보를 명세할 수 있음이 검증되어야 함
  - 모델링 대상에 따라 틀이 달라진다.

  (예) 신문기사 작성 틀(5W1H: 육하원칙)
- 모델링 형식론(Formalism) = 수학적 형식론
  - 수학적으로 표현된 모델링 틀
    - 애매모호함 없이 시스템의 동작을 완전하게 명세할 수 있는 공식
    - 만국 공통의 의사소통 수단

  (예) 연속시간 시스템의 모델링 형식론 → 미분방정식 형식론
  이산사건 시스템의 모델링 형식론 → DEVS 형식론
- 모델링 방법론(Methodology)
  - 모델링에 필요한 일반화된 절차와 방법
  - 이론/경험으로 검증된 "원리"와 "가정"들을 이용.
  - 방법론을 적용한 비전문가는 전문가 수준의 모델링 결과 산출 가능
    - 비전문가가 전문가가 제공한 모델링 "절차"와 "도구" 사용
    - 비전문가도 전문가 수준의 성과가 보장됨

[2-2-1]
모델링 틀은 모델을 명세하는 데 사용되는 공식이나 템플릿으로, 모델링에 필요한 모든 정보를 틀 속에 포함시킬 수 있어야 한다. 모델링 틀은 모델링 대상 시스템에 따라 달라진다. 예를 들면, 신문기사 작성용 모델링 틀인 육하원칙(5W1H)을 사용하면 어떤 사건이라도 사건과 관련된 모든 정보를 명확하게 명세할 수 있다. 모델링 형식론은 수학적 형식론이라고 부르며, 이것은 모델링 틀을 수학적 의미론으로 표현한 것이다. 모델링 형식론은 수학에 기반을 둠으로써 만국 공통의 의사소통 수단이 된다는 것이다. 대표적인 모델링 형식론으로 연속시간 모델의 미분방정식과 이산사건 모델의 DEVS 방정식이 있다. 모델링 방법론은 모델링에 필요한 일반화된 절차와 방법으로 수학적 모델링 틀을 사용한 경우와 그렇지 않은 경우 각각에 대하여 정의될 수 있다. 모델링 방법론은 이론/경험적으로 검증된 원리와 가정들을 이용한다. 모델링 방법론을 적용하면 비전문가라고 할지라도 전문가가 제공한 모델링 절차와 도구를 사용함으로써 전문가 수준의 성과(산출물)를 낼 수 있다.

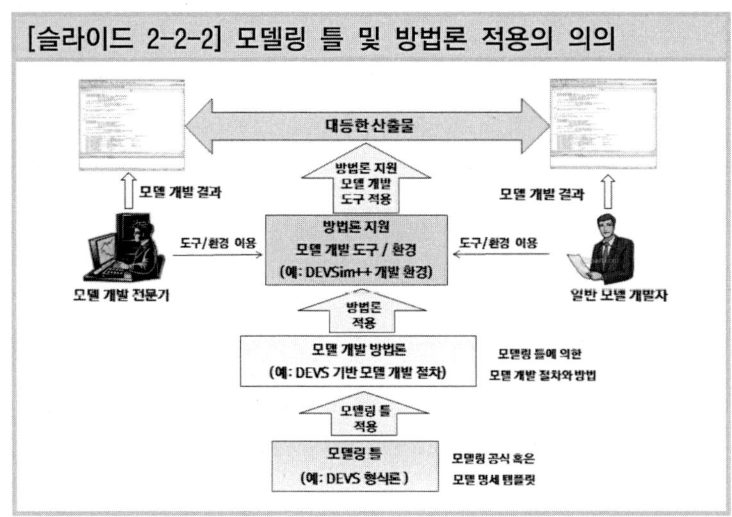

[2-2-2]

교전급 이상 국방 모델은 이산사건 모델로서 수학적 모델링 틀인 DEVS 방정식을 사용할 수 있다. 슬라이드에서는 국방 M&S를 위한 DEVS 모델링 틀과 이를 기반으로 한 모델 개발 방법론 및 방법론을 지원하는 M&S 도구(DEVSim++)에 대한 개념을 도시하였다. 결론적으로, 교전급 이상 국방 모델 개발에서 DEVS 기반 방법론을 지원하는 도구를 사용하면 모델 개발자의 M&S 수준에 관계없이 전문가와 대등한 수준의 산출물을 얻을 수 있다.

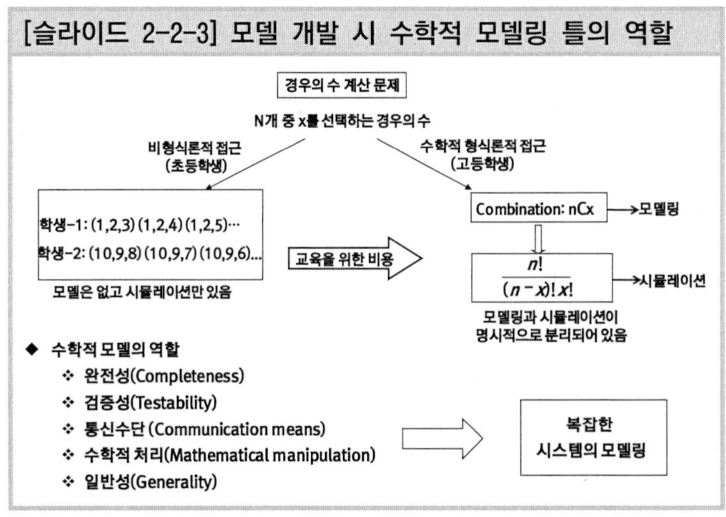

[2-2-3]

모델 개발 과정에서 DEVS 형식론과 같은 수학적 틀(형식론)의 역할/의의에 대하여 알아보자. 이 개념을 이해하기 위해서 간단한 "경우의 수 계산 문제"에 대하여 수학적 형식론에 기반을 둔 접근법과 비형식론(수학 공식을 사용하지 않음)적 접근법을 비교한다. 슬라이드의 왼쪽은 주어진 문제에 대하여 수학적 형식론을 모르는 초등학교 학생이 문제를 해결하는 방법이다. 슬라이드의 오른쪽은 주어진 문제를 수학적 형식론(수학 공식)을 알고 있는 고등학생이 해결하는 방법이다. 초등학생인 경우, "10개 중에 3개를 선택하는 문제"라면 학생-1과 학생-2가 계산하는 방식처럼 3개 묶음을 모두 나열하게 될 것이다. 여기서의 문제는 "학생들이 나열한 3개 묶음의 개수가 모든 가능한 묶음이 다 포함된 것인가?"라는 의문이다. 이것은 학술적으로 완전성(Completeness)의 문제가 된다. 실제로 10개 중에서 3개를 뽑는 경우의 수는 ${}_{10}C_3 = 120$가지이므로 학생-1과 학생-2가 나열한 3숫자 묶음은 각각 120개가 되어야 한다. 수학적 형식론을 사용하지 않은 초등학생의 접근 방식이 내포하는 또 다른 문제는 검증가능성(Testability)을 판단하기 어렵다는 것이다. 이것은 학생-1(또는 학생-2)이 나열한 3숫자 묶음이 모든 가능한 묶음인가를 학생-2(혹은 학생-1)가 검증하기 어렵다는 의미이다. 마지막으로, 비형식론적 접근 방식은 모델(해를 구하는 방정식)은 없고 시뮬레이션(해를 나열하는 과정)만 있는 것이다.

슬라이드 오른쪽은 왼쪽과 동일한 문제를 고등학생이 수학적 형식론을 사용하여 접근하는 것이다. 이 접근 방식은 모델링과 시뮬레이션 과정이 완전히 분리된다. 모델링 과정에서는 문제의 해를 구하는 방정식으로 nCx(n개 중에서 x개 뽑는 경우의 수)를 사용하고, 시뮬레이션 과정에서는 nCx를 계산하는 알고리즘으로 n! / (n−x)! x!를 사용하여 모델을 실행하는 것이다. 수학적 형식론 접근 방식에서는 앞서 초등학생의 문제 풀이 방식에서 지적되었던 완전성 문제와 검증가능성 문제는 전혀 발생하지 않음을 알 수 있다. 즉, 모든 가능한 경우의 수에 대한 의문은 공식인 nCx 사용으로 해소되어 완전성 문제가 발생하지 않으며, 어떤 학생이 검증하더라도 nCx가 사용되었는지를 확인하면 되기 때문에 검증성 문제도 존재하지 않는다.

수학적 모델의 역할은 완전성, 검증가능성, 통신수단, 수학적 처리 및 일반성으로 요약할 수 있고, 완전성과 검증가능성은 이미 설명하였다. 통신수단이란 경우의 수를 계산하는 공식으로, nCx를 사용하면 수학을 알고 있는 모든 사람들 사이에 문제가 무엇이고 답이 무엇인지를 소통할 수 있다는 것이다. 수학 공식을 사용한 모델은 시뮬레이션 과정에서 수학적으로 처리할 수 있다. 또한 문제에서 사용한 n과 x의 실제 대상이 사과, 총, 자동차, 또는 병사 등 어떤 것이라도 상관이 없기 때문에 일반성이 보장된다. 비형식론적 접근방법은 문제의 복잡도가 낮은 경우에 적용이 가능하지만, 복잡도가 높아지면 형식론적 접근방법(수학적 공식)을 적용하여야 한다. 예를 들면, 3개 중에서 2개를 뽑는 경우의 수를 계산할 때는 비형식론적 접근방법으로 가능하지만, 100개 중 10개를 뽑는 경우의 수를 계산할 때는 nCx 공식을 사용해야 한다.

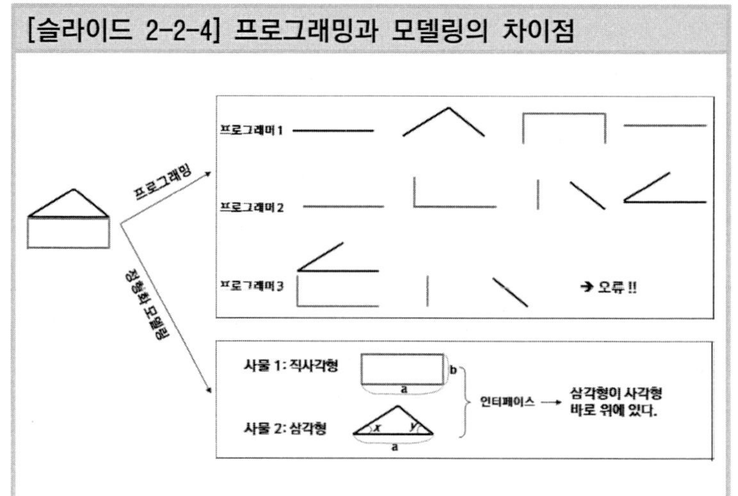

[2-2-4]

왼쪽의 도형을 그리는 방법으로 프로그래밍을 이용하는 방법과 정형화된 모델링을 이용하는 방법이 있다. 프로그래밍적 접근은 프로그래머에 따라 도형의 구성요소들을 그리는 순서와 방법이 다르다. 프로그래밍적 접근 방법은 [슬라이드 2-2-3]에서 살펴본 비형식론적 접근방법으로 완전성과 검증가능성의 문제가 있다. 완전성은 프로그래머 1, 2, 3이 그린 그림이 왼쪽 도형의 모든 구성요소를 포함하고 올바로 결합되었는지의 문제이다. 프로그래머 3의 경우는 모든 구성요소를 찾아내는 데 실패한 경우이다. 검증성은 프로그래머 1에 의한 도형 완성 과정이 올바르다는 것을 프로그래머 2가 확인할 수 있는지의 문제이다.

형식론에 기반을 둔 정형화된 모델링 접근 방식은 주어진 도형을 구성요소 모델들과 이들 사이의 결합관계인 인터페이스로 정의한다. 주어진 도형은 2개의 요소인 직사각형과 삼각형으로 구성되며, 인터페이스는 삼각형이 사각형 바로 위에 있다고 정의한다. 구성요소인 사각형과 삼각형 모델들은 밑변, 높이, 두 변 사이 각 등의 속성변수를 이용하여 정의한다. 정형화된 모델은 최종 도형이 어떻게 되는지를 애매모호함 없이 명세함으로써 완전성과 검증가능성이 보장된다.

[2-2-5] 신문기사 작성 틀: 5W1H

신문기사 작성을 위한 틀은 육하원칙(5W1H)이다. 신문기사를 완성하는 과정을 모델 설계 과정과 모델 구현 과정에 비유한다. 모델 설계 과정은 주어진 사건과 관련된 모든 정보를 빠짐없이 메모하는 과정이며, 모델 구현 과정은 메모된 정보를 한글(또는 영어)을 사용하여 문장으로 완성하는 과정이다. 모델 설계는 정보 전달과 검증 과정의 반복으로, 제보자가 목격한 사건에 대한 정보를 제공하면 기자는 제공된 정보의 완전성을 5W1H 틀을 사용하여 검증하여 메모한다. 모델 구현은 완전성이 검증된 메모를 문장으로 기사화하여 독자에게

[슬라이드 2-2-5] 신문기사 작성 틀: 5W1H

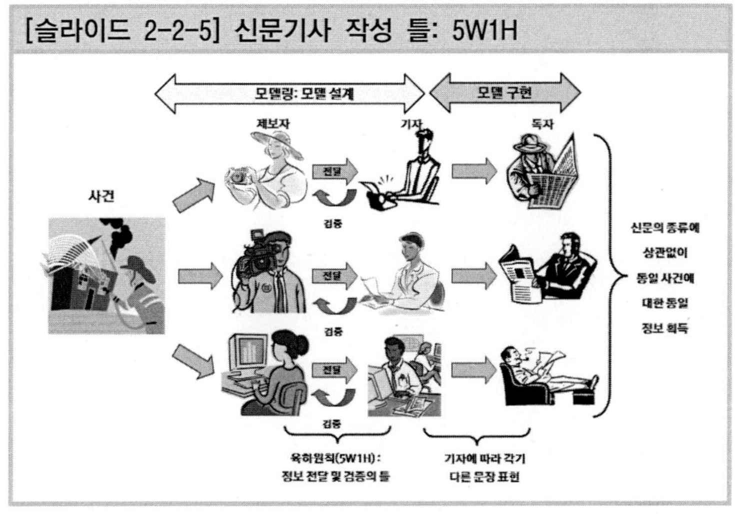

전달하는 것이다. 따라서 동일한 사건에 대한 기사는 검증된 메모(설계)를 문장으로 만드는 데(구현) 사용한 언어(한글, 영어, 일본어 등)에 관계없이 독자에게 동일한 정보를 전달한다. 5W1H는 어떤 사실을 명세하는 데 사용될 경우 "완전성"이 보장되기 때문에 시스템 아키텍처를 명세하는 틀의 하나인 Zachman Architecture Framework에도 사용되고 있다.

[슬라이드 2-2-6] 이산사건 시스템 모델링 틀: 3S4F (DEVS)

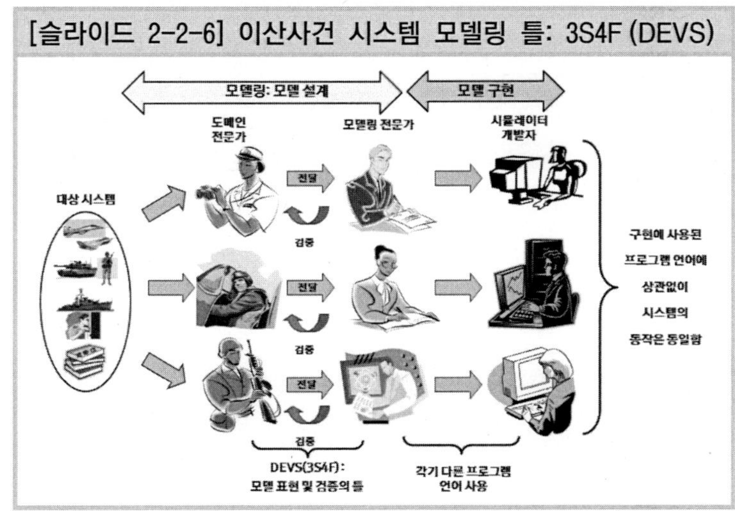

[2-2-6]

신문기사 작성에 사용되는 5W1H는 기사의 완전성과 검증가능성을 보장하였다. 교전급 이상 국방 모델 개발에서 신문기사의 5W1H와 동일한 역할을 하는 것이 DEVS 틀이다. DEVS 틀은 국방모델을 포함한 이산사건 모델을 설계하고 검증하는 수학적 형식론으로 3개의 집합과 4개의 함수(3S4F: 3 Sets, 4 Functions)로 구성된다. 도메인 전문가는 모델링 목적에 맞게 대상 시스템의 동작을 명세하게 된다. 완전성은 명세된 동작이 이산사건 모델링에 필요한 모든 정보를 포함하고 있는지의 문제이다. 모델 설계 과정은 도메인 전문가와 모델링 전문가가 정보를 교환하면서 진행하며, 완전성 검증은 DEVS 틀의 구성요소인 3S4F를 사용한다. 완전성이 검증된 모델은 모델링 전문가가 사용하는 프로그램 언어(C++, Java 등)에 의해서 구현되어 사용자에게 전달된다. 따라서 사용자 입장에서는 구현에 사용된 언어에 관계없이 동일하게 동작하는 시스템을 갖게 될 것이다. 3S4F의 DEVS 틀은 검증가능성에도 중요한 역할을 한다. 왜냐하면, 모든 모델 설계가 3S4F 기반으로 이루어져서 한 사람이 만든 설계 문서(3S4F)의 내용을 다른 사람이 쉽게 확인할 수 있기 때문이다.

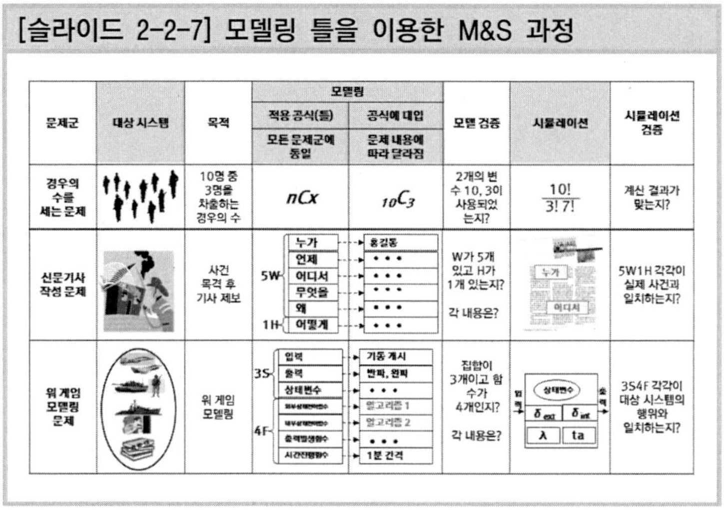

[슬라이드 2-2-7] 모델링 틀을 이용한 M&S 과정

문제군	대상 시스템	목적	모델링: 적용 공식(틀) 모든 문제군에 동일	모델링: 공식에 대입 문제 내용에 따라 달라짐	모델 검증	시뮬레이션	시뮬레이션 검증
경우의 수를 세는 문제		10명 중 3명을 차출하는 경우의 수	nCx	${}_{10}C_3$	2개의 변수 10, 3이 사용되었는지?	$\frac{10!}{3!\,7!}$	계산 결과가 맞는지?
신문기사 작성 문제		사건 목격 후 기사 제보	5W: 누가, 언제, 어디서, 무엇을, 왜 1H: 어떻게	홍길동 • • • • • • • • • • • • • • •	W가 5개 있고 H가 1개 있는지? 각 내용은?	누가 어디서	5W1H 각각이 실제 사건과 일치하는지?
워 게임 모델링 문제		워 게임 모델링	3S: 입력, 출력, 상태변수 4F: 외부상태전이함수, 내부상태전이함수, 출력발생함수, 시간진행함수	기동 개시 반파, 완파 • • • 알고리즘 1 알고리즘 2 • • • 1분 간격	집합이 3개이고 함수가 4개인지? 각 내용은?	입력 → 상태변수, δ_{ext}, δ_{int}, λ, ta → 출력	3S4F 각각이 대상 시스템의 행위와 일치하는지?

[2-2-7]

모델링 틀을 사용한 M&S 과정을 이미 설명한 예를 통하여 정리한다. 3가지 문제, 즉 경우의 수를 세는 문제, 신문기사 작성 문제, 그리고 워 게임 모델링 문제에 대하여 살펴본다. 각 문제에 대한 모델링 목적을 슬라이드에 제시한 것과 같이 설정하고 M&S 과정을 정리하였다. 모델링은 각 문제에 부합되는 모델링 틀을 사용하여 틀 속에 해당하는 도메인 지식을 채워 넣은 것이다. 여기서 알 수 있듯이 첫 번째 문제에는 nCx, 두 번째 문제에는 5W1H, 그리고 세 번째 문제에는 3S4F의 모델링 틀이 사용된다. 워 게임 모델에 사용된 3S4F 틀에서 3S는 입력사건 집합, 출력사건 집합 및 상태변수 집합이며, 4F는 외부천이 함수(알고리즘), 내부천이 함수(알고리즘), 출력 함수 및 시간전진 함수이다. 따라서 워 게임 모델은 워 게임이 진행되는 과정에 대한 모든 정보를 3S4F로 표현하는 것이다. 모델 검증은 모델링 틀이 포함하고 있는 모델링에 사용되는 정보 중 빠진 것이 없는지를 확인하는 과정이며, 시뮬레이션은 모델을 실행하는 과정이다. 시뮬레이션 결과 검증은 실제 시스템과 시뮬레이션의 출력(결과)이 일치하는지를 확인하는 과정이다.

[2-2-8] 집합이론에 기반한 시스템 이론적 모델링 틀

모델링 틀은 DEVS(3S4F)와 같은 수학적 틀과 5W1H와 같이 비수학적인 틀이 있다. 시스템 이론 분야에서는 전통적으로 수학적 모델링 틀을 구축하는 데 집합이론을 사용한다. 시스템 이론적 모델링에서는 시스템을 입력(X), 출력(Y) 및 상태변수(Q) 등 3개의 집합으로 정의하고

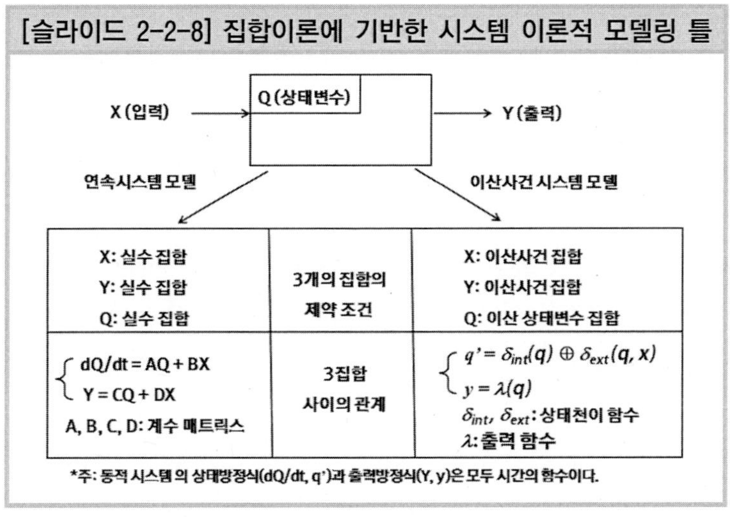

이들 사이의 제약조건을 집합 사이의 연산으로 명세하는 틀을 사용한다. 연속시스템 모델의 경우 X, Y, Q는 모두 실수 집합이며, 이들 집합 사이의 관계식은 상태천이를 표현하는 미분방정식(dQ/dt)과 출력을 표현하는 출력방정식(Y)으로 나타낸다. 여기서 A, B, C, D는 시스템의 동작을 표현하는 계수 매트릭스이다. 이산사건 시스템 모델의 경우 X, Y, Q는 각각 이산사건 집합, 이산사건 집합, 이산 상태변수 집합이며, 이들 집합 사이의 관계식을 상태방정식(q′)과 출력방정식(y)으로 표현한다. 이산사건 모델의 상태방정식과 출력방정식에 대한 자세한 설명은 DEVS 형식론에서 다루기로 한다.

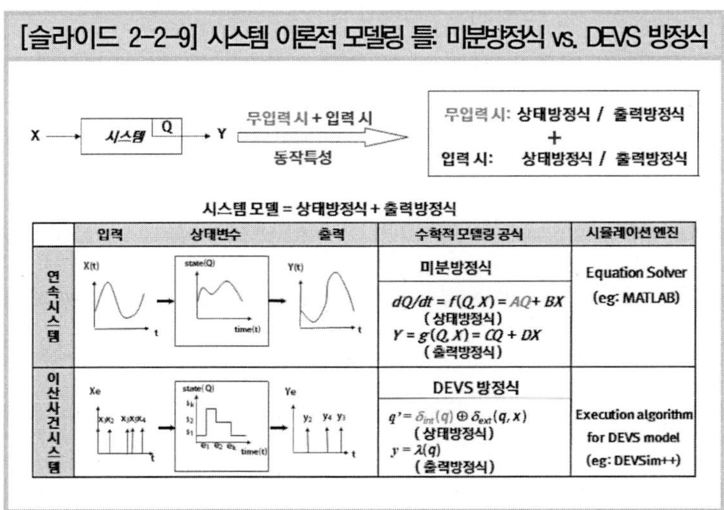

[2-2-9]

시스템 이론적 모델링 틀은 상태방정식과 출력방정식으로 구성되어 있다. 상태방정식은 시스템에 입력이 가해지지 않는 경우(무입력 시)와 입력이 가해지는 경우로 나누어서 구한 후 이들을 합산한다. 미분방정식으로 표현된 연속시스템 모델의 상태방정식 dQ/dt는 AQ와 BX의 2개 항으로 구성된다. dQ/dt = AQ는 입력이 없을 때 시간에 따라 상태가 변하는 (dQ/dt) 과정을 표현하고, dQ/dt = BX는 입력 X에 의해서 상태가 변하는 (dQ/dt) 과정을 나타낸다. DEVS 방정식으로 표현된 이산사건 모델의 상태방정식 q′(현재 상태 q에서 천이한 다음 상태)도 입력 시 상태천이와 무입력 시 상태천이로 나누어 구한 후 이들을 합산한다. 입력이 없을 때 상태천이를 나타내는 함수는 $q' = \delta_{int}(q)$이고 입력이 있을 때 상태천이를 나타내는 함수가 $q' = \delta_{ext}(q, x)$이다.

연속시스템 모델의 출력방정식도 입력이 없을 때의 Y = CQ와 입력이 있을 때의 Y = DX로 구성된다. 이산사건 모델인 경우 출력방정식은 입력이 있을 때와 없을 때로 나눌 수 있지만(Mealey Machine), 입력이 없을 때의 출력만 고려해도(Moore Machine) 입력이 있을 때의 출력을 포함시킬 수 있다는 것이 이론적으로 증명되어 있다. 연속/이산사건 모델 방정식들은 시뮬레이션 엔진에 의해 해석되며, 연속시스템 모델의 경우 MATLAB, 이산사건 시스템 모델인 경우 DEVSim++가 대표적인 시뮬레이션 엔진(환경)이다.

2.3 집합이론 기반 모델 표현

[슬라이드 2-3-1] 집합 기호를 사용한 모델 표현 및 의미

집합론적 수학 기호	f: X → Y	f: X × Q → Y
시스템 모델 다이어그램	X → f(.) → Y	X → [Q] f(.) → Y
규칙적 표현	만약 입력 x를 받으면 출력은 y = f(x) 규칙으로 계산하여라	현재 상태 q에서 입력 x를 받으면 출력은 y = (x, q) 규칙으로 계산하여라
알고리즘적 표현	when_receive_input (x) compute f with x by y = f(x) return y	when_receive_input_at_state (x, q) compute f with x and q by y = f(x, q) return y

[2-3-1]

시스템 이론적 모델링 틀은 [슬라이드 2-2-8]에 보인 바와 같이 집합이론을 사용한다. 집합이론을 근간으로 하는 이산수학에서 가장 많이 사용하는 집합 연산은 함수이다. 함수 f: A → B는 집합 A의 구성요소와 집합 B의 구성요소 사이에 1:1 대응관계가 존재함을 의미한다. 함수 f: A → B에 사용된 A와 B는 한 개의 집합일 수도 있고 A = A1 × A2와 같이 다른 집합의 연산(예: 곱집합 연산, ×) 결과일 수도 있으며 A = B가 될 수도 있다. 위 슬라이드에서 집합론적 수학 기호와 대응하는 시스템 모델 다이어그램과 다이어그램의 다른 표현/해석 방법들을 나타내었다.

함수 f: X → Y는 한 개의 입력과 한 개의 출력을 가지며, 출력은 입력만으로 유일하게 결정되는 정적 시스템(Static System) 모델을 의미한다. 반면에, $f: X \times Q \rightarrow Y$는 한 개의 입력(X)과 내부 상태변수(Q)를 사용하여 출력을 결정하는 동적 시스템(Dynamic System) 모델을 의미한다. 시스템 모델 다이어그램은 다양한 형태로 표현/해석될 수 있는데, 여기서는 규칙적(rule) 표현과 알고리즘적 표현을 예시하였다. 함수 $f: X \rightarrow Y$의 규칙적 표현은 X를 조건, Y를 귀결로 해석하면 된다. 즉, 규칙베이스의 각 규칙은 (x, y)로 구성되며 전체의 규칙베이스(Rule Base) $R = \{(x, y) \mid x \in X, y \in Y, y = f(x)\}$로 구성된다. 알고리즘적 표현에서 when_receive_input(x)는 알고리즘 f(x)를 실행하는 가상적인 모델의 입력 인터페이스 함수이다.

[슬라이드 2-3-2] 수학 / 전산학 / M&S 공학에서 객체 표현 방법의 동일성

학문 영역	이름	정의	의미론적 표현법
수학	Algebra	Set + Operations	A = 〈 S, Plus, Minus, …〉 S = I(integer set) Plus: I × I → I Minus: I × I → I …
전산학	Type (Class)	Data + Operations	function prototyping int Plus(int a, int b) int Minus(int a, int b) S delta(X x, S s) S lamb(S s)
M&S 공학	Model (Modeling Formalism)	Variables Set + Transition Functions Output Functions	$M = \langle X, Y, S, \delta, \lambda \rangle$ X, Y: input/output sets S: states set $\delta: X \times S \rightarrow S$ $\lambda: S \rightarrow S$

*주: 수학적 모델링 틀이란 모델에 사용될 집합과 연산들을 수학적으로 정의하는 것이다.

[2-3-2]
수학에서는 대수의 기본 연산을 정의하기 위하여 대수학적 틀(AS: Algebraic Structure)을 사용한다. AS는 연산의 대상이 되는 값(Operand)들의 집합과 이 값들에 적용되는 연산(Operator)들을 나열한 틀을 제공한다. 수학에서의 대수학적 틀 A = <S, Plus, Minus, ...>는 집합 S에 적용될 연산으로 Plus, Minus 등이 있다는 의미이고, S = I (I: 정수 집합)는 정숫값들이 연산의 대상이 된다는 의미이다. $Plus: I \times I \rightarrow I$에서 화살표 왼쪽의 $I \times I$는 Plus 연산에서 정수 I를 2개 결합해서 사용한다는 의미이며, 화살표 오른쪽의 I는 Plus 연산 결과가 정숫값이 된다는 의미이다. 즉, Plus(a, b) = c는 $a + b = c$와 같은 의미이며 a, b, c는 모두 정수이다. 마찬가지로 $Minus: I \times I \rightarrow I$가 정의되었다.

전산학에서 데이터 타입(Type)은 수학에서의 Algebra와 마찬가지로 집합과 연산으로 정의되며 집합을 데이터 집합(Data Set)이라고 부른다. $Plus: I \times I \rightarrow I$와 같은 연산을 전산학에서는 함수 프로토타입이라고 부르며, 문법적인 관점에서 int Plus(int a, int b)로 정의한다. 변수의 표현은 변수의 값이 소속된 데이터 집합을 먼저 명시하고 변숫값을 표시하는 형식으로, int a와 같이 표현한다. Plus 앞에 위치한 int는 Plus 함수의 연산 결과가

int(정수)임을 의미하며, 괄호 안의 (int a, int b)는 이 함수가 두 개의 정수 타입 파라미터를 필요로 한다는 것을 의미한다. 함수 프로토타입 S delta(X x, S s)의 의미는 함수 delta의 연산 결과가 S(데이터집합)의 한 값이고, 첫 번째 파라미터 x는 데이터집합 X에 속하며, 두 번째 파라미터 s는 데이터집합 S에 속한다는 의미이다. 객체지향 프로그램에서는 프로그래머가 원하는 타입을 정의할 때 필요한 데이터와 연산을 한 개의 패키지로 묶어 Class라고 부른다.

M&S 공학에서는 전산학에서의 타입을 모델 또는 모델링 형식론이라고 부른다. 모델은 변수 집합과 변수에 대한 연산으로 구성된다. 변수 집합에는 입력변수 집합(X), 출력변수 집합(Y), 상태변수 집합(S)이 있으며, 연산은 상태천이 함수 및 출력 함수로 구성된다. 상태천이 함수 δ: X × S → S의 의미는 전산학의 함수 프로토타입 S δ(X x, S s)와 동일하다. 마찬가지로 출력 함수 λ: S → S를 함수 프로토타입 형태로 표현하면 S λ(S s)로 된다. 결국, M&S 공학에서 수학적 모델링 틀이란 모델에서 사용되는 집합과 연산들을 수학적 의미론(Semantics)으로 정의하는 것이다. 따라서 수학적 틀을 사용하는 모델 개발자는 도메인 지식을 사용하여 틀에서 정의된 집합의 구성요소를 채우고, 각 연산을 함수 형태로 구현해야 한다.

[슬라이드 2-3-3] 집합이론 기반 시스템 모델링

- ◆ 집합
  - ❖ 유사한 특성을 갖는 서로 다른 원소들의 모임
- ◆ 연산
  - ❖ 부분집합, 멱집합, 합집합, 곱집합, 차집합 등
  - ❖ 함수, 관계 등
- ◆ 집합이론 기반 시스템 모델 = 집합 + 변수/집합 사이의 관계식
  - ❖ 입력 집합, 출력 집합, 상태변수 집합 정의
  - ❖ 각 집합의 제약조건(각 변숫값들의 범위)
  - ❖ 3개의 집합 사이의 관계
- ◆ 집합이론 기반 시스템 모델링의 특징
  - ❖ 간단명료하게 시스템 모델 표현
  - ❖ 집합 연산의 결과는 집합이다.
    - ● 상태변수의 구조화 (Q = Q1 × Q2)
    - ● 시스템의 모듈화 및 계층화(DEVS 형식론)

[2-3-3]

집합은 유사한 특성을 갖는 서로 다른 원소들의 모임으로 모델을 명세하는 데 유용하게 사용된다. 집합에 정의된 연산은 곱집합/합집합과 같은 집합들 간의 연산과 함수/관계와 같은 집합의 원소들 사이의 연산을 포함한다. 집합이론 기반의 시스템 모델은 집합과 변수/집합 사이의 관계식으로 표현된다. 집합에는 입력 집합, 출력 집합, 상태변수 집합이 포함되며, 각 집합의 제약조건 및 각 집합 사이의 관계식으로 모델을 정의한다. 집합이론 기반의 시스템 모델링은 간단명료하게 시스템 모델을 표현할 수 있고,

집합의 연산 결과가 다시 집합이 되는 특징을 갖는 구조적인 모델 표현방법이다.

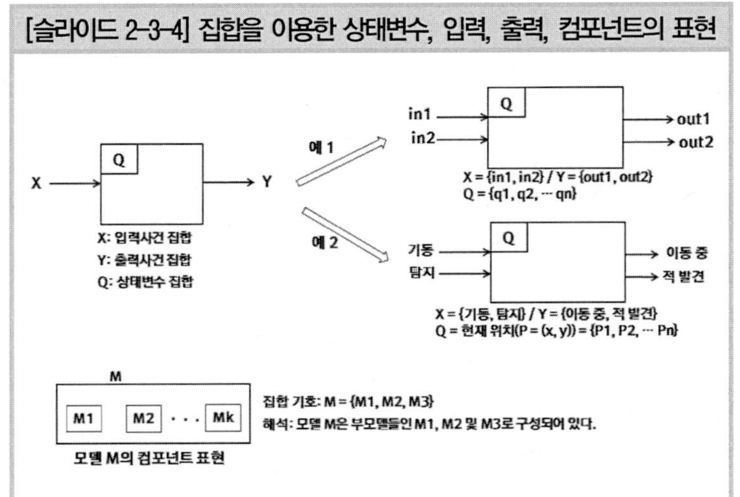

[2-3-4]

집합을 이용한 이산사건 시스템의 원자 모델은 슬라이드 왼쪽 위와 같이 입력사건 집합(X), 출력사건 집합(Y) 및 상태변수 집합(Q)으로 표현한다. 또한 아래쪽에 표시한 것과 같이 결합모델 M이 3개의 부 모델, M1, M2, M3를 가진 경우, M = {M1, M2, M3}로 컴포넌트(구성요소)들을 표현할 수 있다. 단일 모델의 X, Y, Q는 예 1과 예 2에서와 같이 X, Y, Q를 구체화하여 모델링할 수 있다. 결합모델은 컴포넌트를 정의하고, 이들 사이의 연결 관계를 명세함으로써 구체화할 수 있다. 집합의 연산에 해당하는 관계를 이용한 연결 명세는 뒤에서 다루기로 한다.

[슬라이드 2-3-5] 곱집합을 이용한 여러 개의 상태변수 표현

- ◆ 곱집합 정의
  - ❖ $A = B \times C = \{ (b, c) \mid b \in B, c \in C \}$
    - ● 집합 연산의 닫힘 특성
    - ● B, C가 집합이고 B, C를 적집합한 A도 집합이다.
- ◆ 일반화된 곱집합: $A = A1 \times A2 \times A3 \cdots \times An$
- ◆ 곱집합을 이용한 상태변수의 표현
  - ❖ $A = A1 \times A2$
    - ● A: 사람의 특성을 나타내는 상태변수, A1: 나이, A2: 학력
    - ● A1 = {1, 2, …, 100}, A2 = {학사, 석사, 박사}
  - ❖ 예: 사람의 나이와 학력을 동시에 표현하는 상태변수
    - ● 사람의 특성 = 나이 × 학력
      = { (a, b) | a ∈ {1, 2, …, 100}, b ∈ {학사, 석사, 박사} }
    - ● 철수 특성 = (30, 석사): 현재 30세로 석사 학위 소지자인 사람
  - ❖ 일반화 → $A = A1 \times A2 \times A3 \cdots \times An$
    - ● 갑돌이 = (a1(나이), a2(키), a3(몸무게), a4(학력), …) → DB의 변수
    - ● A2, A3, … 등의 변숫값 범위(집합 원소)는 모델링 목적에 따라 설정된다.
      - ▪ 예: A2 = 정수(이산변수), A2 = 실수(연속변수), A2 = {작음, 보통, 큼}

[2-3-5]

두 집합 A, B의 곱집합은 C = A × B 형태로 정의되며 이것은 가능한 모든 (a, b) 쌍을 원소로 포함하는 집합으로, C = {(a, b) | a ∈ A, b ∈ B}로 표현된다. 곱집합은 2개 이상의 집합들 사이에서도 정의되므로, A = A1 × A2 × A3 × ... × An도 가능한 연산이다. 곱집합을 이용하여 모델의 상태변수를 표현할 경우 2개 이상의 변수

값을 1개의 상태변수 집합에 정의할 수 있다. 예를 들어 곱집합 A = A1 × A2를 사용하여 사람의 특성을 상태변수로 나타낸다고 하자. A1은 나이를 나타내는 집합으로 A1 = {1, 2, ..., 100}, A2는 학력을 나타내는 집합으로 A2 = {학사, 석사, 박사}로 정의하자. 사람의 특성을 나이와 학력으로 표현하면 철수의 특성 = (30, 석사)는 나이 30의 석사 학위 소지자로 해석된다. 일반화된 곱집합으로 사람의 특성을 A1(나이) × A2(키) × A3(몸무게) × A4(학력) × ... × An로 정의하면 갑돌이 특성을 (a1(나이), a2(키), a3(몸무게), a4(학력), ...) 형태로 표현할 수 있다. 모델링에서 A1, A2, A3 등의 정의는 모델링 목적에 따라 달라진다.

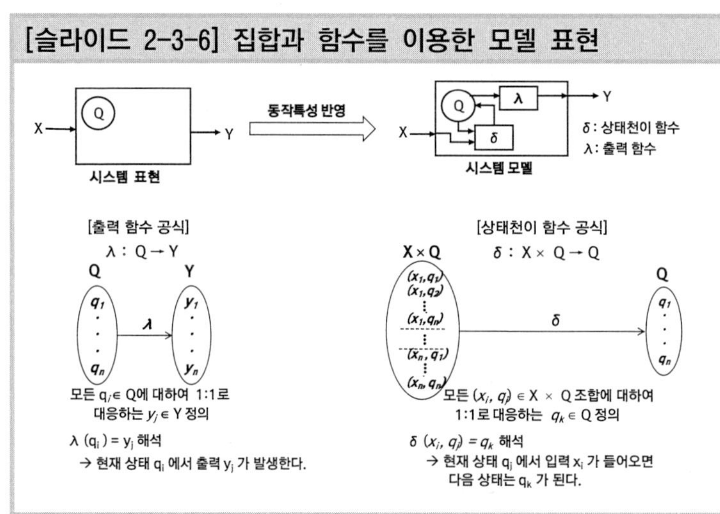

[슬라이드 2-3-6] 집합과 함수를 이용한 모델 표현

[2-3-6]

집합과 함수를 이용한 시스템 표현은 3개의 집합, 즉 입력 집합(X), 출력 집합(Y) 및 상태 집합(Q)으로 나타낸다. 시스템 모델은 이들 집합 사이의 관계식을 나타내며 2개의 함수, 즉 상태천이 함수와 출력 함수로 표현한다. 출력 함수는 현재 상태에서 어떤 출력을 발생하는지를 나타내며, 상태천이 함수는 현재 상태에서 어떤 입력을 받았을 때 다음 상태가 어떻게 되는지를 나타낸다. 따라서 출력 함수 λ: Q → Y는 모든 상태 q(∈ Q)에 대한 출력 y(∈ Y)를 정의해야 하며, 상태천이 함수 δ: X × Q → Q는 입력과 상태의 모든 조합 (x, q) ∈ X × Q에 대하여 다음 상태 q(∈ Q)를 정의해야 한다.

[2-3-7] 상태천이 함수 예 및 표현방법

여기서는 상태천이 함수의 예와 표현방법에 대해 설명한다. 슬라이드는 어떤 시스템 모델의 상태변수 집합과 입력 이벤트 집합의 예를 나타내었다. 이 시스템 모델은 4개의 상태, 즉 q1 = 대기, q2 = 기동, q3 = 탐지, q4 = 교전을 가지며, 3개의 입력, 즉 x1 = 기동명령, x3 = 교전명령, x4 = 탐지명령을 가진다. 상태천이 함수 δ: X × Q → Q는 입력과 상태의 3가지 조합, 즉 (x1, q1), (x4, q2), (x3, q3)의 조합에 대하여 다음 상태를 각각 q2, q3,

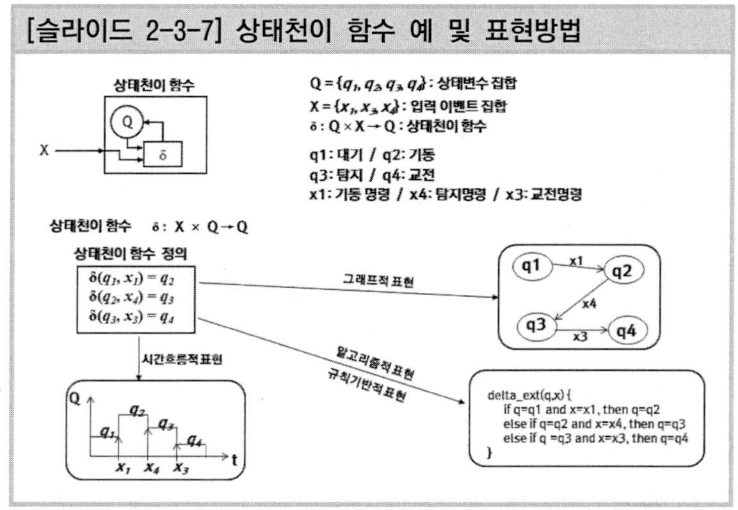

q4로 정의하였다. δ(x1, q1) = q2는 현재 상태가 q1일 때 입력 x1을 받으면 다음 상태는 q2가 된다는 뜻이다. 상태천이 함수 δ는 여러 가지 형태로 표현할 수 있으며, 여기서는 그래프적 표현, 알고리즘적(혹은 규칙기반적) 표현 및 시간흐름적 표현을 예로 제시하였다.

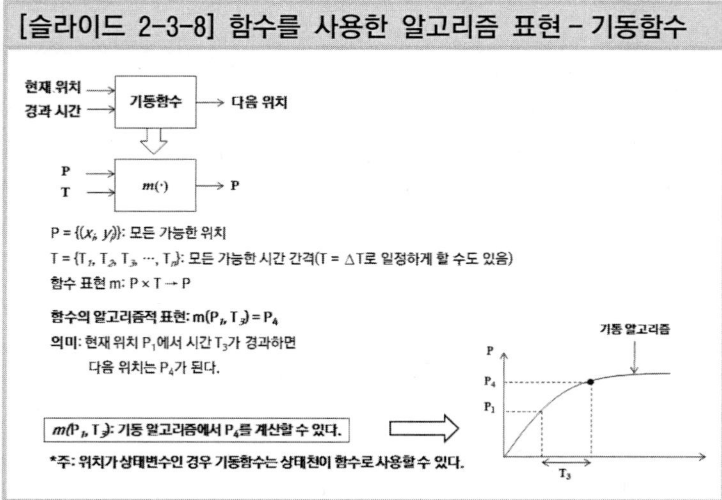

[2-3-8]

알고리즘은 함수를 구현한 것으로 함수는 알고리즘 구현을 위한 틀이다. 기동함수가 현재 위치와 경과 시간을 사용하여 다음 위치를 결정하는 알고리즘이라고 하자. 위치를 나타내는 모든 값들의 집합을 P = {(x, y, z)}, 위치를 계산하는 모든 표본 시간 값들의 집합을 T라고 하면, 기동함수는 m: P × T → P로 표현된다. m(P1, T3) = P4의 의미는 기동 알고리즘 m(.)을 사용하면 현재 위치 P1에서 T3 시간이 지나면 다음 위치는 P4가 된다는 뜻이다. 모델 개발자는 기동 알고리즘 m(.)을 기동 객체(예: 사람, 배, 비행기 등)에 따라 다르게 구현할 수 있다. 정확히 말하면, 현재 위치를 계산하기 위해서는 해당 객체의 기동 가속도 또는 속도가 필요하며, 일반적으로 m(.)에서 속도는 위치에 대한 미분방정식 형태로 주어져서 시간이 지남에 따른 위치 계산은 속도를 적분하여 구해야 한다.

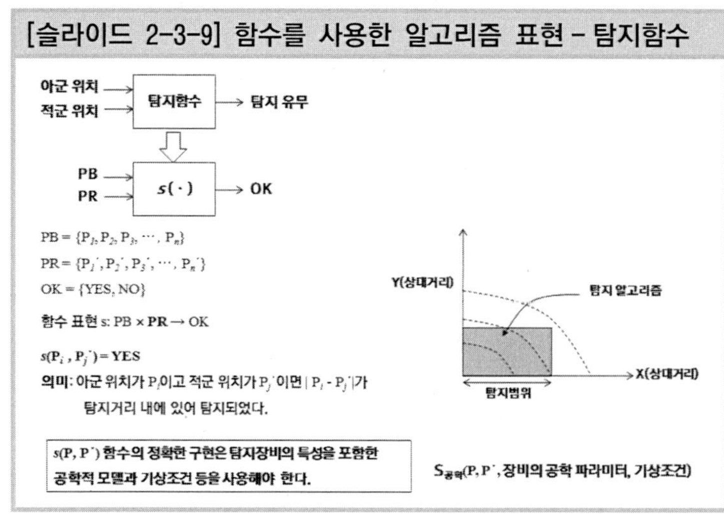

[2-3-9]

탐지 알고리즘의 함수적 표현도 기동 알고리즘과 같은 방법으로 표현할 수 있다. 여기서 탐지함수는 아군 위치와 적군 위치를 사용하여 탐지 유무를 결정하는 알고리즘이다. 아군 위치 및 적군 위치를 나타내는 모든 값들의 집합을 각각 PB 및 PR이라고 하고, 탐지 유무를 OK = {YES, NO}라고 하자. 그러면 탐지함수는 s: PB × PR → OK로 표현되며, s(Pi, Pj′) = YES의 의미는 탐지 알고리즘 s(.)를 사용하면 아군과 적군의 위치가 각각 Pi 및 Pj′인 경우 탐지가 되었다(YES)는 것이다. 탐지 알고리즘은 탐지장비에 따라 달라질 수 있으며 탐지장비와 대상 객체의 위치정보 이외에도 장비의 성능/특성을 나타내는 공학 파라미터(예: 탐지거리) 및 기상조건에 따라 달라질 수 있다.

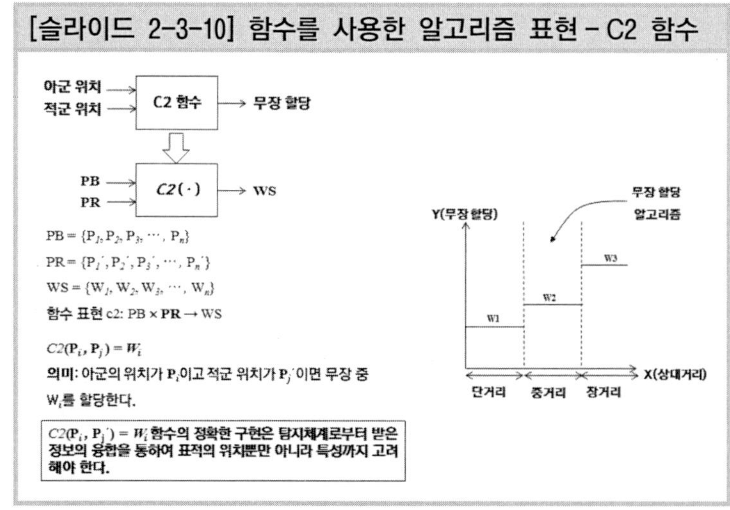

[2-3-10]

C2(지휘·통제) 알고리즘의 함수적 표현도 기동/탐지 알고리즘과 같은 방법으로 표현할 수 있다. 여기서 C2 함수는 아군 위치와 적군 위치를 사용하여 무장 할당을 결정하는 알고리즘이다. 아군 위치 및 적군 위치를 나타내는 모든 값들의 집합을 각각 PB 및 PR이라 하고, 무장 할당의 모든 가능한 값을 WS라고 하면, C2 함수는 C2: PB × PR → WS로 표현된다. C2(Pi, Pj′) = Wi의 의미는 C2 알고리즘 C2(.)를 사용하면

아군과 적군의 위치가 각각 Pi 및 Pj′인 경우 할당된 무장은 Wi가 된다는 것이다. 실제로, C2 알고리즘은 탐지장비(들)로부터 받은 정보의 융합을 통하여 표적의 위치뿐만 아니라 표적의 특성까지도 고려해서 구현해야 한다.

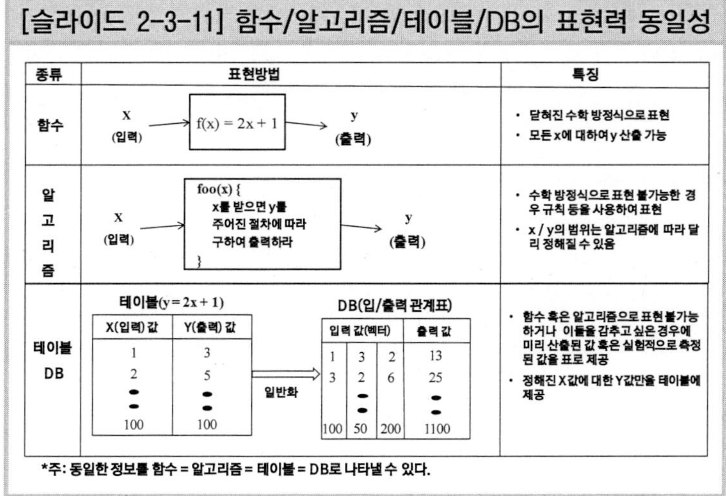

[2-3-11]

함수와 알고리즘의 표현력은 동일하다. 일반적으로 함수 f: X → Y는 y = f(x) = 2x + 1과 같은 닫힌 형태의 수식으로 표현되는 경우를 말한다. 닫힌 형태의 수식 f(x)는 x의 모든 값에 대하여 y = f(x)를 산출할 수 있으며 가장 간단한 형태의 모델로 볼 수 있다. 알고리즘은 함수 foo: X → Y를 닫힌 형태의 수학 방정식으로 표현할 수 없는 경우에 사용된다. 이 경우 알고리즘 foo(x)는 주어진 입력 x를 사용하여 알고리즘 속에 명세된 정해진 절차(규칙)에 따라 출력 y = foo(x)를 구하는 것으로 X, Y의 범위는 알고리즘에 따라 달라질 수 있다.

함수나 알고리즘으로 계산된 입력과 출력값의 쌍 (x, y)는 테이블 형태로 표현할 수 있다. 테이블 형태의 (x, y) 쌍은 무기체계의 특성/성능 등에서 보안 또는 기술적인 이유로 함수나 알고리즘의 구현 내용을 공개하지 않고 계산 결과만을 제공할 경우 사용된다. 테이블은 2개 이상의 입력값을 사용하여 미리 계산된 2개 이상의 출력값을 표시할 수도 있으며, 이러한 일반적인 표현이 데이터베이스(DB: Data Base)이다. 결론적으로, 입력과 출력의 관계라는 관점에서 볼 때 함수, 알고리즘, 테이블, DB는 동일한 정보를 다르게 나타낼 수 있는 방법들이다.

[2-3-12] 알고리즘의 테이블화 개념 – 명중률 테이블 예

알고리즘을 테이블로 표현하는 경우를 사격 시 명중률을 계산하는 예에서 알아보자. 명중률 = f(사용 화기, 사격 시 조건)은 명중률이 사용 화기와 사격 조건에 따라 달라진다는 것을

[슬라이드 2-3-12] 알고리즘의 테이블화 개념 – 명중률 테이블 예

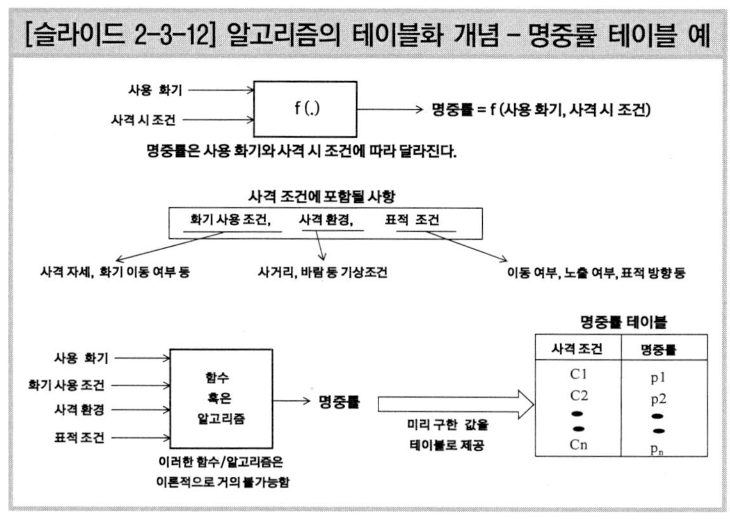

표현한다. 화기의 사격 조건에 포함될 사항은 화기 사용 조건, 사격 환경 및 표적 조건이 포함된다. 화기 사용 조건은 사격 자세, 화기 이동 여부 등이 포함되며 사격 환경은 사거리, 바람 등 기상 조건이 포함된다. 표적 조건은 표적의 이동 여부, 노출 여부 및 표적 방향 등이 포함된다. 따라서 명중률 = f(사용 화기, 사격 시 조건) = f(사용 화기, 화기 사용 조건, 사격 환경, 표적 조건)으로 정의되며, 모든 조건을 사격 조건 C라고 하면 명중률 = f(C)로 표현된다. 명중률 테이블은 사격 조건에 따른 명중률을 미리 산출(계산 또는 실측)하여 표(DB)로 나타낸 것이다. 명중률을 계산하는 알고리즘은 닫힌 형태의 수식으로 표현하는 것이 거의 불가능하며 수식이 구해졌다 하더라도 정확한 검증과정(실사격 결과와 비교)은 더욱 어려울 것이다.

[슬라이드 2-3-13] 사격 명중률(PH) 테이블 구성 방법

명중률 테이블

사격 조건							명 중 률
화기 사용 조건		사격 환경		표적조건			
자세	이동	사거리	바람방향	이동	노출	방향	
엎드려	정지	200	옆바람	정지	완전	측면	0.6
서서	정지	200	옆바람	정지	완전	측면	0.5
•	•	•	•	•	•	•	•

실제 사격에 의한 방법

사격 조건에 따라 실제 사격

많은 비용과 시간 필요

모의 모델에 의한 방법

사격 조건 → f (사격 조건) → 명중률

사격 조건에 따른 사격 시뮬레이션

정확한 모의 모델은 (거의) 불가능

명중률 = 명중된(명중 모의된) 탄수 / 총 발사(모의 발사) 탄수

[2-3-13]
명중률 테이블은 명중률 = f(사격 조건)을 어떤 방법(M&S 혹은 실제 사격 실험)으로 산출하여 테이블에 저장한 것이다. 슬라이드에는 사격 조건을 3가지로 나누어서 화기 사용 조건, 사격 환경 및 표적 조건으로 구분하였고 이들 각각은 다시 2~3가지의 세부 조건으로 구성된다. 명중률은 모든 세부 조건들의 조합에 대하여 산출된다.

예를 들면 표의 첫 번째 명중률은 명중률 = f(화기 사용 조건, 사격 환경, 표적 조건) = f(((자세=엎드려), (이동=정지)), ((사거리=200), (바람방향=옆바람)), ((이동=정지), (노출=완전), (방향=측면)))에 대해 0.6으로 구해진 것이다. 명중률은 모의 모델에 의한 계산 방법과 실제 사격에 의한 방법이 있을 수 있다. 모의 모델에 의한 명중률 계산식은 명중률 = f(사격 조건)로서 실제로 사격 조건에 따른 정확한 수식화가 거의 불가능하다. 만약 모의 모델에 의한 명중률이 계산되었다 하더라도 이 계산 결과를 신뢰하려면 모든 사격 조건에 대하여 실제의 사격 결과와 비교하여 일치성이 검증되어야 한다.

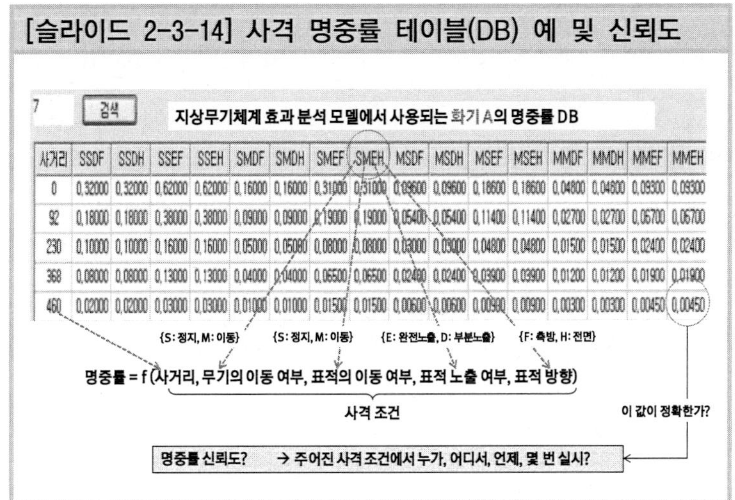

사거리	SSDF	SSDH	SSEF	SSEH	SMDF	SMDH	SMEF	SMEH	MSDF	MSDH	MSEF	MSEH	MMDF	MMDH	MMEF	MMEH
0	0,32000	0,32000	0,62000	0,62000	0,16000	0,16000	0,31000	0,31000	0,09600	0,09600	0,18600	0,18600	0,04800	0,04800	0,09300	0,09300
92	0,18000	0,18000	0,38000	0,38000	0,09000	0,09000	0,19000	0,19000	0,05400	0,05400	0,11400	0,11400	0,02700	0,02700	0,06700	0,06700
230	0,10000	0,10000	0,16000	0,16000	0,05000	0,05000	0,08000	0,08000	0,03000	0,03000	0,04800	0,04800	0,01500	0,01500	0,02400	0,02400
368	0,08000	0,08000	0,13000	0,13000	0,04000	0,04000	0,06500	0,06500	0,02400	0,02400	0,03900	0,03900	0,01200	0,01200	0,01900	0,01900
460	0,02000	0,02000	0,03000	0,03000	0,01000	0,01000	0,01500	0,01500	0,00600	0,00600	0,00900	0,00900	0,00300	0,00300	0,00450	0,00450

[2-3-14]
명중률 테이블에 대한 예로, 지상무기 효과도 분석 모델에서 실제 사용하고 있는 특정 화기(여기서는 화기 A로 명명)에 대한 명중률 값들을 명중률 = f(사격 조건)로 나타내었다. 사격 조건은 5가지로, 사거리, 무기 이동 여부, 표적 이동 여부, 표적 노출 여부, 표적 방향이 고려되었다. 사격 조건의 모든 경우의 수는 5개의 사거리를 포함하여 총 80개이며, 각 경우에 대한 명중률이 소수 5자리로 표시되어 있다. 수식으로 표현된 모의 모델을 사용할 경우 명중률을 계산할 때 총 80개의 파라미터를 사용하여 명중률을 정확히 계산하는 것은 거의 불가능할 것이다. 오른쪽 제일 아래의 명중률 값 = 0.00450의 신뢰도는 주어진 사격 조건에서 누가, 어디서, 언제, 몇 번의 사격을 실시하여 얻어진 값인지에 달려 있다.

[2-3-15] 관계(Relation)를 이용한 모델 결합 명세 표현

함수는 두 집합 사이의 각 원소들이 1:1로 대응되어야 하므로, 표현력에 제약이 있다. 이러한 제약을 완화시킨 것이 관계(Relation)로서 두 집합의 각 원소들 사이에 1:다 대응을 가능하게 한다. 두 집합 X와 Y의 관계(Relation) R은 R ⊆ X × Y로 정의한다. 즉, X와 Y의 관계

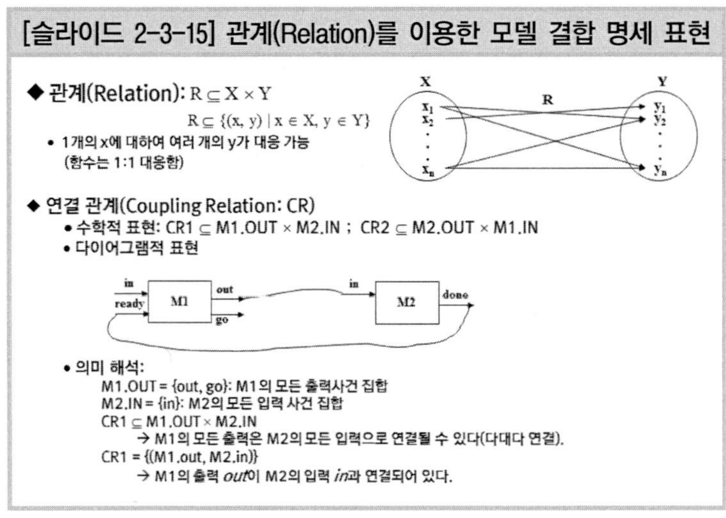

R은 두 집합 X, Y 사이의 가능한 모든 조합 (x, y) ∈ X × Y의 부분집합(⊆)으로 한 개의 x에 대하여 여러 개의 y가 대응될 수 있다. 집합의 관계 연산을 모델의 결합/인터페이스 명세에 사용한 것이 연결 관계(Coupling Relation: CR)이다.

모델 M1의 출력집합을 M1.OUT = {out, go}, 모델 M2의 입력집합을 M2.IN = {in}이라고 하자. 연결 관계 CR1⊆M1.OUT × M2.IN의 의미는 M1의 모든 출력들과 M2의 모든 입력들이 연결될 수 있다는 뜻이다. 마찬가지로, 연결 관계 CR2⊆M2.OUT × M1.IN의 의미는 M2의 모든 출력들과 M1의 모든 입력들이 연결될 수 있다는 뜻이다. 연결 명세의 한 예로, CR1 = {(M1.out, M2.in)}은 M1.OUT × M2.IN의 부분집합으로 M1의 출력 out이 M2의 입력 in과 연결되어 있다는 명세이다. 다른 연결 명세 예로서 CR2 = {(M2.done, M1.ready)}도 CR1과 동일한 방법으로 해석될 것이다.

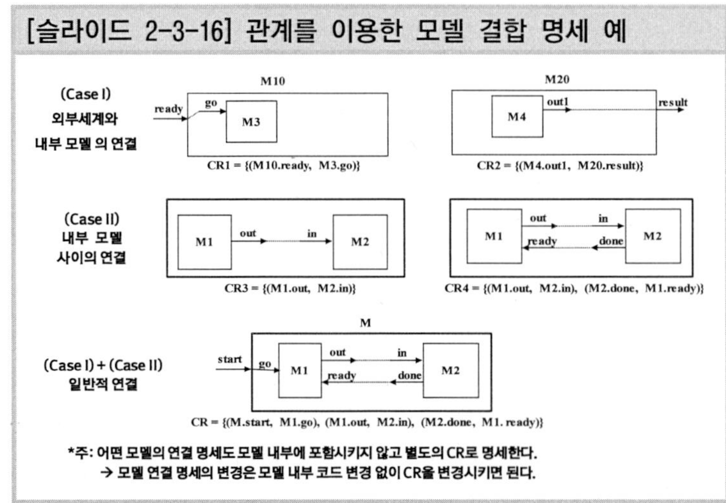

[2-3-16]

연결 명세 CR을 이용하면 모델과 모델의 외부세계 인터페이스(연결)를 명세할 수 있다. Case Ⅰ은 외부세계 모델과 내부 모델 사이의 연결 명세를 나타내는 것이다. CR1 = {(M10.ready, M3.go)}는 모델 M3의 입력 go가 외부세계 모델 M10의 입력 ready에서 들어온다는 의미이다. 또한 CR2는 모델 M4의 출력 out1이 외부세계 모델 M20의 출력 result와 연결되어 있다는 의미이다. Case Ⅱ는 내부 모델 사이의 연결 명세를 나타내는 것이다. CR3는 내부 모델 M1의 출력 out이 내부 모델 M2의 입력 in과 연결되어 있다는 의미이다. CR4의 연결 명세도 같은 방법으로 해석할 수 있다.

일반적인 연결 명세는 Case Ⅰ과 Case Ⅱ를 모두 포함한다. 맨 아래의 그림에서 보인 모델은 모델 M이 2개의 내부 모델(구성요소: 부 모델) M1, M2를 가지고 있다. 또한, 이들 3개의 모델 M, M1, M2 사이의 연결 명세를 CR로 명세하였다. CR은 외부와 연결된 모델 M의 입력과 내부 모델 M1의 입력 연결, 내부 모델 M2의 출력과 외부와 연결된 모델 M의 출력 연결, 그리고 내부 모델 M1과 내부 모델 M2 사이의 입/출력 연결을 모두 명세하고 있다. 연결 명세 CR은 내부 모델 M1 또는 M2와 별도로 명세함으로써 이들 모델의 연결이 변경될 경우에도 M1, M2의 내부 코드는 변경할 필요가 없도록 한다.

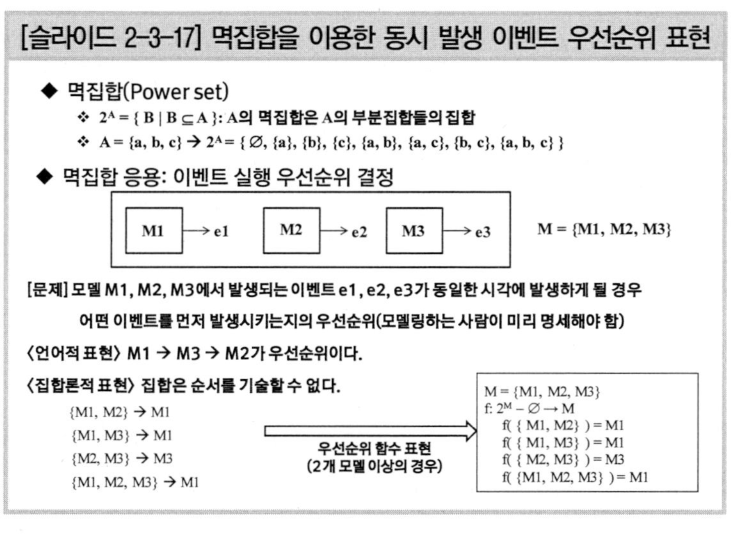

[2-3-17]

집합 A의 멱집합(Power set)은 2^A으로 표현하며, A의 모든 부분집합들의 집합으로 정의된다. 즉, $2^A = \{B|B \subseteq A\}$이다. 예를 들면, M = {M1, M2, M3}일 때 M의 멱집합은 $2^M = \{\varnothing, \{M1\}, \{M2\}, \{M3\}, \{M1,M2\}, \{M2, M3\}, \{M1,M3\}\ \{M1, M2,M3\}\}$이다. 이산사건 모델링에서는 멱집합을 사건처리 우선순위를 명세할 때 사용한다. 위 슬라이드에서 모델 M1은 e1, M2는 e2, M3는 e3의 출력사건을 소유하고 있다. 만약, 시뮬레이션 도중 각 모델들의 출력사건 e1, e2, e3가 동일 시각에 실행되도록 스케줄링된 상황이 발생했다고 하면, 시뮬레이션 알고리즘(엔진)에서는 M1, M2, M3의 출력사건 e1, e2, e3를 한 개씩 순차적으로 실행시켜야 한다. 이때 M1, M2, M3의 실행 순서는 도메인 지식에 의해 결정되며 모델링하는 사람은 결정된 순서를 모델 속에 명세해 주어야 한다.

M1, M2, M3 세 모델의 실행이 동일 시각에 스케줄된 경우, 이들의 실행 순서를 언어적으

로 표현하기는 쉽다. 예를 들면, M2 → M3 → M1으로 명세하면 M2를 제일 먼저 실행하고 다음으로 M3를 실행하며, 마지막으로 M1을 실행하라는 의미이다. 반면, 집합이론에서는 집합 M = {M1, M2, M3}의 구성요소들 사이에 우선순위를 명세하는 연산이 정의되어 있지 않다. 그러나 멱집합을 사용한 함수 f: $2^M - \varnothing \rightarrow$ M를 도입하면 M 속에 포함된 구성요소 모델들의 우선순위를 명세할 수 있다. 먼저, $2^M - \varnothing$은 집합 M의 멱집합에서 공집합(∅)을 제외한 집합으로 $2^M - \varnothing$ = {{M1}, {M2}, {M3}, {M1,M2}, {M2,M3}, {M1,M3}, {M1,M2,M3}}이다.

함수 f: $2^M - \varnothing \rightarrow$ M의 의미는 $2^M - \varnothing$ 속에 포함된 7개의 집합 각각을 M에 포함된 1개의 구성요소로 1:1로 대응시키는 것이다. 함수 f({M1, M2}) = M1 또는 {M1, M2} → M1의 해석은 M1과 M2 중에서 M1이 우선순위를 갖는다는 것이다. 마찬가지로, {M1, M2, M3} → M1은 M1, M2, M3 중에서는 M1에 우선순위가 있다는 것을 의미한다. 물론 f({Mi}) = Mi으로 1개의 구성요소를 갖는 집합 {Mi}의 우선순위는 Mi 자신이 되는 당연한 결과이다. 따라서 f({Mi})는 정의할 필요가 없지만 함수 f: $2^M - \varnothing \rightarrow$ M의 도메인 집합($2^M - \varnothing$)에서 구성요소가 1개인 집합(예: {M1}, {M2}, {M3})을 제외하는 것은 표현할 수 없다.

2.4 이산사건 모델링 접근방법

[2-4-1] 이산사건과 이산사건 시뮬레이션 정의

교전급 이상 국방시스템은 이산사건 수준(레벨)에서 추상화하여 모델링할 수 있다. 이산사건은 이산(Discrete)과 사건(Event)의 합성어이다. 사건은 시스템 내·외부에서 발생하는 중요한 메시지 또는 명령이다. 사건은 모델을 구현할 때 프로그램 내에 정의된 함수에 해당하며, 사건 명칭은 함수 이름, 사건 발생은 함수 호출, 사건 처리는 함수 실행을 의미한다. 이산은 사건 발생 시점(시각)에 대한 패턴으로 임의의 시각에 사건이 발생하는 것을 의미하며 사건과 사건 사이의 발생 시간 간격이 난수 형태이다.

이산사건 모델에서 사건은 입력사건, 출력사건이 있으며 이들의 발생 시각은 모델링 목적과 도메인 지식을 반영하여 모델링 과정에서 미리 설정된다. 국방 모델의 입력사건은 “대기”, “기동”, “탐지” 등과 같이 외부에서 모델로 들어오는 것으로 입력사건의 집합 X는

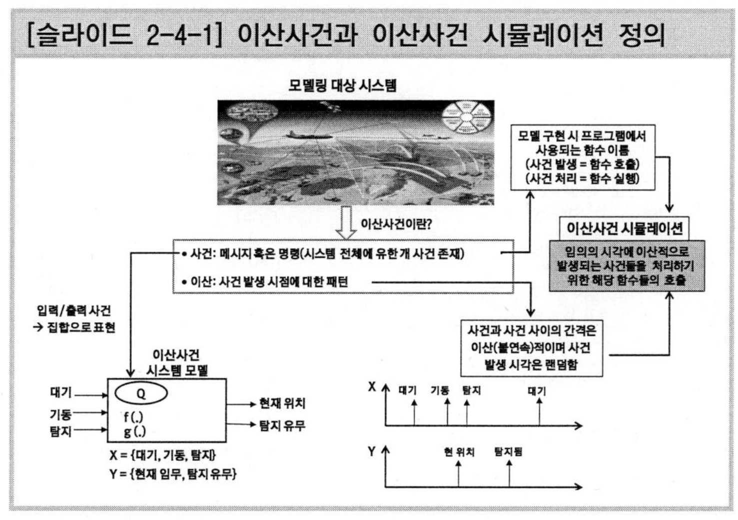

{대기, 기동, 탐지} 등으로 정의한다. 마찬가지로, 출력사건의 집합 Y는 {현재 위치, 탐지 유무} 등으로 정의한다. 입력사건과 출력사건은 슬라이드의 오른쪽 아래에 보인 바와 같이 이산적으로 미리 설정된 임의의 시각에 발생한다. 이산사건 시뮬레이션은 미리 설정된 시각에 발생 예정인 사건들을 함수로 정의한 후 사건 발생 시간 순서에 따라 해당 함수들을 실행시키는 과정이다.

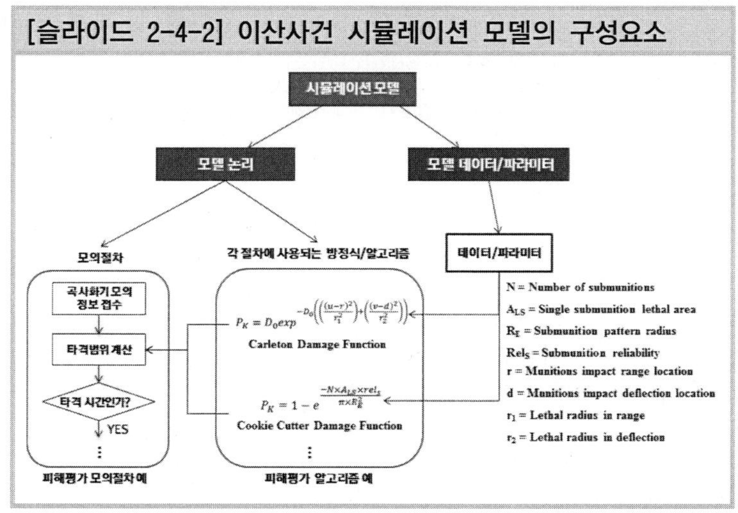

[2-4-2]

이산사건 시뮬레이션에서 단위 모델은 모델 논리와 모델 데이터/파라미터들로 구성된다. 모델 논리는 모의할 절차와 이를 실행하는 데 필요한 세부적인 방정식 또는 알고리즘이 포함된다. 모델 데이터는 모델 내부에 저장되어 시뮬레이션이 진행됨에 따라 값이 갱신되는 변수이며, 모델 파라미터는 시뮬레이션 시작 전에 미리 설정되어 시뮬레이션 도중에 변하지 않는 상숫값이다. 예를 들면, 피해평가 모델은 피해평가 모의절차와 모의과정에서 필요한 타격범위를 산출하는 알고리즘, 그리고 무기체계와 피해 대상지역에 따라 결정되는 알고리즘의 파라미터값들로 구성된다.

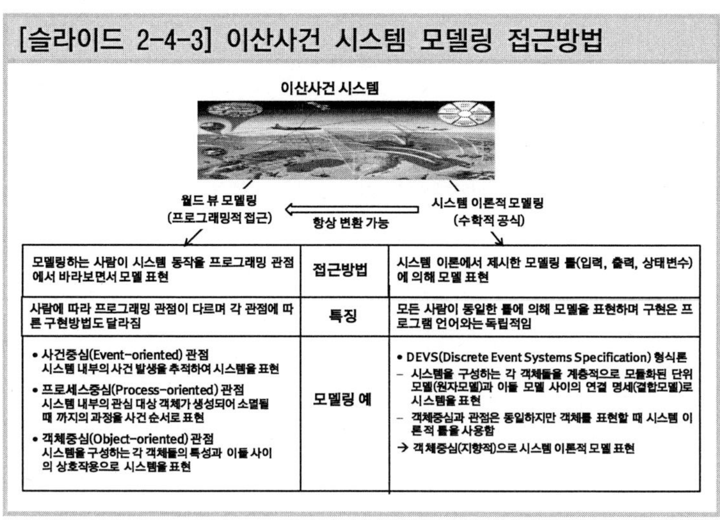

[2-4-3]
임무급 모의수준 이상을 표현하는 워 게임과 같은 이산사건 시스템을 모델링하는 방법에는 월드 뷰(World View) 접근방법과 시스템 이론적 접근방법이 있다. 월드 뷰 모델링은 모델러(Modeler)가 이산사건 시스템을 자신이 생각하는 관점에 따라 프로그램적으로 표현하는 방법이다. 반면, 시스템 이론적 모델링은 모델러가 이산사건 시스템을 정해진 수학적 틀을 사용하여 표현하는 방법이다. 월드 뷰 접근방법에서는 모델러에 따라 프로그래밍 관점이 다르며 각 관점에 따른 모델 구현도 달라진다. 반면, 시스템 이론적 접근방법에서는 모든 모델러가 정해진 수학적 틀에 의해 모델을 표현하며 모델 구현은 프로그램 언어와 무관하게 수학적 공식을 구현하는 것이다.

월드 뷰 모델링의 예로 사건중심(Event-oriented) 관점, 프로세스중심(Process-oriented) 관점, 객체중심(Object-oriented) 관점 등이 있다. 사건중심 모델은 시스템 내부에서 발생하는 사건들을 시간순으로 추적하는 모델이다. 프로세스중심 모델은 시스템에서 관심의 대상이 되는 객체(예: 사람, 자동차 등)가 생성되어 소멸될 때까지의 과정을 사건 순서(Event Sequence)로 표현하는 모델이다. 객체중심 모델은 시스템을 구성하는 각 객체들의 동작특성과 이들 사이의 상호작용으로 표현하는 것이다. 시스템 이론적(수학적) 모델링의 예로는 (2.5)절에서 자세히 소개할 DEVS 형식론이 있다. DEVS 형식론은 시스템을 구성하는 각 객체들을 계층적으로 모듈화한 단위 모델(원자모델)과 이들 모델들의 연결 명세(결합모델)로 표현한다. DEVS 형식론은 객체중심 관점과 동일하지만 객체를 표현할 때 프로그램적으로 표현하는 것과 달리 DEVS 틀(공식)을 사용하여 표현한다. 즉, DEVS 형식론은 객체중심 관점으로 시스템을 표현하되, 표현방법은 시스템 이론적인 수학 공식을 사용하는 것이다.

[2-4-4] Event-oriented 모델링 개념

월드 뷰 모델링의 대표적인 접근방법인 사건중심(Event-oriented) 모델에서는 대상 시스템에

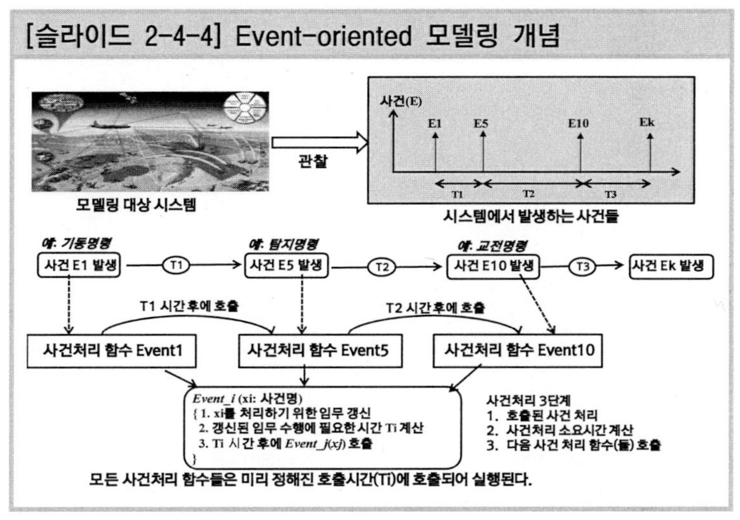

서 발생하는 사건들을 발생시간순으로 추적한다. 사건중심 모델의 시뮬레이션에서 사건은 프로그램의 함수, 사건 발생은 함수 호출, 그리고 사건 처리는 함수 실행을 의미한다. 국방시스템 모델에서 발생하는 사건은 "기동명령", "탐지명령", "교전명령" 등을 말한다. 한 사건이 발생한 시각과 다음 사건이 발생하는 시각 사이에는 시간 지연이 발생하며 특별한 경우에 시간 지연은 0(다음 사건을 즉시 시행하거나 두 사건을 동시에 시행)이 될 수도 있다. 이 슬라이드에 표시한 시스템 내에는 4개의 사건, E1, E5, E10, Ek가 발생하며 이들 사건의 발생순서는 E1 → E5 → E10 → Ek이다. T1, T2, T3는 각각 E1과 E5, E5와 E10, 그리고 E10과 Ek 사이의 지연시간을 나타낸다. 예를 들면, "기동명령" 사건이 발생하고 T1(0 또는 임의의 수) 시간 후 "탐지명령"이 발생한다는 의미이다.

사건처리 함수 Event1은 사건 E1을 처리하기 위한 함수명이며 모든 사건은 자신만의 사건처리 함수를 가지고 있다. 각 사건의 발생은 함수 호출에 의해 이루어지며 사건 발생 시각이 함수 호출 시각이다. 사건 E1 발생과 사건 E5 발생 사이의 지연시간 T1은 사건처리 함수 Event1의 호출시간과 사건처리 함수 Event5의 호출시간 사이의 시간 지연을 의미한다. 마찬가지로, Event5와 Event10 사이의 지연시간 T2는 사건처리 함수 Event5를 실행하고, T2 시간 후에 사건처리 함수 Event10을 호출하라는 의미이다. 따라서 각 사건처리 함수는 3단계로 실행된다. 1단계는 호출된 사건을 처리하는 것(명령을 실행하는 것), 2단계는 사건처리에 소요되는 지연시간 결정, 그리고 3단계는 사건처리 후(지연시간) 다음 함수(들)를 호출하는 것이다. 현재 사건 처리가 완료된 후(지연시간 경과 후) 다음 사건 처리 함수로 현재 수행 중인 함수가 다시 호출될 수도 있으며, 한 개 이상의 함수들을 동시에 호출할 수도 있다. 사건중심 시뮬레이션에서는 지연시간 T가 경과한 후에 사건처리 함수 Foo()가 호출되도록 예약하는 것을 Foo()를 T시간 후로 스케줄링한다고 한다.

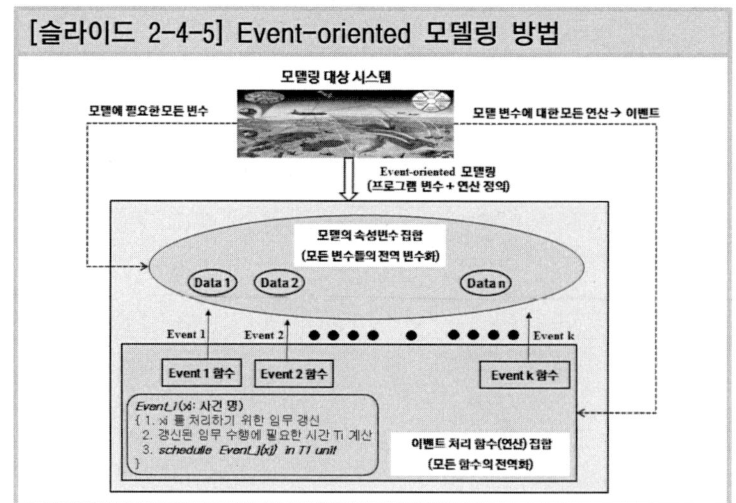

[2-4-5]

사건중심 모델링을 프로그램 관점에서는 "모델 = 속성변수 집합 + 연산(함수) 집합" 으로 볼 수 있다. 속성변수는 모델을 표현하는 데 필요한 모든 변수들을 포함하며 연산(함수)은 사건이 발생됨에 따라 변수들을 갱신하기 위한 사건처리 함수를 의미한다. 시뮬레이션 프로그램의 구현 관점에서 보면 모든 속성변수가 전역화(Global)되어 있으며 구현 언어로는 절차적(Procedural) 언어인 C 언어 등이 적합하다. 모든 속성변수의 전역화는 오류 발생 및 디버깅의 어려움 등으로 프로그래밍 관점에서는 권장되지 않는 방법이지만 사건처리 함수 내에 속성변수를 저장해 둘 수 없기 때문에 불가피한 선택이다. 만약 이들 변수들을 사건처리 함수 내부에 정의하면 함수 호출에 의해 갱신은 가능하지만 갱신된 결과는 함수 내부에 저장할 수 없기 때문에 함수 외부의 전역공간에 저장해야 한다. 결국, 속성변수를 전역화하는 이유는 동일한 속성변수 값들을 시뮬레이션 과정에서 여러 가지의 사건처리 함수들에 의해 반복적으로 갱신 → 저장 → 갱신될 수 있도록 하기 위함이다.

[2-4-6] Event-oriented 모델 실행방법

사건중심 모델의 사건처리 함수는 사건 발생 시각에 호출되어 실행된다. 따라서 모든 사건처리 함수는 호출될 시각이 미리 정해져 있어야 하며, 시뮬레이션은 사건처리 함수를 미리 정해진 시각에 호출하여 실행시키는 것이다. 모델 내에는 호출시간이 미리 정해진 여러 개의 사건처리 함수들이 존재하며 이들을 시간순으로 호출하기 위해서 모델과는 별개의 알고리즘이 필요하다. 시뮬레이션 분야에서는 이러한 알고리즘을 시뮬레이션 엔진이라 하고 한 개의 사건중심 모델을 실행시킬 수 있는 시뮬레이션 엔진은 여러 가지가 존재한다.

사건중심 모델을 실행시키기 위한 시뮬레이션 엔진은 사건 리스트(Event list)와 이를 관리하는 알고리즘으로 구성된다. 사건 리스트에는 사건처리 함수와 함수의 호출시각이 시간순으로 저장되며 맨 처음 위치한 사건처리 함수가 가장 먼저 호출된다. 사건처리 시간

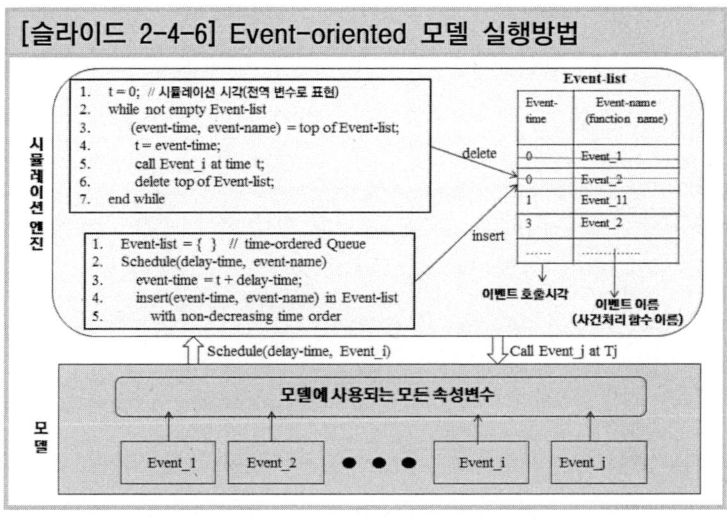

t = 0이라는 의미는 지금 즉시 해당 사건처리 함수를 호출하라는 의미이며 시뮬레이션을 시작할 때 제일 먼저 호출할 사건처리 함수의 호출시간이다. 시뮬레이션 과정은 사건 리스트에 새로운 사건처리 함수들을 추가(insert)하거나 기존의 사건처리 함수를 삭제(delete)하면서 진행된다. 사건처리 함수의 추가는 모델에서 사건처리 함수를 스케줄(Schedule(delay-time, Event-name))할 때 발생하며 현재 리스트에 있는 사건처리 함수들과 추가된 사건처리 함수를 호출시간순으로 정렬한다. 사건처리 함수의 삭제는 사건 리스트의 맨 처음에 위치한 사건처리 함수가 호출된 후 수행된다. 호출된 사건처리 함수의 실행은 [슬라이드 2-4-4]에서 설명한 것처럼 자기 자신을 포함한 한 개 이상의 새로운 사건처리 함수의 스케줄(Call Event_i at Tj)을 포함한다.

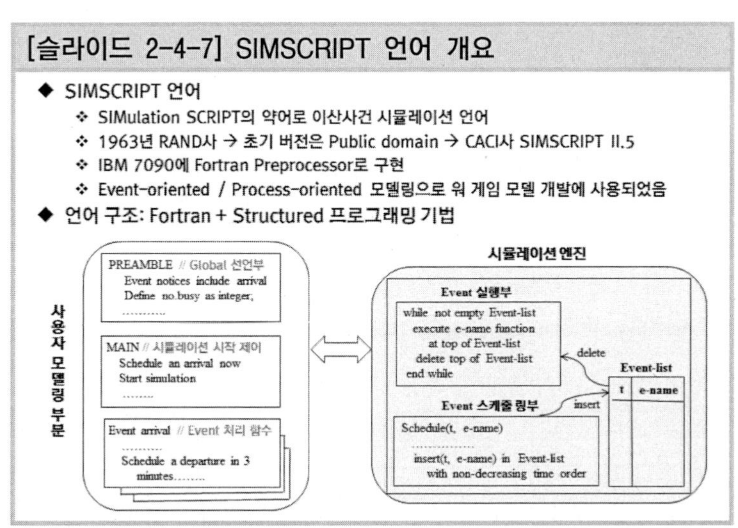

[2-4-7]

사건중심 시뮬레이션 언어의 대표적인 것이 SIMSCRIPT(SIMulation SCRIPT)이다. 이산사건 시뮬레이션 전용 언어로서 Fortran 언어 위에 스크립트를 정의한 형태로 1963년 RAND사에서 개발되어 공개 S/W를 거쳐 SIMSCRIPT Ⅱ.5로 상용화되었다. 이산사건 모델링을 지원하며 1960~1970년대에 미국의 워 게임 모델 개발에 주로 사용되었다. 사용자가 주어진 SCRIPT를 사용하여 이산사건 모델을 개발하면 시뮬레이션 엔진이 모델을 실행시키는 구조이다. SIMSCRIPT는 1960년대 초반의 S/W 기술이 반영된 언어로서 S/W 품질과 생산성 향상을 위해 1980년대 이후 일반화된 객체 모듈화, 재사용성, 컴포넌트, 공유 라이브러리 기술 등이 반영될 수 없었다. 따라서 SIMSCRIPT를 워게임 모델 개발에 사용할 경우는 C++ 언어 등을 사용하는 것에 비해 S/W 품질과 생산성이 크게 뒤떨어지기 때문에 최근에는 거의 사용되지 않는다.

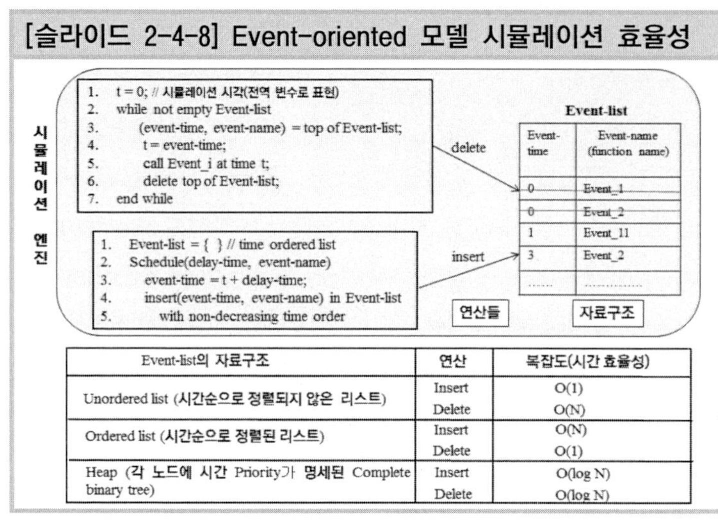

Event-list의 자료구조	연산	복잡도(시간 효율성)
Unordered list (시간순으로 정렬되지 않은 리스트)	Insert Delete	O(1) O(N)
Ordered list (시간순으로 정렬된 리스트)	Insert Delete	O(N) O(1)
Heap (각 노드에 시간 Priority가 명세된 Complete binary tree)	Insert Delete	O(log N) O(log N)

[2-4-8]

사건중심 모델의 시뮬레이션은 사건처리 함수를 시간순으로 호출하면서 진행된다. 사건처리 함수는 호출시간과 함께 사건 리스트에 저장되며 시뮬레이션 실행에 소요되는 시간은 사건 리스트의 자료구조와 자료구조에 대한 추가(insert)/삭제(delete) 연산방법에 따라 달라진다. 따라서 시뮬레이션 속도를 개선하기 위해서는 시뮬레이션이 진행되는 동안 임의의 패턴으로 발생하는 사건처리 함수의 추가와 삭제에 걸리는 시간을 최소화해야 한다. 시뮬레이션의 효율성 분석은 사건 리스트의 자료구조 정의와 추가/삭제 등의 연산에 필요한 알고리즘의 복잡도로 측정한다.

알고리즘의 복잡도는 알고리즘 수행시간을 입력 크기의 파라미터로 표현하며 O(.) (O는 Big-Oh라고 읽음)로 표시한다. 입력 크기가 N인 알고리즘의 복잡도가 O(N)이라는 것은 알고리즘 수행시간이 최악의 경우(Worst case) 입력의 크기 N에 비례한다는 뜻이다. 반면, 입력의 크기가 N인 알고리즘의 복잡도가 O(1)(또는 O(상수))이라는 것은 알고리즘의 수행시간이 입력 크기와 관계없이 일정하다는 뜻이다. 슬라이드 아래쪽에 사건중심 모델을 3가지 형태의 사건 리스트를 이용하여 시뮬레이션하는 각각의 경우에 리스트를 관리하는 연산으로 추가(insert)와 삭제(delete)에 대한 알고리즘 복잡도를 O(.)로 표현하였다. 리스트 구조가 사건처리 함수를 시간순으로 정렬 또는 정렬하지 않고 나열한 경우는 O(N)과 O(1)의 복잡도가 반복된다. 이 경우의 복잡도는 O(N)과 O(1)의 복잡도 중 큰 값에 해당되는 O(N)이 된다. 반면에 사건 리스트 구조를 각 노드에 시간이 작은 순으로 정렬하는 완전 이진 트리(Complete binary tree) 형태의 Heap 구조를 사용할 경우에는 추가/삭제 알고리즘의 복잡도가 모두 O(log N)이 된다. log N은 입력의 크기 N이 커지면 N보다 작게 되므로 사건 리스트를 Heap 구조로 관리하면 추가/삭제 연산시간이 감소하여 시뮬레이션 실행시간이 단축된다. 이런 이유로, 이산사건 시뮬레이션 엔진의 사건 리스트는 Heap 구조를 사용하는 것이 일반적이다.

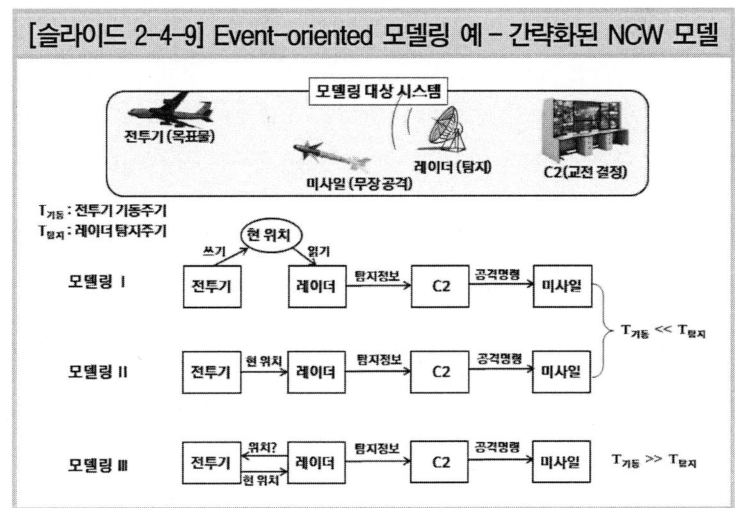

[2-4-9]

간략화된 NCW(Network Centric Warfare: 네트워크 중심전) 모델을 사건중심 모델로 표현해 보자. 시스템 구성요소는 전투기(목표물), 레이더(탐지장비), 미사일(무장 공격) 및 C2(교전 결정) 등이다. 간단한 지대공 미사일 공격 시나리오는 지상 레이더가 전투기를 탐지하면 C2에서 교전을 결심하고 공격명령을 보내서 미사일을 발사하는 것이다. 이에 대한 사건중심 시뮬레이션 모델은 전투기 모델, 레이더 모델, C2 모델 및 미사일 모델로 구성된다. 슬라이드에서는 예로 3가지 모델링 방법, 즉 모델링 Ⅰ, 모델링 Ⅱ 및 모델링 Ⅲ을 제시하였다. 모델링 Ⅰ은 전투기 모델과 레이더 모델이 전투기의 현 위치 정보를 공유하며 레이더 모델의 탐지정보가 C2 모델로 전달되어 C2에서 미사일을 할당하고 미사일 모델에 공격명령을 내리게 된다. 모델링 Ⅱ는 모델링 Ⅰ과 동일하지만 전투기 모델과 레이더 모델이 전투기 위치정보를 공유하는 대신 전투기 모델에서 현 위치 정보를 레이더 모델에 보내게 된다. 모델링 Ⅲ은 모델링 Ⅱ와 동일하지만 전투기 모델의 위치정보는 레이더 모델이 요청할 때만 보내게 된다. 모델링 Ⅰ, Ⅱ, Ⅲ의 선택은 전투기 기동주기($T_{기동}$)와 레이더의 탐지주기($T_{탐지}$)를 고려하여 선택적으로 사용할 수 있다.

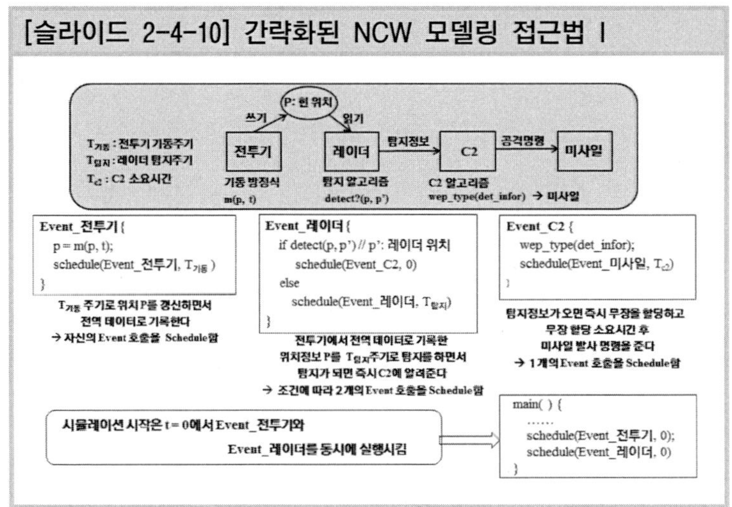

[2-4-10]
간략화된 NCW 모델의 사건중심 모델링 I을 구현하기 위하여 구성요소 모델들의 사건 발생(변수 갱신) 주기($T_{기동}$, $T_{탐지}$, T_{C2})와 알고리즘(기동, 탐지, C2 알고리즘)을 슬라이드에서와 같이 정의하였다. 전투기 모델, 레이더 모델 및 C2 모델에 해당하는 사건처리 함수들을 각각 Event_전투기{....}, Event_레이더{....}, Event_C2{....}로 정의하였고 모델들 사이의 사건 발생 인과관계(함수 호출 관계)도 나타내었다. 전투기의 현 위치 p를 전역변수로 선언하여 매 $T_{기동}$ 주기마다 갱신(쓰기)하면 레이더가 매 $T_{탐지}$ 주기마다 사용(읽기)하게 된다.

Event_전투기 알고리즘은 기동함수 p = m(p, t)를 실행하고 $T_{기동}$ 시간 후에 자신의 사건을 다시 호출하기 위한 schedule(Event_전투기, $T_{기동}$)을 실행한다. 따라서 p = m(p, t)는 $T_{기동}$마다 한 번씩 실행되어 현 위치 p를 갱신한다. Event_레이더 알고리즘은 Event_전투기 알고리즘에 의해 매 $T_{기동}$마다 갱신된 전투기의 현 위치 p와 레이더의 현 위치 p′에 기초한 detect(p, p′) 함수를 이용하여 탐지 유무를 확인한다. 탐지된 경우에는 즉시 Event_C2 알고리즘이 실행되도록 schedule(Event_C2, 0)을 호출한다. 그러나 만약 탐지에 실패하면 schedule(Event_레이더, $T_{탐지}$)를 실행하여 $T_{탐지}$ 후에 Event_레이더를 다시 실행되도록 한다. Event_C2는 Event_레이더에서 제공하는 탐지정보(det_infor)와 함께 호출된다. Event_C2 알고리즘은 함수 wep_type(det_infor)을 사용하여 무장 종류를 결정한 후 schedule(Event_미사일, T_{C2})를 실행하여 T_{C2} 시간 후에 Event_미사일이 호출되게 한다. 여기서 T_{C2}는 wep_type(det_infor)을 사용하여 무장 종류를 결정하는 데 걸리는 의사결정 지연시간으로 해석하면 된다.

사건처리 함수(알고리즘)들이 정의되면 시뮬레이션 시작을 위하여 t = 0에 실행할 사건처리 함수들을 프로그램 시작과 동시에 호출해야 한다. NCW 모델의 시뮬레이션 프로그램이 main() {....}에 의해서 시작된다고 가정하면 main() 함수에서 schedule(Event_전투기, 0)과

schedule(Event_레이더, 0)을 동시에 호출하여 전투기 모델과 레이더 모델이 지금(t = 0) 즉시 동작되도록 한다.

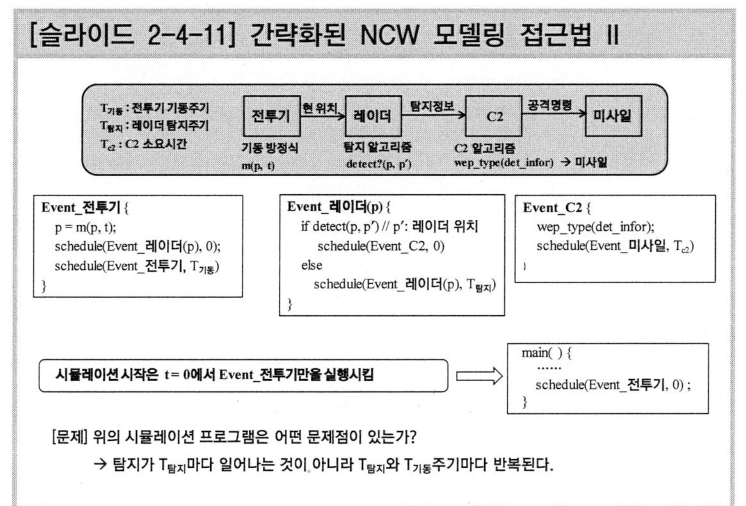

[2-4-11]

간략화된 NCW 모델의 사건중심 모델링 Ⅱ를 구현하기 위한 모델 구조는 모델링 Ⅰ과 동일하다. 모델링 Ⅰ과 모델링 Ⅱ의 차이점은 전투기 모델인 Event_전투기 함수만 달라지며 나머지 모델들은 동일하다. Event_전투기 모델은 먼저 p = m(p, t)을 이용하여 갱신된 위치정보를 schedule(Event_레이더(p), 0)를 통해 즉시(t = 0) 레이더 모델에 알려줌과 동시에 schedule(Event_전투기, $T_{\text{기동}}$)을 통하여 $T_{\text{기동}}$ 시간 후에 자기 자신이 호출되도록 한다. 이 경우에 레이더 모델은 전투기 모델에 의해 스케줄링되므로 main() 함수에서는 시뮬레이션 시작(t = 0)을 위해 schedule(Event_전투기, 0)만 실행하면 된다.

모델링 Ⅰ에서 레이더 모델의 실행은 Event_레이더 함수에 포함된 schedule(Event_레이더, $T_{\text{탐지}}$)의 재귀적 호출에 의해 $T_{\text{탐지}}$마다 반복되었다. 그러나 모델링 Ⅱ에서 Event_레이더 함수의 실행은 2가지 경우에 의해서 발생한다. 이들은 Event_전투기 함수에서 호출된 schedule(Event_레이더(p), 0)와 Event_레이더 자신에 의해 호출된 schedule(Event_레이더(p), $T_{\text{탐지}}$)이다. schedule(Event_레이더(p), 0)의 실행주기는 Event_전투기 함수의 호출주기와 동일하므로 $T_{\text{기동}}$이 된다. schedule(Event_레이더(p), $T_{\text{탐지}}$)의 실행주기는 Event_레이더 함수의 호출주기와 동일하므로 $T_{\text{탐지}}$가 된다. 따라서 모델링 Ⅱ는 레이더의 물리적 탐지주기 $T_{\text{탐지}}$와 일치하지 않는 문제가 발생한다.

[2-4-12] 모델링 접근법 II의 레이더 탐지주기 분석

모델링 Ⅱ에서 레이더 탐지주기를 분석해 보자. 앞 슬라이드에서 언급한 대로 레이더의

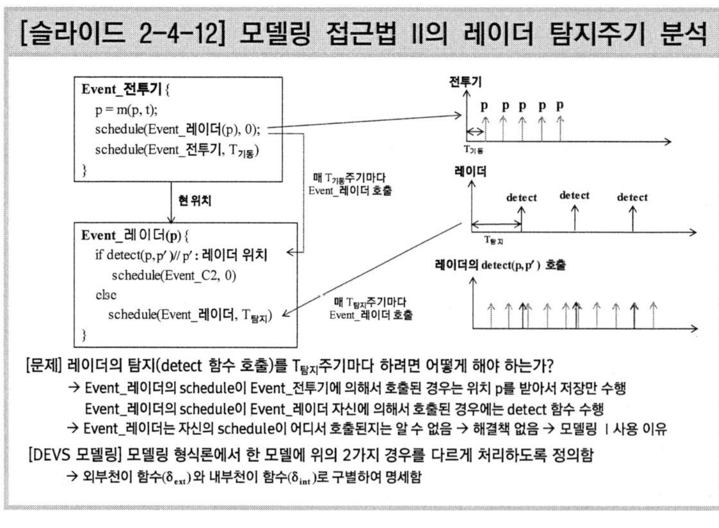

탐지 유무를 결정하는 detect(p, p′) 함수는 Event_레이더 알고리즘(함수)이 호출될 때마다 실행된다. 따라서 detect(p, p′) 함수는 전투기의 기동주기($T_{기동}$)마다 호출됨과 동시에 레이더의 탐지주기($T_{탐지}$)마다 호출된다. 슬라이드의 오른쪽 그림에 전투기의 기동주기, 레이더의 탐지주기 및 탐지 유무를 결정하는 알고리즘인 detect(p, p)의 호출시각을 나타내었다. 실제의 레이더에서 탐지 유무 결정은 전투기의 기동주기가 아니라 레이더의 탐지주기인 $T_{탐지}$마다 수행되므로 모델링 II는 탐지 유무 결정시각 관점에서 보면 올바르지 않은 모델이다.

실제의 레이더와 같이 탐지 유무 결정을 탐지주기마다 수행하려면 어떻게 할 것인가? 즉, 레이더의 탐지 유무를 결정하는 detect(p, p′) 함수가 탐지주기마다 호출되도록 하려면 어떻게 해야 할 것인가? 현재 Event_레이더 함수 내에 포함된 detect(p, p′) 함수는 Event_레이더 함수가 실행될 때마다 수행되며, Event_레이더는 2개의 사건(Event), 즉 Event_전투기와 Event_레이더에 의해 스케줄된 후 수행된다. 따라서 Event_레이더가 Event_전투기에 의해 수행될 경우에는 detect(p, p′) 함수를 실행시키지 않고 Event_레이더에 의해 수행될 때만 detect(p, p′)를 실행시키면 된다. 이를 위해서는 Event_레이더 모델에서 외부입력사건(Event_전투기)과 자신이 호출한 내부사건(Event_레이더)을 식별하는 방법이 필요하다. 다음 절에서 다루게 될 DEVS 모델은 외부사건(입력)과 내부사건(자기 자신에 의해 호출되는 사건)을 구별할 수 있으며 이들의 사건처리 함수를 다르게 정의한다.

2.5 DEVS(Discrete Event Systems Specification) 형식론

[슬라이드 2-5-1] DEVS(Discrete Event Systems Specification) 형식론 특징

- ◆ 이산사건 시스템 모델 표현 요구사항
  - ❖ 시스템 내부 혹은 외부에서 이벤트 발생 시 이벤트 처리(상태변수 갱신)
  - ❖ 현재 이벤트 처리 결과는 미래에 다른 이벤트를 발생시킬 수 있음
  - ❖ 각 이벤트는 임의의 시각에 발생하지만 발생시각은 미리 모델에 명세해야 함
- ◆ DEVS 형식론의 특징
  - ❖ 이산사건 모델링을 위한 수학적 틀(3S4F) 제공
    - ➔ 완전성, 검증 가능, 수정/확장 용이, 효율적 유지보수
  - ❖ 1976 - 1984년 Zeigler에 의해 고안된 집합론적 모델링 방법
    - ➔ 간단하고 쉽게 모델링할 수 있음
  - ❖ 시스템 이론적 모델 표현
    - ➔ 다른 종류의 모델과 표현력 호환성(입력, 출력, 상태, 상태천이(변환) 함수)
    - ➔ 발생되는 이벤트별 모델링이 아닌 시스템 컴포넌트별로 모델 표현
  - ❖ 객체지향적 모델링 방법
    - ➔ 부분(부 시스템)과 전체 시스템; 모델 클래스
  - ❖ 모듈화(modular)된 모델의 계층적(hierarchical) 명세
    - ➔ 모델과 인터페이스가 분리된 구조적 모델링(Structured Modeling)

[2-5-1]

DEVS(Discrete Event Systems Specification) 형식론은 이산사건(Discrete Event) 시스템 명세(Systems Specification)를 위한 수학적 공식(틀)으로서 국방시스템을 포함한 모든 이산사건 시스템의 모델링(모델 명세)에 사용된다. 이산사건 시스템 모델 명세에 필요한 3가지 필수기능(모델 표현 요구사항)은 (i) 시스템 내부 또는 외부에서 발생하는 사건처리(상태변수 갱신) 기능, (ii) 현재 사건 처리 결과가 다른 사건을 발생시키는 기능, (iii) 미리 명세된 사건 발생 시각에 맞춰 사건을 발생시키는 기능들이다. DEVS 형식론에서는 (i)번 기능을 내부/외부 천이 함수로, (ii)번 기능을 출력 함수로, (iii)번 기능을 시간전진 함수로 정의한다.

DEVS 형식론의 특징은 5가지로 요약할 수 있다. DEVS 형식론은 이산사건 시스템 모델링을 위한 수학적 틀인 3S4F(3 Sets 4 Functions)를 제공한다. 수학적 틀은 모델의 완전성 및 검증성을 보장하고 모델의 수정/확장이 용이하며 효과적인 유지보수가 가능하다. 다음으로, DEVS 형식론은 모델링 방법이 집합이론에 기반을 두고 있다. 따라서 이산수학의 기본이 되는 집합이론을 이해하면 비교적 쉽게 모델을 명세할 수 있다. 또 다른 특징으로 DEVS 형식론은 이산사건 모델을 시스템 이론적으로 표현한다. 시스템 이론은 모든 시스템을 입력, 출력, 상태집합으로 표현하고 시스템의 동 특성을 상태천이(변환) 함수로 표현한다. 따라서 DEVS 형식론은 연속시스템에서 사용하는 미분방정식 모델과 동일한 표현방식을 갖는다. 사건중심 모델이 발생 사건별 사건처리 함수로 구현되는 것과는 달리 DEVS 형식론은 시스템 구성요소별로 모델을 명세한다. 또한 DEVS 형식론은 전체 시스템을 객체적 관점으로 나누어 시스템 구성품(부 시스템)과 전체 시스템으로 표현한다. 마지막으로

DEVS 형식론은 시스템 모델을 계층적으로 모듈화한 형태로 표현한다. 이로부터 모델과 모델 사이의 인터페이스가 분리되어 모델 내부가 감추어진 상태에서 계층적 결합명세가 가능한 구조적 모델링(Structured Modeling) 방법을 제공한다.

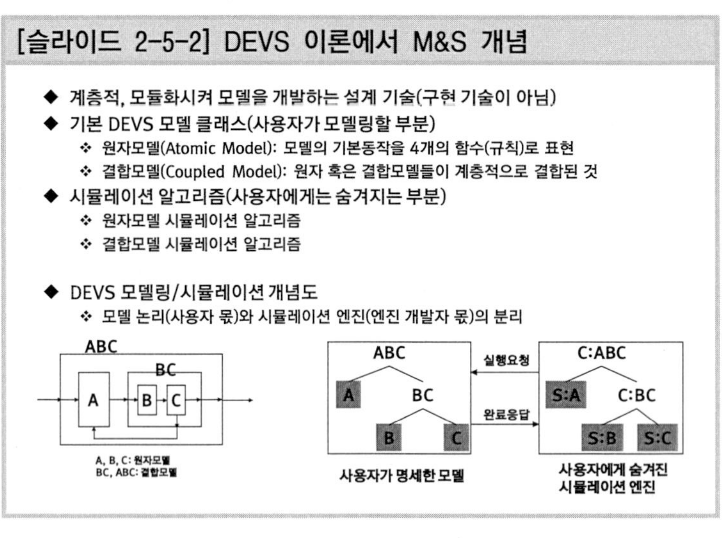

[2-5-2]

DEVS 형식론은 대상 시스템을 계층적으로 모듈화시켜 명세할 수 있는 객체지향적 모델 설계 기술이며 구현 언어와는 독립적이다. 따라서 설계된 DEVS 모델은 SIMSCRIPT와 같은 시뮬레이션 전용 언어 혹은 C/C++/C#, Java와 같은 범용 프로그래밍 언어로 구현될 수 있다. 객체지향 모델링 관점에서 DEVS 모델의 기본 클래스(Class)는 원자모델(Atomic Model) 클래스와 결합모델(Coupled Model) 클래스로 나눈다. 원자모델은 더 나눌 수 없는 최소단위의 모델로서 기본동작을 4개의 함수(규칙)로 명세한다. 반면, 결합모델은 원자모델 또는 결합모델들을 계층적으로 결합한 형태이다. 따라서 DEVS 모델을 C++와 같은 객체지향 언어로 구현할 경우 모델 개발자는 원자모델 클래스와 결합모델 클래스로부터 자식 클래스를 만들어 상속기능을 통해 이미 정의된 부모 모델을 재사용할 수 있다.

DEVS 형식론으로 명세된 모델들의 시뮬레이션 알고리즘은 원자모델과 결합모델에 따라 다르게 정의되어 DEVS 모델과는 별개로 분리된다. DEVS M&S 환경에서 사용자는 DEVS 모델을 명세하고 이를 수행하는 시뮬레이션 엔진은 사용자에게 숨겨진 상태로 모델과 결합된다. 시뮬레이션 엔진은 사용자가 명세한 DEVS 모델의 계층적 구조와 동일한 구조로 알고리즘을 수행한다. 시뮬레이션 엔진이 정해진 시각에 해당 DEVS 모델에 실행요청을 하면 모델이 실행되어 시뮬레이션 엔진에 완료응답을 보내는 과정을 반복하면서 DEVS 시뮬레이션이 진행된다. 자세한 알고리즘은 제4장에서 다룬다.

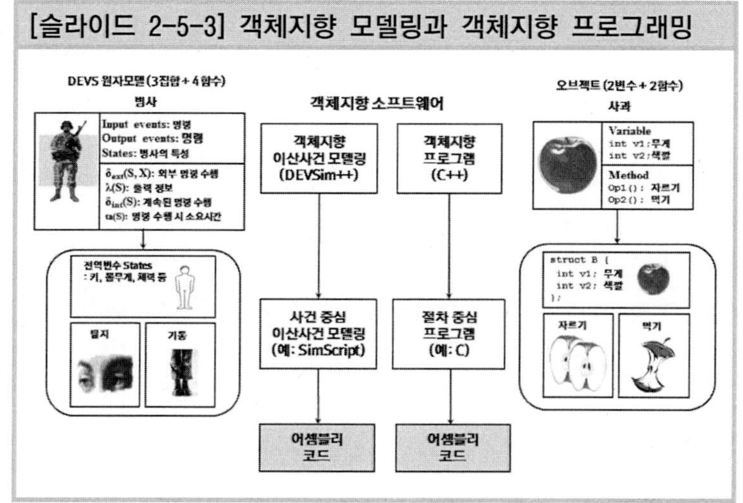

[2-5-3]

객체지향 S/W에서 객체지향 이산사건 모델링과 객체지향 프로그램을 비교하였다. DEVSim++는 객체지향 DEVS 모델링 언어이며 모델 개발자가 범용 객체지향 언어인 C++를 사용하여 DEVS 모델을 개발하고 객체지향 시뮬레이션을 할 수 있는 M&S 환경이다. 객체지향은 객체관점과 동일한 의미의 용어로서 실제로 또는 가상적으로 존재하는 객체를 프로그램이나 모델링의 기본단위로 생각하는 것을 말한다. 예를 들면, DEVS를 사용하여 객체지향적으로 국방시스템을 모델링할 경우, 구성요소 중 하나인 사람을 객체로 모델링한다. 마찬가지로, 사과를 자르고 먹는 과정을 프로그램으로 명세할 경우에는 사과를 객체로 정의하여 프로그램을 작성한다.

객체지향 모델링 또는 프로그래밍의 기본개념은 객체의 변수와 변숫값을 조작하는 함수(연산)를 한 개의 객체 내에 함께 정의한다는 것이다. 슬라이드의 오른쪽에 보인 사과를 객체지향 프로그래밍에서는 객체로 선언하고 객체 내에 무게, 색깔 등의 속성변수와 사과를 먹기 위한 동작을 표현하는 자르기, 먹기 등의 함수를 정의한다. 마찬가지로, 슬라이드 왼쪽에 보인 병사를 객체지향으로 모델링할 경우 병사를 객체로 선언하고 객체 내에 키, 몸무게 등의 속성(상태) 변수와 병사의 전술적 동작을 나타내는 탐지, 기동 등의 함수를 정의한다.

객체지향적으로 표현된 모델 또는 프로그램 객체는 실행과정에서 데이터(변수)와 연산(함수)으로 나누어져 절차적으로 실행된다. 예를 들면, 객체지향 이산사건 모델은 사건중심 이산사건 모델로 구체화되며 객체지향 프로그램은 절차중심 프로그램으로 구체화된다. 결국, 객체지향이란 모델 개발자 또는 프로그래머 관점에서의 개념이며 컴퓨터(정확히 말하면 컴파일러) 입장에서는 변수와 변수를 조작하는 함수로 처리하게 된다. 이렇게 분해된 변수와 함수는 어셈블리 코드를 거쳐 컴퓨터가 인식하는 기계어(Binary Code)로 변환된 후 실행된다.

[슬라이드 2-5-4] DEVS 모델링에서 계층적 모듈화 = 구조적 모델링

◆ 모델 설계 :: Top-down 접근법
◆ 모델 구현 :: Bottom-up 접근법

설계
구현
ABC
AB C
A B C

[2-5-4]

DEVS 모델링의 특징은 대상 시스템을 계층적으로 모듈화하여 표현하는 구조적 모델링이다. 모델 설계는 Top-down으로, 모델 구현은 Bottom-up으로 이루어진다. 모델 설계에서는 전체 시스템을 부 시스템으로 나누고, 나누어진 부 시스템 각각을 다시 부 시스템으로 나누는 과정을 반복한다. 이 과정은 부 시스템을 더 이상 나눌 수 없을 때까지 반복되고, 모델 설계가 완료된다. 모델 구현은 설계의 역순으로, 더 이상 나눌 수 없는 부 시스템을 DEVS 원자모델로 구현하고 구현된 원자모델들을 결합하여 DEVS 결합모델로 구현한다. 슬라이드에서 ABC는 전체시스템으로, DEVS 결합모델로 구현되며 DEVS 결합모델 AB와 DEVS 원자모델 C로 구성된다. DEVS 결합모델 AB는 다시 DEVS 원자모델 A와 DEVS 원자모델 B로 구성된다.

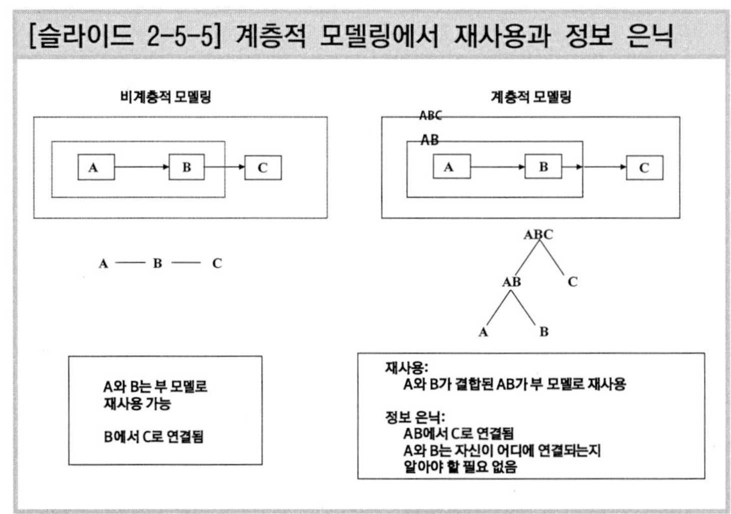

[2-5-5]

DEVS 모델링의 특징인 계층적 모델링 기법은 모델의 재사용성을 높여주며 모델 내부의 정보를 은닉할 수 있다. 비계층적 모델링에서 모델 A, B, C를 결합하여 모델 ABC를 만들 경우는 A, B, C를 슬라이드에서와 같이 일직선 모양으로 직접 결합시켜야 한다. 이 경우에는 A, B, C 각각을 부 모델로 재사용 가능하다. 그러나 계층적 모델링에서는 모델 A, B, C가 있는 경우, A와 B를 결합하여 독립적인 모델 AB로 만든 후 AB를 부 모델로 사용하여 C와 결합시킴으로써 트리 구조(Tree Structure)의 모델 ABC를 만들 수 있다. 모델의 재사용성은 A, B 각 모델뿐만 아니라 A와 B가 결합된 AB 모델도 타 모델 개발 시 재사용될 수 있다. 뿐만 아니라, 모델 AB는 모델 A와 모델 B의 내부 정보가 완전히 숨겨진 상태로 타 모델과 결합될 수 있고 모델 A와 모델 B는 타 모델과의 결합 정보를 전혀 알 필요가 없다.

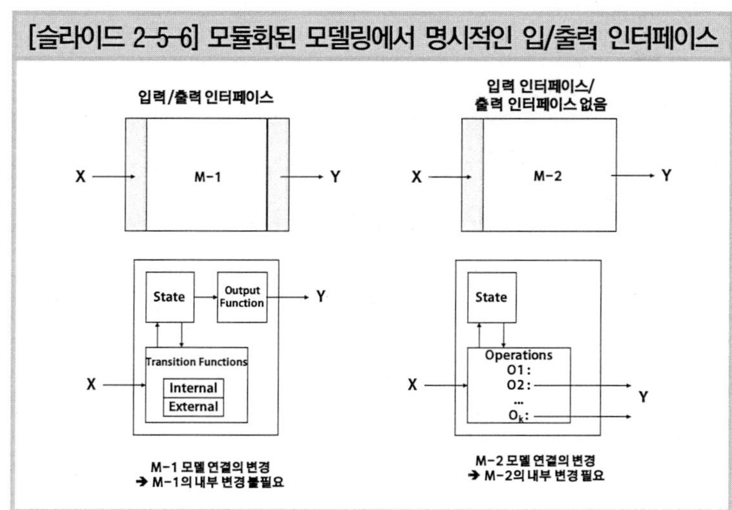

[2-5-6]

DEVS 모델링의 특징인 모듈화는 모델들 사이의 정보교환이 명시적인 입력/출력 인터페이스에 의해서만 가능함을 의미한다. 따라서 모델의 모든 출력은 출력 인터페이스를 통해서만 외부로 보낼 수 있다. 모듈화의 목적은 모델 재사용성을 높이기 위함으로 모델 내부와 외부를 분리시켜 입/출력 인터페이스를 명시적으로 명세해야만 가능하다. 슬라이드의 왼쪽 위는 모듈화된 모델로서 명시적인 입력/출력 인터페이스가 명세되어 있다. 반면, 오른쪽 위는 완전히 모듈화되지 않은 모델로서 입력 인터페이스는 명시적으로 명세되어 있지만 출력 인터페이스가 명시적으로 명세되어 있지 않다. 왼쪽에 나타낸 모듈화된 모델 M-1은 모델 내부에 타 모델과의 연결정보를 포함하지 않기 때문에 타 모델과 연결을 변경하고자 할 때 모델 내부를 수정할 필요가 없다. 반면, 오른쪽에 나타낸 모듈화되지 않은 모델 M-2는 모델 내부에 타 모델과의 연결정보를 포함하고 있으므로 타 모델과 연결을 변경할 때 모델 내부를 수정해야 한다.

[2-5-7] 모듈화된 모델의 결합을 통한 재사용성(1/2)

모듈화된 DEVS 모델을 사용한 구조적 모델링 방법은 모델들의 결합(연결) 정보를 모델 내부에 포함시키지 않고 모델 외부에 별도로 명세한다. 결합명세는 한 모델의 출력과 다른

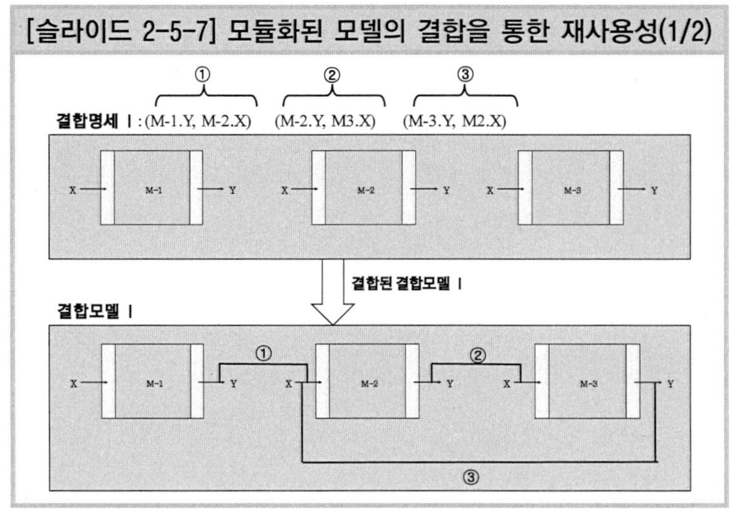

모델의 입력을 한 쌍으로 하여 괄호로 표현한다. 입력 X와 출력 Y만 알 수 있는 모듈화된 모델 M-1과 M-2 사이의 결합명세 (M-1.Y, M-2.X)는 M-1의 출력 Y와 M-2의 입력 X가 연결되어 있다는 의미이다. 따라서 M-1 내부의 어떤 정보를 Y를 통해서 M-2의 X로 전달할 수 있다. 슬라이드 위쪽은 3개의 모델 M-1, M-2, M-3와 결합명세 ①, ②, ③으로 명세된 결합모델 Ⅰ을 나타내며, 아래쪽에는 결합모델 Ⅰ의 시뮬레이션 진행과정에서 요소 모델 간에 구성되는 메시지(정보) 전달 통로를 나타낸다. DEVS 모델링에서는 모델들 사이의 입/출력 쌍으로 구성된 결합명세의 집합 {(M-1.Y, M-2.X), (M-2.Y, M-3.X), (M-3.Y, M-2.X)}을 모델의 결합관계(Coupling Relation)라 부른다.

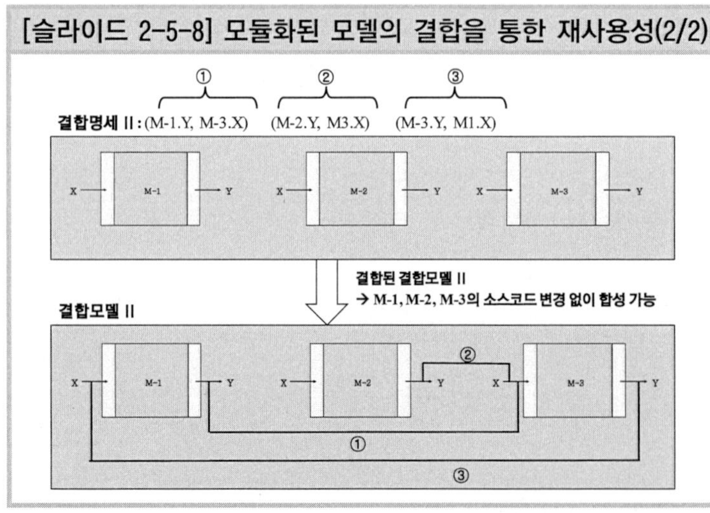

[2-5-8]

앞 슬라이드에서 설명한 모델 결합관계를 결합명세 Ⅱ: {(M-1.Y, M-3.X), (M-2.Y, M-3.X), (M-3.Y, M-1.X)}로 변경할 경우 M-1, M-2, M-3는 내부의 소스코드를 변경하지 않은 채로 슬라이드의 아래쪽에 나타낸 연결 형태로 시뮬레이션이 진행된다. 따라서 모델 M-1, M-2, M-3는 소스코드의 변경 없이 결합관계만을 변경함으로써 새로운 모델 구성이 가능하기 때문에 재사용성이 향상된다.

[슬라이드 2-5-9] 비모듈화 모델들의 결합에서 재사용성의 제한

결합모델 I　　결합명세 I 과 동일한 결합 모델 → 결합명세는 M-1, M-2 및 M-3의 소스코드 속에 명세

X → M-1 → Y (M-2.X)　X → M-2 → Y (M-3.X)　X → M-3 → Y (M-2.X)

결합모델 II　　결합명세 II 와 동일한 결합모델 → 결합모델 I 에서 사용한 M-1, M-2, M-3 소스코드 변경

X → M-1 → Y (M-3.X)　X → M-2 → Y (M-3.X)　X → M-3 → Y (M-1.X)

*주: 모델 결합 시 모델 내부 소스코드 변경으로 인한 재사용성의 제한 및 라이브러리화 불가능

[2-5-9]

모듈화되지 않은(비모듈화) 모델을 사용할 경우에 결합관계를 변경하려면 모델의 소스코드를 수정해야 하므로 재사용성이 제한된다. 결합명세 Ⅰ은 [슬라이드 2-5-7]에 보인 결합관계와 동일한 명세이지만 사용된 모델들이 모듈화되어 있지 않다면 이 슬라이드 위쪽에 보인 것과 같이 결합명세를 모델의 출력부분 소스코드 속에 포함시켜야 한다. 결합명세 Ⅰ로 동작되는 모델들을 결합명세 Ⅱ로 변경하기 위해서는 슬라이드 아래쪽에 보인 것과 같이 모델들의 출력부분 소스코드를 변경해야 한다. 따라서 모듈화되지 않은 모델을 사용할 때 모델의 재사용성은 모듈화 모델을 사용하는 경우에 비해 많은 제약을 받게 된다.

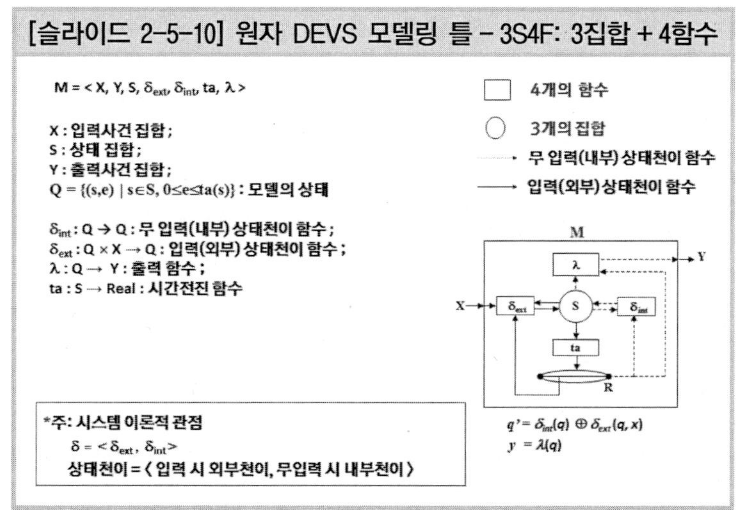

[2-5-10]

DEVS 형식론은 원자모델과 결합모델의 명세로 구성된다. 원자 DEVS 모델링 틀은 3S4F로서 3개의 집합(3S: 3 Sets)과 4개의 함수(4F: 4 Functions)로 이루어진다. 3개의 집합은 입력사건 집합(X), 출력사건 집합(Y) 및 상태 집합(S)으로 시스템 이론을 기반으로 DEVS 원자모델을 표현하기 위함이다. 시간을 표현하는 실수 집합을 T로 정의할 때, $Q = S \times T = \{(s, e) \mid s \in S, e \in T\}$는 현재 상태 s에서 경과한 시간이

e인 모든 (s, e)의 집합으로 시간부여 상태(Timed State)라고 부른다. 예를 들면, (s, e) = (“기동”, 5)는 “기동”을 시작한 지 5(초 또는 분)만큼 경과했거나 “기동”을 5만큼 지속했다는 의미이다.

4개의 함수는 무입력 시 상태천이 함수 δ_{int}와 입력 시 상태천이 함수 δ_{ext}, 출력 함수 λ 및 시간전진 함수 ta이다. 원자 DEVS 모델은 시스템 이론 기반의 수학적 틀로서 상태방정식 $q' = \delta_{int}(q) \oplus \delta_{ext}(q, x)$과 출력 방정식 $y = \lambda(q)$으로 구성되며, 상태 방정식은 무입력 시 상태천이 $\delta_{int}(q)$과 입력 시 상태천이 $\delta_{ext}(q, x)$으로 나누어 표현된다. 방정식 $q' = \delta_{int} \oplus \delta_{ext}$에서 $\oplus$의 의미는 δ_{int}와 δ_{ext} 두 개의 함수 중 특정 시각에는 한 개만 수행할 수 있다는 의미로 사용한 기호이다. 만약 q'이 어떤 시각에 두 개의 함수를 모두 실행해야 하는 경우가 발생하면 결합 DEVS 모델에 명시된 우선순위에 따라 순차적으로 한 개씩 실행된다. 결합모델에서 구성요소 모델들 사이의 우선순위 명세는 [슬라이드 2-3-17]에서 설명하였다.

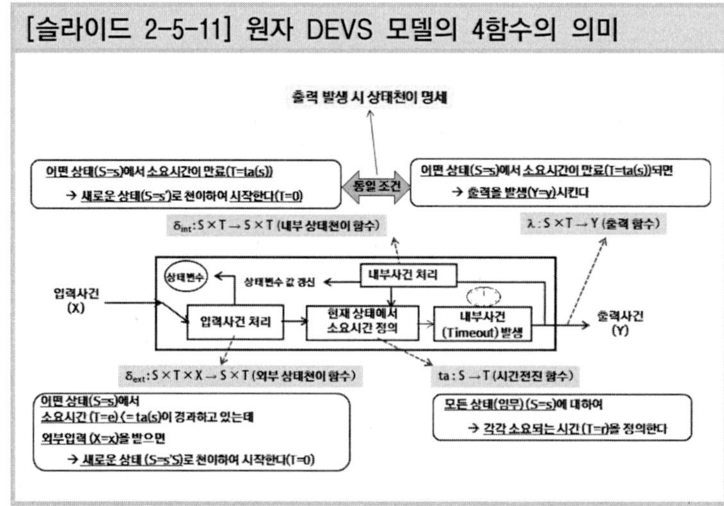

[2-5-11]
시간을 표현하는 실수 집합을 T라고 정의하면 시간부여 상태 Q = S × T가 되며 시간전진 함수 ta: S → T는 현재 상태 s ∈ S에 머물 수 있는 최대시간 e ∈ T를 정의한다. ta는 모델의 시간 진행을 명세하는 것으로 모델 내의 모든 상태에 대하여 정의되어야 한다. 예를 들면, s = “기동” 상태에서 ta(기동) = 10의 해석은 기동을 최대 10 단위시간(분, 초 등)만큼 실시한다는 의미이다. 최대라고 하는 이유는 기동을 10 단위시간만큼 수행할 것으로 스케줄(예정)했지만, 기동하는 도중에(즉, 10보다 적은 단위시간 경과 시) 입력사건 x = “정지” 명령이 들어오면 기동을 멈추고 정지해야 하기 때문이다. 물론, 10 단위시간까지 외부입력사건이 없으면 기동은 정확히 10 단위시간만큼 실시한 후 다음 상태인 s′로 천이하고 ta(s′)에 의해 새로운 시간 진행을 계산하는 과정을 반복한다. 따라서

원자 DEVS 모델에서 ta는 모든 상태 s ∈ S에 대해 정의되어야 한다.

현재 상태가 s인 모델은 ta(s)에 의해 설정된 시간 이전에 입력사건이 발생하지 않으면 설정된 시간이 종료되는 시점에 다음 상태 s′로 천이하여 시간 진행을 처음부터 다시 시작한다. 이러한 동작을 표현하기 위한 함수가 내부 상태천이 함수 δ_{int}: S × T → S × T이며, 위에 설명한 상황은 δ_{int}(s, ta(s)) = (s′, 0)로 표현하면 된다. 내부 상태천이 함수가 실행되는 조건에 해당되는 함수정의 왼쪽(상태천이 전) 상태 Q는 S = s일 때 T = ta(s)가 되며, 함수 오른쪽(상태천이 후)의 상태 Q는 S = s′, T = 0이 된다. 결론적으로, 상태 s에서 ta(s) 시간이 완전히 경과하면 내부사건(Timeout)이 발생한다고 하고, 이때에 내부 상태천이 함수 δ_{int}를 실행하는 것을 내부사건 처리라고 한다. 내부사건 발생 시 내부사건 처리와 동시에 출력사건이 발생한다. 출력사건 y는 출력 함수 λ: S × T → Y에 의해 y = λ((s, ta(s))로 결정되며, 현재 상태 S = s에서 T = ta(s) 시간이 경과하면 출력을 모델 외부로 내보내게 된다.

외부 상태천이 함수는 δ_{ext}: S × T × X → S × T로 정의한다. 상태천이 함수의 실행조건은 의미론에서 알 수 있고, 도메인 집합 S × T × X에서도 알 수 있다. 즉, S = s(임의의 상태)에서 시간 T = e(≤ ta(s)) 경과 시 입력사건 X = x가 발생하면 δ_{ext}가 실행되어 새로운 상태 S = s′에서 시간 진행을 시작(T = 0)하는 것이다. 여기서 주의할 점은 입력 X = x의 도착 시각이 T = e로서 현재 상태 S = s에서 정의된 최대시간 ta(s) 이전(e ≤ ta(s))이라는 것이다. 입력사건이 발생했을 때 외부 상태천이 함수를 실행하는 것을 입력사건 처리라고 부른다.

[2-5-12] 원자 DEVS 모델 4함수의 프로그램적 표현

앞 슬라이드에서 설명한 원자 DEVS 모델의 4개 함수에 대한 의미론(Semantics)을 간단하게 프로그램 언어를 사용하여 함수 형태로 표현할 수 있다. 예를 들면, 시간전진 함수 ta의 경우, 함수정의 ta: S → T는 프로그램 함수 ta(s){.......... return r} 형태로 표현되며, ta(s) 함수를 호출할 때 s ∈ S를 파라미터로 사용하면 대응되는 r ∈ T 값이 반환(return)된다. 나머지 3개의 DEVS 함수에 대한 프로그램적 표현도 ta(s)에서와 동일하다.

외부천이 함수 δ_{ext}: S × T × X → S × T의 프로그램적 표현은 del_ext(s, e, x){......}로서 입력 파라미터 3개 중 e ∈ T는 현재 상태에서 경과시간을 표현한 것이다. 만약 외부 상태천이 함수를 유한상태기계(FSM: Finite State Machine)의 상태천이 함수인 δ: S × X → S를 사용한다고 가정해 보자. δ: S × X → S는 현재 상태 S = s에서 입력사건

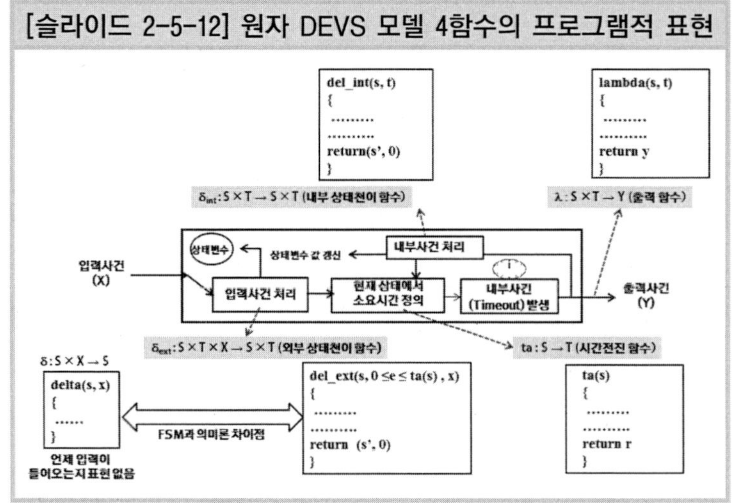

X = x가 발생하면 다음 상태 S = s′로 변경하라는 의미론이다. 따라서 FSM의 상태천이 함수 δ는 입력사건 x의 도착시점을 모델에 반영할 수 없으므로 FSM을 사건 발생 시각 정보가 필요한 이산사건 모델링에 사용할 수 없다.

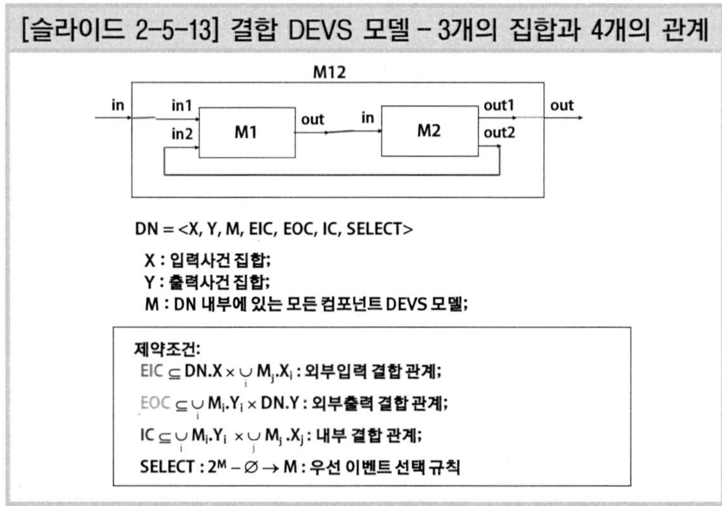

[2-5-13]

결합 DEVS 모델은 원자 DEVS 모델 또는 결합 DEVS 모델을 계층적으로 결합한 모델이다. 슬라이드에 보인 결합 DEVS 모델 M12는 원자(혹은 결합) DEVS 모델 M1과 M2가 결합한 형태이다. 결합 DEVS 모델의 명세도 원자 DEVS 모델과 마찬가지로 3S4F, 즉 DN = <X, Y, M, EIC, EOC, IC, SELECT>로 표현된다. 3개의 집합은 입력사건 집합(X), 출력사건 집합(Y) 및 내부 컴포넌트 집합(M)이다. 4개의 함수 중 SELECT 한 개만 함수이며, 나머지 EIC, EOC, IC는 함수보다 표현력이 확장된(1:다 매핑) 관계(Relation)이다.

EIC(External Input Coupling)는 외부입력 결합관계로서 결합모델 DN의 입력사건 집합 DN.X와 모든 내부모델들의 입력사건 집합(M1.X1 ∪ M2.X2 ∪ ... ∪ Mi.Xi)의 적집합의 부분집합이다. 두 집합 A, B의 곱집합 A × B = {(a, b) | a ∈ A, b ∈ B}이므로 EIC의

의미는 DN의 입력 X가 한 개 이상 내부모델의 입력과 연결될 수 있다는 뜻이다. EOC(External Output Coupling)는 외부출력 결합관계로서 모든 내부모델들의 출력사건 집합(M1.Y1 ∪ M2.Y2 ∪ ... ∪ MiYi)과 결합모델 DN의 출력사건 집합 DN.Y와의 곱집합의 부분집합이다. 따라서 EOC의 의미는 모든 내부모델들의 출력사건이 결합모델 DN의 출력사건과 연결될 수 있다는 뜻이다. 마찬가지로, IC(Internal Coupling)는 모든 내부모델들의 출력사건이 모든 내부모델들의 입력사건과 연결될 수 있다는 의미이다. SELECT 함수는 결합모델 내에 포함된 2개 이상의 모델에서 동시에 실행되는 스케줄이 발생할 경우 이들의 실행 우선순위를 정해주는 함수이다.

2.6 DEVS 기반 이산사건 모델링

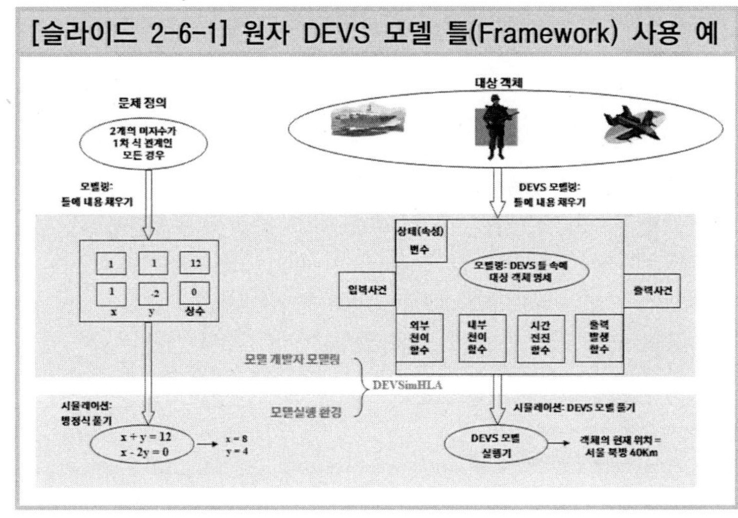

[2-6-1]

모델링 틀은 모델 개발자가 대상 시스템의 지식을 틀 속에 채워 넣기 위해서 만들어진 것이며 문제의 종류에 따라 달라진다. 슬라이드 왼쪽은 2개의 미지수가 1차식 관계로 표현되는 문제로서 모델링 틀로 2원 1차 연립방정식을 사용할 수 있다. 국방 M&S에서 이산사건 모델 문제를 원자 DEVS 모델로 표현할 경우 모델링 틀은 3S4F(3 sets 4 functions)이다. 2원 1차 연립방정식 틀은 6개의 빈 사각형 상자로 구성되며 모델링은 문제의 뜻에 따라 6개의 빈 상자 속에 숫자(예: 1, 1, 12, 1, -2, 0)를 채워 넣는 과정이다. 마찬가지로, 원자 DEVS 모델의 틀은 3개의 집합과 4개의 함수를 슬라이드에 나타낸 7개의 상자로 정의하며 원자 DEVS 모델링은 이산사건 문제를 7개의 상자에 채워 넣은 과정이다. 이 과정은 마치 다양한 종류의 붕어빵(여러 가지의 국방 모델)을 완성하기 위해서 한 개의 붕어빵 틀(DEVS 틀)을 만든 후 사람의 기호(모델링 목적)에 따라 여러 가지 형태의 반죽(3S4F)을 채우는 과정과 유사하다.

모델은 틀에 내용물을 채워 넣어 완성되지만 모델을 실행하는 것은 별도의 과정이 필요하다. 예를 들면, 2원 1차 연립방정식은 모델이지만 모델 속에 있는 2개의 미지수 x, y 값을 구해야만 문제를 해결할 수 있다. 이와 같이 2원 1차 연립방정식을 풀어 미지수를 구하는 과정을 시뮬레이션이라 하며, 시뮬레이션 실행은 모델 실행기(시뮬레이션 엔진)가 담당한다. [슬라이드 2-5-2]에서 설명한 것과 같이 모델과 모델실행 환경은 서로 독립적으로 구성되며 한 가지 모델에 대하여 여러 가지의 모델 실행기(시뮬레이션 엔진)가 존재한다. 예를 들면, 한 개의 2원 1차 연립방정식 모델을 실행하는 방법(방정식을 푸는 방법)에는 등치법, 대입법, 가감법 등이 있다. 따라서 M&S 환경은 슬라이드에 예시한 것과 같이 모델링 환경(방정식 세우는 환경)과 모델실행 환경(방정식 푸는 환경)이 분리되어 있는 것이 효율적이다.

원자 DEVS 모델의 틀을 채워 넣는 것은 3개의 집합과 4개의 함수를 구현하는 것이다. 3개의 집합인 입력사건 집합, 출력사건 집합 및 상태변수 집합은 모델 개발자가 시스템 분석을 통하여 식별해야 한다. 마찬가지로, 4개의 함수도 모델 개발자가 시스템 분석을 통하여 각 함수들의 의미론에 맞게 표현해야 한다. DEVS 모델링의 목적이 기동 객체(함정, 사람, 또는 전투기)의 현 위치를 구하는 것이라면 시뮬레이션(모델실행)에서는 구현된 4개의 함수를 정해진 시각에 정해진 순서에 따라 실행시켜 기동 객체가 언제, 어디에 위치하는지를 구하게 된다.

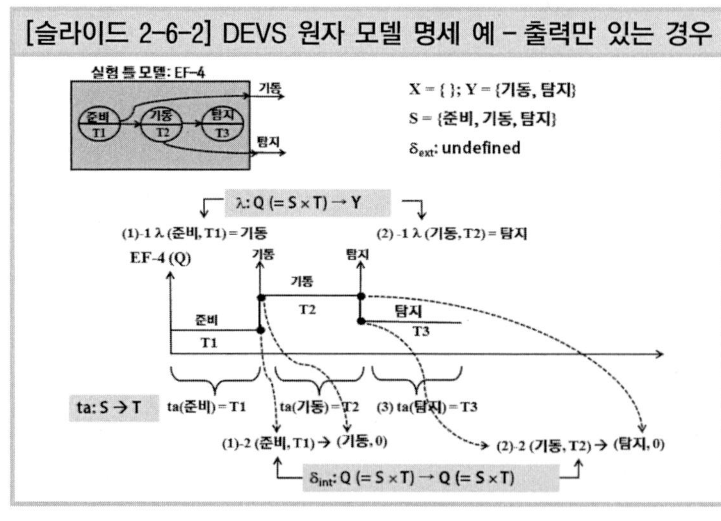

[2-6-2]

실험 틀(EF: Experimental Frame) 모델은 대상 시스템 모델을 실험하기 위한 모델들의 집합으로 슬라이드에 도시한 "EF-4" 모델을 포함한다. EF-4 모델은 입력 없이 출력만 있는 모델로서 실험대상 전투모델(슬라이드에 표시되지는 않았음)에 정해진 시간에 기동 또는 탐지를 수행하도록 명령을 발생시킨다. 입력사건은 없으며 출력사건 집합 Y = {기동, 탐지}, 상태변수 집합 S = {준비, 기동, 탐지}로 정의된다. 입력사건이 없기 때문에 입력사건 처리를 위한 외부천이 함수는 정의되지 않는다.

슬라이드에는 DEVS의 내부 상태천이, 출력, 시간전진 함수들을 (1)-1, (1)-2, (2)-1, (2)-2, (3)으로 표시하였고 이들의 해석은 다음과 같다. (1)-1의 해석은 "준비" 상태에서 T1 = ta(준비) 시간만큼 지나면 기동명령을 출력한다는 것이다. (1)-2의 해석은 "준비" 상태에서 T1 경과 후 "기동" 상태로 천이한다는 것이다. (2)-1의 해석은 "기동" 상태에서 T2 = ta(기동) 시간만큼 지나면 탐지명령을 출력한다는 것이다. (2)-2의 해석은 "기동" 상태에서 T2 경과 후 "탐지" 상태로 천이한다는 것이며, (3)의 해석은 "탐지" 상태에서 T3 시간만큼 머물게 된다는 것이다.

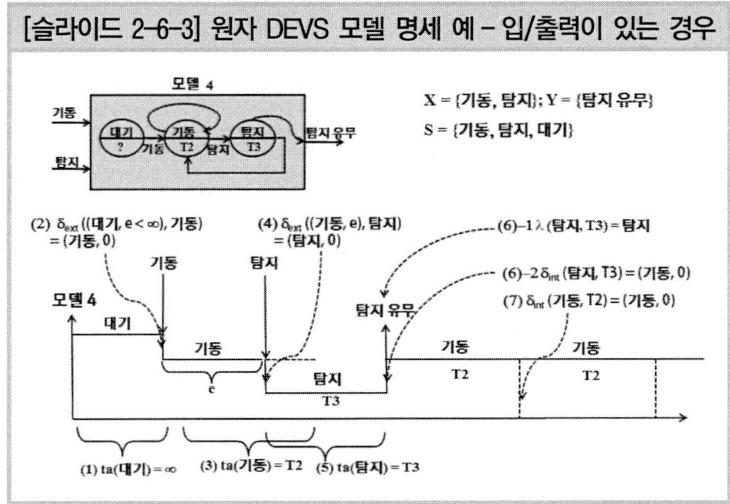

[2-6-3]

슬라이드에는 입력 및 출력 모두를 포함한 원자 DEVS 모델인 모델 4를 나타내고 있다. 이 모델의 3개 집합인 입력, 출력 및 상태 집합은 각각 X = {기동, 탐지}, Y = {탐지됨, 탐지 안 됨}, S = {기동, 탐지, 대기}이며 4개의 함수는 그림에 표시한 것과 같다. 4개의 함수를 그림으로 설명하기 위하여 각 함수에 (1), (2), ... 등의 번호를 부여하였다. (1), (3), (5)는 시간전진 함수를, (2), (4)는 외부천이 함수를, (6)-2 및 (7)은 내부천이 함수를, 그리고 (6)-1은 출력 함수를 나타낸다. 모델 4의 초기상태는 "대기" 상태로서 "기동" 명령을 기다리고 있다.

(1)은 "대기" 상태에서 무한정(∞) 기다린다는 의미이다. (2)의 의미는 "대기" 상태에 있는 모델이 e(< ∞) 시간에 외부입력 "기동"을 받으면 "대기"에서 "기동"으로 상태를 변경하고 다시 시작(T = 0)한다는 뜻이다. "기동" 상태에서는 (3)에 표시된 시간으로 최대 T2만큼 머물게 된다. 만약 "기동" 상태에 머물 수 있는 최대시간인 T2가 완전히 경과할

때까지 외부입력이 들어오지 않으면 다시 "기동" 상태를 최대 T2 시간만큼 유지한다. 이와 같이 모델 4에서 입력 없이 "기동" 상태를 되풀이하는 내부 상태천이 과정을 점선 루프로 표현하였다. 그러나 (4)와 같이 "기동" 상태에서 e(< T2)에 외부입력 "탐지"를 받으면 "기동"에서 "탐지"로 상태를 바꾼 후 다시 시작하여 (5)에 표현한 최대 T3 시간만큼 머물게 된다. (6)-1에 표현한 것과 같이 "탐지" 상태에서 T3 시간이 경과하면 출력을 발생시킴과 동시에 (6)-2에 표현한 내부 상태천이를 수행하여 "기동" 상태를 시작하게 된다. (7)의 표현은 "기동" 상태가 최대 T2 시간까지 외부입력이 없을 경우 다시 "기동" 상태로 되돌아간다는 뜻이다.

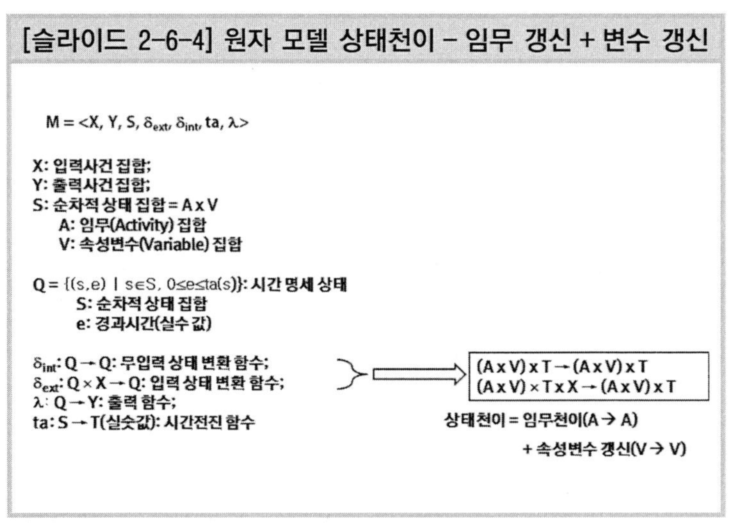

[2-6-4]

원자 모델의 외부 혹은 내부 상태천이는 모델의 상태 집합에 포함된 모든 값들을 갱신한다. 모델 상태 집합(혹은 순차적 상태 집합) S를 임무 집합 A와 속성변수 집합 V로 나눌 경우 S = A × V로 표현된다. 따라서 상태천이 과정에서 S값을 갱신한다는 것은 A(임무)값과 V(속성변수)값을 모두 갱신함을 의미한다.

[2-6-5] 상태천이 예 – 임무 갱신 + 변수 갱신

원자 모델의 상태천이 과정에서 임무와 속성변수가 동시에 갱신되는 예를 보여준다. 임무 집합 A = {대기, 기동, 탐지}이고 속성변수 집합 V = V1 × V2 × V3이며 V1 = 자세 = {앉음, 섬, 숙임}, V2 = 군가 = {없음, 있음}, V3 = 위치 = {pi}이다. 그림 왼쪽에서는 "기동" 명령에 대한 외부 상태천이 및 기동 후 탐지로 내부 상태천이가 발생하는 과정에서 임무와 속성변수 갱신을 명세하였고, 오른쪽 그림에서는 동일한 명세를 DEVS 그래프로 표현하였다. DEVS 그래프에서는 속성변수를 왼쪽 위에 명세하여야 하며 이들의 갱신과정을 상태천이 시 임무 갱신과 동시에 명세해야 한다. 그림의 DEVS 그래프에서는 외부 상태천이

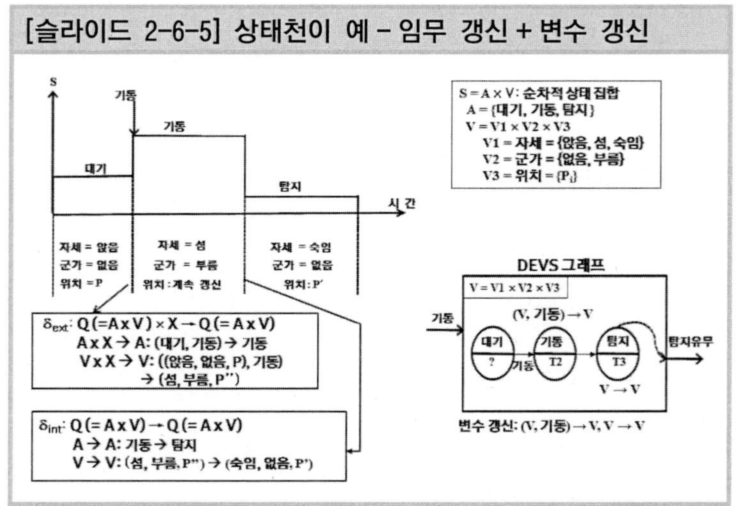

시 변수 갱신을 (V, 기동) → V로 내부 상태천이 시 변수 갱신을 V → V로 간략히 표현하였다.

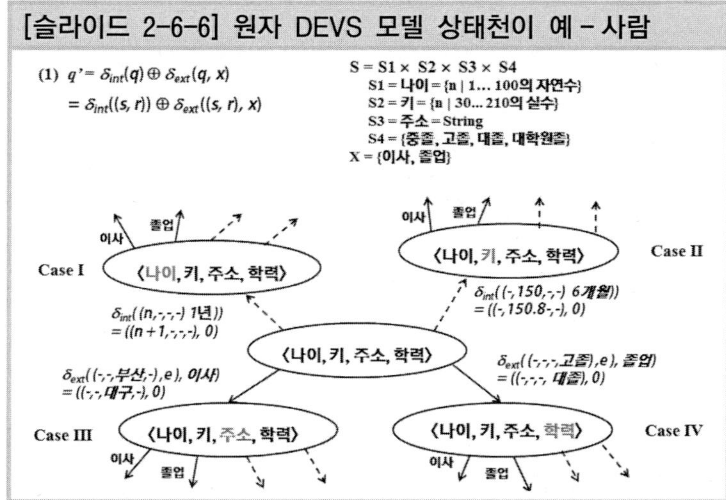

[2-6-6]

원자 DEVS 모델의 상태천이를 사람의 경우에 적용해 보았다. 사람의 상태(S)를 나이(S1), 키(S2), 주소(S3), 학력(S4)으로 정의하면, S = S1 × S2 × S3 × S4 = {(나이, 키, 주소, 학력)}가 된다. 외부입력 X = {이사, 졸업}이라고 하면, 상태변수 중 입력이 없을 때 값이 바뀌는 것(내부 상태천이)과 입력에 의해서 값이 바뀌는 것(외부 상태천이)으로 나누어질 수 있다. 따라서 상태천이는 방정식 (1)과 같이 내부 상태천이 함수 δ_{int}와 외부 상태천이 함수 δ_{ext}에 의해서 발생하게 된다. Case Ⅰ 및 Case Ⅱ는 내부 상태천이로, 각각 S1(나이) 및 S2(키)가 입력 없이 시간이 지남에 따라 천이(갱신)되는 것을 나타낸다. Case Ⅲ 및 Case Ⅳ는 외부 상태천이로, 각각 S3(주소) 및 S4(학력)가 외부입력 "이사" 및 "졸업"에 의해 천이(갱신)되는 것을 나타낸다.

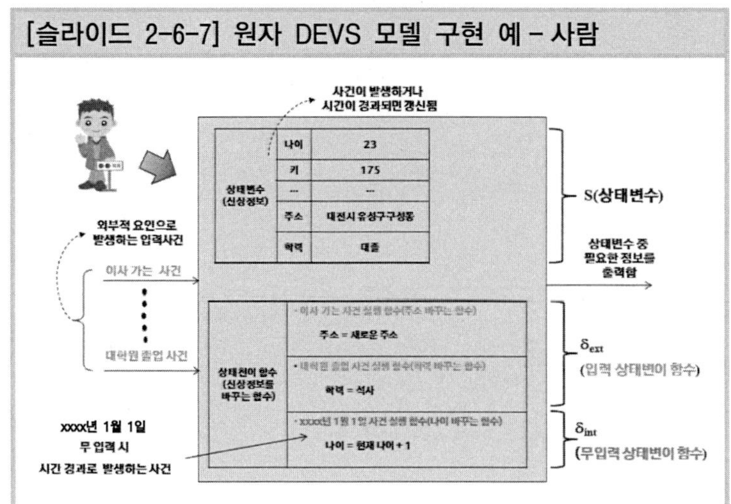

[2-6-7]

사람을 원자 DEVS 모델로 구현하는 경우 3개의 집합과 4개의 함수를 정의해야 한다. 입력사건은 이사 가는 사건 및 대학원 졸업 사건으로, 출력사건 집합은 상태변수 중 필요한 정보, 그리고 상태변수로는 앞 슬라이드에 나타낸 것과 같이 모델링에 필요한 변수들을 모두 등록한다. 상태천이 함수는 무입력 시 상태천이(내부 상태천이)와 입력 시 상태천이(외부 상태천이)를 모두 기술하면 된다. 무입력 시 상태천이 함수는 일정시간 경과 후 실행되는 함수이고 입력 시 상태천이 함수는 입력 발생 시 실행되는 함수이다.

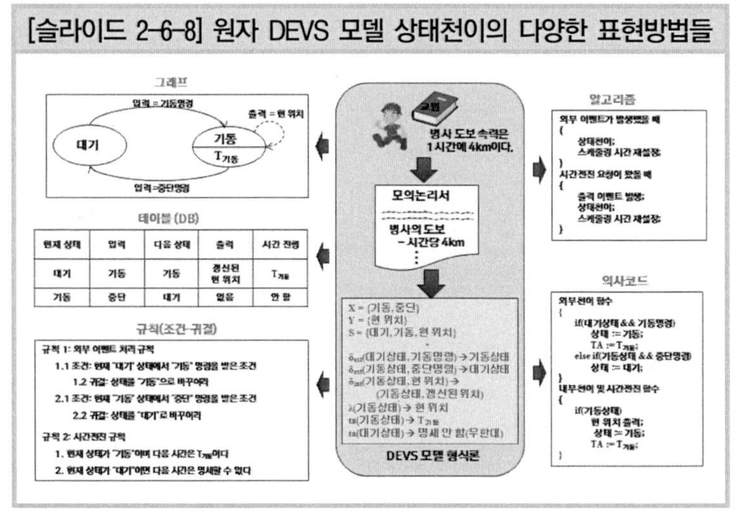

[2-6-8]

슬라이드의 중앙에 병사의 기동 모의논리를 원자 DEVS 모델로 표현하였으며, 2개의 상태천이 함수 δ_{int} 및 δ_{ext}를 DEVS 형식론으로 명세하였다. (2.3)절에서 설명한 것과 같이, 함수는 여러 가지 다른 형태로 표현이 가능하다. 먼저, 그래프 표현에서는 계란모양의 원 안에 상태변수 및 시간전진 값을 표현하고 실선으로 외부 상태천이를, 점선으로 내부 상태천이를 표현하였다. 테이블(DB) 표현에서는 각 열에 순서대로 현재 상태, 입력, 다음 상태, 출력, 시간 진행을 표현하였다. 테이블과 동일한 정보를 규칙 형태로도 표현이 가능하며, 이때 각 규칙은 (조건, 귀결)로 표현되는데 전체 규칙이 DEVS 함수들을 표현한다. 슬라이드 오른쪽에 보인 바와 같이 동일한 모델 정보를 알고리즘이나 의사코드로도 표현이 가능하다. 결국, 원자 DEVS 모델의 의미론(Semantics)은 여러 가지 방법으로 표현할 수 있다.

[슬라이드 2-6-9] 원자 DEVS 모델의 시간전진 함수 – ta(S)

- ◆ 시간전진 값(Scheduled Time): ta(S)

  $M_{DEVS} = \langle X, Y, S, \delta_{ext}, \delta_{int}, ta, \lambda \rangle$

  ta: S → T(실수 집합): Time Advance Function

- ◆ ta(s)를 어떻게 결정하는가?
  - ❖ 모든 상태 S에서 한 개의 값을 갖는다.
  - ❖ 실제 시스템에서 수집한 값(Raw Data)을 그대로 사용
  - ❖ Raw Data로부터 만들어진 데이터 모델(난수발생기)를 통한 난수 발생
- ◆ ta(s)값은 어디에 사용되는가?
  - ❖ 다음 시뮬레이션 시각 = 현재 시각 + ta(s)로 계산된다.
  - ❖ 사건 발생기(Event Generator) 설계
    - ● ta(s): 사건과 사건 사이의 사건 발생 간격
  - ❖ 부대 이동 시간/ 탐지주기 /명령 전달 시간 등
    - ● 부대 이동 시간: 두 지점을 이동하는 데 걸리는 시간으로 교범 준수
    - ● 탐지주기: 적 부대, 비행기 등을 탐지하는 주기로 탐지장비 및 교범 준수
    - ● 명령 전달 시간: 한 부대에서 다른 부대로 명령이 전달되는 데 걸리는 시간

[2-6-9]

DEVS의 시간전진 함수 ta: S → T는 시뮬레이션 시각을 현재 시각 t에서 t+ta(s)만큼 앞으로 전진시키는 데 사용되는 상대적인 시간값이다. 함수의 정의에 의하여 함수 ta: S → T의 의미는 모든 상태 s (∈ S) 각각에 대하여 한 개의 실숫값 r (∈ T)을 갖는다는 것이다. ta(s)값은 실제의 시스템에서 수집한 원천 데이터(Raw Data)를 사용할 수도 있지만, 원천 데이터로부터 만들어진 데이터 모델(예:난수발생기)을 사용하여 만들어 낼 수도 있다.

ta(s)값은 현재 시뮬레이션 시각 t에서 다음 시뮬레이션 시각 tN을 계산하는 데 사용되며 tN = t + ta(S)가 된다. 사건 발생기(Event Generator)는 사건을 사건 시간에 맞추어서 발생시키는 모델로서 현재 사건 발생 시각과 다음 사건 발생 시각의 차이를 ta(s)로 해석할 수 있다. 실제로 워 게임 모델에서는 임무수행 시간, 탐지주기, 명령전달 지연시간 등을 모델링하는 데 ta(s)가 사용된다. ta(s)값은 교범이나 혹은 사용 장비의 제원에 의해서 결정되어야 한다. 예를 들면, 탐지장비의 탐지주기가 $T_{탐지}$(예: 1초)라면 탐지장비에 대한 DEVS 모델의 ta(탐지) = $T_{탐지}$가 된다. 보병의 이동거리를 ta(s)로 나타낼 경우에도 교범에 따라 1시간에 4km를 이동한다면 ta(현 위치) = 60분이 되고 60분 후의 다음 위치는 현 위치 + 4km 지점이 되어야 한다. 부대 또는 개인 간의 명령전달 시간을 표현할 때는 유/무선 통신장비의 지연시간을 ta(s)로 사용하면 된다.

[슬라이드 2-6-10] DEVS 모델링 방법론 적용 의의

- ◆ 모델링 이론적 측면
  - ❖ 시스템 종류에 무관하게 적용되는 일반적 모델링 방법 적용
    - ● 교전급 이상 국방 모델(이산사건 시스템)
  - ❖ 다른 수준의 시스템(예: 공학급 모델) 모델과 연동 용이
    - ● 입력, 출력의 인터페이스 만 정의하면 됨
  - ❖ 다른 모델링 방법으로 변환 가능(모든 모델의 표현력은 최종적으로는 동일하다)
    - ● 사건중심(Event-oriented) / 프로세스중심(Process-oriented) / 객체지향(Object-oriented)
- ◆ 모델 개발 및 실행 환경적 측면
  - ❖ DEVS 모델/실행 환경을 언어 독립적으로 구현 가능
    - ● DEVS-Scheme, DEVSim++, DEVSJava, DEVS-MATLAB
  - ❖ 시뮬레이션 언어로 DEVS 모델 구현 용이(모든 언어는 결국 컴퓨터 기계어로 된다)
    - ● SIMSCRIPT(사건중심, 프로세스중심) / MODSIM(객체지향)
- ◆ 소프트웨어 생산성/품질적 측면(소프트웨어 공학에서 검증된 기술)
  - ❖ 객체지향적 소프트웨어 개발
    - ● 실제 시스템의 객체와 DEVS 모델 객체를 일치시켜 개념적으로 쉽게 개발할 수 있다.
    - ● 재사용, 유지보수, 신뢰성
  - ❖ 컴포넌트 기반 소프트웨어 개발
    - ● 최상위 레벨에서의 재사용
    - ● 시뮬레이터 연동

[2-6-10]

DEVS 모델링 방법론 적용의 의의를 모델링 이론, 모델 개발/실행 환경, 그리고 S/W 생산성/품질 등 3가지 측면에서 생각해 보자. 모델링 이론적 측면에서 보면, 먼저 시스템 종류에 무관하게 이산사건 모델(교전급 이상의 국방 모델)의 모델링 틀을 제공한다는 것이다. 다음으로, DEVS 모델은 공학급 모델의 모델링 방법과 동일한 시스템 이론적 접근방법을 사용하기 때문에 공학급 모의수준 모델과 연동이 용이하다. 마지막으로, DEVS 형식론의 수학적 의미론은 사건중심, 프로세스중심 또는 객체지향 등 다른 모델링 방법으로 변환이 가능하다. 모델 개발 및 실행 측면에서 보면, DEVS 모델과 모델 실행 환경은 프로그램 언어에 독립적으로 구현이 가능하며 SIMSCRIPT와 같은 시뮬레이션 언어로도 구현할 수 있다. S/W 생산성/품질 측면에서 보면, DEVS 모델의 명세방법은 객체지향적이며 객체지향 언어로 구현할 경우 재사용성, 유지보수 용이성, 신뢰성 등 S/W 공학에서 검증된 장점들을 그대로 활용할 수 있다. 또한 DEVS 모델의 계층적 모듈화 명세(Hierarchical Modular Specification) 기법은 컴포넌트 기반 S/W 개발을 가능하게 한다.

[2-6-11] DEVS 기반 M&S에 대한 고찰

DEVS 형식론 기반 M&S에 대한 몇 가지 중요한 점을 살펴보자. 첫째로, DEVS 형식론은 이산사건 모델을 객체지향적으로 모델링할 수 있는 틀만을 제공하며 모델의 완성은 모델 개발자가 틀 속에 대상 시스템의 지식을 채워 넣어야 한다. 둘째로, DEVS 형식론은 모델 명세 기법이며, 모델 구현은 여러 가지 월드 뷰(Object-oriented, Event-oriented, Process-oriented)로 할 수 있다. 셋째로, DEVS 모델의 시뮬레이션 속도는 DEVS 모델링 틀과는 무관하다. 시뮬레이션 속도는 모델 내부의 구현과 모델들 사이의 시간 동기화 및 메시지 전달방법에 의해 결정된다. 따라서 시뮬레이션 속도는 DEVS 모델의 구현방법 및 시뮬레이션 알고리즘(엔진)의 효율성에 의해 좌우된다. 동일한 DEVS 모델이라 하더라도

[슬라이드 2-6-11] DEVS 기반 M&S에 대한 고찰

- ◆ DEVS 형식론은 이산사건 모델의 객체지향적 모델링 틀만을 제공
  - ❖ 틀 속에 문제에 맞는 내용을 채워 넣는 것은 모델 개발자가 해야 한다 (방정식 형태는 DEVS로 주어지고 방정식을 세우는 것이 모델링이다)
  - ❖ 틀 속의 2개의 상태천이 함수가 알고리즘으로 모델링될 수 있다
- ◆ DEVS는 모델링(명세) 기법이며 DEVS 모델은 구현 독립적이다
  - ❖ Object-oriented 구현 → DEVSimHLA를 사용하면 기계적으로 구현
  - ❖ Event-oriented 구현 → DEVS의 4개의 함수를 Event routine으로 구현함
  - ❖ Process-oriented 구현 → DEVS의 의미론을 Process로 변환하여 구현함
- ◆ DEVS 모델의 시뮬레이션 속도는 DEVS 틀과는 무관하다
  - ❖ DEVS 모델은 4개의 함수로 구성되며 함수의 구현은 모델 개발자가 함
  - ❖ 상태천이 함수는 모델 내부에 구현하거나 외부에 독립적 알고리즘으로 구현할 수 있다 → 함수의 복잡도는 실행 속도와 직결
  - ❖ 모델이 주어지면 어떠한 이산사건 모델링 기법도 DEVS 모델에서 하는 일을 다 해야 한다
    - ● 문제를 풀 때 공식(DEVS)을 사용하지 않아도(Event-oriented) 결국은 공식에서 하는 일은 다 해야 한다

시뮬레이션 알고리즘이 효율적이면 실행속도가 빨라진다.

[슬라이드 2-6-12] DEVS 형식론의 통일성(일반성)

World View 모델링		DEVS 형식론 $<X, Y, S, \delta_{ext}, \delta_{int}, ta, \lambda>$
Event-oriented	Input event	$x \in X$
	Output event	$y = \lambda(s) \in Y$
	Event routine	$\delta_{ext}(s,e,x),\ \delta_{int}(s)$
	Schedule	ta
Activity-scanning	Activity	$\delta_{int}(s),\ ta < \infty$
	Delay	$\delta_{ext}(s,e,x),\ ta = \infty$
	Event	$x \in X, y \in Y$
	Condition	S
Process-interaction	Input, output event	$x \in X, y \in Y$
	Begin event	$\delta_{ext}(s,e,x)$
	End event	$\delta_{int}(s),\ y = \lambda(s) \in Y$
	Interaction	$Z_{i,j} : Y_i \rightarrow X_j$
Object-oriented	Input, output message	$x \in X, y \in Y$
	Instance/state variable	S
	Method/state transition	$\delta_{ext}(s,e,x),\ \delta_{int}(s)$

[2-6-12]
이산사건 모델은 시스템 내/외부에서 발생하는 사건을 사건발생 순서대로 처리되도록 명세한 것이다. 모델 명세 방법은 수학적 명세법과 월드 뷰 기반 명세법이 있지만 두 방법 모두가 동일한 시스템에 대하여 동일한 동작을 한다. 월드 뷰 명세법은 수학적 명세법을 관점에 따라 다르게 표현한 것이다. 따라서 수학적 명세법인 DEVS 모델은 관점에 따라 여러 가지의 월드 뷰 명세로 표현할 수 있다. 슬라이드에서는 DEVS 형식론을 4가지의 월드 뷰 모델로 표현하는 예를 보여주고 있다.

참고문헌

[2-1] 권세중, 성창호, 송해상, 김탁곤, 「HDEVS 형식론에 기반한 통합 하이브리드 모델링 방법론 및 시뮬레이션 엔진 설계」, 한국시뮬레이션학회 논문지, vol. 22, no. 1, pp. 21-30, 2013. 3.

[2-2] 송해상, 서경민, 「BlockSim++: 연속시스템의 모듈화, 계층적 명세를 위한 틀」, 한국시뮬레이션학회 논문지, vol. 17, no. 12, pp. 11-22, 2012.

[2-3] 심재동(옮김), 『이산수학』, 경문사, 2007.

[2-4] 임성용, 김탁곤, 「하이브리드 시스템 모델링 및 시뮬레이션 — 제1부: 모델링 및 시뮬레이션 방법론」, 한국시뮬레이션학회 논문지, vol. 10, no. 3, pp. 1-14, 2001. 9.

[2-5] 임성용, 김탁곤, 「하이브리드 시스템 모델링 및 시뮬레이션 — 제2부: 시뮬레이터 연동환경」, 한국시뮬레이션학회 논문지, vol. 10, no. 3, pp. 15-29, 2001. 9.

[2-6] M.S. Ahn and T.G. Kim, "A framework for hybrid modeling/simulation of discrete event systems," AIS'94, Gainesville, FL, Dec. 1994, pp. 199-205.

[2-7] A. Benveniste and P.L. Guernic, "Hybrid Dynamical Systems Theory and the SIGNAL Language," IEEE Trans. on Automatic Control, vol. 35, pp. 535-546, May 1990.

[2-8] C.G. Cassandras, "Discrete Event Systems: Modeling and performance analysis," Richard D. Irwin, Inc., and Aksen Associates, Inc., 1993.

[2-9] Concepcion, A.I. and B.P. Zeigler, "DEVS Formalism: A Framework for Hierarchical Model Development," IEEE Trans. Soft. Eng., vol. SE-14, no. 2, February 1987.

[2-10] B.A. Cota and R.G. Sargent, "A Modification of the Process Interaction World View," ACM Transactions on Modeling and Computer Simulation. vol. 2, no. 2, pp. 109-129, April 1992.

[2-11] Edward C. Russell, "Building Simulation Models with SIMSCRIPT 11.5," C.A.C.I., 1983.

[2-12] Franta, W.R., "A Process view of Simulation," North Holland, 1977.

[2-13] T.G. Kim and B.P. Zeigler, "The DEVS Formalism: Hierarchical, Modular System

Specification in an Object Oriented Framework," In Proceedings 1987 Winter Computer Simulation Conf., Atlanta, GA, Dec. 1987, pp. 559-566.

[2-14] Korn, G.A. and Wait, J.V., "Digital Continuous-system Simulation Prentice- Hall", 1978.

[2-15] Se Jung Kwon, Changho Sung, Hae Sang Song, and Tag Gon Kim, "Integrated Hybrid Systems Modeling and Simulation Methodology Based on HDEVS Formalism," 2013 Summer Simulation Multiconference, Toronto, Canada, July 2013.

[2-16] Lim, S.Y. and Kim, T.G., "Hybrid Modeling and Simulation Methodology based on DEVS Formalism," SCSC'2001, Orlando, USA, July 2001, pp. 188-193.

[2-17] "MathWorks, Using MATLAB Manual," The MathWorks Inc., 2006.

[2-18] Pegden, C.D., "Introduction to SIMAN: Systems Modeling Corp," State College, Pennsylvania, 1986.

[2-19] Seo K.M., Sung C.H., and Kim T.G., "Realization of the DEVS formalism in MATLAB/Simulink," In Proceedings of the grand challenges in modeling and simulation, Edinburgh, Scotland, June 16-19, 2008, pp. 251-256.

[2-20] Donald F. Stanat and David F. McAllister, "Discrete Mathematics in Computer Science," Prentice-Hall, 1977.

[2-21] C.H. Sung and T.G. Kim, "Framework for Simulation of Hybrid Systems: Interoperation of Discrete Event and Continuous Simulators Using HLA/RTI," 25th ACM/IEEE/SCS Workshop on PADS, Nice, France, June 14-17, 2011.

[2-22] C. Thomas, H. Luckhoff and T.G. Kim, "OpenDEVS: A Proposal for a Standardized DEVS Model Exchange Format," In Proceedings 6th Conf. AI, Simul. Planning in High Autonomous Systems, 1996, pp. 371-377.

[2-23] B.P. Zeigler, "Hierarchical, modular discrete-event modelling in an object-oriented environment," Simulation: Transactions of The Society for Modeling and Simulation International, vol. 50, no. 5, pp. 219-230, 1987.

[2-24] B.P. Zeigler, H. Praehofer and T.G. Kim, "Theory of Modeling and Simulation(2nd ed.)," Academic Press, 2000.

제 3 장 국방체계 M&S 기법

이 장에서는 국방체계의 모델링에 필요한 체계의 구성요소와 이들의 구조적/기능적 특징에 대하여 알아본다. 국방체계의 구조와 모델의 구조를 일치시켜 표현할 수 있는 DEVS 형식론의 계층적 모듈화 모델링 개념을 설명하고 국방체계의 DEVS 모델링 기법을 설명한다. 확률변수 및/또는 확률값을 포함하는 교전 모델의 명세 방법과 명세된 교전 모델의 몬테칼로 시뮬레이션 방법을 다룬다. 시뮬레이션을 이용한 체계성능, 효과도 및 전투효과도 지수의 측정방법을 소개하고 C4ISR 체계에서 고려할 수 있는 체계성능, 효과도 및 전투효과도 지수의 예를 제시한다. 마지막으로 피해평가를 위한 모델링 개념을 소개하고 M&S를 이용한 피해평가 방법에 대해 설명한다.

3.1 국방체계 모델링의 특징

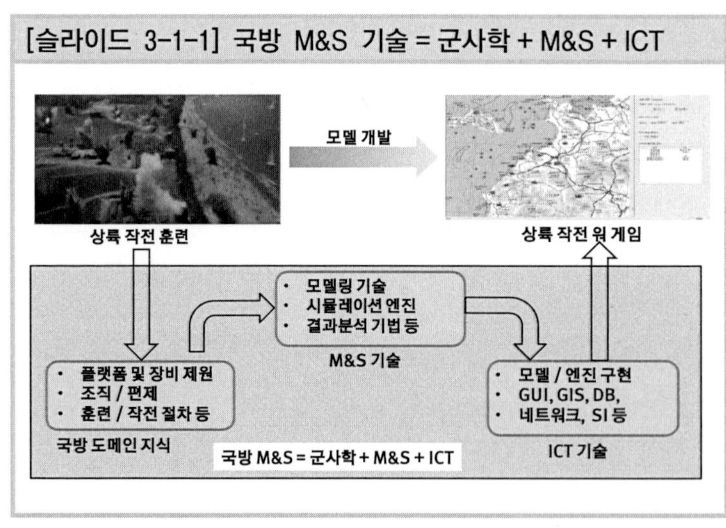

[3-1-1]
국방 M&S 기술은 실제의 군사작전 상황을 워게임 모델 형태의 S/W로 구현하여 실제 상황을 가상적으로 모의하는 것으로 3가지 기술이 필수적이다. 첫째, 실제 군사작전의 이해와 작전상황 전개에서 사용되는 장비/플랫폼의 동작 및 운용 전술 등에 대한 도메인 지식이 필요하다. 둘째, 도메인 지식을 모델로 변환하는 데 요구되는 모델링 기술과 시뮬레이션 엔진 및 결과분석 기법 등을 포함한 M&S 기술이 필요하다.

셋째, M&S 기술을 실체화하여 실행하기 위한 모델/엔진 구현, GUI, GIS, DB, 네트워크 등의 ICT 기술이 필요하다. 국방 모델 개발은 위의 3가지 기술 중 한 가지라도 부족하면 많은 제한점을 초래하게 된다. 예를 들면, 최고의 M&S 기술과 S/W 기술을 보유하고 있더라도, 구현하고자 하는 군사작전이 어떻게 수행되는지 이해하지 못한다면 위 게임 모델 개발이 불가능하다.

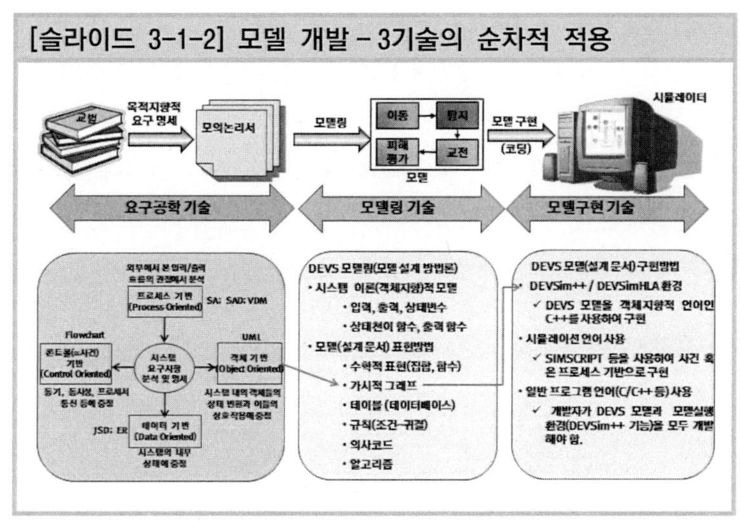

[3-1-2]
모델개발은 요구공학 기술, 모델링(모델 설계) 기술 및 모델구현 기술을 포함한 3가지 기술을 순차적으로 적용해야 한다. 이들 3가지 기술 각각에 대하여 여러 가지의 기법(방법)들이 알려져 있으며 각 기술의 기법들을 조합해서 사용할 수 있다. 예를 들어 요구공학 기술에서 사용하는 기법으로 요구-1, 요구-2, 요구-3 등이 있고, 모델링 기술에서 사용하는 기법으로 모델링-1, 모델링-2, 모델링-3 등이 있으며, 모델구현 기술에서 사용하는 기법으로 구현-1, 구현-2, 구현-3 등이 있다고 하자. 그러면, 모델 개발자는 요구-2 → 모델링-1 → 구현-3 등으로 기법들을 조합하여 사용할 수 있다. 이때, 어떤 것이 최적의 조합이 되는지는 적용 기법들 사이의 순응성과 모델 개발자의 경험 등에 따라 달라진다.

요구분석은 교범 등에 수록된 도메인 지식을 모델링 목적에 맞는 요구사항 분석 및 명세를 통해 모의논리서를 작성하는 과정이다. 시스템 요구사항 분석 및 명세에는 여러 가지 기법들이 사용되고 있다. 프로세스 기반 요구분석은 외부에서 관찰되는 입력/출력의 흐름 관점에서 시스템을 분석하는 것으로, 구조적 분석(SA: Structured Analysis) 기법 등이 사용된다. 사건 기반 요구분석은 시스템의 동작특성을 프로세스 간 동기, 동시성 및 통신 등에 초점을 맞춘 것으로 플로차트 등을 사용한다. 데이터 기반 요구분석은 시스템의 내부 상태에 초점을 맞춘 것으로, ER(Entity Relation) 다이어그램 등이 사용된다. 객체 기반 요구분석은 시스템 내의 객체들의 상태 변환과 이들의 상호작용에 중점을 둔 것으로 UML(Unified Modeling Language) 등이 사용된다.

모델링 기술은 모델 설계 기술로서 요구분석 및 명세로부터 완성된 모의논리서를 모델로 변환하는 과정이며, DEVS 모델링 기법을 사용할 수 있다. DEVS 모델링 기법은 시스템 이론적 명세 기법으로 시스템을 부 시스템 단위로 분해하고 이를 객체로 매핑한 후 모델을 명세하는 객체지향적 기법이다. 따라서 모델 개발자가 객체지향 기반의 요구분석을 사용한다면 모델 명세는 DEVS 모델링 기법을 사용하는 것이 가장 이상적인 조합이다. DEVS 모델링을 사용할 경우 형식론(수학 공식)으로 명세된 DEVS 모델은 [슬라이드 2-6-8]에서 설명한 것과 같이 그래프, 테이블, 규칙, 의사코드, 알고리즘 등으로 표현할 수 있다.

모델구현 기술은 설계된 모델을 프로그램 언어를 사용하여 구현하는 과정이다. DEVS 모델링 기법을 사용하여 모델이 설계된 경우 구현방법은 여러 가지가 존재한다. 가장 이상적인 구현방법은 DEVS 모델링 및 시뮬레이션 환경(예: DEVSim++)을 사용하는 것이다. DEVSim++ 환경은 DEVS 모델을 C++ 언어를 사용하여 객체지향적으로 구현할 수 있는 프로그래밍 도구이다. 설계된 DEVS 모델은 사건 기반 시뮬레이션 언어(예: SIMSCRIPT)로도 구현이 가능하지만, 사건 기반 언어에서는 DEVS 모델의 특징인 객체지향 및 계층적 모듈화 모델링을 지원하지 않기 때문에 DEVS의 특징을 모두 반영할 수 없다. 단순히 일반적인 프로그램 언어인 C/C++ 등을 사용하여 DEVS 모델을 구현할 경우에는 개발자가 DEVS 모델 및 모델실행 환경(시뮬레이션 엔진)을 모두 구현해야 한다.

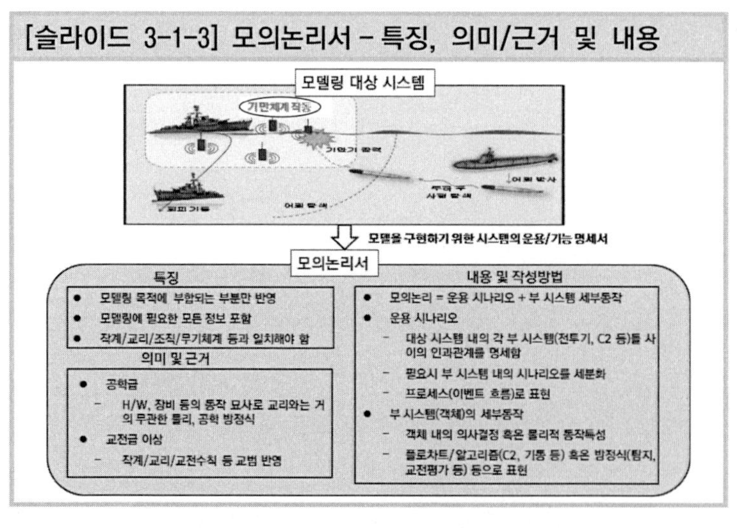

[3-1-3]

국방 모델링에서 사용되는 모의논리서는 일반적인 모델링 분야에서의 개념모델(Conceptual Model)에 해당하며 상위레벨에서 추상화된 시스템 동작 명세서이다. 모의논리에는 대상 시스템에 대한 모델 명세에 필요한 모든 정보를 기술해야 하며, 시스템의 기능/운용에 대한 표현과 각종 파라미터값들이 모두 포함되어야 한다. 모의논리서는 모델링 목적에 부합되는 모델 개발에 필요한 모든 정보를 반영해야 하며 특히 관련되는 작계, 교리, 조직, 무기체계 등의 내용과 일치해야 한다.

모의논리서는 국방모의수준(공학급, 교전급, 임무급 등)에 따른 상이한 모델을 개발할 수 있는 정보를 포함해야 한다. H/W, 장비 등에 대한 공학급 모델 개발을 위한 모의논리서는 물리, 공학 방정식 등이 포함되며, 이들은 교리 등과 무관하다. 그러나 교전급 이상 모델의 개발을 위한 모의논리서는 H/W, 장비 등을 운용하는 전술을 포함하여 교전수칙, 작계 등 교범(교리를 기술한 문서)의 내용이 반영되어야 한다. 다만, M&S 기반 전투실험설계를 위한 모의논리서에는 기존 교리와 다른 미래지향적(실험용) 교리를 제안하고 이를 모델에 반영한다.

모의논리서는 체계의 운용 시나리오와 각 부 체계의 세부동작을 기술해야 한다. 운용 시나리오는 부 체계(예: 전투기, 레이더 등)들 사이의 인과관계를 이벤트 흐름으로 명세한 프로세스로 명세한다. 체계운용 시나리오는 필요시 부 체계에 재귀적으로 적용하여 부 체계의 운용 시나리오와 부 체계들 사이의 인과관계로 명시할 수 있다. 부 체계(혹은 객체)의 세부동작은 부 체계 내의 의사결정 과정(교전급 이상) 또는 물리적 동작특성(공학급)을 나타내야 한다. 부 체계의 세부동작을 표현하는 모의논리 작성방법 및 도구로 플로차트, 알고리즘, 방정식 등이 사용될 수 있다.

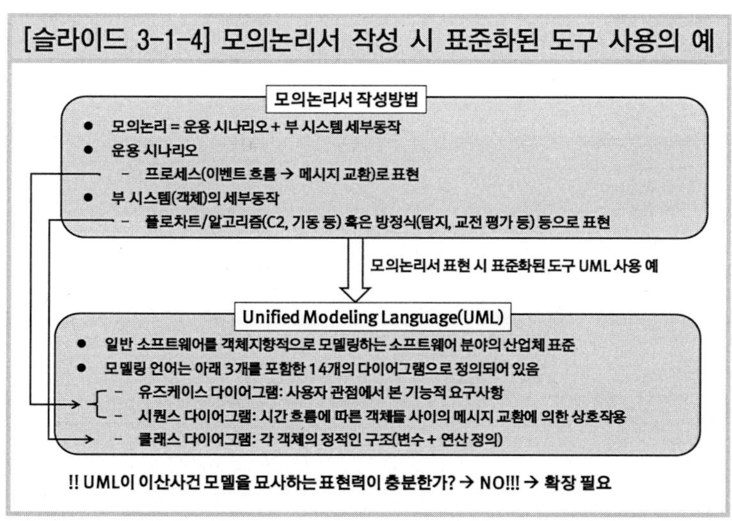

[3-1-4]
모의논리서는 운용 시나리오와 부 체계의 세부동작을 명세하는 것으로, 운용 시나리오는 프로세스로 표현되며 객체의 세부동작은 플로차트, 알고리즘 등으로 표현된다. 이산사건 모델의 모의논리서는 여러 가지 형식으로 작성될 수 있지만, UML(Unified Modeling Language)과 같은 표준화된 모델 명세 도구를 사용할 수도 있다.

UML은 이산사건 시뮬레이션 S/W가 아닌 일반 S/W를 객체지향적 관점에서 모델링하는 S/W 분야의 산업계 표준이다. UML에서는 14개의 다이어그램을 사용하며, 한 개의 시스템을 여러 가지 다른 관점에서 다른 형태의 다이어그램으로 표현하는 모델링 방식을 사용한다. 예를 들면, 유즈케이스(Use Case) 다이어그램은 사용자가 시스템 외부에서 본 기능적 요구사항을 표현하고, 시퀀스(Sequence) 다이어그램은 시간 흐름에 따른 객체들 사이의 메시지 교환에 의한 상호작용을 표현하며, 클래스(Class) 다이어그램은 각 객체의 정적인 구조인 변수와 변수의 연산에 대하여 표현한다.

모의논리서를 UML로 작성할 경우, 운용 시나리오는 UML 유즈케이스 다이어그램과 시퀀스 다이어그램으로 표현되며, 객체들의 세부동작은 UML 클래스 다이어그램으로 표현된다. 유즈케이스 다이어그램은 사용자 입장에서 본 시스템의 기능 요구사항을 표현하며, 시스템 내부 또는 외부 세계에서의 이벤트 흐름은 UML 시퀀스 다이어그램에서 메시지 교환순서로 명세할 수 있다. 부 시스템(객체)의 세부동작은 클래스 다이어그램을 사용하여 명세할 수 있다. UML은 이산사건 모델을 표현하는 데 몇 가지 한계점을 가지고 있어서 이를 통해 모의논리서를 작성하려면 UML의 표현력을 DEVS 모델 수준으로 확장해야 한다. DEVS와 UML의 표현력 차이 및 이산사건 모델링을 위한 UML 표현력 확장에 대해서는 슬라이드 [8-4-20]을 참고하기로 한다.

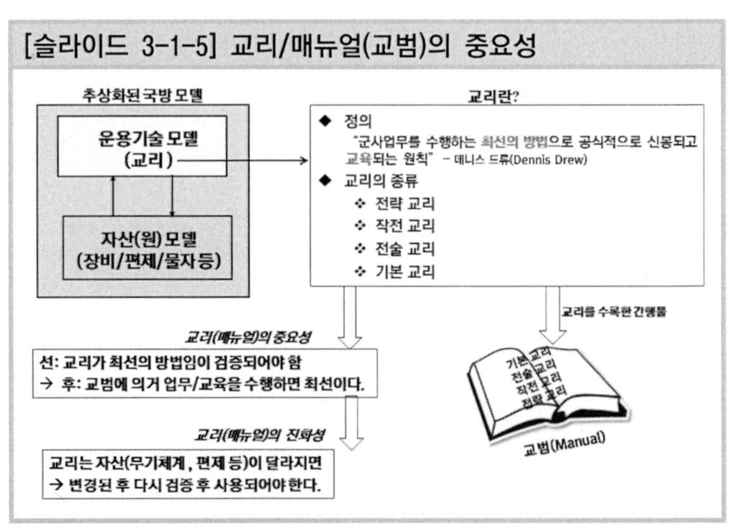

[3-1-5]

국방 모델을 2단계의 추상적 모델로 표현하면 장비/편제/물자 등 국방자산(원) 모델과 교리에 기반하여 이들 자산을 운용하는 운용기술 모델로 계층화할 수 있다. 교리는 "군사업무를 수행하는 최선의 방법으로 공식적으로 신봉되어 교육되는 원칙"으로 전략 교리, 작전 교리, 전술 교리, 기본 교리 등이 있으며 교범에 수록되어 있다. 군에서의 중요한 의미를 갖는 교리(교범)는, 이것이 최선의 방법이라는 것이 먼저 검증된 후 모든 업무수행 및 교육에 적용되어야 한다. 교리 검증은 여러 가지 방법으로 수행할 수 있지만, M&S를 사용하는 방법이 경제성, 효율성 및 안전성을 보장한다. 교리는 자산을 효율적으로 운용하는 기술이므로 자산이 달라지면 교리는 변경되어야 하며, 변경된 교리는 최선의 운용기술이라는 것을 다시 검증하여야 한다. 컴퓨터에 비유하자면, 자산은 H/W이고 교리는 운용체제(OS: Operating System) S/W이며 군사업무는 응용프로그램과 같은 것이다. 컴퓨터에서 응용프로그램이 좋은 성능(전투력)을 발휘하기 위해서 컴퓨터 H/W(무기체계, 편제 등)가 우수해야 하며 이들을 관리/운용하는 S/W인 OS(교리)가 최적화되어야 한다.

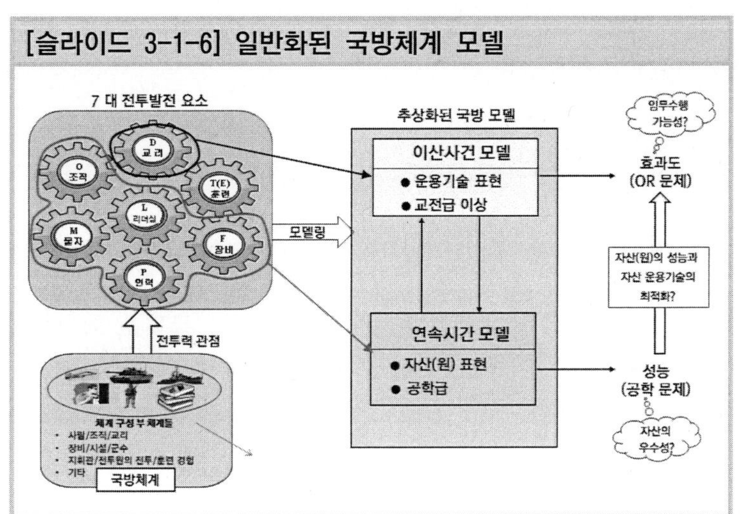

[3-1-6]

국방체계는 여러 가지의 구성요소들을 포함하고 있으며 전투력 관점에서 보면 7대 전투발전요소, 즉 교리, 조직, 물자, 인력, 리더십, 훈련, 장비로 요약된다. 7대 전투발전요소 중 조직, 물자, 인력, 장비 등은 자산(원)으로서 공학급의 연속시간 모델로 표현되며, 교리 등은 운용기술로서 교전급 이상의 이산사건 모델로 표현된다. 공학급 모델은 자산의 우수성을 나타내는 성능을 분석하는 것이 주된 목적이며, 교전급 이상의 모델은 임무수행 능력을 나타내는 효과도를 분석하는 것이 주된 목적이다. 최적화된 국방체계는 자산의 성능과 운용기술의 효과도를 최적화하여 최고의 전투력을 발휘할 수 있는 군대를 의미한다. 이러한 관점에서 볼 때, 국방 M&S는 우수한 자산과 운용기술을 획득하는 과정, 주어진 자산과 운용기술의 최적조합을 분석하는 과정, 그리고 검증된 최적조합을 통해 반복하여 훈련하는 과정에 활용되고 있다.

[3-1-7] 하이브리드 모델 = 이산사건 모델 + 연속시간 모델

국방체계에서 객체는 무기체계, 플랫폼, 부대, 장비 등 대상체계의 구성요소들을 포괄적으로 의미한다. 객체는 모델로 구현되며 일반적으로 행위모델과 물리모델을 모두 가지고 있는

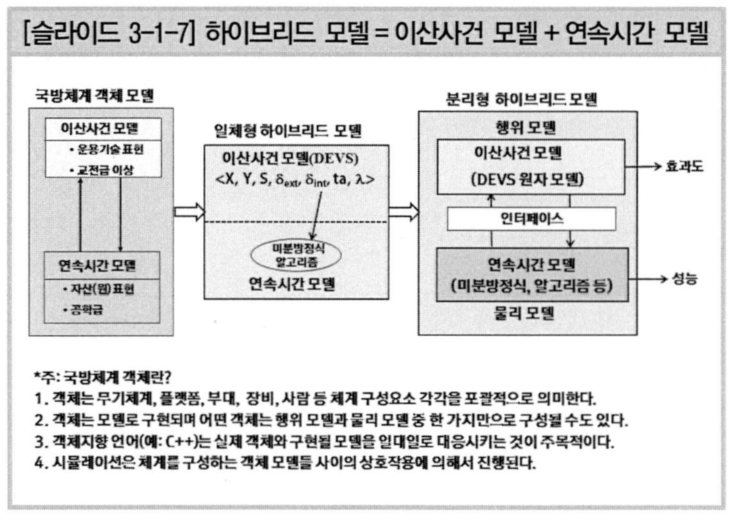

하이브리드 모델 형태이지만 어떤 객체는 행위모델과 물리모델 중 한 가지만 갖게 된다. 객체에 대한 모델 구현은 객체지향 프로그램 언어(예: C++)를 사용하면 객체와 모델을 일대일로 대응시켜 구현할 수 있다. 이산사건 수준의 객체는 한 개의 모델(DEVS 원자모델)로 표현될 수 있지만 2개 이상 모델들의 결합(DEVS 결합모델)으로도 표현될 수 있다.

하이브리드 모델은 일체형 하이브리드 모델과 분리형 하이브리드 모델로 구현이 가능하다. 일체형 하이브리드 모델은 이산사건 행위모델(DEVS 모델)과 연속시간 물리모델(미분방정식 모델)을 한 개의 모델로 표현하는 접근법이다. 분리형 하이브리드 모델은 행위모델(DEVS 모델)과 물리모델(미분방정식 모델)을 독립적으로 분리하고 이들 사이에 인터페이스를 정의한 모델이다. 인터페이스를 프로그램 관점의 개념으로 생각하면 행위모델과 물리모델의 입/출력 데이터 타입이 다르다는 것이다. 다시 말하면, 행위모델의 출력(입력)은 사건(메시지)이지만 물리모델의 입력(출력)은 신호(연속적인 물리량)이므로 상호간 데이터 타입이 다르다. 분리형 하이브리드 모델은 물리모델에서 성능을 측정하고 행위모델에서 효과도를 측정할 수 있으며 이들 두 모델들의 독립적 수정/유지보수가 가능하다.

[3-1-8] 기동 하이브리드 모델 예

이 슬라이드에서는 분리형 하이브리드 모델의 예로서 기동 하이브리드 모델을 나타내었다. 기동 하이브리드 모델은 기동 행위모델인 DEVS 원자모델과 기동 물리모델인 기동방정식(알고리즘) 모델로 구성되며, 두 모델 사이에는 인터페이스가 존재한다. 기동 행위모델은 기동 DEVS 모델과 동일하지만 모델 내부에 물리모델인 기동 알고리즘을 가지고 있지 않다. 물리모델은 기동 대상 객체에 대한 도메인 지식에 의해 명세되며 시뮬레이션 알고리즘에서 사용되는 기동시간 간격도 대상 객체에 따라 달라진다. 예를 들면, 사람이 대상 객체일 경우에 물리모델의 시뮬레이션 시간 간격은 수십 분 단위도 가능하지만, 대상 객체가 전투기

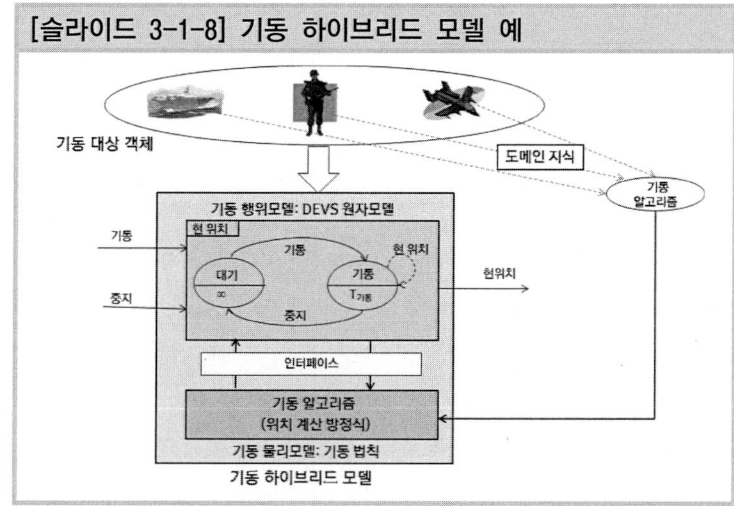

일 경우는 시뮬레이션 시간 간격이 수 msec(msec = 1/1000초)도 될 수 있다. 시뮬레이션 시간 간격은 시뮬레이션 시작 전에 초기화할 수 있으며 기동 궤적의 정확도와 시뮬레이션 소요시간을 고려하여 결정하면 된다.

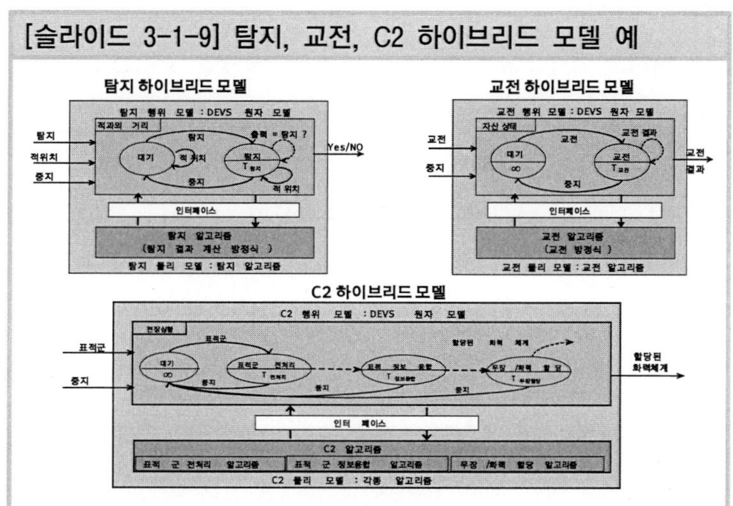

[3-1-9]

여기서는 분리형 하이브리드 모델의 예로서 탐지, 교전 및 C2 하이브리드 모델을 제시하였다. 각 하이브리드 모델은 (3.3) 절에서 설명하게 될 탐지, 교전 및 C2 DEVS 원자모델을 행위모델로 정의하고 각 행위모델에서 수행할 알고리즘들을 물리모델로 정의하여 이들을 인터페이스를 통해 연결한 것이다. 그림에서 각 하이브리드 모델들의 입력 및 출력은 행위모델에 속해 있으며, 물리모델은 외부 세계와 직접적으로 정보를 주고받지 않고 오직 내부의 행위모델과 정보를 주고받는다.

[3-1-10] 일반화된 국방 객체의 하이브리드 모델

일반화된 국방 객체는 기동, 탐지, 교전, C2 하이브리드 모델들이 포함된 결합 하이브리드 모델로 나타낼 수 있다. 결합모델의 입력 및 출력은 개별 하이브리드 모델들의 입력 및

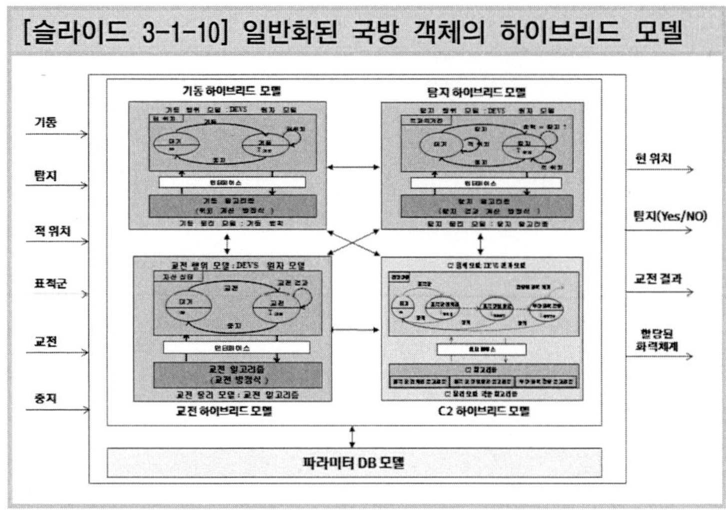

출력을 결합모델의 입/출력으로 나타낸 것이다. 결합모델은 다음과 같은 2가지 특성을 갖는다. 첫째, 결합모델의 구성요소는 결합모델 내에 포함된 모든 모델 중 대상 객체 종류와 M&S 목적에 따라 일부 또는 전부를 포함한다. 둘째, 객체의 종류 및 M&S 목적에 따라 선택된 구성요소 하이브리드 모델들 사이의 연결 관계는 모의 시나리오에 따라 달라진다. 예를 들면, 전투기 객체를 모델로 구현할 경우에는 전투기 플랫폼 내부에 있는 기동, 탐지, C2, 교전 등의 모든 기능을 각 기능에 해당하는 4개의 하이브리드 모델로 표현할 수 있다. 지상 레이더인 경우에는 탐지 하이브리드 모델만으로 표현될 수 있다. 또한 지휘관을 객체로 모델링할 경우에는 C2 하이브리드 모델로 가능할 것이다.

결합 하이브리드 모델의 내부 모델들 사이의 연결 관계는 어떤 객체가 어떤 모의를 하는지에 따라 달라진다. 예를 들면, 전투기 모델인 경우 기동 중 미사일을 탐지하여 회피기동을 할 경우에 내부 하이브리드 모델의 연결 관계는 "기동 모델 → 탐지 모델 → C2(의사결정) 모델 → (회피)기동 모델"이 될 수 있다. 그러나 미사일 모델인 경우는 대기상태에서 표적을 탐지하여 타격할 때까지 "탐지 → 기동 → 탐지 → 기동 → ..."이 반복될 것이다. 또한 자동교전이 가능한 플랫폼에 탑재된 전투체계를 객체로 표현할 경우에는 "(기동 || 탐지) → C2 → ..." 등이 반복될 것이다. 여기서 A || B는 모델 A와 모델 B가 동시에 동작한다는 의미이다. 따라서 슬라이드에 예시한 일반화된 국방 객체 하이브리드 모델은 모델 개발자가 M&S 목적에 맞게 구성요소 하이브리드 모델들을 적절히 선택하고 연결 관계를 명세해야 한다.

[3-1-11] 간략화된 NCW 하이브리드 모델

앞 절에서 소개한 간략화된 NCW 모델을 하이브리드 모델로 표현해 보자. NCW 체계의 각 객체는 앞서 설명한 일반화된 하이브리드 모델로 표현되지만 객체의 종류와 M&S 목적에

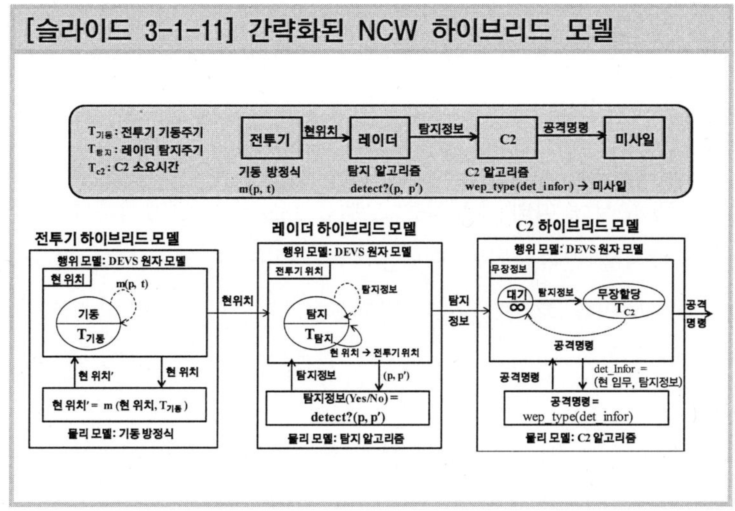

따라 객체모델의 내부 구성요소가 달라질 수 있다. 구체적으로 보면, 전투기는 기동 하이브리드 모델, 레이더는 탐지 하이브리드 모델, 그리고 C2는 C2 하이브리드 모델로만 표현하였다. 모든 하이브리드 모델은 분리형으로 구성하였으며, 행위모델은 DEVS 원자모델로, 물리모델은 알고리즘 혹은 방정식으로 표현하고 인터페이스는 화살표로만 추상화하여 표시하였다.

3.2 DEVS 기반 국방 모델링 개념

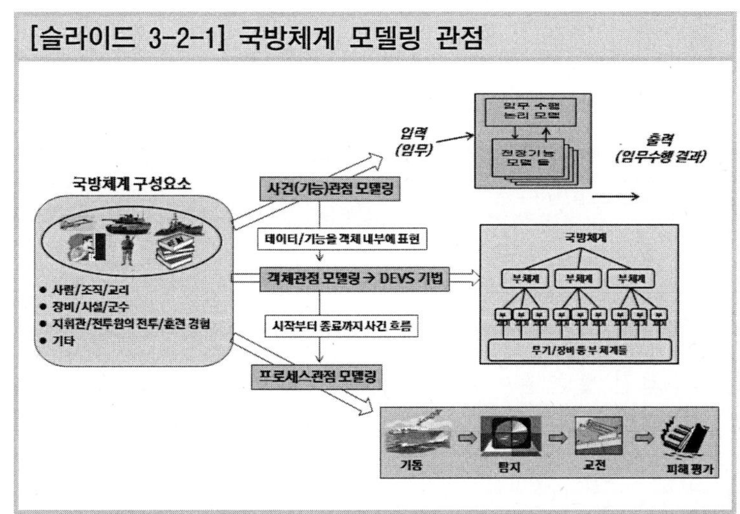

[3-2-1]
국방체계는 여러 가지 형태의 구성요소를 포함하고 있으며, 이들은 자산 또는 운용기술에 속한다. 국방체계를 모의하기 위한 국방 모델은 모델링 관점에 따라 사건(기능) 관점 모델링, 객체관점 모델링 및 프로세스관점 모델링으로 나눌 수 있다. 사건관점 모델은 사건 기반 모델로서 운용기술 중심의 임무수행 모델과 자산 중심의

전장기능 모델이 상호 협력을 통해 주어진 임무(입력)를 처리하고 결과를 출력한다. 사건기반 모델은 [슬라이드 2-4-5]에 나타낸 것과 같이 변수(데이터)와 변수갱신 함수(사건/기능)를 객체별로 묶어서 관리하지 않고 전역적으로 사용한다. 객체관점 모델은 변수와 변수갱신 함수를 객체별로 묶어서 관리한다. 또한 모의 과정의 시작부터 종료까지 시스템 내/외부 사건들의 흐름과 상호작용을 시간 순서에 따라 추적하는 모델을 프로세스 모델이라고 한다.

이론적으로, 주어진 모델링 목적을 만족시키는 모델은 이들 3가지 관점의 모델 적용을 통해 모두 개발이 가능하다. 더욱이, 이들 3가지 모델의 정확성이 모두 검증(V&V)되었다면, 이들의 시뮬레이션 결과도 동일하여야 한다. 따라서 실제로 모델을 개발할 때 모델 개발자가 모델링 관점을 선택하는 데는 여러 가지 사항들이 고려되어야 한다. 그러나 모델개발도 S/W 개발이라는 실용적인 측면에서 볼 때, S/W의 품질과 생산성 향상이란 장점을 갖는 객체지향 언어로 구현이 용이한 객체관점 모델을 선택하는 것이 유리하다.

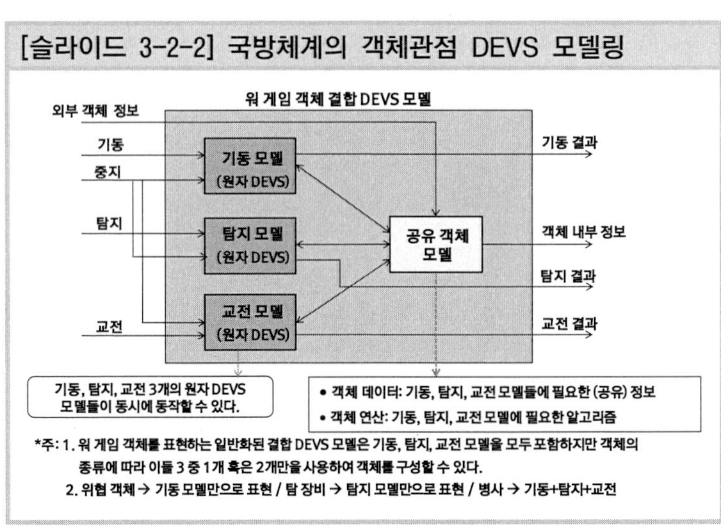

[3-2-2]

앞 슬라이드에서 설명한 복잡성의 문제를 해결하기 위하여 워 게임에 참여하는 객체의 일반화된 모델을 결합 DEVS 모델로 구성할 수 있다. 슬라이드에 도시한 것과 같이 워 게임 객체의 결합 DEVS 모델은 기동, 탐지, 교전이 독립적인 3개(또는 그 이상)의 DEVS 모델로 구성된다. 공유객체 모델은 결합모델의 내부 모델들이 공통적으로 사용하는 공유 데이터와 필요한 연산(혹은 알고리즘)들을 정의한다. 이렇게 함으로써 기동 모델, 탐지 모델, 교전 모델 들이 서로 독립적으로 동작할 수 있으며 기동, 탐지, 교전을 동시에 수행할 수 있는 표현력을 가진다. 워 게임 객체 중에는 기동, 탐지, 교전 중 2가지 이상의 기능이 있는 객체도 있지만, 탐지기능 한 가지만 갖춘 객체(예: 고정식 레이더)도 존재한다.

[슬라이드 3-2-3] 원자 DEVS 모델링 절차와 3S4F 정의

원자모델(3S4F)

모델링 절차

(1) 입력(X), 출력(Y), 상태변수(S)의 집합을 구한다.

(2) ta: 상태변수 집합 S의 각 원소 s에 대하여 최대 머무는 시간을 정의한다.

(3) δ_{ext}: 입력 집합 X와 상태변수 집합 S의 모든 가능한 조합(X × S)에 대하여 다음 상태를 정의한다.

(4) λ: 상태변수 S의 각 원소 s에 대하여 대응하는 출력 집합 Y의 각 원소 y를 구한다.

(5) δ_{int}: 상태변수 S의 각 원소 s에 대하여 대응하는 다음 상태를 정의한다.

*주: 1. 위에 기술한 (2) – (5)의 각 단계는 임의의 순서로 독립적으로 이루어질 수 있다.
2. (X, δ_{ext})가 없는 경우 혹은 (Y, λ)가 없는 경우도 있다.
3. 위에 기술한 상태천이 함수 (3)과 (5)는 동시에 실행되는 조건이 발생할 수도 있다.
4. DEVS 모델은 3S4F의 틀이 유지되는 한 표현은 여러 가지 형태로 할 수 있다.

[3-2-3]

DEVS 모델링은 더 이상 분해할 수 없는 모듈화된 원자모델과 이들 원자모델 또는 결합모델들을 계층적으로 연결하여 완성한다. 원자 DEVS 모델은 그림에서와 같이 3S4F의 틀을 가지며 틀을 채워 넣는 모델링 절차를 (1)-(5)의 5단계로 요약하였다. 단계 (1)은 3개의 집합(3S), 즉 입력, 출력, 상태변수 집합을 식별하는 과정으로 제일 먼저 수행되어야 한다. 그러나 단계 (2)-(5)는 임의의 순서로 독립적으로 수행될 수 있다. 단계 (2)는 ta(s)값을 정의하는 단계로서 각 상태에서 머물 수 있는 최대시간을 도메인 지식에 의하여 결정한다. 단계 (3)은 외부 상태천이 함수를 식별하는 과정이며, 단계 (4)에서서는 출력 함수를 정의하고 단계 (5)는 내부 상태천이 함수를 정의하는 과정이다. 일반적인 원자 DEVS 모델에는 X, Y가 모두 존재하지만, X와 Y 중 하나가 없는 경우도 가능하며 이러한 DEVS 모델의 종류에 대해서는 [슬라이드 3-2-6]에서 설명한다.

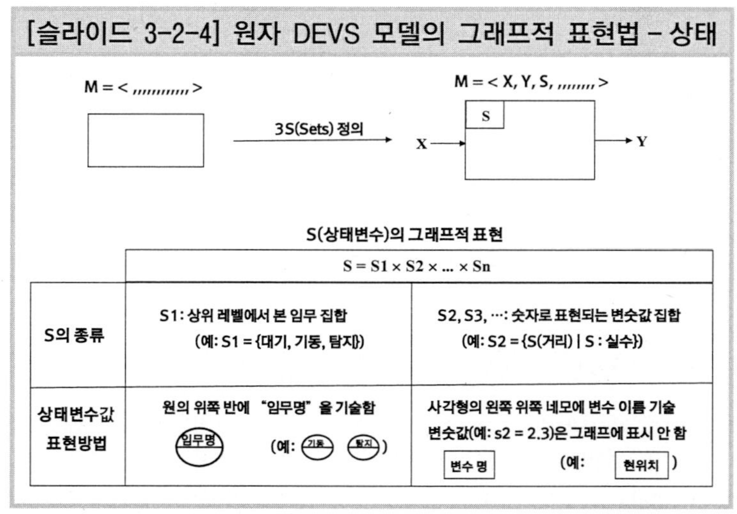

[3-2-4]

DEVS 원자모델은 3개의 집합과 4개의 함수로 표현되며 이들은 기계적으로 그래프로 표현할 수 있다. 먼저 원자모델은 사각형으로 표현하고 입력사건 집합(X) 및 출력사건 집합(Y)은 사각형의 왼쪽과 오른쪽에 각각 화살표와 함께 표현한다.

상태변수 집합은 여러 개의 다른 집합들로 구성되어 S = S1 × S2 × .... × Sn으로 표현할 수 있다. 여기서, 모델이 현재 무엇을 하고 있는지를 표현하는 상위 수준의 "임무 집합"을 S1이라고 하고 S2, S3, ... Sn 등 나머지 집합들은 정수 또는 실수로 표현되는 변수(예: 거리, 사람 수 등) 값이라고 하자. DEVS 모델의 그래프적 표현(이하 DEVS 그래프라 칭함)에서는 원을 상하로 2등분하여 상태변수와 시간전진 함수의 값을 표현한다.

위쪽의 반원 내에 임무 집합 S1을 표현하기 위하여 "임무명"을 기술하고 아래쪽 반원 내에는 임무 완료에 소요되는 시간을 시간전진 함숫값(ta("임무명"))으로 기술한다. 예로서, 위 게임 객체들의 임무 집합은 S1 = {기동, 탐지, ,,,} 등이 될 수 있으며 각 원소인 "기동", "탐지" 등을 위쪽 반원 내에 명기한다. S1을 제외한 정수 또는 실수로 표현되는 상태변수들의 집합은 변숫값을 그래프에 표현할 수 없으므로 변수명만을 사각형 왼쪽 윗부분에 명기한다. 예를 들면, 위 게임 객체의 기동 모델에서 현 위치는 1/2/3차원의 좌표(실수)로 표현되는 중요한 상태변수로서 왼쪽 위의 사각형에 "현 위치"로 표시한다. 상태변수의 값인 현 위치정보를 DEVS 그래프에 기록할 수 없는 이유는, 시간이 경과함에 따라 위치정보(실숫값)가 계속 변하기 때문에 시뮬레이션이 일어나는 동안 모든 값을 그래프에 나타낼 수 없기 때문이다. 이러한 상태변수의 값은 그래프에 기록할 수 없지만 시뮬레이션 과정에서 계속 갱신되어 정해진 시각에 출력값으로 외부에 내보내게 된다.

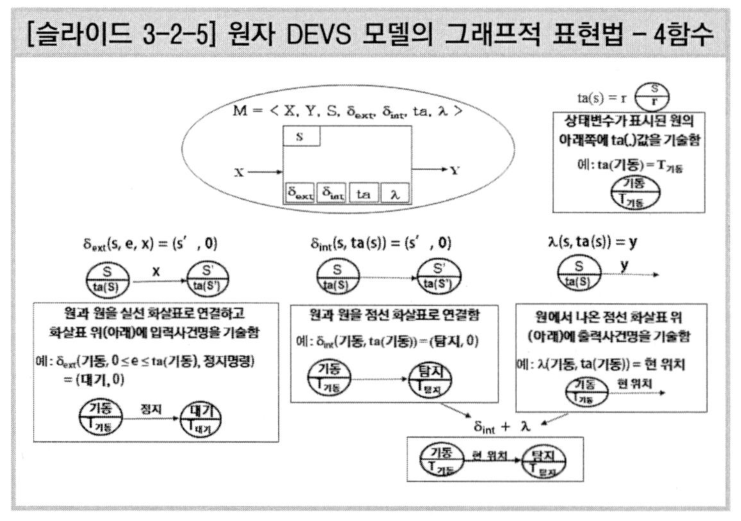

[3-2-5]
DEVS 원자모델의 4개 함수는 그래프적으로 표현하는 것이 용이하다. 먼저 슬라이드 오른쪽 위에 표현한 시간전진 함수 ta(.)의 값은 ta: S → r 정의에 따라 모든 상태변수 s에 대응하는 한 개의 ta(s)값이 정의되므로 앞 슬라이드에서 설명한 것과 같이 원의 반쪽 아래에 명시한다. 원의 위쪽에는 상태변수 중 임무 집합에 속하는 임무명인 "기동"을, 원의 아래쪽에는 현 임무에서 정의된 ta(기동)의 값인 $T_{기동}$을 기록한다. 외부

상태천이 함수 δ_{ext}는 상태변수와 시간전진 함수를 묶어 놓은 2개의 원 사이를 실선 화살표로 연결하고, 화살표 위(또는 아래)에 입력사건명을 기술한다. 한 원(기동)에서 다른 원(대기)으로 실선 화살표와 입력사건(정지)명이 명시된 것은 외부입력 "정지"에 의해서 현재 상태인 "기동"이 다음 상태인 "대기"로 천이됨을 의미한다.

현 상태 s에서 ta(s) 시간이 완전히 경과하는 동안 입력사건이 없으면 내부천이 함수 δ_{int}와 출력 함수 λ가 동시에 실행된다. 내부천이 함수는 상태변수와 시간전진 함수를 묶어 놓은 2개의 원 사이를 점선 화살표로 연결하고 이때 발생하는 출력사건은 점선 화살표 위(또는 아래)에 기술한다. 한 원(기동)에서 정해진 시간전진 함수의 값($T_{기동}$)이 완전히 경과하면 입력 없이 모델 스스로 다른 원(탐지)으로 천이한다. 이때 출력 함수를 실행하여 출력값 "현 위치"를 출력하게 되는데, 한 개의 상태(기동)에서 동시에 발생하는 내부천이와 출력 발생을 그래프에 슬라이드에 예시한 것과 같이 통합하여 표현한다.

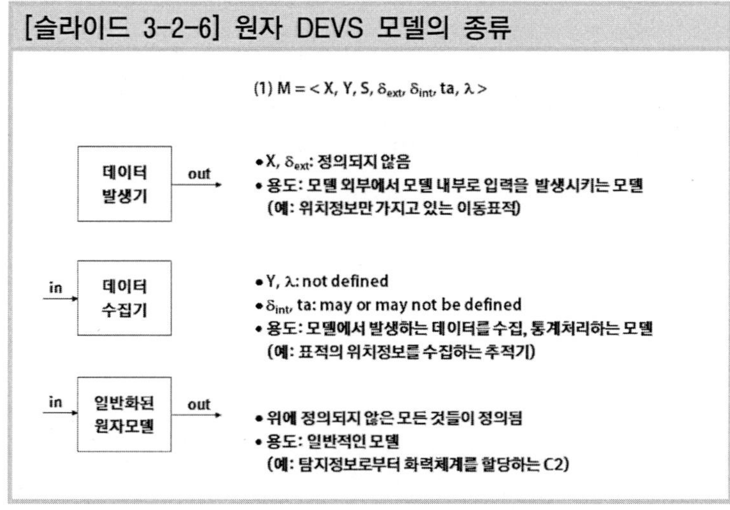

[3-2-6]

DEVS 원자모델은 식 (1)로 표현되며 일반적으로 입력과 출력을 모두 가지게 된다. 그러나 DEVS 원자모델은 입력이 없이 출력만 있거나 출력이 없이 입력만 있는 경우도 존재한다. DEVS 원자모델인 데이터 발생기는 입력 없이 출력만을 가지며 타 모델에 입력을 가하는 역할을 한다. 예를 들면, 레이더가 이동표적을 탐지하는 것을 모의하는 경우에 이동표적 모델은 데이터 발생기로 동작하여 타 모델인 레이더 모델에 자신의 위치정보를 전달(입력)하게 된다. 원자 DEVS 모델에서 입력이 없을 경우에 입력사건을 처리하는 외부천이 함수를 정의할 필요가 없다.

원자 DEVS 모델인 데이터 수집기는 출력이 없이 입력만 존재할 수 있다. 이 경우는 출력사건과 출력 함수를 정의할 필요가 없다. 데이터 수집기 모델은 타 모델들에서 발생하는 데이터를 수집하여 통계처리하는 기능을 할 수 있다. 예를 들면, 전투기 기동 궤적을 추적하는 추적레이더는 데이터 수집기 모델이다. 그러나 일반적으로 DEVS 원자모델은 입력사건과 출력사건 모두를 가지게 되며, 3개의 집합과 4개의 함수를 모두 정의해야 한다.

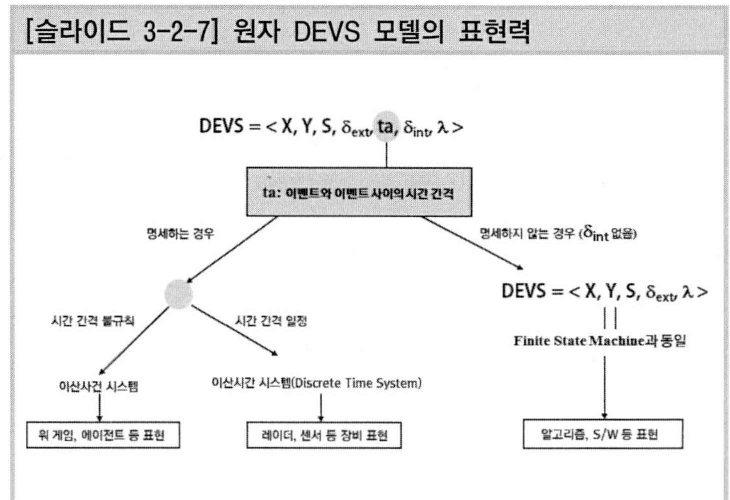

[슬라이드 3-2-7] 원자 DEVS 모델의 표현력

[3-2-7]

DEVS 원자모델은 알고리즘에서부터 에이전트에 이르는 광범위한 표현력을 가지고 있다. 시간전진 함수는 이산사건 시뮬레이션 모델 명세에 필요한 함수이며 일반적인 S/W 명세에는 사용되지 않는다. 시간전진 함수가 없는 원자 DEVS 모델은 내부천이 함수가 정의될 필요가 없으며, 유한상태기계(FSM: Finite State Machine)와 동일한 표현력을 갖는다. 유한상태기계는 전산학에서 S/W 또는 알고리즘을 모델링하는 데 사용되며, 오토마타(Automata)라고도 부른다. 전자공학에서는 유한상태기계를 디지털 회로(컴퓨터 H/W) 모델링에 사용한다.

시간전진 함수는 이산사건 모델이 입력 없이 현재 상태에서 머물 수 있는 최대시간을 나타낸다. 일반적인 시스템의 경우, 모든 상태에서 시간전진 함수의 값은 동일한 값이 될 수도 있고, 상태에 따라 달라지는 불규칙적인 값들이 될 수도 있다. 시간전진 함수의 값들이 동일한 경우에는 레이더와 같은 이산시간 시스템을 모델링할 수 있으며, 이들 값들이 불규칙한 난숫값인 경우에는 워 게임과 같은 이산사건 시스템을 모델링할 수 있다.

[3-2-8] 결합 DEVS 모델 명세를 위한 3S4F 틀

DEVS 결합모델은 모듈화된 DEVS 원자모델 혹은 DEVS 결합모델들을 계층적으로 결합한 모델로서 3S4F의 틀로 명세할 수 있다. 결합모델의 3개 집합은 입력사건, 출력사건 및 컴포넌트 모델들의 집합이다. 컴포넌트 모델은 결합모델을 구성하는 구성요소 모델들을 의미한다. 결합모델의 4개 함수는 외부입력 결합관계, 외부출력 결합관계, 내부 결합관계 및 이벤트 우선순위 선택함수이다. 결합관계는 모델과 모델 사이의 연결을 (M1.out, M2.in)

[슬라이드 3-2-8] 결합 DEVS 모델 명세를 위한 3S4F 틀

- 결합모델 틀: 3S4F
  - 3S(3Sets): 3개의 집합
  - 4F(4Functions): 4개의 함수
- 3개의 집합: 모델의 기본 표현
  - 입력사건 집합: 시스템의 입력
  - 출력사건 집합: 시스템의 출력
  - 시스템 컴포넌트: 결합모델을 구성하는 컴포넌트(원자 혹은 결합 모델)
- 4개의 관계(관계(Relation) 중복 대응이 허용되는 함수)
  - 외부입력 결합관계
    - 결합모델의 입력과 내부 컴포넌트 모델의 입력 사이의 연결 관계
  - 외부출력 결합관계
    - 내부 컴포넌트 모델의 출력과 결합모델의 출력 사이의 연결 관계
  - 내부 결합관계
    - 내부 컴포넌트 모델들 사이의 입출력 연결 관계
  - 이벤트 우선순위 선택함수
    - 동일한 시각에 발생된 사건을 처리하는 우선순위

과 같은 순서쌍(Ordered Pair)으로 표현하고, 이들 순서쌍의 집합을 관계라고 한다. 따라서 모델 개발자는 이들 3개의 집합과 4개의 함수(정확히 말하면 3개의 관계와 1개의 함수) 틀을 채워 넣어야 한다.

[슬라이드 3-2-9] DEVS 틀의 일반성 – 객체 기동 모델링의 예

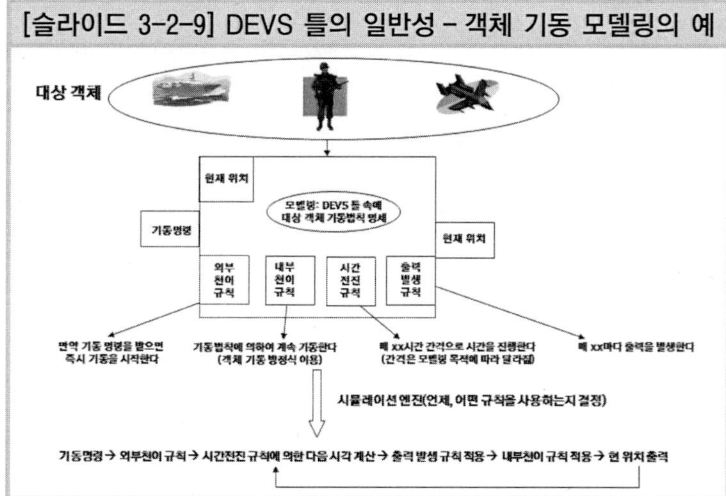

[3-2-9]

DEVS 틀의 일반성을 객체의 종류에 관계없이 적용할 수 있는데, 여기서는 여러 가지 대상 객체(예: 잠수함, 사람, 전투기)들에 대한 기동 모델링에 적용해 보자. 기동 모델링은 3S4F의 DEVS 틀 안에 대상 객체의 기동법칙을 명세하는 것이다. 기동 모델에서 3S는 입력사건 X = {기동명령}, 출력사건 Y = {현재위치} 그리고 상태집합 S = {현재위치}이다. 기동 모델에서 4F는 외부천이 규칙(함수), 내부천이 규칙, 시간전진 규칙, 출력발생 규칙이다. 외부천이 규칙은 대상 객체가 기동명령을 받으면 즉시 기동을 시작하는 것이다. 내부천이 규칙은 기동법칙(방정식)을 실행하면서 기동상태를 유지하는 것이다. 시간전진 규칙은 M&S 목적에 따라 정해진 시간 간격으로 기동방정식을 계산하는 이산시간 간격이다. 출력발생 규칙은 시간전진 규칙에 의해 갱신된 기동 객체의 현 위치를 정해진 간격의 시간마다 출력하는 것이다.

DEVS 모델의 3S4F 틀 안에 기동 객체에 대한 정보가 채워지면 시뮬레이션 엔진(알고리즘)은 언제 어떤 규칙(함수)을 적용할지 판단하여 시뮬레이션을 진행한다. 4개 규칙(함수)들의 실행 순서는 슬라이드에 보인 것과 같이 DEVS 기동 모델이 외부로부터 입력, 즉 기동명령을 수신하면서부터 실행이 시작된다. 모델이 기동명령을 받으면 시뮬레이션 엔진은 모델의 외부천이 함수를 실행시킨 후, 시간전진 함수를 실행시켜 다음 시뮬레이션 시각을 계산하게 된다. 시뮬레이션 엔진은 이 시간이 경과되면 출력 함수와 내부천이 함수를 동시에 실행시킨다. 내부천이 함수가 실행된 후 다시 시간전진 함수를 실행하여 다음 시뮬레이션 시각을 계산하고, 출력을 발생하는 과정을 반복한다.

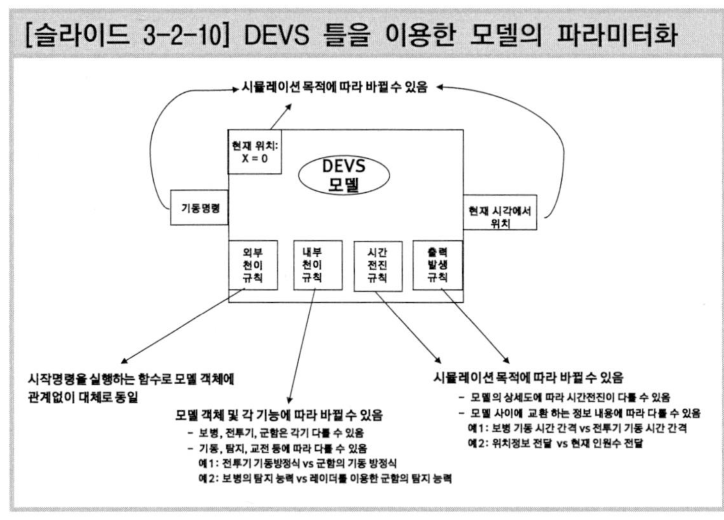

[3-2-10]

DEVS 틀을 사용하여 대상 객체에 따라 기동 모델을 파라미터화하는 과정을 살펴본다. 3S는 시뮬레이션 목적에 따라 다르게 정의되며 슬라이드에 도시한 입력사건, 출력사건 및 상태변수는 가장 일반적인 정의라고 할 수 있다. 그러나 기동 객체가 기동 중 정지명령을 받으면 정지하는 것을 모델에 나타낼 필요가 있다면 입력사건에 정지명령을 포함시켜 입력사건 집합 = {기동명령, 정지명령}으로 정의해야 한다. 마찬가지로, 기동 객체의 속도 정보가 필요하다면 출력사건에 현 시각에서의 위치와 더불어 속도를 추가하여야 한다.

외부천이 함수는 시작명령(기동, 탐지 등)을 실행하는 함수로 모든 객체에 대해 거의 동일하다. 내부천이 함수는 모델에 따라 또는 모델의 기능에 따라 달라질 수 있다. 예를 들면, 기동 모델인 경우에 보병, 전투기, 군함들의 내부천이 함수는 이들의 기동방정식을 실행하는 것으로 객체에 따라 달라질 수 있다. 동일한 객체의 경우라고 하더라도 기동 또는 탐지에 따라 내부천이 함수가 실행할 알고리즘(기동 알고리즘 혹은 탐지 알고리즘)은 달라진다. 시간전진 함수와 출력 함수 역시 동일한 모델에 대해서도 시뮬레이션 목적에 따라 다르게 설정할 수 있다.

시간전진 함수는 시뮬레이션 진행의 시간 간격을 결정하며 모델의 해상도 및 객체의 특성에 따라 다르게 정의할 수 있다. 예를 들면, 고해상도 모델은 저해상도 모델에 비해 짧은 시간 간격으로 시뮬레이션되는 것이 일반적이며, 보병의 기동 간격은 수 분(혹은 수십 분) 단위로, 전투기의 기동 간격은 수십 msec 단위로 시뮬레이션되어야 한다. 출력 함수는 모델들 사이에 교환되는 정보가 무엇인지에 따라 다르게 정의되어야 한다. 예를 들면, 시뮬레이션 목적에 따라서 객체의 위치정보가 출력될 수도 있고, 부대 인원수가 출력될 수도 있다.

3.3 국방체계 DEVS 모델링

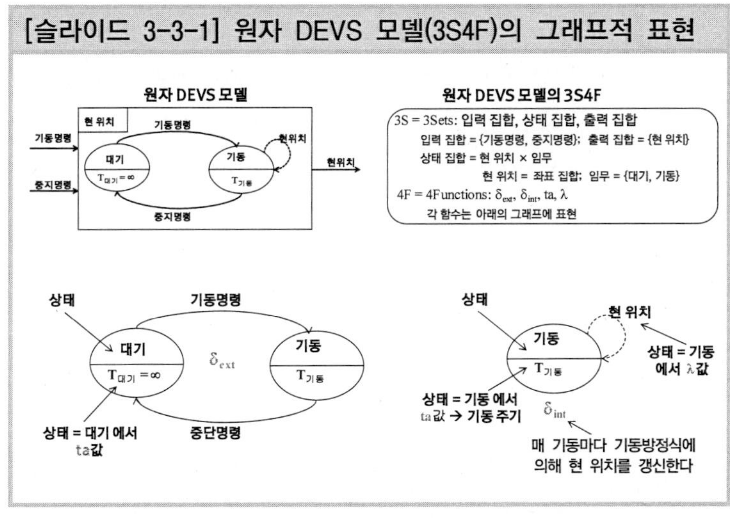

[3-3-1]

(3.2)절에서는 DEVS 원자모델의 3개의 집합과 4개의 함수 각각에 대한 그래프적 표현을 설명하였다. 이 슬라이드에서는 이들 3개의 집합과 4개의 함수를 모두 포함한 DEVS 그래프의 예를 보여준다. 먼저 사각형은 DEVS 모델을 표현하고, 왼쪽과 오른쪽에 실선 화살표로 입력사건과 출력사건을 함께 명시한다. 사각형 내부에 상태변수 중 임무상태를 나타내는 “대기”와 “기동”은 원으로 표시하고 실숫값으로 주어지는 상태변수 “현 위치”는 왼쪽 위쪽의 작은 사각형 안에 명시한다. 사각형 내에 표시하는 원의 반쪽 윗부분에는 임무상태를, 아래에는 각 임무상태에서 시간전진 함수의 값을 표현한다. 원과 원을 연결하는 화살표로는 실선 및 점선 화살표가 있다. 실선 화살표는 위에 표시된 외부입력사건에 의해서 발생하는 외부 상태천이 함수를 표시한다. 점선 화살표와 위에 표시된 출력사건은 화살표의 왼쪽 원에서 시간전진 함숫값이 완전히 경과한 경우 발생하는

내부 상태천이와 이때 발생하는 출력사건을 각각 표시한다.

예시한 DEVS 그래프의 모델은 두 개의 입력사건인 “기동명령”과 “중지명령”이 있으며 한 개의 출력사건으로 “현 위치”를 출력한다. 모델의 상태변수는 임무상태에는 “대기”와 “기동”이 있으며, 현 위치는 실숫값을 갖는다. “대기” 및 “기동” 상태에서 시간전진 함숫값은 각각 ∞ 및 $T_{기동}$이다. “대기” 상태에서는 외부입력(실선 화살표인 “기동명령”)만을 받아 외부 상태천이만 가능하다. 그러나 “기동” 상태에서는 외부입력(실선 화살표인 “중지명령”)에 의한 외부 상태천이와 $T_{기동}$ 시간 경과(점선 화살표)에 의한 내부 상태천이가 모두 가능하다.

DEVS 그래프로 주어진 모델의 동적 행위에 대한 해석은 다음과 같다. 초기에 “대기” 상태에서 기다리다 입력사건 “기동명령”을 받으면 즉시 “기동” 상태로 외부 상태천이가 일어난다. “기동” 상태에서 $T_{기동}$만큼 시간이 경과하면 다시 “기동” 상태로 내부 상태천이가 일어나지만, $T_{기동}$ 시간 이전에 입력사건 “중지명령”을 받으면 즉시 “대기” 상태로 외부 상태천이가 일어난다. “기동” 상태에서는 매 $T_{기동}$마다 내부 상태천이가 일어날 때 출력사건으로 “현 위치”를 출력한다. 슬라이드에 예시한 DEVS 모델은 워 게임에 참여하는 기동 객체의 한 가지 가상적 시나리오로, 워 게임 모델의 기동 객체가 반드시 이러한 형태로 동작한다는 것은 아니다.

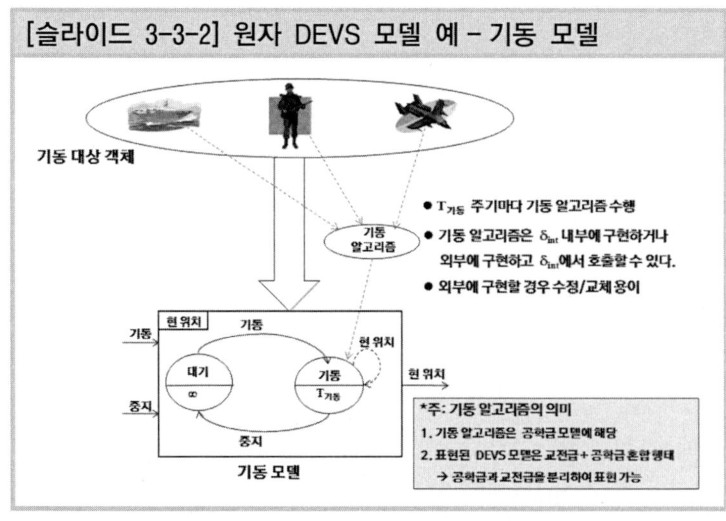

[3-3-2]
DEVS 원자모델의 예로서 기동 모델에 대해 좀 더 상세히 알아보자. 슬라이드에 표시한 DEVS 그래프는 앞 슬라이드에서 설명한 것과 동일하며 동일한 동적 행위를 갖는다. “기동” 상태에서 내부 상태천이는 입력사건 “중지”가 들어오지 않는 한 $T_{기동}$마다 “기동”에서 “기동”으로 반복된다. 이때, 매 주기마다 기동 알고리즘을 실행하여 현 위치를 갱신하고 이를 출력사건 “현 위치”에 출력한다. 기동 알고리즘은 내부 상태천이

함수에 구현할 수 있고, 외부에 독립적인 알고리즘으로 구현하여 내부 상태천이 함수에서 호출할 수도 있다. 기동 알고리즘은 기동 객체(수상함, 사람, 전투기 등)에 따라 달라지므로 내부 상태천이 함수와 별도로 구현하는 것이 모델의 재사용성을 높일 수 있다. 현재의 DEVS 그래프는 교전급(기동규칙)과 공학급(기동방정식)을 혼합한 하이브리드 모델로 볼 수 있다. 물론, 공학급 모델과 교전급 모델을 독립적으로 명세하고 관리하는 하이브리드 모델링 방법을 사용할 수 있으며 이러한 방법은 뒤에서 자세히 설명하기로 한다.

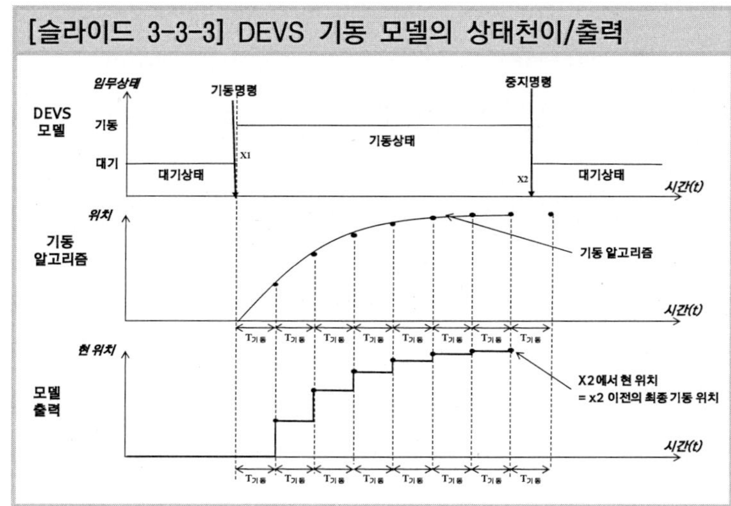

[3-3-3]
앞 슬라이드에서 예시한 DEVS 기동 모델의 상태천이와 출력을 그림으로 표현하기 위하여 사건을 Y축, 사건 발생 시간을 X축에 나타내었다. 상태변수로는 임무상태와 현 위치를 포함하며 상태천이는 임무상태 천이와 변숫값의 갱신을 의미한다. 임무상태의 경우 초기에 “대기” 상태에서 기다리다 입력사건(x1)으로, “기동명령”을 받으면 “기동” 상태로 천이한다. “기동” 상태에서는 매 기동주기 $T_{기동}$이 경과되는 시점에 기동 알고리즘을 실행하여 위치를 갱신하며 갱신된 위치정보는 출력으로 전달된다. 따라서 모델의 출력인 현 위치정보는 매 기동주기가 끝난 시점에 계산된 위치값으로 맨 아래 그림에 나타낸 것과 같은 계단 모양의 값이 된다.

내부천이는 “기동” 상태에서 외부입력이 없는 한 매 $T_{기동}$마다 계속 반복된다. 그러나 “기동” 상태에서 기동 중 임의의 시각에 입력사건(x2)으로 “중지” 명령을 받으면 “대기” 상태로 되돌아가 “기동” 명령을 기다리게 된다. 이 경우에 기동 알고리즘은 x2가 도착하기 전에 수행된 것이 마지막으로, x2가 도착했을 때의 현 위치는 x2가 도착하기 이전에 계산된 최종값이 된다. 또한, 기동주기 시간이 경과되지 않은 상태에서 입력 x2가 발생했으므로, 기동주기가 경과하면 발생할 예정이었던 출력은 발생하지 않는다.

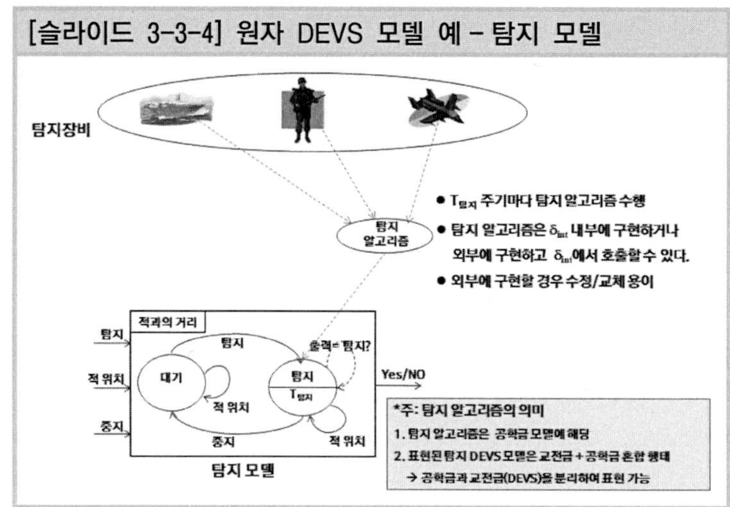

[3-3-4]

DEVS 그래프로 표현된 탐지 모델은 기동 모델과 유사한 구조를 갖지만 입력사건으로 “적 위치”가 추가되었다. 그래프에서 임무상태는 “대기”와 “탐지”이며 상태변수는 “적과의 거리”이다. 외부입력으로 “적 위치”를 받았을 때 외부 상태천이는 모델의 현재 임무상태가 “대기” 또는 “탐지”인지에 관계없이 상태변수인 “적과의 거리”를 갱신하고 현재 임무상태에서 임무를 계속한다. 모델이 “대기” 임무상태에서 외부입력으로 “탐지”를 받으면 모델의 외부 상태천이는 현재 임무상태를 “대기”에서 “탐지”로 천이시킨다. “탐지” 상태에서 내부 상태천이는 입력사건 “중지”가 들어오지 않는 한 $T_{탐지}$마다 “탐지”에서 “탐지”로 반복된다. 이때, 매 주기마다 탐지 알고리즘을 실행하여 탐지 유무를 결정하고 이를 출력사건 “Yes/No”에 출력한다. 탐지 알고리즘은 내부 상태천이 함수에 구현할 수도 있고 외부에 독립적인 알고리즘으로 구현하여 내부 상태천이 함수에서 호출할 수도 있다. 탐지 알고리즘은 탐지장비(수상함의 레이더, 사람의 눈, 전투기의 레이더 등)에 따라 달라지므로 내부 상태천이 함수와 별도로 구현하는 것이 모델의 재사용성을 높일 수 있다. 현재의 DEVS 그래프는 교전급(탐지 규칙)과 공학급(탐지 알고리즘)을 혼합한 하이브리드 모델로 볼 수 있다.

[3-3-5] 기동 및 탐지 DEVS 모델 실행 과정

기동 및 탐지 원자 DEVS 모델의 실행결과를 상태변수와 출력값의 변화로 나타내었다. 왼쪽에 도시한 기동 모델인 경우에 상태변수 값인 “현 위치”는 입력사건 “중지”가 발생하지 않는 한, 매 기동주기($T_{기동}$)마다 갱신되어 출력된다. 예시한 모델에서는 현 위치의 초깃값을 1로 하고 기동 알고리즘을 실행하면 매 기동주기마다 현 위치값이 1씩 증가한다고 가정한 것이다. 오른쪽에 도시한 탐지 모델의 경우에 상태변수인 “적과의 거리” 값은 현재의 임무상태(“대기” 또는 “탐지“)에 관계없이 입력사건 “적 위치”를 받을 때마다 갱신된다. 모델에서는 적과의 거리 초깃값을 10으로 하고 매 탐지주기($T_{탐지}$)마다 적과의 거리가 1씩 가까워지며,

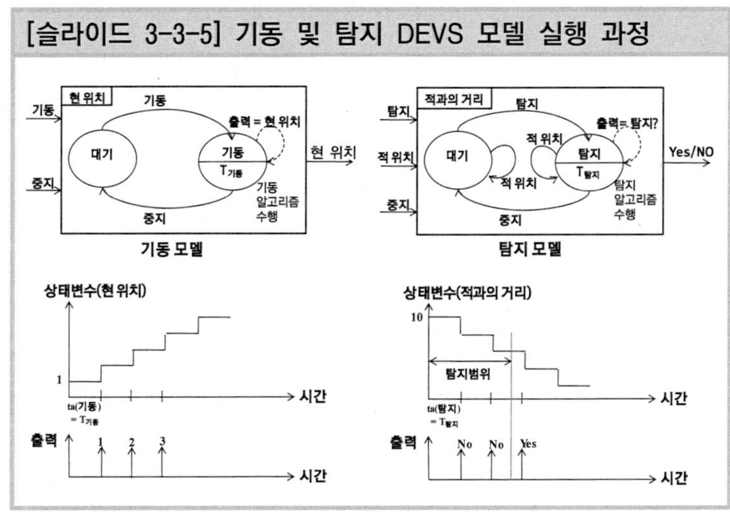

탐지범위는 적과의 거리가 8 이하인 경우를 예로 들고 있다. 적이 탐지된 경우는 출력값이 "Yes"인 경우로, 세 번째 탐지 주기에서 적과의 거리가 탐지범위 이내에 들어왔음을 보여준다.

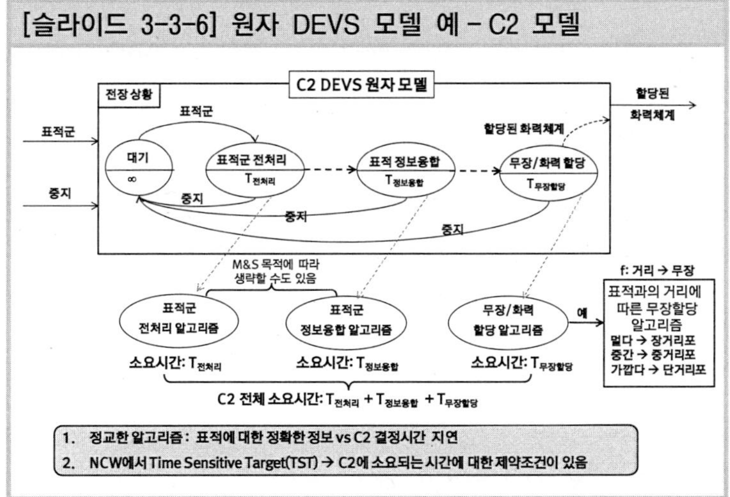

[3-3-6]

C2 모델은 두 개의 입력사건("표적군", "중지")과 한 개의 출력사건("할당된 화력체계")을 가지며 "전장상황"을 상태변수로 정의하였고 4개의 임무상태("대기", "표적군 처리", "표적 정보융합", "무장/화력 할당")를 갖는다. 각 임무상태에는 임무를 수행하는 데 사용되는 알고리즘과 임무수행 소요시간을 정의하였으며, "대기" 상태의 소요시간은 외부입력사건을 기다린다는 의미로 무한대(∞) 값을 설정하였다. 임무수행 과정에서 실행할 알고리즘의 정확도 및 상세도 수준은 M&S 목적에 따라 달라진다. C2 전체의 소요시간은 표적군이 입력된 시간에서 무장/화력 할당값이 출력된 시간까지를 의미하며, 각 임무수행에서 소요된 시간들의 합인 $T_{전처리} + T_{정보융합} + T_{무장할당}$로 주어진다. 표적의 전처리 및 정보융합에 사용되는 알고리즘이 정교할 경우 표적에 대한 정확한 정보를 획득하여 최적의 무장할당을 할 수 있지만, C2 결정시간의 지연을 초래할 수 있다. 특히,

NCW 전장환경에서 시간에 민감한 표적(Time Sensitive Target: TST)을 공격할 경우에 C2 소요시간이 일정시간보다 짧아야 한다는 제약조건이 수반된다.

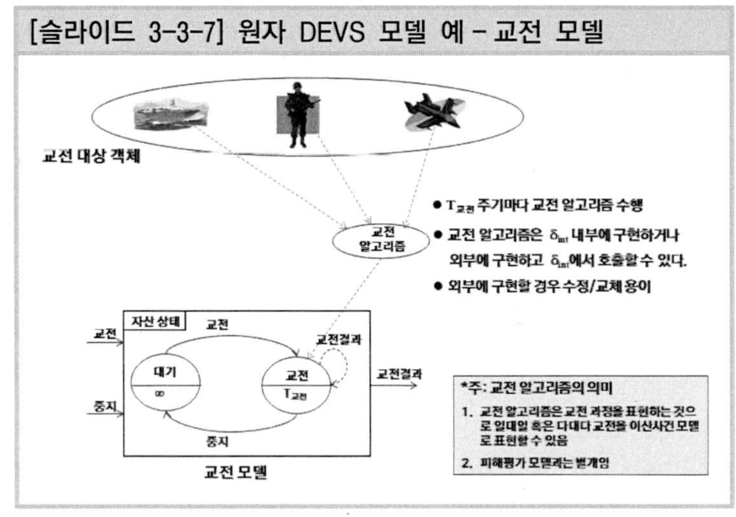

[3-3-7]

DEVS 그래프로 표현된 교전 모델은 기동 모델과 유사한 구조를 갖는다. 교전 모델에서 임무상태는 "대기"와 "교전"이며, 상태변수는 "자산 상태"이다. "대기" 상태에서 외부 입력사건으로 "교전" 명령을 받으면 외부 상태천이를 수행하여 "교전" 상태로 전환한다. "교전" 상태에서는 외부입력사건인 "중지" 명령이 없는 한 교전주기($T_{교전}$) 간격으로 교전 알고리즘을 실행하여 "교전결과"를 출력한다. 만약 "교전" 상태에서 "중지" 명령을 받으면 "대기" 상태로 천이한다. 교전 알고리즘은 교전수칙 또는 교리/전술에 따른 절차를 알고리즘으로 표현한 것으로 피해평가 모델(알고리즘)과는 별개의 것이다.

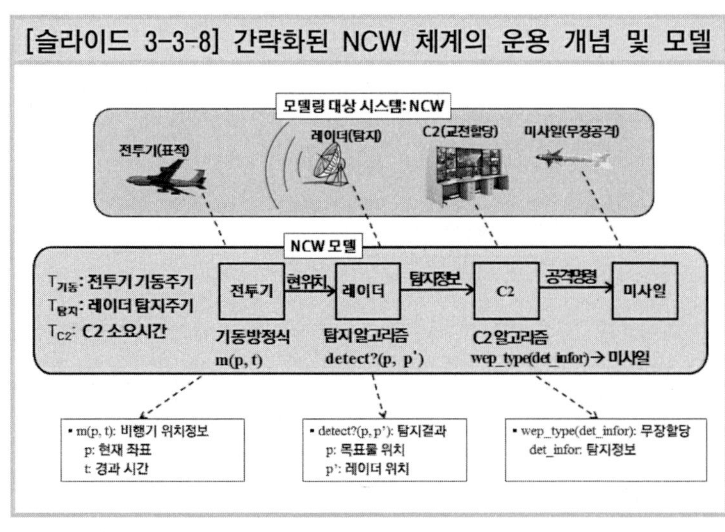

[3-3-8]

DEVS 모델의 적용 예로서 간략화된 NCW 체계를 모델링한다고 하자. 대상 시스템(NCW)은 전투기(표적), 레이더, C2 및 미사일(무장)로 구성되어 있으며 레이더가 전투기를 표적으로 탐지한 후 미사일로 격추하는 시나리오이다. 적 전투기가 아군 지역으로 접근하면 지상 레이더가 탐지범위 내에 들어오는 전투기를 식별하여 C2에 탐지정보를 보고한다. 탐지정보를 보고받은 C2는 무장을 할당하고 공격명령을 내리게 된다. 전투기는 기동방정식 m(p, t)에 의해 기동하고, 레이더는 탐지 알고리즘 detect?(p, p′)에 의해 탐지 유무를 결정하며 C2는 무장할당 알고리즘 wep_type(det_infor)를 사용하여 미사일 공격을 명령한다. 각 알고리즘에 사용되는 파라미터들에 대한 설명은 슬라이드를 참조하기로 한다.

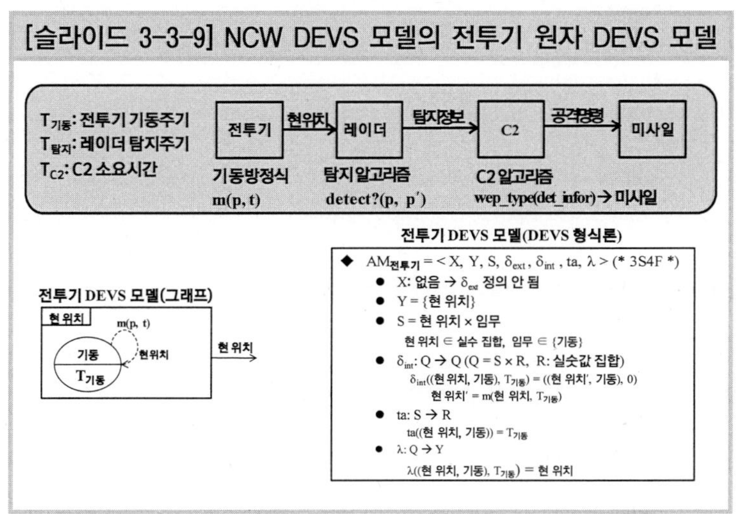

[3-3-9]

전투기 DEVS 모델의 그래프를 슬라이드 왼쪽에 그리고 DEVS 형식론에 의한 명세를 오른쪽에 제시하였다. 그래프에서 전투기 모델은 "기동" 임무상태를 기동주기($T_{기동}$)마다 반복하여 현 위치를 출력한다. 갱신된 위치는 매 기동주기 시간이 경과될 때 발생되는 내부 상태천이 과정에서 기동 알고리즘 m(p, t)을 실행하여 계산된다. 오른쪽에 제시한 DEVS 형식론 명세는 왼쪽의 그래프를 형식론의 틀인 3S4F에 맞추어 기술한 것이다. 먼저 3S인 X, Y, S를 정의하고 4F에 해당되는 δ_{int}, λ, ta를 명세하였으며 입력이 없기 때문에 δ_{ext}는 정의되지 않는다.

[3-3-10] NCW DEVS 모델의 레이더 원자 DEVS 모델

레이더 DEVS 모델의 그래프를 슬라이드 왼쪽에 그리고 DEVS 형식론에 의한 명세를 오른쪽에 제시하였다. 그래프에서 레이더 모델은 "탐지" 임무상태를 탐지주기($T_{탐지}$)마다 반복하여 매 주기가 끝나는 시각에 탐지결과인 "탐지정보"를 출력한다. 모델의 상태변수인 전투기 위치는 "탐지" 임무가 계속되는 동안에도 전투기 모델로부터 "현 위치"를 입력받을 때마다 갱신된다. 탐지정보는 탐지 알고리즘 detect?(p, p′)에 의해 탐지 유무를 판단하는 것으로 간략화하였다. 오른쪽에 제시한 DEVS 형식론 명세는 왼쪽의 그래프를 형식론의

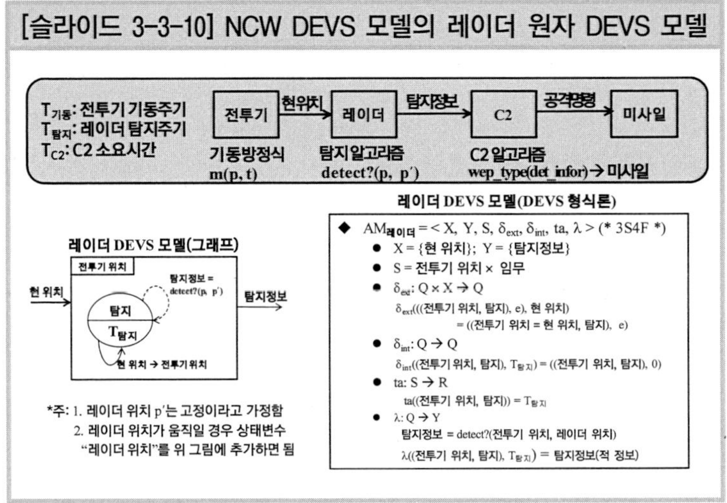

틀인 3S4F에 맞추어 기술한 것이다 . 먼저 3S인 X, Y, S를 정의하고 4F인 δ_{ext}, δ_{int}, λ, ta를 명세하였다.

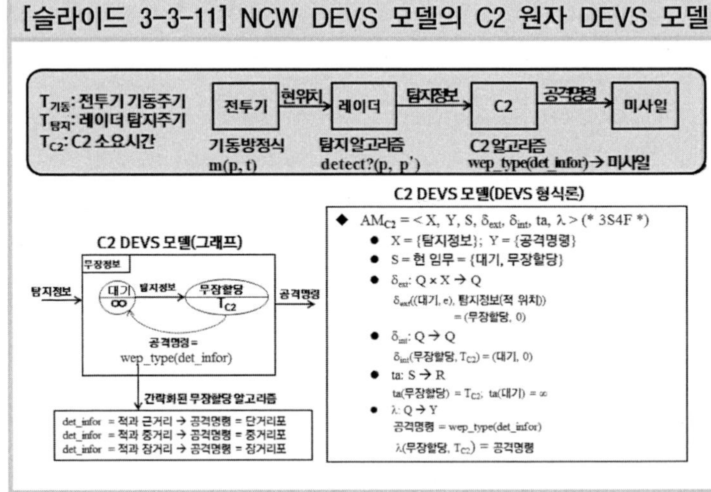

[슬라이드 3-3-11]

C2 DEVS 모델의 그래프를 슬라이드 왼쪽에 그리고 DEVS 형식론에 의한 명세를 오른쪽에 제시하였다. 그래프에서 C2 모델은 "대기" 임무와 "무장할당" 임무를 수행하며, 상태변수인 아군의 "무장정보"는 모델의 초깃값으로 설정할 수 있다. C2 모델은 "대기" 상태에서 기다리던 중 입력사건인 "탐지정보"가 도착하면 즉시 "무장할당" 임무로 외부 상태천이를 실행한다. "무장할당" 임무상태에서는 T_{C2} 시간이 소요되는 무장할당 알고리즘 wep_type(det_infor)를 실행하여 할당된 무장에 "공격명령"을 출력한다. 간략화된 무장할당 알고리즘으로 적과의 거리에 따라 무장의 종류를 할당하는 것을 예시하였다. C2 모델은 "공격명령"을 출력한 후 다시 "대기" 상태로 임무를 전환하여 다음의 "탐지정보"를 기다리게 된다. 오른쪽에 제시한 DEVS 형식론 명세는 왼쪽의 그래프를 형식론의 틀인 3S4F에 맞추어 기술한 것이다. 먼저 3S인 X, Y, S를 정의하고 4F인 δ_{ext}, δ_{int}, λ, ta를 명세하였다.

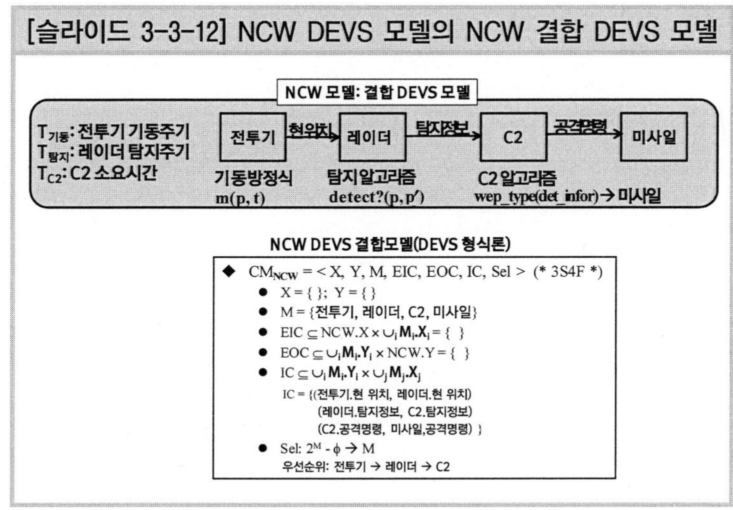

[3-3-12]
NCW 체계를 모의하는 결합 DEVS 모델을 그래프로 도시하였고, 이 그래프와 동일한 정보를 DEVS 형식론에 의해 명세하였다. 그래프의 표현에서 알 수 있듯이 결합 DEVS 모델은 외부로부터 입력을 받거나 출력을 발생시키지 않는 구조이다. 따라서 외부입력 연결관계인 EIC(External Input Coupling)와 외부출력 연결관계인 EOC(External Output Coupling)는 존재하지 않으며, 공집합 { }으로 표현한다. 내부 연결관계인 IC(Internal Coupling)는 그림과 같이 모델들 사이의 입/출력 정보를 연결하여 명세한다. 우선순위 함수는 전투기, 레이더, C2 모델이 동일한 시각에 출력사건을 발생할 때 사건처리 순서를 결정하는 것으로, 이 예제에서는 전투기 → 레이더 → C2로 순서를 명세하였다.

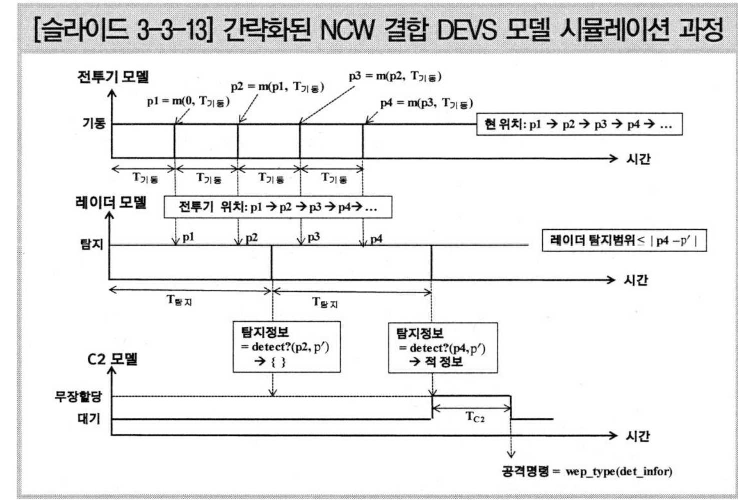

[3-3-13]
NCW 체계의 DEVS 모델을 시뮬레이션하는 과정을 시간축상에 도시하였다. 기동 모델의 경우는 초기위치(p0)를 0으로 하여 매 기동주기($T_{기동}$)마다 기동 알고리즘 m(p, t)를 수행하여 "현위치"를 p1 → p2 → p3 ... → pn 등으로 갱신한

다. 기동 모델에서 매 주기에 갱신된 "현 위치"는 레이더 모델에 전달된다. 레이더 모델은 기동 모델로부터 받은 현 위치정보를 상태변수로 저장한 후 탐지주기($T_{탐지}$)마다 탐지 유무를 결정한다. 예시된 그림에서 탐지주기는 기동주기의 2배와 3배 사이(실제로는 100배 이상 될 수 있음)에 있으며, 탐지거리는 기동 모델의 위치가 p4보다 가까워지면(탐지거리 ≤ |p4 − p′|) 탐지되는 것으로 가정하였다. 탐지된 "적 정보"가 즉시 C2 모델로 전달되면 C2 모델은 무장할당 알고리즘을 수행하여 T_{C2}시간 후에 공격명령을 보내게 된다.

3.4 확률 기반 교전 모델링

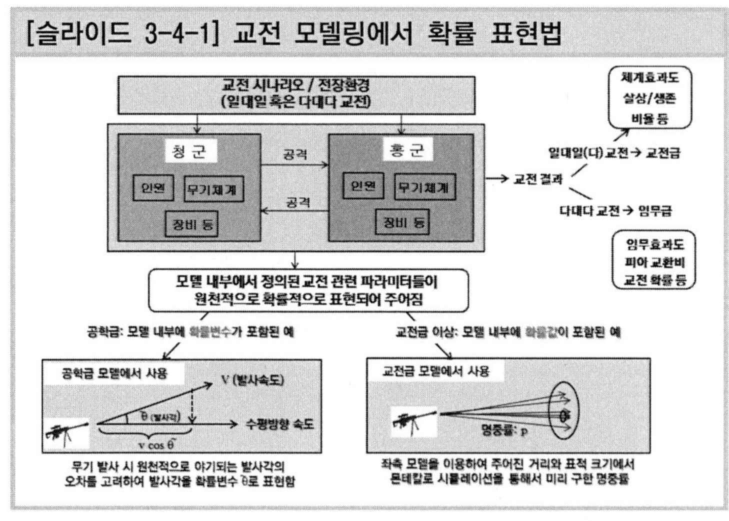

[3-4-1]

슬라이드에서와 같이 일대일 또는 다대다 교전 M&S에서 측정되는 효과도는 생존율(교전급) 90%, 또는 임무수행 성공률(임무급) 80% 등으로 확률적 의미를 갖는다. 따라서 교전 모델에 포함된 교전 관련 파라미터값들은 확률적으로 표현되어야 한다. 교전 모델의 구성요소로는 공학급 모델과 교전급 이상 모델들이 포함될 수 있다. 공학급 모델의 변수 중에는 확률변수가 포함될 수 있으며 교전급 이상 모델의 파라미터도 확률값으로 표현될 수 있다. 예를 들면, 공학급 모델에서 무기의 발사 각도는 확률변수로 표현될 수 있는 한편, 교전급 모델에서 명중률 파라미터는 일반적으로 확률값으로 주어진다. 발사각을 나타내는 확률변수는 확률 분포함수와 분포함수의 파라미터인 평균 및 분산값들이 명시되어야 한다. 즉, "발사각은 확률변수로서 평균값이 10도, 분산이 0.1도인 정규분포 함수이다"와 같이 명시한다. 명중률 확률값은 "명중률 = 0.9"와 같이 명시하는데 이 값은 실제 사격을 통해 수집하거나 사격 모의모델의 몬테칼로 시뮬레이션 결과를 통하여 구해질 수 있다.

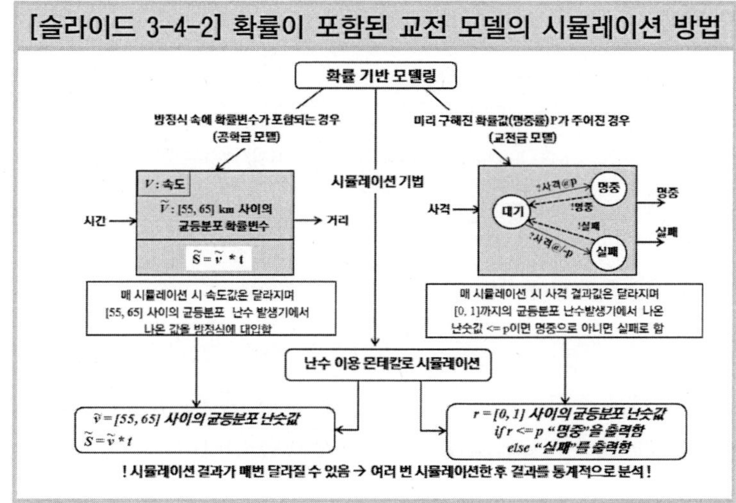

[3-4-2]

모델에 확률변수 및/또는 확률값이 포함된 확률적 모델의 시뮬레이션은 난수 발생을 사용하는 몬테칼로 시뮬레이션 기법이 사용된다. 그림 왼쪽과 같이 속도가 확률변수로 표현된 공학급 모델에서 거리 계산은 몬테칼로 시뮬레이션을 이용하여 "거리(s) = 속도(v) × 시간(t)" 공식을 적용하면 된다. 포탄의 정밀한 발사 초기 속도 v는 탄의 불균일 특성(예: 탄약 양) 때문에 포탄마다 달라지는데, v가 [55, 65] 구간에서 균등분포를 갖는 확률변수 값이라고 하자. 10초 후의 탄착 거리를 N번 계산하는 몬테칼로 시뮬레이션은 매번 v값을 [55, 65] 구간의 균등분포 난숫값으로 설정하고 s = v(난숫값) × 10으로 거리 s를 구하는 과정을 N번 반복하면 된다. 이 경우, 매번 계산된 거리 s값도 N개의 난수가 될 것이다.

오른쪽 그림과 같이 명중률이 확률값으로 표현된 교전급 모델에서 명중 또는 실패의 결정도 몬테칼로 시뮬레이션을 이용할 수 있다. 명중률이 p로 주어졌다면 "대기" 상태에서 "사격" 입력을 받으면 확률 p로 명중하고 확률 (1 − p)로 실패하게 된다. 매번 사격에서 명중과 실패를 몬테칼로 시뮬레이션으로 구하기 위해서는 [0, 1] 구간의 균등 난수 r을 구하여 r <= p이면 "명중", r > p이면 "실패"로 결정하면 된다. N개의 난수를 사용하여 N번 반복하는 몬테칼로 시뮬레이션으로 모의사격을 수행하여 명중된 횟수가 N1이라면 명중률 p = N1 / N의 관계가 성립한다.

[3-4-3] 확률변수가 포함된 어뢰 기동방정식

대표적인 해군 무기체계인 어뢰의 기동 특성은 공학급 수준의 기동방정식으로 모델링될 수 있다. 기동방정식은 모델링 목적에 따라 충실도(Fidelity)를 다르게 표현할 수 있으며

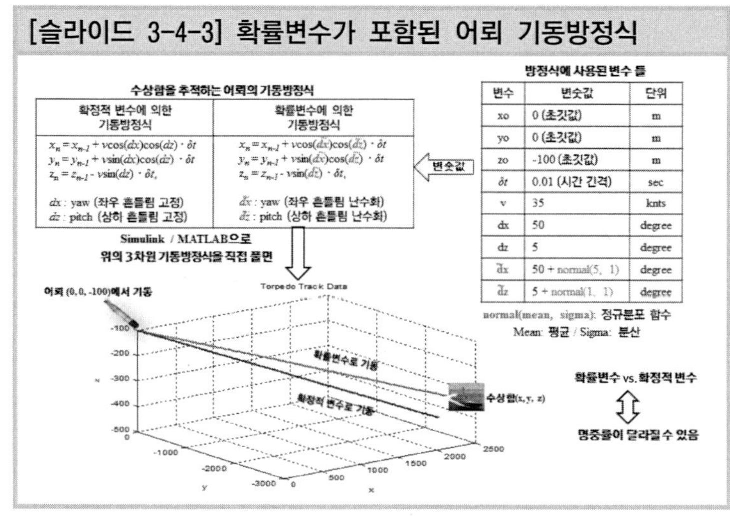

6자유도(독립적인 값을 가질 수 있는 변수의 개수가 6개라는 것을 의미함) 모델이 가장 충실도가 높다. 6자유도 모델의 6개 변수 중 3개 변수는 (x, y, z)로 위치를 표현하며, 나머지 3개는 자세를 표현하는 것으로 z축 중심의 회전운동(yaw: 좌우 흔들림), x축 중심의 회전운동(roll: 좌우 회전) 및 y축 중심의 회전운동(pitch: 상하 흔들림)이다. 어뢰의 6자유도 기동방정식은 6개 변수에 대한 미분 형태인 미분방정식으로 표현되지만 몇 가지 가정 사항을 적용하면 왼쪽 위의 표에 제시한 것과 같이 x_n, y_n, z_n에 대한 3개의 대수방정식으로 표현할 수 있다. 여기서 가정 사항은 첫째는 속도 v가 일정(가속도가 0인 경우)하고 x축 중심의 회전 운동이 없으며, z축 및 y축 중심의 회전운동량을 고정하여 각각 대수적 변화량인 dx 및 dz로 표현하는 것이다.

대수방정식 형태의 기동방정식은 yaw(dx값)와 pitch(dz값)를 확정적 변숫값으로 표현하는 경우와 확률변수로 표현하는 2가지 경우로 나눌 수 있다. yaw와 pitch를 확정적 변수로 표현하는 경우는 dx 및 dz 값을 각각 오른쪽 표에 나타낸 것과 같이 50도 및 5도의 상숫값으로 표현할 수 있다. 확률적 변수로 표현하는 경우는 이들을 미리 검증된 확률 분포함수를 만족하는 난숫값으로 표현하여 각각 오른쪽 표에서와 같이 50+normal(5, 1) 및 5+normal(1, 1)로 나타낼 수 있다. 여기서, normal(a, b)는 난수(확률변수) 값의 특성이 정규분포를 따르고 평균이 a, 분산이 b라는 의미이다.

아래의 그래프는 yaw 및 pitch가 확정적 변수인 기동방정식과 확률적 변수인 기동방정식에 오른쪽 표에 있는 변숫값들을 대입하여 Simulink / MATLAB으로 계산한 기동 궤적을 나타낸 것이다. 그림에서 알 수 있듯이 어뢰가 (0, 0, -100)의 동일한 위치로부터 수상함(위치좌표: x, y, z)을 공격하는 경우에도 확정적 변수 사용 모델과 확률적 변수 사용 모델의 기동 궤적 및 최종 도착지점은 달라진다. 확정적 기동에서의 궤적과 최종 도착지점은 매번 동일하게 되지만 확률적 기동에서의 궤적과 도착지점은 매번 달라진다. 따라서 어뢰의 명중률은 확률적 기동방정식을 N번 실행시켜 명중된 횟수 N1을 식별함으로써 N1/N으로 구해진다.

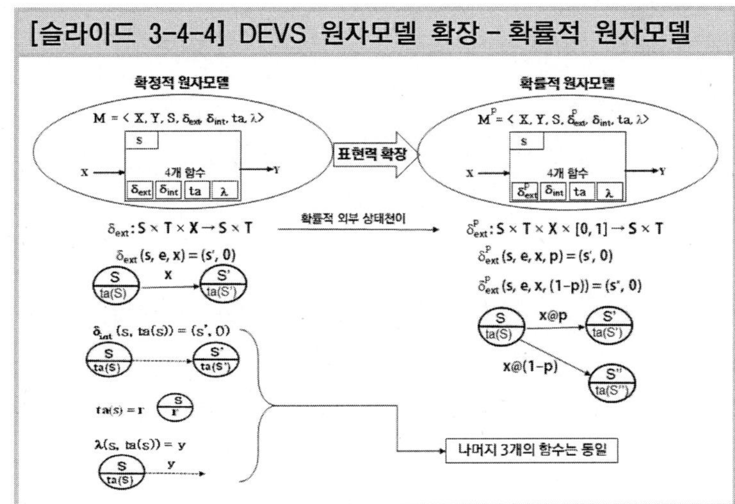

[3-4-4]

DEVS 형식론으로 교전급 모델 내부에 확률값(예: 명중률 = 0.9)이 포함되는 확률적 결정(예: 명중 또는 실패)을 표현하기 위해서는 DEVS 원자모델의 표현력을 확장하여야 한다. DEVS 모델에서 외부사건(예: 사격)에 따른 행위 결정(예: 명중 또는 실패)은 외부 상태천이 함수로 표현한다. 따라서 확장된 DEVS 원자모델은 표준 DEVS 원자모델과 4개 함수 중 3개는 동일하지만, 외부 상태천이 함수는 확정적 상태천이에서 확률적 상태천이로 확장해야 한다.

슬라이드의 왼쪽은 표준(확정적) DEVS 원자모델의 정의를 나타내며 오른쪽은 확률적 DEVS 원자모델의 정의를 나타낸다. 확률적 DEVS 원자모델에서 외부 상태천이 함수는 표준 DEVS 원자모델의 외부 상태천이 함수 정의에 확률값 p = [0, 1]이 추가된 것이다. 오른쪽 아래에 그래프로 표현된 확률적 외부 상태천이의 해석은 다음과 같다: 현재 상태 s(대기 상태)에서 경과시간 e($0 \le e \le ta(s)$)에 입력 x(사격 명령)가 도달하면 p의 확률로 s′(명중 상태)로 천이하고, (1−p)의 확률로 s″(실패 상태)로 천이한다. 그림에서 “x@p”는 x가 도착했을 때 p의 확률로 상태천이하는 것을, “x@(1−p)”는 x가 도착했을 때 (1−p)의 확률로 상태천이하는 것을 의미한다.

[3-4-5] 확률값이 포함된 전투개체 결합모델 구성요소

전투개체가 사람 또는 플랫폼인 경우에 확률값이 포함된 교전 모델은 3가지 형태의 DEVS 원자모델로 구성된 DEVS 결합모델로 표현할 수 있다. 3개의 원자모델은 전투개체가 공격(사격)을 하는 경우, 전투개체가 상대방에 의해 공격을 당하는 경우, 그리고 전투개체가 재공격을

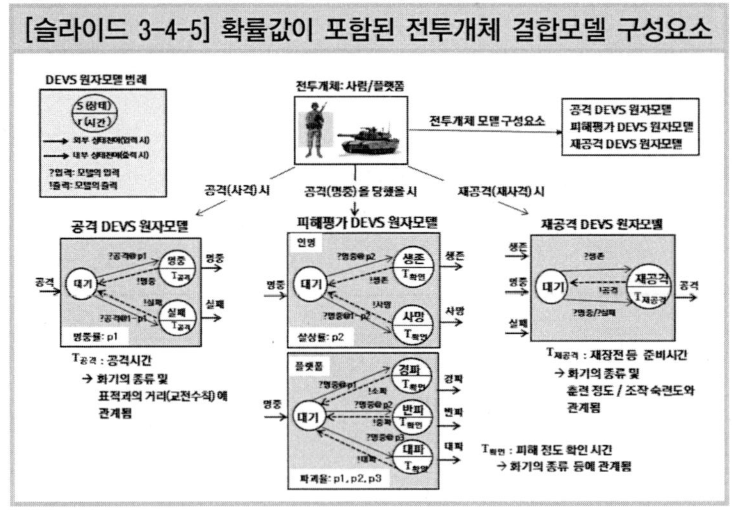

하는 경우를 각각 표현한다. 그림에서는 이들을 공격 DEVS 원자모델, 피해평가 DEVS 원자모델 및 재 공격 DEVS 원자모델로 정의하였는데 이중에 공격 DEVS 모델과 피해평가 DEVS 모델은 모두 확률값이 포함된 확률적 DEVS 원자모델들이다.

공격 시 확률적 DEVS 원자모델은 3개의 상태(대기, 명중, 실패)로 표현되고 이들 사이의 천이는 확률적으로 정의한다. 공격 DEVS 모델에서는 "대기" 상태에서 공격(?공격) 명령을 받아 사격을 실행하면 p1의 확률로 "명중"되고 (1−p1)의 확률로 "실패"하게 된다. 공격 명령으로부터 명중 또는 실패를 확인하는 데 걸리는 공격(사격) 시간을 $T_{공격}$으로 정의하였는데 이 값은 화기의 종류 및 표적과의 거리(교전수칙)에 따라 달라진다.

피해평가를 표현하는 확률적 DEVS 원자모델은 공격을 당한 피해 대상이 명중된 경우에 인명은 "생존"과 "사망" 상태로 분류하고 플랫폼은 "경파", "반파" 및 "대파"로 분류하였다. "생존"과 "사망"의 확률적 결정은 살상률로 표현하고 "경파", "반파" 및 "대파"의 확률적 결정은 파괴율로 표현하였다. 피해평가 DEVS 모델의 상태천이 해석은 공격 DEVS 원자모델의 상태천이 해석과 동일하며, 공격을 당한 후 피해를 확인하는 데 걸리는 시간은 화기의 종류 등에 관계되며 $T_{확인}$으로 정의하였다.

재공격 상황을 표현하는 재공격 DEVS 원자모델은 3가지의 입력을 가진다. 2개의 입력 "명중"과 "실패"는 공격 DEVS 원자모델의 출력에 해당하며 나머지 입력인 "생존"은 공격을 당했을 때 피해평가 DEVS 모델의 출력에 해당한다. 따라서 재공격은 공격자가 공격을 당하여 사망하지 않는 한 계속된다는 의미이다. 재공격의 출력인 "공격"은 공격 DEVS 모델의 입력으로 전달된다. 재공격은 재장전 등 준비시간이 소요되는데 이는 화기의 종류, 훈련 정도 및 조작 숙련도에 따라 달라질 수 있으며 $T_{재공격}$으로 정의하였다.

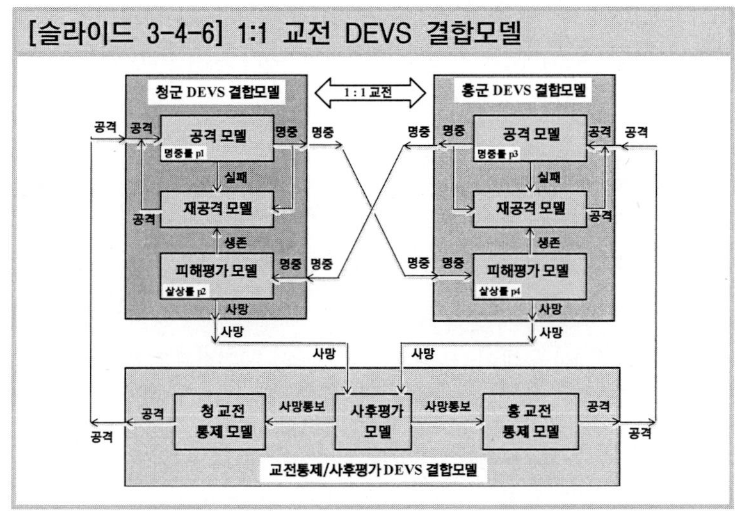

[3-4-6]

교전 모델은 교전에 참여하는 전투개체 모델과 교전통제/사후평가를 표현하는 모델로 구성된 결합모델로 표현할 수 있다. 전투개체는 앞에서 정의한 공격 DEVS 원자모델, 재공격 DEVS 원자모델 및 피해평가 DEVS 원자모델로 구성된 DEVS 결합모델로 표현할 수 있다. 여기서는 청군 및 홍군의 각 전투개체가 사람인 경우에 대한 1:1 교전 모델을 나타냈다. 각 전투개체 결합모델의 구성요소는 동일하지만 내부에 포함된 원자모델들의 파라미터들인 $T_{공격}$, $T_{확인}$, $T_{재공격}$, 명중률, 살상률 등은 청/홍군에 따라 다르게 정의할 수 있다. 교전통제와 사후평가에 필요한 DEVS 결합모델은 청/홍군 각각의 교전을 통제하는 2개의 원자모델과 청/홍군 사망자를 집계하는 사후평가 원자모델로 구성된다.

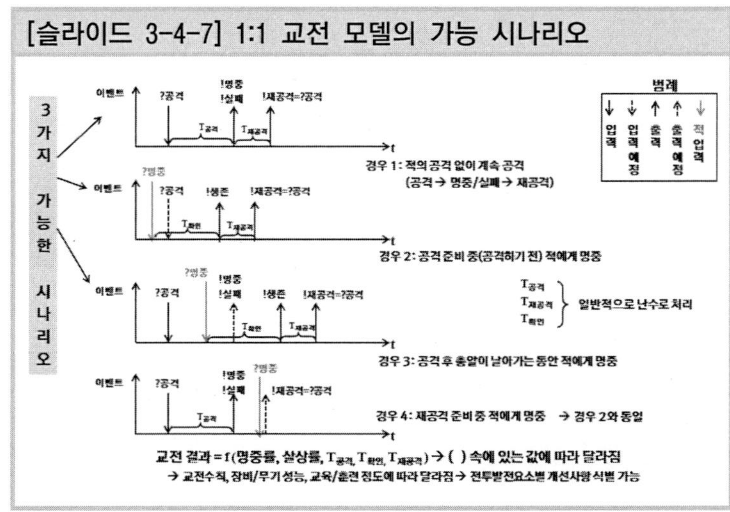

[3-4-7]

이 슬라이드에는 1:1 교전 과정에서 청/홍군에서 발생되는 이벤트 발생순서가 달라짐에 따라 발생할 수 있는 3가지 시나리오를 나타내었다. 이벤트 발생순서가 달라질 수 있는 이유는 모델의 파라미터인 $T_{공격}$, $T_{확인}$, $T_{재공격}$ 등이 난숫값을 가지기 때문이다. 경우 1은 적(홍군)의 공격 없이 아군(청군)이 계속 공격하는 시나리오로서 “공격 → 명중/실패 → 재공격” 이벤트가 계속된다. 물론 1:1 교전인 경우에 공격이 명중했을 때는 재공격이 필요 없을 것이다. 경우 2는 공격 준비 동안에 적의 공격에 의해 아군이 명중되는 시나리오로서 피해평가 결과에서 아군이 생존할 때만 재공격이 가능하게 된다. 경우 3은 아군이 공격을 실시하여 총알이 날아가는 동안에 적에게 명중되는 시나리오로서 피해평가 결과에서 아군이 생존할 때만 재공격이 가능하게 된다. 경우 4는 재공격 준비 동안에 아군이 적에게 명중되는 시나리오로서 경우 2와 동일하게 된다. 교전 시뮬레이션 결과는 청/홍군 전투개체 결합모델에 포함된 원자모델의 파라미터들인 $T_{공격}$, $T_{확인}$, $T_{재공격}$, 명중률, 살상률 등에 따라 달라진다. 이러한 파라미터들은 교전수칙, 장비/무기 성능, 교육/훈련 정도에 따라 결정되기 때문에 교전 시뮬레이션 결과로부터 전투발전요소별 개선사항 식별이 가능할 것이다.

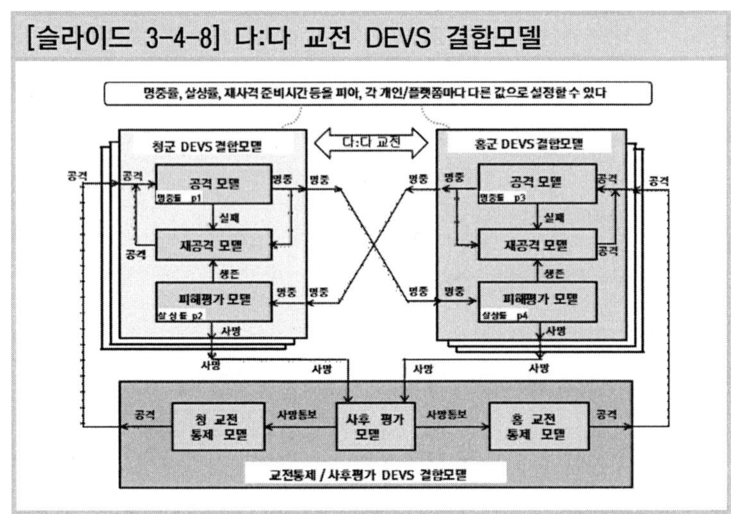

[3-4-8]

여기서는 임무급 교전을 표현하는 다:다 교전 모델의 예를 DEVS 결합모델로 나타내었다. 청/홍군의 각 전투개체는 1:1 교전 모델에서 사용한 결합모델들을 여러 개 사용한 결합모델이며 교전통제/사후평가 결합모델은 1:1 교전의 경우와 동일하다. 다:다 교전 모델을 통해 교전 시뮬레이션을 실행하기 위해 전투개체에 포함된 원자모델들의 명중률, 살상률, 재사격 준비시간 등의 파라미터들을 청/홍군 및 개별 개체에 대해 각각 다른 값으로 설정할 수 있다.

[3-4-9] 다:다 교전 시뮬레이션 결과 및 해석

앞에서 설명한 다:다 교전 DEVS 모델을 DEVSim++ 시뮬레이션 도구를 사용하여 시뮬레이션한 결과를 그래프로 나타내었다. 이 시뮬레이션은 청군의 전투발전요소 개선사항을 식별하기 위한 것으로서, 청/홍군 전투개체 원자모델에 포함된 파라미터들을 아군이 유리하도록 임의로 설정하면서 시간에 따른 청/홍군 병력의 감소 추이를 추적하였다. 왼쪽 위의 그래프는

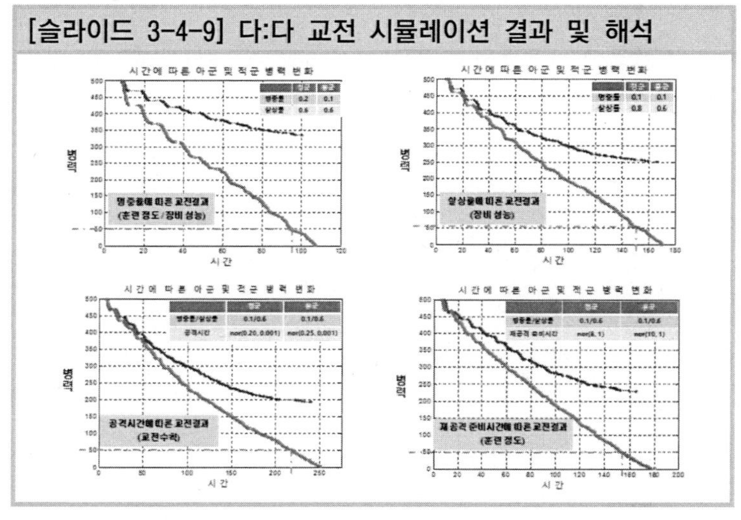

명중률에 따른 병력 감소를 추적함으로써 훈련 정도 및 무기체계/장비의 성능이 교전결과에 미치는 영향을 분석한 것이다. 오른쪽 위의 그래프는 살상률에 따른 병력 감소를 추적함으로써 장비의 성능이 교전결과에 미치는 영향을 나타낸다. 왼쪽 아래의 그래프는 공격시간(표적과의 거리를 시간으로 환산)에 따른 병력 감소를 추적함으로써 교전수칙이 교전결과에 미치는 영향을 보여준다. 마지막으로, 오른쪽 아래의 그래프는 재공격 준비시간에 따른 병력 감소를 추적함으로써 재공격에 대한 훈련 정도가 교전에 미치는 영향을 보여준다.

3.5 성능, 효과도 및 피해평가 모델링

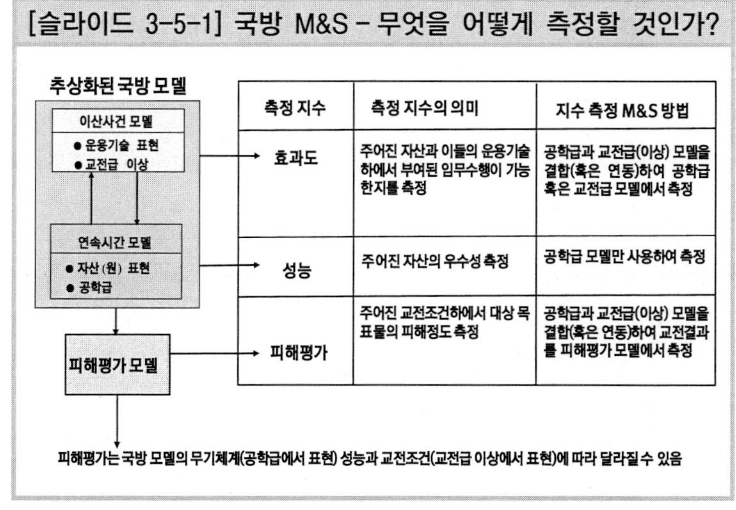

[3-5-1]
국방 모델이 주어진 경우 이를 이용하여 우리는 무엇을 어떻게 측정할 것인가? 국방 모델의 시뮬레이션을 통하여 측정하게 되는 지수들을 효과도, 성능 및 피해평가로 구분할 수 있다. 효과도는 주어진 자산과 이들의 운용기술을 통해 부여된 임무

수행이 가능한지를 측정하는 것이다. 성능은 주어진 자산의 우수성을 측정하는 것이며, 피해평가는 주어진 교전조건에서 운용된 무기체계가 대상 목표물에 명중했을 때 피해정도를 측정하는 것이다.

효과도, 성능 및 피해평가 지수들을 측정하기 위해서는 그림에 나타낸 것과 같이 모의수준별 국방 모델과 피해평가 모델이 필요하다. 피해평가 모델의 모의수준은 공학급으로 볼 수 있지만 피해평가 논리는 무기체계의 동적인 동작(Dynamics)을 표현하는 공학급 모델과는 다르다. 효과도 지수는 공학급과 교전급(이상) 모델을 함께(연동 등) 사용하여 교전급(이상) 모델에서 측정할 수 있다. 성능 지수는 공학급 모델만 사용하여 측정할 수 있는 반면 피해평가 지수는 공학급과 교전급(이상) 모델을 함께 사용하는 상황에서의 교전결과를 피해평가 모델에서 측정한다.

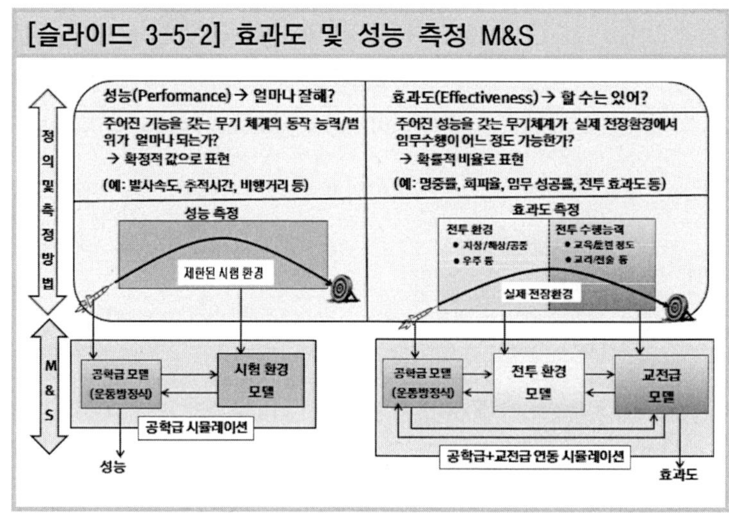

[3-5-2]

[슬라이드 3-1-6]에서 국방체계의 일반화된 모델과 자산(원)의 성능 및 운용기술의 효과에 대한 개념을 소개하였다. 성능과 효과도에 대한 정의 및 측정방법을 알아보자. 성능은 주어진 체계가 기능을 "얼마나 잘하는가?"를 나타내는 지수이다. 효과도는 주어진 체계가 부여된 임무수행을 "할 수는 있는지?"를 나타내는 지수이다. 성능과 효과도는 여러 가지 지수로 정의할 수 있고, 성능 지수는 확정적인 값으로 나타내며, 효과도 지수는 확률적 비율로 나타낸다. 성능 지수의 예로서 발사속도, 추적시간, 비행거리 등이 있으며 이들은 각각 100발/분, 20분, 2만km 등의 확정값으로 표현한다. 효과도 지수의 예로서 명중률, 회피율은 각각 90.5%, 85% 등의 확률값으로 표현한다.

무기체계의 성능을 측정하기 위해서는 제한된 시험환경에서 대상 무기체계를 시험하여야 한다. M&S를 사용하여 무기체계의 성능(MOP: Measure of Performance)을 측정할 경우에는 슬라이드 아래에 표시한 것과 같이 무기체계의 공학급 모델과 시험환경 모델을 결합하여 공학급 시뮬레이션을 수행한다. 무기체계의 효과도를 측정하기 위해서는 실제 전장환경에서 대상 무기체계를 시험하여야 한다. M&S를 사용하여 무기체계의 효과도(MOE: Measure of Effectiveness)를 측정할 경우에는 슬라이드 아래에 표시한 것과 같이 무기체계의 공학급 모델과 실제 전장환경 모델을 결합한 통합 시뮬레이션을 수행한다. 전장환경 모델은 전투 환경과 전투 수행능력이 반영된 모델로서, 전투 환경에는 지상/해상/공중/우주 환경 등이 포함되며, 전투 수행능력은 교리/전술 등이 포함된 교전급 모델로 표현한다.

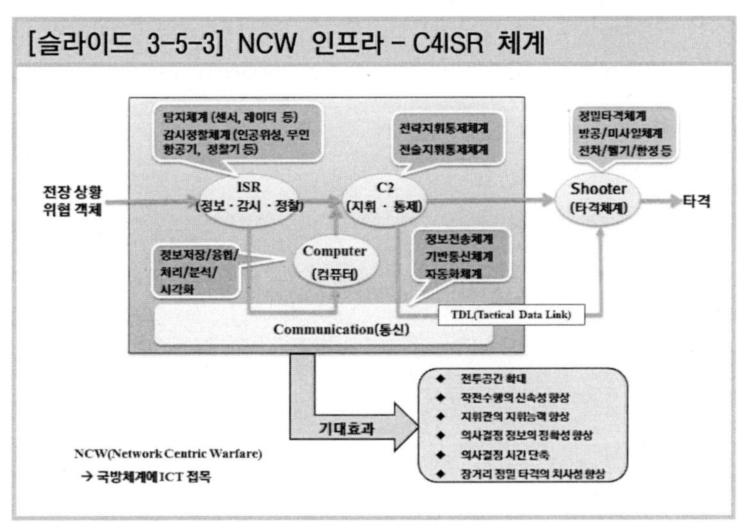

[3-5-3]

네트워크 중심전(NCW: Network Centric Warfare)은 국방체계에 정보통신 기술(ICT: Information Communication Technology)을 접목시켜 전쟁을 수행하는 현대전의 한 방법으로 C4ISR 체계를 기반으로 한다. C4ISR 체계는 ISR(정보, 감시, 정찰)체계, C2(지휘, 통제)체계, 컴퓨터체계 및 통신체계로 구성된다. ISR(Intelligence, Surveillance, Reconnaissance)체계는 센서, 레이더 등의 탐지체계와 인공위성, 무인기 등의 감시 및 정찰 체계를 포함한다. C2체계는 전략 C2체계와 전술 C2체계로 구분된다. 컴퓨터체계는 ISR체계에서 수집된 정보에 대한 저장/융합/처리/분석 등의 기능을 수행하고, 통신체계는 정보 전송, 기반 통신 및 전술 데이터링크(TDL)를 통한 화력체계 연결 등을 지원하는 자동화체계 구성의 인프라이다. C4ISR 체계의 기대효과는 슬라이드 아래 부분에 나열한 것과 같이 전투공간 확대, 작전수행의 신속성 향상 등 6가지로 요약될 수 있다.

[3-5-4] C4ISR 체계 성능/효과도/전투력 분석 모델

C4ISR 체계의 전투효과도를 측정하기 위한 시뮬레이션 모델은 슬라이드에 나타낸 것과 같이 전투 모델과 C4ISR 모델로 구성되며 C4ISR 모델은 ISR 모델, C2 모델 및 통신 모델을 포함한다. 전체 모델에 대한 시뮬레이션 엔진(모델 실행기)은 4개 모델을 결합한

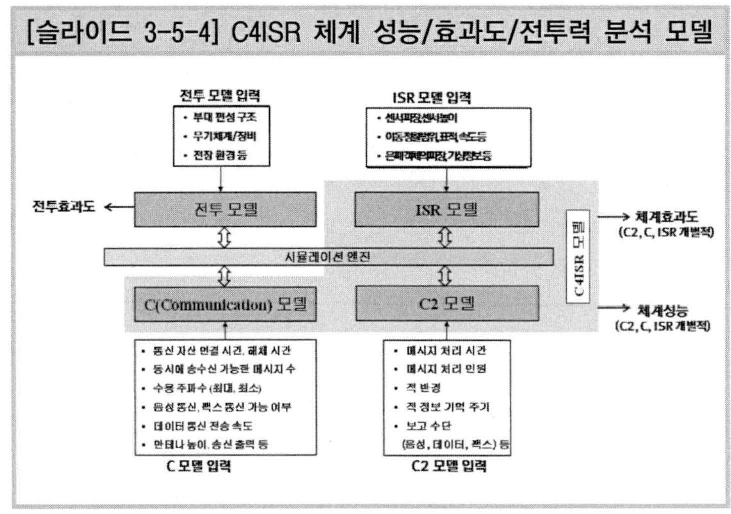

형태의 일체형 엔진(예: DEVSim++)이 되거나 각 모델을 연동하는 형태의 연동 엔진(예: HLA/RTI)을 사용할 수 있다. 슬라이드에는 시뮬레이션에 참여하는 각 모델들에 대한 입력 데이터/파라미터들의 일부를 예시하였다. C4ISR 체계에 대한 분석은 체계성능, 체계효과도 및 전투효과도를 측정하는 과정이다. 성능과 효과도는 C4ISR 체계를 구성하는 각 구성요소별로 측정할 수 있으며, 전투효과도는 전투모델에서 측정할 수 있다.

[슬라이드 3-5-5] C4ISR 체계 성능/효과도/전투력 지수 예

	체계성능	체계효과도	전투효과도
C2 모델	-지휘소의 정보처리시간 -지휘관의 의사결정시간 -지휘소의 명령작성시간 등	-지휘관의 의사결정시간 단축 비율 -신뢰등급별 정보 비율 -관심지역 통제 비율 -전투준비태세 증가율 등	-C2체계 효과에 따른 전투력 핵심요소(병력, 장비, 탄약, 유류 등)별 피 · 아 손실비, 교환비 등
ISR 모델	-센서의 상대적 능력 -센서의 상대적 표적 획득 범위 -센서의 상대적 차별성 -적의 방해에 대한 취약성 등	-ISR체계의 획득 정보의 총 탐지량 -표적탐지 최초 소요시간 -센서 임무수행능력 -정보요구에 대한 센서의 충족률 등	-ISR체계 효과에 따른 전투력 핵심요소별 피 · 아 손실비, 교환비 등
Com 모델	-트래픽 처리량 -트래픽 송신/수신/중계량 -트래픽 지연시간 등	-통신체계 가용률 -통신 전송 성공률 -병목현상 발생 비율 등	-통신체계 효과에 따른 전투력 핵심요소별 피 · 아 손실비, 교환비 등
전투 모델		-피·아 시간대별 인원 장비 손실률 -작전 진행 단계별 전투력 수준 -주요 물자 소모량 등	-전투력 핵심요소별로 구한 전투효과도를 가중평균한 종합 전투력 지수

[3-5-5]

앞 슬라이드에 제시한 전투효과도 시뮬레이션 모델을 사용하여 측정할 수 있는 성능/효과도/전투력 지수들의 예를 표에 나타내었다. 전투효과도 모델을 구성하는 4개의 요소 모델별로 측정 가능한 지수들을 구분하여 제시하였다. C4ISR 체계의 전투효과도는 C2 모델, ISR 모델 및 Com 모델 각각에 대하여 전투복원력(육군 야전교범 31-6 참조) 정의에 포함되는 전투력 핵심요소별 효과도를 측정함으로써 구한다. 전투모델에서 구하는 종합 전투력 지수는 위에서 언급한 교범에 기초하여 각 체계에서 구한 전투효과도를 가중평균하여 얻어진다.

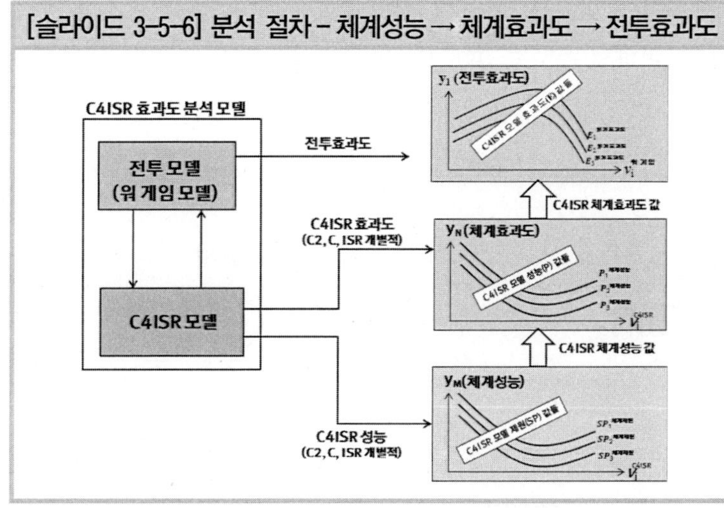

[3-5-6]

C4ISR 체계에 대한 분석은 그림에 나타낸 것과 같은 분석 모델을 사용하여 C4ISR 체계의 성능 및 효과도와 전투효과도 측정을 통해 이루어진다. 체계의 성능은 체계의 제원(SP: Specification)을 파라미터(SP1, SP2 등)로 하여 시뮬레이션을 통해 측정하며, 체계의 효과도는 체계의 성능(P: Performance)을 파라미터(P1, P2 등)로 하여 시뮬레이션을 수행함으로써 측정한다. 전투효과도는 C4ISR 체계의 효과도(E: Effectiveness)를 파라미터(E1, E2 등)로 하는 시뮬레이션을 통해 구할 수 있다. 결국, C4ISR 체계 사용에 따른 통합 전투효과도는 C4ISR 체계의 공학적 제원에 의해서 결정되는 성능, 체계 운용 전술에 의해서 결정되는 효과도, 그리고 전투모델의 전투수행 논리에 따라 결정된다.

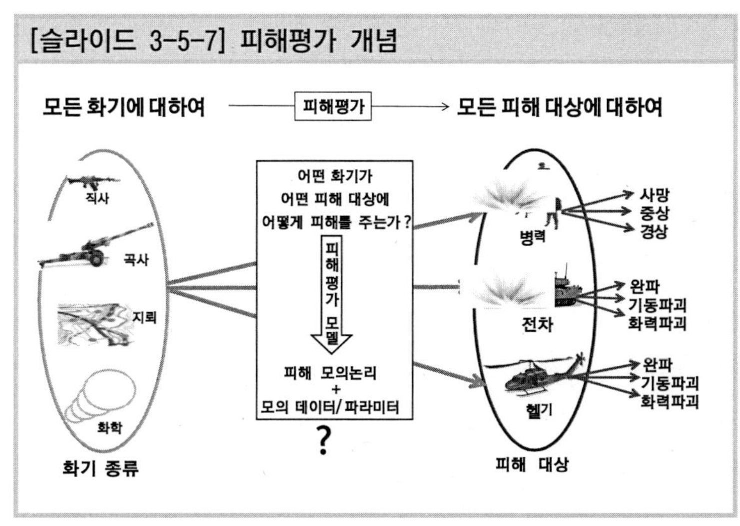

[3-5-7]

국방 M&S에서 피해평가의 개념은 어떤 화기가 어떤 피해 대상에게 어느 정도의 피해를 주었는지 산출하는 것이다. 피해평가 모델은 피해 모의논리 및 모의 데이터/파라미터로 구성되며, 화기의 종류와 피해 대상에 따라 논리 및 데이터가 달라질 수 있다. 피해평가에 사용될 화기의 종류에는 직사/곡사 화기, 지뢰 및 화학무기 등 모든 무기/화기가 포함되며 피해 대상에는 병력, 전차, 헬기 등 모든 국방 자산(원)이 포함된다.

피해평가 지수는 피해 대상에 따라 다르게 표현된다. 병력 피해는 사망, 중상, 경상 등으로, 장비 피해는 완파, 기동파괴, 화력파괴 등으로 표현할 수 있다. 그러나 피해평가는 M&S 목적에 따라 피해 정도를 다르게 표현할 수도 있다. 예를 들면, 병력 피해를 전투불가, 전투가능 등으로 표현하고 장비 피해는 사용불가, 사용가능 등으로 표현할 수 있다.

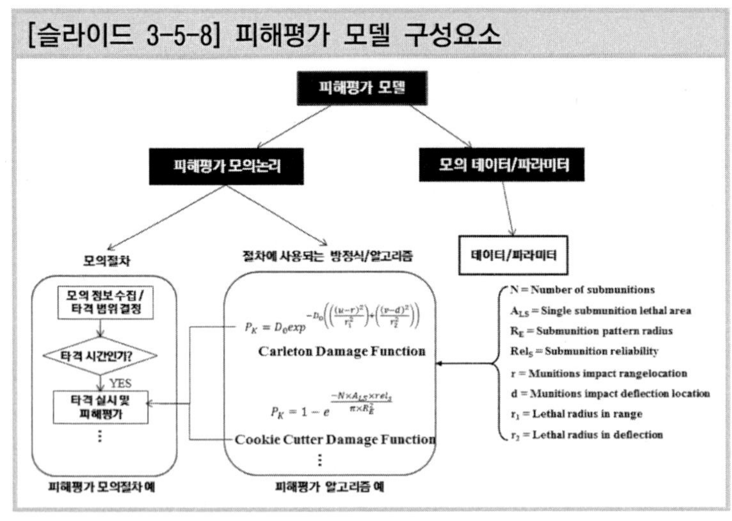

[3-5-8]

피해평가 모델의 구성은 피해평가 모의논리와 모의 데이터/파라미터로 구성된다. 피해평가 모의논리는 모의절차와 각 절차에서 사용되는 방정식/알고리즘으로 표현된다. 모의절차는 화기의 종류에 따라 달라질 수 있으며 곡사화기 모의절차에 대한 가상적인 예를 슬라이드에 제시하였다. 모의절차 과정 중 피해평가 계산 시 검증된 방정식인 Carleton 피해함수와 Cookie Cutter 피해함수 등을 사용할 수 있다. 사용된 피해함수는 살상확률(P_K: Probability of Kill)을 구하는 공식으로, 여러 개의 파라미터로 구성되며 각 파라미터의 값은 화기의 종류 및 피해 대상에 따라 달라질 수 있다.

[3-5-9] 화기에 따른 피해평가 절차

이 슬라이드에서는 화기의 종류 및 피해 대상에 따른 피해평가 모의과정을 나타내었다. 소화기를 포함한 직사화기의 경우는 "명중판정 모의 → 피해평가 모의" 과정을 순차적으로 수행하며 곡사화기를 포함한 간접화기의 경우는 "피해지역 식별 모의 → 피해평가 모의" 순서로 수행한다. 두 경우 모두 피해평가 모의과정은 "피해유형 평가 → 세부피해 판정"으로 이루어진다. 직사화기의 명중판정 모의와 곡사화기의 피해지역 모의에 대해서는 뒤에서 설명하기로 한다. 피해유형 평가는 직사화기 및 곡사화기에서 살상률 PK(Probability of Kill)를 계산하는 과정이며, 세부피해 판정은 병력인 경우에는 부상자 카드(Casualty Card)를 사용하고, 장비인 경우에는 손실 카드(Damage Card)를 사용한다.

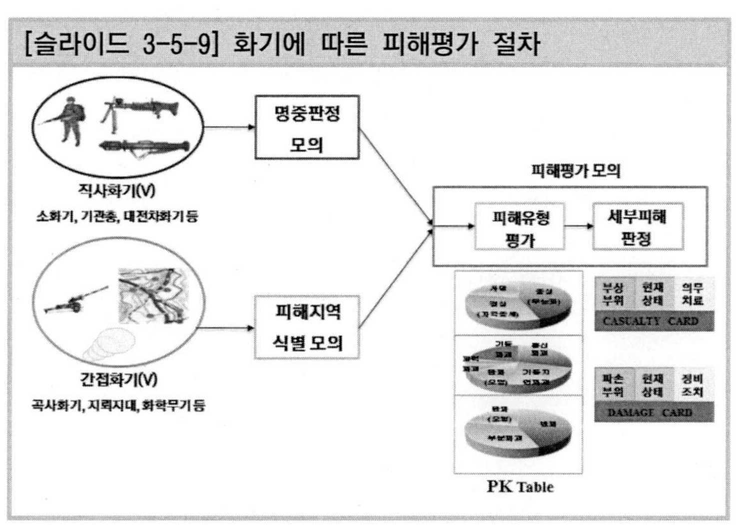

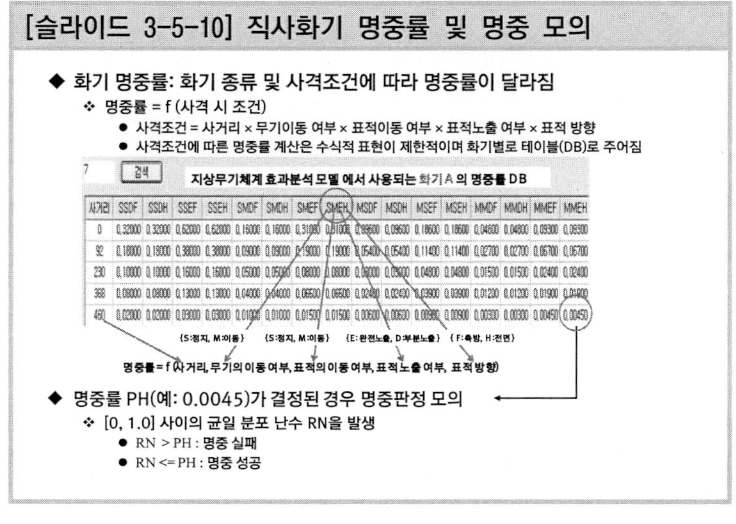

사거리	SSDF	SSDH	SSEF	SSEH	SMDF	SMDH	SMEF	SMEH	MSDF	MSDH	MSEF	MSEH	MMDF	MMDH	MMEF	MMEH
0	0.32000	0.32000	0.62000	0.62000	0.16000	0.16000	0.31000	0.31000	0.09600	0.09600	0.18600	0.18600	0.04800	0.04800	0.09300	0.09300
92	0.18000	0.18000	0.38000	0.38000	0.09000	0.09000	0.19000	0.19000	0.05400	0.05400	0.11400	0.11400	0.02700	0.02700	0.06700	0.06700
230	0.10000	0.10000	0.16000	0.16000	0.05000	0.05000	0.08000	0.08000	0.03000	0.03000	0.04800	0.04800	0.01500	0.01500	0.02400	0.02400
368	0.08000	0.08000	0.13000	0.13000	0.04000	0.04000	0.06500	0.06500	0.02400	0.02400	0.03900	0.03900	0.01200	0.01200	0.01900	0.01900
460	0.02000	0.02000	0.03000	0.03000	0.01000	0.01000	0.01500	0.01500	0.00600	0.00600	0.00900	0.00900	0.00300	0.00300	0.00450	0.00450

[3-5-10]

직사화기 명중판정은 각 화기별 명중률로 표시되며, 명중률은 각 사거리별 사격조건에 따라 달라진다. 사격조건에 따른 명중률 계산 함수의 한 가지 예는 명중률 = f(사격조건) = f(사거리, 무기이동 여부, 표적이동 여부, 표적노출 여부, 표적 방향)이다. 사거리를 제외한 다른 변수들이 각각 2가지 값(예: 무기이동 여부 = {S(정지), M(이동)})을 가질 경우 명중률은 각 사거리에 대하여 16가지 조건에 따른 값으로 구해진다. 이때 사격조건에 따른 명중률 계산은 수식적 표현이 제한되어 화기별로 미리 구해진 명중률 테이블(DB)을 이용하게 된다. 슬라이드에는 지상무기체계 효과분석 모델에서 사용된 화기 A에 대한 명중률 DB의 일부를 도시하였다. 명중률 DB에는 각 사거리별로 16가지 경우에 대한 명중률값을 포함하고 있다.

교전 중 주어진 사거리에서 사격조건(16가지 중 한 가지 조건)이 정해지면 명중률 PH는 명중률 DB에서 구할 수 있다. 시뮬레이션 과정에서 명중률 PH를 사용하여 명중 여부를 판정하는 모의는 난수를 사용하게 된다. 구체적으로 말하면, 시뮬레이션 과정에서 구해진 명중률 PH에 대하여 [0, 1.0] 범위의 난수 RN을 구하고 RN ≤ PH인 경우는 명중으로, RN > PH인 경우는 실패로 모의한다.

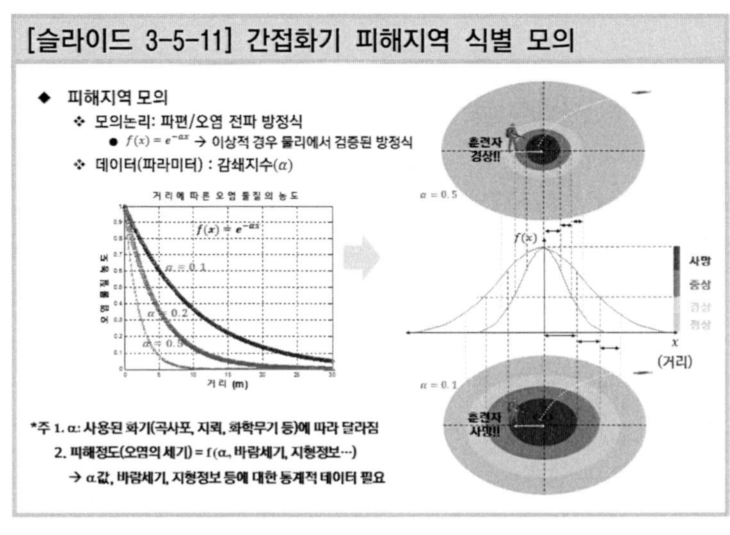

[3-5-11]

곡사화기를 포함한 간접화기의 피해지역 식별 모의는 파편/오염의 전파 방정식을 이용한다. 이상적인 경우 피해 모의는 물리에서 일반적으로 사용되는 방정식인 f(x) = $e^{-\alpha x}$를 사용할 수 있는데, 여기서 x는 피해 중심 지점으로부터의 거리, f(x)는 x만큼 떨어진 지점에서의 피해정도(예: 오염의 세기), 그리고 α는 감쇄지수로서 화기의 종류에 따라 달라지는 파라미터값이다. 방정식의 특징은 f(x = 0) = 1, 즉 피해 중심 지역에서 피해정도(예: 오염의 세기)를 1로 정규화하여 각 지역의 피해정도를 상대적으로 나타낸 것으로 중심지역으로부터 일정지역 이내는 "사망", 일정지역 범위 밖에는 "정상" 등으로 모의한다. 간접화기에 대한 실제적인 피해정도는 바람세기, 지형정보 등이 고려되어야 하며, 피해정도 = f(α, 바람세기, 지형정보,,,)로 표현되어 피해정도는 감쇄지수 외에도 바람세기, 지형정보 등에 영향을 받는다.

[3-5-12] 곡사화기 피해지역/평가 알고리즘 예

곡사화기에 의한 피해지역 식별 및 평가를 위한 모델의 모의논리가 피해평가 절차와 그 절차에서 사용되는 알고리즘 및 데이터/파라미터들로 구성된다는 것은 이미 설명하였다. 이 슬라이드에서는 곡사화기 피해평가 절차, 평가 알고리즘 및 데이터 식별에 대해 설명한다. 먼저 피해평가를 위한 데이터 준비과정에서는 발사장비 정보, 환경 정보, 이전 피해상태 및 위치정보 등을 수집한다. 오른쪽에 도시한 피해평가 절차는 준비된 피해평가 데이터를

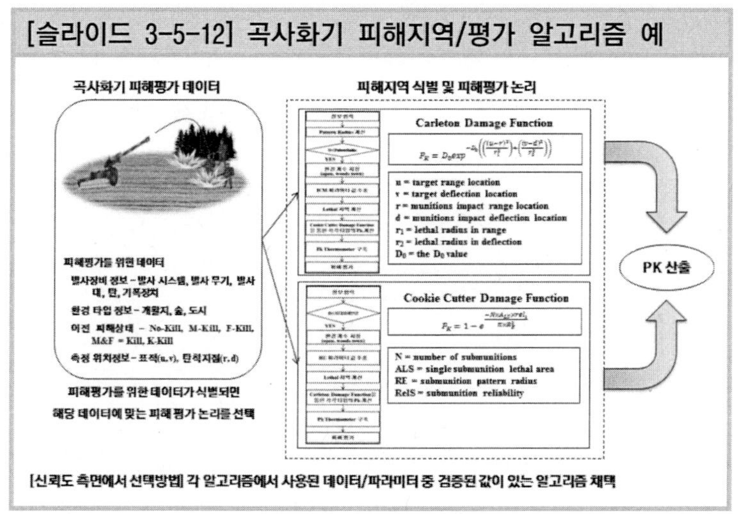

입력받아 주어진 절차에 따라 피해평가 값을 산출하게 된다. 피해평가 산출 과정에서는 Carleton 피해함수나 Cookie Cutter 피해함수를 사용하여 살상률(PK)을 계산한다. 두 개의 알고리즘에서 사용되는 데이터/파라미터들이 다르기 때문에 피해평가 알고리즘은 정확한 데이터와 파라미터를 확보할 수 있는 것을 선택하는 것이 좋다.

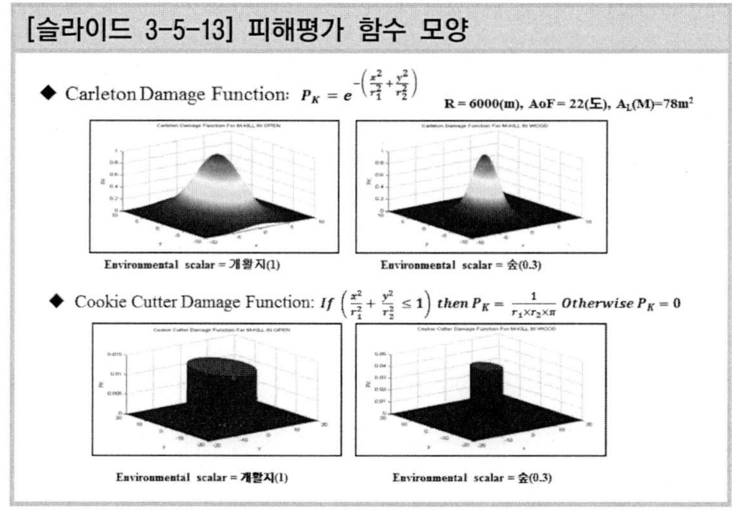

[3-5-13]

이 슬라이드는 Carleton 피해함수와 Cookie Cutter 피해함수의 모습을 보여주고 있다. Carleton 피해함수는 [슬라이드 3-5-11]에서 소개한 1차원 오염전파 방정식을 2차원으로 확장한 후 피해평가 지수를 살상률로 표시한 것이다. 살상률 식을 (x, y)값의 변화에 따른 그래프로 그리면 3차원의 종 모양이 되며, 살상률은 피해 중심지역(x = 0, y = 0)에서 멀어질수록 지수적으로 감소함을 알 수 있고, 개활지와 숲에서의 살상률도 달라짐을 알 수 있다. Cookie Cutter 피해함수는 Carleton 피해함수에서 일정한 반경을 갖는 종 모양의 윗부분을 칼로 케이크 자르듯 수평으로 잘라낸 후 절단면의 원 안쪽에 위치한 원통(원기둥) 지역의 PK값을 일정한 값으로 하고 원의 바깥에 위치한 지역의 PK값을 0으로 근사화시킨 방정식이다.

[슬라이드 3-5-14] 살상률(PK) 테이블 구성 예

직사화기 PK 테이블 예

명중 시 조건					살상률 P_K				
사격화기 조건		전투 환경 적용조건							
화기 종류	탄종	표적 분류	피탄 부위	포신 각도					
K1	보통탄	훈련자	가슴	-	사망	중상	경상	-	-
					0.2	0.4	0.4	-	-
전차주포	120㎜	무장차량	궤도	0.3	완파	기동파괴	화력파괴	통신파괴	지연파괴
					0.1	0.2	0.1	0.3	0.3
⋮	⋮	⋮	⋮	⋮	⋮				

곡사화기 PK 테이블 예

명중 시 조건						살상률 P_K					
발사장비 조건		전투 환경 적용 조건									
발사체	무장 탄종	표적 분류	지형	진지 강도	병력						
82M 박격포	고폭탄	전투원	삼림	준비된 진지	-	사망	부상	근탄	-	-	-
						0.5	0.3	0.2	-	-	-
122M 곡사포	HEAT탄	차량	산악	급편 진지	엎드림	완파	기동파괴	화력파괴	통신파괴	지연파괴	근탄
						0.2	0.1	0.15	0.15	0.1	0.3
⋮	⋮	⋮	⋮	⋮	⋮	⋮					

[3-5-14]

직사화기 및 곡사화기에 대한 피해유형 평가는 살상률 PK값으로 주어진다. 이 슬라이드는 PK값들이 테이블 형태로 주어진 예를 보여준다. 살상률은 명중 시 조건에 따라 달라지며, 함수로 표현하면 PK = f(명중 시 조건)이지만 명중조건들 사이의 관계식을 방정식으로 표현하는 것은 제한적이다. 명중 시 조건으로 직사화기의 경우에는 사격화기 조건과 전투환경 적용 조건이 포함되며, 곡사화기인 경우에는 발사장비 조건과 전투환경 적용 조건이 포함된다. 살상률 PK값은 피해 대상이 병력인 경우는 사망, 중상, 경상 등으로 표현하며 장비인 경우는 완파, 기동파괴, 화력파괴 등으로 나타낸다.

[슬라이드 3-5-15] 부상자(Casualty)/손실(Damage) 테이블 구성 예

병사의 부상 Casualty 테이블 예

피해 조건					세부 피해											
탄의 종류	표적 조건				부상 부위 및 종류	확률	현재 상태	부상 상태	명령	부상 부위 및 종류	확률	현재 상태	부상 상태	명령	···	명령
	이동	노출	방향	자세												
M16	정지	완전	정면	기립	상두부 관통	0.05	사격/언행 불가	머리 출혈 심함	영현 처리	전두부 관통	0.05	사격/언행 불가	머리 출혈 심함	영현 처리	···	영현 처리
M16	정지	완전	측면	엎드림	상두부 관통	0.02	사격/언행 불가	가슴 손상/출혈	영현 처리	전두부 관통	0.02	사격/언행 불가	가슴 손상/출혈	영현 처리	···	영현 처리
⋮	⋮	⋮	⋮	⋮	⋮	⋮	⋮	⋮	⋮	⋮	⋮	⋮	⋮	⋮	⋱	⋮

전차/궤도형 무장 차량의 기동파괴에 대한 Damage 테이블 예

피해 조건					세부 피해											
탄의 종류	표적 조건				파손 부위 및 종류	확률	현재 상태	명령	파손 부위 및 종류	확률	현재 상태	명령	···	확률	현재 상태	명령
	이동	노출	방향	탄착지와의 거리 [m]												
HE탄	정지	완전	정면	2	전기장치 파손, 중파	0.2	이동불가, 사격/통신 가능	3단계 정비	미숀 파손, 중파	0.2	이동불가, 사격/통신 가능	3단계 정비	···	0.3	이동불가, 사격/통신 가능	3단계 정비
HE탄	정지	완전	측면	5	전기장치 파손, 중파	0.15	이동불가, 사격/통신 가능	3단계 정비	미숀 파손, 중파	0.1	이동불가, 사격/통신 가능	3단계 정비	···	0.3	이동불가, 사격/통신 가능	3단계 정비
⋮	⋮	⋮	⋮	⋮	⋮	⋮	⋮	⋮	⋮	⋮	⋮	⋮	⋱	⋮	⋮	⋮

[3-5-15]

피해평가 모의에서 세부 피해 판정은 피해 대상이 병력인 경우에는 부상 테이블로, 피해 대상이 전차 등 장비인 경우에는 손실 테이블로 나타낸다. 부상자 테이블 및 손실 테이블은 피해 조건에 따라 세부피해 정도를 나타낸다. 부상 테이블의 피해 조건은 탄의 종류에 따라 표적(병사) 조건을 이동, 노출, 방향 및 자세 등을 고려하여 세분한 후 각 경우에 대한 세부피해를 부상 부위 및 종류, 확률, 현재 상태, 부상 상태, 처리 명령 등으로 분류한다. 손실 테이블의 피해 조건은 탄의 종류에 따라 이동, 노출,

방향 및 탄착지와의 거리 등을 고려하여 표적(장비) 조건을 세분화한 후, 각 경우에 대한 세부피해를 파손부위 및 종류, 확률, 현재 상태, 명령 등으로 분류한다.

참고문헌

[3-1] 강봉구, 김병수, 배장원, 성창호, 김탁곤, 안녕길, 천재영, 「NCW 통신 체계의 전투 효과도 분석을 위한 NetSPIN 통신 모델과 워게임 모델의 시뮬레이션 연동」, 한국시뮬레이션학회 논문지, vol. 21, no. 3, pp. 43-55, 2012. 9.

[3-2] 김탁곤, 권세중, 강봉구, 「복합체계 개념에 기반한 국방체계 모델링 및 시뮬레이션 방법론」, 대한산업공학회 논문지, vol. 39, no. 6, pp. 450-460, 2013. 12.

[3-3] 서경민, 김탁곤, 송해상, 김정훈, 정석문, 「성능/교전 효과도의 상호 분석이 가능한 전투 개체 기반의 모델링 방법론 - 제1부: 개념 모델 설계」, 한국군사과학기술학회지, vol. 17, no. 2, pp. 223-234, 2014. 4.

[3-4] 서경민, 성창호, 김탁곤, 「MATLAB/Simulink를 이용한 DEVS 모델의 시뮬레이션 환경 구축」, 한국시뮬레이션학회 논문지, vol. 17, no. 4, pp. 219-227, 2008. 12.

[3-5] 서경민, 최창범, 김탁곤, 「성능/교전 효과도의 상호 분석이 가능한 전투 개체 기반의 모델링 방법론 — 제2부: 상세 모델 설계 및 모델 구현」, 한국군사과학기술학회지, vol. 17, no. 2, pp. 235-247, 2014. 4.

[3-6] 석문기, 송해상, 김탁곤, 「공학급/교전급 모델의 연동 시뮬레이션을 통한 화학전 효과도 분석: 방법론 및 구현 환경」, 한국군사과학기술학회지, vol. 17, no. 1, pp. 71-81, 2014. 2.

[3-7] 성창호, 구정, 김탁곤, 김기형, 「DEVS 형식론을 이용한 공항 PAR 관제 시스템 자동화 방안 검증」, 한국시뮬레이션학회 논문지, vol. 21, no. 3, pp. 1-9, 2012. 9.

[3-8] 정영호, 신기태, 박진우, 「DEVS를 이용한 갱도포병 타격에 관한 연구」, 한국시뮬레이션학회 논문지, vol. 17, no. 3, pp. 45-51, 2008. 9.

[3-9] 육군본부, 「전투력 복원」, 야전교범 31-6, 2002.

[3-10] 육군사관학교, 『무기체계공학』, 북스힐, 2007.

[3-11] Doo-Yeoun Cho, Myeong-Jo Son and Kyu-Yeul Lee, "Analysis of a submarine's evasive capability against an antisubmarine warfare torpedo using DEVS modeling and simulation," In Proceedings Spring Simulation Multi-conference, pp. 307-315, 2007.

[3-12] Fong G., "Adapting COTS games for military simulation," In Proceedings of the 2004

ACM SIGGRAPH international conference on virtual reality continuum and its applications in industry, Singapore, June 15-18, 2004, pp. 269-272.

[3-13] T.M. Higgins, A.E. Turriff and D.M. Patrone, "Simulation-based undersea warfare assessment," Johns Hopkins Tech Digest 2002; 23: 396-402.

[3-14] Yang Juniang, Du Jia and Li Zhangwei, "Research on Indexes System for evaluating C4ISR system for NCW," IHMSC'09, Hangzhou, Zhejiang, China, August 2009.

[3-15] T.G. Kim and J.H. Kim, "DEVS Framework and Toolkits for Simulators Interoperation Using HLA/RTI," In Proceedings of Asia Simulation Conference/the 6th International conference on System Simulation and Scientific Computing, China, October 2005, pp. 16-21.

[3-16] Kim, Jae H. and Tag G. Kim, 2006, "Parametric Behavior Modeling Framework for War Game Models Development Using OO Co-Modeling Methodology," 2006 Spring Simulation MultiConf., Huntsville, USA, 2006, pp. 69-75.

[3-17] T.G. Kim, C.H. Sung, S.Y. Hong, J.H. Hong, C.B. Choi, J.H. Kim, K.M. Seo, and J.W. Bae, "DEVSim++ Toolset for Defense Modeling and Simulation and Interoperation," The Journal of Defense Modeling and Simulation: Applications, Methodology, Technology, vol. 8, no. 3, pp. 129-142, July 2011.

[3-18] W. Ko, "Analysis of MOE and MOFE in C4ISR system," The Quarterly Journal of Defense Policy Studies, no. 68, pp. 95-120, July 2005.

[3-19] A.W. Marshall, "Measuring the Effects of Network Centric Warfare," vol. 1, Booz Allen & Hamilton Inc., 1999.

[3-20] Mittal S., Risco-Martín J.L. and Zeigler B.P., "DEVS/SOA: a cross-platform framework for net-centric modeling and simulation in DEVS unified process," Simulation: Transactions of The Society for Modeling and Simulation International, vol. 85, no. 7, pp. 419-450, 2009.

[3-21] T. Moon, E. Kruzins, "Proposed Network Centric Warfare Metrics: From Connectivity to the OODA Cycle," MORS Journal, vol. 10 no. 1, April 2005.

[3-22] Morris R. Driels, "Weaponeering: Conventional Weapon System Effectiveness", AIAA Education Series, 2004.

[3-23] OzKan B., Rowe N.C., Carfee S.H. and Hiles J.E., "Three simulation models of naval air defense," In Proceedings of the 10th ICCRTS, 2005, paper: I-194.

[3-24] Sang C. Park, Yongjin Kwon, Kilyoung Seong, JaiJeong Pyun, "Simulation Framework

for Small Scale Engagement," Computer & Industrial Engineering, vol. 59, pp. 463-472, 2010.

[3-25] Doug Parsons, John Surdu and Ben Jordan, "OneSAF: A Next Generation Simulation Modeling the Contemporary Operating Environment," Proceedings of the Euro-simulation interoperability workshop, 2005.

[3-26] Raymond R. Hill, J.O. Miller, Gregory A. McIntyre, "Applications of Discrete Event Simulation Modeling to Military Problems," In Proceedings of the 2001 Winter Simulation Conference, 2001, pp. 780-788.

[3-27] Rubinstein R. and Kroese D., "Simulation and the Monte Carlo Method(2nd ed.)," John Wiley & Sons, 2007.

[3-28] Mamadou Seck, Norbert Giambiasi, Claudia Frydman and Lassaad Baati, "DEVS for Human Behavior Modeling in CGFs," The Journal of Defense Modeling and Simulation: Applications, Methodology, Technology, vol. 4, no. 3 pp. 196-228 2007.

[3-29] K.M. Seo, C.B. Choi, J.H. Kim, and T.G. Kim, "DEVS-based combat modeling for engagement-level simulation," Simulation: Transactions of The Society for Modeling and Simulation International, vol. 90, no. 7, pp. 759-781, June 2014.

[3-30] Kyung-Min Seo, Jeong Hee Hong and Tag Gon Kim, "DEVS-Based Underwater Warfare Simulation Development for Effectiveness Analysis," 2010 Summer Simulation Multi-Conference, Ottawa, Canada, July 11-15, 2010.

[3-31] K.M. Seo, H.S. Song, S.J. Kwon and T.G. Kim, "Measurement of Effectiveness for an Anti-torpedo Combat System Using a Discrete Event Systems Specification-based Underwater Warfare Simulator," The Journal of Defense Modeling and Simulation: Applications, Methodology, Technology, vol. 8, no. 3, pp. 157-171, July 2011.

[3-32] "Simulation Operations Handbook Ver.1.0," Army Modeling & Simulation Office, http://www.ms.army.mil/

[3-33] Hae Sang Song and Tag Gon Kim, "DEVS diagram revised: a structured approach for DEVS modeling," 2010 European Simulation and Modeling Conference, Hasselt, Belgium, Oct. 2010.

[3-34] Stevens W.K., Decker W.L. and Gagnon C.M., "Representation of Command and Control (C2) and Information Operations (IO) in military simulations," In Proceedings of the NATO Studies, Analysis and Simulation Panel (SAS) 1999 Symposium on Modeling and Analysis of Command and Control, 1999.

[3-35] C.H. Sung, I.C. Moon, and T.G. Kim, "Collaborative work in domain-specific discrete event simulation software development: Fleet anti-air defense simulation software," in Proc. IEEE Int. Workshop Collaborat. Model. Simul., Larissa, Greece, Jun. 2010, pp. 160-165.

[3-36] Upadhya K.S. and Srinivasan N.K., "A simulation model for availability under battlefield situations," Simulation: Transactions of The Society for Modeling and Simulation International, vol. 74, no. 6, pp. 332-339, 2000.

[3-37] J. Walsh, J. Roberts, and W. Thompson, "NCW End-To-End Model for Future C2 Architecture Assessment," In Proceedings of the 2005 International Command and Control Research and Technology Symposium, Virginia, 2005.

[3-38] Ki C. Yoon, Tag G. Kim and Kyu H. Park, "Discrete Event Simulation of Aircraft Mission Planning Using DEVSim++," SMC'95, Phoenix, USA, Apr. 1995, pp. 21-25.

[3-39] John Zavarelli, Steven A. De Chiaro, Jason Fournier, Douglas A. Schweickert and Alex Zislin, "Live Virtual Constructive Experiments for C2 Evaluation," 11th ICCRTS, 2006, Paper: I-090.

제 4 장 시뮬레이션 엔진(알고리즘) = 모델 실행기

시뮬레이션 엔진(알고리즘)은 주어진 모델을 실행시키는 모델 실행기이다. M&S 이론에서 모델과 시뮬레이션 엔진은 독립적인 것으로 취급하며 주어진 모델에 대한 시뮬레이션 알고리즘은 다수 존재할 수 있다. 이 장에서는 모델과 시뮬레이션 엔진의 분리 개념과 시뮬레이션 엔진의 원리를 살펴보고 시간 기반, 사건 기반 및 이들을 결합한 하이브리드 엔진의 원리를 설명한다. 계층적으로 모듈화된 DEVS 모델실행을 위한 계층적 시뮬레이션 알고리즘을 설명하고 C++ 환경에서 객체지향적 DEVS M&S를 지원하는 DEVSim++ 환경을 소개한다.

4.1 시뮬레이션 엔진의 개념

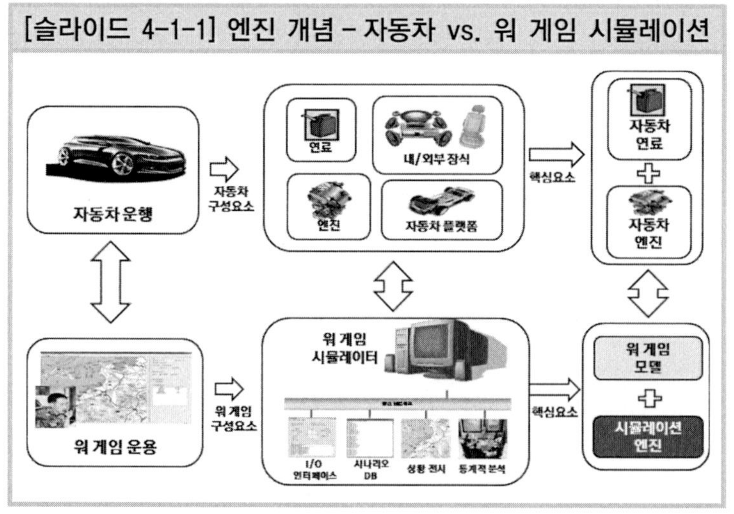

[4-1-1] 시뮬레이션 엔진의 개념을 자동차 엔진에 비유하여 설명한다. 자동차는 여러 가지 구성요소를 가지고 있지만, 자동차를 움직이는 데 필수적인 핵심 구성요소는 자동차 엔진과 연료이다. 마찬가지로, 워 게임 구성요소는 여러 가지가 있지만 워 게임 시뮬레이션을 위한 핵심 구성요소는 워 게임 모델과 이를 실행하기 위한 시뮬레이션 엔진이다. 시뮬레이터는 모델과 엔진으로 구성되며 시뮬레이터를 자동차에 비유하자면 모델은 자동차의 연료, 엔진은 자동차의 엔진과 같은 역할을 한다.

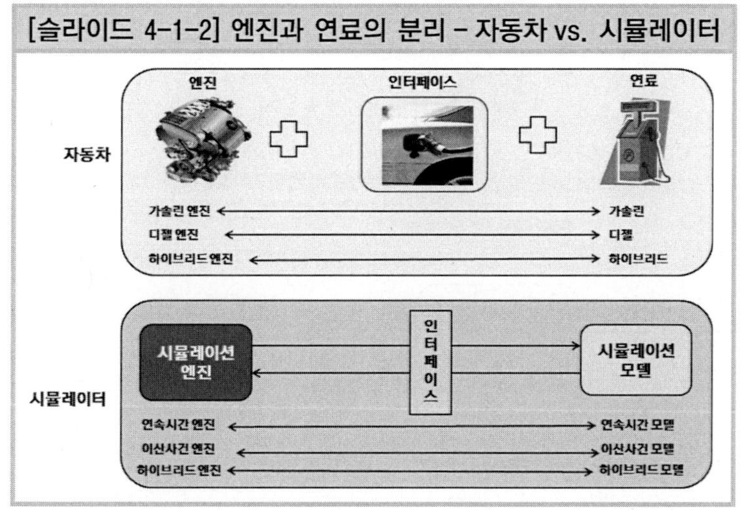

[4-1-2]

자동차에서 엔진은 연료의 종류에 따라 달라지며 연료를 가솔린, 디젤, 하이브리드로 사용할 경우, 연료를 연소시키는 엔진도 각각 가솔린 엔진, 디젤 엔진, 하이브리드 엔진이어야 한다. 마찬가지로, 시뮬레이터에서도 엔진은 모델의 종류에 따라 달라지며 연속시간 모델, 이산사건 모델, 하이브리드 모델을 사용할 경우 이들을 구동하는 엔진도 각각 연속시간 엔진, 이산사건 엔진, 하이브리드 엔진이어야 한다.

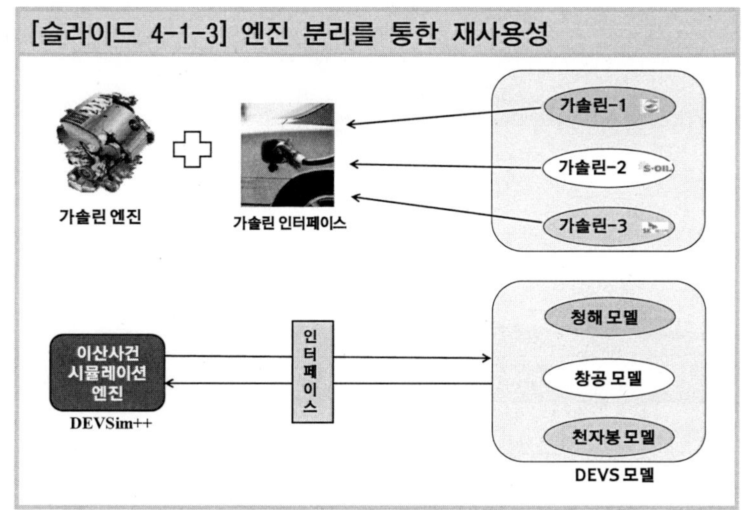

[4-1-3]

자동차와 시뮬레이션에서 엔진과 연료(모델)를 분리하는 것은 여러 가지 장점이 있다. 가장 중요한 장점은 연료가 바뀌더라도 동일한 엔진을 재사용할 수 있다는 것이다. 자동차의 경우 가솔린 엔진은 모든 가솔린 연료에 대하여 재사용이 가능하다. 마찬가지로 시뮬레이션인 경우 이산사건 시뮬레이션 엔진은 모든 이산사건 모델에 대하여 재사용이 가능하다. 실제로 동일한 DEVSim++ 시뮬레이션 엔진이 청해 모델, 창공 모델, 천자봉 모델들을 시뮬레이션(실행)하는 데 사용되고 있다.

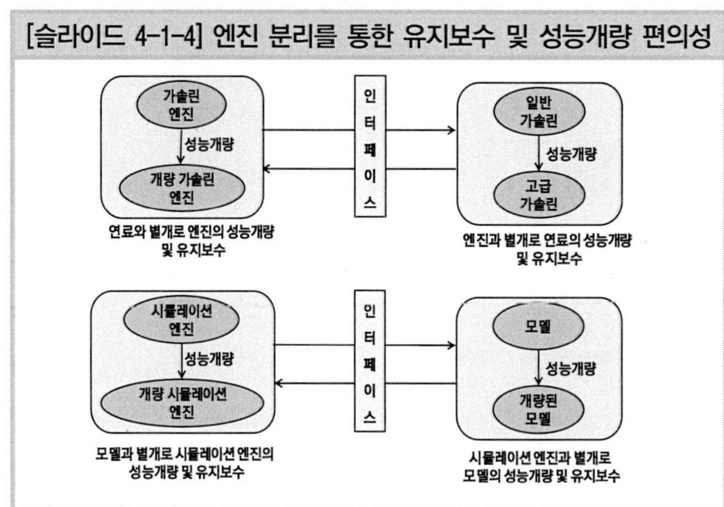

[4-1-4]

자동차와 시뮬레이션에서 엔진과 연료(모델)를 분리하는 또 다른 장점은 엔진과 연료의 인터페이스가 유지되는 한 이들을 독립적으로 유지보수하고 성능개량을 할 수 있다는 것이다. 자동차의 경우 일반 가솔린 엔진을 고급 가솔린 엔진으로 성능개량을 할 경우, 현재 엔진을 그대로 사용할 수 있다. 역으로, 현재 엔진을 성능개량을 하더라도 동일한 연료를 그대로 사용할 수 있다. 마찬가지로, 시뮬레이터에서도 시뮬레이션 엔진과 모델 사이의 인터페이스가 유지되는 한 시뮬레이션 엔진은 모델과 별개로 유지보수/성능개량이 가능하고, 모델은 시뮬레이션 엔진과 별개로 유지보수/성능개량이 가능하다.

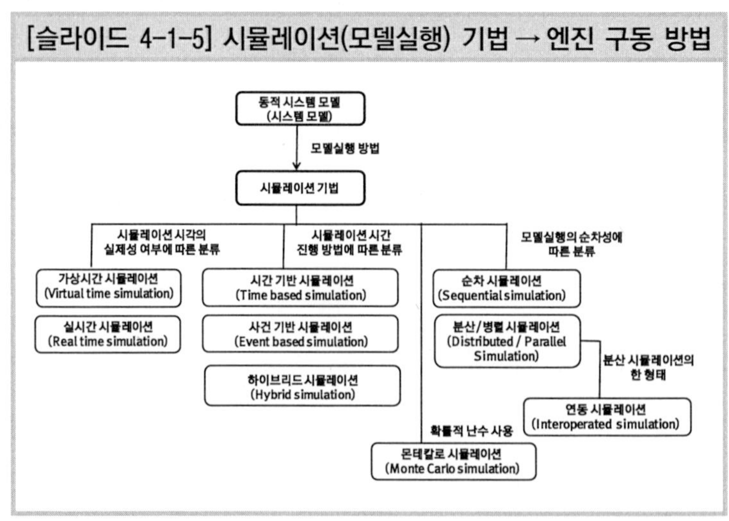

[4-1-5]

시뮬레이션은 모델을 실행하는 것으로, 자동차에서 엔진을 구동하는 것과 같은 것이다. 시뮬레이션 실행방법(기법)은 여러 가지 관점에 따라 분류할 수 있다. 이 슬라이드에서는 시뮬레이션 기법을 분류하는 하나의 예를 보여준다. 시뮬레이션 시각의 실제성 여부에 따라 가상 시뮬레이션과 실시간 시뮬레이션으로 분류되고, 시뮬레이션 시간 진행 방법에 따라 시간 기반 시뮬레이션, 사건 기반 시뮬레이션, 하이브리드 시뮬레이션으로 분류한다. 또한 모델실행의 순차성에 따라 순차 시뮬레이션, 분산/병렬 시뮬레이션으로 분류한다. 분산 시뮬레이션의 한 형태로 연동 시뮬레이션이 포함된다. 또한, 확률적 난수를 사용하는 경우를 몬테칼로 시뮬레이션이라 분류한다.

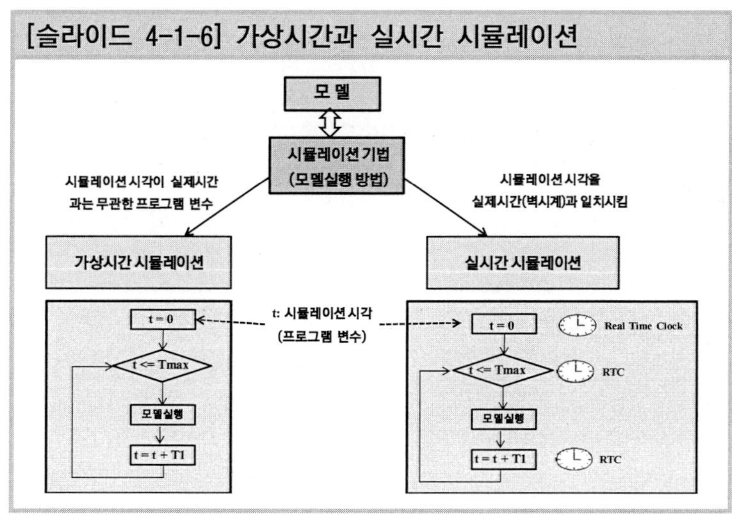

[4-1-6]

시뮬레이션 S/W에서는 시뮬레이션 시각이라는 프로그램 변수를 사용한다. 시뮬레이션은 시뮬레이션 시각을 일정 간격(이산시간 시뮬레이션) 또는 난수 간격(이산사건 시뮬레이션)으로 증가시키면서 진행된다. 가상시간 시뮬레이션은 시뮬레이션 시각을 나타내는 프로그램 변수의 값이 실제시간과 무관한 경우를 말하며, 실시간 시뮬레이션은 시뮬레이션 시각을 나타내는 프로그램 변수의 값이 실제시간(벽시계 시간)과 일치하는 경우를 말한다. 실시간 시뮬레이션은 시뮬레이션 시각을 변경할 때 시뮬레이션 시각(가상시각)과 벽시계 시각(실제시각)을 일치시켜야 한다. 따라서 실시간 시뮬레이션에서 모델실행 시간이 다음 시뮬레이션 시각(그림에서 T1)보다 길어지면 실시간 조건을 만족하지 못하는 경우가 발생한다.

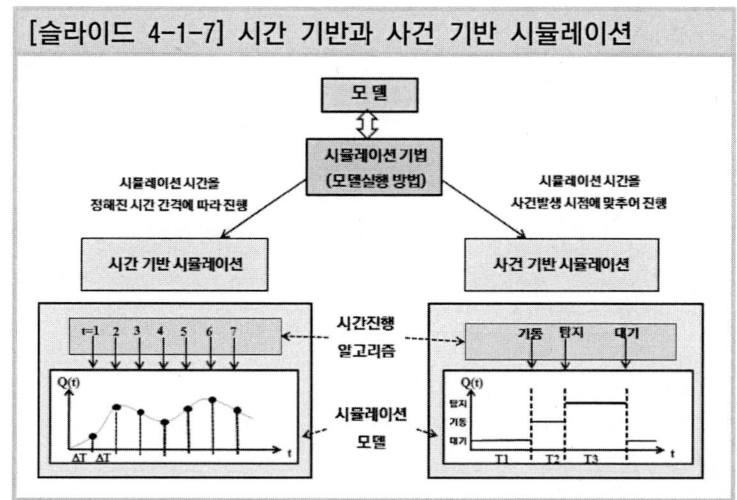

[4-1-7]

시간 기반 시뮬레이션에서 다음 시뮬레이션 시간은 현재 시간에 정해진 시간 간격만큼 더한 시간으로 진행된다. 반면, 사건 기반 시뮬레이션에서는 시뮬레이션 시각을 사건발생 시각에 맞추어 진행시킨다. 따라서 시간 기반 시뮬레이션에서 시간진행 알고리즘은 시뮬레이션 목적에 따라 사용자가 ΔT를 미리 정의할 수 있다. 반면, 사건 기반 시뮬레이션의 시간진행 알고리즘은 모델 내부의 논리에 따라 정의(예: DEVS 모델의 시간전진 함수 ta)된 사건발생 시각인 T1, T2, T3에 따라 진행하도록 스케줄한다.

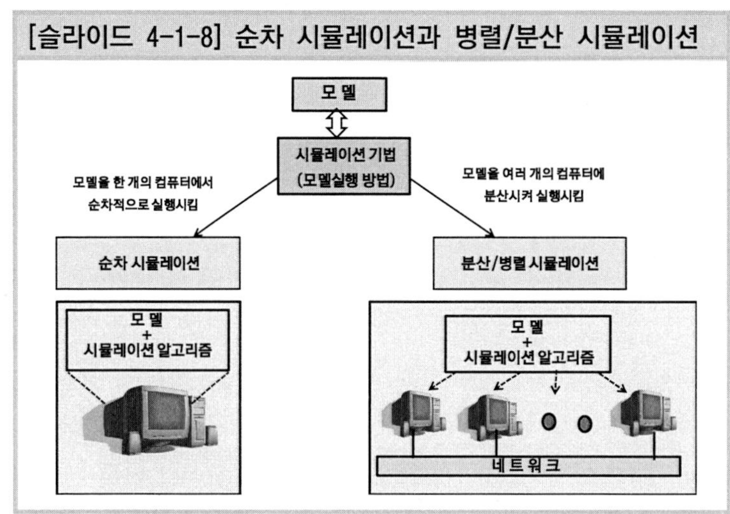

[4-1-8]

순차 시뮬레이션은 시뮬레이션에 참여한 모든 모델들을 한 개의 컴퓨터에서 순차적으로 실행시키는 경우이다. 분산/병렬 시뮬레이션은 시뮬레이션에 참여하는 모든 모델들을 네트워크 또는 병렬 컴퓨터 노드에 분산시켜 실행시키는 경우이다. 순차 시뮬레이션의 경우에는 한 개의 시뮬레이션 엔진을 사용하여 모든 모델들을 실행한다. 그러나 분산/병렬 시뮬레이션에서는 분산된 컴퓨터 노드에 모델뿐만 아니라 모델실행을 위한 시뮬레이션 엔진이 필요하다. 따라서 분산/병렬 시뮬레이션에서는 각 노드에 분산된 시뮬레이션 엔진 사이에 시간 동기화가 중요한 이슈가 된다. 제6장에서 공부할 분산 시뮬레이션을 위한 표준 연동 미들웨어인 HLA/RTI에는 시간관리 기능이 구현되어 있어서 각 노드에서 동작하는 시뮬레이션 엔진 사이의 시간 동기화를 지원한다.

[4-1-9] 시뮬레이션 분류 및 진행 시간

시뮬레이션 시각은 시뮬레이션 엔진에서 사용하는 가상시간과 실시간으로 나눌 수 있으며, 가상시간은 시뮬레이션 시간 변수의 값이 실제시간과 무관한 경우이며, 실시간은 시뮬레이션 시각이 실제 벽시계 시간과 동일한 경우라고 설명하였다. 또한 분산 시뮬레이션에서는 지역시간과 전역시간이 사용되며, 지역시간은 분산된 노드에서 사용되는 시뮬레이션 시각이며 전역시간은 전체 노드가 공유하는 시뮬레이션 시각이다.

모델의 범위에는 S/W, H/W, 사람 등이 포함된 외부세계와 상호작용이 없는 모델과 상호작용이 있는 모델이 포함된다. 외부세계와 상호작용이 없는 모델을 가상시간으로 진행시키는 대표적인 시뮬레이션이 분석용 시뮬레이터이다. 실시간 검증용 시뮬레이터는 외부세계와 상호작용은 없지만 실시간으로 동작하게 된다. 외부세계와 상호작용이 있는 모델로서 가상시간으로 동작하는 시뮬레이터는 존재할 수 없다. 왜냐하면, 외부세계(예: H/W)가 실시간으로 동작하기 때문에 모델의 시각도 실시간으로 동기화되어야 하기 때문이다. 외부세계와 상호작용이 있는 모델로서 실시간으로 시뮬레이션이 진행되는 대표적인 예가 훈련용 시뮬레이터로서, 이 경우에 외부세계는 사람(게이머)이 된다. 모델과 상호작용하는 외부세계가 H/W인 경우의 실시간 시뮬레이션을 HILS(Hardware In the Loop Simulation)라고 한다.

[슬라이드 4-1-9] 시뮬레이션 분류 및 진행 시간

시뮬레이션 시각 및 분류 / 모델 범위	시뮬레이션 시각 → 모델에 명세된 시간값을 시뮬레이션 엔진에서 프로그램 변숫값으로 함 시뮬레이션 시간 전진 → 변숫값 갱신(모델 계산에 소요되는 시간 과는 무관)			
	가상시간(Virtual Time)		실시간(Real-time(Wall) Time)	
	변숫값과 실(손목시계)시간 과 무관		변숫값과 손목시계 시간과 비례 변숫값 = 실시간 → Game Ratio 1:1	
	지역(Local) 시각	전역(Global) 시각	지역(Local) 시각	전역(Global) 시각
외부와 상호작용 없음 M_j, M_i, M_k	입력 데이터 → 시뮬레이터 가상시각 → 출력 데이터 분석용 시뮬레이터		입력 데이터 → 시뮬레이터 실시각 → 출력 데이터 실시간 검증용 시뮬레이터	
외부와 상호작용 있음 S/W or H/W or Human ⇄ M_j, M_i, M_k 외부세계 / 모델	구현 불 가능 / 해당사항 없음 외부세계가 요구하는 응답시간 << 시뮬레이션 수행시간		시뮬레이터 실시각, 게임어 훈련용 시뮬레이터 Hardware-In-the-Loop 시뮬레이터	

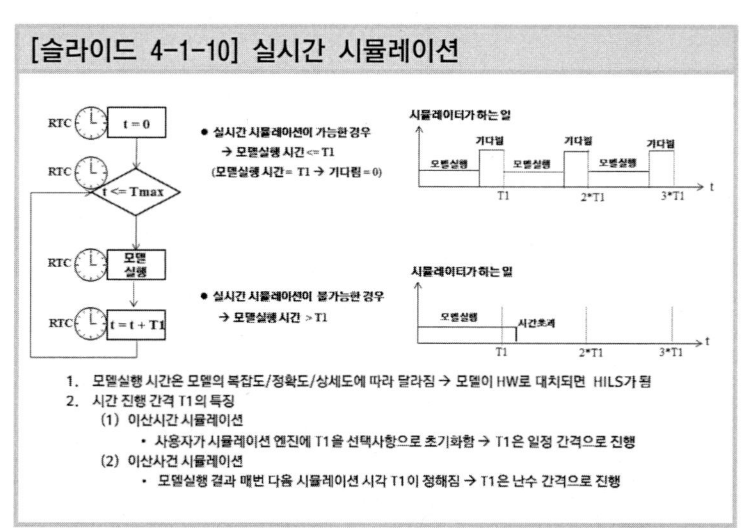

[4-1-10]

실시간 시뮬레이션은 시뮬레이션 시각과 실세계 시각을 일치시켜 시뮬레이션을 진행하는 것이다. 시뮬레이션은 그림에서와 같이 매 루프마다 정해진 시간(그림에서 t)에 모델을 실행한 후 시뮬레이션 시간을 갱신(전진)시킨 (그림에서 t = t + T1 ; T1은 일반적으로 난수가 될 수 있음) 후 다시 모델을 실행하는 과정을 반복한다. 따라서 실시간 시뮬레이션이 가능하기 위해서는 컴퓨터의 모델실행 시간이 시뮬레이션 시간 간격 T1보다 작아야 한다. 오른쪽 위의 그림은 실시간 시뮬레이션이 가능한 경우를 예시하고 있다. 그림에서와 같이 모델실행 시간이 항상 T1보다 작은 경우에는 모델을 실행하고 실시간이 T1만큼 경과할 때까지 기다린 다음, 다시 모델실행 과정을 반복하면 실시간 시뮬레이션이 된다. 그러나 오른쪽 아래 그림과 같이 모델실행이 T1 시간 이내에 끝나지 않는 경우에는 실시간 시뮬레이션이 불가능해진다.

모델실행 시간은 주어진 모델의 충실도(Fidelity)와 해상도(Resolution), 그리고 시뮬레이션 엔진의 효율성에 따라 달라질 수 있다. 실시간 시뮬레이션의 제약조건인 모델실행 시간 T1은 이산시간 시뮬레이션의 경우 사용자가 정하여 초기화할 수 있다. 그러나 이산사건 시뮬레이션에서는 모델실행 시간 간격이 모델 논리에 주어지며(예: DEVS의 경우 ta값) 일반적으로 난숫값이 된다. 따라서 이산사건 시뮬레이션에서 실시간성이 보장되려면 모델실행 시간이 모든 T1(난수)값 중 최소인 값보다 작아야 한다.

[슬라이드 4-1-11] 순차/병렬/분산/연동 시뮬레이션 특징

특징 비교 / 모델 분산 방법	이름 / 주요 목적	시뮬레이션을 위한 모델 할당	모델 간 통신방법	통신 횟수	시뮬레이터 개발 환경	시뮬레이터개발자	수행시간 불확실성
단일 컴퓨터	순차 시뮬레이션 / 기본 시뮬레이션	한 개의 컴퓨터에 모델 전체를 할당	서브루틴 호출	많음	단일 운영체제 단일 프로그램 언어	개인 혹은 소수 그룹	거의 없음
다중 프로세서 컴퓨터	병렬 시뮬레이션 / 속도 증대	모델을 몇 개의 논리적 부 모델 그룹으로 나누어 프로세서에 분산	프로세스 호출	↓	단일/복수 운영체제 단일/복수 프로그램 언어	같은 부서 내 그룹	↓
네트워크/분산 컴퓨터 (네트워크)	분산 시뮬레이션 / 컴퓨터 자원 활용	모델을 몇 개의 논리적 부 모델 그룹으로 나누어 노드에 분산	네트워크 프로그래밍	↓	복수 운영체제 복수 프로그램 언어	다른 부서에 있는 다른 그룹들	↓
네트워크/이기종 분산 컴퓨터 (RTI, 네트워크)	연동 시뮬레이션 / 시뮬레이터 재사용 / 연동	독립적으로 동작하는 이기종 시뮬레이터 단위로 네트워크 노드에 분산	표준화된 버스 (RTI) 사용	적음	복수 운영체제 복수 프로그램 언어	다른 회사에 있는 다른 그룹들	많음

[4-1-11]
주어진 모델의 시뮬레이션은 여러 가지 형태로 실행할 수 있다. 이 표에는 순차/병렬/분산/연동 시뮬레이션에 대한 특징을 정리하였다. 모델 분산 방법 구분은 시뮬레이션을 위한 모델을 물리적으로 어디에 위치시키느냐에 따라 나눈 것이며 표에서와 같이 4가지, 즉 단일 컴퓨터, 다중프로세스 컴퓨터, 네트워크/분산 컴퓨터, 네트워크/이기종 분산 컴퓨터로 분류하였다. 이들 모델의 물리적 위치는 시뮬레이션이 실행되는 과정을 결정하게 되며 각각 순차 시뮬레이션, 병렬 시뮬레이션, 분산 시뮬레이션 및 연동 시뮬레이션으로 구분한다. 4가지 시뮬레이션 방법을 선택하는 주요 이유는 기본형인 순차 시뮬레이션을 기준으로 고려하면 병렬 시뮬레이션은 속도 증대, 분산 시뮬레이션은 자원 활용, 그리고 연동 시뮬레이션은 시뮬레이터(모델 + 시뮬레이션 엔진)의 재사용 때문인 것으로 볼 수 있다.

시뮬레이션을 위한 모델 할당은 대상 모델의 구성요소가 되는 여러 개의 부 모델들을 어느 컴퓨터에 어떤 형태로 저장하여 시뮬레이션을 수행할 것인지를 의미한다. 단일 컴퓨터를 사용하는 순차 시뮬레이션은 대상 모델을 한 개의 컴퓨터에 할당하지만 다중 프로세서를 사용한 병렬 컴퓨터에서는 모델 할당이 달라진다. 병렬 시뮬레이션에서는 모델을 몇 개의 논리적 부 모델 그룹으로 나누어 프로세서(컴퓨터 노드)에 할당한다. 분산 시뮬레이션에서 모델 할당은 병렬 시뮬레이션의 경우와 동일하지만, 이들 시뮬레이션에서 부 모델 그룹 사이의 통신방식은 서로 다르다. 네트워크 기반의 연동 시뮬레이션은 독립적으로 동작하는 시뮬레이터(모델 + 시뮬레이션 엔진)들을 네트워크 노드에 할당하게 된다.

모델 간 통신방식은 시뮬레이션에 사용되는 컴퓨팅 자원에 따라 달라진다. 모든 부 모델이 단일 컴퓨터에 할당된 순차 시뮬레이션인 경우에 모델 간의 통신은 서브루틴 호출(객체지향인 경우에는 멤버함수 호출)을 사용한다. 다중 프로세서 컴퓨터를 사용한 병렬 시뮬레이션의 경우에 부 모델 그룹 간의 통신은 프로세스 호출을 사용한다. 네트워크 기반의 분산 시뮬레이션은 노드에 할당된 부 모델 그룹 간에 네트워크 프로그래밍을 사용한다. 네트워크 기반의 이기종 분산 컴퓨터를 사용하는 연동 시뮬레이션인 경우는 노드에 할당된 독립적인 시뮬레이터 간 통신에 표준화된 연동구조(버스)를 사용한다. 대표적인 표준화된 연동구조가 HLA(High Level Architecture)이고, HLA를 구현한 S/W 버스를 RTI(Run Time Infrastructure)라 하며 6장에서 보다 자세히 설명한다. 시뮬레이션 수행 중 모델들 간의 통신 횟수는 순차 시뮬레이션에서 가장 많고 연동 시뮬레이션에서 가장 적다.

시뮬레이터 개발환경은 시뮬레이션 형태와 사용되는 컴퓨터 환경에 따라 달라진다. 단일 컴퓨터를 이용한 순차 시뮬레이션의 경우에는 단일 운영체제 하에서 단일 프로그램 언어를 사용한다. 다중 프로세서 컴퓨터를 사용한 병렬 시뮬레이션의 경우는 단일 운영체제 하에서 단일 프로그램을 사용할 수도 있지만 아키텍처에 따라서는 노드별로 독립적인 운영체제와 프로그램을 사용할 수 있다. 네트워크 기반의 분산 시뮬레이션은 각 노드별로 운영체제와 프로그램 언어가 정해져 있기 때문에 복수의 운영체제와 복수의 프로그램 언어들이 사용된다. 네트워크 기반의 이기종 분산 컴퓨터를 사용하는 연동 시뮬레이션의 경우는 분산된 각 컴퓨터의 운영체제와 프로그램 언어를 사용하게 된다.

시뮬레이터 또는 모델의 개발자는 시뮬레이션 방식에 따라 개인으로부터 타 회사 개발자와의 협력에 이르기까지 다양한 형태가 될 수 있다. 단일 컴퓨터를 사용할 경우, 개인 또는 소수의 그룹으로 개발이 가능하다. 다중 프로세서 컴퓨터를 사용할 경우의 개발자는 동일 부서 내의 그룹 수준이며, 네트워크 기반의 분산 컴퓨터를 사용할 경우에 개발자는 다른 부서에 있는 다른 그룹들로 구성될 수 있다. 네트워크 기반의 이기종 분산 컴퓨터를 사용한 연동 시뮬레이션의 개발자도 다른 회사에 있는 다른 그룹들로 구성될 수 있다. 분산/연동 시뮬레이션의 경우 시뮬레이션 과정에 참여하는 독립적인 컴퓨터들 사이에 정보교환이 필요하며, 정보의 종류 및 표현방법 등은 설계할 때 개발자들 간 미리 협의되어야 한다.

시뮬레이션을 반복적으로 수행할 경우 한번 시뮬레이션하는 데 걸리는 시간이 항상 동일할 수는 없다. 여러 번 시뮬레이션할 경우 각 시뮬레이션 수행시간의 불확실성은 시뮬레이션 프로그램이 어떤 컴퓨팅 환경에서 실행되는지에 따라 결정된다. 단일 컴퓨터에서는 시뮬레이션 수행시간의 불확실성이 가장 적다. 왜냐하면, 시뮬레이션 프로그램이 한 개의 프로세서에서 실행되기 때문이다. 그러나 병렬/분산/연동 시뮬레이션의 경우에는 시뮬레이션 과정에서 독립적인 프로세서 또는 컴퓨터 내부에서 모델실행에 소요되는 시간과 다른 프로세서/컴퓨터들 사이에 정보를 주고받는 통신시간에 불확실성이 존재한다. 따라서 시뮬레이션에 참여하는 프로세서 혹은 컴퓨터들의 물리적인 위치와 통신방식에 따라 수행시간의 불확실성이 결정된다.

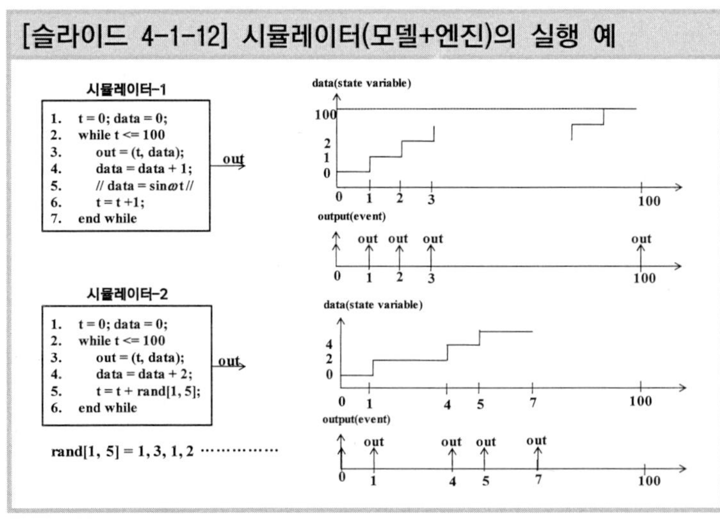

[4-1-12] 시뮬레이터는 모델과 모델실행을 위한 엔진으로 구성되어 있다. 이 슬라이드에서 모델과 엔진이 분리되지 않은 시뮬레이터의 예를 의사코드 레벨에서 보여준다. 시뮬레이터-1은 상태변수 “data”를 가지고 있으며 일정 시간 간격(1 간격)으로 현재 시간 t에서 이 상태변수의 값을 out = (t, data) 형태로 출력한다. 모델은 상태변수 data의 값을 매 시뮬레이션마다 1만큼 증가(data = data + 1)시키는 것이다. 오른쪽 위의 두 그림은 시뮬레이터-1의 상태변수 값과 출력사건을 나타내고 있다.

시뮬레이터-2의 상태변수도 “data”이며 일정 시간 간격(1 간격)으로 현재 시간 t에서 상태변수 data의 값을 out = (t, data) 형태로 출력한다. 그러나 모델은 상태변수의 값을 매 시뮬레이션마다 2씩 증가(data = data + 2)시키고, 상태변수 값을 갱신하는 데 걸리는 시간을 1과 5 사이의 난수(rand[1, 5])로 결정한다. 따라서 현재 시각을 t라 했을 때, 다음 시뮬레이션 시각은 t + rand[1, 5]가 된다. 오른쪽 아래 두 그림은 시뮬레이터-2의 상태변수 값과 출력사건을 나타내었다.

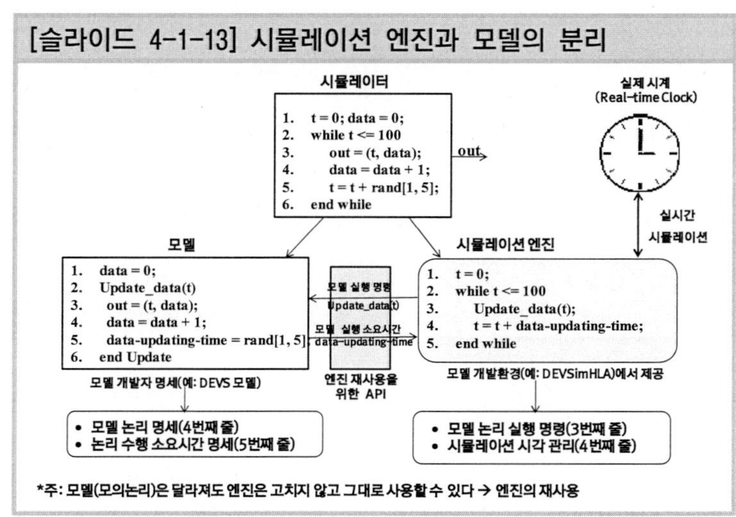

[4-1-13]

시뮬레이터의 모델과 엔진을 분리하는 개념을 설명한다. 의사코드 형태로 주어진 시뮬레이터는 모델과 엔진이 명시적으로 분리되어 있지 않다. 그러나 모델과 엔진을 다음과 같이 명시적으로 분리할 수 있다. 모델은 상태변수 data를 data = data + 1로 갱신함과 동시에 모델 논리 수행 소요시간인 data-updating-time을 결정한다. 반면, 엔진은 시뮬레이션 시각 종료시점인 t = 100까지 현재 시각 t에서 모델을 실행하고 다음 시뮬레이션 시각을 (t + data-updating-time)으로 전진시킨다. 이와 같이 모델과 엔진을 분리시킨 상태에서 시뮬레이션을 진행시키기 위해서는 모델과 엔진 사이에 미리 약속된 인터페이스(API)가 정의되어야 한다. 그림에는 엔진이 모델에 실행명령을 전달할 수 있는 API(Update_data)와 모델이 엔진에 모델실행 소요시간을 알려주는 API(data-updating-time)를 나타내었다. 여기서, 모델은 모델 개발자가 명세하며 엔진은 모델 개발환경에서 제공된다. 다시 말하면, 모델 개발자는 제공된 엔진을 사용하여 API에 맞게 모델만 개발하면 된다. 따라서 문제에 따라 모델은 달라져도 엔진은 고치지 않고 그대로 사용할 수 있는 것이다.

[4-1-14] 연속시간 M&S 환경

연속시간 M&S 환경은 국방 객체를 공학급 모의수준으로 표현한 연속시간 모델로 개발하고, 시간 기반으로 시뮬레이션할 수 있는 엔진을 포함하고 있다. 대표적인 연속시간 M&S 환경은 MATLAB / Simulink로 블록다이어그램을 사용하여 모델개발이 가능하고 시뮬레이

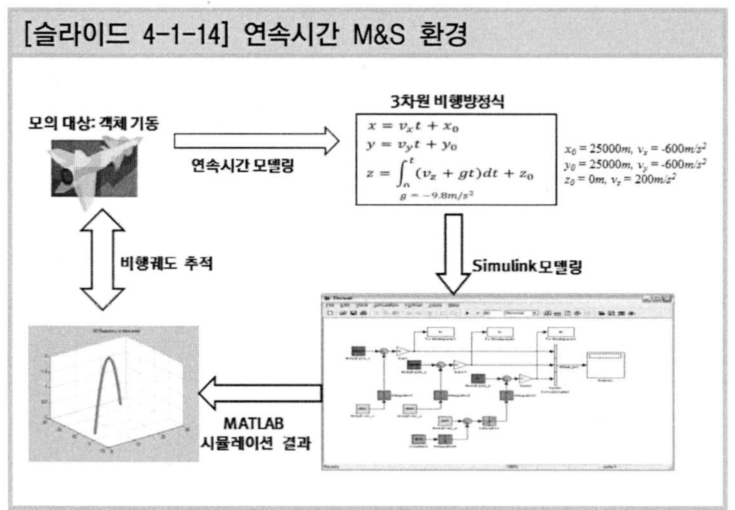

션 결과의 그래프 표현도 용이하다. 슬라이드는 항공기의 비행궤도를 모델링하고 시뮬레이션하여 그래프로 도시하는 과정을 나타내었다. 먼저 항공기의 비행방정식은 오른쪽에 제시한 x-y-z 좌표계를 갖는 3차원 미분방정식으로 표현된다. Simulink 도구는 주어진 3차원 미분방정식을 Simulink에서 제공하는 블록다이어그램들로 매핑하여 표현할 수 있다. 표현된 Simulink 모델은 MATLAB 환경에서 시간 기반으로 시뮬레이션할 수 있으며, 시뮬레이션 결과는 왼쪽 아래에 위치한 3차원 그래프로 출력할 수 있다.

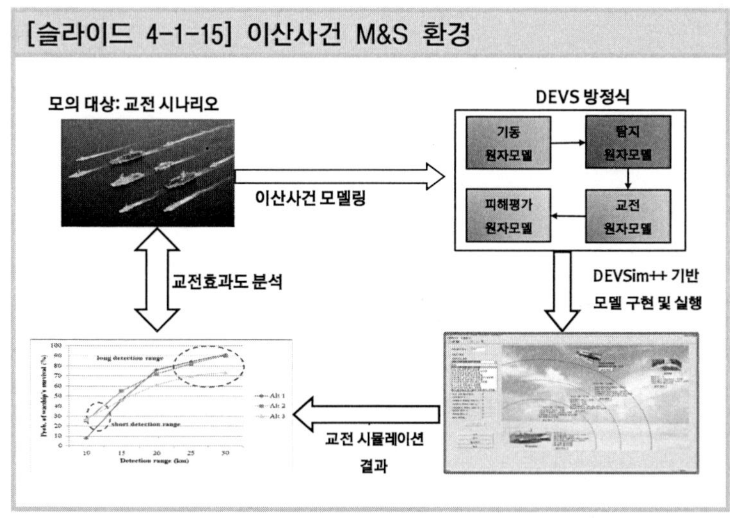

[4-1-15]

이산사건 M&S 환경은 국방 객체를 교전급 이상의 모의수준으로 표현한 이산사건 모델로 개발하고 사건 기반으로 시뮬레이션할 수 있는 엔진을 포함하고 있다. 대표적인 이산사건 M&S 환경으로 DEVSim++가 있으며, 이것을 사용하면 DEVS 다이어그램을 통해 모델개발이 가능하고 시뮬레이션 결과의 그래프 표현도 용이하게 할 수 있다. 이 슬라이드는 해상 교전을 모델링하고 시뮬레이션하여 결과를 그래프로 도시하는 과정을 나타내었다. 먼저 교전 시나리오를 오른쪽에 제시한 DEVS 방정식(DEVS 다이어그램 또는 DEVS 그래프로 표현)으로 명세한다. DEVSim++ 도구를 사용하면 주어진 DEVS

방정식을 DEVSim++에서 제공하는 API에 맞추어 C++로 구현하고 이를 사건 기반으로 시뮬레이션할 수 있으며, 시뮬레이션 결과는 왼쪽 아래에 제시한 것과 같은 교전효과도 그래프로 나타낼 수 있다.

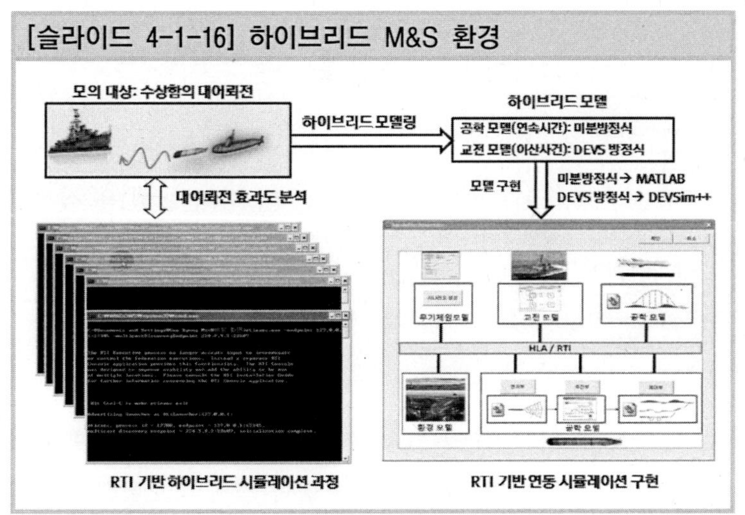

[4-1-16]

하이브리드 M&S 환경은 연속시간 M&S 환경과 이산사건 M&S 환경이 제공하는 모델개발 기능 및 시뮬레이션 기능을 모두 갖추어야 한다. 추가적으로 이들 2가지 서로 다른 시뮬레이션 사이의 정보교환 및 시간 동기화를 지원할 수 있어야 한다. 하이브리드 M&S 환경의 구축은 일체형 또는 연동형으로 구현할 수 있으며, 구체적인 방법은 뒤에서 설명하기로 한다. 이 슬라이드에서는 수상함의 대어뢰전 모의실험을 연동형 하이브리드 모델링 및 시뮬레이션으로 구현하는 과정을 보여준다. 어뢰 및 수상함에서 사용되는 기동 모델은 미분방정식을 사용하는 공학급 모델로서, MATLAB / Simulink 환경에서 개발한다. 수상함의 대어뢰전 교전수칙/전술 등을 표현하는 교전 모델은 DEVS 방정식으로 표현하고 DEVSim++ 환경에서 개발한다. 연동형 하이브리드 시뮬레이션은 MATLAB으로 개발된 공학급 모델과 DEVSim++로 개발된 교전급 모델들을 연동 미들웨어인 RTI를 통하여 연동시키는 방법을 사용한다. 이때, 공학급 모델들의 시뮬레이션은 MATLAB, 교전급 모델들의 시뮬레이션은 DEVSim++ 환경에서 실행된다. 연동형 하이브리드 시뮬레이션에서 RTI의 기능(제6장에서 다루게 됨)은 MATLAB 환경과 DEVSim++ 환경을 연동하여 공학급 모델과 교전급 모델들 사이의 정보교환 및 시간 동기화를 제공하는 것이다.

4.2 시간 기반, 사건 기반 및 하이브리드 시뮬레이션 엔진

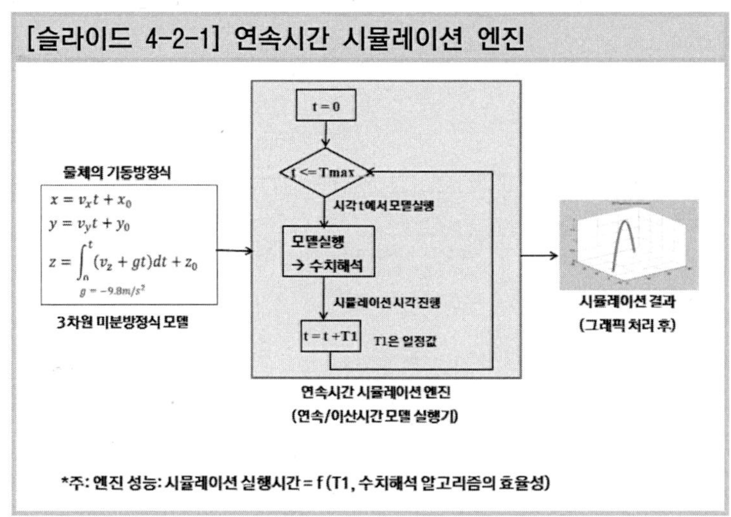

[4-2-1]
시간 기반 시뮬레이션 엔진은 연속시간 모델(예: 전투기 기동 모델) 또는 이산시간 모델(예: 레이더 탐지 모델)을 실행시키는 데 사용된다. 시뮬레이션 엔진은 현재 시각 t에서 모델을 실행한 후 일정 시각 T1만큼 시간을 전진시키고 다음 시각 (t + T1)에서 모델을 실행하는 과정을 반복한다. 연속시간 모델의 실행은 모델에 포함된 방정식을 푸는 과정으로 미분방정식의 경우 수치해석 알고리즘을 사용하게 된다. 탐지 모델을 실행하는 경우에 레이더의 탐지거리 또는 탐지거리가 주어지면 탐지율을 계산하는 방정식을 사용하게 된다. 시간전진 간격 T1은 고정된 상숫값으로 모델링 목적 및 대상체계에 따라 달라진다. 예를 들면, 기동 객체가 전투기인 경우에 T1은 msec 단위가 되지만, 사람인 경우에는 분 단위가 될 수 있다. 주어진 연속/이산시간 모델에 대한 시뮬레이션 엔진의 성능(실행시간)은 시간진행 간격 T1값과 모델실행을 위한 수치해석 알고리즘의 효율성에 따라 달라진다.

[4-2-2] 이산사건 시뮬레이션 엔진

사건 기반 시뮬레이션 엔진은 이산사건 모델(예: 교전수칙/전술)을 실행시키는 데 사용된다. 시뮬레이션 엔진은 현재 시각 t에서 모델을 실행한 후 모델 내부 논리로부터 계산된 일정 시각 Ti만큼 시간을 전진시키고, 다음 시각 (t + Ti)에서 모델을 실행하는 과정을 반복한다. 이산사건 모델의 실행은 모델에 명세된 사건들을 사건발생순으로 처리하는 과정을 의미한다. 이산사건 시뮬레이션에서 시간전진 간격 Ti는 모델에 명세된 사건을 처리하는 데 소요되는 시간으로 해석할 수 있으며, 이것은 현재 처리 중인 사건과 이로 인해 발생될 다음 사건

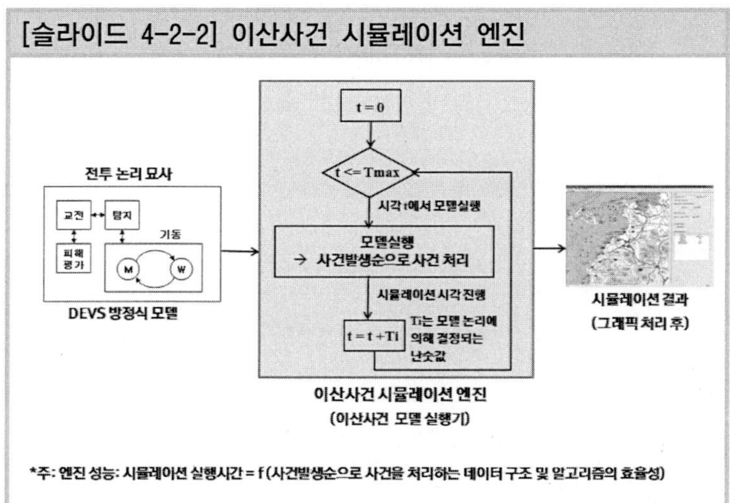

사이의 시간 간격으로, 일반적으로 난숫값을 갖는다. 주어진 이산사건 모델에 대한 시뮬레이션 엔진의 성능(실행시간)은 모델 내부에서 발생되는 사건들을 발생순서대로 처리하게 하는 엔진의 데이터 구조와 알고리즘의 효율성에 따라 달라진다.

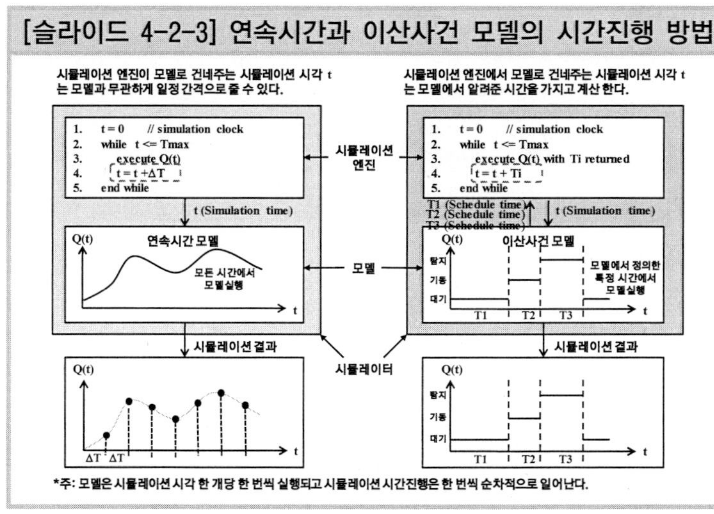

[4-2-3]

동적 시스템의 시뮬레이션은 모델의 상태변수 Q(t)의 값이 변하는 것을 시간에 따라 순차적으로 추적하여 출력으로 내보내게 된다. 상태변수 Q(t)의 값은 시간의 함수로서 모델을 실행하면 현재 시각 t에서 Q(t)값이 갱신되며 이 과정을 상태천이 (State Transition)라 부른다. 연속시간 모델과 이산사건 모델의 차이점 중 한 가지는 모델실행 시간 또는 상태천이가 발생되는 시간이다. 연속시간 모델의 상태천이는 모든 시간에서 가능하지만 이산사건 모델의 상태천이는 모델 내부에서 계산된 정해진 시간에서만 가능하다. 왼쪽 그림에서 보여주는 연속시간 모델의 시뮬레이션(모델실행) 시간진행 간격은 모델의 상태천이 시점으로 모델과 무관하게 임의의 값 ΔT로 정할 수 있다. 반면, 오른쪽 그림에서 보여주는 이산사건 모델의 시뮬레이션(모델실행) 시간진행 간격은 현재 상태인 "대기", "기동", "탐지" 등의 소요시간인 T1, T2, T3 등으로 정해진다. 따라서 이산사건 시뮬레이션의 경우에 시뮬레이션 엔진은 모델로부터 시간진행 간격(T1, T2, T3 등)을 보고받고 이를 토대로 다음 시뮬레이션 시각을 미리 계산하여 계산된 시간에 도달하면 모델을 실행시킨다.

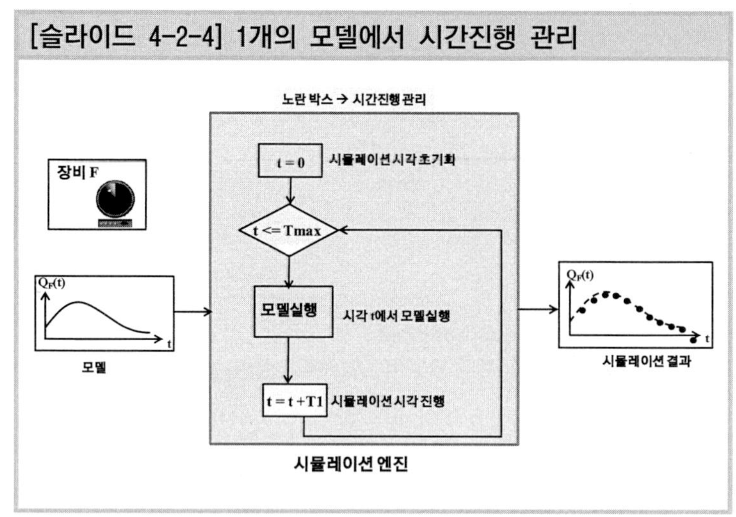

[4-2-4]
시뮬레이션은 시간이 진행됨에 따라 모델의 상태천이를 실행시키는 과정으로, 시뮬레이션 시간진행 관리는 시뮬레이션 엔진의 주요한 역할이다. 시뮬레이션 시간진행 관리의 기본 개념은 모든 부 모델들의 실행을 시뮬레이션 시간이 작은 순서대로 진행되도록 하는 것이다. 따라서 1개의 모델에 대한 시간진행 관리는 아주 간단하다. 더욱이, 대상 모델이 장비인 경우 시뮬레이션 시간은 미리 정해진 일정한 시간 간격으로 진행되며, 이러한 시뮬레이션 기법을 이산시간 시뮬레이션이라고 정의하였다. 주어진 장비 F는 탐지주기가 T1인 탐지장비이며 장비의 모델 $Q_F(t)$가 연속시간 모델로 주어진다면 시뮬레이션은 탐지장비의 탐지주기(T1) 간격으로 진행되어 오른쪽 그림과 같은 시뮬레이션 결과를 얻을 수 있다. 이산시간 시뮬레이션의 특징은 주어진 시뮬레이션 시간(슬라이드에서는 0, T1, 2*T1, 3*T1... 등)에서만 모델실행 값(그림에서 점)이 계산되며 그 외의 시간에서는 모델실행 값을 알 수 없다. 이산시간 시뮬레이션에서 시간관리는 정해진 시간 간격으로 진행되지만 대상 모델이 2개 이상일 경우에 조금 복잡해진다.

[4-2-5] 주기가 동일한 2개의 모델에서 시간관리

대상 모델이 1개이면서 탐지장비와 같이 정해진 주기로 동작하는 모델의 시뮬레이션 시간관리는 아주 간단하였다. 그러나 정해진 주기로 동작하는 모델이라 하더라도 대상 모델이 2개 이상일 경우 시간관리는 좀 더 복잡해진다. 구체적으로 말하면, 두 모델의 시뮬레이션 시작시점이 동일한 경우에 두 모델의 주기가 같거나 다른 경우로 나눌 수 있다. 먼저, 두 모델의 동작주기가 동일한 경우의 시간관리를 그림에 도시하였다. 장비 G와 장비 F의

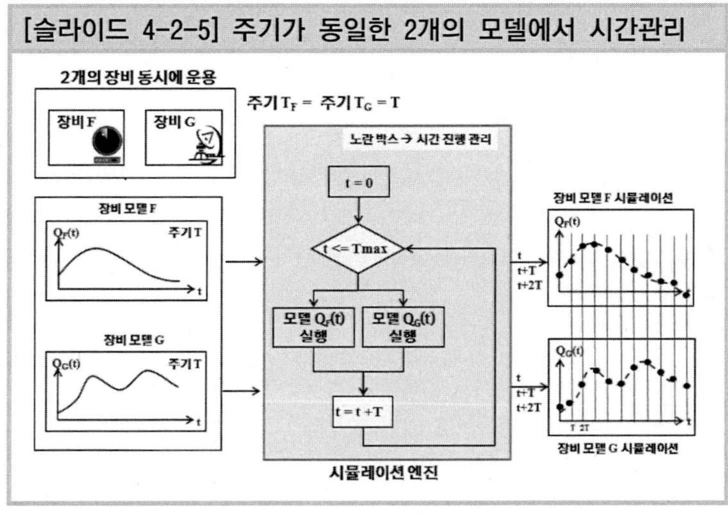

동작주기를 각각 T_G와 T_F라고 하고 이들의 시뮬레이션 모델을 각각 $Q_G(t)$ 및 $Q_F(t)$라고 하자. 또한 두 장비의 동작주기는 동일하여 T = T_G = T_F이며 두 모델이 정보교환 없이 독립적으로 동작한다고 가정하자. 그러면, 시뮬레이션 시간은 그림에서와 같이 T 간격으로 진행되면서 모델 $Q_G(t)$ 및 모델 $Q_F(t)$를 동시에 실행시킬 것이다. 실제로 컴퓨터 시뮬레이션에서는 두 모델 중 한 개의 모델이 먼저 실행되고 다른 모델이 나중에 실행될 것이다. 그러나 이 경우에 어떤 모델이 먼저 실행되는지는 문제가 되지 않는다. 왜냐하면, 두 모델이 독립적으로 동작하여 두 모델 사이에 정보교환이 없으며, 시간진행 관점에서 보더라도 현재 시간 t에서 두 모델이 모두 실행된 후 다음 시간을 t = t + T로 갱신하기 때문이다. 오른쪽 그림에 이들 두 장비의 시뮬레이션 결과를 나타내었다.

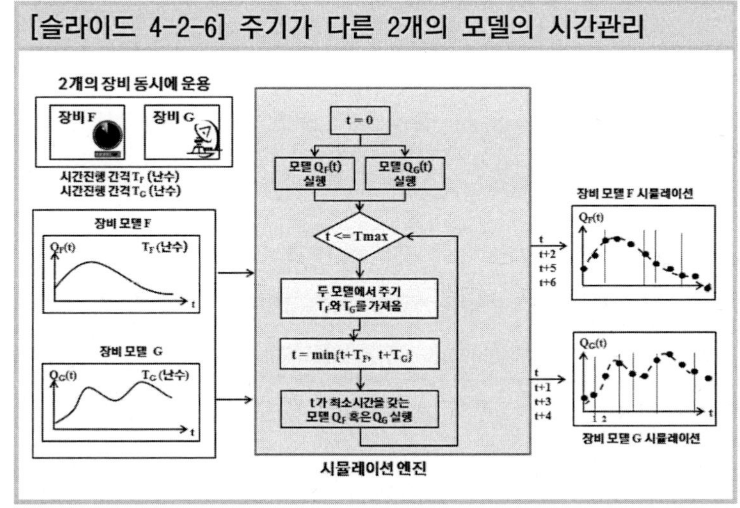

[4-2-6]

장비 F와 장비 G의 시간 진행 간격이 각각 난수 형태이고, 서로 일치하지 않는 경우를 생각해 보자. 독립적으로 동작하는 두 장비 G와 F의 시간진행 간격을 각각 T_F와 T_G라 하고 이들이 모두 난수 값이라 하자. 구체적으로, T_F 값을 [2, 3, 1...], T_G 값을 [1, 2, 1...]이라고 하면, 두 장비 F와 G의 시뮬레이션 시각은 각각 t, t+2, t+5, t+6... 및 t, t+1, t+3, t+4...로 될 것이다. 시뮬레이션 시간진행은 두 모델들 사이의 시뮬레이션 시각 중 작은 것부터 큰 것의 순서로 진행되어야 한다. 따라서 시간관리는 매 시뮬레이션 실행마다 두 모델의 다음 시뮬레이션 시각인 $t+T_F$와 $t+T_G$를 계산하여 이 중 작은 값($t = \min\{t+T_F, t+T_G\}$)을 다음 시뮬레이션 시각으로 갖는 모델을 선택하여 실행시켜야 한다. 시뮬레이션 결과는 오른쪽 그림에서와 같이 t=0에서 $Q_F(t=0)$와 $Q_G(t=0)$가 동시에 실행되고 t=1에서 $Q_G(t=1)$이 실행된 후에 $Q_F(t=2)$ → $Q_G(t=3)$ → $Q_G(t=4)$ → $Q_F(t=5)$ → $Q_F(t=6)$의 순서로 진행된다.

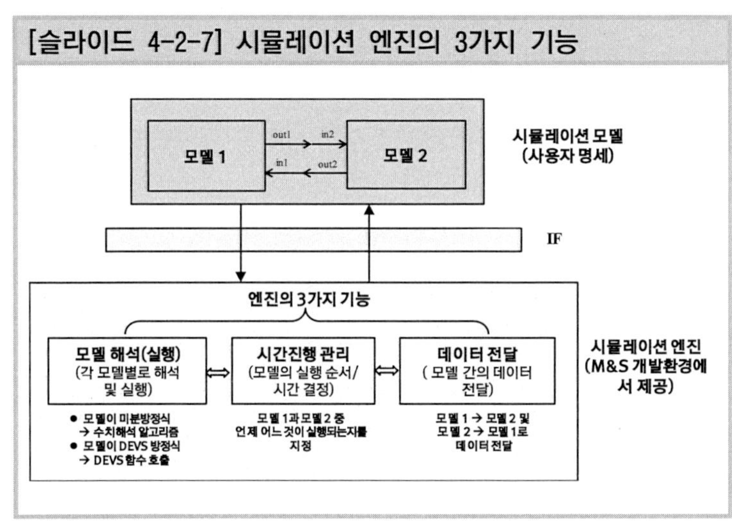

[4-2-7]

모델과 시뮬레이션 엔진을 정해진 인터페이스를 통해 분리시키면 모델 및 시뮬레이션 엔진 각각을 재사용하거나 유지/보수하는 데 장점이 있어서 시뮬레이션 S/W의 품질이 향상된다고 설명하였다. 또한, 시뮬레이션 엔진의 주요 기능 중 시간 관리 기능에 대해서도 알아보았다. 실제로, 시뮬레이션 엔진에는 시간 관리 기능 외에 2가지의 추가적인 기능이 있다. 이들은 모델 해석(실행) 및 데이터(정보) 전달 기능이다. 모델 해석 기능은 모델을 구성하는 부 모델들을 실행시키는 것이며, 데이터 전달 기능은 부 모델들 사이의 데이터 전달을 지원하는 것이다. 부 모델의 해석방법은 모델의 종류에 따라 달라지며 미분방정식으로 표현되는 연속시간 모델의 경우와 DEVS 방정식으로 표현되는 이산사건 모델에 따라 달라진다. 데이터 전달 기능은 한 개의 부 모델에서 다른 부 모델로 데이터를 전달하는 것이며 프로그램에서는 함수 호출 혹은 메시지 송수신으로 구현된다.

[4-2-8] 시뮬레이션 엔진 – 연속시간 모델

연속시간 모델의 시뮬레이션 엔진은 모델 실행, 시간진행 관리 및 데이터전달 기능을 수행한다. 미분방정식으로 주어진 연속시간 모델의 실행은 수학적으로 잘 알려진 Euler 적분법

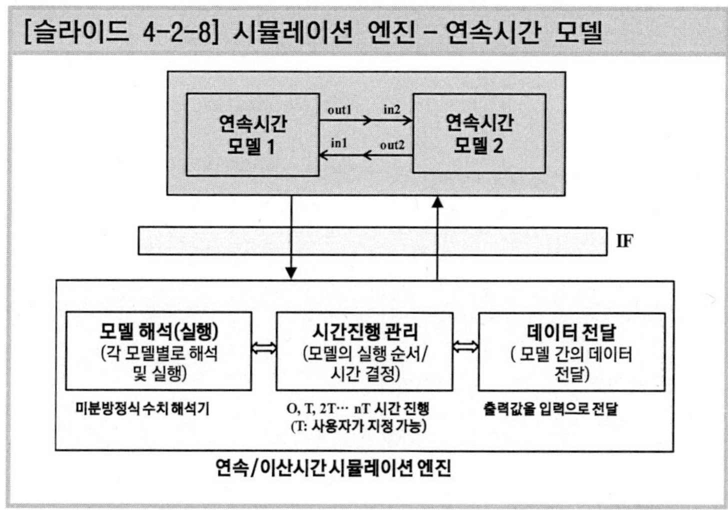

등 수치해석 알고리즘을 사용하면 된다. 시간진행 관리는 정해진 이산시간 간격인 O, T, 2*T,,, n*T 순서로 시뮬레이션 시간을 진행시킨다. 만약 부 모델 사이에 인과관계(입/출력 관계)가 있다면 매 시뮬레이션 시각마다 한 모델의 출력값을 다른 모델의 입력값으로 전달한 후 시간을 갱신하면 된다.

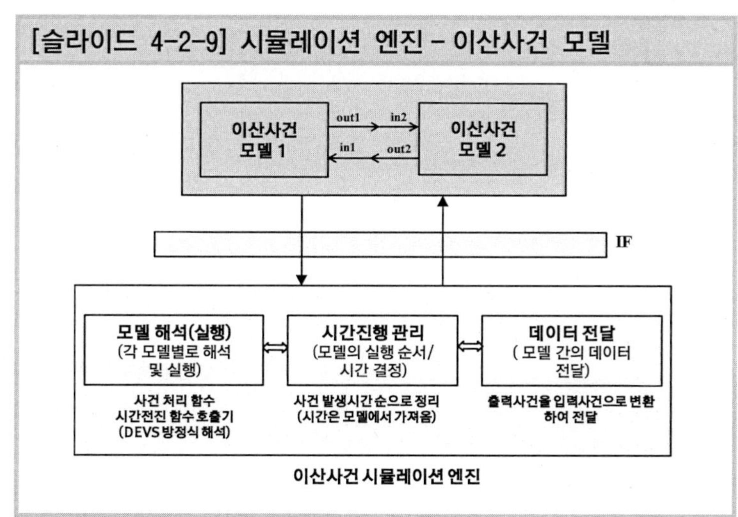

[4-2-9]

이산사건 모델의 시뮬레이션 엔진도 연속시간 모델의 시뮬레이션 엔진과 마찬가지로 3가지 기능을 갖는다. DEVS 방정식으로 주어진 이산사건 모델은 3S4F로 표현되어 4개의 함수가 정의되며 모델 실행은 정해진 시간에 정의된 함수를 호출하는 것이다. 시간진행 관리는 모든 부 모델들로부터 발생되는 사건들의 발생시간순으로 시뮬레이션 시간을 진행시킨다. 따라서 시간진행 관리와 모델 실행의 협동적 기능이 어떤 부 모델의 어떤 함수를 언제 실행시키는지를 결정하게 된다. 데이터 전달은 한 모델의 출력사건을 다른 모델의 입력사건으로 변환시켜 두 모델 사이의 정보를 교환하게 한다.

[슬라이드 4-2-10] 시뮬레이션 엔진 – 하이브리드 모델(일체형)

하이브리드 모델 1 | out1 → in2 | 하이브리드 모델 2
in1 ← out2

IF

모델 해석(실행)
(각 모델별로 해석 및 실행)
하이브리드 모델링 형식에 맞는 모델 해석기 필요

시간진행 관리
(모델의 실행 순서/ 시간 결정)
사건 발생시간순으로 정리 (시간은 모델에서 가져옴)

데이터 전달
(모델 간의 데이터 전달)
출력사건을 입력사건으로 변환하여 전달

하이브리드 시뮬레이션 엔진 – 타입 I (일체형)

[4-2-10]

하이브리드 모델의 시뮬레이션 엔진은 일체형과 연동형의 2가지 형태로 나눌 수 있다. 일체형 하이브리드 엔진은 한 개의 시뮬레이션 엔진에서 하이브리드 시뮬레이션을 수행하는 것을 말하며, 연동형 하이브리드 엔진은 연속시간 및 이산사건 시뮬레이션 엔진을 각각 그대로 사용하되 이들 두 엔진을 연동하여 하이브리드 시뮬레이션을 가능하게 한다. 일체형인 경우 하이브리드 시뮬레이션 엔진의 3가지 기능은 연속시간/이산사건 시뮬레이션 엔진에서와 같이 모델 해석, 시간진행 관리 및 데이터 전달이다. 일체형 하이브리드 시뮬레이션에서 사용되는 모델은 하이브리드 모델로서 정해진 모델링 방법(혹은 형식론)으로 명세되며 모델 실행은 사용된 모델링 방법에 따라 달라진다. 시간진행 관리와 데이터 전달 기능은 이산사건 시뮬레이션 엔진에서 사용한 방법과 동일하다.

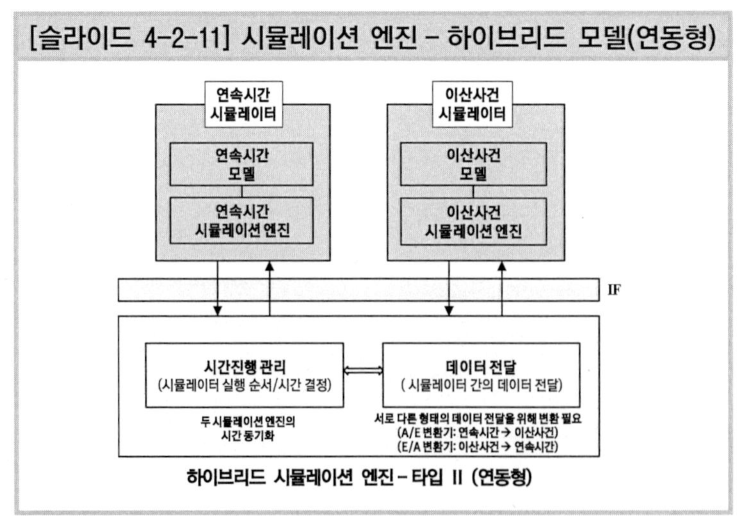

[4-2-11]

연동형 하이브리드 시뮬레이션 엔진은 연동형 하이브리드 모델을 실행시키는 기능을 수행한다. 연동형 하이브리드 모델은 기존의 연속시간 모델과 이산사건 모델을 그대로 사용하고 이들 두 모델 사이의 인터페이스를 정의한다. 연동형 하이브리드 엔진의 모델 실행 기능은 연속시간 엔진 및 이산사건 엔진의 모델 실행 기능을 그대로 사용함으로써 연속시간 및 이산사건 시뮬레이터 사이의 시간진행 관리 및 데이터 전달 기능만을 수행하게 된다. 즉, 연동형 하이브리드 시뮬레이션 엔진은 시간관리 기능과 데이터 전달 기능만을 가지며 이를 구현하는 방법은 여러 가지가 있을 수 있다. 제6장에서 설명하게 될 RTI가 연동형 하이브리드 엔진의 한 예이다.

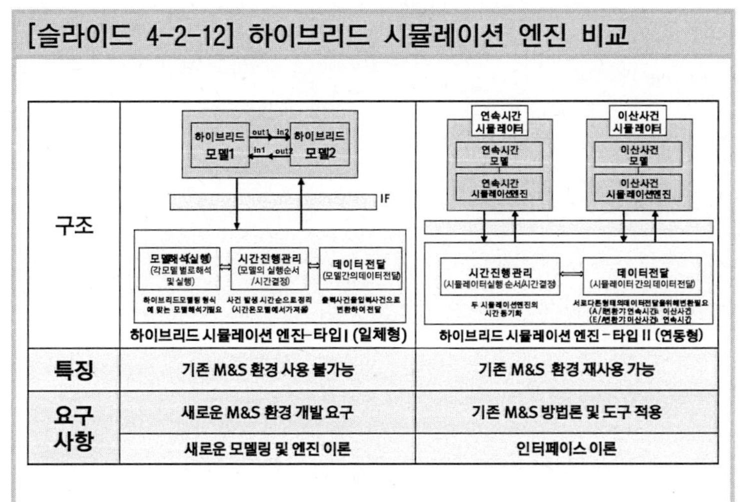

[4-2-12]
일체형과 연동형 하이브리드 엔진의 특징 중 가장 중요한 점은 기존 연속시간/이산사건 M&S 환경과 모델링 방법의 재사용 여부이다. 구체적으로 말하면, 일체형 하이브리드 엔진은 기존 M&S 환경 및 모델링 방법을 그대로 사용할 수 없지만 연동형 하이브리드 엔진에서는 기존의 환경 및 방법을 그대로 사용할 수 있다. 일체형 하이브리드 모델링 방법에는 여러 가지 방법이 있지만, 이산사건 모델과 연속시간 모델의 동작특성을 한 개의 모델로 통합하여 표현하는 것은 매우 어려운 일이다. 만약 일체형 하이브리드 모델링 방법을 고안했다 하더라도 이 모델을 시뮬레이션하는 하이브리드 엔진 기술이 별도로 지원되어야 한다. 반면, 연동형 하이브리드 모델링 방법은 기존의 연속시간 및 이산사건 모델링 방법과 엔진을 그대로 재사용할 수 있기 때문에 비교적 쉽게 하이브리드 시뮬레이션을 실행할 수 있다. 다만, 모델링 과정에서 연속시간 모델과 이산사건 모델 사이의 인터페이스 모델을 명확히 정의해야 하며 하이브리드 엔진에서 이들 인터페이스 모델의 실행을 구현해야 한다. 인터페이스는 구현될 프로그램 관점에서 보면 두 모델의 입력, 출력의 데이터 타입이 다르기 때문에 생기는 문제이다. 연속시간 모델의 입/출력은 연속적인 시간함수 타입이지만 이산사건 모델의 입/출력은 이산적 시간에 발생하는 메시지 타입이다.

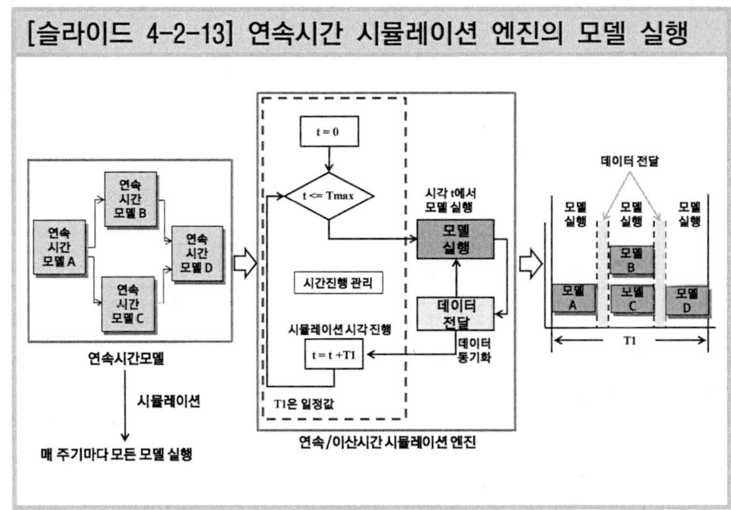

[4-2-13]

연속시간 모델의 시뮬레이션 엔진은 시간 기반으로 진행된다. 그림의 왼쪽에 보인 연속시간 모델은 부 모델 A, B, C, D로 구성되며 이들의 인과관계는 모델 A가 실행된 후 모델 B와 모델 C가 동시에 실행되고 모델 D가 실행된다. 시뮬레이션 엔진에서는 매 주기마다 이들 모델을 실행하고 데이터 전달을 반복하게 된다. 여기서, 모델 B와 모델 C 각각의 입/출력 사이의 지연시간은 없는 것으로 가정하였다.

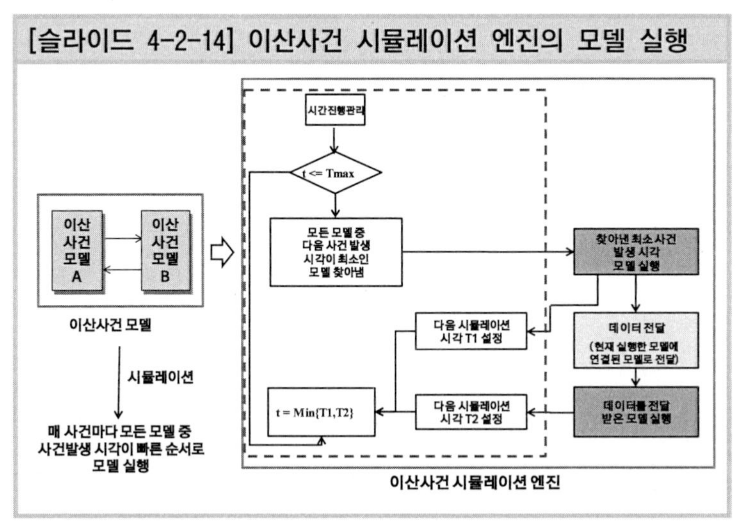

[4-2-14]

이산사건 모델의 시뮬레이션 엔진은 사건 기반으로 수행되어 시간진행은 사건이 발생한 시간순으로 이루어진다. 그림의 왼쪽에 보인 이산사건 모델은 부 모델 A와 B로 구성되며 이들의 인과관계를 A → B 및 B → A로 가정하였다. 시뮬레이션 진행은 매 사건마다 두 모델 중 사건발생 시각이 빠른 모델을 먼저 실행시키고, 그 결과를 인과관계가 있는 모델에 전달한다. 모델 A(모델 B)가 먼저 실행되면 그 결과(내부 상태천이)에 의해 모델 A(모델 B)의 다음 시뮬레이션 시각 T1(T2)이 설정된다. 이와 동시에 엔진의 데이터 전달 기능을 통하여 인과관계가 있는 모델 B(모델 A)에 입력사건으로 전달되면 모델 B(모델 A)의 사건처리(외부 상태천이)에 의해 다음 시뮬레이션 시각 T2(T1)가 설정된다. 다음 시뮬레이션 진행 시각은 T1과 T2 중 작은 시간이 되며, 이 값을 갖는 모델을 실행시키며 이 과정을 반복한다.

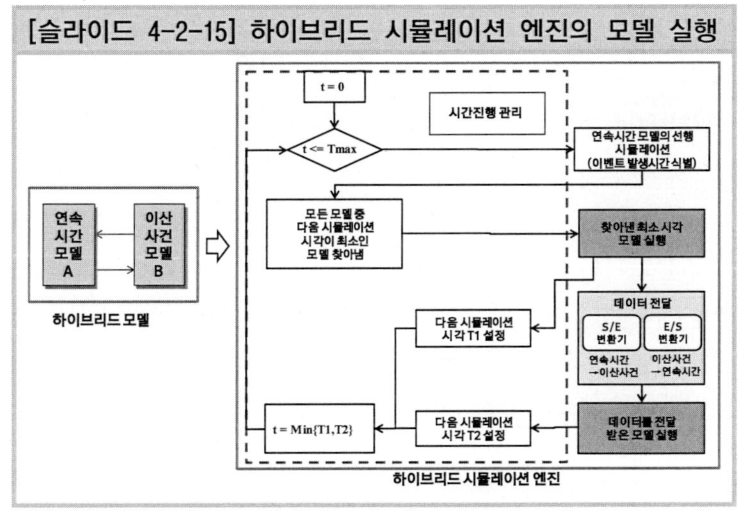

[4-2-15]
하이브리드 모델은 연속시간 모델과 이산사건 모델을 모두 포함한다. 하이브리드 시뮬레이션 엔진의 모델 실행 기능은 연속시간 모델인 경우 연속시간 시뮬레이션 엔진과 동일하며 이산사건 모델인 경우 이산사건 시뮬레이션 엔진과 동일하다. 데이터 전달 기능은 서로 다른 타입의 입/출력을 변환시키는 신호/이벤트(S/E: signal-to-event) 변환기와 이벤트/신호(E/S: event-to-signal) 변환기가 필요하다. 신호/이벤트 변환기는 연속시간 모델에서 출력되는 값(연속시간 신호)을 이산사건 모델의 입력사건으로 변환하는 인터페이스이다. 반대로, 이벤트/신호 변환기는 이산사건 모델의 출력사건을 연속시간 모델의 입력신호로 변환시키는 인터페이스이다. 하이브리드 엔진은 사건 기반으로 시뮬레이션이 진행되며, 사건 기반 시간진행을 위해서 모든 모델의 사건발생 시각을 미리 알아야 한다. 연속시간 모델의 사건발생 시각은 미리 알 수 없으므로 연속시간 모델을 선행적으로 시뮬레이션하여 이벤트(사건) 발생 시각을 검출한다. 이렇게 검출된 사건발생 시각과 이산사건 모델의 사건발생 시각을 토대로 이산사건 시뮬레이션 엔진과 동일하게 시간진행을 계속한다.

[4-2-16] 하이브리드 모델에서 인터페이스 정의

하이브리드 엔진의 데이터 전달 과정에서 연속시간 모델과 이산사건 모델의 입/출력 사이에 인터페이스가 필요하다. 왜냐하면, 이산사건 모델의 입/출력은 이산값을 갖는 반면 연속시간 모델의 입/출력은 일정시간 동안 실숫값이 계속되는 신호 형태를 갖기 때문이다. 이산사건 모델의 입/출력 사건들의 집합을 Σ라 하고 연속시간 모델의 입/출력 신호들의 집합을 Ω라

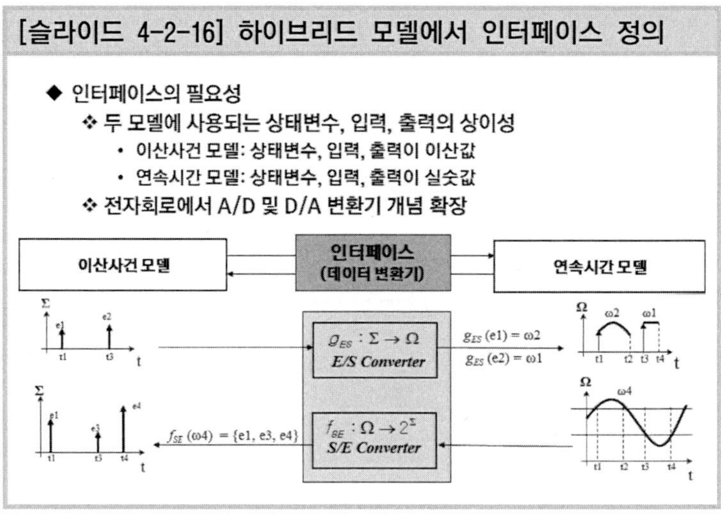

하자. 인터페이스 g_{ES}: $\Sigma \rightarrow \Omega$는 사건들을 신호(시간 함수)로 바꾸는 함수이다. 예를 들면, 사건 e1을 신호 ω2로 바꾸는 경우, $g_{ES}(e1) = \omega2$로 정의한다. 마찬가지로, $g_{ES}(e2) = \omega1$은 사건 e2를 신호 ω1로 변환하는 E/S 변환기의 정의이다. 인터페이스 f_{SE}: $\Omega \rightarrow 2^{\Sigma}$는 주어진 신호로부터 여러 개의 사건을 발생시키는 함수이다. 예를 들면, 그림에서와 같이 신호 ω4로부터 사건 e1, e3, e4를 발생시키는 S/E 변환기는 $f_{SE}(\omega4) = \{e1, e3, e4\}$로 정의한다.

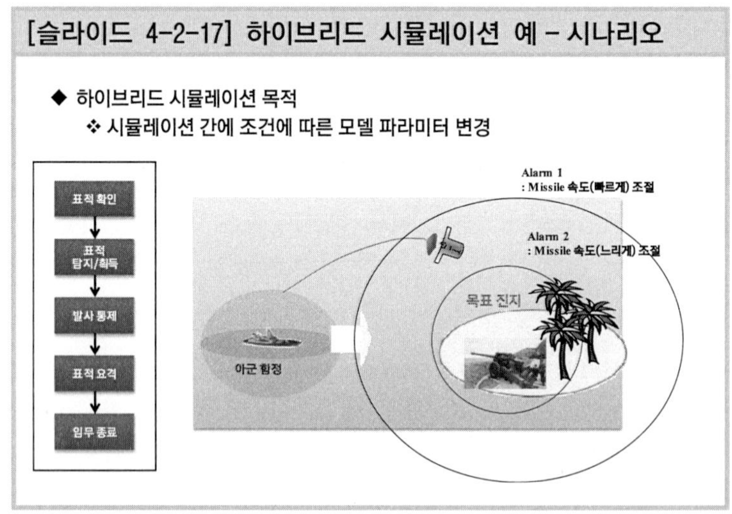

[4-2-17]

하이브리드 시뮬레이션의 예를 설명하기 위해 그림과 같이 아군 함정에서 적군 진지를 포격하는 가상의 시나리오 임무를 모의하는 모델을 가정한다. 임무수행 순서는 왼쪽의 플로차트에서 보여주는 것과 같이 표적확인으로부터 임무종료까지이다. 이 하이브리드 시뮬레이션의 목적은 시뮬레이션 도중에 조건에 따라 모델의 파라미터를 변경하고자 하는 것이다. 구체적으로 설명하면, 함포사격 시 어떤 조건을 만족할 때(예: 진지와의 거리가 일정 거리 밖에 있을 때) 미사일의 속도를 빠르게 하고 다른 조건(예: 일정 거리 안에 들어오면)을 만족하면 미사일의 속도를 느리게 하는 것이 목적이다. Alarm 1은 미사일과 목표 진지와의 거리가 일정 거리보다 먼 경우에, Alarm 2는 미사일과 목표

진지와의 거리가 일정 거리보다 가까운 경우에 검출되는 사건(이벤트)들이다. 미사일의 비행과정에서 조건에 따라 속도를 바꾸는 것은 미사일의 기동을 제어하는 제어 알고리즘에서 구현할 수 있다. 실제의 상황에서 속도를 바꾸는 조건들에는 미사일이 비행과정에서 마주치는 공중/우주 환경과 표적의 속도 및 노출정도를 포함한 표적 조건 등이 포함될 수 있을 것이다.

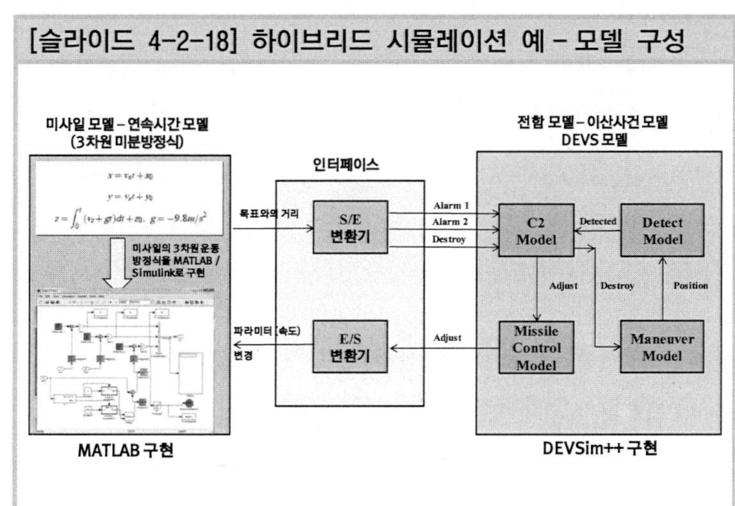

[4-2-18] 예시된 하이브리드 모델은 연속시간 모델인 미사일기동 모델과 이산사건 모델인 전함 모델로 구성되며 이들 사이에 S/E 및 E/S 변환기 모델이 있다. 미사일기동 모델은 3차원 미분방정식으로 MATLAB/Simulink를 사용하여 모델링하였다. 전함 모델은 DEVS 모델로서 C2 모델, 탐지 모델(Detect Model), 기동 모델(Maneuver Model), 미사일제어 모델(Missile Control Model)로 구성되며 DEVSim++로 구현하였다. 전함의 탐지 모델은 현재 위치(Position)에서 적 진지를 탐지(Detected)하면 C2 모델에 보고한다. C2 모델은 미사일제어 모델에 조준을 명령하고, 명령을 받은 미사일제어 모델은 E/S 변환기를 통하여 미사일 모델의 속도를 지정하여 미사일을 기동시킨다.

연속시간 모델인 미사일기동 모델에서 출력된 목표와의 거리는 S/E 변환기에서 이산사건 모델의 입력 이벤트(사건 발생)인 Alarm 1, Alarm 2로 변환되어 C2 모델에 입력사건으로 알려준다. 이때 C2 모델은 Alarm 1을 수신하면 미사일 속도를 빠르게, Alarm 2를 수신하면 미사일 속도를 느리게 설정하도록 미사일제어 모델을 통해 E/S 변환기에 알려준다. E/S 변환기는 변경된 미사일 속도를 입력하여 연속시간 모델인 미사일기동 모델을 구동시킨다. 미사일기동 모델의 시뮬레이션 결과로 미사일과 목표와의 거리가 0이 되면 S/E 변환기는 목표가 파괴(Destroy)되었다는 사건을 발생시켜 C2 모델에 알려주며 C2 모델은 파괴 상태를 전함의 기동 모델에 전달한다.

[슬라이드 4-2-19] 하이브리드 시뮬레이션 예 – 시뮬레이션 결과

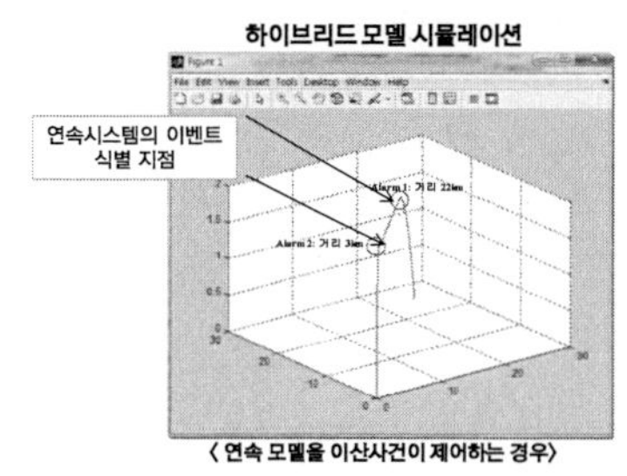

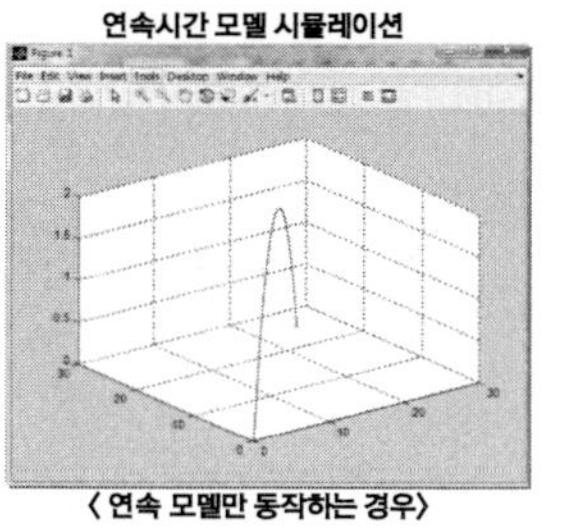

- ◆ 이산사건 모델에서 연속 모델 파라미터 제어 가능
  - ❖ Run-time에서 연속 모델(Missile Model)이 일정한 조건(ex. 거리)을 만족하면 이산사건 모델(Missile Control Model)에 보고함
  - ❖ 보고를 받은 이산사건 모델은 미리 정해진 규칙에 따라 미사일 운동방정식(파라미터)을 바꿀 수 있음
  - ➔ 환경에 따라 속성이 달라지는 무기체계 개발을 위한 M&S

[4-2-19]

함정에서 목표진지로 사격임무를 수행할 때 미사일 속도를 일정하게 유지하는 연속시간 모델의 시뮬레이션 결과와 미사일 속도를 조건(Alarm 1, Alarm 2)에 따라 변경시킨 하이브리드 모델의 시뮬레이션 결과를 도시하였다. 하이브리드 모델링에서는 이산사건 모델에서 연속시간 모델의 파라미터를 제어하는 기능을 구현할 수 있다. 하이브리드 시뮬레이션 도중에 연속시간 모델의 시뮬레이션에서 어떤 조건이 만족되면 이를 이산사건 모델에 보고한다. 보고를 받은 이산사건 모델은 미리 정해진 규칙에 따라 연속시간 모델의 파라미터를 변경하는 방식으로 진행된다. 무기체계를 운용하는 과정에서 운용환경에 따라 체계의 속성을 바꾸어 시뮬레이션할 수 있는 M&S 기술은 미래 무기체계 개발을 위한 중요한 M&S 기술이다.

4.3 DEVS 시뮬레이션 엔진

[4-3-1] DEVS 시뮬레이션 엔진 = DEVS 함수 실행기

시뮬레이션 엔진의 3대 기능은 모델 실행, 시간진행 관리 및 데이터 전달이라고 하였다. 모델이 DEVS 형식론으로 주어진 경우 DEVS 엔진은 정해진 시간과 조건이 만족될 경우 DEVS 모델에서 정의된 함수들을 실행시키는 역할을 한다. 그림에 나타낸 것과 같이 DEVS 모델링에서는 원자모델을 3S4F(3개의 집합과 4개의 함수)로 표현한다. 결합모델은 3개의 집합과 3개의 관계(Relation) 및 1개의 함수로 표현되지만, 3S4F(3개의 집합과 4개의 함수)로 구현한다.

원자모델의 함수들은 외부입력사건이 발생하거나 내부사건(스케줄 시간 경과)이 발생할 때 실행된다. 결합모델의 함수들은 외부입력사건이 발생하거나 내부 모델들의 출력사건이

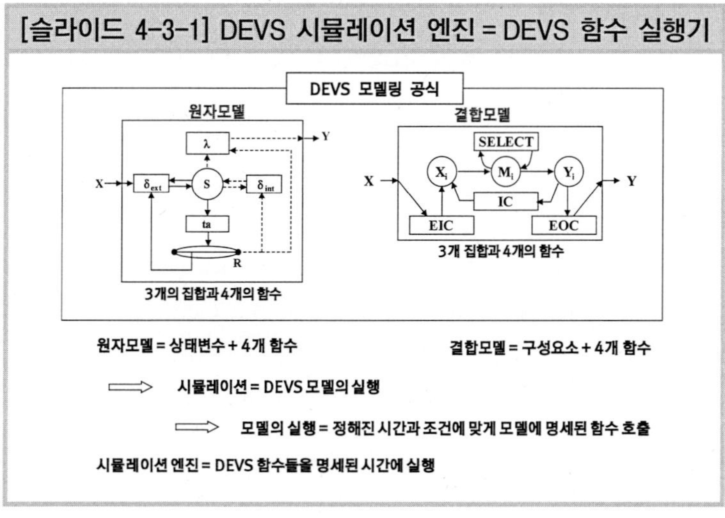

발생할 경우에 실행된다. DEVS 모델의 시뮬레이션은 DEVS 모델에 정의된 함수들을 정해진 시간과 조건에 맞추어 실행시키는 것을 의미한다. DEVS 시뮬레이션 엔진은 주어진 DEVS 모델 내에 포함된 모든 원자모델과 결합모델에서 정의한 함수들을 명세된 시간과 조건에 맞추어 실행시켜야 한다.

[슬라이드 4-3-2] DEVS 모델 실행을 위한 함수 및 호출 시점

	DEVS 함수	함수 호출 시점
원자 모델	$ta: S \rightarrow R(real)$ $\lambda: S \times R \rightarrow Y$ $\delta_{int}: S \times R \rightarrow Q$ $\delta_{ext}: Q \times X \rightarrow Q$	외부 천이 및 내부 천이 실행 직후 정해진 다음 시간 진행 시점 도달 시 정해진 다음 시간 진행 시점 도달 시 외부입력사건이 도착할 시
결합 모델	$EIC \subseteq DN.X \times \bigcup_i M_i.X_i$ $EOC \subseteq \bigcup_i M_i.Y_i \times DN.Y$ $IC \subseteq \bigcup_i M_i.Y_i \times \bigcup_i M_i.X_i$ $SELECT : 2^M - \varnothing \rightarrow M$	외부입력사건 도착 시 내부 컴포넌트의 출력사건 발생 시 내부 컴포넌트의 출력사건 발생 시 동일시간에 처리할 다수의 이벤트가 있을 시

[4-3-2]

DEVS 시뮬레이션 엔진은 DEVS 모델에 정의된 함수들을 정해진 시간과 조건에 맞게 호출하는 것이라 하였다. 슬라이드에는 원자모델과 결합모델에서 정의된 함수들의 호출시점을 나타내었다. 원자모델에 정의된 함수의 호출시점은 함수 정의의 화살표 왼쪽에 있는 집합(도메인 집합)이 변경되는 때이다. 예를 들면, 시간전진 함수로 정의된 ta: S → R의 도메인 집합은 S(상태변수 집합)이므로 ta의 호출시점은 S가 변하는 시점으로 외부 상태천이 또는 내부 상태천이가 일어난 직후가 된다. 출력 함수와 내부 상태천이 함수의 경우에 도메인 집합은 S × R이며 R = ta(s), 즉 현재 상태 s에서 정해진 스케줄 시간 ta(s)가 경과된 시점에 호출된다. 외부 상태천이 함수의 도메인 집합은 Q × X이며 외부입력사건 X가 도달할 때 호출된다.

결합모델은 1개의 함수와 3개의 관계로 명세된다. 결합모델의 구성요소들 사이의 연결 명세를 정의한 관계(Relation)는 모델을 구현할 때 (1:N)을 허용하는 함수로 구현한다. 시뮬레이션 엔진에서 연결 명세 관계를 실행하기 위해서는 연결 명세에 정의된 관계의 첫 번째 집합(관계 정의 식에서 × 기호의 왼쪽 항)이 변경될 때 호출하면 된다. 예를 들면, EIC 관계 정의에서 첫 번째 집합은 DN.X이며 DN.X가 바뀌는 시점은 결합모델 DN이 외부사건 X를 받는 시점으로 이때 EIC(External Input Coupling: 외부입력 연결관계)가 호출되어야 한다. IC(Internal Coupling: 내부 연결관계) 및 EOC(Extenal Output Coupling: 외부출력 연결관계)의 첫 번째 집합 ∪Mi.Yi는 모든 내부 모델들(Mi)의 출력사건 집합(Yi)이므로 어떤 내부 모델이라도 출력을 발생시킬 경우 IC 및 EOC가 호출된다. SELECT 함수는 동일시간에 처리해야 할 사건을 출력하는 모델이 2개 이상 있을 때, 즉 내부 모델들의 멱집합(2^M)의 원소가 2개 이상일 경우에 호출된다.

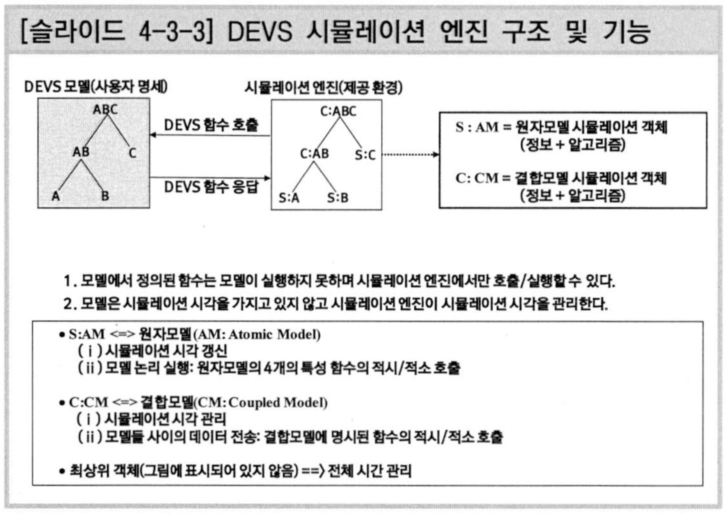

[4-3-3]

DEVS 시뮬레이션 엔진의 구조는 DEVS 모델의 구조와 동일하다. 모델 내부에는 시뮬레이션 시각 정보가 없으며, 이 정보는 시뮬레이션 엔진에서 관리한다. DEVS 모델을 원자모델과 결합모델로 구분하는 것과 같이 엔진에서도 원자모델을 시뮬레이션하는 객체(객체지향 프로그램 관점에서의 객체)와 결합모델을 시뮬레이션하는 객체를 분리하여 정의한다. 원자모델을 시뮬레이션하는 객체를 S:AM(AM: Atomic Model—원자모델)이라 정의하고 결합모델을 시뮬레이션하는 객체를 C:CM(CM: Coupled Model—결합모델)이라 정의한다. 각 시뮬레이션 객체는 원자모델 또는 결합모델을 시뮬레이션하기 위한 데이터 및 알고리즘을 가지고 있다. S:AM은 원자모델의 시뮬레이션 시각을 관리하며 모델 내부의 함수를 호출한다. C:CM은 결합모델의 시뮬레이션 시각을 관리하며 모델 내부의 관계(함수)를 호출하여 모델들 사이의 데이터 교환을 지원한다. 모델의 구조와 관계없이 최상위에는 시뮬레이션의 전체 시간을 관리하는 객체를 정의한다.

[슬라이드 4-3-4] 계층적 시뮬레이션 엔진

- ◆ 계층적 엔진 구조 = DEVS 계층적 모델 구조
- ◆ 엔진 구성 객체들 사이의 계층적 협업
- ◆ 계층적 시뮬레이션 알고리즘
  - ❖ 다음 시뮬레이션 시각 계산(전역 이벤트 리스트 사용하지 않음)
  - ❖ 모델 실행(함수 호출)
  - ❖ 메시지 전송
- ◆ 분산 알고리즘
  - ❖ 전역 정보를 가지고 있지 않음
  - ❖ 순차적 컴퓨팅 환경에서 구현 가능
  - ❖ 분산/병렬 시뮬레이션 환경에서 구현 용이
- ◆ 시간관리 개념: 모델이 계산한 상대적 시간진행 값인 ta(Duration)를 받아서 현재 시간 t에 더하여 절대 시간으로 변환

[4-3-4]

DEVS 엔진의 구조는 DEVS 모델의 구조와 동일한 계층적 구조를 가지며, 시뮬레이션 진행은 계층구조의 노드에 해당하는 엔진 구성 객체들 사이의 계층적 협업으로 이루어진다. 계층적 시뮬레이션 엔진은 일반 시뮬레이션 엔진과 같은 3가지 기능, 즉 시간진행 관리, 모델 실행 및 메시지 전송을 계층적 협업을 통해서 수행한다. DEVS 엔진의 특징은 분산 시뮬레이션 알고리즘을 사용하면서도 시간관리, 데이터 전송 등에서 전역 정보를 갖지 않는 것이다. 따라서 DEVS 엔진의 시뮬레이션 알고리즘은 순차적 컴퓨터 환경이나 분산/병렬 환경에서 모두 구현이 가능하다. DEVS 엔진에서 시간관리 개념은 모델에서 계산한 상대적 시간진행 값 ta(.)를 받아서 현재 시간 t에 더하여 (t + ta(.)) 다음 시뮬레이션 시각을 계산하는 것이다.

[4-3-5] S:AM에서 원자모델 AM의 시간관리

원자 DEVS 모델 AM의 시뮬레이션 객체인 S:AM은 원자모델의 시간진행 관리 및 모델의 함수 호출을 통하여 모델을 실행시킨다. 모델에서 시간명세 상태 Q는 $Q = S \times R$로 정의되며 시뮬레이션 과정에서 상태 S값의 천이 과정은 AM이 관리하고 경과시간 R은 S:AM의 시간관리에 사용된다. S:AM이 관리하는 현재 시뮬레이션 시각 t는 모델에서 제공하는 상대적 시간값인 ta(s)를 사용하여 $t = t + ta(s)$로 계산된다. 현재 시뮬레이션 시각 t를 기준으로 바로 이전에 실행한 시뮬레이션 시각 tL(last simulation time)과 다음 시뮬레이션 시각 tN(next simulation time)이 정의된다. 따라서 다음 시뮬레이션 시각인 tN은 $tN = tL + ta(s)$로 계산되며, tL에서 현재 시뮬레이션 시각 t까지의 경과시간 e(elapsed time)는 $e = t - tL$로 계산된다.

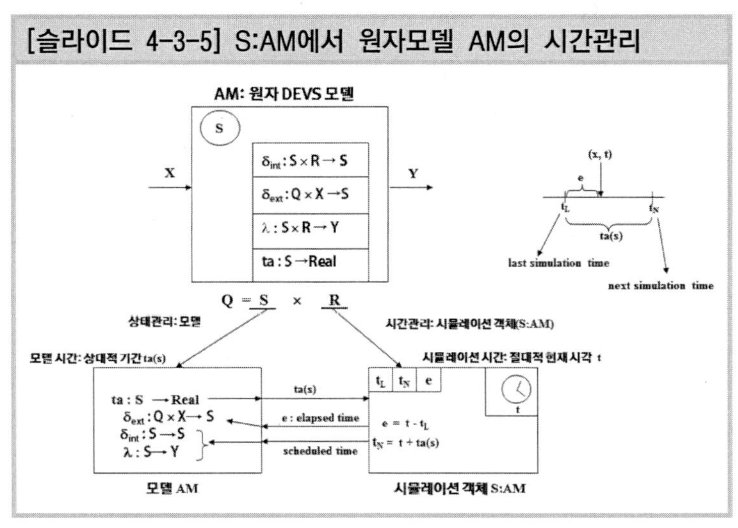

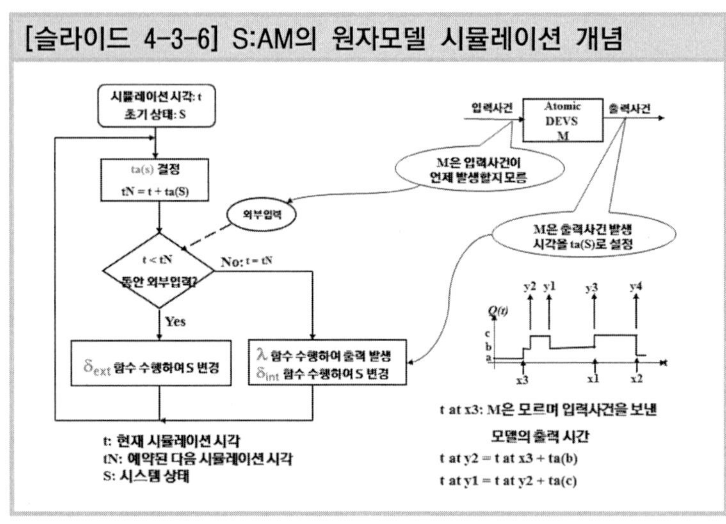

[4-3-6]

여기서는 원자 DEVS 모델의 시뮬레이션 객체인 S:AM의 시뮬레이션 개념을 설명한다. 먼저 S:AM에서 관리하는 현재 시뮬레이션 시각을 t로, 모델에서 관리하는 상태변수 값을 S로 초기화하였다. S:AM은 모델로부터 받은 ta(s)를 참고하여 다음 시뮬레이션 시각 tN = t + ta(S)를 계산한다. S:AM은 미리 계산된 tN 시간까지 외부에서 입력이 없으면 모델의 출력 함수(λ)와 내부 상태천이 함수(δ_{int})를 호출한다. S:AM은 모델로부터 내부 상태천이 함수를 실행하여 갱신된 S값에 대한 ta(S)를 넘겨받은 후 다음 시뮬레이션 시각을 tN = t + ta(S)로 설정한다. 외부입력을 받는 경우에 S:AM은 모델이 외부 상태천이 함수(δ_{ext})를 실행하여 상태를 천이(갱신)하고 새로운 상태에서 계산된 ta(s)값을 넘겨받는다.

원자모델 M의 출력사건 발생 시각은 M에서 미리 정할 수 있지만, 입력사건 발생 시각은 M에 입력을 보내는 다른 모델의 출력사건 발생 시각이 되므로 미리 알 수 없다. M의 출력사건은 현재 상태 s에서 계산된 ta(s) 시간 동안 외부입력이 없으면 발생한다. Q(t)는 시간이 경과함에 따른 모델 M의 상태천이를 도식화한 것으로 외부입력사건 X = {x1, x2, x3}, 상태집합 S = {a, b, c}, 출력사건 Y = {y1, y2, y3, y4}이다. 입력사건의 도착순서는 x3 → x1 → x2이며 도착할 때마다 외부 상태천이가 발생되는 것을 표시하였다. 내부 상태천이는 x3과 x1 사이에서 입력이 들어오지 않는 상태에서 발생되어 c → b 및 b → c의 상태변화가 관찰되며, 내부 상태천이와 동시에 출력사건 y2 및 y1이 발생한다.

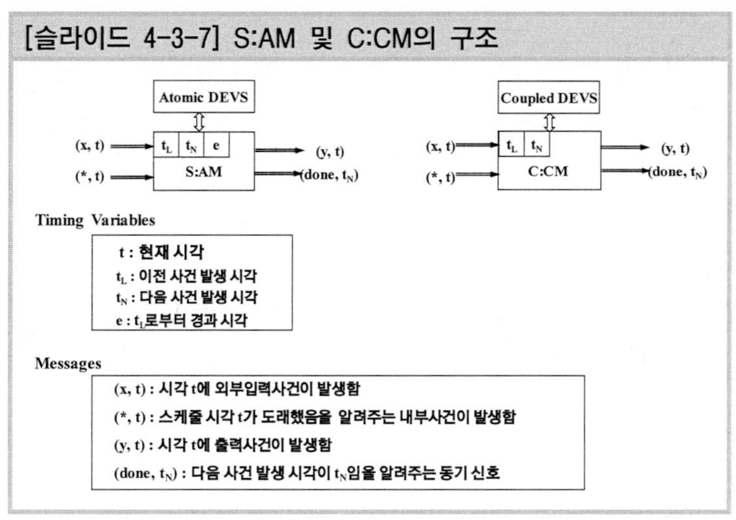

[4-3-7]

DEVS 원자모델 및 결합모델의 시뮬레이션 객체인 S:AM과 C:CM의 구조를 살펴보면 S:AM은 원자모델, C:CM은 결합모델과 쌍(Pair)으로 구성된다. 두 객체는 모두 2개의 입력과 2개의 출력을 가지고 있고, 내부적으로 tL(이전 시뮬레이션 시간) 및 tN(다음 시뮬레이션 시간) 값을 유지한다. S:AM은 추가적으로 e(경과시간) 값을 가지고 있다. S:AM과 C:CM의 입/출력으로 사용된 (x, t) 및 (y, t)는 각각 현재 시각 t에 입력사건(메시지) x와 출력사건 y가 발생했다는 의미이다. (*, t)는 현재 시각 t가 이미 스케줄된 다음 시뮬레이션 시각 tN에 도달했다는 의미이다. (done, tN)은 지금 막 다음 시뮬레이션 시각 tN값을 구했다는 의미이다. 여기서 주의할 점은 모델의 입력과 출력이 S:AM 및 C:CM를 통해서 전달된다는 것이다.

[4-3-8] S:AM의 원자모델 시뮬레이션 알고리즘

DEVS 원자모델의 시뮬레이션 객체인 S:AM의 시뮬레이션 알고리즘에 대해 설명한다. 먼저 S:AM은 “Wait” 상태에서 2가지 입력을 기다린다. 입력 (x, t)가 도착했다는 것은

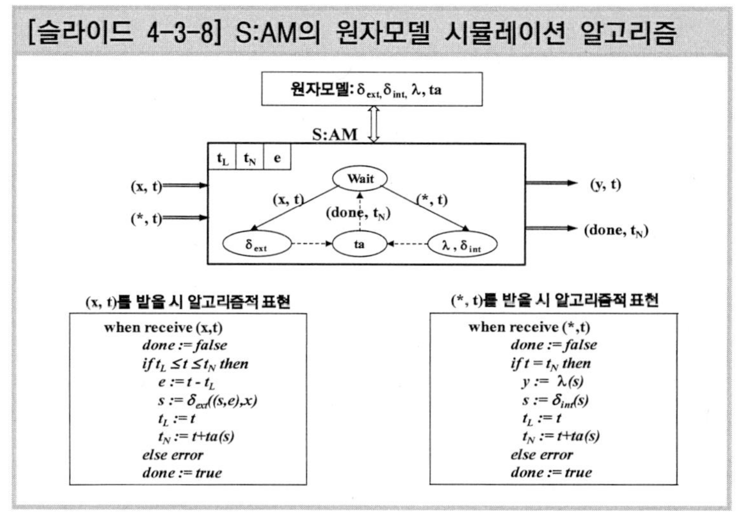

모델 외부에서 입력이 들어왔다는 것이고 입력 (*, t)가 도착했다는 것은 이미 스케줄된 시간 tN에 도달했다는 것이다. 따라서 S:AM은 (*, t = tN)이 도착했을 때 모델의 출력 함수와 내부 상태천이 함수를 호출한 후 새로운 상태에서 계산된 ta값을 받아서 다음 시뮬레이션 시각 tN을 계산하여 이를 (done, tN) 메시지 형태로 출력한다. 마찬가지로, S:AM은 (x, tL ≤ t ≤ tN)이 도착하면 모델의 외부 상태천이 함수를 호출한 후 새로운 상태에서 계산된 ta값을 받아서 다음 시뮬레이션 시각 tN을 계산하여 이를 (done, tN) 메시지 형태로 출력한다.

그림의 아랫부분에 제시한 2개의 알고리즘은 S:AM이 위에서 설명한 2가지 입력 (*, t) 및 (x, t)를 받았을 때(when receive...) 각각 처리해야 할 일을 기술한 것이다. 오른쪽 알고리즘에서 (*, t)의 도착시각 t = tN이지만 "if t = tN" 문장으로 다시 확인하는 것은 시뮬레이션 과정에서 발생할 수도 있는 시스템 오류를 검증하기 위함이다. 마찬가지로, 왼쪽 알고리즘에서도 (x, t)의 도착시각 t는 tL 이후에서 tN 이전까지의 시점이지만, 오류 검증을 위해 이를 다시 확인하는 것이다.

[4-3-9] C:CM의 결합모델 시뮬레이션 알고리즘

DEVS 결합모델의 시뮬레이션 객체인 C:CM의 시뮬레이션 알고리즘에 대해 설명한다. 먼저 C:CM은 "Wait" 상태에서 2가지 입력이 도착되기를 기다린다. 입력 (x, t)가 도착했다는 것은 모델 외부에서 입력이 들어왔다는 것이고, 입력 (*, t)가 도착했다는 것은 이미 스케줄된 시간 tN에 도달했다는 것이다. 먼저, C:CM이 (x, t)를 받으면 결합모델의 EIC를 이용해서 C:CM과 연결된 모든 컴포넌트 시뮬레이션 객체(S:AM 또는 C:CM)를 찾아서 (x, t)를 보낸 후 이들 모두가 (x, t)를 처리할 때까지 기다린다. (x, t)를 처리한 각 컴포넌트 객체는 C:CM에게 자신의 tN을 보내게 되며, C:CM은 이들 중 최소의 tN값을 선택하여 (done, tN)으로 출력한다.

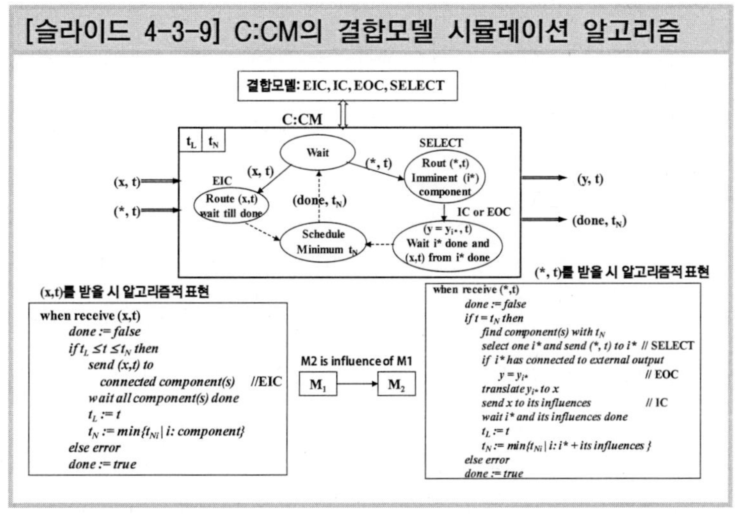

C:CM이 (*, t)를 받을 경우는 조금 더 복잡해진다. C:CM은 컴포넌트 시뮬레이션 객체 중 tN값이 가장 작은 객체를 찾아내야 한다. 만약 찾아낸 객체가 2개 이상일 경우에는 결합모델의 SELECT 함수를 이용하여 우선순위를 갖는 객체 i*를 결정한 후 해당 객체에 (*, t)를 보내게 된다. 객체 i*의 출력은 C:CM 내부 컴포넌트 객체의 입력과 연결(IC에서 명세함)되어 있거나 외부출력(C:CM의 출력)과 연결(EOC에서 명세함)되어 있다. 만약 i*가 외부출력과 연결되어 있다면 (y = y_i*, t)로 출력한다. i*의 출력이 내부 컴포넌트 객체의 입력과 연결되어 있다면 i*의 출력 (y_i*, t)를 연결된 컴포넌트들(influences)의 (x, t)로 보낸다. i*의 (*, t) 처리와 컴포넌트들의 (x, t) 처리가 모두 끝난 후 tL을 현재 시간으로 수정하고 i*와 컴포넌트들로부터 받은 모든 tN값 중 최솟값을 선택하여 (done, tN)으로 출력한다. 그림 아래에 제시한 2개의 알고리즘은 C:CM이 위에서 설명한 2가지 입력 (*, t) 및 (x, t)를 받았을 때(when receive...) 각각 처리해야 할 일을 기술한 것이다.

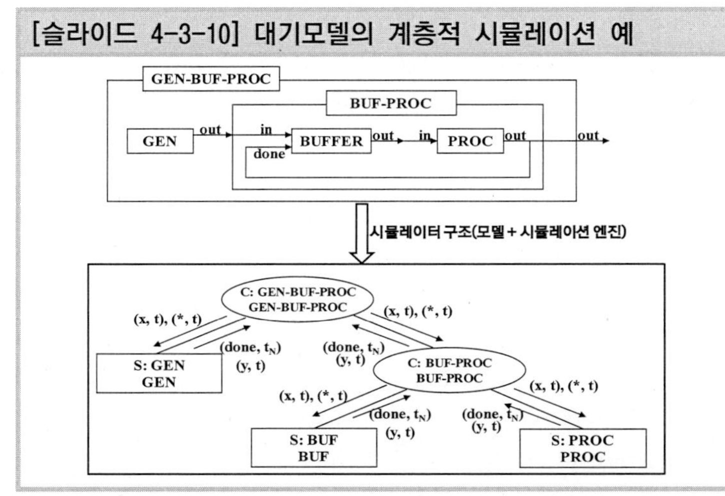

[4-3-10]

DEVS 모델의 계층적 시뮬레이션 과정을 간단한 대기(queue or buffer) 시스템 모델링의 예를 통해서 알아보자. 이 시스템 모델의 최상위 결합모델은 GEN-BUF-PROC로, GEN 원자모델과 BUF-PROC 결합모델로 구성되어 있으며 BUF-PROC 결합모델은 BUF와 PROC로 구성되어 있다. S:GEN, S:BUF 및 S:PROC는 각각 원자모델 GEN, BUF, PROC를 시뮬레이션하는 객체이며, C:BUF-PROC 및 C:GEN-BUF-PROC는 각각 결합모델 BUF-PROC 및 GEN-BUF-PROC를 시뮬레이션하는 객체이다. 모델과 이를 시뮬레이션하는 객체가 1:1로 대응하는 쌍으로 구성되므로 모델의 구조와 시뮬레이션의 구조는 동일한 계층구조를 갖는다. 그림에서 (x, t), (*, t), (y, t), (done, tN)은 앞에서 설명한 것과 같이 모델과 1:1로 대응되는 시뮬레이션 객체의 입/출력이다.

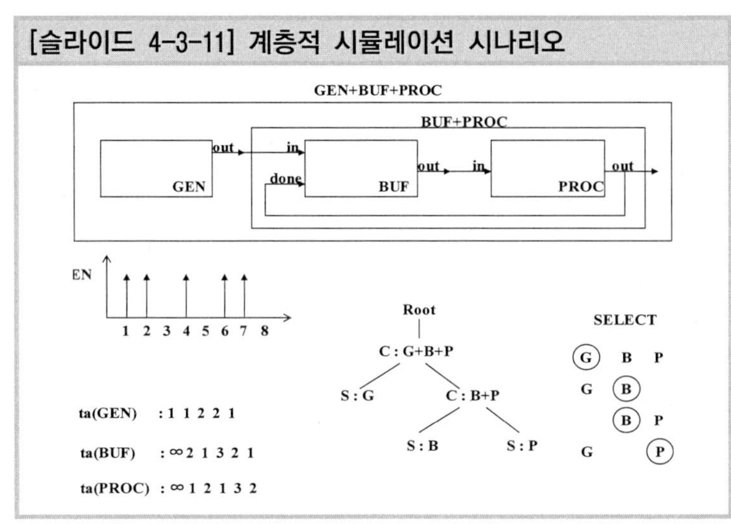

[4-3-11]

시뮬레이션 시나리오를 살펴보기 위해서 각 모델의 시간전진 값 ta를 명세하였다. 먼저, 원자모델 GEN의 ta값이 (1, 1, 2, 2, 1)이므로, 출력은 그림에서와 같이 t = 1, 2, 4, 6, 7에서 발생한다. 원자모델 BUF의 ta값은 (∞, 2, 1, 3, 2, 1)로 정의하며, 원자모델 PROC의 ta값은 (∞, 1, 2, 1, 3, 2)로 정의한다. SELECT 함수는 3개 모델 중 2개 이상의 모델들이 동시에 스케줄되는 모든 경우를 고려하여 실행 우선순위를 정의하였다. 예를 들면, SELECT 함수의 첫째 행의 의미는 GEN, BUF, PROC 모델에서 동일시간에 실행할 스케줄이 발생하면 GEN(Ⓖ)을 먼저 실행시킨다는 것이다. 둘째 행은 GEN과 BUF 모델에서 동일시간에 실행해야 할 스케줄이 있을 때 BUF(Ⓑ)를 먼저 실행시킨다는 의미이다.

[4-3-12] 계층적 시뮬레이션 과정

DEVS 결합모델 GEN+BUF+PROC의 계층적 시뮬레이션 과정을 시간순으로 추적하기로 한다. 계층적 시뮬레이션 구조에서 맨 위에 추가된 Root는 전체 시뮬레이션 시간을 관리하는 객체이다. 표에서 첫 번째 행은 각 모델들의 시뮬레이션 객체들을 나열한 것이며 현재 시뮬레이션 시각을 t로 표시하였다. 첫 번째 열에는 해당 행에서 시뮬레이션 객체들이 화살표 방향으로 보내는 메시지인 (done, tN), (*, t) 등을 기록하였다. 초기 상태에서 원자모델

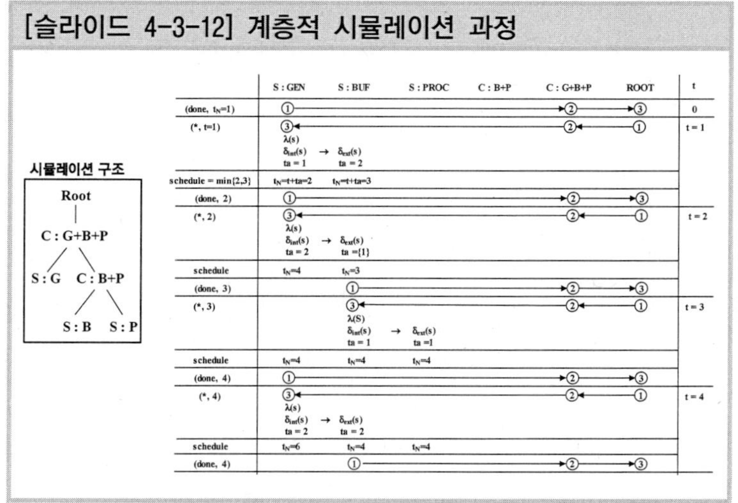

GEN, BUF, PROC의 ta 값들은 앞 슬라이드에서 정의한 것과 같이 각각 1, ∞, ∞이다.

시뮬레이션 시작 시간인 t = 0에서 다음 시뮬레이션 시각을 결정하기 위해서는 시뮬레이션 객체들이 각자의 tN값을 계산하여 계층구조상의 부모객체에 보고하는 것이 필요하다. 두 번째 행은 (done, tN=1) 메시지를 ① → ② → ③순으로 보고(전달)하는 과정을 보여준다. S:BUF와 S:PROC의 tN값은 현재 시각 t = 0에서 모델 BUF와 PROC의 ta = ∞ 값을 더한 값으로, tN = ∞를 각각 C:B+P에 보고한다. 보고를 받은 C:B+P는 이 중에 작은 값을 찾아 (done, tN=∞) 메시지를 C:G+B+P에 보고한다. 이와 동시에 S:G는 자신의 tN값을 GEN의 ta값으로부터 계산하여 (done, tN=1)을 C:G+B+P에 보고한다. S:GEN과 C:B+P로부터 tN값을 보고받은 C:G+B+P는 이들 중 작은 값인 S:GEN의 (done, tN=1)을 Root에 보고한다. 표에서 (done, tN=∞)의 보고과정은 표시하지 않았다.

(done, tN=1)을 보고받은 Root는 t =1로 시뮬레이션 시각을 변경한 후 (*, t=1)을 자식객체인 C:G+B+P에 내려준다. 세 번째 행은 (*, t=1) 메시지를 ① → ② → ③순으로 전달하는 과정을 보여준다. C:G+B+P는 S:GEN과 C:B+P 중 다음 시뮬레이션 시각이 1인 S:GEN에 (*, t=1)을 내려준다. (*, 1)을 받은 S:GEN은 [슬라이드 4-3-8]에 제시한 알고리즘 "when-receive-(*, t)"를 수행하여 모델 GEN의 출력 함수(λ)와 내부 상태천이 함수(δ_{int})를 수행하고, 시간전진 함수(ta)를 실행하여 tN = t + ta를 계산한 후 (done, tN=2)를 C:G+B+P에 보고한다. S:GEN의 출력은 같은 시각에 부모객체인 C:G+B+P에 전달되고 C:G+B+P는 [슬라이드 4-3-9]에 제시된 알고리즘에 의해 C:B+P를 통해서 S:BUF에 입력사건 (x, t)의 형태로 전달된다.

입력사건 (x, t=1)을 전달받은 S:BUF는 모델 BUF의 외부 상태천이 함수(δ_{ext})를 실행하고 시간전진 함수(ta)를 실행시켜 tN을 계산한 후 (done, tN=3)을 C:B+P에 보고하며 C:B+P는 이를 C:G+B+P에 보고한다. S:GEN의 (done, tN=2)와 S:BUF의 (done, tN=3)을 보고받은

C:G+B+P는 최솟값인 S:GEN의 (done, tN=2)를 선택하여 Root에 보고한다. Root는 현재 시각을 t = 2로 갱신하고 (*, t=2)를 C:G+B+P에 내려주면 C:G+B+P는 앞서 설명한 과정을 통해 (*, 2)를 S:GEN에 전달함으로써 시뮬레이션이 계속된다.

독자들은 시뮬레이션의 전체 과정을 이해하기 위하여 표의 나머지 부분을 추적해 보기 바란다. tN = 4에서는 S:GEN, S:BUF, S:PROC가 동시에 스케줄되므로 앞 슬라이드에서 정의한 우선순위에 따라 S:GEN이 먼저 실행된 후 S:BUF가 실행된다. 여기서 주의할 점은 동시에 스케줄된 모델이 1개 이상일 경우, 모든 모델이 실행될 때까지 시뮬레이션 시각은 갱신되지 않는다는 것이다. 따라서 S:GEN과 S:BUF가 동시에 스케줄된 경우 S:GEN이 먼저 실행되지만 S:GEN의 시뮬레이션 시각과 나중에 실행되는 S:BUF의 시뮬레이션 시각은 t = 4로 동일하다는 것이다.

4.4 객체지향적, 계층적 DEVS M&S 환경

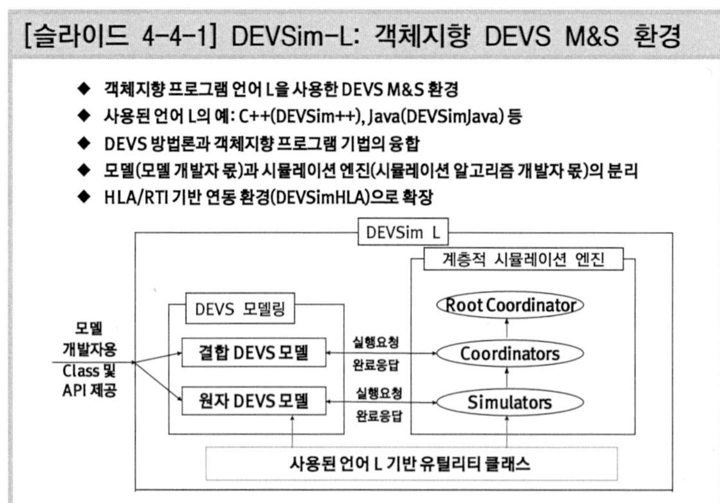

[4-4-1]

DEVS 모델링 형식론은 대상 시스템을 부 시스템으로 나눈 후 이들 부 시스템 각각을 객체모델로 매핑하여 객체의 동작과 상호작용을 명세하는 객체지향적 모델링 틀이다. DEVS M&S 환경은 대상 시스템을 DEVS 형식론으로 모델링하고 객체지향적 프로그래밍 언어를 사용하여 시뮬레이션할 수 있어야 한다. 객체지향언어 L을 사용하여 구현된 DEVS M&S 환경을 DEVSim-L이라 하자. 실제로 구현에 사용된 L로는 C++와 Java가 대표적인데, 각각의 환경을 DEVSim++ 및 DEVSimJava라고 부른다. DEVSim-L 구현은 DEVS 형식론과 객체지향 프로그램 기법을 융합한 것으로 모델링 환경과 시뮬레이션 엔진이 완전히 분리되어 있다. 또한 HLA/RTI 기반 연동 시뮬레이션 환경으로 확장이 용이하다.

DEVSim-L의 모델 개발자용 인터페이스(API)는 개발자가 원자 및 결합 DEVS 모델을 구현하는 데 사용할 수 있으나 시뮬레이션 엔진은 모델 개발자(사용자)가 접근할 수 없다. 앞에서 설명한 것과 같이, DEVS 시뮬레이션 엔진은 DEVS 모델의 구조와 동일한 계층적 구조를 가지며 각 부 모델과 엔진의 시뮬레이션 객체는 1:1 쌍으로 존재한다. 원자모델의 시뮬레이션 객체를 Simulator, 결합모델의 시뮬레이션 객체를 Coordinator, 그리고 전체 시간 관리자를 Root Coordinator라고 부른다. 시뮬레이션은 시뮬레이션 엔진을 구성하는 시뮬레이션 객체에 의해 통제된다. 엔진의 Simulator와 Coordinator는 각각 대응하는 원자모델과 결합모델에 실행요청을 하고 각 모델들은 실행결과를 대응하는 시뮬레이션 객체에 전달한다.

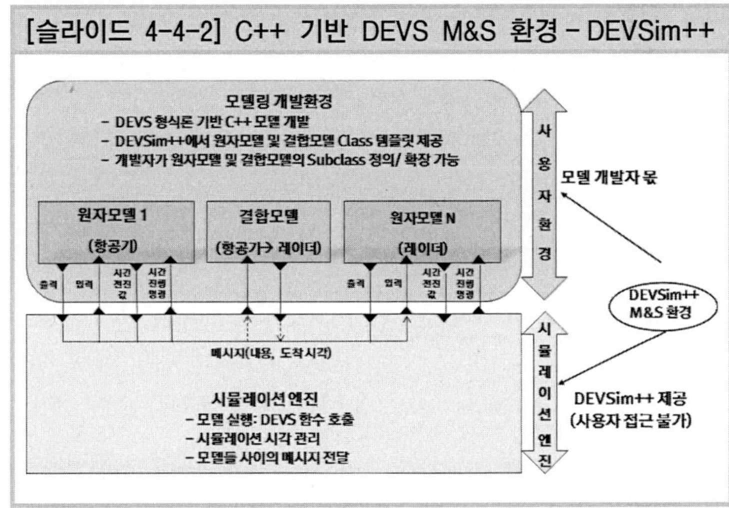

[4-4-2]

DEVSim++는 사용자가 대상 시스템을 DEVS 형식론으로 모델링하고 객체지향 언어인 C++를 사용하여 시뮬레이션할 수 있는 환경이다. 사용자는 주어진 환경에서 제공하는 원자 및 결합 DEVS 모델의 Class 템플릿 API를 사용하여 DEVS 모델을 개발한다. 모델 개발자는 DEVSim++에서 제공하는 원자 및 결합모델 Class로부터 필요로 하는 원자/결합모델의 Subclass들을 정의/확장하여 사용할 수 있다. 시뮬레이션 엔진은 앞에서 설명한 3가지 기능인 모델 실행, 시간관리 및 메시지 전달 기능을 수행하며 사용자에 의한 직접적인 접근은 불가능하다.

[4-4-3] DEVSim++에서 원자모델 Class 템플릿

DEVSim++에서 정의한 CAtomic class는 원자 DEVS 모델 구현을 위한 템플릿으로 DEVS 형식론의 3S4F와 1:1로 대응시켜 정의하였다. 원자모델 형식론에서 정의한 입력

[슬라이드 4-4-3] DEVSim++에서 원자모델 Class 템플릿

DEVS 원자모델 M = < X, Y, S, δ_{ext}, ta, δ_{int}, λ >	
모델 구성요소	class CAtomic(원자모델 C++ 클래스) 인터페이스
X	bool AddInPorts(int num, ...);
Y	bool AddOutPorts(int num, ...);
S	Member Variable
δ_{ext}	bool ExtTransFn(const CMessage &)
δ_{int}	bool IntTransFn()
λ	bool OutputFn(CMessage &)
ta	TimeType TimeAdvanceFn()

및 출력사건 집합인 X와 Y는 CAtomic class에서 각각 AddInPorts(...)와 AddOutPorts(...) 함수를 사용하여 추가하도록 하였다. 원자모델에서 상태변수 S는 CAtomic class의 멤버변수로 선언하고, 필요한 변수들을 선언하면 된다. 4개의 함수들은 CAtomic class의 멤버함수로 선언하여 표에 제시한 파라미터와 함께 사용자가 사용할 수 있다.

[슬라이드 4-4-4] DEVSim++에서 결합모델 템플릿

DEVS 결합모델 DN = 〈 X,Y, M, EIC, EOC, IC, SELECT〉	
모델 구성요소	class CCoupled(결합모델 C++ 클래스) 인터페이스
X	bool AddInPorts(int num, ...);
Y	bool AddOutPorts(int num, ...);
M	bool AddComponents(int num, ...);
EIC, EOC, IC	bool AddCoupling(CModel *src_model, const char *src_port, CModel *dst_model, const char *dst_port);
SELECT	bool SetPriority(int num, ...);

[4-4-4]

DEVSim++에서 정의한 CCoupled class는 결합 DEVS 모델 구현을 위한 템플릿으로 DEVS 형식론의 3S4F와 1:1로 대응시켜 정의하였다. 결합모델 형식론에서 정의한 입력사건 집합(X), 출력사건 집합(Y) 및 컴포넌트 집합(M)은 각각 CCoupled class에 정의된 AddInports(...), AddOutports(...) 및 AddComponents(...) 함수를 통해 원하는 개수의 원소들을 정의함으로써 구현할 수 있다. 결합모델 형식론에서 정의한 EIC, EOC 및 IC는 CCoupled class에 정의된 AddCoupling(...) 함수를 통해 원하는 개수의 연결 명세를 정의함으로써 구현할 수 있다. 결합모델 형식론에서 정의한 SELECT 함수는 CCoupled class에서 SetPriority(...) 함수로 구현되며, 이를 통해 모델 간의 우선순위를 순차적으로 나열할 수 있다.

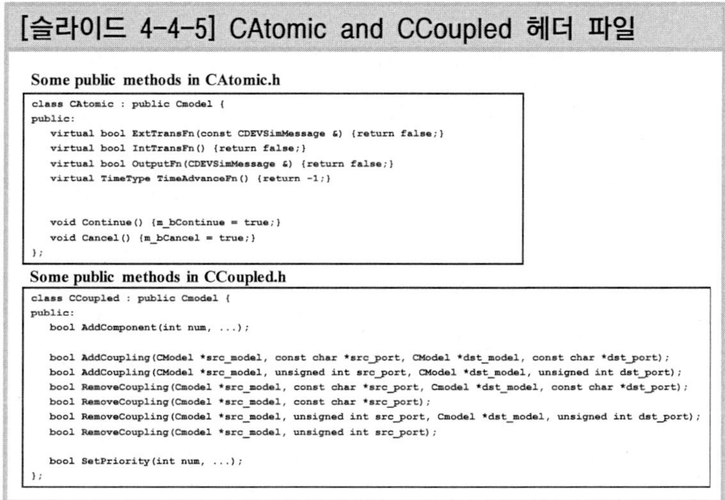

[4-4-5]

DEVSim++는 Cmodel class를 최상위 class로 정의하여 필요한 함수들을 구현하였고 CAtomic class와 CCoupled class를 자식 클래스로 정의하였다. 이 슬라이드에는 CAtomic class 및 CCoupled class에서 사용되는 함수들의 프로토타입을 정의하는 헤더파일로서 CAtomic.h와 CCoupled.h를 나타내었다. CAtomic class는 Cmodel class를 상속받으며 원자모델의 4개 함수에 대한 정의와 스케줄링과 관련된 추가적인 API로 Continue() 및 Cancel() 함수들의 프로토타입을 정의하였다. CCoupled class도 CModel class를 상속받으며, 결합모델의 연결 명세는 추가와 제거를 위한 API 함수로 각각 AddCoupling(...)과 RemoveCoupling(...)을 정의할 수 있다.

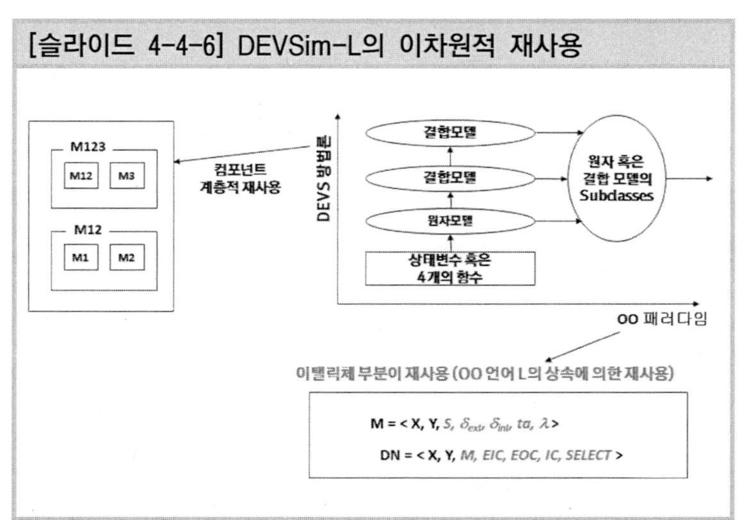

[4-4-6]

DEVSim-L 환경에서 모델 재사용은 이차원적으로 생각해 볼 수 있다. Y축 방향의 재사용은 DEVS 형식론의 모듈화된 계층적 구조로부터 얻을 수 있는 컴포넌트 재사용이다. X축 방향의 재사용은 객체지향 언어가 제공하는 상속(Inheritance) 특성을 이용하여 원자모델 또는 결합모델의 자식 모델(Subclass)을 개발하는 것이다. Y축의 계층적 재사용은 DEVS 형식론에서 원자모델을 사용하여 결합모델을 구성하고, 결합모델을 사용하여 또 다른 결합모델을 구성할 수 있는 속성을 이용하는 것이다. X축에 대응하는 객체지향 언어의 상속 특성에 의한 재사용은 원자모델과 결합모델 Class에서 정의된 멤버변수 및 멤버함수를 상속받아 새로운 원자모델 및 결합모델 Class를 정의할 수 있다는 것을 의미한다. 슬라이드의 아래쪽에 DEVS 형식론의 원자모델과 결합모델에서 정의된 변수 및 함수 중 개발자가 상속을 통해 구현할 수 있는 것들을 이탤릭체로 표시하였다.

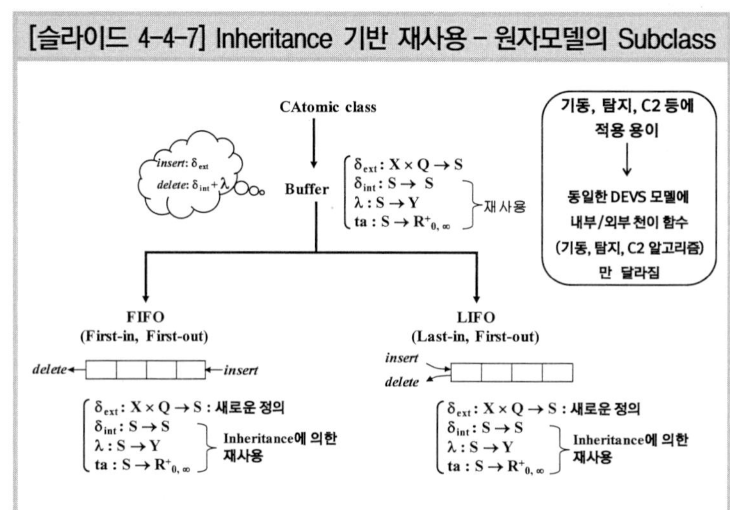

[4-4-7]

상속 기반 재사용은 원자모델 및 결합모델 모두에서 가능하다. 먼저 DEV Sim++에서 원자모델을 정의한 CAtomic class를 상속받아 Subclass를 개발해 보자. CAtomic class의 Subclass를 Buffer라고 하고 Buffer의 Subclass를 FIFO 및 LIFO로 정의하자. Buffer는 입력으로 들어오는 엔티티(예: 사람, 메시지 등)를 저장했다가 일정한 조건이 만족되면 출력으로 내보내는 모델이다. Buffer의 형태에는 먼저 들어온 것(First-In)을 먼저 출력(First-Out)하는 FIFO(First-In, First-Out)와 나중에 들어온 것(Last-In)을 먼저 출력(First-Out)하는 LIFO(Last-In, First-Out)가 있다.

그림에서와 같이 FIFO와 LIFO에 입력이 들어오는 연산을 insert, 출력을 내보내는 연산을 delete라고 하면, FIFO와 LIFO의 delete 연산은 모두 First-Out으로 동일하고 insert 연산만 달라진다. 여기서 입력연산 insert는 DEVS 원자모델에서 외부 상태천이 함수(δ_{ext})와 동일하며, 출력연산 delete는 DEVS 원자모델에서 출력 함수(λ)와 내부 상태천이 함수(δ_{int})의 합과 동일하다. 따라서 FIFO와 LIFO는 DEVS 원자모델의 4개 함수 중 외부 상태천이 함수만 다르고, 나머지 3개는 동일하다. FIFO와 LIFO의 부모 클래스인 Buffer는 FIFO와 LIFO에서 공통으로 사용되는 동일한 3개의 함수를 정의하여 FIFO와 LIFO에 상속시킨다. FIFO와 LIFO는 상속받은 3개의 함수를 그대로 재사용하고, 나머지 외부 상태천이 함수는

First-In과 Last-In에 맞게 구현한다.

상속에 의한 원자모델 재사용은 2개 이상의 원자모델들에서 각 원자모델에 정의된 4개의 함수 중 2개 이상만 같으면 이들의 부모 모델을 정의하면 된다. 국방 모델의 기동, 탐지, C2 원자모델들은 동작이 비슷한 경우가 많으므로 상속에 의한 재사용을 효과적으로 적용할 수 있다. 예를 들면, 탐지 알고리즘이 다른 여러 가지의 탐지장비를 원자모델로 구현한다고 가정해 보자. 그러면, 이들 장비의 원자모델들은 4개의 DEVS 함수 중 탐지 알고리즘을 실행하는 내부 상태천이 함수만 다르며 나머지 3개의 함수는 동일하다. 따라서 이들 장비의 부모 클래스를 정의하여 동일한 3개의 함수를 구현하고 자식 클래스에 상속시킨다. 장비들의 원자모델을 완성하기 위해서는 3개의 함수를 상속받은 자식 클래스들이 나머지 1개 함수인 내부 상태천이 함수만 구현하면 된다.

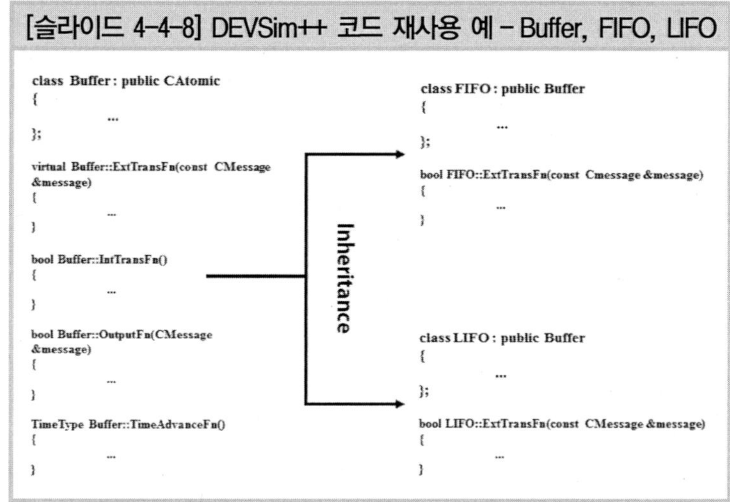

[4-4-8]

Buffer class의 정의가 자식 클래스인 FIFO 및 LIFO에 상속되어 재사용되는 예를 C++ 코드 수준으로 보여준다. Buffer는 앞 슬라이드에서 설명한 FIFO와 LIFO에서 공통으로 사용되는 3개의 함수(내부 상태천이 함수, 시간전진 함수, 출력 함수)를 정의하고 외부 상태천이 함수인 ExtTransFn(...)은 자식 클래스인 FIFO와 LIFO에서 각자의 특성에 맞게 정의하도록 virtual 함수 형태로 정의한다.

[4-4-9] Inheritance 기반 재사용 – 결합모델의 Subclass

결합모델의 연결 명세(Coupling Scheme)는 EIC, EOC, IC로 정의하며 결합모델 내부의 부 모델들과 외부세계와의 인터페이스(EIC, EOC) 및 부 모델들 사이의 인터페이스(IC)를 명세한다. 결합모델의 DEVSim++ 클래스인 CCoupled class에서 EIC, EOC, IC는 멤버함수로 구현된다. 모델개발 과정에서는 동일한 부 모델들을 사용하더라도 이들의 연결 명세(EIC,

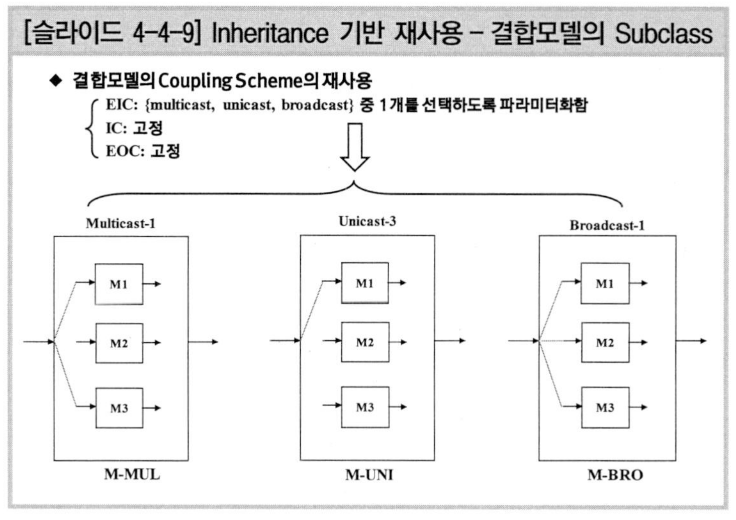

EOC, IC)를 다르게 함으로써 여러 가지 형태의 결합모델을 정의할 수 있다. 그림에서는 동일한 부 모델 M1, M2, M3를 사용하여 3가지 다른 결합모델인 M-MUL, M-UNI 및 M-BRO를 구성하였다. M-MUL, M-UNI 및 M-BRO의 연결 명세 중 IC와 EOC는 동일하게 유지하고 EIC만을 각각 multicast, unicast, broadcast로 정의하였다. multicast는 외부입력을 지정된 몇 개의 부 모델 입력과 연결하는 것, unicast는 외부입력을 한 개의 부 모델 입력과 연결하는 것, 그리고 broadcast는 외부입력을 모든 부 모델과 연결하는 것을 의미한다.

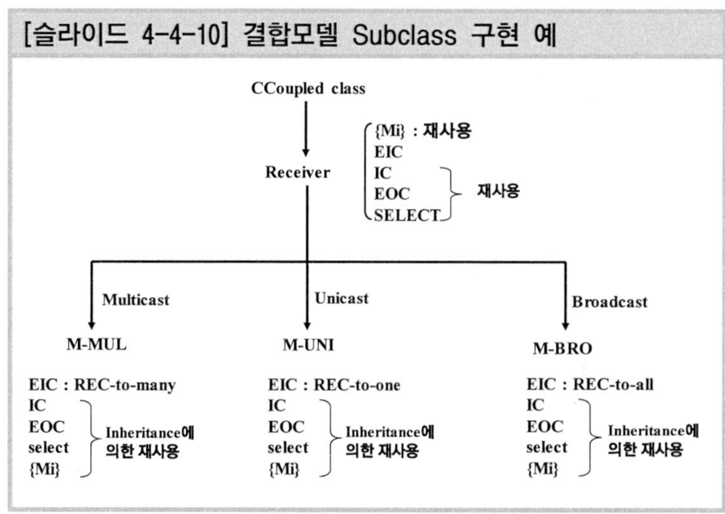

[4-4-10]

결합모델의 Subclass 구현은 DEVSim++에서 제공하는 CCoupled class를 부모 클래스로 사용해야 한다. 그림에서와 같이 CCoupled class의 Subclass를 Receiver로 정의하고 앞 슬라이드에서 정의한 M-MUL, M-UNI 및 M-BRO를 Receiver의 Subclass로 정의하였다. Receiver에서는 M-MUL, M-UNI 및 M-BRO에서 공통으로 사용할 구성요소 모델들({Mi})과 IC, EOC, SELECT를 정의하고 EIC는 정의하지 않는다. M-MUL, M-UNI 및 M-BRO는 Receiver에서 정의한 멤버변수({Mi})와 멤버함수(IC, EOC, SELECT)는 상속받아 재사용하면 되지만, Receiver에서 정의되지 않은 EIC는 자신들의 클래스에서 정의하여 사용한다. Receiver의 Subclass를 개발할 때 위에서 설명한 EIC를 파라미터화시키는 것 외에도 EOC 및 IC를 파라미터화하여 재사용함으로써 다양한 형태의 결합모델을 개발할 수 있다.

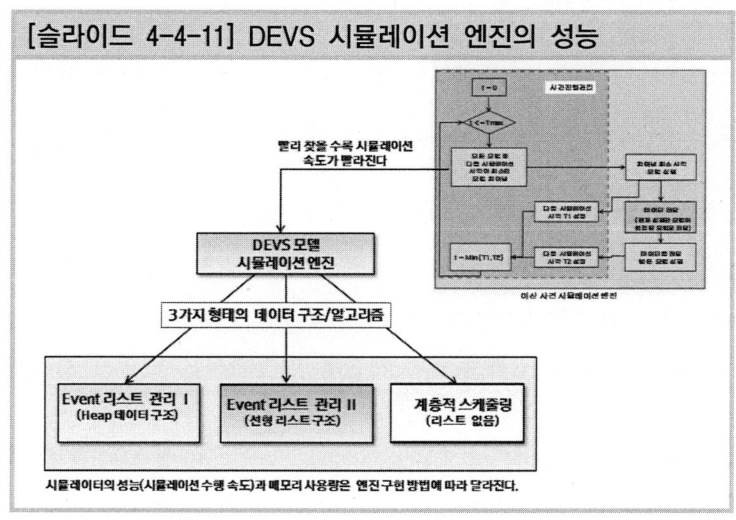

[4-4-11]

시뮬레이션 엔진의 3가지 기능은 모델 실행, 시간 관리, 데이터 전달이며 엔진의 성능은 시뮬레이션 실행시간으로 측정한다. 모델 실행 및 데이터 전달은 모델의 복잡도와 관련되지만 시간 관리에서는 사건발생 순서대로 실행할 모델을 찾는 것이 중요하므로, 엔진 성능을 좌우하는 주된 요소가 된다. DEVS 엔진의 계층적인 시뮬레이션 구조는 사건발생 시간순으로 모델을 관리하기 위한 사건 리스트(Event List) 관리 방식을 사용하지 않으므로, 사건 리스트를 유지하지 않는다. 따라서 DEVS 엔진은 사건 리스트를 위한 메모리는 필요하지 않지만 매번 사건을 처리해야 할 모델(다음 시뮬레이션 시각이 최소인 모델)을 찾는 데 걸리는 시간 때문에 엔진의 성능을 감소시킬 수 있다.

DEVS 시뮬레이션 엔진에서도 사건 리스트 또는 사건이 소속된 모델 리스트를 사용하여 사건발생 시간순으로 DEVS 모델을 실행시킬 수 있다. 사건 리스트(또는 모델 리스트)를 관리하기 위한 데이터 구조 및 알고리즘은 여러 가지 형태가 있지만 [슬라이드 2-4-8]에서 설명한 바와 같이 Heap 구조가 사건등록(insert) 및 사건삭제(delete)에 필요한 소요시간이 평균적으로 가장 짧다. DEVS 엔진을 사건 리스트(또는 모델 리스트)를 사용하여 구현할 경우 엔진의 성능(시뮬레이션 실행시간)은 개선될 수 있지만 시뮬레이션 수행 과정에서 DEVS 형식론의 장점인 계층적 모델 구조의 특징은 유지할 수 없게 된다.

[4-4-12] DEVS 모델 실행 엔진 성능 비교

DEVS 시뮬레이션 엔진의 시간관리 방법에 따른 성능의 차이를 살펴보기 위해서 계층적

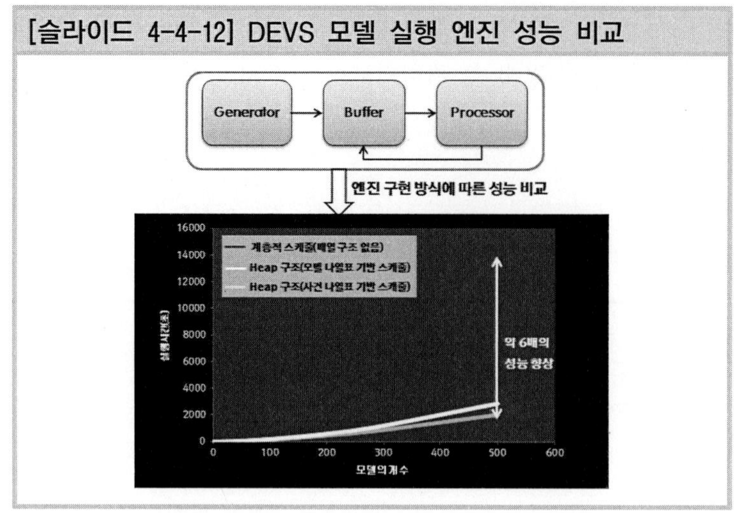

스케줄링, Heap 구조 모델 리스트 기반 스케줄링, 그리고 Heap 구조 사건 리스트 기반 스케줄링 방법을 각각 구현하였다. 성능비교를 위한 벤치마크 실험에는 간단한 이산사건 시스템 모델을 사용하였고, 모델의 개수를 최대 500개까지 증가시키면서 3가지 구현 엔진에 대한 시뮬레이션 실행시간을 측정하였다. 계층적 스케줄링 엔진에서는 모델의 개수가 증가할수록 실행시간이 빠른 속도로 증가되지만, 모델 리스트 및 사건 리스트 기반의 스케줄링 엔진에서는 실행시간이 완만하게 증가되어 최대 6배의 성능 차이가 발생하는 것을 알 수 있다.

참고문헌

[4-1] 권세중, 김탁곤, 「이벤트 지향 DEVS 실행 환경의 설계, 구현 및 성능 비교」, 한국시뮬레이션학회 논문지, vol. 20, no. 1, pp. 87-96, 2011. 3.

[4-2] 안명수, 박성봉, 김탁곤, 「DEVSim++: 의미론에 기반한 이산사건 시스템의 객체지향 모델링 및 시뮬레이션 환경」, 한국정보과학회 논문지, vol. 21, no. 9, pp. 1652-1664, 1994. 9.

[4-3] 조정훈, 김탁곤, 「DEVSimJava: DEVS 모델의 웹기반 시뮬레이션 환경」, 한국시뮬레이션학회 춘계 학술대회, pp. 91-95, 1998.

[4-4] Bae, J.W., Kim, T.G., "DEVS Based Plug-in Framework," Spring Simulation Multiconference 2010, Orlando, FL, 2010, pp. 147-153.

[4-5] Bae, J.W., Moon, I.C, and Kim, T,G., "Efficient Flattening Algorithm for Hierarchical and Dynamic Structure Discrete Event Models," ACM Transactions on Modeling and Computer Simulation, 26(4):25:1-25:25, 2016.

[4-6] Choi Y.I. and Kim T.G., "Reusability measure of DEVS simulation models in DEVSim++ environment," In Proceedings of the AeroSense 97 conference on photonic quantum computing, Orlando, FL, April 20-25, 1997, pp. 244-255.

[4-7] Kim, T.G., "DEVSim++ user's manual," Taejon, Korea: SMSLab, Department of EECS, KAIST, http://smslab.kaist.ac.kr, 1994.

[4-8] Y.G. Kim and T.G. Kim, "Optimization of Model Execution Time in the DEVSim++ Environment," In Proceedings of 1997 European Simulation Symposium, Passau, Germany, Oct. 1997, pp. 215-219.

[4-9] T.G. Kim and J.H. Kim, "DEVS Framework and Toolkits for Simulators Interoperation Using HLA/RTI," In Proceedings of Asia Simulation Conference/the 6th International conference on System Simulation and Scientific Computing, China, October 2005, pp. 16-21.

[4-10] T.G. Kim, C.H. Sung, S.Y. Hong, J.H. Hong, C.B. Choi, J.H. Kim, K.M. Seo, and J.W. Bae, "DEVSim++ Toolset for Defense Modeling and Simulation and Interoperation," The Journal of Defense Modeling and Simulation: Applications,

Methodology, Technology, vol. 8, no. 3, pp. 129-142, July 2011.

[4-11] S.J. Kwon and T.G. Kim, "Design and Implementation of Event-based DEVS Execution Environment for Faster Execution of Iterative Simulation," In Proceedings of SpringSim, TMS'12, March 26-29, Orlando, 2012.

[4-12] W.B. Lee and T.G. Kim, "Performance Evaluation of Concurrent System Using Formal Model: Simulation Speedup," IEICE Transactions on Fundamentals of Electronics, Communications and Computer Sciences, vol. E86-A, no. 11, pp. 2755-2766, 2003.

[4-13] Yung-Hsin Wang and Szu-Hsuan Ho, "Implementation of a DEVS — Java Bean simulation environment," In Proceedings of Simulation Symposium, 2001. 34th Annual, 2001, pp. 333-338.

제5장 모의실험 설계 및 시뮬레이션 출력 분석

시뮬레이션은 주어진 모델에 모델링 목적에 맞는 시나리오를 입력하여 실행시키고 출력을 관찰하는 일련의 과정이다. 모의실험 설계는 목적에 부합되는 입력 시나리오를 고안하는 과정으로서 시뮬레이션의 출력 데이터 생성과 밀접한 관계를 갖는 중요한 절차이다. 이 장에서는 이산사건 M&S와 관련되는 통계학의 개념 및 통계적 가설검증법을 설명하고 실험설계 방법, 입력 데이터 모델링 기법, 입/출력 데이터에 기초한 모델의 Validation 절차를 설명한다.

5.1 M&S에서 통계 적용 개념

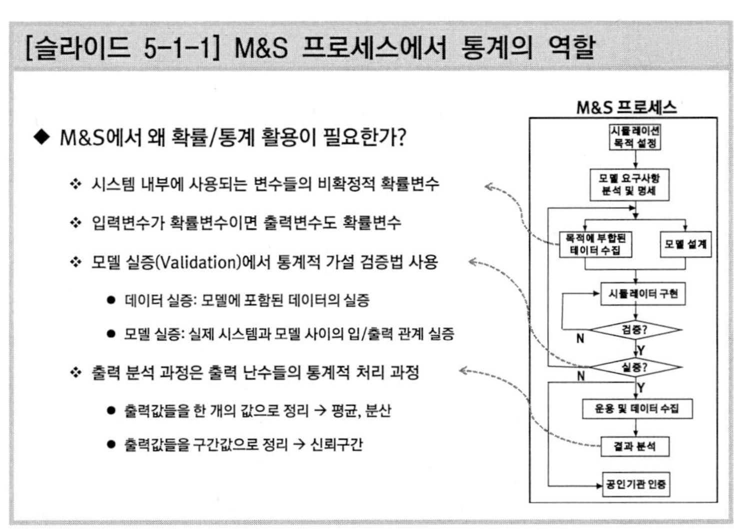

[5-1-1]
M&S 공학의 수명주기를 나타내는 일반적인 프로세스에 대해 (1.1)절에서 이미 설명하였다. M&S 공학에서 확률 및 통계학이 사용되는 이유는 모델링 과정이나 시뮬레이션 결과 분석에 사용되는 데이터/변수들이 일반적으로 난숫값을 갖기 때문이다. 먼저, M&S 프로세스에는 목적에 부합되는 데이터 수집 과정이 필수이며 수집된 시스템의 내부변수 값들은 일반적으로 난숫값들이다. 이들 난숫값은 통계적 가설검증 과정을 거쳐 시뮬레이션을 위한 데이터 발생 모델로 사용된다. 만약 시뮬레이션 모델의 입력 데이터값들이 난수이면 출력 데이터값도 난수가 된다. 모델 실증(Validation)을 위한 통계적 가설검증에서도 난숫값들로 구성된 모집단 데이터로부터 추출한 난숫값들의 표본집단을 사용하여 통계

파라미터를 구해야 한다. 시뮬레이션 출력 해석 과정은 난숫값들로 구성된 출력값들로부터 통계적 파라미터인 평균, 분산 및 신뢰구간 등을 구하기 위해 확률 및 통계가 사용된다.

[슬라이드 5-1-2] 통계 용어와 M&S 용어 비교

통계학	M&S
모집단	실제 시스템
표본화	시뮬레이션 실행
표본 데이터	시뮬레이션 데이터
1개의 표본 추출	1번 시뮬레이션 실행
n개의 표본 추출	n번 시뮬레이션 실행
가설 검증	데이터 / 모델 검증

[5-1-2]

통계학에서 사용되는 주요 용어들을 M&S에서 사용되는 용어들과 개념적으로 비교해 보았다. 통계학에서 원천 데이터의 출처가 되는 모집단은 시뮬레이션 관점에서 보면 M&S 대상 시스템으로 생각할 수 있다. 통계학에서 표본화는 모집단으로부터 데이터를 추출하는 과정이므로 시뮬레이션에서는 시뮬레이션 실행을 통해 시뮬레이션(출력) 데이터를 발생시키는 것과 동일하다. 통계학에서 1개의 표본 추출은 1번의 시뮬레이션 실행과 같고, n개의 표본 추출은 반복적으로 n번 시뮬레이션을 실행하는 것과 동일하다. 또한 통계학의 가설검증은 시뮬레이션에서 데이터 및 모델의 실증(Validation)에 대응된다.

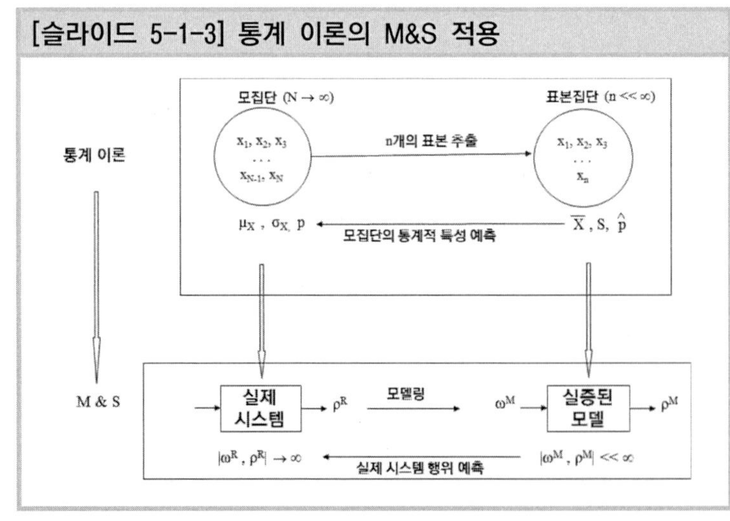

[슬라이드 5-1-3] 통계 이론의 M&S 적용

[5-1-3]

통계학에서는 무한크기를 갖는 모집단 데이터의 사용이 불가능하거나 비현실적인 경우에는 유한크기를 갖는 표본집단을 이용한다. 이 경우 n개의 표본을 추출하여 표본집단을 구성하고 표본집단의 평균 및 분산값을 구하여 모집단의 평균, 분산값을 예측하게 된다. M&S에서는 무한시간 동안 운영된 실제 시스템의 데이터를 모집단으로 간주하고 실증된 모델을 유한시간 동안 모의운용하여 얻어진 시뮬레이션 데이터로 표본집단을 구성한다. 모집단-표본집단 기반으로 시뮬레이션 데이터를 통해 실제 시스템의 행위를 예측하기 위해서는 시뮬레이션 모델이 실제 시스템과 일치한다는 것을 보장하는 Validation 과정이 전제되어야 한다.

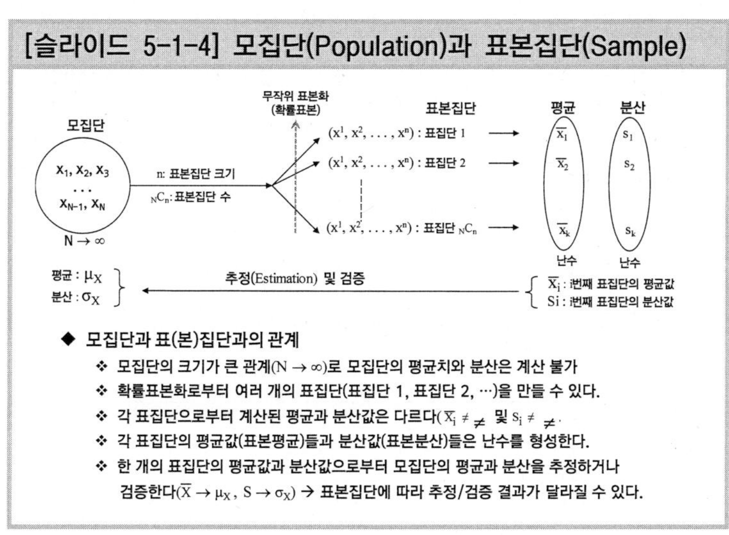

[5-1-4]

N개의 데이터로 구성된 모집단으로부터 n개의 표본을 무작위로 추출하여 표본집단을 구성할 경우에 표본집단의 총 개수는 N개 중 n개를 뽑는 경우의 수인 ${}_NC_n$이 된다. 이때, 각 표본집단의 평균 및 분산값은 표본집단에 따라 달라지므로 난숫값을 갖게 된다. 즉, i번째 표본집단, j번째 표본집단, k번째 표본집단의 평균값은 서로 다르며 1부터 ${}_NC_n$까지의 모든 표본집단의 평균값 및 분산값들은 난수 형태가 된다. 그러나 실제로는 모집단의 평균(분산)값을 추정할 때 한 개의 표본집단을 사용하므로 사용된 표본집단에 따라 추정 결과가 달라질 수 있다.

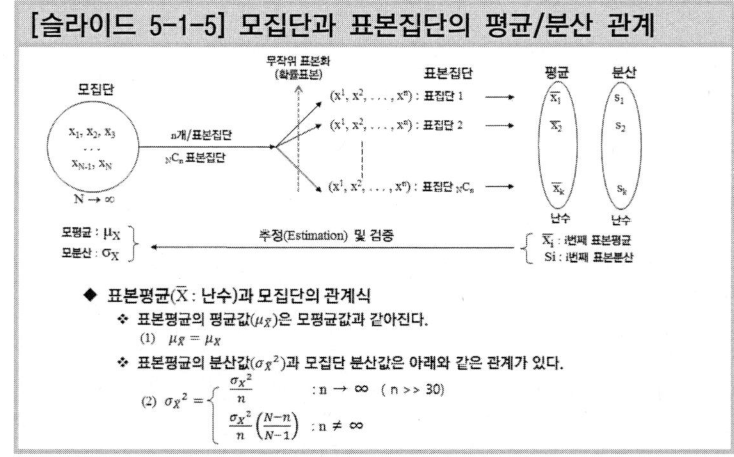

[5-1-5]

표본집단의 평균/분산값은 표본집단에 따라 달라지는 난수이며 임의의 표본집단의 평균/분산은 모집단의 평균/분산과는 다르다. 그러나 모집단의 평균/분산값과 표본집단들의 평균/분산값들은 식 (1), (2)와 같은 관계가 성립한다는 것이 통계학적 사실이다. 식 (1)은 모든 가능한 표본집단의 표본평균값들을 평균하면 모집단의 평균과 같다는 것이다. 식 (2)는 표본평균의 분산값과 모집단의 분산값과의 관계식으로 표본집단의 크기에 따라 달라진다는 것을 알 수 있다.

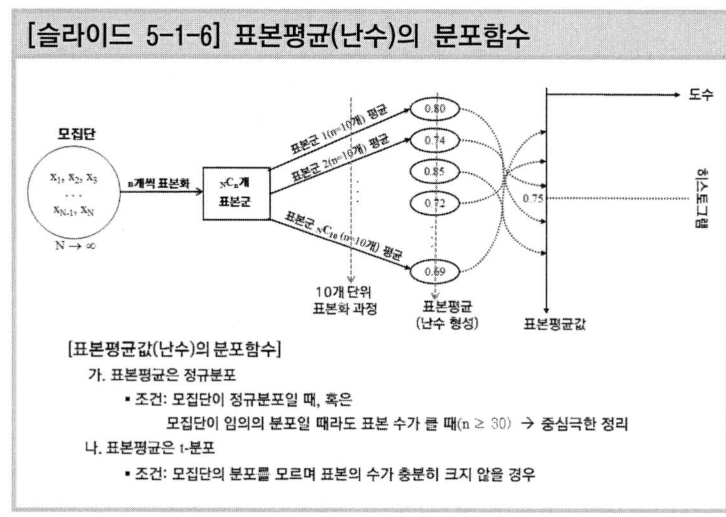

[5-1-6]

표본집단의 평균값인 표본평균은 난숫값을 가지므로 이들 난수의 분포함수를 알아보자. 난숫값의 분포함수는 난숫값들을 사용하여 구한 히스토그램과 유사한 형태가 될 것이다. 그러나 통계학에서는 표본평균값들이 갖는 분포함수가 알려져 있다. 모집단이 정규분포이거나 모집단이 임의의 분포라고 하더라도 표본의 개수가 30개 이상일 경우에 각 표본집단의 평균값들은 정규분포를 따른다. 반면, 모집단의 분포를 모르거나 표본의 개수가 충분히 크지 않을 경우(30 이하)에 표본평균은 t-분포를 따른다.

[슬라이드 5-1-7] 표본의 통계적 표현 – 점 추정과 구간 추정

- ◆ 표본평균의 특징
  - ❖ 각 표본집단의 표본평균은 다르다(난수 형태)
  - ❖ 표본평균값들은 평균과 분산값이 있다.
- ◆ 표본평균으로 모평균을 추정하는 방법
  - ❖ 점 추정과 구간 추정
- ◆ 모평균의 점 추정
  - ❖ 모평균값(한 개의 점)을 표본평균값으로 추정하는 것
  - ❖ 동일한 모평균값이 표본평균값(점 추정값)에 따라 달라지는 문제가 있다.
- ◆ 모평균의 구간 추정
  - ❖ 표본평균값과 표본평균값의 오차를 고려하여 모평균의 구간을 추정한다.
  - ❖ 추정 구간: [표본평균 – 표본오차(se), 표본평균 + 표본오차(se)]

$\overline{X} = 73.5$ → 점 추정값: 73.5

$\overline{X} = 73.5$, 73.5 − se, se, se, 73.5 − se → 구간 추정값: [73.5 – 5.1, 73.5 + 5.1] (예: se = 5.1)

[5-1-7]

표본집단의 평균으로 모평균을 추정하는 방법에는 점 추정과 구간 추정이 있다. 점 추정은 한 개의 표본집단의 평균값으로 모집단의 평균값(점)을 추정하는 것이며, 구간 추정은 한 개의 표본집단의 평균값과 그 값

의 오차를 사용하여 구간을 형성함으로써 모집단의 평균값을 추정하는 것이다. 표본집단의 평균값은 표본집단에 따라 달라지므로 점 추정은 신뢰도가 떨어진다. 추정결과의 신뢰도를 증가시키기 위해서 표본평균값을 표본오차(s.e)로 보상하여 구간을 만들어 모집단의 평균값을 추정하는 것을 구간 추정이라 한다. 모평균의 구간 추정값은 [표본평균 − 표본오차, 표본평균 + 표본오차]이다. 예를 들면, 표본평균값이 73.5이고 표본오차가 5.1인 경우에 모집단 평균값에 대한 구간 추정값은 [73.5 − 5.1 = 68.4, 73.5 + 5.1 = 78.6]이 된다.

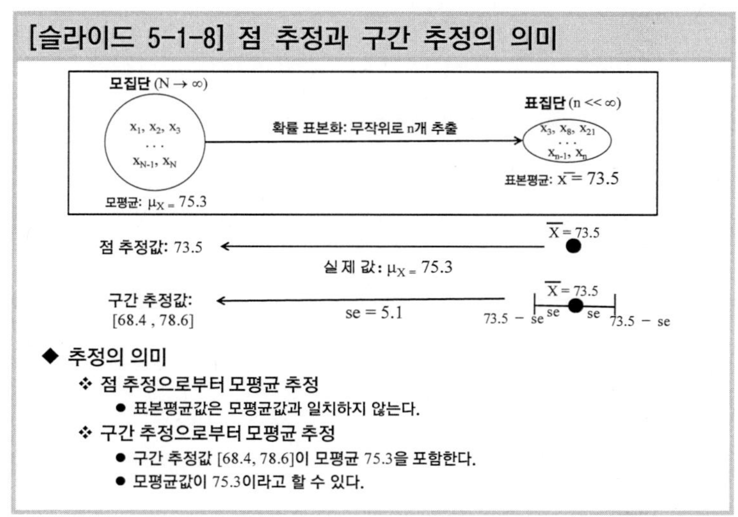

[5-1-8]

표본평균값만을 사용한 모평균의 점 추정과 구간 추정의 예를 본다. 그림에서 무한개의 크기를 갖는 모집단의 평균값이 75.3일 때, 무작위로 n개 추출한 표본집단의 평균값이 73.5이고 표본오차가 5.1인 경우의 구간 추정값은 [68.4, 78.6]이다. 따라서 점 추정값은 모평균 추정에 실패했지만, 구간 추정값은 모평균값인 75.3을 포함하기 때문에 구간 추정값이 모평균을 잘 추정했다고 할 수 있다. 구간 추정에 사용된 표본오차 범위와 추정 결과에 대한 통계적 해석은 다음 슬라이드에서 다루기로 한다.

[5-1-9] 구간 추정의 모평균값 포함 여부

표본집단의 평균값과 표본오차를 사용하여 구한 구간 추정값은 모집단의 평균을 포함할 수도 있고 포함하지 않을 수도 있다. 그림에서는 표본평균값과 표본오차값을 달리하여 구한 구간 추정값들이 모집단의 평균값 75.3을 포함하는지를 나타내었다. 표본평균이 73.5이고 표본오차가 5.1인 경우에 구간 추정값 [68.4, 78.6]은 모평균값 75.3을 포함한다. 반면에 표본평균이 73.5이고 표본오차가 1.4일 경우의 구간 추정값 [72.1, 74.9]는 모평균값을 포함하지 않았다. 마찬가지로, 표본평균이 65.8, 표본오차가 5.1인 경우에도 구간 추정값이 모평균값을 포함하지 않지만 표본오차가 10.1인 경우에는 구간 추정값이 모평균값을 포함한다.

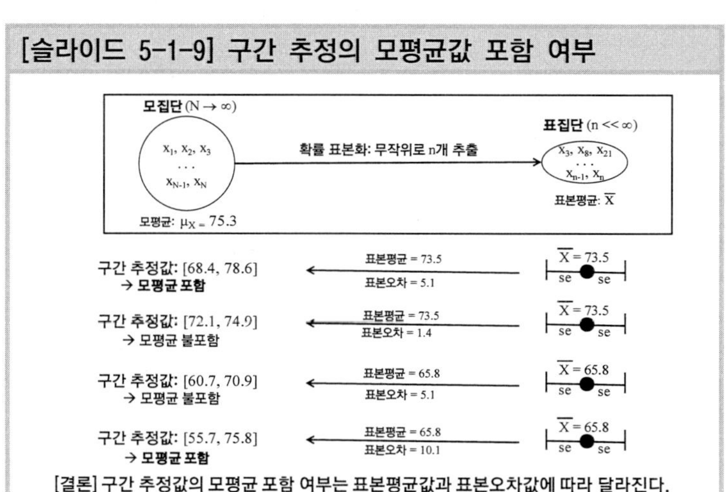

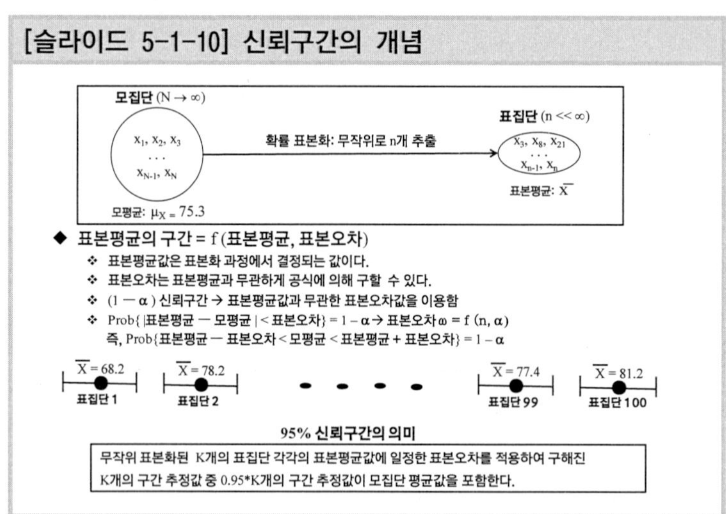

[5-1-10]

표본평균값은 표본집단이 정해지면 구해지지만 표본오차(w)는 표본평균과 관계없이 유의수준(level of significance) α 값이 정해지면 공식에 의해서 구할 수 있다. 확률값 (1 − α)는 표본평균과 모평균의 차이가 표본오차값보다 작을 확률로 정의된다. 모평균값은 일정하므로 표본오차는 ω = f(n, α)로 표현되어 표본의 크기 n과 유의수준 α에 따라 결정되며, 표본평균과는 관계가 없다. (1 − α) 신뢰구간은 표본집단과 유의수준에 따라 결정되며 [(표본평균 − 표본오차), (표본평균 + 표본오차)] 사이의 구간으로, 이 구간은 (1 − α) 확률로 모평균을 포함한다. (1 − α)의 확률, 즉 95%(유의수준 α = 0.05) 신뢰구간의 의미는 그림에서와 같이 K개(예: 100개)의 표본집단에서 얻어진 K개의 구간 추정값(표본평균 +/− 표본오차)들 중에서 0.95*K개(예: 95개)가 모집단의 평균값을 포함한다는 것이다.

[슬라이드 5-1-11] 표본평균이 정규분포인 경우 신뢰구간

w: 표본오차
α: 유의수준
$f(\bar{X})$
$1-\alpha$
$\mu_{\bar{X}} = \mu_X$
확률변수화
난수
$\bar{X}_1$, $\bar{X}_2$, $\bar{X}_k$
각 표본집단 평균
n: 표본집단 크기
${}_NC_n$개 표본집단 구성
모집단
X_1, X_2, X_3 ... X_{N-1}, X_N
모평균: μ_X

- 표본집단의 평균값인 확률변수 $\bar{X}$는 그림에서와 같이 정규분포를 따르는 난숫값들이다.
- $\mu_{\bar{X}} = \mu_X$ → 표본집단의 평균값인 확률변수 $\bar{X}$의 평균값은 모집단의 평균값과 같다.
- 확률변수 $\bar{X}$가 평균값 $\mu_{\bar{X}}(=\mu_X)$으로부터 w(표본오차) 이내에 있을 확률: $P\{|\bar{X} - \mu_{\bar{X}}(=\mu_X)| \le w\}$
- $(1-\alpha)$ 신뢰구간: $P\{|\bar{X} - \mu_X| \le w\} = 1-\alpha$를 만족하는 μ_X의 범위 → $[\bar{X} - w, \bar{X} + w]$

$$w = z_{\frac{\alpha}{2}} \frac{\sigma_x}{\sqrt{n}} \quad (1)$$

$z_{\frac{\alpha}{2}}$: Z-분포 함수 표 사용
σ_X: 모집단의 분산

$$(2)\ [\bar{X} - z_{\frac{\alpha}{2}} \frac{\sigma_x}{\sqrt{n}},\ \bar{X} + z_{\frac{\alpha}{2}} \frac{\sigma_x}{\sqrt{n}}]$$

[5-1-11]

모집단이 정규분포일 경우 표본집단의 평균값들을 확률변수로 정의한 표본평균은 그림에서와 같은 정규분포가 된다. 이 경우, [슬라이드 5-1-5]의 식 (1)에 표현한 것과 같이 표본평균값들의 평균이 모평균과 같다는 것을 그림에 나타내었다. 표본오차 w는 확률변수로 정의된 표본평균과 모평균(표본평균의 평균)의 차이를 의미하며 유의수준 α에 따라 달라진다. (1 − α) 신뢰구간은 표본평균과 모평균의 차이가 w가 되는 확률이 (1 − α)일 때의 구간([표본평균 − w, 표본평균 + w])으로 정의한다. 이 경우 w값은 표본평균의 정규분포 특성으로부터 z-분포와 모집단의 분산 및 표본 크기의 함수인 식 (1)로 주어진다. 따라서 모집단 평균의 (1 − α) 신뢰구간은 식 (2)와 같이 표본평균값과 표본오차의 함수로 주어진다.

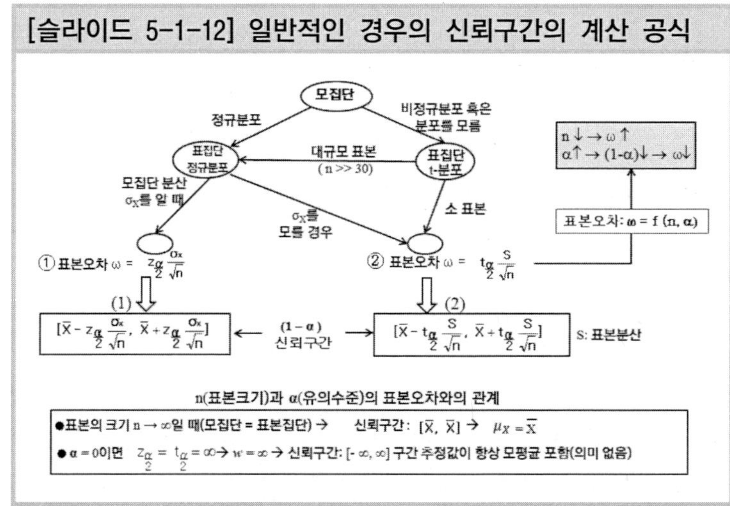

[5-1-12]

[슬라이드 5-1-6]에서 설명한 것과 같이 표본평균의 분포함수는 모집단이 정규분포이거나 표본집단의 크기가 30 이상인 대규모 표본에서 정규분포를 따른다. 표본집단이 정규분포이고 모집단의 분산이 알려진 경우의 표본오차는 그림에서 식 ①과 같이 z-분포 및 모집단 표준편차(σ_X)의 함수로 주어진다. 표본집단이 정규분

포가 아니거나 정규분포라 할지라도 모집단의 분산을 알 수 없는 경우의 표본오차는 그림에서 식 ②와 같이 t-분포와 표본분산(S)의 함수로 주어진다.

표본오차가 ①식으로 주어지면 (1 − α) 신뢰구간은 (1)식으로 정의된다. 표본오차가 ②식으로 주어지면 (1 − α) 신뢰구간은 (2)식으로 정의된다. 표본의 크기 n을 작게 하면 표본오차값 w가 커져서 신뢰구간이 넓어지며, n을 크게 하면 신뢰구간이 좁아진다. 극단적으로 n을 무한대로 하면 모집단과 표본집단이 같아지게 되고, 신뢰구간이 [표본평균, 표본평균]의 점으로 표현되어 모집단 평균과 표본평균이 동일하게 된다. 유의수준 α가 커지면 (1 − α)값이 작아져서 표본오차값 w가 감소한다. 이 경우, 신뢰구간이 좁아져서 모평균을 포함할 확률이 떨어진다. 유의수준 α가 작아지면 표본오차값 w가 증가한다. 극단적으로 유의수준 α가 0이 되면 (1 − α) = 1이 되며, 이때 w가 ∞로 되어 신뢰구간이 [−∞, ∞]가 되기 때문에 모든 구간 추정값이 모평균을 포함하게 된다는 의미 없는 결과가 얻어진다.

5.2 통계적 가설검증법을 이용한 모델 Validation

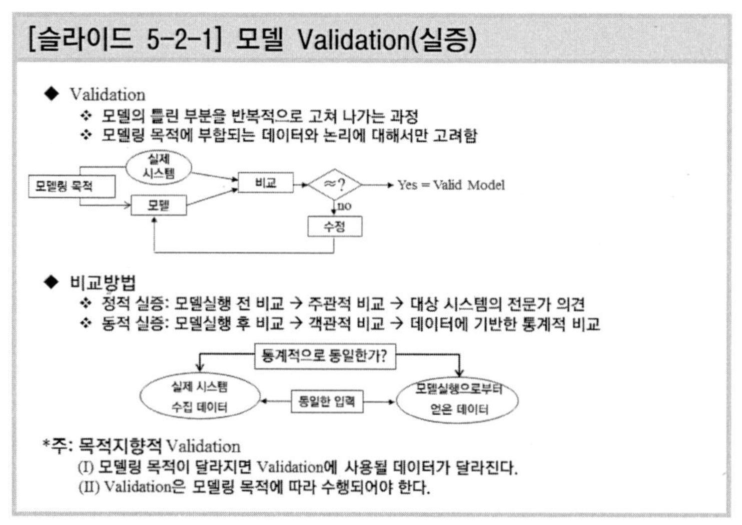

[5-2-1]

모델 실증(Validation)은 (1.2)절의 [슬라이드 1-2-1], [슬라이드 1-2-2]에서 설명한 것과 같이 주어진 모델링 목적하에 대상 시스템과 모델의 동작이 일치하는지를 확인하여 모델의 오류를 반복적으로 수정하는 과정이다. 따라서 모델 실증은 모델링 목적에 부합되는 데이터와 논리에 대해서만 고려하며 목적 외의 데이터/논리는 실증의 대상이 되지 않는다. 모델 실증 과정에서 모델의 데이터/논리를 실제 시스템과 비교하는 과정은 모델이 구현되기 이전에도 일부 가능하지만, 완전한 실증은 모델이 구현된 후에 가능해진다. (1.2)절에서는 모델이 구현되기 전의 실증 과정을 개념적 실증 또는 정적인 실증, 모델을 구현한 후에 시뮬레이션 결과 데이터를 기반으로 하는 실증과정을 실제적 실증 또는 동적인 실증이라 정의하였다. 동적 실증 과정에서 실제 시스템에서 수집된 데이터와 모델실행으로부터 얻은 시뮬레이션 결과 데이터의 일치성은 통계적으로 판단해야 한다.

[슬라이드 5-2-2] Validation 접근방법

- ◆ 모델 Validation의 3단계 접근법(Nayor and Finger, 1967)
  - (1) 직관적으로 보아 타당한 모델 설계
  - (2) 모델링 단계에서 적용한 가정 사항에 대한 Validation
  - (3) 모델의 입력/출력 변환에 대한 Validation
- ◆ 직관적 타당성 확보방법
  - ❖ 대상 시스템의 전문가와 모델 사용자 모두에게 합리적일 것
  - ❖ 모델 사용자와 모델 개발자가 함께 개발에 참여할 것
  - ❖ 모델변수에 대한 민감도 분석을 수행할 것
- ◆ 가정 사항 Validation 항목
  - ❖ 데이터 Validation → 데이터에 대한 가정 사항
    - ▪ 평균, 분산, 분포함수에 대한 가정
  - ❖ 모델 Validation → 구조적 가정 사항
    - ▪ 시스템 동작/행위
    - ▪ 시스템 구성요소(컴포넌트)들
    - ▪ 구성요소들 사이의 연결관계

[질문] Validation을 위한 데이터를 실제 시스템에서 수집할 수 있는가?
만약 없다면 어떻게 할 것인가?

[5-2-2]

모델 실증 프로세스로 여러 가지 방법이 있지만 슬라이드에 제시한 3단계 접근법이 일반적으로 사용되는 방법이다. 3단계 접근법에서 첫 번째 단계는 직관적으로 보아 타당한 모델을 설계하는 것으로서 이러한 설계법이 모델 실증의 기본이 된다. 두 번째 단계는 모델링 과정에서 적용한 가정사항에 대한 실증이다. 두 단계의 실증이 완료되면, 다음으로 모델의 입/출력 변환과정, 즉 주어진 입력으로부터 출력을 생성하는 과정에 대한 실증이 필요하다. 첫 번째 단계에서 요구되는 직관적 타당성을 확보하려면 대상 시스템의 전문가와 모델 사용자 모두에게 합리적인 모델이 되어야 한다. 이를 위해 모델 사용자와 모델 개발자가 함께 개발에 참여하는 것이 필요하다. 또한 대상 시스템의 전문가 의견을 바탕으로 모델변수에 대한 민감도 분석을 수행하는 것이 필요하다.

가정사항 실증은 데이터에 대한 것과 모델에 대한 것으로 구분하여 수행될 수 있다. 데이터 실증은 시뮬레이션 모델에 사용된 데이터 모델에 대한 실증으로 난수 형태의 파라미터값들에 대한 평균, 분산 및 분포함수에 대한 실증을 말한다. 모델 실증은 모델의 구조적 가정사항에 대한 실증으로 시스템의 동작, 시스템 구성요소 및 구성요소들 사이의 연결관계에 대해 수행하는 것이다. 실증 과정에는 실제 시스템에서 수집된 데이터가 필요하므로 데이터 수집이 불가능하거나 실제 시스템이 존재하지 않을 경우에 모델 실증 결과의 신뢰도는 저하될 수밖에 없다.

[슬라이드 5-2-3] 동적 실증 = [데이터 + 모델] 실증

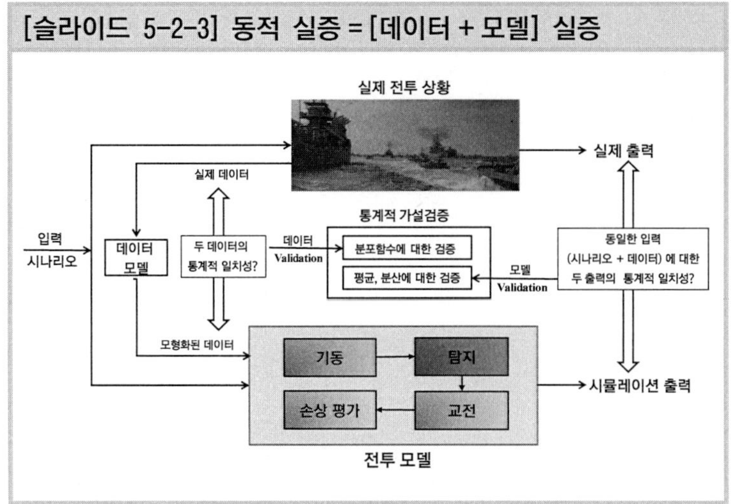

[5-2-3]

동적 실증은 동일한 입력 시나리오에 대한 모델실행 결과와 실제 시스템의 출력 데이터를 비교하는 과정이다. 동적 실증을 위해서는 먼저 데이터 모델을 실증하고 시뮬레이션 모델에 대한 실증이 수행되어야 한다. 왜냐하면, 데이터 모델은 실제 시스템에서 수집한 데이터를 기반으로 만들어져서 시뮬레이션 모델의 입력으로 사용되기 때문이다. 데이터 모델의 실증은 시뮬레이션에서 사용되는 난수발생기에서 생성하는 난수들이 실제 시스템에서 수집된 데이터와 통계적으로 일치하는지를 확인하는 과정이다. 구체적으로는 실제 시스템에서 발생되는 데이터의 분포함수에 대한 가설을 설정한 후 이를 통계적 가설검증법으로 검증하는 것이다. 모델 실증은 동일한 입력을 실제 시스템과 모델에 가한 후 이들의 출력이 통계적으로 일치하는지를 확인하는 과정이다. 구체적으로는 실제 시스템의 출력 데이터에 대한 평균과 분산값에 대해 가설을 설정하고, 시뮬레이션 출력(결과)에 통계적 가설검증법을 적용함으로써 검증하는 것이다.

[슬라이드 5-2-4] 통계적 가설검증(통계적 추론)

- ◆ 무엇을 하는 것인가?
  - ❖ 모집단의 통계적 특성에 대한 가설을 데이터를 이용하여 검증하는 것
- ◆ 검증 대상
  - ❖ 모집단 데이터의 통계적 파라미터들(μ_X, σ_X 등)
  - ❖ 모집단 데이터의 분포함수(정규분포, 균등분포, 지수분포 등)
- ◆ 모델 Validation과 관계
  - ❖ 모델 Validation → 모집단 평균, 분산 등의 검증
  - ❖ 데이터 Validation → 모집단 분포함수의 검증
- ◆ 검증의 일반적 절차
  - (i) H_0: null hypothesis(모집단 파라미터 혹은 분포함수에 대한 가정이 참이다)
  - (ii) H_a: alternative hypothesis(가정이 거짓이다)
  - (iii) 참 가설의 승인 혹은 기각
    1. 표본 데이터를 기반으로 표본 통계치(검정변량)를 구함
    2. 검정변량이 $(1-\alpha)$ 신뢰구간 내에 들어오면 가설을 승인함.

[5-2-4]

통계적 가설검증은 모집단의 통계적 특성에 대한 가설을 설정한 후 실제 수집된 데이터를 이용하여 이를 검증하는 것이다. 검증 대상은 모집단 데이터의 통계적 파라미터들과 모집단 데이터의 분포함수이다. 이들 각각에 대한

검증이 모델 실증과 데이터 실증에 대응된다. 가설검증의 일반적인 절차는 다음의 3단계로 이루어진다. 1단계는 귀무가설(H_0)을 설정하는 것으로, 모집단의 파라미터 또는 분포함수에 대한 가설이 참이라고 선언한다. 2단계는 대립가설(Ha)을 설정하는 것으로 귀무가설이 거짓이라고 선언한다. 3단계는 귀무가설이 참인지 거짓인지를 판단하는 과정으로, 신뢰구간의 개념을 이용하여 귀무가설을 승인(대립가설 기각)할 것인지 기각(대립가설 채택)할 것인지를 정한다.

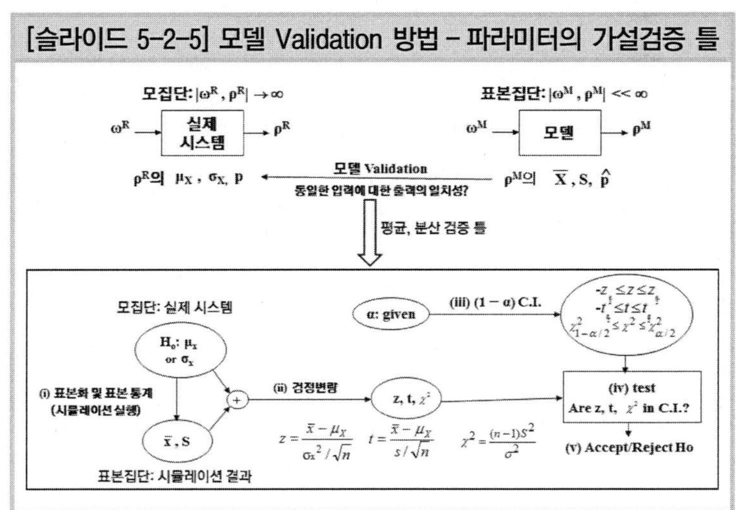

[5-2-5]

모델 실증은 먼저 동일한 입력에 대한 실제 시스템의 출력을 모집단으로, 시뮬레이션의 출력을 표본집단으로 대응시킨다. 다음으로, 모집단의 통계적 파라미터(모평균, 모분산)에 대한 가설을 표본집단의 통계적 파라미터(표본평균, 표본분산)를 이용하여 확인해 보는 것이다. 모집단(실제 시스템의 출력)의 파라미터값에 대한 가설을 귀무가설로 설정하고 시뮬레이션의 결과를 이용하여 이를 검증하는 과정을 (i) - (v)의 단계로 나타내었다. 먼저 모집단에 대한 귀무가설이 H_0로 설정되면 (i)단계에서는 시뮬레이션의 결과인 표본집단의 평균과 분산값을 구한다. (ii)단계에서는 모집단 및 표본집단의 파라미터값을 이용하여 가설검증에 필요한 검정변량인 z, t 또는 χ^2 값을 알려진 공식에 의하여 구한다. (iii)단계에서는 주어진 α값에 대한 모집단 파라미터의 (1 − α) 신뢰구간에 해당되는 z, t 또는 χ^2의 범위를 구한다. (iv)단계에서는 (ii)단계에서 구한 검정변량 z, t 또는 χ^2 값이 (iii)단계에서 구한 (1 − α) 신뢰구간에 포함되는지를 확인한다. 마지막으로 (v)단계에서는 귀무가설의 승인/기각 여부를 판정한다.

[5-2-6] μ_X에 대한 가설 설정 및 승인/기각 구간

모집단의 평균 μ_X에 대한 가설 설정 및 검증을 정리한 표이다. 가설검증은 귀무가설(또는

[슬라이드 5-2-6] μ_x에 대한 가설 설정 및 승인/기각 구간

	Two-sided(two-tail) Test	One-sided(one-tail) Test	
Hypothesis	Ho: $\mu=\mu_o$ Ha: $\mu\neq\mu_o$	Ho: $\mu\leq\mu_o$ Ha: $\mu>\mu_o$	Ho: $\mu\geq\mu_o$ Ha: $\mu<\mu_o$
Region for Ho/Ha	Ha, Ho, Ha $f(z)$, $1-\alpha$ $-z_{\frac{\alpha}{2}}$, $z_{\frac{\alpha}{2}}$, z	Ho, Ha $f(z)$, $1-\alpha$ z_α, z	Ha, Ho $f(z)$, $1-\alpha$ $-z_\alpha$, z
Accept Ho	$Z_{\alpha/2}<Z<Z_{-\alpha/2}$	$Z\leq Z_\alpha$	$Z\geq -Z_\alpha$
Reject Ho	$Z>Z_{\alpha/2}$ or $Z<Z_{-\alpha/2}$	$Z>Z_\alpha$	$Z<-Z_\alpha$

대립가설) 설정에 따라 양측(two-sided)검증과 단측(one-sided)검증으로 나누어진다. 양측검증의 귀무가설은 μ_x를 특정한 값으로 가정하지만, 단측검증에서는 일정한 구간값으로 가정한다. 가설검증은 앞 슬라이드에서 제시한 (i) - (v)단계를 그대로 적용하면 된다. 표에서는 귀무가설(H_0) 및 대립가설(Ha)이 각각 참이 되는 구간을 표시하고, (1 − α) 신뢰구간을 기반으로 귀무가설이 참이 되는 구간을 정규분포 함수에 빗금으로 표시하였다. 귀무가설을 승인하려면 앞 슬라이드의 (ii)단계에서 구한 검정변량 z가 (1 − α) 신뢰구간에 포함(Accept H_0)되어야 하며, 신뢰구간 밖(Reject H_0)으로 벗어나면 귀무가설을 기각하게 된다.

[슬라이드 5-2-7] σ_x^2에 대한 가설 설정 및 승인/기각 구간

	Two-sided(two-tail) Test	One-sided(one-tail) Test	
Hypothesis	Ho: $\sigma^2=\sigma_o^2$ Ha: $\sigma^2\neq\sigma_o^2$	Ho: $\sigma^2\leq\sigma_o^2$ Ha: $\sigma^2>\sigma_o^2$	Ho: $\sigma^2\geq\sigma_o^2$ Ha: $\sigma^2<\sigma_o^2$
Region for Ho/Ha	Ha, Ho, Ha $f(\chi^2)$, $\frac{\alpha}{2}$, $1-\alpha$, $\frac{\alpha}{2}$ $\chi^2_{1-\alpha/2}$, $\chi^2_{\alpha/2}$, χ^2	Ho, Ha $f(\chi^2)$, $1-\alpha$, α χ^2_α, χ^2	Ha, Ho $f(\chi^2)$, α, $1-\alpha$ $\chi^2_{1-\alpha}$, χ^2
Accept Ho	$\chi^2_{1-\alpha/2}<\chi^2<\chi^2_{\alpha/2}$	$\chi^2\leq\chi^2_\alpha$	$\chi^2\geq\chi^2_{1-\alpha}$
Reject Ho	$\chi^2>\chi^2_{\alpha/2}$ or $\chi^2<\chi^2_{1-\alpha/2}$	$\chi^2>\chi^2_\alpha$	$\chi^2<\chi^2_{1-\alpha}$

[5-2-7]

모집단의 분산 σ_x^2에 대한 가설 설정 및 검증을 정리한 표이다. 모평균 μ_x에 대한 가설검증과 동일하게 귀무가설 설정에 따라 양측 또는 단측 검증을 수행할 수 있다. 모분산을 추정하기 위한 표본분산의 분포함수는 χ2 분포를 따른다. 따라서 모분산의 가설검증에서 신뢰구간은 표에서 제시한 것과 같이 χ2 함수의 (1 − α) 확률값에 의해 정의된다. 모평균에 대한 가설검증에서 표시한 빗금 친 구간과는 달리 귀무가설의 기각(대립가설의 승인) 구간을 빗금으로 표시해 보았다. 모분산에 대한 가설검증 단계는 모평균의 가설검증 단계와 동일하며 검정변량만 χ2로 달라진다.

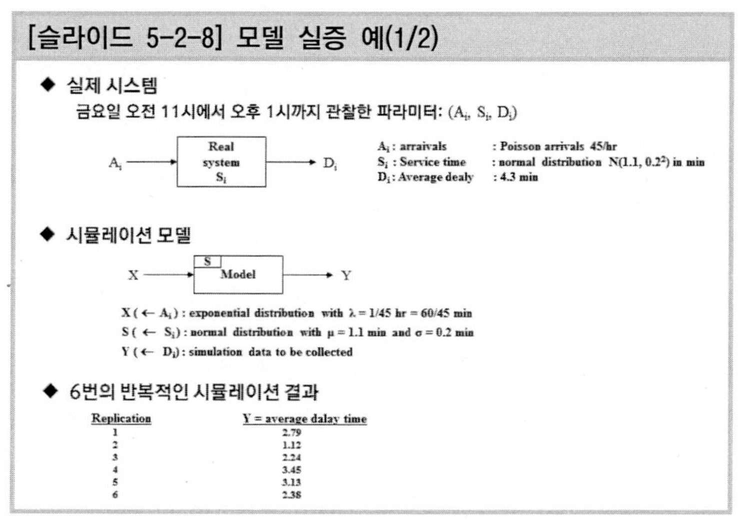

Replication	Y = average dalay time
1	2.79
2	1.12
3	2.24
4	3.45
5	3.13
6	2.38

[5-2-8]

모델 실증의 예를 보여 주기 위해 간단한 이산 사건 시스템 모델을 가정해 본다. 대상 시스템은 사람이 들어와서 줄을 서서 기다리다 자신의 순서가 되면 서비스를 받고(일처리를 하고) 나가는 간단한 대기행렬 시스템이라고 생각하자. 실제의 대상 시스템을 금요일 오전 11시부터 오후 1시까지 관찰하여 관심 있는 3개의 파라미터(Ai, Si, Di)에 대한 통계적 특성을 구하였다. 여기서, Ai는 시간당 시스템에 도착하는 사람 수, Si는 시스템 내에서 일처리에 소요되는 시간, 그리고 Di는 모든 사람들의 지연시간(지연시간 = 일처리를 끝내고 나가는 시간 − 일처리를 위한 도착시간)을 평균한 평균 지연시간이다. 관찰 결과, 대상 시스템은 시간당 45명의 사람이 Poission 분포로 도착하여 정규분표(평균 1.1분, 분산 0.22분)의 난수 시간 동안 서비스를 받고 나갔으며, 평균 4.3분의 지연시간이 발생하였다.

대상 시스템을 대기행렬 모델로 추상화하여 입력, 출력 및 서비스 시간을 각각 X, Y 및 S로 정의하였다. 모델 실증은 대상 시스템과 시뮬레이션 모델의 입력을 동일하게 하고 이들의 출력을 비교한다. 따라서 시뮬레이션 모델의 입력 X = Ai, 서비스 시간 S = Si로 설정하고 6회의 시뮬레이션을 수행하였으며, 각 시뮬레이션의 출력 Y값으로 2.79, …, 2.38의 값을 얻었다.

[5-2-9] 모델 실증 예(2/2)

모델 실증 절차는 귀무가설 H_0(대립가설 Ha)과 유의수준(α)의 설정으로부터 시작된다. 이 예에서는 H_0: $\mu_0 = 4.3$(Ha: $\mu_0 \neq 4.3$), α = 0.05(95% 신뢰수준)로 설정하였다. 귀무가설의

[슬라이드 5-2-9] 모델 실증 예(2/2)

- Validation 절차

  가설검증 H_o: $\mu_o = 4.3$ against H_a: $\mu_o \neq 4.3$ at $\alpha = 0.05$

  (i) Use simulation output to compute sample parameters

  $$\bar{Y} = \frac{1}{6}(\sum Y_i) = 2.51, \quad S^2 = \frac{1}{n-1}\sum (Y_i - \bar{Y})^2 = 0.82^2$$

  (ii) Compute test statistics

  $$t = \frac{\bar{Y} - \mu_0}{S/\sqrt{n}} = \frac{2.51 - 4.3}{0.82/\sqrt{6}} = -5.32$$

  (iii) Compute (1- α) C.I. for t

  $$t_{\alpha/2,n-1} = t_{0.025,5} = 2.57 \rightarrow -2.57 < t < 2.57$$

  (iv)Is t in C.I.?

  $$t = -5.34 < -t_{0.025,5} = -2.57 \rightarrow \text{Not in C.I.}$$

  (v)Reject H_0 ⇒ Model is not valid

  ⇒ Calibrate the model

- 모델 Calibration
  - 파라미터/변수
  - 상태천이 함수

의미는 모델의 출력이 실제 시스템의 출력과 통계적으로 동일하다는 가정이다. 가설검증에는 [슬라이드 5-2-5]에서 제시한 (i) - (iv)단계를 그대로 적용한다. 이 예에서는 실제 시스템(모집단)에서의 지연시간에 대한 분포함수를 알 수 없기 때문에 시뮬레이션 출력값의 평균(표본평균)값은 t-분포를 따르게 된다.

모델 실증을 위한 가설검증을 단계별로 알아보자. (i)단계에서 시뮬레이션 출력값의 평균 = 2.51과 분산 = 0.82를 구하였다. (ii)단계에서 검정변량 t값을 주어진 공식에 의해 t = -5.32로 구하였다. (iii)단계에서 H_0에 대한 (1 − α) 신뢰구간이 −2.57 < t < 2.57로 계산된다. (iv)단계에서는 (ii)단계에서 구한 검정변량 t = -5.32가 신뢰구간에 속하지 않는 것을 확인할 수 있다. 따라서 (v)단계에서 귀무가설 H_0: μ_0 = 4.3이 기각되어 모델을 수정(Calibration)한 후 다시 위의 과정을 반복해야 한다. 모델 수정에서는 파라미터 또는 변수에 대한 수정과 이들을 갱신하는 규칙인 상태천이 함수에 대한 수정이 필요하다.

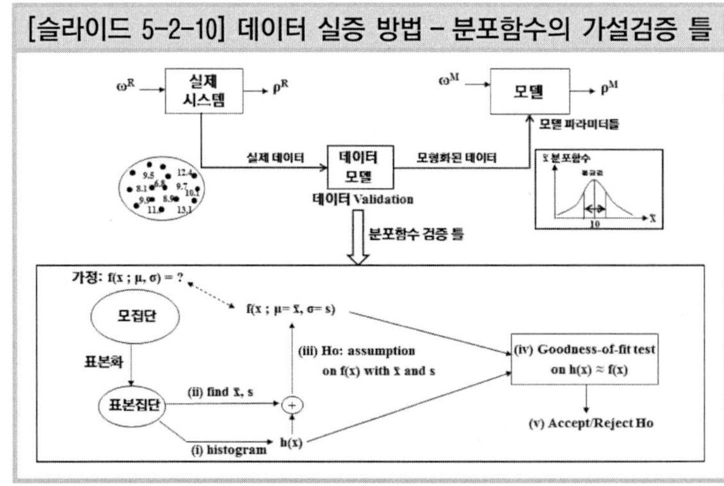

[5-2-10]

데이터(데이터 모델) 실증의 목적은 실제 시스템에서 수집한 데이터들의 분포함수를 식별한 후 분포함수를 만족하는 난수발생기를 설계하여 발생된 난수를 시뮬레이션 모델에 입력시키기 위함이다. 데이터(데이터 모델)에 대한 가설은 실제 시스템에서 수집된 데이터들이 어떤 분포함수를 가지며 분포함수 정의에 포함된 파라미터들이 어떤 값을 갖는지를 가정하는 것이다. 가설검증 절차를 (i) - (v)로 요약하였다.

모집단 데이터들의 분포함수를 모를 경우 분포함수에 대한 가정은 수집된 표본집단 데이터의 히스토그램으로부터 추정할 수 있다. 즉, 이상적인 분포함수 모양과 수집된 데이터를 사용하여 만든 히스토그램의 모양을 비교하여 분포함수 f(x)에 대한 가정을 설정한다. 이를 위해 (i)단계에서 표본집단 데이터의 히스토그램 h(x)를 구한다. 또한, 가정할 분포함수 f(x)의 정의에 포함될 파라미터값들(μ_X 또는 σ_x)을 추정하기 위해서 (ii)단계에서는 표본집단 데이터의 평균과 분산을 구한다. (iii)단계에서는 (i), (ii)단계에서 구한 결과를 바탕으로 모집단 데이터의 분포함수와 파라미터값에 대한 귀무가설 H_0를 설정한다. (iv)단계는 귀무가설을 검증하는 단계로서 f(x)와 h(x)의 유사성을 적합도 검증(Goodness-of-fit test)을 통하여 확인함으로써 (v)단계에서 승인 또는 기각을 결정한다.

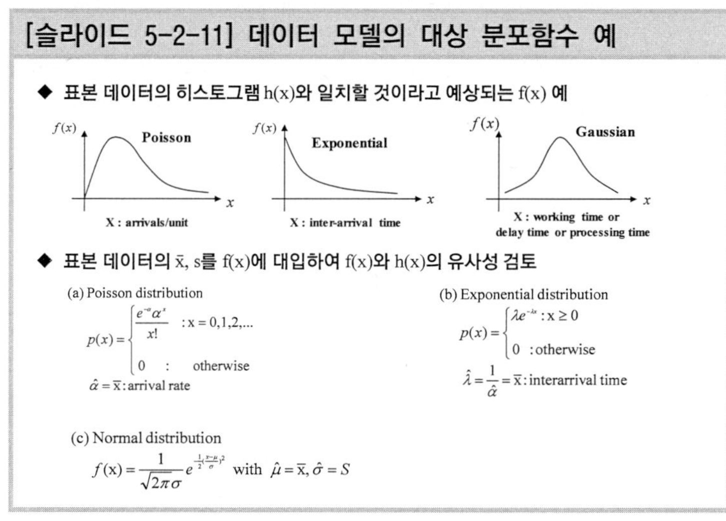

[5-2-11]

데이터 모델에 대한 가설검증을 위해서 데이터의 히스토그램 h(x)를 바탕으로 분포함수 f(x)에 대한 가정이 필요하다. f(x)에 대한 가정은 h(x)와 f(x)의 유사성을 바탕으로 설정할 수 있다. 그림에서는 몇 가지 분포함수의 그래프를 예시하였다. Poisson 분포함수와 Exponential 분포함수는 확률변수의 정의에 따라 달라지며 실제로는 동일한 통계적 특성을 갖는 분포함수이다. Poisson 분포함수에서 확률변수 x는 도착률(arrival rate)로서 단위시간당 도착 수(arrivals/unit)로 정의한다. Exponential 분포함수에서의 확률변수 x는 Poisson 분포함수에서의 확률변수의 역수(1/x)로서, 도착 사이의 시간 간격(inter-arrival time)으로 정의한다. 이들 함수에서 도착은 대상 시스템에 따라 달라지며 대기행렬 시스템에서는 "사람"이 도착하는 것으로, 통신 시스템에서는 "메시지"

가 도착하는 것으로, C2 시스템에서는 "명령"이 도착하는 것으로 해석하면 된다.

표본 데이터의 히스토그램 h(x)와 유사성을 비교할 분포함수 f(x)는 1개 또는 2개(평균, 분산 등)의 통계 파라미터를 포함하며, 이들 파라미터는 표본 데이터로부터 구한 값을 대입하면 된다. Poisson 분포함수와 Exponential 분포함수는 1개의 파라미터, 정규분포함수에서는 2개의 파라미터가 f(x)의 정의 식에 포함되어 있다. Poisson 분포함수에서 도착률은 표본 데이터에서 구한 시간당 평균 도착 수를 대입한다. Exponential 분포함수에서 도착 사이의 시간 간격은 도착률의 역수를 대입하면 된다. 정규분포함수 정의에서는 평균과 분산이 포함되며 이들 값은 표본 데이터에서 구한 평균과 분산값을 대입하면 된다.

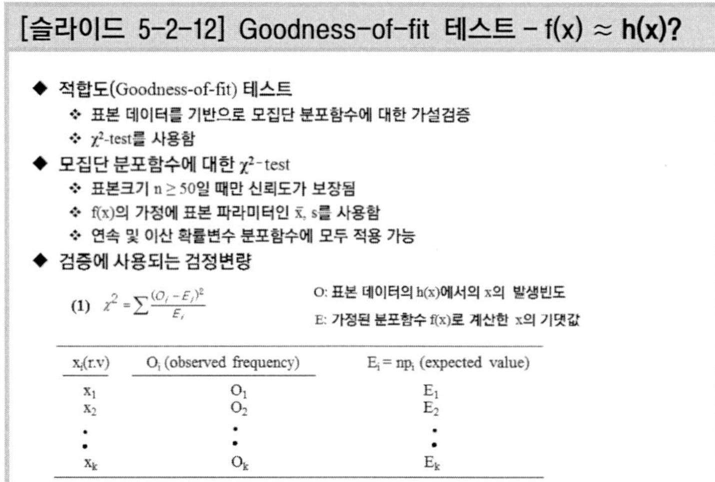

x_i(r.v)	O_i (observed frequency)	$E_i = np_i$ (expected value)
x_1	O_1	E_1
x_2	O_2	E_2
•	•	•
•	•	•
x_k	O_k	E_k

[5-2-12]
적합도 시험은 h(x)와 f(x)의 유사성을 확인하는 과정으로 분포함수에 대한 귀무가설의 승인/기각을 판단하는 과정으로 χ2-test를 사용한다. 모집단 분포함수에 대한 χ2-test는 표본의 크기가 50개 이상일 때 신뢰도가 보장되며 귀무가설에 사용된 f(x)의 파라미터는 표본 데이터의 파라미터를 사용한다. χ2-test는 분포함수 정의에 사용된 확률변수가 연속 또는 이산값인 경우 모두에 적용 가능하다. 분포함수 가설검증에 사용되는 χ2-test의 검정변량 χ2는 식 (1)로 주어지며, O는 표본 데이터의 히스토그램 h(x)에서의 x값의 발생빈도이며 E는 분포함수 f(x)로 계산한 x의 기댓값이다. 식 (1)의 χ2값을 구하기 위해서는 슬라이드 하단에 제시한 표와 같이 각 확률변수 값에 대한 O값과 E값을 구해야 한다.

[5-2-13] Goodness-of-fit 테스트 절차

적합도 시험 절차는 가설검증의 일반적 절차와 동일하며, 검정변량 χ2에 대한 단측시험을 사용한다. 먼저 (i), (ii)단계에서 표본 데이터의 히스토그램과 평균 및 분산값을 구한다.

[슬라이드 5-2-13] Goodness-of-fit 테스트 절차

◆ 가설검증의 일반적 절차와 동일

(i), (ii) 데이터 수집을 통한 파라미터값 및 히스토그램 구하기

(iii) H_o 가설: X는 파라미터값이 ( )와 ( )인 ( ) 분포를 갖는다.

(iv) 테스트를 위한 검정변량 및 $(1-\alpha)$ 신뢰구간 구하기

$$\chi^2 = \sum_{i=1}^{k} \frac{(O_i - E_i)^2}{E_i}$$

χ^2의 $(1-\alpha)$ 신뢰구간: $\chi^2 \le \chi^2_{\alpha,k-1-s}$

k: (≤n) # of class intervals such that $\Sigma E_i \ge 5$

S: # parameters estimated

α: level of significance

(v) Accept H_o if $\chi^2 \le \chi^2_{\alpha,k-1-s}$

*주: 주어진 n에 대하여 k값이 달라지면 검증 결과가 달라질 수 있다.

n값이 주어질 때 k값의 추천 범위

n	k
20	χ^2-test를 사용하지 말 것
50	5-10
100	10-20
>100	$n^{1/2}$-n/5

(iii)단계에서는 귀무가설 H_0를 설정한다. H_0에는 분포함수의 이름과 함수 내에 포함된 파라미터값들이 포함된다. (iv)단계에서는 앞 슬라이드 하단에 제시한 표를 만들고 χ2-test에 사용될 검정변량 χ2와 단측시험을 위한 (1 − α) 신뢰구간을 구한 후 (v)단계에서 승인 또는 기각을 결정한다. 단측시험에 사용될 χ2값의 최댓값에는 3개의 파라미터 k, s, α가 포함되며 α는 유의수준, s는 f(x)에 포함된 파라미터의 수, 그리고 k는 기댓값의 합이 5 이상이 되게 하는 계급 구간수이다. χ2-test 결과는 표본 데이터값의 분포에 따라 달라지며, 표본집단의 크기가 n으로 동일한 표본집단들의 경우라도 k값에 따라 달라질 수 있다. 표본집단의 크기 n이 50 이하인 경우는 χ2-test의 사용을 추천하지 않으며, 50 이상인 n값에 대한 k값의 추천 범위는 슬라이드에 나타낸 것과 같다.

[슬라이드 5-2-14] 데이터 검증 예 - 모집단의 f(x) 가설검증(1/3)

◆ C2 시스템에 일정시간 내에 도착하는 "명령"의 분포함수

확률변수의 정의 x: C2에 일정시간 내에 도착하는 명령 수(명령 도착률)

관찰: C2에 아침 9:00 – 10:00 사이에 도착하는 명령 수를 주 5일로 20주 관찰

◆ 귀무가설: 명령 수 X는 도착률이 3.64인 Poission 분포를 갖는다.

◆ 검증단계

(i) 데이터 수집 및 히스토그램

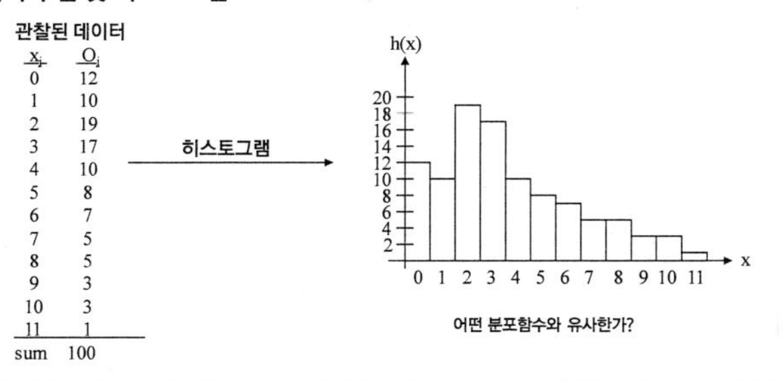

관찰된 데이터

x_i	O_i
0	12
1	10
2	19
3	17
4	10
5	8
6	7
7	5
8	5
9	3
10	3
11	1
sum	100

[5-2-14] 데이터 모델의 분포함수에 대한 가설검증의 예를 설명한다. 대상이 되는 데이터 모델은 C2 시스템에 일정시간 동안 도착하는 명령의 개수에 대한 분포함수이다. 데이터 모델링을 위해 C2 체계에 아침 9시부터 10시 사이에 도착하는 명령의 수(x)를 주 5일, 20주 동안 총 100일간 관찰하였다. 가설검증은 [슬라이드 5-2-10]의

절차를 따르기로 한다. 가설검증을 위한 (i)단계에서는 수집된 데이터를 바탕으로 오른쪽 아래 그림과 같은 히스토그램을 구하였다.

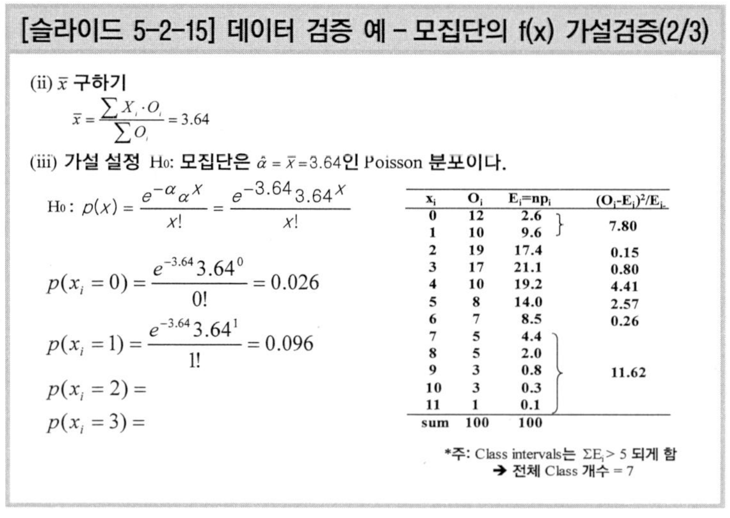

x_i	O_i	$E_i = np_i$	$(O_i - E_i)^2/E_i$
0	12	2.6	7.80
1	10	9.6	
2	19	17.4	0.15
3	17	21.1	0.80
4	10	19.2	4.41
5	8	14.0	2.57
6	7	8.5	0.26
7	5	4.4	11.62
8	5	2.0	
9	3	0.8	
10	3	0.3	
11	1	0.1	
sum	100	100	

[5-2-15]
(ii)단계에서는 수집된 데이터의 평균값 3.64를 구하였다. (iii)단계의 귀무가설 설정은 "H_0 : 명령 수 X는 도착률이 3.64인 Poisson 분포이다"로 한다. 가설검증을 위한 (iv)단계인 적합도 시험을 위하여 오른쪽과 같은 표를 완성한다. 표에서 계급 구간(Class intervals)을 $\sum E_i > 5$가 되도록 설정하면, 전체 구간 수 k값은 7이 되었다. $\sum E_i > 5$를 만족하는 계급 구간 설정이란, 표에서 첫 번째 E_i값이 2.6으로 5보다 작기 때문에 첫 번째 $E_i = 2.6$과 두 번째 $E_i = 9.6$을 더한 값인 12.2로 5보다 큰 값을 만든다는 의미이다.

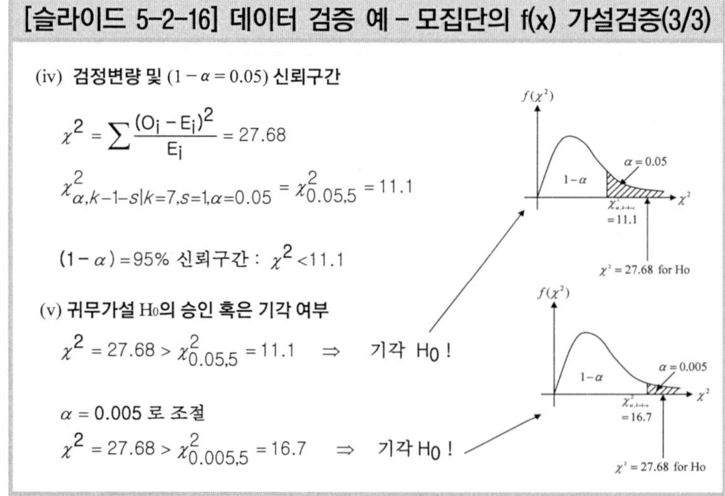

[5-2-16]
(iv)단계의 계속으로, 앞 슬라이드에서 만든 표를 바탕으로 검정변량 χ2 = 27.68로 구해졌으며, 유의수준 α = 0.05에서 95% 신뢰구간은 χ2 < 11.1로 구해졌다. (v)단계에서는 검정변량 χ2 = 27.68이 신뢰구간인 χ2 < 11.1에 포함되지 않으므로 귀무가설 H_0를 기각한다. 유의수준의 변화에 따른 승인 여부를 관찰하기 위해

유의수준을 극한적인 값 $\alpha = 0.005$로 가정하면, 99.5% 신뢰구간이 $\chi 2 < 16.7$이 되지만 여전히 귀무가설은 기각됨을 알 수 있다.

5.3 시뮬레이션 실험설계

[슬라이드 5-3-1] 시뮬레이션 실험(모의실험)설계

- ◆ 실험설계
  - ❖ 시뮬레이션에 사용할 입력값들을 표본화하는 과정
- ◆ 실험설계의 목표
  - ❖ 구하고자 하는 시뮬레이션 출력값에 대하여, 최소 입력 표본으로 구한 값과 모든 입력값을 사용하여 구한 값의 일치

입력변수 값들의 집합
표본화
X → Model → Y

- ◆ 좋은 실험설계란?
  - ❖ 시스템의 전역적 정보의 투영(projection)이 잘 될 것
    - ● 시스템 전체의 경향 분석
  - ❖ 시스템의 지엽적 정보의 상세 묘사가 잘 될 것
    - ● 관심 대상 행위에 대한 세부 분석

[5-3-1]

시뮬레이션 실험설계는 시뮬레이션에서 사용될 입력값들을 표본화하는 과정이다. 실험설계의 목표는 구하고자 하는 시뮬레이션 출력값에 대하여 최소의 입력 표본들을 사용하여 구한 값과 모든 입력들을 사용하여 구한 값을 최대한 일치시키는 것이다. 그림에서는 실험설계를 통해 구해진 표본 입력값을 사용한 시뮬레이션의 출력이 모든 입력값을 사용한 시뮬레이션의 출력과 유사함을 나타내었다. 좋은 실험설계란 시뮬레이션의 출력이 시스템에 대한 전역 정보를 잘 투영함과 동시에 지엽적 정보를 상세하게 묘사할 수 있는 최소의 입력값을 표본으로 선정하는 것이다.

[5-3-2] 실험설계의 기본원칙

시뮬레이션 실험설계의 기본원칙은 무작위 임의추출, 반복 및 복제, 그리고 블로킹의 3가지로 요약할 수 있다. 시뮬레이션 실행과정에서 처리 조합들의 순서 및 실험 단위를 무작위 임의추출 함으로써, 분석에 관계없는 인자들은 평균을 통해 제거시키며 실험결과의 편중 및 기계적인 오류를 감소시킬 수 있다. 반복실험은 실험오차에 대한 정확한 추정을 할 수 있고, 복제실험은 다수의 표본집단을 구성함으로써 표본평균값을 정확하게 추정할 수 있다. 블로킹은 실험의 정확성을 증대시킴과 동시에 관심 대상이 아닌 변수들을 제거시

[슬라이드 5-3-2] 실험설계의 기본원칙

- ◆ 무작위 임의추출
  - ❖ 시뮬레이션 실행 순서
    - ● 처리 조합(Treatment Combination)들의 순서 무작위
    - ● 처리 조합들에 대한 실험 단위 무작위
  - ❖ 관계없는 인자들(Noise)은 평균을 통해 제거
  - ❖ 편중(Bias) 및 기계적인 오류 감소
- ◆ 반복(Repetition) 및 복제(Replication)
  - ❖ 반복을 통한 실험 오차에 대한 정확한 추정
  - ❖ 복제를 통한 표본평균값의 정확한 추정
- ◆ 블로킹
  - ❖ 실험의 정확성 증대
  - ❖ 관심 대상이 아닌 변수들의 제거

킬 수 있다.

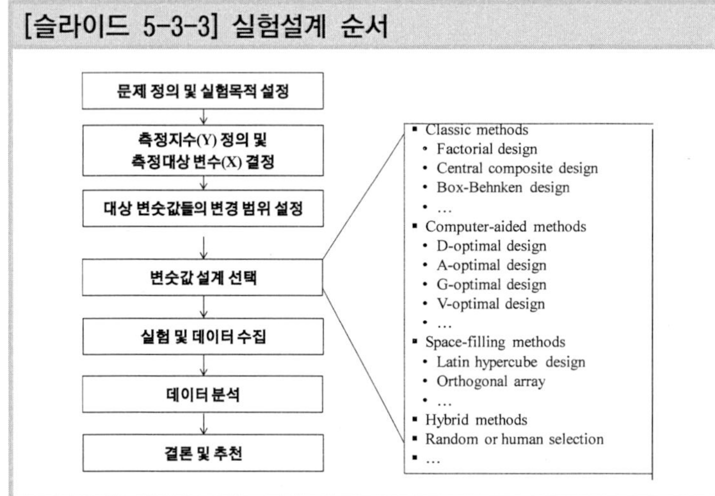

[5-3-3]

시뮬레이션 실험설계 순서를 플로차트 형식으로 나타내었다. 실험설계는 시뮬레이션을 통해 해결하고자 하는 문제 정의 및 실험목적 설정부터 시작해야 한다. 대상 시스템이 동일하다고 할지라고, 해결하고자 하는 문제에 따라 실험목적이 달라지며 실험목적에 따라 실험설계가 달라진다. 실험목적이 설정되면 이러한 목적을 달성하기 위한 측정지수(Y)가 정의되며 측정지수를 변화시킬 측정대상 변수(X)가 결정되어 이들 변숫값의 범위를 설정할 수 있다. 주어진 범위 내에서 변숫값을 표본화하는 방법(실험설계법)은 여러 가지가 알려져 있으며, 가장 쉬운 고전적인 방법은 Factorial 설계법으로 변숫값들의 모든 가능한 조합 또는 일부의 조합을 표본으로 선택하는 것이다. 실험설계가 완성되면 실험수행을 통하여 데이터를 수집하고 분석하여 문제해결을 위한 결론을 도출함으로써 의사결정자에 해결방안을 추천하게 된다.

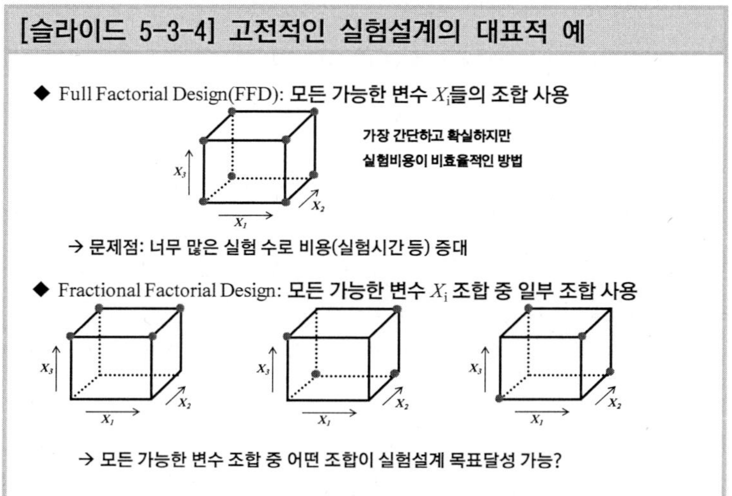

[5-3-4]

고전적인 실험설계의 대표적인 Factorial 설계법에는 Full Factorial 설계법(FFD)과 Fractional Factorial 설계법이 있다. Full Factorial 설계법은 주어진 입력들 각각에 대해 변경이 가능한 값들을 모두 조합하여 모든 가능한 입력 공간을 만드는 것이다. 그림에서 X1, X2, X3이 입력으로 정의되고 각각이 0과 1의 값을 갖는다고 가정하면, 모든 가능한 (x1, x2, x3) 값은 총 8개로 (0,0,0) (1,0,0).......(1,1,1)이다. FFD는 가장 간단하고 확실하지만 입력 조합의 수가 너무 많아 실험비용(시뮬레이션 시간)이 증가하는 문제점이 있다. 이러한 문제점을 해결하기 위하여 제안된 Fractional Factorial 설계법은 모든 가능한 입력 조합으로부터 일부를 선택하여 시뮬레이션 입력으로 사용하는 것이다. Fractional Factorial 설계법에는 모든 가능한 조합에서 일부의 조합을 표본화하기 위한 여러 가지 알고리즘이 알려져 있으며, 문제에 따라 실험 설계자가 선택해야 한다.

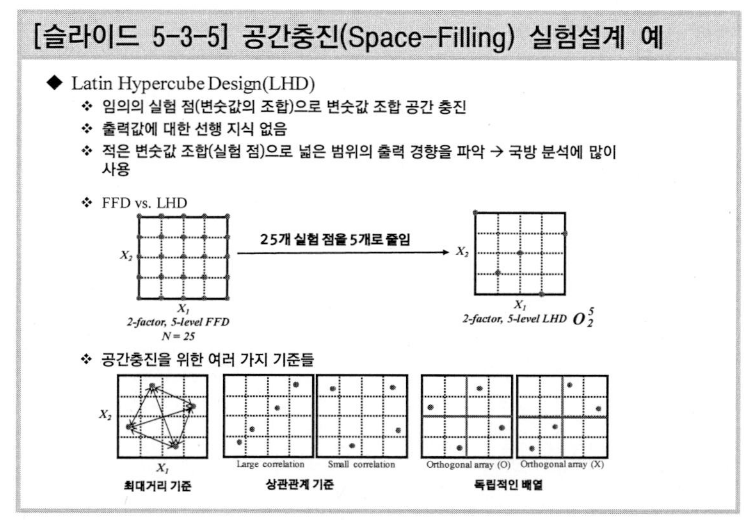

[5-3-5]

고전적인 실험설계법과 함께 국방 분석에서 많이 사용되는 실험설계법으로 공간충진(Space-filling) 실험설계법의 하나인 Latin Hypercube 설계법(LHD)이 있다. LHD는 출력값에 대한 선행 지식이 없을 경우라도 적은 변숫값의 조합으로 넓은 범위의 출력 경향을 파악할 수 있는 방법이다. 그림의 예에서는 FFD로 설계된 25개의 입력값들을 LHD를 통하여 5개의 입력값으로 줄인 것을 보여준다. LHD에서는 공간충진을 위한 기준으로 입력값들 사이의 최대거리, 상관관계, 독립적인 분할(배열) 등을 사용하며 적용 기준과 적용한 실험결과는 연구대상 문제에 따라 달라진다. 실제로 실험을 설계할 때에는 한 가지 이상의 실험설계법을 사용하여 입력변수 값들을 표본화할 수 있다. 예를 들면, Fractional Factorial 설계법과 LHD를 사용하여 만들어진 입력값들 중 중복되는 것을 제외한 값들을 실험에 사용할 수 있다. 이 경우, 두 개의 실험설계법에서 추출한 입력변수 값들이 상호보완적으로 시스템의 전역적 특성과 지엽적 특성을 투영할 수 있으면 가장 이상적인 실험설계 결과가 될 것이다.

[슬라이드 5-3-6] 메타모델(Mete-model) 개념

- ◆ Meta와 Meta-model
  - ❖ Meta: 2번째의 추상화 수준
  - ❖ Meta-model: 모델의 모델
- ◆ 메타모델링의 목적
  - ❖ 가성비(가격 대비 성능)의 절충 → 실험결과의 정확도 vs. 실험비용
- ◆ 메타모델링 방법
  - ❖ 주어진 시뮬레이션 모델 → 시뮬레이션 메타모델
    - ● 주어진 시뮬레이션 모델을 추상화된 시뮬레이션 모델로 표현
  - ❖ 주어진 시뮬레이션 모델 → 데이터 메타모델
    - ● 주어진 시뮬레이션 모델을 (입력/출력) 데이터 매핑으로 표현
- ◆ 활용 방안
  - ❖ 시스템 분석
    - ● 동일한 입력에 대해 원래 모델보다 메타모델이 근사 출력을 빠른 시간에 얻음
  - ❖ 시스템 최적화
    - ● 시뮬레이션 기반 최적화보다 빠른 속도로 근사화된 최적 입력 파라미터 도출
    - ● 데이터 메타모델의 경우 최적화된 입력값을 다항식에서 바로 구할 수도 있음

[5-3-6]

시뮬레이션 기반의 분석 및 최적화에 실험설계법을 적용하여 모델링한 메타모델이 사용된다. Meta의 의미는 “2번째의 추상화”이다. 따라서 Meta-model은 “모델의 모델”로서 주어진 모델을 다시 추상화하여 만들어진 또 다른 모델을 의미한다. 메타모델의 목적은 시뮬레이션 실험결과의 정확도를 낮추는 대신 실험에 소요되는 시간을 줄일 수 있는 절충적인 방법을 제공하는 것이다. 메타모델링 방법에는 주어진 시뮬레이션 모델을 추상화한 시뮬레이션 모델을 구하는 것과 주어진 시뮬레이션 모델의 입/출력 데이터를 매핑한 데이터 모델을 구하는 것이 있다. 메타모델을 사용한 시스템 분석은 동일한 입력에 대하여 원래의 시뮬레이션 모델을 사용하는 경우에 비해 근사적인 출력값을 빠른 시간에 얻어낼 수 있다. 시스템 최적화에 메타모델을 사용할 경우는 시뮬레이션 기반의 최적화에 비해 빠른 속도로 근사화된 최적의 입력 파라미터를 도출할 수 있다. 메타모델이 데이터 모델(예: Regression 모델)일 경우에는 최적화된 입력값(X)을 메타모델의 다항식, $Y = f(X)$에서 $X = f^{-1}(Y)$로 구할 수도 있다.

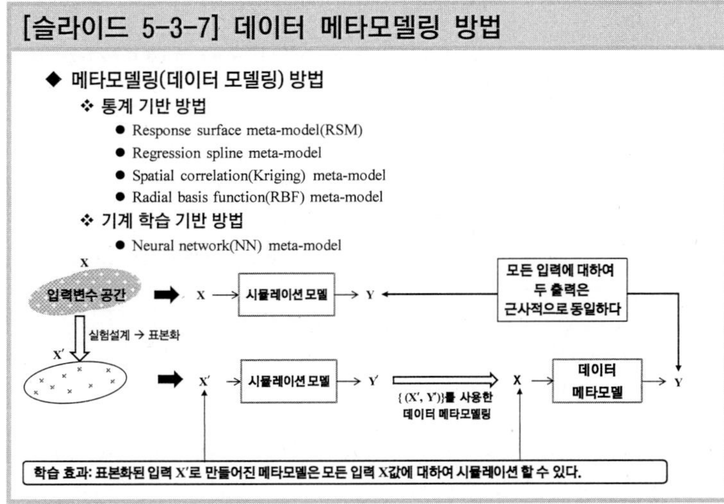

[5-3-7]

데이터 메타모델링(또는 데이터 모델링) 방법에는 통계 이론을 이용하는 방법과 기계 학습을 이용하는 방법이 있으며, 이들을 슬라이드에 나열하였다. 이러한 방법들에 대한 자세한 사항은 실험설계를 다루는 전문 문헌을 참조하기 바란다. 메타모델링 방법은 메타모델의 입력과 출력의 상관관계를 파라미터가 포함된 수식(예: Y = aX + b)으로 표현한 후 표본화한 입력 X′와 시뮬레이션 출력 Y′를 사용하여 메타모델 수식의 파라미터(예: a 및 b)를 학습시키는 것이다. 메타모델의 학습 효과로 인하여 학습에 사용되지 않은 입력 파라미터를 사용한 시뮬레이션이 가능하다. 따라서 모든 입력에 대한 메타모델의 출력이 시뮬레이션 모델을 사용한 시뮬레이션 결과(출력)와 근사적으로 동일하다.

[슬라이드 5-3-8] 대표적인 메타 모델

◆ Response Surface Meta-model
- ❖ $y(x) = f(x) + \varepsilon$
  - $f(x)$의 형식은 x의 다항식: $\beta_0 + \sum_{i=1}^{p} \beta_j x_j + \sum_{i=1}^{p} \sum_{j=1}^{p} \beta_{ij} x_i x_j + \cdots + \varepsilon$
  - 다항식의 차수: 대부분의 경우 1차 혹은 2차식
- ❖ 특징
  - 구현, 가시화 및 이해가 쉽다.
  - 최적화가 쉽다.
  - 너무 단순하여 큰 오차가 발생

◆ Kriging Meta-model
- ❖ $y(x) = f(x) + Z(x)$
  - $f(x)$: 전역적 행위 모델
  - $Z(x)$: 지엽적 행위 모델
- ❖ 특징
  - Gaussian 프로세스 모델에 기반함
  - 가정 사항: 출력 함숫값은 설계 공간과 상관관계가 있음

[5-3-8]

데이터 메타모델의 두 가지 예로서 Response Surface 메타모델과 Kriging 메타모델을 간략히 소개한다. Response Surface 메타모델은 y(x) = f(x) + ε의 형식으로 표현되며 f(x)는 일반화된 다항식으로 주어지고 대부분의 경우 1차 또는 2차식이다. 이 메타모델은 구현이 간단하며 가시화와 이해하기가 쉽고, 최적화도 쉽지만 너무

단순하여 큰 오차가 발생한다는 단점이 있다. Kriging 메타모델은 y(x) = f(x) + Z(x)의 형태로, f(x)는 전역적 행위를, Z(x)는 지엽적 행위를 나타낸다. 이 메타모델은 Gaussian 프로세스 모델에 기반하며 출력 함숫값이 설계 공간과 상관관계가 있다고 가정한다.

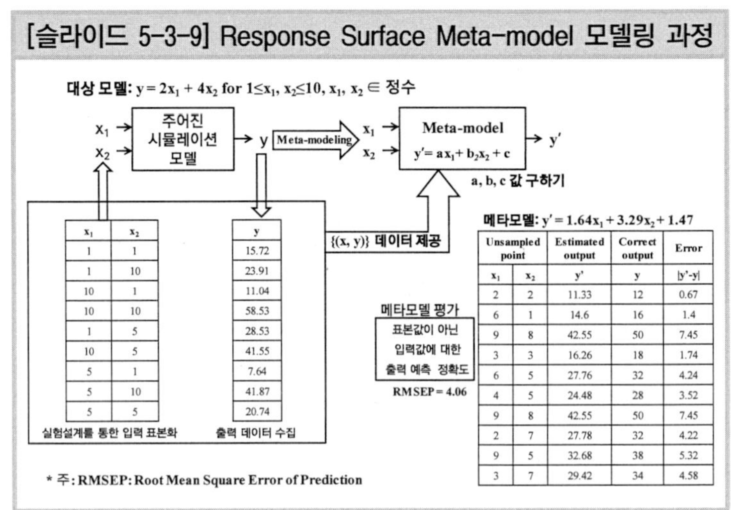

x_1	x_2	y
1	1	15.72
1	10	23.91
10	1	11.04
10	10	58.53
1	5	28.53
10	5	41.55
5	1	7.64
5	10	41.87
5	5	20.74

Unsampled point		Estimated output	Correct output	Error
x_1	x_2	y'	y	|y'-y|
2	2	11.33	12	0.67
6	1	14.6	16	1.4
9	8	42.55	50	7.45
3	3	16.26	18	1.74
6	5	27.76	32	4.24
4	5	24.48	28	3.52
9	8	42.55	50	7.45
2	7	27.78	32	4.22
9	5	32.68	38	5.32
3	7	29.42	34	4.58

[5-3-9]

Response Surface 메타모델의 예를 살펴보자. 설명을 간략하게 하기 위해서 대상 모델로 시뮬레이션 모델 대신에 해석적(수식) 모델을 사용하였지만, 시뮬레이션 모델로 일반화하는 데 문제가 없다. 주어진 모델은 y = 2x1 + 4x2이며 x1과 x2는 각각 1부터 10까지의 정수이다. 먼저, Response Surface 메타모델을 y′ = ax1 + bx2 + c로 가정하였다. 다음으로, 실험설계법을 적용하여 표에서와 같이 (x1, x2) 값들을 표본으로 추출하여 주어진 모델인 y = 2x1 + 4x2를 시뮬레이션함으로써 {(x1, x2), y)} 데이터를 표와 같이 얻은 후 이를 이용하여 a, b, c 값을 구하였다. 구해진 a, b, c 값은 각각 1.64, 3.29, 1.47이었으므로 구하고자 하는 메타모델은 y′ = 1.64x1 + 3.29x2 + 1.47이 된다.

이 메타모델의 출력 예측능력을 평가하기 위하여 표본값으로 사용되지 않은 입력값에 대한 출력값의 오차를 계산하여 표로 만들고 평가지표인 RMSEP(Root Mean Square Error of Prediction) = 4.06을 얻었다. 메타모델의 방정식을 y′ = ax1 + bx2 + c로 가정할 경우 a, b, c 값은 실험설계법으로 어떤 입력값, {(x1, x2)}를 표본으로 추출하는지에 따라 달라진다. 이 때문에 메타모델을 만들 때 표본값으로 사용되지 않은 입력값에 대한 출력오차(RMSEP값)도 달라진다.

5.4 시뮬레이션 출력의 통계적 분석

[슬라이드 5-4-1] 시뮬레이션 출력 해석

◆ 출력 해석은 무엇이며, 왜 해야 하는가?

난수 입력 데이터 집합 → 시뮬레이션 실험 → 난수 출력 데이터 집합

- ❖ 이산사건 시스템 시뮬레이션 실험에서 입력과 출력 데이터는 원천적으로 난수이다.
- ❖ 난수로 표현된 출력 데이터의 해석
  - ● 성능지수의 추정치로 표현: 점 추정치(평균) 및 구간 추정치(신뢰구간)
  - ● 통계적 추정기법 적용
- ❖ 필요한 정확도를 얻기 위한 반복 시뮬레이션이 필요
  - ● 반복 시뮬레이션 횟수 결정
  - ● 반복 횟수가 많을수록 점 추정치에 대한 신뢰도가 높아진다.

◆ 출력 해석을 따른 시뮬레이션 종류

- ❖ 종료(과도) 시뮬레이션
  - ● 초기조건 + 종료시간(혹은 입력의 개수)
  - ● 시뮬레이션 결과는 초기조건에 따라 많은 차이가 발생
- ❖ 정상상태 시뮬레이션
  - ● 정상상태 = 초기조건과 무관한 시뮬레이션 결과
  - ● 초기조건은 시뮬레이션이 오랫동안 진행되면 결과에 영향을 미치지 않는다.

[5-4-1]

시뮬레이션의 입력값에 난수가 포함될 경우 시뮬레이션의 출력은 난수의 특성을 갖는다. 난수들로 주어진 출력값에 대한 통계적 파라미터(평균, 분산 또는 신뢰구간)를 찾아냄으로써 의미 있는 분석결과를 도출하게 된다. 또한, 출력값의 분산을 미리 정해진 수준 이하로 유지시키기 위한 시뮬레이션 실행 횟수를 구할 수도 있다. 출력은 과도상태 출력과 안정상태 출력으로 나눌 수 있다. 과도상태 시뮬레이션은 출력값이 초기조건과 종료시간(또는 입력 개수)에 따라 달라지는 상태에서 진행되는 시뮬레이션이다. 반면, 안정상태 시뮬레이션은 출력값이 초기조건과 무관하게 일정한 값이 유지되는 상태의 시뮬레이션이다. 시뮬레이션을 이용한 성능/효과도 측정은 안정상태에서의 시뮬레이션 출력값으로 구해진다.

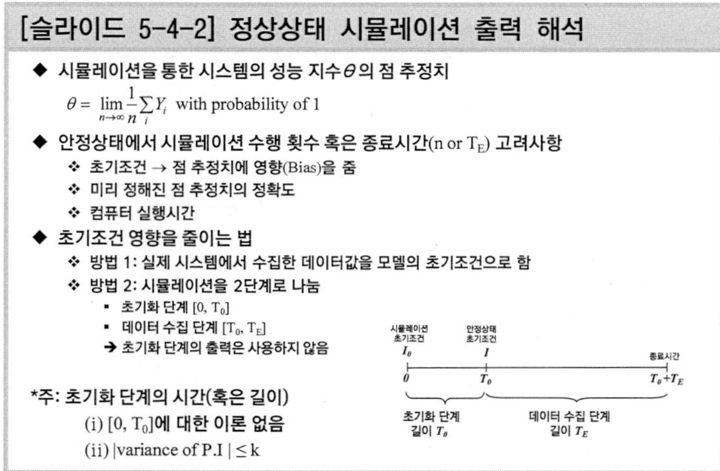

[5-4-2]

시스템(모집단)의 성능지수는 무한개의 시뮬레이션 출력(표본집단)에 대한 평균값과 100% 확률로 일치하게 된다. 현실적으로 무한개의 출력값을 구할 수 없으므로 안정상태의 출력값들에 대한 평균을 구하게 된

다. 안정상태에서의 시뮬레이션 수행 횟수(또는 종료시간)를 결정하는 데 초기조건, 미리 정해진 정확도 및 컴퓨터 실행시간 등이 고려되어야 한다. 초기조건의 영향을 감소시키기 위해서 실제 시스템에서 수집한 안정상태에서의 데이터값을 모델의 초기조건으로 사용할 수 있다. 실제 시스템에서 데이터 수집이 불가능한 경우에는 시뮬레이션 실험을 [0, T_0] 구간과 [T_0, T_0+T_E] 구간으로 나누어 2단계로 실행한다. 우선 [0, T_0] 구간은 초기화 단계로서 안정상태에 도달시키기 위한 시뮬레이션 실험이며, 이때 구해진 출력값은 출력 해석에 사용하지 않는다. 다음으로, [T_0, T_0+T_E] 구간은 데이터 수집 단계로서 초기화 단계의 최종상태를 초기상태로 설정하여 시뮬레이션 실험을 수행하는 단계이다. 초기화 단계에 대한 [0, T_0] 구간의 크기 선정을 위한 이론은 없으며, 실제적으로는 출력의 분산값이 K(일정값) 이하로 유지되기 시작하는 시간까지를 초기화 단계로 본다.

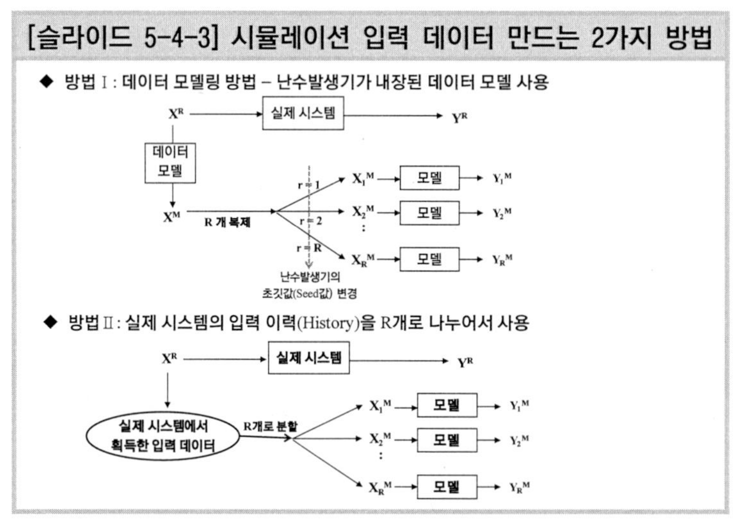

[5-4-3]
시뮬레이션 모델에 입력할 R개의 복제 입력모델을 만드는 방법은 2가지가 있다. 첫 번째 방법은 실제 시스템에서 얻어진 데이터를 사용하여 데이터 모델을 만든 후 이들 데이터를 발생시키는 난수발생기를 설계하여 R개의 복제 입력모델을 얻는 것이다. 두 번째 방법은 실제 시스템의 입력 이력(History)을 R개의 구간으로 나누어 복제 입력을 얻는 것이다. 한 개의 입력모델에서 발생시킬 수 있는 입력 데이터 수는 방법 I과 방법 II에 따라 달라질 수 있다. 방법 I은 난수발생기로부터 필요한 수만큼의 입력 데이터를 발생시킬 수 있는 반면 방법 II는 전체 입력 이력 수를 R개로 나눈 수만큼의 입력 데이터가 얻어진다. 방법 I로부터 서로 다른 R개의 복제 입력을 얻기 위해서는 각 입력모델에서 사용하는 난수발생기의 초깃값(Seed값)을 다르게 설정하여야 한다.

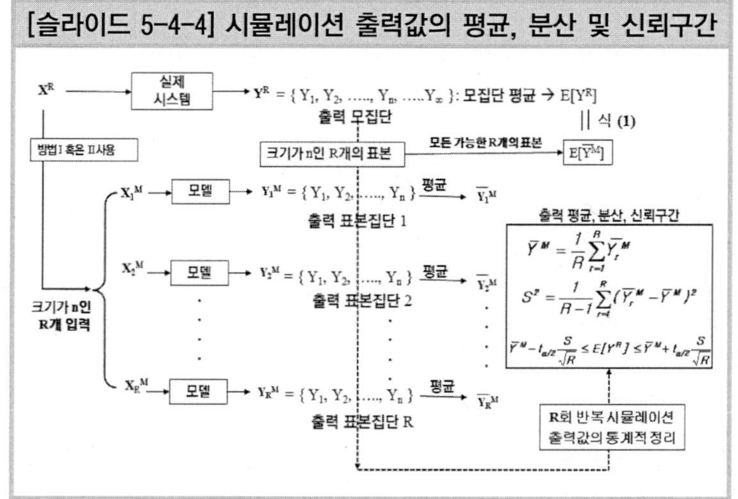

[5-4-4]

시뮬레이션을 통해 시스템의 성능을 예측하기 위해서는 실제 시스템의 출력을 모집단으로, 시뮬레이션의 출력을 표본집단으로 생각한다. 표본집단의 크기 N은 표본오차에 영향을 주는데, N이 클수록 표본오차가 감소한다. 시뮬레이션의 출력으로 표본집단을 구성할 경우 N값을 크게 하려면 입력의 개수를 늘리면 된다. 그러나 시뮬레이션에서 사용되는 난수발생기의 의사 난수 발생(Pseudo Random Generation) 알고리즘의 특성으로 인하여 출력값(난수)들 사이의 통계적 독립성에 문제가 발생한다. 이러한 문제 때문에 시뮬레이션 기반의 성능예측에서는 한 개의 표본집단을 사용하는 것이 아니라 시뮬레이션 복제(Replication)를 통해 다수의 표본집단을 구성하여 사용하게 된다.

입력모델에 포함된 난수발생기(알고리즘)는 초깃값에 따라 발생되는 난수의 계열(순서가 있는 난숫값들의 집합)이 달라진다. 동일한 분포함수 및 통계 파라미터(평균, 분산)를 사용하되 R개의 다른 초기조건으로 만들어진 R개의 난수계열을 R 복제 난수계열이라 한다. 이러한 복제 난수계열을 사용한 입력모델들을 복제 입력모델이라 하며, 복제 입력모델을 사용한 시뮬레이션을 복제 시뮬레이션이라 한다. 각 복제 입력모델에서 발생되는 난수의 수를 n(각 복제 입력모델에서 난수의 수를 다르게 할 수도 있음)이라고 하면 각 시뮬레이션 복제에서의 출력값도 n개가 되며, 이 값이 각 복제로부터 얻어지는 표본집단의 크기가 된다.

그림은 R개의 복제 입력모델(난수의 개수: n)을 사용하여 R회의 복제 시뮬레이션 과정을 거쳐 크기가 n인 R개의 표본집단을 구성하는 모습을 보여준다. 이때, 각 표본집단의 평균값들은 난수가 되며, 이들의 기댓값(난수 평균값)은 모집단의 기댓값과 동일하다는 것을 [슬라이드 5-1-5]에서 이미 설명하였고 그림에서는 식 (1)과 같다. R개의 시뮬레이션 복제는 표본크기가 N인 한 개의 표본집단 대신에 각 표본집단의 크기 n = N/R인 R개의 표본집단을 얻는 과정으로 볼 수 있다. 여기서 각 표본집단의 표본크기가 반드시 n으로 동일할 필요는 없다. 시뮬레이션 출력 평균값은 R개의 입력모델로부터 구한 R개의 출력 평균값을 평균한 값이며 분산 및 신뢰구간과 함께 오른쪽 박스에 정리하였다.

[슬라이드 5-4-5] 출력값이 주어진 정확도를 만족하는 시뮬레이션 반복횟수

◆ 시뮬레이션 출력값의 (1 − α) 신뢰구간

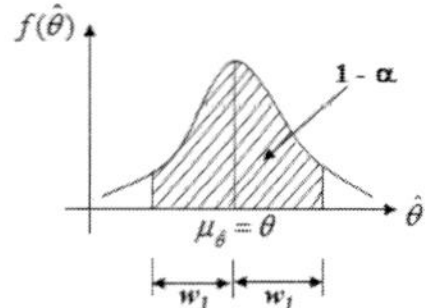

모집단: 시뮬레이션 출력값(무한번 시뮬레이션 수행)

θ : 모집단 평균값 → 시뮬레이션 횟수가 무한번인 경우

$\hat{\theta}$: 표본집단 평균값 → 시뮬레이션 횟수가 R번인 경우

표본오차: $w = t_{\frac{\alpha}{2}, R-1} \frac{S}{\sqrt{R}}$ --- 식 (1)

(1 - α) 신뢰구간: $\hat{\theta} - w < \theta < \hat{\theta} + w$ --- 식 (2)

◆ 정확도가 일정 범위 w_1 이내일 확률이 (1 - α)가 되기 위한 시뮬레이션 횟수?

→ $P\{|\hat{\theta} - \theta| \le w_1\} \ge (1-\alpha)$ 즉, $w = t_{\frac{\alpha}{2}, R-1} \frac{S}{\sqrt{R}} \le w_1$을 만족하는 R값 구하는 문제

따라서 구하고자 하는 시뮬레이션 횟수는 $R \ge \left(\frac{t_{\frac{\alpha}{2}, R-1} \cdot S}{w_1} \right)^2$ ---- 식 (3)이 된다.

◆ R이 부등식 좌, 우변에 모두 포함되어 있어 위의 부등식은 해석적으로 풀 수 없음

→ 시행착오적 반복 방법으로 R값을 구할 수 있음

[5-4-5]

입력을 무한개 복제(R → ∞)하여 각각에 대해 실행한 시뮬레이션 출력값들로 구성된 모집단을 가정하면 이 모집단의 평균은 무한번 반복하여 수행된 시뮬레이션의 출력값에 대한 평균이 된다. 유한개인 R회의 반복으로 얻어진 시뮬레이션의 출력값으로부터 모집단의 평균을 추정할 때 표본오차는 식 (1)로, (1 − α) 신뢰구간은 식 (2)로 얻어진다. 식 (1)에서 표본오차 w는 시뮬레이션의 반복횟수 R이 커짐에 따라 감소되어 정확도가 향상되지만 R이 커지면 실행시간이 길어지게 된다. (1 − α) 신뢰구간의 정의 식으로부터 시뮬레이션의 출력값에 대한 표본오차를 일정한 범위 내로 유지하기 위한 시뮬레이션의 최소 반복횟수 R을 구하면 식 (3)으로 나타낼 수 있다. 식 (3)에서 변수 R은 부등식 좌, 우측에 모두 포함되어 있기 때문에 해석적인 방법으로는 R값을 구할 수가 없다. 따라서 R값은 반복적 시행착오 방법을 통해 계산하게 된다.

[5-4-6] 시뮬레이션 반복횟수 구하는 방법

반복적인 시행착오 방법으로 식 (1)을 만족하는 R값을 구하는 절차에 대하여 알아보자. 1단계로 임의의 반복횟수(2~ 회 정도) R_0만큼 시뮬레이션을 반복하여 수행한다. 2단계로 Ro 반복한 시뮬레이션의 결과로부터 표준편차 S_0를 구한다. 3단계로 t-분포와 z-분포 간의 수학적인 관계를 이용하여 R의 초깃값 R_{init}을 식 (2)와 같이 구한다. 4단계에서는 R = R_{init}으로부터 식 (3)을 만족할 때까지 R값을 증가시킨다. 5단계에서는 4단계에서 구한 R값과 1단계에서 사용한 R_0값의 차이만큼 시뮬레이션을 추가적으로 수행한다. 식 (4)는 4단계에서 구해진 R값이 식 (1)을 만족하는 R의 최솟값보다 클 수 있음을 보여준다. 왜냐하면,

[슬라이드 5-4-6] 시뮬레이션 반복횟수 구하는 방법

◆ **반복적 방법으로** $R \geq \left(\frac{t_{\frac{\alpha}{2},R-1} \cdot S}{w_1}\right)^2$ **---- 식 (1)을 만족하는 R을 구하는 절차**

1. **반복횟수 R_0 값을 $2 \leq R_0 \leq 5$로 택하여 시뮬레이션을 수행한다.**
2. **R_0번 시뮬레이션 결과로부터 S_0를 구한다.**
3. **반복횟수의 초깃값 R_{init}을 아래와 같이 구한다.**

   $t_{\alpha/2,R-1} > z_{\alpha/2} \Rightarrow R \geq \left(\frac{t_{\alpha/2,R-1} \cdot S_0}{w_1}\right)^2 \geq \left(\frac{z_{\alpha/2} \cdot S_0}{w_1}\right)^2 \Rightarrow R_{init} = \left(\frac{z_{\alpha/2} \cdot S_0}{w_1}\right)^2$ **---- 식 (2)**

4. **R_{init}으로부터 R을 증가시켜** $R \geq \left(\frac{t_{\alpha/2,R-1} \cdot S_0}{w_1}\right)^2$ **---- 식 (3)을 만족하는 R을 구한다.**

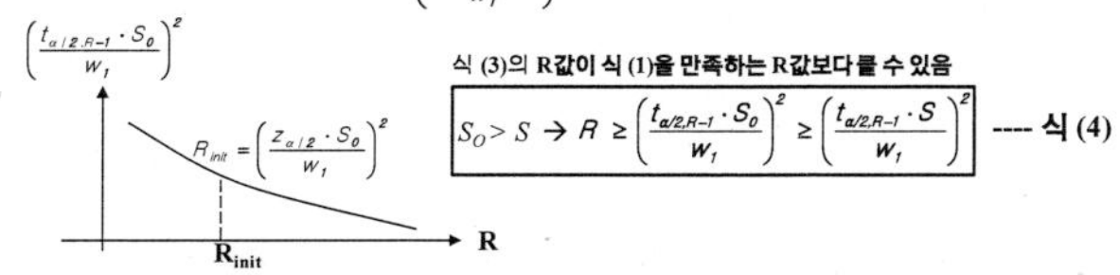

5. **R이 찾고자 하는 값이며 $(R - R_0)$번 시뮬레이션을 추가하면 된다.**

R_0회의 반복 시뮬레이션을 통해 구한 S_0값이 R회($R > R_0$)의 반복 시뮬레이션을 통해 구한 S값보다 클 수 있기 때문이다.

[슬라이드 5-4-7] 시뮬레이션 반복 수행 횟수 R을 구하는 예

[문제] $w_1 = \pm\ 0.04$**일 확률이** 0.95 **이상이 될 시뮬레이션 반복횟수** R**을 구하라.**

[풀이]

1. 먼저 4번 시뮬레이션을 실행하여 오른쪽 표를 구한다.
2. 4번 실행 결과로부터 S_0를 구한다.

   $S_0^2 = 0.00518$

3. R_{init}을 구한다.

   $R_{init} = \left(\frac{z_{\alpha/2} \cdot S_0}{w_1}\right)^2 = \left(\frac{z_{0.025} \cdot 0.00518}{0.04}\right)^2 = 12.44 \rightarrow 13$

Run	θ(utilization)
1	0.808
2	0.875
3	0.708
4	0.842

4. $R = R_{init} = 13$부터 R을 증가시켜 $R \geq \left(\frac{t_{\alpha/2,R-1} \cdot S_0}{w_1}\right)^2$ ---- 식 (1)인 R을 구한다.

R(반복횟수)	13	14	15
$t_{0.025,R-1}$	2.18	2.16	2.14
$\left(\frac{t_{\alpha/2,R-1} \cdot S_0}{w_1}\right)^2$	15.39	15.10	14.83

5. R = 15가 구하는 값이다 → 추가적으로 (15 – 4) = 11번의 시뮬레이션이 필요

[결과 확인] 15번 반복한 시뮬레이션에서 S를 구하여 $w = t_{0.025,14}\frac{S}{\sqrt{15}} \leq 0.04$를 확인함

[5-4-7]

유의수준(α)이 주어진 경우에 표본오차(w)가 일정한 값 이하가 되는 시뮬레이션 반복횟수 R을 구하는 예로서 α = 0.05, w ≤ 0.04를 만족하는 시뮬레이션 반복횟수를 구하기로 한다. 1단계로 임의의 반복횟수 R_0(=4)회를 반복하여 수행한 시뮬레이션의 출력(Utilization)에 대한 평균값을 표에 나타내었다. 2단계에서는 $S_0^2 = 0.00518$을 얻었다. 3단계에서는 계산을 통해 $R_{int} = 13$을 얻었다. 4단계로 R의 값을 13부터 증가시키면서 식 (1)을 만족하는 R을 구하면 R = 15를 얻을 수 있다. 최종적으로 필요한 시뮬레이션 반복횟수는 15회가 되는 것으로 1단계에서 이미 실행한 4회를 제외하면 추가적으로 11회의 반복 시뮬레이션이 필요하다. 결과 검증을 위해서는 R = 15회의 반복 시뮬레이션을 통해 얻어진 출력값으로부터 S를 구하고 이를 표본오차(w) 방정식에 대입하여 w ≤ 0.04가 되는지를 확인하면 된다.

[슬라이드 5-4-8] 시뮬레이션 데이터의 그래프 표현법

● **신뢰구간은 복제 시뮬레이션 횟수 R과 (1 − α)의 함수이다.**

θ: 무한번 시뮬레이션 평균값

$\hat{\theta}$: R번 시뮬레이션 평균값

신뢰구간

$$\hat{\theta} - t_{\alpha/2,R-1}\frac{S}{\sqrt{R}} \le \theta \le \hat{\theta} + t_{\alpha/2,R-1}\frac{S}{\sqrt{R}}$$

측정치(병력손실)
1000
800±10 = [810, 790]
700±9
550±6
445±5
R회 모의실험 시 병력손실의 평균값은 800이다.
무한번 모의실험 시 병력손실은 [810, 790] 사이에 있을 확률이 (1 − α)이다.
R회 복제 시뮬레이션 수행
● 평균값
(1 − α)% 신뢰구간
시간(분/시간/일)

*주: Validation된 모델에서 무한번 수행한 시뮬레이션 평균값은 실제 시스템의 평균값과 동일함

[5-4-8]

시스템 성능을 신뢰구간으로 예측하기 위한 시뮬레이션 데이터는 그래프 형태로 표현하는 것이 일반적이다. 시스템의 성능 지수 θ의 신뢰구간은 복제 시뮬레이션의 횟수와 유의수준 그리고 복제 시뮬레이션 출력의 평균값에 의해 결정되며, 이를 식으로 표현하면 슬라이드에 나타낸 것과 같다. 이 슬라이드의 그래프에서 보여주는 것은 워 게임 시뮬레이션을 통해 구한 시간 경과에 따른 병력(자산)손실 값의 예로서 평균값은 점으로, 신뢰구간은 수직 막대 모양으로 표현하고 있다.

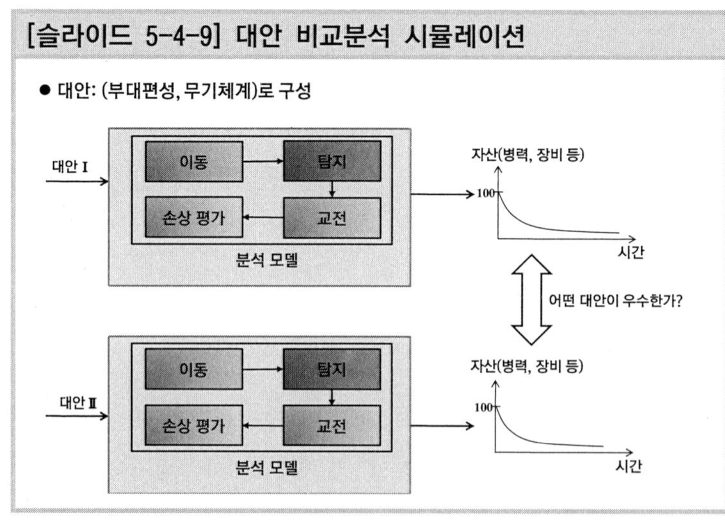

[5-4-9]

국방 M&S 응용, 특히 전투실험에서는 주어진 임무를 수행하기 위한 부대편성, 무기체계 등의 대안들을 비교분석하는 경우가 많다. 대안 분석은 주어진 임무를 수행하기 위하여 어떤 대안이 상대적으로 우수한지를 식별하기 위해 수행된다. 대안 분석을 위해서는 분석대상 자산 값들이 시뮬레이션 동안에 어떻게 변화되는지를 추적한 후 이들 값들을 통계적으로 비교하여야 한다.

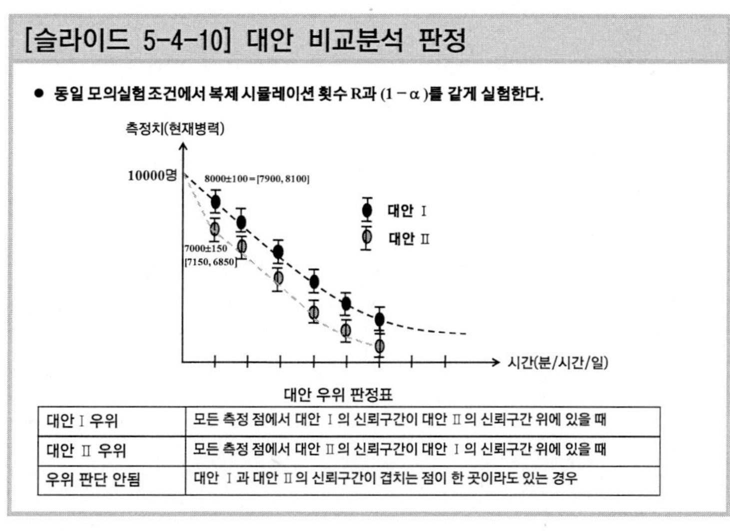

대안 Ⅰ 우위	모든 측정 점에서 대안 Ⅰ의 신뢰구간이 대안 Ⅱ의 신뢰구간 위에 있을 때
대안 Ⅱ 우위	모든 측정 점에서 대안 Ⅱ의 신뢰구간이 대안 Ⅰ의 신뢰구간 위에 있을 때
우위 판단 안됨	대안 Ⅰ과 대안 Ⅱ의 신뢰구간이 겹치는 점이 한 곳이라도 있는 경우

[5-4-10]

대안 분석을 위해서는 대안이 반영된 모델 논리 및 데이터를 제외한 나머지 요소 모델들과 시뮬레이션 실험조건, 비교조건이 동일해야 한다. 대안의 우위 여부 판정은 각 대안에서 얻어진 결과의 신뢰구간을 기반으로 하며, 시뮬레이션 실험조건으로 복제 시뮬레이션의 횟수 R이, 비교조건으로 유의수준 α가 동일해야 한다. 슬라이드의 그래프는 대안 Ⅰ, Ⅱ를 적용한 워 게임 시뮬레이션으로부터 구한 병력손실 값들을 이용하여 대안을 비교하는 예로서, 현재병력 값이 클수록 좋은 대안이다. 대안 우위 판정표에 대안 Ⅰ(또는 대안 Ⅱ)의 우위 판단 조건을 예시하였다. 대안 Ⅰ(또는 대안 Ⅱ)이 대안 Ⅱ(또는 대안 Ⅰ)보다 우위에 있기 위해서는 모든 측정 점(시간)에서 구해진 대안 Ⅰ(또는 대안 Ⅱ)의 신뢰구간이 대안 Ⅱ(또는 대안 Ⅰ)의 신뢰구간 위에 있어야 한다. 만약 한 개 이상의 측정 점에서 신뢰구간이 겹치는 부분이 발생할 경우는 두 대안의 우위를 판정할 수 없다는 결론을 내린다. 만약, 전체 구간(모든 측정치)에서 신뢰구간을 비교하여 우위를 판정하는 것이 의사결정에 큰 의미가 없는 경우라면 원하는 조건(예: 전투종료 조건으로 병력손실률이 40%가 되는 시각)에서 구해진 측정값의 신뢰구간을 비교하여 우위를 판정하면 된다.

참고문헌

[5-1] 김재희, 『R을 이용한 통계적 실험설계와 분석』, 자유아카데미, 2014.

[5-2] 송혜향, 김재동, 『통계학』, 청문각, 1996.

[5-3] Antony J., "Design of Experiments for Engineers and Scientists," Elsevier, 2003.

[5-4] Banks, J. and Carson, J.S. II, "Discrete-Event System Simulation," Englewood Cliffs, NJ: Prentice-Hall, 1984.

[5-5] Jang Won Bae, Jung Hoon Kim, Il-Chul Moon and Tag Gon Kim, "Accelerated Simulation of Hierarchical Military Operations with Tabulation Technique," Journal of Simulation, vol. 10, no. 1, pp. 36-49, Jan. 2016.

[5-6] Carson, J.S. II, "Verification and Validation: A Consultant's Perspective," In Proceedings of the 1989 Winter Simulation Conference, 1989, pp. 552-558.

[5-7] Choi, C.B., K.M. Seo, and T.G. Kim, "DEXSim: an experimental environment for distributed execution of replicated simulators using a concept of single simulation multiple scenarios," Simulation: Transactions of The Society for Modeling and Simulation International, vol. 90, no. 4, pp. 355-376, Apr. 2014.

[5-8] Cioppa, T.M., "Efficient nearly orthogonal and space filling experimental designs for high-dimensional complex models," Doctoral dissertation, Operations Research Department, Naval Postgraduate School, Monterey, CA, 2002.

[5-9] A. Papoulis, "Probability, Random Variables, and Stochastic Processes," Mcgraw-Hill, New York, NY, 1991.

[5-10] Sargent, R.G., "An Expository on Verification and Validation of Simulation Models," In Proceedings of the 1985 Winter Simulation Conference, 1985, pp. 15-22.

[5-11] Ye K., "Orthogonal column Latin hypercubes and their application in computer experiments," Journal of the American Statistical Association, vol. 93, no. 444, pp. 1430-1431.

제 6 장 M&S 체계 연동 기술

국방 M&S 체계는 독립적인 단독 운용형태가 일반적이지만 필요에 따라 타 조직/기관에서 단독으로 운용되고 있는 M&S 체계들을 네트워크로 연동하여 운용할 수 있다. 이 장에서는 국방 M&S 체계들 사이의 연동 개념 및 국제표준 연동구조를 사용한 연동체계 구성에 대해 살펴본다. 현재 우리 군에서 연동 표준으로 사용하고 있는 국제표준 연동구조인 HLA-RTI 기술을 소개하고 연동 대상 M&S 체계가 HLA-Compliant 페드레이트가 되기 위한 조건에 대해 설명한다. 또한 KAIST SMS 연구실에서 수행한 HLA-RTI 기반의 페더레이션 구축 사례들을 소개한다.

6.1 체계 연동 개념 및 표준 연동구조

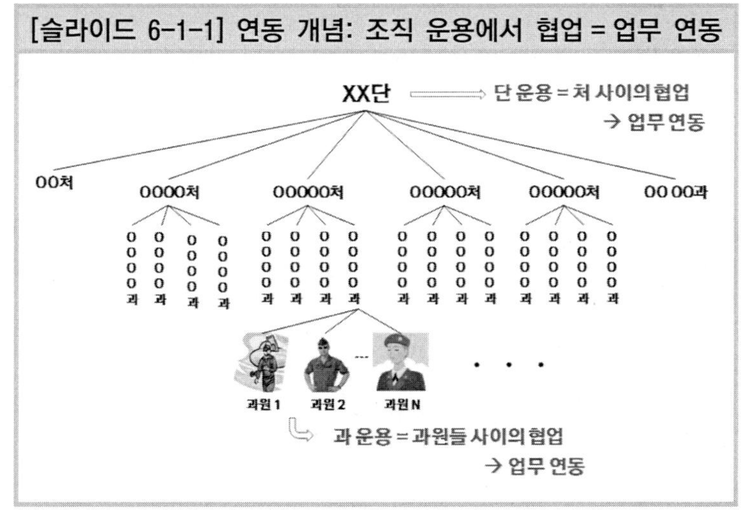

[6-1-1]
연동의 개념을 이해하기 위해서 군 조직 운용에서 업무 연동을 통한 협업에 대하여 설명한다. 군 조직에서 XX단이 여러 개의 처로 구성되어 있고 각 처는 여러 개의 과로 구성되어 있다고 하자. XX단 조직의 운용은 여러 처 사이의 협업, 즉 이들 처 사이의 업무 연동을 통해서 이루어진다. 각 처는 예하에 소속된 과들 사이의 업무 연동을 통하여 운용되며, 각 과는 과원들 사이의 협업(업무 연동)을 통해서 운용된다.

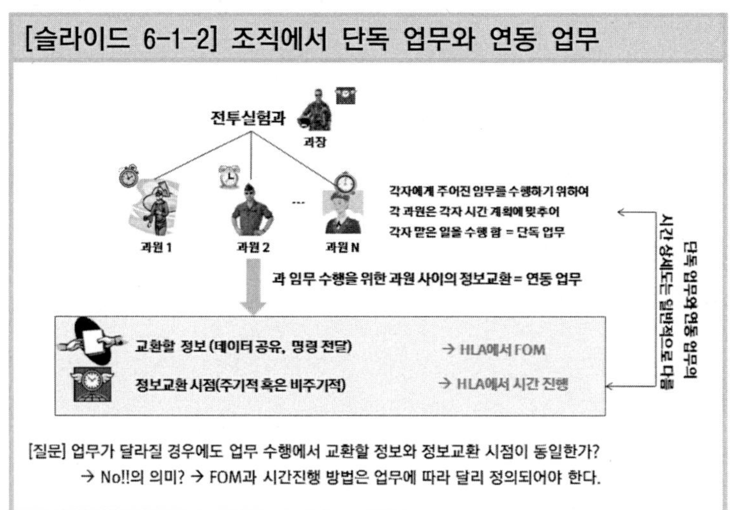

[6-1-2]

조직 운용에서 조직원은 단독 업무와 연동 업무를 수행하게 된다. 과원들은 과에 주어진 임무를 수행하기 위하여 각자의 임무를 숙지하고 각자의 시간 계획에 맞추어 단독 업무를 수행한다. 그러나 과에 부여된 임무를 수행하기 위해서는 단독 업무 수행 과정에서 과원들 사이의 정보를 교환하는 연동 업무를 수행해야 한다. 이러한 연동 업무는 데이터를 공유하거나 명령을 전달하는 것으로 수시 또는 주기적으로 발생한다. 단독 업무를 처리하는 시간 계획은 과원 개인에 의해서 결정되지만, 연동 업무를 위한 정보교환 시간은 연동 업무에 따라 달라진다. M&S 분야의 국제표준 연동구조인 HLA(High Level Architecture)에서는 업무 연동을 위해 교환되는 정보를 FOM(Federation Object Model)으로, 정보교환 시점은 시간진행 정책으로 정의한다. 여기서 중요한 것은 과의 업무가 달라지면 교환할 정보(FOM)도 달라지고 정보교환 시점(시간진행 정책)도 달라진다는 것이다.

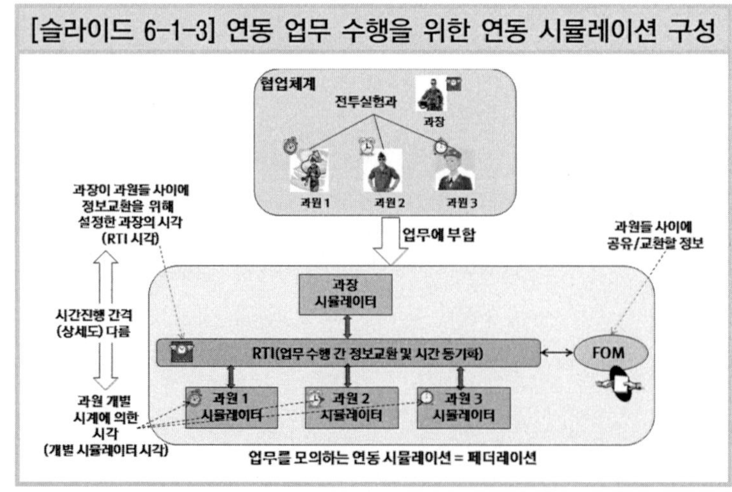

[6-1-3]

연동을 이해하기 위해 전투실험과의 업무 협업을 연동 업무로 가정하여 수행 과정을 가상적인 시뮬레이터들의 페더레이션(연동) 형태로 표현해 보았다. 연동은 국제표준 연동구조인 HLA를 구현한 RTI(Run Time Infrastructure)를 사용하는 것으로 가정한다. RTI의 역할은 업무 수행 동안에 각 과원들 간의 정보교환과 정보교환 시간을 맞춰 주는 시간 동기화를 지원하는 것이다. 과원들 사이에 교환할 정보는 FOM에 기술하고 RTI가 지정한 시간에 정보를 서로 교환해야 한다. 과원들은 각자의 시간 계획에 따라 업무를 실행하며 상호간 정보교환 시점은 RTI의 시간에 맞추어야 한다. 따라서 과원의 개인적인 시간진행 간격과 RTI의 시간진행 간격은 서로 무관하게 설정될 수 있다. 일반적으로 과원들의 시간진행 간격은 짧으며 RTI의 시간진행 간격은 길게 된다.

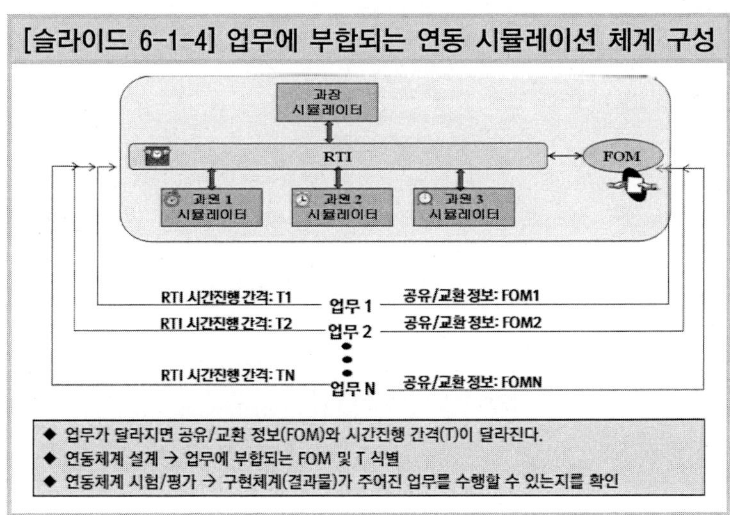

[6-1-4]

연동 시뮬레이션 체계는 연동 업무에 부합되도록 구성되어야 한다. 즉, 업무가 달라지면 과원 사이에 공유할 정보(FOM) 및 정보교환 시간 간격(Ti)이 달라진다. 따라서 연동체계 설계에서 업무에 부합되는 FOM과 시간진행 간격을 식별하는 것이 중요하다. 또한 연동체계의 시험/평가는 연동체계의 기술적인 완성도를 확인하는 대신에 연동체계가 주어진 업무를 수행할 수 있는지를 확인하는 것이다.

[6-1-5] 요구공학 이론적 연동체계 설계

연동체계는 목적에 맞게 설계되어야 하며 요구공학 이론을 적용하면 쉽게 이해할 수 있다. 요구공학에서는 체계를 설계할 때 W2H(Why, What, How) 이론을 적용한다. W2H는 체계를 왜(Why) 구축하는지의 구축 목적, 목적 달성을 위해 필요한 체계의 기능/성능이 무엇인지(What), 그리고 기능/성능을 만족시키기 위해 어떻게(How) 할 것인지를 의미한다. 왜(Why)는 연동의 목적을 식별하는 것으로서 사업의 목적을 의미하며, 이것은 정책적으로 결정해야 한다. 무엇을(What)은 연동 목적에 부합되는 전체 시나리오와 시나리오 수행에 참여할 페드레이트(연동 시뮬레이터) 및 FOM/Ti를 식별하는 운용개념에 대한 것이다. 어떻게(How)는 운용개념을 만족시키기 위한 연동체계가 어떤 연동구조를 사용하며 어떻게 구현할 것인지

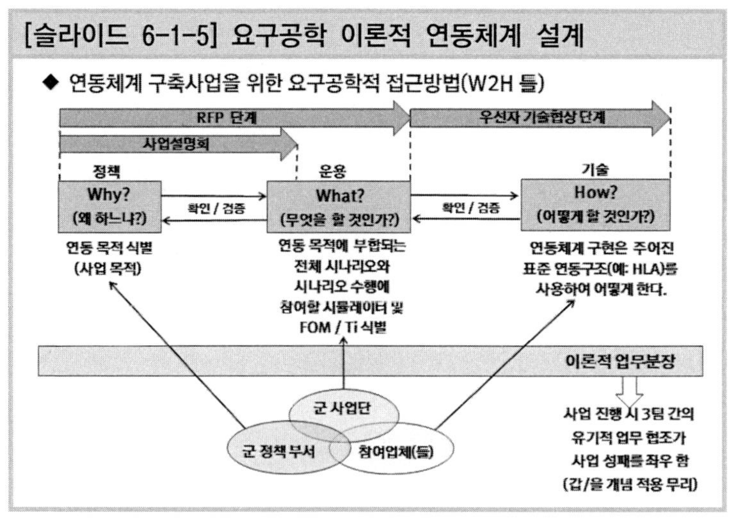

에 대한 기술적인 문제이다. 국방사업의 경우 Why와 What의 개략사항이 사업설명회에서 설명되어야 하며, 제안요청(RFP) 단계에는 What이 완전히 정의되어야 하고, How는 우선자 기술협상 단계에서 확인되어야 한다. 이론적인 업무분장으로 Why는 군 정책 부서에서, What은 군 사업단에서, How는 참여업체에서 담당한다. 그러나 사업을 진행할 때는 이들 3개 팀 간의 유기적인 업무 협조가 필수적이며, 이것이 사업의 성패를 좌우하게 된다.

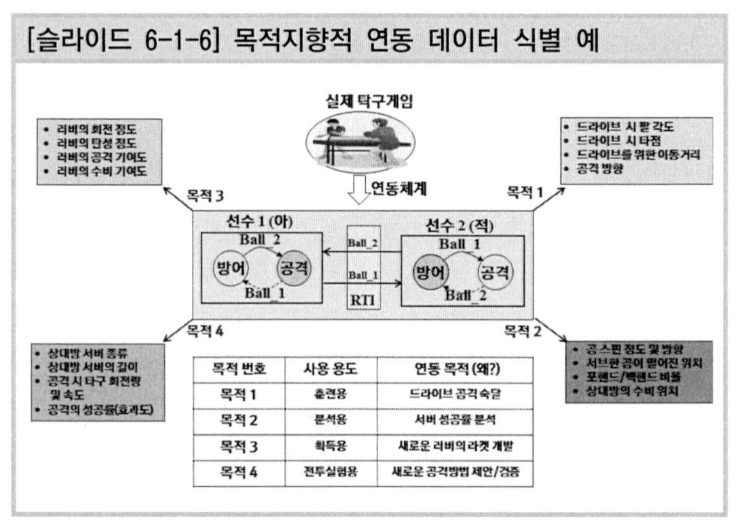

목적 번호	사용 용도	연동 목적 (왜?)
목적 1	훈련용	드라이브 공격 숙달
목적 2	분석용	서버 성공률 분석
목적 3	획득용	새로운 리버의 라켓 개발
목적 4	전투실험용	새로운 공격방법 제안/검증

[6-1-6]

연동체계는 연동에 참여하는 부 체계들 사이의 데이터 교환을 통해서 주어진 연동 목적을 달성하는 것을 목표로 한다. 따라서 연동 데이터는 연동 목적에 맞게 선택적으로 교환되어야 한다. 연동 데이터 식별은 왜(why)가 무엇을(what)으로 바뀌는 단계의 업무이다. 예를 들어 탁구게임은 두 선수 사이에 공격과 수비 동작들을 연동함으로써 진행된다. 탁구게임의 두 선수를 부 체계로 가정하여 연동체계를 구성할 경우에 대하여 목적에 따른 수집 데이터의 종류를 구분하여 정리해 보았다. 목적 1은 드라이브 공격 숙달 훈련에 관련된 데이터들로 드라이브 시 팔의 각도, 타점, 드라이브를 위한 이동거리 및 공격방향 등을 필요로 한다. 목적 2는 분석용으로 서버 성공률을 분석하기 위한 데이터,

목적 3은 획득용으로 새로운 러버의 라켓을 개발하기 위한 데이터, 목적 4는 전투실험용으로 새로운 공격방법을 제안하고 검증하기 위한 데이터를 각각 필요로 한다.

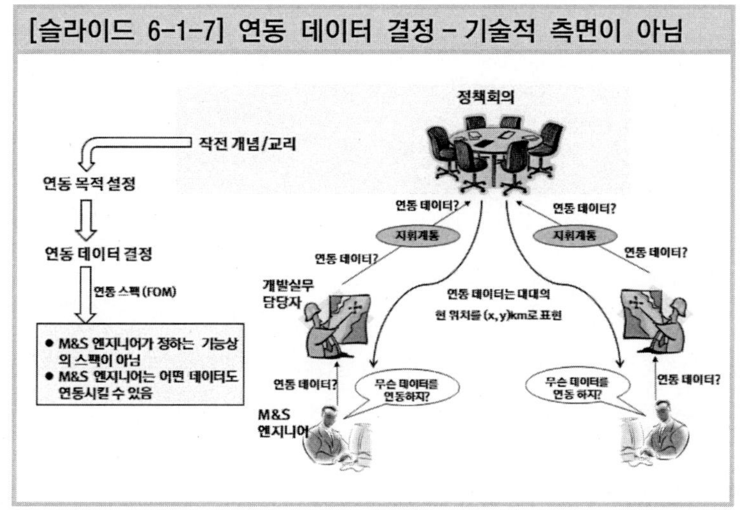

[6-1-7]

연동체계(또는 연동 시뮬레이션)에서 연동 데이터는 연동 목적에 따라 결정되는 것으로서 기술적인 결정사항이 아니다. 연동 데이터는 작전 개념/교리에 기반을 둔 훈련/연습/분석 목적에 따라 다르게 되며 최종적으로 상급 지휘관들의 정책회의에서 결정되는 경우가 발생할 수도 있다. M&S 엔지니어는 식별된 연동 데이터를 연동 FOM에 맞추어 구현하는 일을 하게 되지만 연동 목적과 관계없이 어떤 데이터도 연동시킬 수 있다.

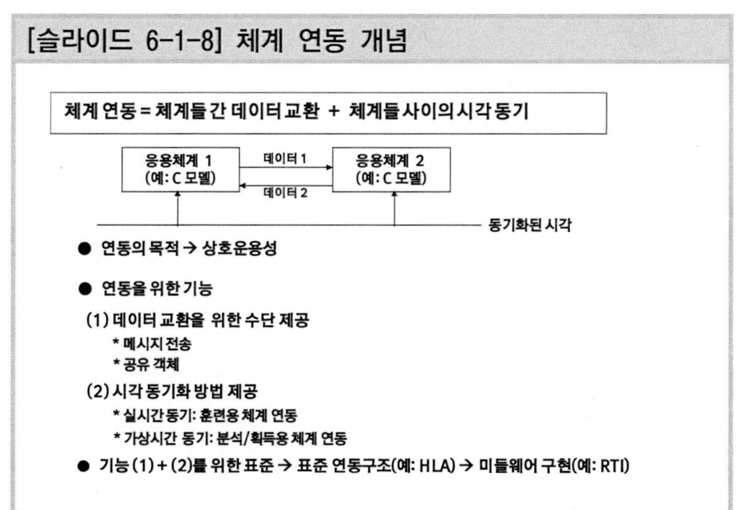

[6-1-8]

체계가 연동된다는 것은 연동에 참여하는 응용체계들 사이에서 데이터 교환과 시각 동기화가 가능하다는 의미이다. 연동의 목적은 연동에 참여하는 응용체계들 사이의 상호운용성을 보장하기 위한 것이다. 연동에 참여하는 체계들 사이의 데이터 교환은 메시지 전송 또는 공유 객체를 이용한다. 연동에 참여하는 체계들 사이의 시각 동기화는 훈련용 연동체계에서는 실시간 동기를, 분석 또는 획득용 연동체계에서는 가상시간 동기를 사용한다. 응용체계들의 연동을 위한 데이터 교환 및 시각 동기화 기능은 국제표준 연동구조(예: HLA)에 정의되어 있으며 연동체계 개발자(프로그래머)들은 이를 구현한 미들웨어(예: RTI)의 API를 사용하게 된다.

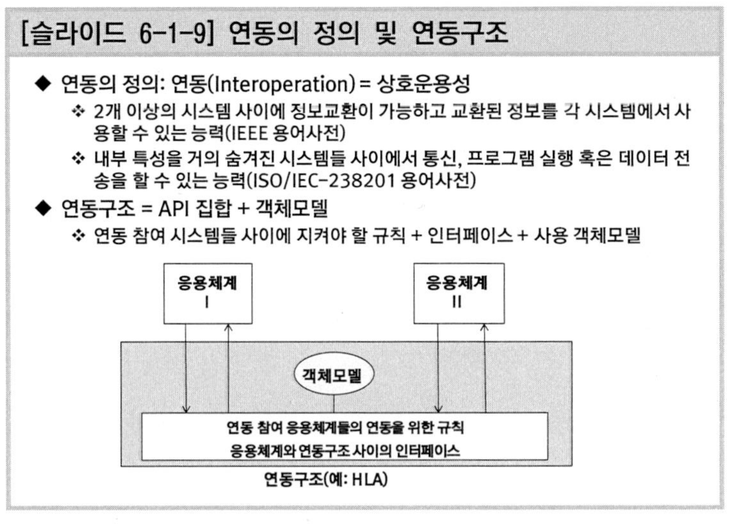

[6-1-9]

국제전기전자학회(IEEE) 용어사전에서는 연동을 2개 이상의 시스템 사이에 정보교환이 가능하고 교환된 정보를 각 시스템에서 사용할 수 있는 능력이라고 정의하고 있다. 연동구조는 연동에 참여하는 체계들과 연동구조 사이의 API(사용자 프로그래밍 인터페이스)와 참여체계들 상호간에 주고받는 공유 데이터를 정의한 객체모델이 주요 구성요소가 된다. 연동구조는 추가적으로 참여체계들이 준수해야 하는 규칙들도 포함한다.

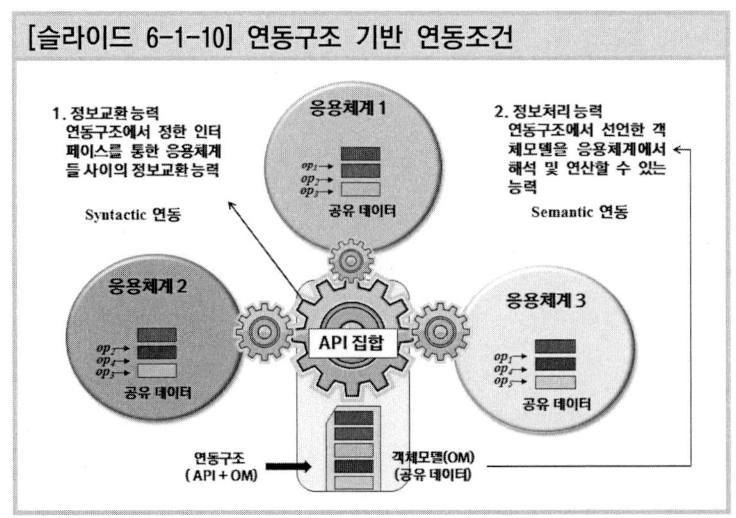

[6-1-10]

연동구조는 API와 객체모델(OM: Object Model)로 정의되며 참여하는 응용체계 관점에서 연동구조 기반의 연동조건은 2가지로 요약될 수 있다. 하나는 응용체계들 사이의 정보교환 능력을 나타내는 문법적 조건이며, 다른 하나는 응용체계들이 교환된 정보를 처리할 수 있는지를 나타내는 의미적 조건이다. 첫 번째 조건을 충족하기 위해 연동구조의 API가 사용되며 두 번째 조건을 충족하기 위해 객체모델이 사용된다.

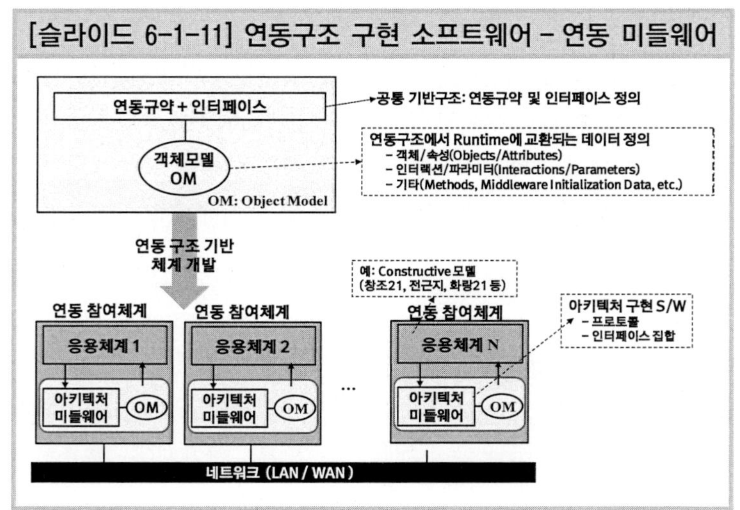

[6-1-11]
연동구조에서는 참여하는 응용체계들 모두에게 필요한 공통 기반구조로서 연동규약 및 인터페이스와 객체모델을 정의한다. 연동규약은 연동에 참여하는 모든 응용체계들이 지켜야 하는 규칙이다. 예를 들면, 모든 응용체계에 적용되는 시간진행 규약으로, 응용체계에서 시간을 진행하려면 연동구조에 시간진행을 요청하고 연동구조로부터 승인되는 경우에만 가능하게 한다. 객체모델에는 객체의 속성과 인터랙션(Interaction: 교환 메시지) 종류 등이 포함된다. 응용체계를 네트워크를 통해 연동할 경우, 슬라이드 아래쪽 그림과 같이 응용체계와 연동 미들웨어를 사용하여 연동 참여체계를 구성한다. HLA/RTI에서는 이러한 연동 참여체계를 페드레이트(Federate)라고 정의하며, 페드레이트로 구성된 전체 연동체계를 페더레이션(Federation)이라고 정의한다.

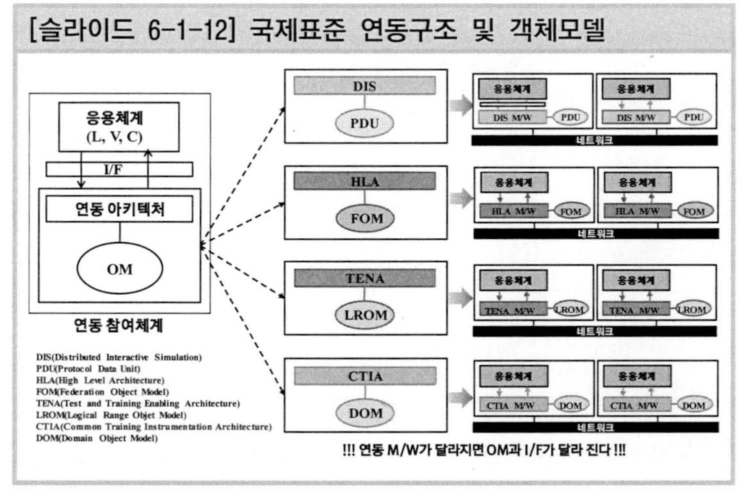

[6-1-12]
연동구조별로 연동 참여체계가 사용할 API와 객체모델이 정의되므로 연동 참여체계는 사용할 연동구조가 달라지면 연동에 사용될 API와 객체모델도 달라진다. 표준 연동구조는 연동에 사용될 API와 객체모델의 정

의를 표준화한 것으로 다수의 국제표준 연동구조가 존재한다. 국방 M&S에서 사용되는 대표적인 국제표준 연동구조는 DIS, HLA, TENA 및 CTIA 등이 있으며 각각의 API와 객체모델은 서로 다르게 정의된다.

DIS, HLA, TENA 및 CTIA에서 사용되는 객체모델은 각각 PDU, FOM, LROM 및 DOM으로 약어의 의미는 슬라이드를 참조하기로 한다. 이러한 표준 연동구조의 미들웨어(M/W)는 각 표준에서 정의하는 서로 다른 API를 S/W로 구현한 것으로 상용 또는 관용으로 획득할 수 있다. 연동체계 개발자(프로그래머)는 이것들을 사용하여 그림에서와 같이 네트워크를 통해 응용체계들을 쉽게 연동할 수 있다.

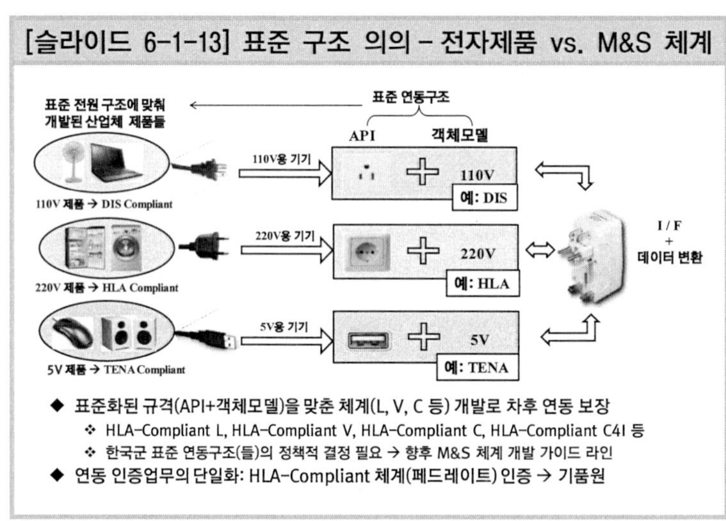

[6-1-13]

연동구조 표준화의 의의를 전자제품 표준화와 비교해서 설명한다. 산업체에서는 전자제품을 개발할 때 표준 전원 구조(규칙)에 따라 인터페이스 및 전압을 설계한다. 예를 들면, 표준 전원 구조의 전압이 110V, 220V 및 5V로 3가지가 있다고 하자. 110V를 사용하는 국가의 전자제품은 110V 표준 플러그를 갖는 제품이어야 하며 220V가 표준인 국가의 전자제품은 220V 표준 플러그를 갖는 제품이어야 한다. 5V 전원을 표준으로 하는 USB 형태의 장치들은 5V 표준 플러그를 제공해야 한다.

연동구조 표준도 전원 표준에서와 같이 인터페이스(전원의 플러그 모양)와 객체모델(전압)로 구성되어 있음을 앞에서 설명하였다. 국방 M&S에서 사용되는 L, V, C 체계 등은 차후 다양한 목적으로 연동하여 사용하기 위해 표준 연동구조에 순응되도록 개발되어야 한다. 표준화의 의미를 고려할 때, 대한민국 군에서는 국제표준 연동구조 중 어떤 것을 채택할 것인지를 정책적으로 결정하는 것이 중요하다. 예를 들면, HLA만을 사용할 것인지 또는 HLA와 TENA를 혼용하여 사용할 것인지의 결정은 향후 LVC 연동체계 구축에 필요한 기술 개발의 중요한 가이드라인이 된다. 표준 연동구조의 결정은 또한 연동에 대한 인증업무를 국가기관에서 단일화하여 효율적으로 수행할 수 있게 한다. 예를 들면, 현재 국방기술품질원에서는 HLA-Compliant 페드레이트 인증업무를 수행하고 있지만 TENA-Compliant 인증업무는 수행하지 않는다.

[슬라이드 6-1-14] 연동구조의 비교

연동 구조	구현 M/W	객체 모델	표준화 현황	주 연동 대상
DIS	DIS M/W	PDU	IEEE 1278(1993) IEEE 1278.4(1997)	V-V
HLA (DIS++)	RTI (복수 구현, 유료 배포)	FOM	V 1.3(1997) IEEE 1516(2000)	C-C V-C
TENA	TENA M/W (단일 구현, 무료 배포) 미국 수출 통제법 적용 (회원국 외 배포 금지)	LROM	-	Live-Instrumentation - Ranges (시험평가 자원)

[6-1-14]
구현 미들웨어(M/W), 객체모델, 표준화 현황 및 주요 연동대상 관점에서 3가지 국제표준 연동구조들을 비교하였다. HLA의 구현 M/W를 RTI(Run Time Infrastructure)라고 부르지만 DIS 및 TENA를 구현한 미들웨어에 대해 표준화된 명칭은 없다.

HLA는 DIS의 모든 기능을 포함하며, 개선된 기능을 지원하는 한편 시간관리 기능 등을 추가함으로써 초기에는 HLA를 DIS++라고 부르기도 했다. TENA의 주요 연동대상은 실체계, 장비 및 사격장 등으로 시험평가를 지원하는 연동구조이다.

[슬라이드 6-1-15] DIS, HLA 및 TENA 기능 비교

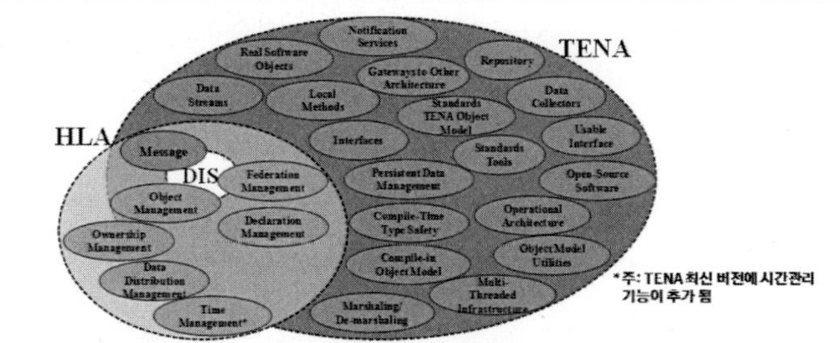

*그림 출처: Stephen Abrams, "TENA As An Enabler For Joint Combined Training", SimTecT 2008 Simulation Conference

[관찰]

1. HLA는 DIS 기능을 모두 커버하는 DIS 확장/개량형이다.
   → HLA를 초기에 DIS++로 부른 이유
2. TENA는 HLA 기능을 완전히 대처할 수는 없다.
   → TENA와 HLA는 사용목적(연동대상)이 다른 것에서 출발한 연동구조들이다.

[6-1-15]
그림에는 DIS, HLA 및 TENA 연동구조가 각각 지원하는 기능들의 포함관계를 나타내었다. 앞 슬라이드에서 기술한 것과 같이 HLA는 DIS의 모든 기능을 포함하고 있다. 그러나 HLA와 TENA의 기능은 어느 쪽도 완전한 포함관계를

갖지 않는다. 즉, 일부 기능은 공통적이지만 나머지 기능들은 서로 독립적으로 지원하고 있다. HLA와 TENA가 이렇게 독립적인 기능을 포함하는 이유는 연동대상과 사용목적이 서로 다른 것으로부터 출발했기 때문이다.

[슬라이드 6-1-16] 국방용 연동구조 진화 과정

	연동구조	기간	표준	특징
하위레벨	SIMNET (SIMulator NETworking)	1983~ 1990		1.네트워크로 연결된 여러 대의 탱크 시뮬레이터(팀 훈련용) 2.여러 개의 동일한 시뮬레이터를 연결, 소 부대 훈련
중간레벨(프로토콜)	ALSP (Aggregate Level Simulation Protocol)	1989~		1.ALSP Infrastructure Software(AIS)가 분산 시뮬레이션 환경 제공 2.메시지 기반 프로토콜 3.기존 서로 다른 시뮬레이션을 연결하여 연동 4.Joint Training Confederation(JTC) 체계의 기반 규약
	DIS (Distributed Interactive Simulation)	1990~	IEEE 1278	1.실시간 시뮬레이션을 위한 UDP 기반의 통신 프로토콜 2.확장성(Scalability) 문제 3.비효율적인 네트워크 자원 사용
상위레벨(공통기반)	HLA (High Level Architecture)	1995~	DMSO v1.3 IEEE 1516	1.가능한 모든 종류의 시뮬레이션 사이의 연동을 위한 "공통된" 기반구조 2.시뮬레이터의 인터페이스 및 데이터 모델 규약

[6-1-16]

그림에는 국방용 연동구조의 진화 과정을 나타내었다. 1983년에 미군은 이미 SIMNET이라는 연동구조를 사용하여 네트워크로 연결된 여러 대의 탱크 시뮬레이터를 연동함으로써 팀 훈련에 적용하였다. 1989년 이후에 사용된 ALSP는 서로 다른 시뮬레이션들을 연동할 수 있는 메시지 기반 프로토콜로서 JTC(Joint Training Confederation) 체계의 기반 규약으로 사용되었다. 1990년 이후에 사용된 DIS는 국제전기전자학회(IEEE)의 표준(IEEE 1278)으로 실 장비들의 연동 시뮬레이션을 위한 UDP(User Datagram Protocol) 기반의 통신 프로토콜로서 확장성 및 네트워크 자원 활용 효율성 측면에 문제점을 내포하고 있다. 1995년 이후에 사용되기 시작한 HLA는 미 국방 M&S실(DMSO: 현재는 MSCO라는 부서 명칭 사용) 및 IEEE 표준이다. HLA는 가능한 모든 종류의 시뮬레이션 연동을 위한 공통된 기반구조를 제공하며 상위 레벨에서 사용할 수 있는 인터페이스 및 데이터 모델 규약을 표준화하였다. 시뮬레이션 연동체계 개발자 입장에서 보면 SIMNET은 하위수준, ALSP 및 DIS는 중간수준, 그리고 HLA는 상위수준의 통신 프로토콜로 볼 수 있다.

6.2 HLA/RTI 표준 연동구조

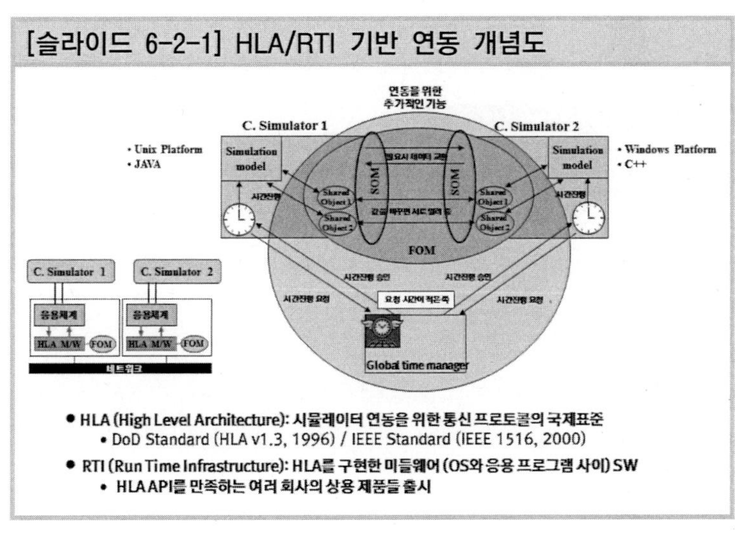

[6-2-1]

HLA는 체계 연동을 위한 통신 프로토콜에 해당하는 표준 연동구조로서 국방 표준(DoD v1.3, 1996) 및 민간 표준(IEEE 1516, 2000)으로 등록되어 있으며, RTI는 HLA 명세를 C++ 또는 Java 프로그래밍 언어로 구현한 것이다. HLA/RTI를 통한 연동에서는 RTI 미들웨어가 제공하는 API 및 객체모델(FOM)을 이용하여 네트워크상에서 응용체계들 간의 정보교환 및 시간 동기화를 가능하게 한다. 여러 회사에서 HLA를 구현한 RTI 미들웨어 제품들을 판매하고 있으며 연구용으로 공개된 공개 S/W도 존재한다.

객체모델(FOM)은 연동에 참여하는 개별 시뮬레이션들 사이에 주고받을 정보의 데이터 형식을 정의한 것이며 각 시뮬레이션에서 정의한 SOM(Simulation Object Model)을 통합한 형태이다. 연동에 참여하는 시뮬레이션들이 시간을 진행하려면 진행하고자 하는 미래 시뮬레이션 시간을 RTI에 요청하고 대기하여 RTI로부터 시간진행 승인 메시지를 받은 후 시간을 진행한다. RTI는 시간진행을 요청한 연동 참여 시뮬레이션들 중 미래 시뮬레이션 시간이 가장 빠른 시뮬레이션부터 실행명령(시간진행 승인 메시지)을 하달한다.

[6-2-2] 일반화된 시스템 연동

이 그림은 연동 미들웨어를 통한 체계 연동을 일반화한 개념도이다. 연동에 참여하는 응용체계로는 실제 시스템(실 체계)을 포함한 시뮬레이터(시뮬레이션 체계), 실시간 자료 및 운용자도 포함할 수 있다.

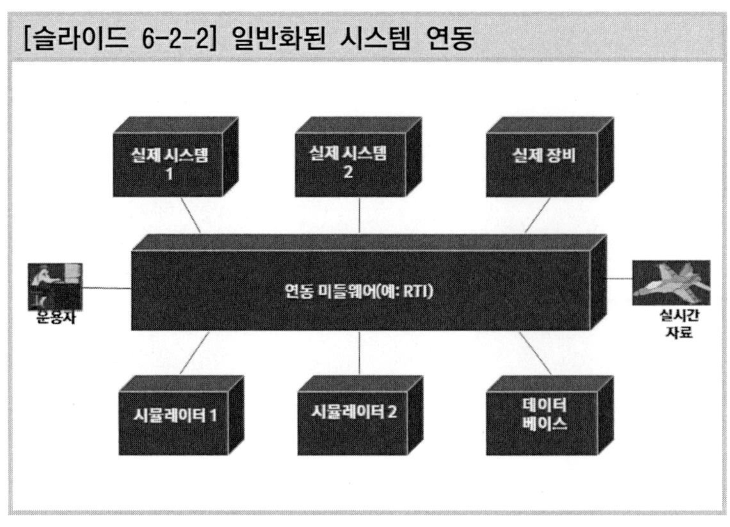

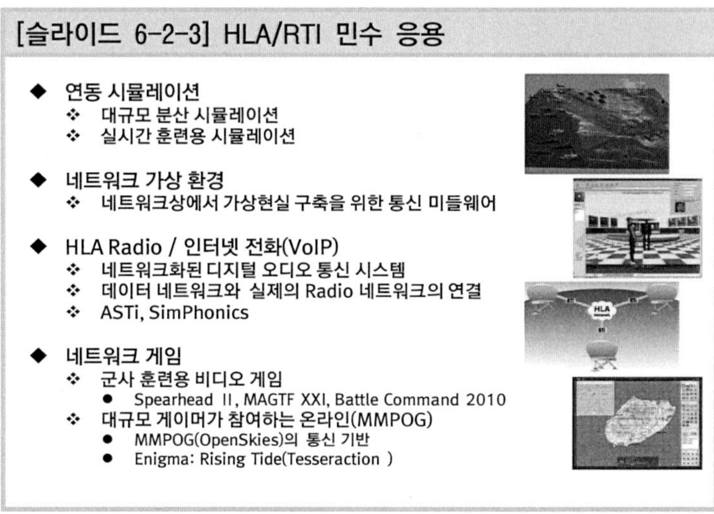

[6-2-3]

HLA/RTI 표준 연동구조는 국방분야는 물론 민수분야에서도 사용될 수 있다. 예를 들면, 재난상황 대처를 위한 실시간 훈련용 시뮬레이션은 여러 가지의 시뮬레이션 소프트웨어 및 장비, 실 체계 등을 연동해야 한다. 가상현실은 실제 세계를 시뮬레이션을 통하여 가상적으로 체험해 보는 기술로, RTI를 통해 네트워크상에 여러 가상 환경을 연동하여 구현할 수 있다. HLA Radio 및 인터넷 전화 등의 구현이나 네트워크 게임의 통신 미들웨어로 사용되기도 한다.

[6-2-4] HLA 용어 정의

페드레이트(Federate)는 HLA 규격을 만족하는(HLA-Compliant) 단독 시뮬레이터로서 연동 참여 시뮬레이터라고 할 수 있다. 페더레이션은 페드레이트들의 집합체로 구성된 연동

[슬라이드 6-2-4] HLA 용어 정의

- ◆ 페드레이트(Federate): HLA 규격을 만족하는 단독 시뮬레이터
  - ❖ 페드레이트 = 연동 참여 시뮬레이터
- ◆ 페더레이션(Federation): 페드레이트들의 집합체
  - ❖ 페더레이션 = 연동 시뮬레이션
- ◆ HLA 3요소: 정의
  - ❖ 페더레이션 규칙
    - ● 페드레이트와 시뮬레이션의 역할
  - ❖ 인터페이스 명세
    - ● RTI가 제공하는 서비스 정의
    - ● 각 페드레이트가 제공해야 할 서비스(Callback 함수) 정의
  - ❖ 객체모델 템플릿(OMT)
    - ● 시뮬레이션 객체모델(SOM)
      - ▪ 페드레이트들 사이의 인터페이스
      - ▪ 페드레이트마다 달라지며 각 페드레이트당 1개씩 정의
    - ● 페더레이션 객체모델(FOM)
      - ▪ SOM을 통합한 페더레이션 전체 인터페이스
      - ▪ 페더레이션에 참여하는 모든 페드레이트는 동일한 FOM
    - ● 관리 객체모델(MOM)
      - ▪ 시뮬레이션 진행/제어를 위한 통합적인 정보

시뮬레이션 체계를 말한다. HLA 정의에 필요한 3요소는 페더레이션 규칙, 인터페이스 명세 및 객체모델 템플릿(OMT: Object Model Template)이다.

페더레이션 규칙은 페드레이트와 시뮬레이션의 역할을 정의한 것이다. 인터페이스는 RTI가 페드레이트에 제공하는 서비스(API)와 각 페드레이트가 RTI에 제공해야 할 서비스(Callback 함수)로 구성된다. 객체모델 템플릿은 SOM, FOM 및 MOM(Management Object Model)으로 구성된다. SOM은 각 페드레이트의 객체모델이고, FOM은 페더레이션 전체의 객체모델이며, MOM은 시뮬레이션 진행 및 제어를 위한 통합적인 정보를 수집하는 객체모델이다.

[슬라이드 6-2-5] HLA/RTI의 6가지 서비스와 연동 기능

		Simulators Interoperation을 위한 기능			
		환경 정의	공유할 Object 정보	메시지	시간진행
HLA Service	Federation Management	O			
	Declaration Management		O	O	
	Object Management		O	O	
	Data Distribution Management		O	O	
	Time Management				O
	Ownership Management		O		

[6-2-5] HLA/RTI의 서비스는 페더레이션 관리, 선언 관리, 객체 관리, 데이터 분산 관리, 시간 관리 및 소유권 관리 등 6가지로 구분된다. 각 서비스에 대한 자세한 설명은 HLA 표준 문서 등 다른 문헌을 참고하기 바란다. 이러한 서비스들은 시뮬레이터 연동을 위한 정보교환 및 시간진행 기능을 수행하는 데 필요하며, 각각의 서비스와 요구기능의 연관성을 표에 나타내었다.

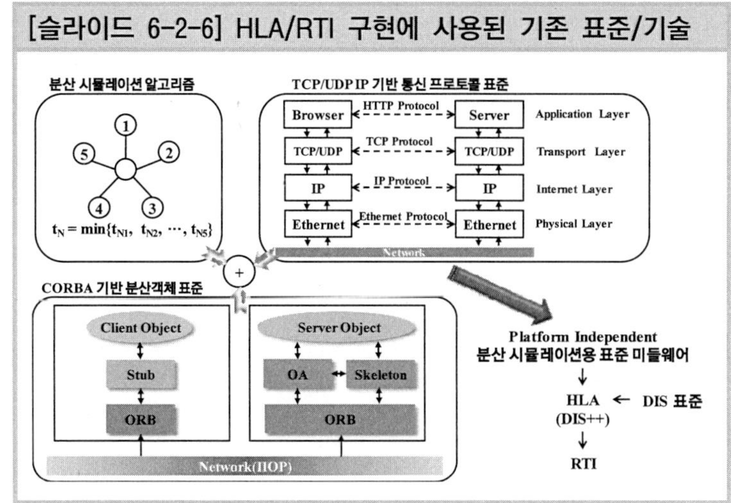

[6-2-6]

HLA/RTI의 표준화와 미들웨어 구현은 기술적인 관점에서 볼 때 새로운 기술이 아니며 1990년 이전에 이미 검증된 연구결과와 표준화된 기술을 사용한 것이다. 네트워크상에 분산된 시뮬레이션(응용체계) 사이의 통신을 위해 TCP/UDP 통신 프로토콜을 기반으로 학술적인 연구를 통해 검증된 시간 동기화 알고리즘과 CORBA 분산객체 표준의 객체모델을 구현하였다. HLA/RTI의 구현 목표는 연동에 참여하는 페드레이트의 Platform 종류에 관계없이 분산 시뮬레이션이 가능하게 하는 것으로, 기존의 DIS 표준을 개선/확장했다는 의미로 초기에는 DIS++로 불리기도 하였다.

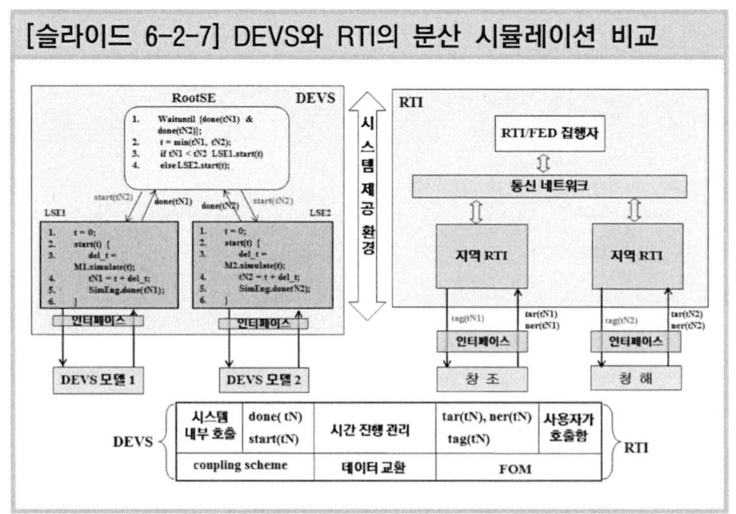

[6-2-7]

RTI의 분산 시뮬레이션 개념을 이해하기 위해서 제4장에서 기술한 DEVS 모델의 시뮬레이션 알고리즘(시뮬레이션 엔진)과 비교해서 생각해 보자. DEVS 시뮬레이션 알고리즘은 DEVS 모델들을 이벤트 발생시간순으로 실행시키는 알고리즘으로 순차 시뮬레이션과 분산 시뮬레이션에 모두 적용할 수 있다. 분산 시뮬레이션을 위한 미들웨어의 기본 기능이 참여 시뮬레이션들 사이의 시간 관리 및 데이터 교환이라고 하였다. 슬라이드 아래쪽에 DEVS 시뮬레이션 알고리즘과 RTI에서 사용되는 시간 관리 API 및 데이터 교환 방식을 1:1로 비교하였다. RTI에서 시간진행 관리에 사용되는 API는 DEVS에서 사용되는 것과 유사하다. RTI에서의 데이터 교환은 객체모델인 FOM에 기초하여 수행되는 한편, DEVS에서는 coupling scheme을 통한 메시지 교환 방식으로 이루어진다.

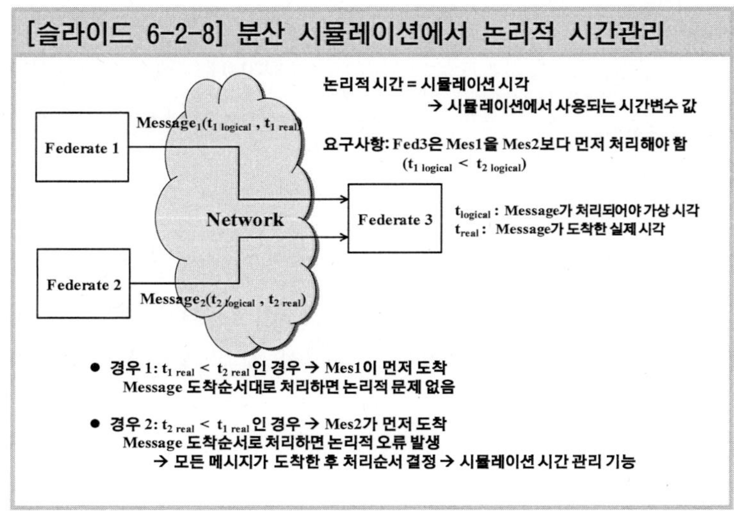

[6-2-8] 네트워크상에 페드레이트를 연결하여 분산 시뮬레이션을 진행할 경우에 전체 시뮬레이션에 사용되는 논리적 시간(시뮬레이션 시간)을 관리함으로써 논리적 시간이 빠른 순으로 페드레이트를 실행시켜야 한다. 슬라이드에 페드레이트 1과 페드레이트 2가 네트워크를 사용하여 페드레이트 3에게 메시지를 전달하는 예를 도시하였다. 각 메시지는 메시지 내용과 함께 논리적 시간과 실제시간 정보를 포함하고 있다고 하자. 논리적 시간($t_{logical}$)은 모델 논리로부터 계산되어 직접적으로 메시지에 포함되어 있지만 실제시간(t_{real})은 메시지에 직접 포함되는 것이 아니라 해당 메시지의 실행을 시작하는 실세계 시간으로 해석하면 된다.

분산 시뮬레이션이 오류 없이 진행되기 위해서는 메시지의 실행이 메시지 도착(실제시간) 순서가 아닌 메시지에 포함된 논리적(가상시간) 시간 순서대로 이루어져야 한다. 이러한 요구사항을 만족시키기 위해서 페드레이트 3은 페드레이트 1과 페드레이트 2로부터 메시지를 모두 받은 후에 각 메시지에 포함된 논리적 시간을 기준으로 메시지의 처리 순서를 결정해야 한다. 메시지 도착순서와 논리적 시간을 확인해야 하는 이유는, 네트워크를 통해서 메시지를 보낼 경우 먼저 보낸 메시지(논리적 시간값이 작은 메시지)가 나중에 보낸 메시지(논리적 시간값이 큰 메시지)보다 늦게 도착할 수 있기 때문이다. 실제로 RTI의 시간관리 기능은 페드레이트 사이에 교환되는 메시지들을 논리적 시간이 빠른 순서로 처리되게 한다.

[슬라이드 6-2-9] RTI에 사용되는 Event/메시지 및 페드레이트

- ◆ Event / 메시지 종류
  - ❖ Time Stamped Order (TSO) 메시지
    - ● 시간정보가 메시지에 포함되도록 메시지 구성
    - ● 메시지에 포함된 시간 순서대로 메시지 처리를 목적으로 함
  - ❖ Receive Order (RO) 메시지
    - ● 시간정보가 메시지에 포함되어 있지 않음
    - ● 메시지가 도착된 순서대로 처리함을 목적으로 함
    - ● 메시지 도착순서와 처리순서가 달라져서 논리적 오류가 발생할 수 있음
- ◆ Regulating 페드레이트
  - ❖ TSO Event Generator / Sender
  - ❖ TSO Event를 생성 → 메시지를 보낼 수만 있음
- ◆ Constrained 페드레이트
  - ❖ TSO Event Acceptor / Receiver
  - ❖ TSO Event를 받아서 시간 순서대로 처리 → 메시지를 받을 수만 있음
- ◆ Reg / Const 페드레이트
  - ❖ 메시지를 보내고 받을 수 있는 페드레이트

[6-2-9]

RTI에 사용되는 메시지(또는 Event)는 메시지를 처리하는 방법에 따라 TSO(Time Stamped Order) 메시지와 RO(Receive Order) 메시지로 분류된다. TSO 메시지는 메시지에 논리적 시간 정보를 포함시킴으로써 RTI가 메시지에 포함된 시간순으로 메시지를 처리하게 한다. RO 메시지는 논리적 시간 정보를 포함하지 않으며, 이 경우에 RTI는 메시지를 도착하는 순서대로 처리한다.

RTI 페드레이트는 Regulating 페드레이트, Constrained 페드레이트 또는 Regulating/Constrained 페드레이트로 분류된다. Regulating 페드레이트는 TSO 메시지를 만들어 다른 페드레이트에 보낼 수 있는 송신 페드레이트이다. Constrained 페드레이트는 TSO 메시지를 수신하여 시간 순서대로 처리하는 수신 페드레이트이다. Regulating/Constrained 페드레이트는 TSO 메시지를 송신하고 수신할 수 있는 페드레이트이다.

[슬라이드 6-2-10] 연동에서 메시지 전송 모델 – Synch vs. Asynch

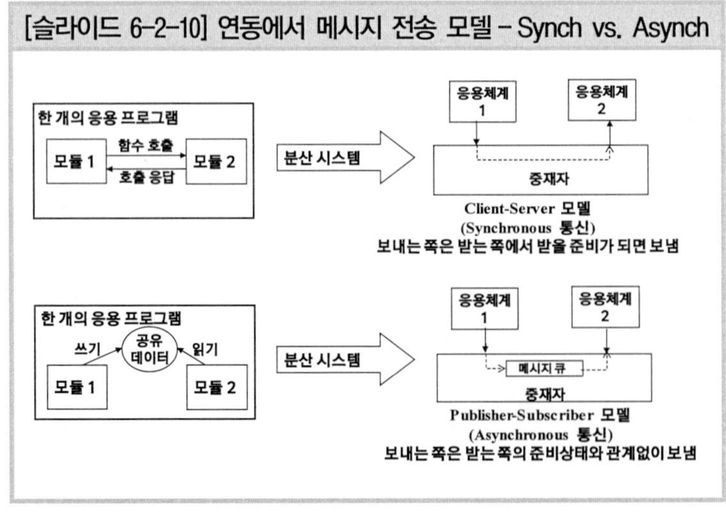

[6-2-10]

시뮬레이션 연동에서 메시지 송수신은 동기식 통신 또는 비동기식 통신 방법을 사용할 수 있다. 동기식(Synchronous) 통신은 Client-Server 모델로서 메시지를 보내는 측에서 메시지를 받는 측이 통신 준비가 되어 있는지를 확인한 후 메시지를

보내는 방식이다. 반면에 비동기식(Asynchronous) 통신은 Publisher-Subscriber(PS) 모델로서 메시지를 보내는 측은 메시지를 받는 측의 준비상태와 관계없이 메시지를 보내는 방식이다. 동기식 및 비동기식 통신방법은 모두 메시지를 전달하는 중재자(네트워크)가 있으며 비동기식 통신의 경우에 메시지 중재자는 송신 측이 보낸 메시지를 메시지 큐(Queue)에 보관하며 수신 측의 요청이 있으면 전송하게 된다.

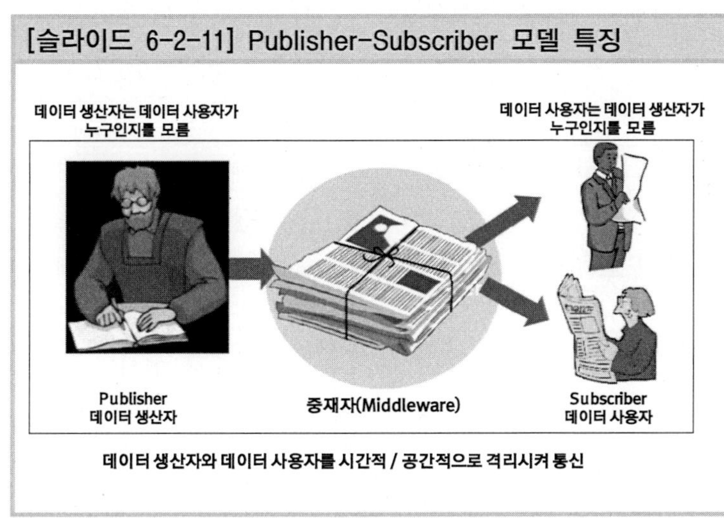

[6-2-11]

PS 모델의 특징은 데이터의 생산자(Publisher)와 사용자(Subscriber)가 중재자(Middleware)에 의해 시간적/공간적으로 분리되어 있다는 점이다. 즉, 네트워크상에서 데이터를 보내는 쪽과 받는 쪽이 공간적으로 다른 위치에 놓여 있으며, 데이터를 받는 시간도 보내는 시간에 관계없이 중재자와 받는 쪽의 조건에 따라 결정된다. 또한, 데이터의 생산자와 사용자는 서로를 모르는 상태에서 중재자에 의해 데이터 송수신이 진행된다.

[6-2-12] PS 모델을 사용한 RTI에서 데이터 전송

PS 모델을 이용한 일반적인 데이터 송수신은 여러 가지의 표준/비표준 미들웨어를 사용할 수 있다. 국방 M&S의 표준 미들웨어인 RTI를 사용하여 PS 모델을 기반으로 페드레이트 사이에 데이터를 송수신하는 개념을 설명한다. RTI의 역할은 페드레이트들 사이의 데이터 송수신 중재자로서 송신 페드레이트로부터 받은 데이터를 전역 데이터 공간에 저장한 후 이 데이터 사용을 요청하는 수신 페드레이트로 보내게 된다.

송신 페드레이트는 RTI가 제공하는 서비스(API: Update 또는 SendInteraction)를 사용하여 RTI에 데이터를 전송하게 되면 RTI는 전역 데이터 공간에 이 데이터를 저장한다. 수신 페드레이트가 필요시 RTI에 데이터 수신 요청(tick을 사용함)을 하면 RTI는 페드레이트가

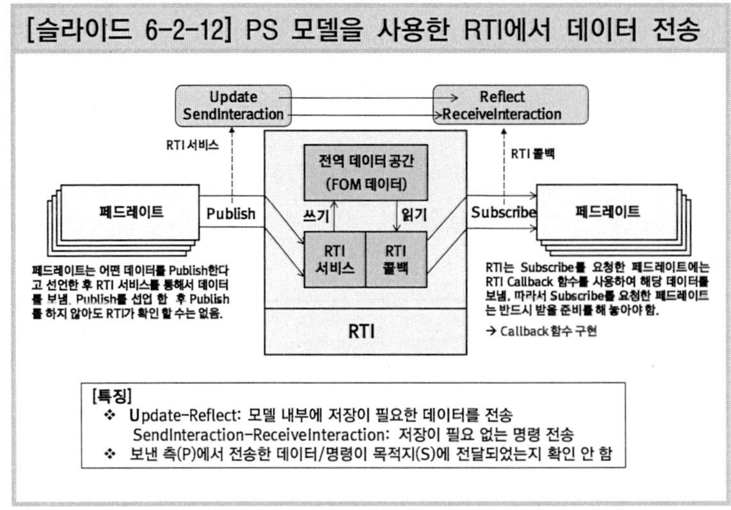

제공하는 서비스(API: Reflect 또는 Receive-Interaction)를 사용하여 요청한 페드레이트에 데이터를 보내준다. 데이터 통신 프로토콜 관점에서 보면 RTI는 송신 페드레이트로부터 Update를 호출 받으면 수신 페드레이트에 Reflect로 데이터를 전달하고, 송신 페드레이트로부터 SendInteraction을 호출 받으면 수신 페드레이트에 ReceiveInteraction으로 메시지를 전달하게 된다. PS 모델로 데이터를 전송할 경우, 송신 측에서는 수신 측의 데이터 수신 응답 메시지를 사용하지 않는 프로토콜(UDP/IP)을 사용하기 때문에 메시지가 수신 측에 전달되었는지 여부를 확인할 수 없다.

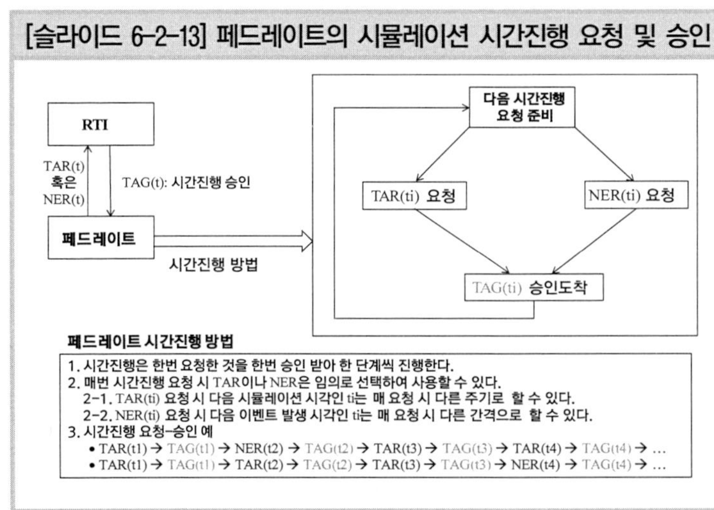

[6-2-13] 페드레이트의 시간진행은 페드레이트가 진행하고자 하는 시간값을 RTI에 요청하고 RTI가 이를 승인하는 방식이다. 페드레이트의 시간진행 요청은 RTI 서비스의 API인 TAR(Time Advance Request) 또는 NER(Next Event Request)을 사용하며, 시간진행 승인은 RTI의 콜백 함수인 TAG(Time Advance Grant)로 응답한다. TAR(ti) – TAG(ti)는 페드레이트가 TAR(ti)를 사용하여 ti까지 시간진행을 요청하면 RTI는 TAG(ti)를 사용하여 ti까지 시간진행을 승인할 때 사용된다. 반면, NER(ti) – TAG(tj)는 페드레이트가

NER(ti)를 사용하여 ti까지 시간진행을 요청했지만 시각 tj < ti에 외부 이벤트가 페드레이트에 도착할 경우에 RTI는 TAG(tj)로 응답하여 tj(<ti)까지만 시간진행을 승인한다. 그러나 페드레이트의 NER(ti) 요청 시 ti 시간까지 페드레이트에 외부 이벤트가 발생하지 않는 경우에는 TAG(ti)로 응답하여 요청한 ti까지 시간진행을 승인한다.

페드레이트는 매 시간진행마다 TAR – TAG 또는 NER – TAG를 사용함으로써 다음 시간값으로 시뮬레이션을 진행할 수 있다. 즉, 페드레이트는 슬라이드의 오른쪽 그림에서와 같이 매 시간진행마다 TAR – TAG 또는 NER – TAG를 선택적으로 사용할 수 있다. 더욱이 TAR(ti) 또는 NER(ti)을 요청할 때 사용되는 최대시간 값인 ti값도 매번 바꿀 수 있다. 그러나 훈련 모델들의 연동인 경우에 ti값을 미리 설정하여(예: ti = 1분) 페드레이트와 RTI 사이에 TAR(1분) – TAG(1분)의 호출 – 승인을 반복한다. 연동 훈련에서 TAR(1분) – TAG(1분)과 같이 설정된 시간진행 값을 1분으로 사용하는 이유는 연동에 참여하는 각 페드레이트들이 1분 동안 각자 처리해야 할 이벤트를 모두 처리하게 함으로써 빈번한 (NER – TAG) 프로토콜 사용으로 인한 부하를 줄이기 위함이다.

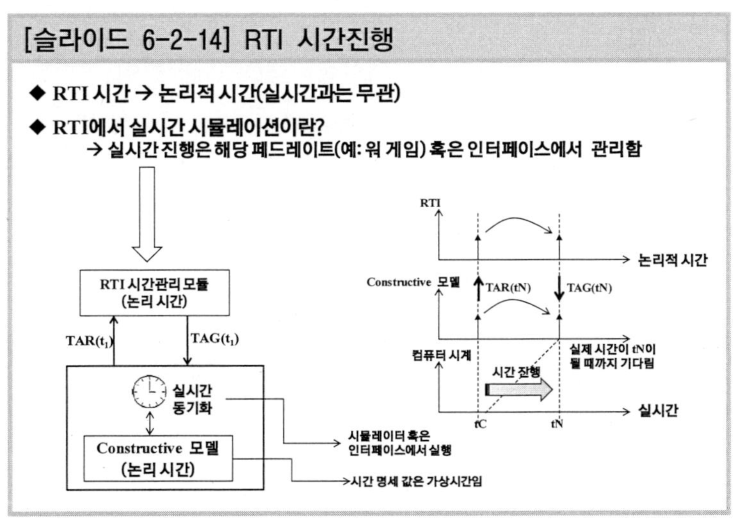

[6-2-14]

RTI의 시간관리 기능에서 사용되는 모든 시간값(예: TAG(ti)에서 ti값)은 논리적 시간(또는 가상시간 또는 시뮬레이션 시간)으로 실시간(손목시계의 시간)과는 무관하다. 마찬가지로, 시뮬레이션 모델(예: 워 게임 모델)에서 사용하는 시뮬레이션 시간값도 실제 시간과는 무관한 값이다. 따라서 RTI를 사용한 실시간 시뮬레이션을 위해서는 해당 페드레이트 또는 인터페이스에서 논리적 시간을 실시간으로 동기화시키는 과정이 필요하다. 왼쪽 그림은 RTI와 페드레이트에서 사용하는 가상시간 ti값을 실시간값(컴퓨터에 내장된 실시간 Clock을 사용함)으로 동기화시키는 개념을 나타내고 있다. 오른쪽 그림은 RTI의 TAG(tN)로부터 승인받은 시간 tN(가상시간)을 바로 모델에 보내지 않고 컴퓨터 시계의 실시간 tN이 될 때까지 기다린 후 모델에 전달하는 과정을 보여준다.

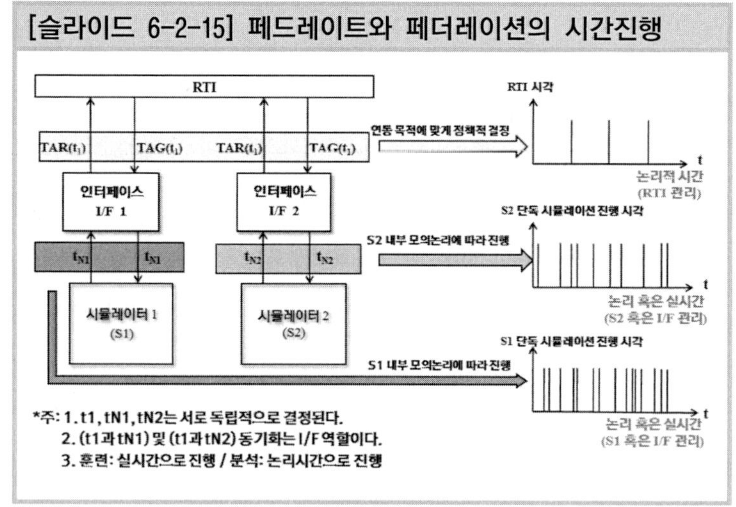

[6-2-15]
RTI 기반의 연동 시뮬레이션에서 모든 페드레이트들이 시간진행 간격을 t1로 통일하여 시간진행을 동기화시킬 경우에는 각 페드레이트와 RTI는 TAR(t1) – TAG(t1)를 사용하여 시간진행을 하면 된다. 연동 시뮬레이션이 실시간으로 진행되어야 할 경우에 t1값은 페드레이트의 모델실행 시간 및 네트워크 성능 등을 고려하여 연동 목적에 맞게 정책적으로 결정하여야 한다. 반면, 참여 페드레이트(그림에서 S1, S2)들의 내부 시간진행 간격 tN1과 tN2는 S1 및 S2의 모델(모의) 논리에 따라 결정되며 RTI에서 정한 시간진행 간격 t1과 무관하다. 따라서 인터페이스의 역할은 RTI에서 사용하는 시각인 t1과 페드레이트에서 사용하는 시각인 tN1 및 tN2를 동기화시키는 것을 포함한다.

6.3 연동 대상 및 HLA-Compliant 페드레이트 조건

[6-3-1] 연동체계 구현 시 고려사항

연동체계 구축을 위한 정책적/운용적/기술적 측면의 고려사항에 대하여 설명한다. 정책적인 관점에서 연동 시뮬레이션의 목적이 무엇인지 우선 식별한 후 활용방안이 제시되어야 한다. 왜냐하면 동일한 모델들을 연동하는 경우라도 훈련, 분석, 획득, 전투실험, 또는 시험평가에 활용할 것인지에 따라 연동에 필요한 기술적인 요구사항이 달라질 수 있기 때문이다.

운용적인 관점에서 볼 때 연동 대상의 모의수준과 시뮬레이션 방법이 고려되어야 한다.

[슬라이드 6-3-1] 연동체계 구현 시 고려사항

- ◆ 정책적 관점
  - ❖ 연동 시뮬레이션의 목적
    - ● 현재 모델 운용 상태가 무엇이 부족하여 연동 시뮬레이션이 필요한가?
  - ❖ 연동 시뮬레이션의 활용방안
    - ● 훈련, 분석, 획득, 전투실험, 시험평가
- ◆ 운용적 관점
  - ❖ 연동 대상 모델의 모의수준: 공학급, 교전급, 전구급, 임무급
    - ● 동일 모의수준 vs. 상이한 모의수준
  - ❖ 연동 시뮬레이션 방법: Live, Virtual, Constructive
    - ● 동일한 시뮬레이션 방법(예: C-C 연동)
    - ● 상이한 시뮬레이션 방법(예: L-V-C 연동)
- ◆ 기술적 관점
  - ❖ 페드레이트 개발에 사용된 도구의 HLA-Compliant 여부
    - ● HLA-Compliant가 아닌 경우 사용된 도구/환경의 소스코드 가용 여부
  - ❖ 페드레이트의 소스코드 가용 여부

예를 들면, 연동 대상 페드레이트(연동 참여 모델)들의 모의수준이 동일한지 상이한지에 따라 기술적인 접근방법이 달라질 수 있다. 모의수준이 상이한 모델들을 연동할 경우에는 모델들의 해상도 차이로 인하여 해상도 변환기를 개발할 필요성이 발생할 수도 있기 때문이다. 마찬가지로, 시뮬레이션 방법이 다른 C(소프트웨어)와 V(하드웨어 장비)를 연결하는 VC 연동의 경우에도 이들 사이의 인터페이스 기술이 추가로 필요하게 된다.

기술적인 관점에서는 페드레이트 개발에 사용된 도구/환경이 HLA-Compliant인지, 즉 RTI API를 사용할 수 있는지 식별하여야 한다. 만약 이들이 HLA-Compliant가 아닌 경우 개발 도구/환경의 소스코드가 가용한 경우에만 연동이 가능하게 된다. 또한, 연동 목적에 따라 객체모델(FOM)이 달라질 수 있으며 객체모델에 사용된 데이터에 따라 페드레이트(모델) 내부의 변경이 필요하므로 페드레이트 소스코드도 가용해야 연동이 가능하다.

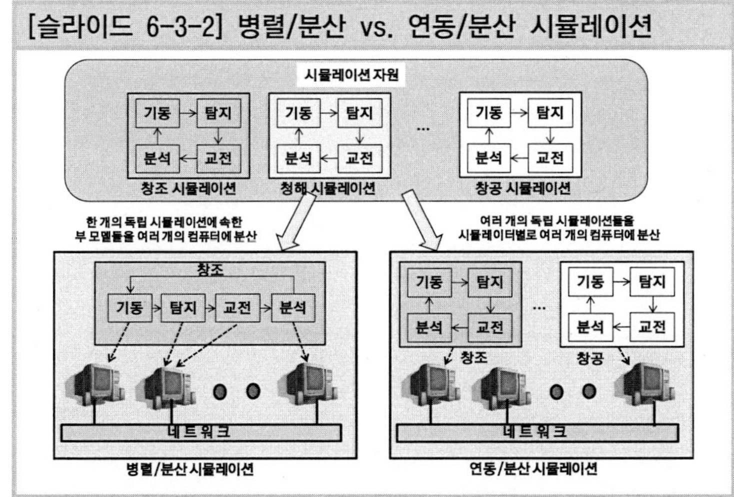

[6-3-2]

분산 시뮬레이션은 시뮬레이션을 구성하는 모델들을 네트워크에 연결된 여러 개의 컴퓨터에서 실행시키는 것을 말한다. 병렬/분산 시뮬레이션과 연동/분산 시뮬레이션은 분산 시뮬레이션이란 공통점을 갖고 있지만, 사용 목적과 시뮬

레이션을 구성하는 방법이 조금씩 다르다. 병렬/분산 시뮬레이션의 주목적은 시뮬레이션 속도 개선(시간 단축)이지만, 연동/분산 시뮬레이션의 주목적은 기존에 보유하고 있는 시뮬레이션의 재사용이다. 병렬/분산 시뮬레이션에서는 그림의 왼쪽에 도시한 것과 같이 한 개의 독립적인 시뮬레이션에 속한 부 모델들을 여러 개의 컴퓨터에 분산시키는 구조를 갖는다. 반면, 연동/분산 시뮬레이션은 그림의 오른쪽에서 볼 수 있듯이 여러 개의 독립적인 시뮬레이션을 연동하기 위하여 개별 시뮬레이션을 각각의 컴퓨터에 분산시키는 구조를 갖는다.

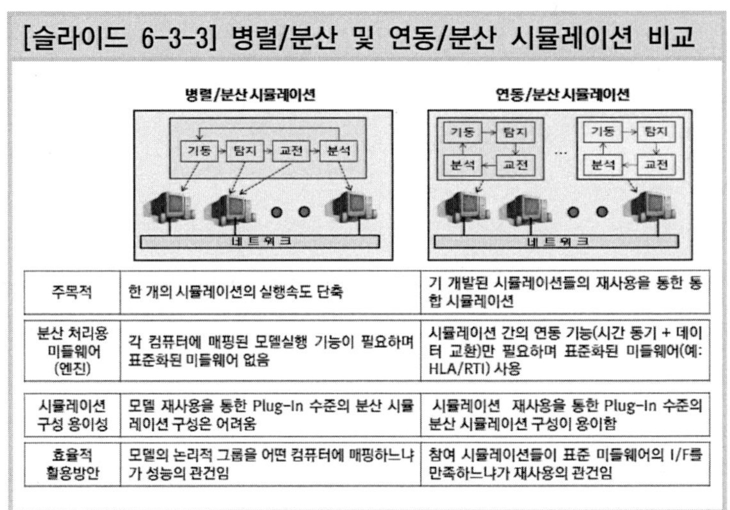

주목적	한 개의 시뮬레이션의 실행속도 단축	기 개발된 시뮬레이션들의 재사용을 통한 통합 시뮬레이션
분산 처리용 미들웨어 (엔진)	각 컴퓨터에 매핑된 모델실행 기능이 필요하며 표준화된 미들웨어 없음	시뮬레이션 간의 연동 기능(시간 동기 + 데이터 교환)만 필요하며 표준화된 미들웨어(예: HLA/RTI) 사용
시뮬레이션 구성 용이성	모델 재사용을 통한 Plug-In 수준의 분산 시뮬레이션 구성은 어려움	시뮬레이션 재사용을 통한 Plug-In 수준의 분산 시뮬레이션 구성이 용이함
효율적 활용방안	모델의 논리적 그룹을 어떤 컴퓨터에 매핑하느냐가 성능의 관건임	참여 시뮬레이션들이 표준 미들웨어의 I/F를 만족하느냐가 재사용의 관건임

[6-3-3]
병렬/분산 시뮬레이션과 연동/분산 시뮬레이션을 몇 가지 관점에서 비교한 내용을 표로 정리하였다. 앞 슬라이드에 설명한 바와 같이, 병렬/분산 시뮬레이션의 주목적이 한 개의 시뮬레이션 실행속도를 빠르게 하는 것이라면 연동/분산 시뮬레이션의 주목적은 기 개발된 시뮬레이션의 재사용을 통해 통합 시뮬레이션을 하는 것이다. 미들웨어(엔진)의 기능 측면에서 병렬/분산 시뮬레이션의 경우는 각 컴퓨터에서의 모델실행 기능이 필요하지만 표준화된 미들웨어는 없다. 반면, 연동/분산 시뮬레이션의 경우에 모델실행 기능은 참여 시뮬레이션의 시뮬레이션 엔진이 담당하고 미들웨어는 참여 시뮬레이션 간의 연동 기능만 지원하면 되며, 주로 표준화된 미들웨어를 사용한다.

병렬/분산 시뮬레이션에서는 모델 재사용을 통한 Plug-In 수준의 분산 시뮬레이션 구성이 어려운 반면 연동/분산 시뮬레이션에서는 시뮬레이션 재사용을 통한 Plug-In 수준의 분산 시뮬레이션 구성이 용이하다. 효율적 인 활용을 위해서 병렬/분산 시뮬레이션에서는 부 모델들의 논리적 그룹을 어떻게 구성하며 이들을 어떤 컴퓨터에 매핑할 것인지 고려해야 하며, 이것이 성능(시뮬레이션 시간)의 관건이 된다. 반면, 연동/분산 시뮬레이션에서는 참여 시뮬레이션들이 표준 미들웨어의 API를 만족하는지가 재사용의 관건이 된다.

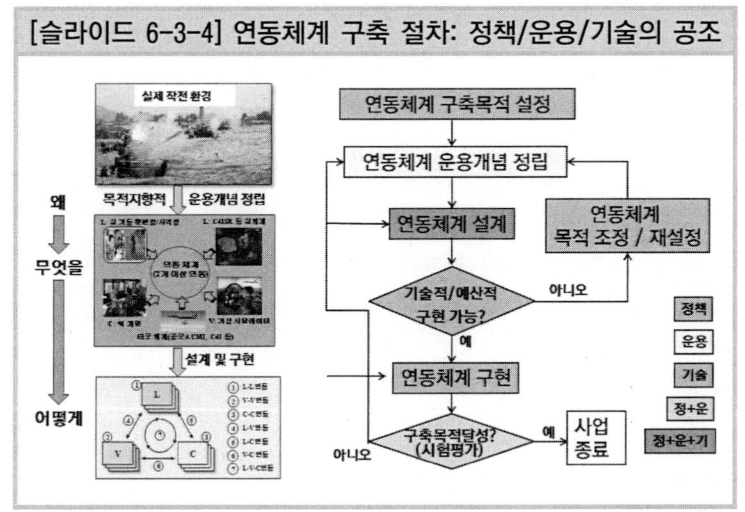

[6-3-4]

연동체계 구축과정에는 반드시 정책, 운용 및 기술 측면의 상호협력이 필요하다. 먼저 연동체계 구축의 목적을 설정하는 단계에서는 훈련/분석/획득/전투실험 등에 따른 명확한 사업목적이 설정되어야 한다. 다음으로, 목적에 부합되는 체계의 운용개념이 명시되어야 한다. 연동체계 설계는 운용개념을 구현하는 체계를 설계하는 것으로서 기술적, 예산적으로 구현이 가능한 것이어야 한다. 연동체계의 구현이 가능하다고 판단되는 경우에는 구현 단계를 진행하지만, 그렇지 않다면 연동체계의 목적을 조정하거나 재설정하고 운용개념을 재정립하여야 한다. 구현된 연동체계는 구축목적이 달성되었는지 시험평가를 통해 확인하여야 한다. 시험평가에서 원하는 결과를 얻지 못했다면 운용개념, 체계설계 또는 체계구현 단계가 시험 요구사항을 충족하는지를 다시 확인하고, 필요시 이들을 수정하여 시험평가를 다시 수행해야 한다.

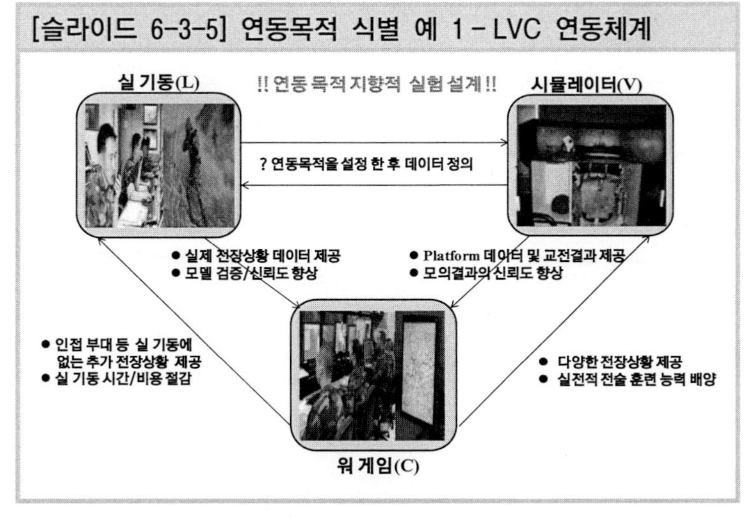

[6-3-5]

연동의 목적을 식별하는 것은 연동체계를 설계하기 위한 운용개념을 작성하는 데 필수적인 것이다. 연동 대상 체계를 L, V 및 C 체계라고 가정하고 연동의 목적을 생각해 보자. L체계와 C체계를 연동할 경우에 L체계는 C체계에 모델 검증에 필요한 실시간 전장상황 데이터를 제공함으로써 C체계의 신뢰도를 높일 수 있다. 역으로, C체계는 L체계에 인접 부대의 전장상황을 제공함으로써 실 기동을 보다 현실감 있게 수행하도록 하며, 실 기동 대상 부대의 일부를 워 게임 모델로 대체함으로써 시간/비용을 절감할 수 있다. V체계와 C체계를 연동할 경우, C체계는 V체계 내에 미리 설정되어 있지 않은 다양한 전장환경을 제공하여 V체계를 통한 실전적인 전술훈련 능력을 배양시키는 것이다. 역으로, C체계는 V체계로부터 실시간 Platform 데이터를 제공받고 V체계 내에서 수행된 교전결과를 전달받아 사용함으로써 워 게임 모델의 신뢰도를 향상시킬 수 있다.

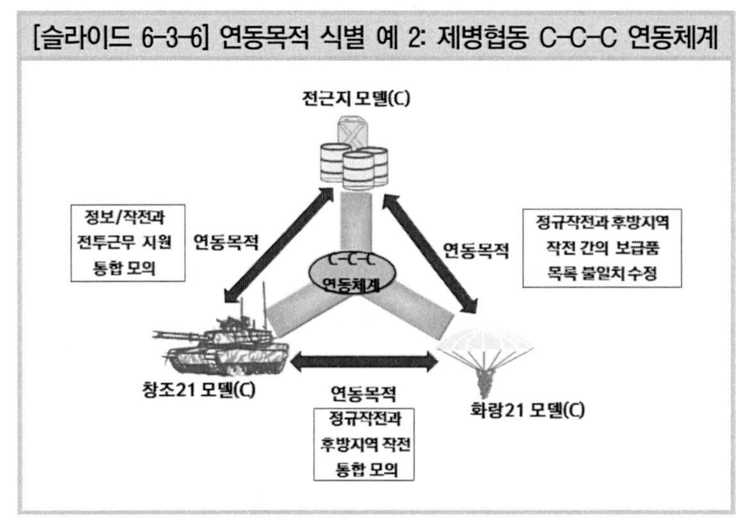

[6-3-6]

제병협동 C-C-C 연동체계에서의 각 체계 간 연동 목적을 예로서 생각해 보자. 대한민국 육군의 대표적인 훈련용 워 게임 모델인 창조21(C)은 정규작전을 중심으로 모의하며 전투근무 지원기능은 추상화되어 표현되어 있다. 화랑21 모델(C)은 후방지역 작전을 모의하며 전근지 모델(C)은 작전 간에 전투근무 지원기능을 상세히 모의하고 있다. 훈련의 실전성을 향상시키기 위해서 모든 전장 기능을 통합하여 모의하고 전·후방 동시작전을 모의하는 것이 필요하게 된다. 제병협동 연동체계의 목적은 이러한 필요성을 충족시키기 위한 것이다.

전근지 모델과 창조21 모델의 C-C 연동의 목적은 정보/작전과 전투근무 지원을 통합적으로 모의하는 것이며, 창조21 모델과 화랑21 모델의 C-C 연동의 목적은 정규작전과 후방지역 작전을 동시에 모의하는 것이다. 전근지 모델과 화랑21 모델의 C-C 연동의 목적은 정규작전과 후방지역 작전 간의 보급품 목록 불일치를 식별하여 수정하는 것이다.

[6-3-7] 연동목적 식별 예 3: V-C 연동체계

또 다른 예로서 워 게임 모델과 시뮬레이터를 연동한 V-C 연동체계의 경우를 생각해 보자.

위 게임 모델(C)을 단독으로 운용할 경우에 전술상황에 따라 발생할 수 있는 전차부대의 교전결과는 미리 정해진 살상률을 사용하게 된다. 전차 시뮬레이터(V)를 단독으로 운용할 때 단순 조작훈련과 전술훈련이 가능하지만 전술훈련에서는 시뮬레이터에 미리 내장된 전술상황에 대처하는 과정을 반복적으로 실행하게 된다.

워 게임 모델은 교전결과에 대한 신뢰성 향상이 요구되며, 전차 시뮬레이터는 내장된 전술상황 외의 다양한 전술상황에 대처하는 훈련이 필요하다. 따라서 V-C 연동의 목적은 다음과 같다. 워 게임 모델의 입장에서는 시뮬레이터의 교전결과를 모델에 반영함으로써 전차부대의 교전결과에 대한 신뢰도 향상을 추구한다. 전차 시뮬레이터의 입장에서는 워 게임 모델로부터 다양한 전술상황을 제공받아 이에 대처하는 능력을 배양하고자 한다.

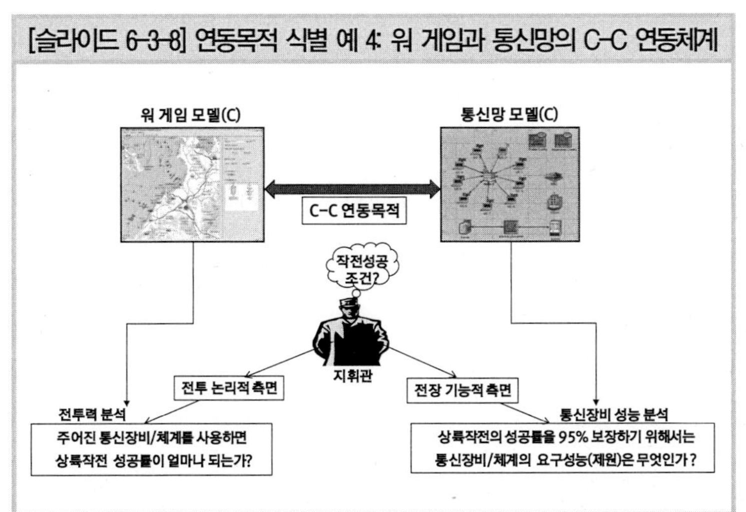

[6-3-8]

워 게임 모델(C)과 통신망 모델(C) 간 고려할 수 있는 연동의 목적을 설명한다. 일반적인 워 게임 모델은 명령하달 과정에 수반되는 통신(망) 효과를 전혀 고려하지 않거나 단순한 지연시간만을 고려하고 있다. 실제로는 통신효과가 워 게임 결과에 많은 영향을 미치게 되며 통신효과를 고려한 전투력 분석은 차세대 통신망 개발사업에 중요한 자료가 된다.

워 게임 모델에서 간략화되거나 생략된 통신망 모의는 별도의 통신망 모델을 워 게임 모델에 연동시킴으로써 상세히 모의할 수 있다. 구체적으로 워 게임 모델(C)과 통신망 모델(C) 간 C-C 연동의 목적을 전투논리 측면과 전장기능 측면에서 생각할 수 있다. 전투논리 측면에서 연동의 목적을 주어진 통신장비/체계 사용 시 임무수행 가능성을 분석하기 위하여 전투모델에 통신효과를 반영시키는 것이다. 전장기능 측면에서 연동의 목적은 주어진 임무 수행에 필요한 통신장비/체계의 요구성능을 도출하기 위하여 통신 모델에 전투 시나리오를 반영시키는 것이다.

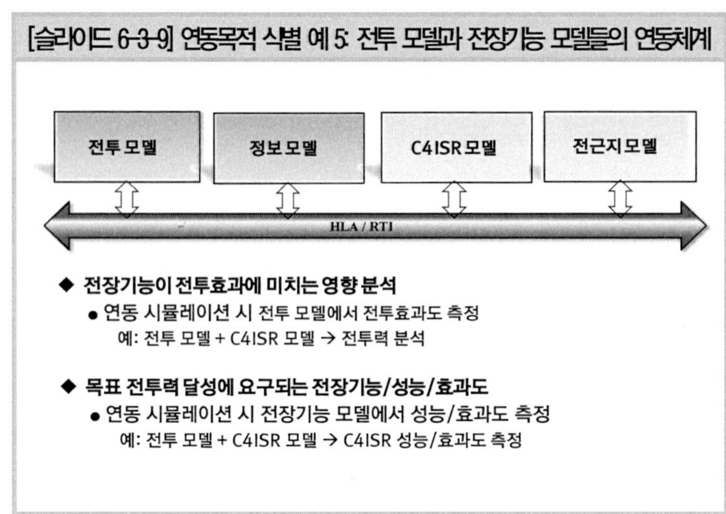

[6-3-9]

전투 모델(워 게임 모델)과 기타의 전장기능 모델들 간의 연동을 일반화하여 제시하였다. 앞에서 설명한 것과 같이 전투 모델과 전근지 모델의 연동, 전투 모델과 통신 모델의 연동 각각에서의 연동의 목적이 명확해졌다. 통신 모델이 포함된 복합체계 모델인 C4ISR 모델은 전투 모델과 연동함으로써 네트워크 중심전(NCW: Network Centric Warfare)을 분석하기 위한 인프라가 될 수 있다. 또한 정보 모델 등을 추가적으로 연동함으로써 전투 모델의 기능을 확장하여 모의할 수 있다. 이와 같이 전투 모델과 전장기능 모델들을 연동함으로써 전장기능이 전투효과에 미치는 영향을 분석할 수 있을 뿐만 아니라 전장기능의 성능 또는 효과도를 분석할 수도 있다.

[6-3-10] RTI 기반 페더레이션 연동

RTI 기반의 페더레이션을 구성하려면 네트워크로 연결된 컴퓨터에 RTI 소프트웨어(S/W)를 설치해야 한다. RTI S/W는 지역 RTI(LRC), RTI 집행자 및 FED 집행자로 구성되어 있다. 지역 RTI는 연동 대상 페드레이트가 실행될 각 컴퓨터에 설치되어야 하며 RTI 집행자와

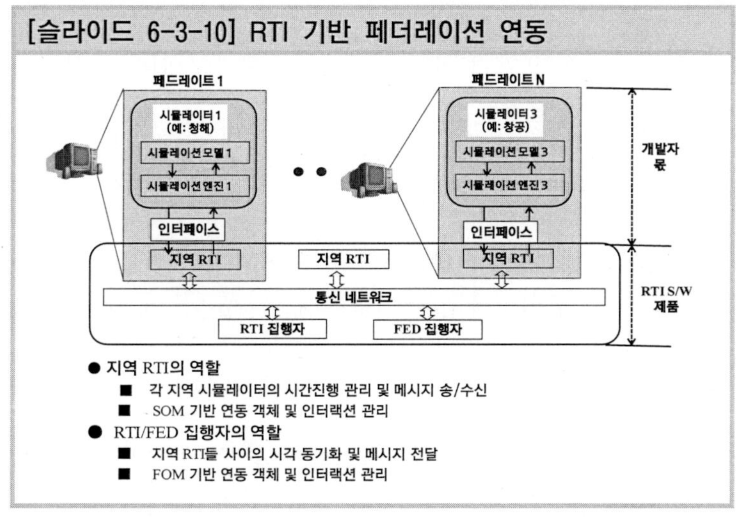

FED 집행자는 지역 RTI가 설치된 컴퓨터 또는 네트워크에 연결된 또 다른 컴퓨터에 설치할 수 있다. 물론, RTI S/W를 모두 한 개의 컴퓨터에 설치하여 한 개의 컴퓨터에서 연동 시뮬레이션을 실행하게 할 수도 있다.

RTI 기반의 분산 시뮬레이션은 지역 RTI들과 RTI 집행자 및 FED 집행자의 협업을 통하여 수행된다. 지역 RTI는 각 시뮬레이터(페드레이트)의 시간진행 관리 및 메시지 송/수신을 담당하며 SOM을 기반으로 연동 객체 및 인터랙션을 관리한다. RTI/FED 집행자는 지역 RTI들 사이의 시각 동기화 및 메시지 전달, FOM 기반의 연동 객체 및 인터랙션을 관리하게 된다. 컴퓨터에 설치된 페드레이트는 시뮬레이터(예: 청해 모델) 및 지역 RTI의 인터페이스로 구성된다. 인터페이스는 RTI에서 제공하는 API(RTI 서비스)와 시뮬레이터에서 제공하는 API 사이의 변환기 역할을 한다.

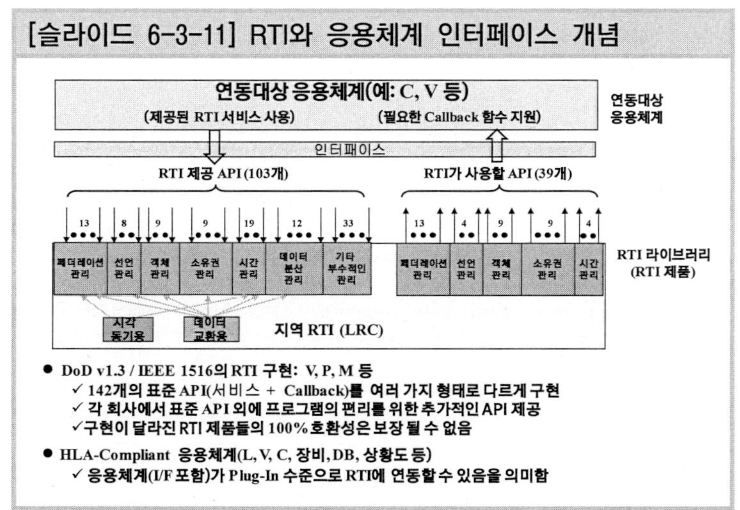

[6-3-11]

국방 M&S에서 RTI 기반의 연동 대상 응용체계는 C, V, L, 장비, DB, 상황도 체계 등이 될 수 있다. 응용체계와 RTI 사이의 인터페이스는 2가지 기능을 제공해야 한다. 우선, 응용체계는 인터페이스를 통하여 RTI에서 제공하는 서비스 API(총 100여 개)를 사용할 수 있어야 한다. 또한, 인터페이스는 RTI 서비스 호출이 있을 때 발생되는 RTI 응답을 처리하기 위한 Callback 함수(총 40여 개)를 응용체계에 전달하여 응용체계가 이를 실행할 수 있도록 해야 한다. RTI와 응용체계 사이의 통신 프로토콜 관점에서 볼 때 인터페이스는 프로토콜 변환기 역할을 한다.

HLA 표준은 다수가 존재하고 시간에 따라 진화되고 있으며 실질적인 측면에서 보면 API와 Callback 함수가 변경되거나 추가되고 있다. 최초의 HLA 표준은 미 국방성이 주도한 v1.3(DoD, 1988)이며 이를 국제전기전자학회(IEEE)에서 계승하여 IEEE 1516(IEEE 1516, 2000) 표준으로 완성하였고 진화된 버전인 IEEE 1516-Evolve(IEEE, 2010)가 발표되었다. 상이한 개발회사에서 구현한 여러 버전의 RTI 제품들은 일반적으로 100% 호환성이 보장되지 않는다.

주어진 목적을 만족하는 페더레이션은 기존에 존재(Legacy라고 부름)하거나 새로 개발된 응용체계들을 RTI에 연동시켜 구성한다. 응용체계를 RTI에 연동시키기 위해서는 위에서 설명한 인터페이스를 RTI와 응용체계 사이에 두어야 한다. HLA-Compliant 응용체계는 내장형 또는 외부에 위치한 인터페이스를 포함하는 응용체계가 Plug-In 수준으로 RTI에 연동할 수 있음을 의미한다. 이러한 응용체계는 단독모드로 운용될 수도 있고 연동모드로 운용될 수도 있다. 따라서 응용체계를 개발할 때 추후 RTI에 연동시켜 연동모드로 운용할 예정이라면 HLA-Compliant가 되도록 개발하여야 한다.

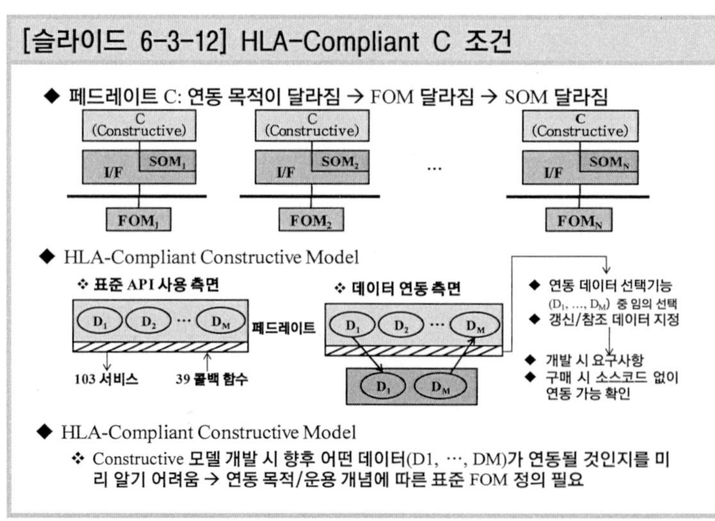

[6-3-12] 페더레이션 구성은 연동의 목적에 따라 페드레이트의 종류 및 FOM이 달라진다. 동일한 페드레이트(그림에서 C)라 할지라도 연동의 목적이 변경되어 페더레이션의 FOM이 변경되면 페드레이트의 SOM도 변경된다. 그림에서 연동목적 1에 대한 FOM은 FOM1, 연동목적 2에 대한 FOM은 FOM2가 되는데, 이때 대응하는 페드레이트의 SOM은 각각 SOM1, SOM2가 된다.

HLA-Compliant Constructive Model의 조건은 표준 API 사용 측면과 데이터 연동 측면으로 나눌 수 있다. 표준 API 사용 측면에서 페드레이트는 RTI의 서비스(103개) 및 Callback 함수(39개) 인터페이스를 모두 만족해야 한다. 데이터 연동 측면에서 페드레이트는 내부 데이터 중 일부(예: D_1과 D_M)를 선택적으로 지정하면 이들을 SOM으로 정의하여 외부에서 참조(읽기)하고 갱신(쓰기)할 수 있어야 한다. 이러한 데이터 연동기능은 페드레이트를 개발할 때 미리 인터페이스를 준비해 놓아야 나중에 소스코드 없이도 HLA/RTI에 연동할 수 있다. 그러나 Constructive 모델(페드레이트)을 개발할 때 향후 어떤 데이터가 연동될 것인지를 미리 식별하여 SOM을 정의하는 것이 제한적이기 때문에 연동의 목적에 따른 표준 FOM을 정의할 필요가 있다.

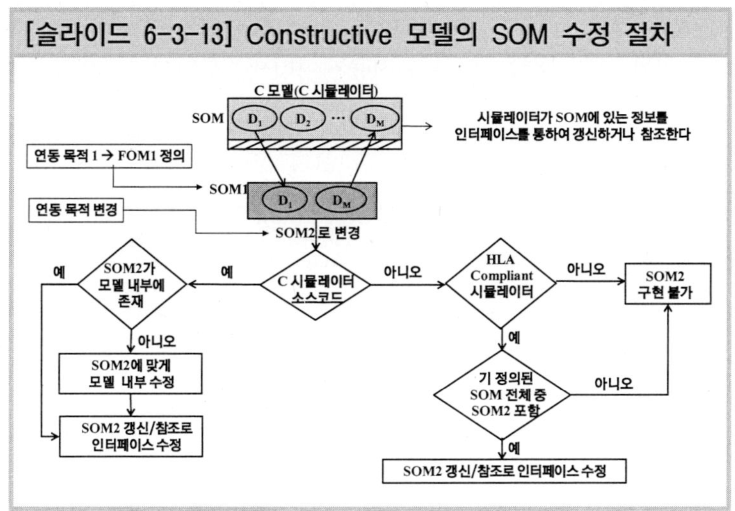

[6-3-13]

HLA-Compliant 모델의 SOM에 포함된 데이터들은 RTI 인터페이스를 통하여 외부에서 참조하고 갱신할 수 있어야 한다. 이 슬라이드는 Constructive 모델의 SOM이 연동의 목적에 따라 변경될 경우에 이를 수정하는 절차를 보여준다. 최초의 연동 목적에 따른 FOM을 FOM1이라 하고, 이를 만족하는 페드레이트(시뮬레이터)의 SOM을 SOM1이라 하자. 연동의 목적이 변경되어 SOM1이 SOM2로 변경되어야 할 경우 시뮬레이터(페드레이트)의 소스코드 가용 여부가 변경 가능성을 판단하는 중요한 요인이 된다.

시뮬레이터의 소스코드가 없으면서 HLA-Compliant도 아닌 경우라면 SOM2로 변경하는 것이 불가능하다. 그러나 시뮬레이터가 HLA-Compliant이고 모델의 SOM에 SOM2가 포함되어 있다면 SOM1을 SOM2로 변경하면 된다. 시뮬레이터의 소스코드가 존재할 때 SOM2가 모델 내부에 존재하면 SOM2를 갱신/참조하도록 수정하면 된다. 그러나 SOM2가 모델 내부에 존재하지 않을 경우에는 SOM2를 반영하여 모델을 수정하여야 한다.

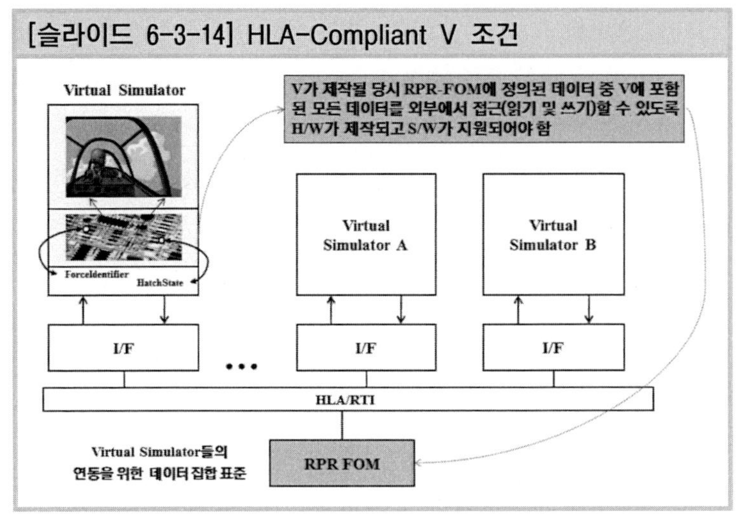

[6-3-14]

HLA-Compliant V(Virtual 시뮬레이터)의 조건은 HLA-Compliant Constructive 모델의 경우와 마찬가지로 표준 API 사용 측면과 데이터 연동 측면으로 나눌 수 있다. 표준 API 사용 측면은 모든 HLA-Compliant 응용체계(예: V, C 등)에 동일하게 적용된다. 데이터 연동 측면에서는 Virtual 시뮬레이터의 SOM이 미래에 정의될 여러 형태의 FOM에 모두 포함될 수 있도록 정의될 수 있는가의 문제이다. 다행히도 다양한 Virtual 시뮬레이터들이 연동되는 경우에 필요한 데이터를 최대한 식별하여 표준화한 FOM으로 RPR-FOM이 정의되어 있다. 따라서 HLA-Compliant V는 RPF-FOM에 정의된 데이터 중 자신에 포함된 데이터를 인터페이스를 통하여 외부에서 참조/갱신할 수 있도록 H/W와 S/W가 제작되어야 한다.

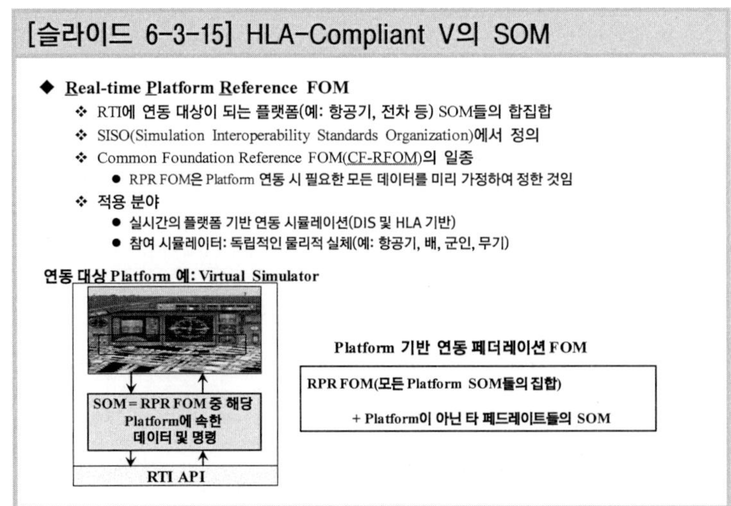

[6-3-15]

RPR-FOM은 Real-time Platform Reference FOM의 약어로, RTI를 통해서 Platform들을 연동할 때 사용되는 FOM을 의미한다. RPR-FOM은 RTI 기반의 연동 대상이 되는 개별 Platform(예: 전차, 항공기, 수상함 등)에서 제공하는 SOM들의 합집합으로 국제 시뮬레이션 연동 표준 조직인 SISO(Simulation Interoperability Standards

Organization)에서 정의한 것이다. 각 Platform의 SOM은 해당 Platform의 물리적 특성을 나타내는 속성변수(데이터)와 운용명령(인터랙션)을 식별하여 정의한 것이다. 연동 대상 Platform이 Virtual 시뮬레이터인 경우의 SOM은 RPR-FOM 중 해당 Platform에 속한 데이터와 명령이다. Platform 기반 연동 페더레이션의 FOM은 Platform들의 SOM으로 구성된 RPR-FOM과 기타 페드레이트들의 SOM들을 합친 형태가 된다.

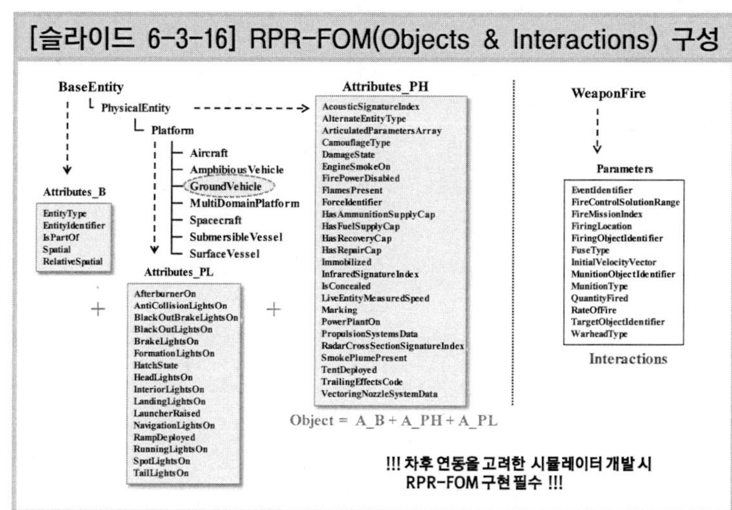

[6-3-16]

그림은 RPR-FOM을 구성하는 객체들 사이의 계층구조를 나타내고 있다. Platform 객체의 부모객체는 PhysicalEntity 객체이며 PhysicalEntity 객체의 부모객체는 BaseEnitty 객체이다. 계층구조의 상속 특성에 따라 Platform의 속성값(Attributes)은 PhysicalEntity의 속성값 Attribute_PH와 BaseEntity의 속성값 Attribute_B를 상속받게 된다. 따라서 특정 Platform인 GroundVehicle의 Object(속성값)는 Platform, PhysicalEntity 및 BaseEntity의 객체로부터 모든 Attribute를 상속받게 되어 Object = A_B + A_PH + A_PL이라고 표현할 수 있다. 또한 GroundVehicle의 Interaction에는 WeaponFire가 포함된다. 결국, GroundVehicle의 SOM은 RPR-FOM으로부터 상속된 Object와 Interaction으로 구성된다.

[6-3-17] Virtual 시뮬레이터의 SOM 수정 절차

그림은 Virtual 시뮬레이터의 SOM을 수정하는 절차를 나타내고 있다. 시뮬레이터는 RTI에 연동이 가능하려면 인터페이스를 통해 SOM에 있는 정보를 갱신하거나 참조할 수 있어야 한다. 시뮬레이터의 SOM은 RPR-FOM 중 해당 시뮬레이터에 속한 데이터 및 인터랙션으로 구성되며, 만약 FOM이 달라진다면 기존의 SOM은 SOM′로 변경되어야 한다.

시뮬레이터의 H/W 및 S/W가 수정이 불가능하고 HLA-Compliant가 아닌 경우에는 SOM을 변경할 수 없다. 만약 시뮬레이터의 H/W 및 S/W는 수정이 불가능하지만

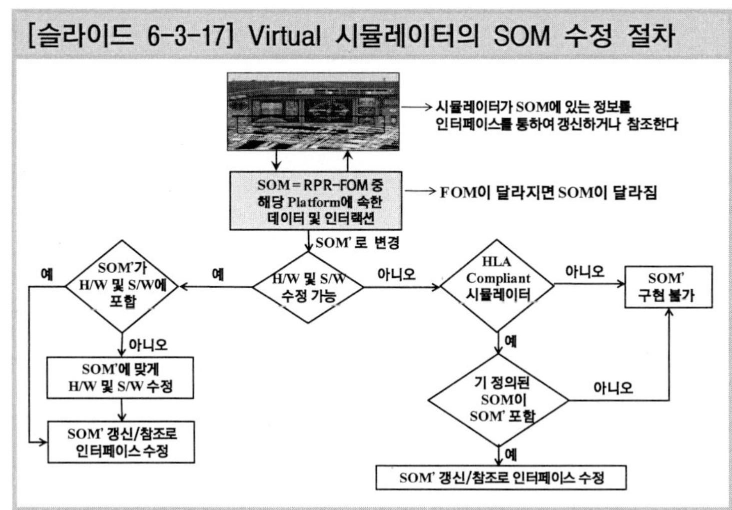

[슬라이드 6-3-17] Virtual 시뮬레이터의 SOM 수정 절차

HLA-Compliant라면 SOM′가 이미 정의된 SOM에 포함될 경우에만 수정이 가능하다. 시뮬레이터의 H/W 및 S/W를 수정할 수 있다면 SOM을 SOM′로 수정할 수 있다.

6.4 KAIST, SMS 연구실의 페더레이션 연구개발 사례

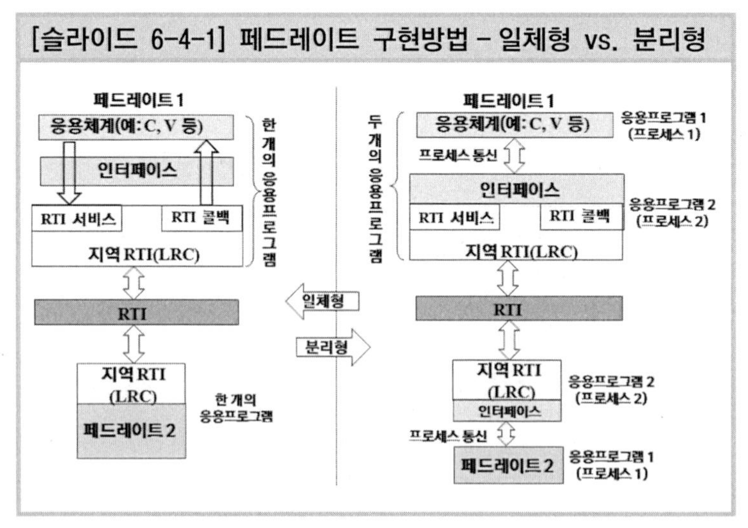

[슬라이드 6-4-1] 페드레이트 구현방법 – 일체형 vs. 분리형

[6-4-1]

페드레이트는 RTI에 연동 가능한 응용체계를 의미하며 워 게임 모델, 시뮬레이터 장비, 실 기동 훈련장, C4I 체계 등이 될 수 있다. HLA 표준에는 응용체계에서 RTI (지역 RTI: LRC)로 정보를 보낼 때 사용하는 서비스 인터페이스와 RTI(LRC)에서 응용체계로 정보를 보낼 때 사용하는 Callback 함수를 정의하고 있다. 따라서 연동 시뮬레이션 과정에서 서비스 인터페이스는 응용체계가 사용하며 Callback 함수는 RTI(LRC)가 사용하게 된다.

페드레이트는 LRC(하나의 응용체계를 담당하는 RTI 라이브러리)와 응용체계를 1개의 응용프로그램(프로세스)으로 구성하는 일체형과 이들을 분리하여 2개의 응용프로그램으로 구성하는 분리형으로 구현할 수 있다. 슬라이드의 왼쪽 그림에서 보여주는 일체형 페드레이트에서는 연동 대상 응용체계와 LRC 사이에 인터페이스를 구현하여 하나의 프로그램으로 만든다. 오른쪽 그림에서 보여주는 분리형 페드레이트에서는 응용체계를 하나의 프로그램으로 구현하고 인터페이스와 LRC를 합쳐서 다른 하나의 프로그램으로 구현하여 프로세스 간 통신방법을 통해 두 프로그램 사이에 정보를 교환하게 된다.

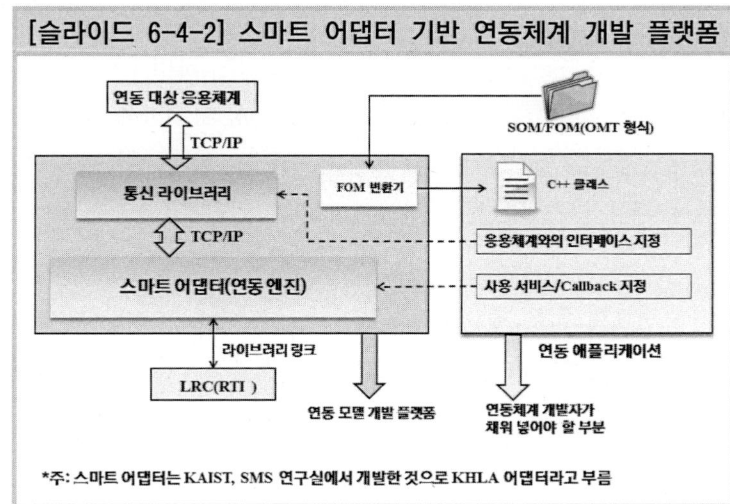

[6-4-2]
스마트 어댑터는 연동 대상 응용체계와 RTI를 연동하는 기능을 제공하는 인터페이스이다. 연동모델 개발 플랫폼(환경)은 스마트 어댑터, FOM 변환기 및 통신 라이브러리를 포함한다. FOM 변환기는 OMT(Object Model Template)에 기반한 테이블 형태의 FOM 데이터를 프로그램 언어(C++ 또는 Java)의 클래스(Class) 형태로 자동 변환하는 도구(간단한 컴파일러 형태)이다. 통신 라이브러리는 스마트 어댑터와 응용체계 사이의 통신을 담당한다. 연동 어플리케이션 개발은 연동체계 개발자가 개발 플랫폼이 제공하는 페더레이션에 필요한 기능을 선택하는 것이다. 즉, 연동 어플리케이션에서는 스마트 어댑터의 서비스/Callback 중 어떤 것들을 사용하며 통신 라이브러리 중 어떤 것을 사용할 것인지를 지정하게 된다.

[슬라이드 6-4-3] FEDEP - IEEE 1516.3 표준 절차

HLA/RTI를 사용한 페더레이션 개발 절차는 일반적인 목적지향의 모델링 및 시뮬레이션 절차와 유사하다. IEEE 1516 표준 문서에는 페더레이션의 개발 및 실행 과정에 대한 표준 프로세스인 FEDEP(Federation Development and Execution Process)를 IEEE 1516.3으로 정의하고 있다. FEDEP은 설계단계, 구현단계 및 실행단계로 나눌 수 있다. 설계단계에서는

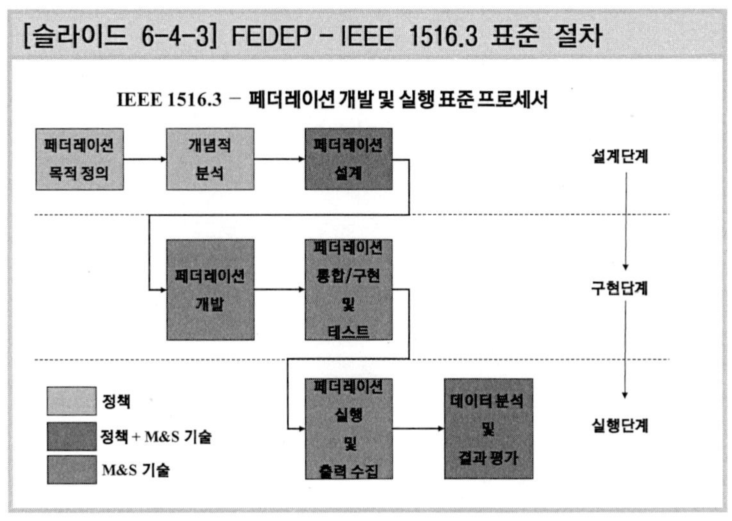

페더레이션의 목적 정의, 개념적 분석 및 페더레이션 설계가 이루어진다. 구현단계에서는 페더레이션 개발, 페더레이션 통합/구현/테스트가 이루어진다. 실행단계에서는 페더레이션을 실행하고 출력을 수집하며 데이터 분석을 통해 결과를 평가하게 된다. 이 그림에는 각 단계에서 M&S의 정책과 기술 사이의 협조관계를 표시하였다.

[슬라이드 6-4-4] IEEE 1516.3 단계별 업무 및 산출물

	단계별 업무	산출물	업무 영역
페더레이션 목적 정의	사용자 요구사항 파악 시뮬레이션 목적 정의	요구사항 명세서 페더레이션 목적 명세서 최초 계획 문서	군 사업단
개념적 분석	최종 결과물 시나리오 개발 페더레이션 개념 모델 개발 페더레이션 요구사항 명세	페더레이션 시나리오 페더레이션 개념 모델 페더레이션 요구 명세서/테스트 조건	군 사업단 + 개발자(업체)
페더레이션 설계	페드레이트 선택 페드레이트 설계 개발계획 수립	이미 개발된 페드레이트 리스트 페더레이션/페드레이트 설계문서 개발/실행 계획서	개발자(업체)
페더레이션 개발	FOM 개발 페더레이션 전반에 대한 합의 페드레이트 구현 페더레이션 기반구조 구현	FOM, FED/FDD 페더레이션 관련 합의서 새로운/수정된 페드레이트 페더레이션 기반구조	
페더레이션 통합/구현 테스트	계획 실행 페더레이션 통합 페더레이션 테스트	실행환경에 대한 기술 통합된 페더레이션 테스트된 페더레이션	

[6-4-4] 표에서는 앞 슬라이드에서 제시한 IEEE 1516.3 표준 프로세스의 단계별 업무 내용과 업무 결과에 따른 산출물 및 업무 영역을 정리하였다. 표준 업무 프로세스를 준용하는 것은 전체 개발과정에서 누가, 언제, 무엇을 할 것인지를 미리 숙지하고 단계별 산출물을 공유함으로써 효과적인 의사소통과 체계적인 사업관리를 가능하게 한다.

[6-4-5] HLA-Compliant 인증

페드레이트가 HLA-Compliant인지를 인증한다는 것은 페드레이트의 SOM에 정의된 객체(오브젝트와 인터랙션)들이 RTI 인터페이스(서비스+콜백함수)를 통하여 RTI와 정보를 주고 받을 수 있는지를 확인하는 것이다. 따라서 인증은 페드레이트 내부의 동작 검증과는 무관하

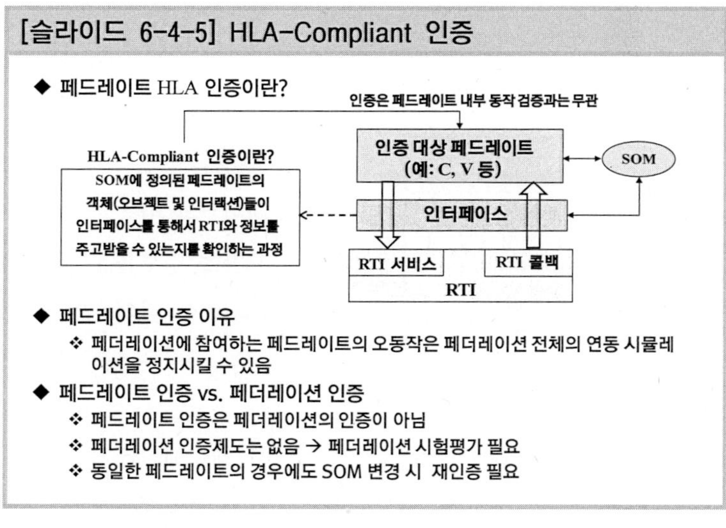

다. 페드레이트의 인증이 필요한 이유는 다수의 페드레이트로 구성된 페더레이션은 실행 도중 참여하는 페드레이트 중 하나에서라도 문제가 발생하는 경우 페더레이션 전체가 정지되기 때문이다. 페드레이트의 인증은 페더레이션의 인증을 의미하는 것이 아니며, 페더레이션에 대한 인증제도는 없다. 페더레이션의 동작이 제대로 수행되는지는 페더레이션의 시험평가를 통하여 확인할 수 있다. 페드레이트의 인증은 SOM을 기반으로 하기 때문에 동일한 페드레이트의 경우에도 SOM이 달라지면 다시 인증이 필요할 수 있다.

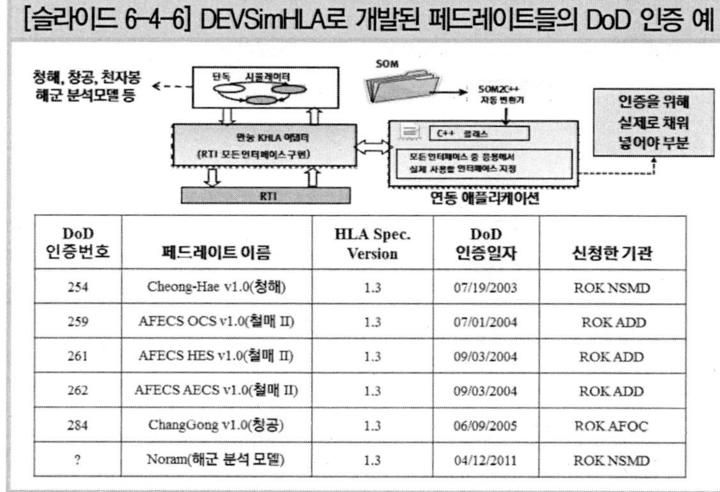

DoD 인증번호	페드레이트 이름	HLA Spec. Version	DoD 인증일자	신청한 기관
254	Cheong-Hae v1.0(청해)	1.3	07/19/2003	ROK NSMD
259	AFECS OCS v1.0(철매 II)	1.3	07/01/2004	ROK ADD
261	AFECS HES v1.0(철매 II)	1.3	09/03/2004	ROK ADD
262	AFECS AECS v1.0(철매 II)	1.3	09/03/2004	ROK ADD
284	ChangGong v1.0(창공)	1.3	06/09/2005	ROK AFOC
?	Noram(해군 분석 모델)	1.3	04/12/2011	ROK NSMD

[6-4-6]

DEVSimHLA 도구 집합에는 M&S 환경(DEVSim++)과 연동 플랫폼이 포함되어 있다. 이 슬라이드에는 DEVSimHLA 도구 집합을 사용하여 개발된 페드레이트들 중에서 미 국방성(DoD) 산하 DMSO (현재는 MSCO)로부터 HLA-Compliant 인증을 획득한 사례들을 보여주고 있다.

[6-4-7] 연동 목적에 따른 연동체계 구성의 다양성

페드레이트는 RTI를 통해 연동이 가능한 응용체계를 의미하며 응용체계에는 워 게임 모델,

[슬라이드 6-4-7] 연동 목적에 따른 연동체계 구성의 다양성

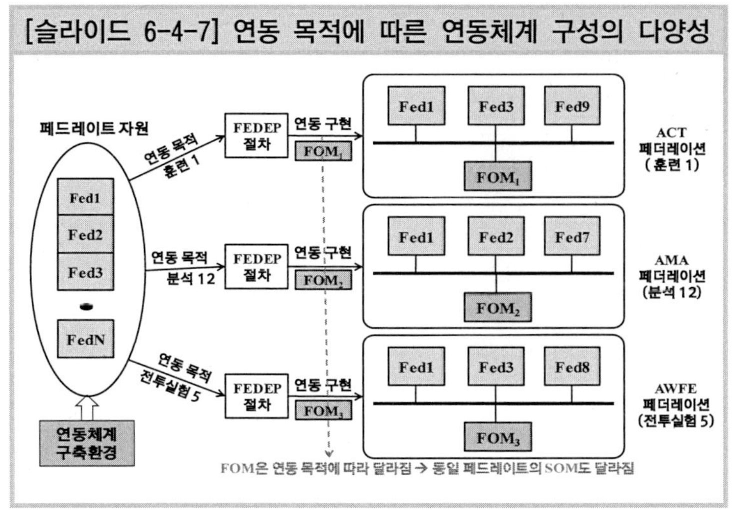

시뮬레이터 등이 포함된다. 페더레이션의 구성은 구성(연동) 목적이 설정되어야 하며, 참여할 페드레이트와 이들 사이에 주고받을 정보를 FOM으로 정의해야 한다. 페더레이션의 구성은 연동체계 구축 환경/도구 등을 지원받아 페드레이트 자원 저장소로부터 참여할 페드레이트들을 선택하고 FOM에 맞추어 각 페드레이트의 SOM을 정의해야 한다.

그림에는 연동 목적 1, 연동 목적 2 및 연동 목적 3에 대한 각각의 페더레이션 구성의 예를 보여주고 있다. 연동의 목적이 각각 훈련 1, 분석 12 및 전투실험 5로 식별된 경우에 각각에 대응하는 페더레이션이 ACT 페더레이션, AMA 페더레이션 및 AWEF 페더레이션이다. 각 페더레이션은 연동의 목적에 맞게 FOM이 정의되고, 이에 따라 각 페드레이트의 SOM이 정의된다. FOM은 연동의 목적에 따라 달라지기 때문에 동일한 페드레이트라 하더라도(예: Fed1) 참여하는 페더레이션이 다르면 SOM도 달라진다. 그림에서 FOM1, FOM2 및 FOM3 각각에 대응하는 Fed1의 SOM은 모두 상이할 수 있다.

[슬라이드 6-4-8] KAIST SMS Lab 연동체계 연구개발 사례

활용 방안	사례 1: 훈련용	사례 2: 분석용	사례 3: 분석 및 획득용	사례 4: 전투실험용	사례 5: 훈련+분석용
연구 기간	2004 - 2006	2007 - 2008	20011 - 2012	2009 - 2010	2010 - 2013
페더레이션 개발 목적	한·미 연합 워 게임 훈련/연습	자항식(이동식) 기만기의 성능 및 운용 전술에 따른 효과도 분석	통신 효과도 분석 및 임무 수행에 필요한 통신장비의 성능 요구사항 도출	워 게임의 신뢰도 향상 및 다양한 전술 상황에 대한 조종사의 전술 대처 훈련	화학전 효과도 분석 및 대피 훈련
페드레이트 모의수준 및 연동방법	임무급+임무급 C-C 연동	교전급 + 공학급 C-C 연동	임무급 + 공학급 C-C 연동	임무급 + 공학급 C-V 연동	교전급 + 공학급 G(V)-C 연동
모의수준별 사용된 M&S 도구	DEVSim++ (임무급) RTI DEVSim++ (임무급)	DEVSim++ (교전급) RTI MATLAB (공학급)	DEVSim++ (임무급) RTI OPNET (공학급)	EADSIM (임무급) RTI T-50 Simulator (공학급)	UNITY 3D (Game 엔진) RTI Ad Hoc Sim (공학급)

[6-4-8]

이 슬라이드에는 KAIST SMS Lab(시스템 모델링 시뮬레이션 연구실)에서 연구개발한 연동체계의 사례를 보여준다. 연동의 목적을 훈련, 분석, 획득, 전투실험을 포함한 5개의 사례(Case)로 분류하였고, 연구개발 기간을 명

시하였다. 또한 각 사례에 대해 페더레이션 개발의 목적, 모의수준(공학급, 교전급, 임무급 등) 및 연동방법(C-C, C-V 등), 그리고 사용된 M&S 도구들을 명시하였다. 각각의 연동체계에 대한 보다 상세한 설명은 참고문헌을 참조하기 바란다.

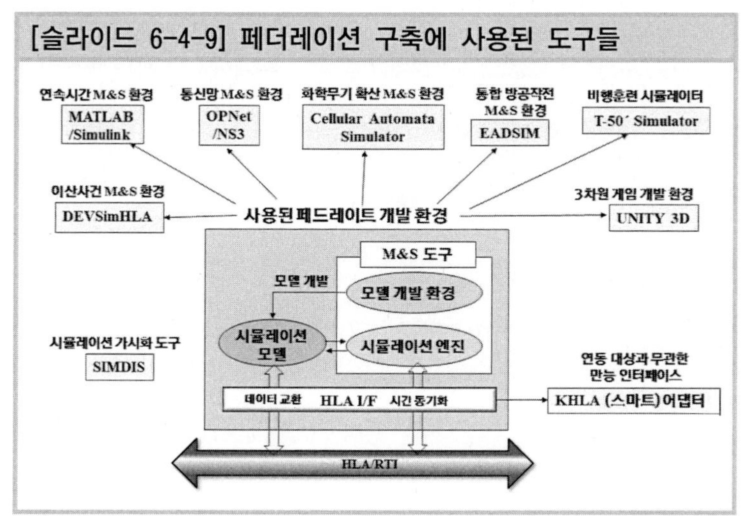

[6-4-9] 연구개발 사례로 제시한 연동체계들을 구현할 때 다양한 도구들이 사용되었다. 먼저, DEVSim++는 C++ 기반의 객체지향 이산사건 모델 개발 및 시뮬레이션 환경으로 연합훈련 시 미군 모델과 연동되어 사용되고 있는 한국군의 해군(청해), 공군(창공), 해병대(천자봉) 모델을 개발하는 데 사용되었다. 스마트 어댑터는 워 게임 모델을 포함한 임의의 응용체계를 RTI에 Plug-In 수준으로 연동할 수 있는 인터페이스이다. OPNET은 통신 네트워크 및 분산 시스템 개발을 위한 객체지향형 M&S 환경으로 HLA-Compliant 인터페이스가 구비되어 있으며 다양한 통신 프로토콜 라이브러리를 제공한다. 미 공군이 개발한 EADSIM은 HLA-Compliant 조건을 충족하는 통합 방공작전 M&S 모델이다. T-50´ 비행훈련용 시뮬레이터는 한국 공군에서 전력화된 T-50 시뮬레이터의 기능을 축약하여 구현한 시뮬레이터이다.

MATLAB은 연속시스템 M&S 및 알고리즘의 개발환경으로 HLA-Compliant 인터페이스를 제공한다. 과학/공학 분야에서 가장 많이 사용되며 Simulink를 사용하여 블록다이어그램 형태의 시각적 모델링이 가능하다. Cellular Automata 시뮬레이터는 KAIST SMS 연구실에서 자체개발한 화학구름 확산 모델링 및 시뮬레이션 도구로서, 스마트 어댑터를 사용하여 RTI에 연동되는 HLA-Compliant 모델이다. 이 모델은 연속모델인 화학구름 확산 방정식은 그래픽 처리장치(GPU)에서 실행하고, 대피 교리 등 이산사건 모델은 CPU에서 실행시키면서 서로 정보교환을 가능하게 만든 하이브리드 M&S 도구이다. UNITY 3D 게임 엔진은 게임 제작에 사용되는 상용 엔진으로, 시나리오(교전급) 엔진과 물리(공학급)

엔진을 내장하고 있으며, 미 해군 연구소에서 개발한 3차원 가시화 도구인 SIMDIS 개발 등에 사용된 엔진이다.

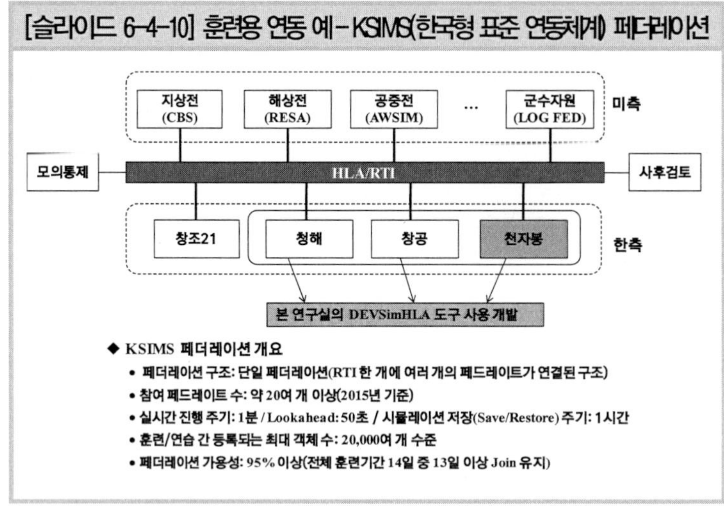

[6-4-10]

KSIMS(한국형 표준 연동체계) 페더레이션은 한미 연합 연습/훈련에 사용되는 페더레이션으로, 2015년을 기준으로 약 20여 개의 페드레이트들이 참여하는 세계 최대 규모의 HLA/RTI 기반 연동체계이다. 현재 운용되는 KSIMS 페더레이션은 단일 페더레이션으로 구성되는데, 미래에는 연합 페더레이션(한국군 페더레이션 + 미군 페더레이션)으로 운용할 계획으로 알려져 있다. 단일 페더레이션에 참여하는 한국군의 훈련모델인 청해, 창공, 천자봉 모델들이 DEVSimHLA 도구로 개발된 것들이다. KSIMS 연동 시뮬레이션에서 시간진행 주기는 1분(실시간)이며, 시뮬레이션 동안의 모델 상태 저장 주기는 1시간, FOM에 등록된 객체 수는 20,000여 개, 페더레이션의 가용성은 95% 이상이다.

[6-4-11] 연동 기반 훈련 시 실시간 처리 조건

페더레이션의 연동 시뮬레이션은 시간 갱신 주기(T_L: 모의논리상 시뮬레이션 시각)마다 여러 개의 페드레이트들이 분산/병렬로 처리된다. 시뮬레이션 시각 T_L 동안 전체 페드레이트의 실제 실행시간(실시간: Wall-clock) T_{RT}는 모든 페드레이트들 중 가장 늦게 실행이 종료된 페드레이트의 실행시간으로 주어진다. 따라서 연동 시뮬레이션이 실시간으로 진행되기 위한 조건은 $T_{RT} \leq T_L$이다. 즉, 시간 갱신 주기마다 모든 참여 페드레이트들의 실행(실시간)을 모의논리상의 갱신 주기(가상시간) 이내에 끝내야 한다. 실시간 시뮬레이션의 조건을 충족하는 데 있어서 약간의 불확실성이 존재한다. 왜냐하면, 매 갱신 주기마다 페드레이트들이 처리할 이벤트의 개수가 상이하여 실행시간(T_M)이 달라지며, RTI가 동작하는 통신

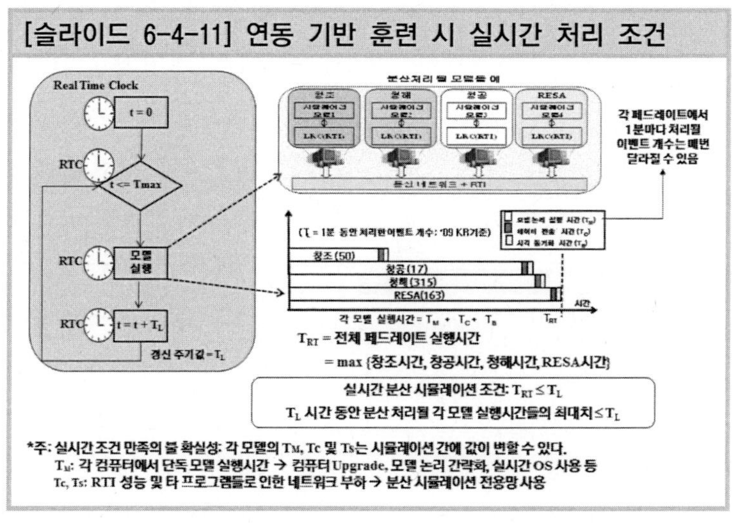

망의 부하 변동으로 메시지 전송 시간(T_C) 및 시각 동기화 시간(T_S)이 달라질 수 있기 때문이다. 시간관리의 불확실성을 감소시키려면 페드레이트가 실행되고 있는 컴퓨터에 다른 프로그램의 실행을 중지하고 필요에 따라 실시간 OS를 사용하는 방안을 고려할 수 있다. T_C 및 T_S의 변동성을 감소시키기 위해서는 분산 시뮬레이션 전용 통신망을 이용하는 방안도 있다.

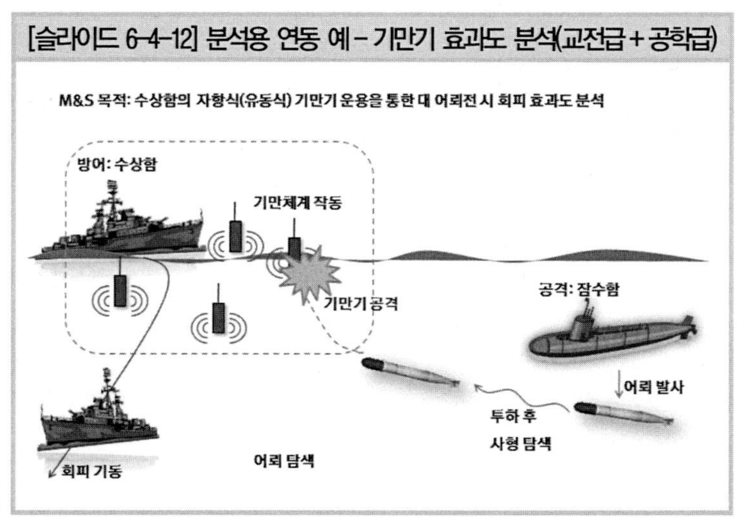

[6-4-12]

분석용 연동체계의 예로서 기만기의 효과도 분석을 위한 페더레이션 개발의 목적은 수상함이 운용하고 있는 자항식(유동식) 기만기의 어뢰 회피 효과도를 분석하고자 하는 것이다. 그림에 도시한 개략적인 시나리오는 다음과 같다. 잠수함이 수상함을 탐지하면 어뢰를 발사하여 수상함을 공격한다. 수상함은 잠수함이 발사한 어뢰가 탐지되면 기만체계를 작동시키고 회피 기동을 통한 방어 임무를 수행한다. 이 과정을 묘사하는 시뮬레이션을 통하여 수상함에 장착된 기만기의 제원 및 운용 전술에 따른 수상함의 어뢰 회피율(효과도)을 측정한다.

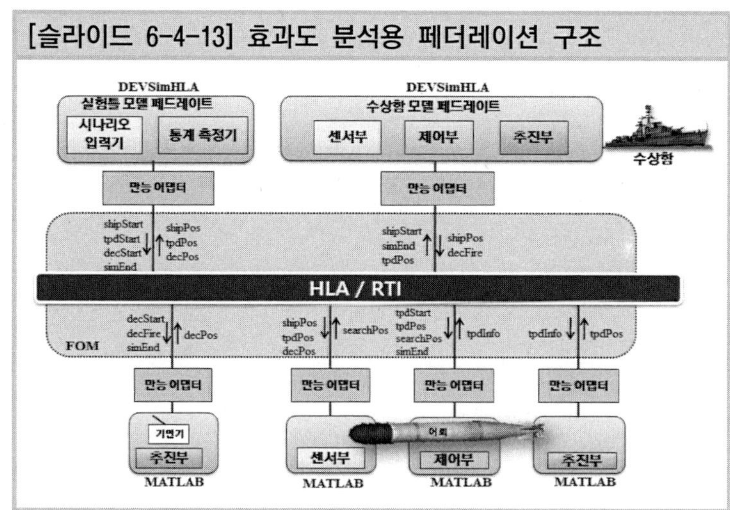

[6-4-13]
기만기의 효과도 분석용 페더레이션 구조는 공학급 모델과 교전급 모델의 연동 형태를 갖는다. 기만기와 어뢰는 공학급 모델로 표현하여 물리적 동작을 모의하며, 수상함은 교전급 모델로 표현하여 운용전술 등을 모의한다. 실험틀 모델은 교전 시나리오를 제공함과 동시에 시뮬레이션의 결과를 수집하여 통계적으로 처리한다. 기만기 페드레이트는 MATLAB으로 구현하며, 어뢰는 센서부, 제어부, 추진부로 나누어 각각을 독립적인 페드레이트로 정의하여 각각을 MATLAB으로 구현한다. 수상함 페드레이트와 실험틀 페드레이트는 각각 DEVSimHLA로 구현한다. 어뢰는 센서부, 제어부 및 추진부를 결합하여 한 개의 페드레이트로도 구현이 가능하지만, 알고리즘 개발 및 수정의 편의성을 위하여 독립적인 페드레이트로 구현하였다.

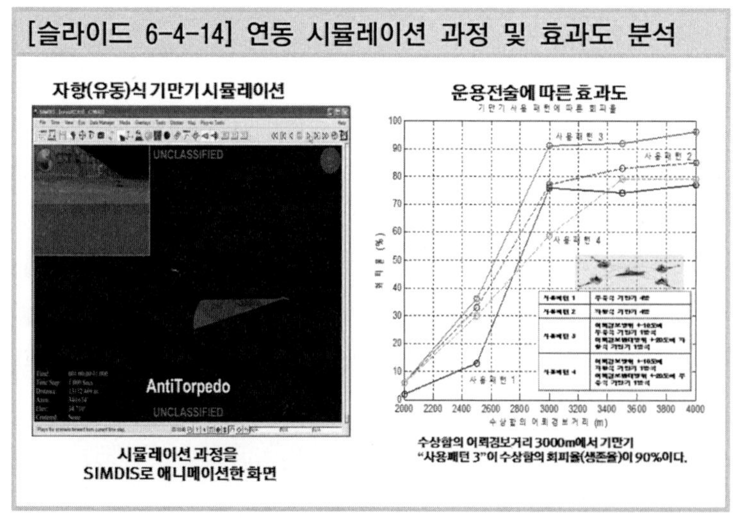

[6-4-14]
기만기의 효과도 분석 페더레이션을 통한 연동 시뮬레이션 수행과정을 SIMDIS로 가시화한 모습을 왼쪽에 나타내었고, 기만기의 운용전술에 따른 효과도 분석 결과를 오른쪽에 나타내었다. SIMDIS는 미 해군 연구소에서 개발한 공개 소프트웨어로, 시뮬레이션 과정을 온라인으로 가시화하거나 시뮬레이션 결과를 정해진 파일 형식으로 저장한

후 오프라인으로 재생(Playback)할 수 있는 도구이다. 그림에서는 한반도 남해안 지역에서 대어뢰전을 수행하는 시나리오로서 수상함, 기만기 및 어뢰의 시뮬레이션 과정을 보여주고 있다.

기만기의 운용전술에 따른 수상함의 회피율을 수상함의 어뢰경보 거리와 기만기 사용패턴별로 측정하였다. 어뢰경보 거리는 2000m에서 4000m까지를 200m 간격으로 하고, 기만기의 사용패턴은 4가지로 나누어 회피율을 구하였다. 수상함의 어뢰경보 거리를 3000m로 하여 회피율을 비교하는 것이 일반적인데 이 경우에 사용패턴 4에서 약 60%의 회피율을 보인 반면 사용패턴 3에서는 90% 이상의 회피율을 보여준다는 것을 알 수 있다.

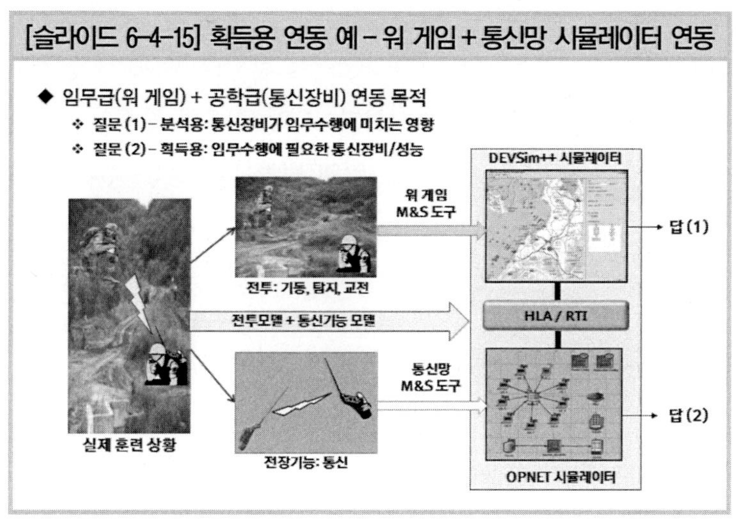

[6-4-15]

획득 및 분석용 연동체계의 예로 임무급 워 게임 모델과 공학급 통신망 시뮬레이터를 연동한 페더레이션을 구성하였다. 페더레이션에서 전투논리와 통신망 기능은 각각 전문화된 시뮬레이터가 담당하게 된다. 즉, 전투논리는 워 게임 모델 페드레이트(DEVSim++로 구현된 시뮬레이터)가 담당하며 통신망 기능은 통신망 페드레이트(OPNET으로 구현된 시뮬레이터)가 담당하게 된다. 페더레이션의 구축 목적은 2가지로, 다음과 같은 질문에 답하기 위한 것이다. 하나는 분석 목적으로, 주어진 기능/성능을 갖는 통신장비를 사용할 경우 임무수행 성공률이 어떻게 되는지를 분석하는 것이다. 다른 하나는 획득 목적으로, 목표로 하는 임무수행 성공률을 만족하기 위한 통신장비의 기능과 성능을 식별해 내는 것이다. 분석 목적 질문의 답은 워 게임 모델 페드레이트가 담당하며, 획득 목적 질문의 답은 통신망 페드레이트가 담당하게 된다.

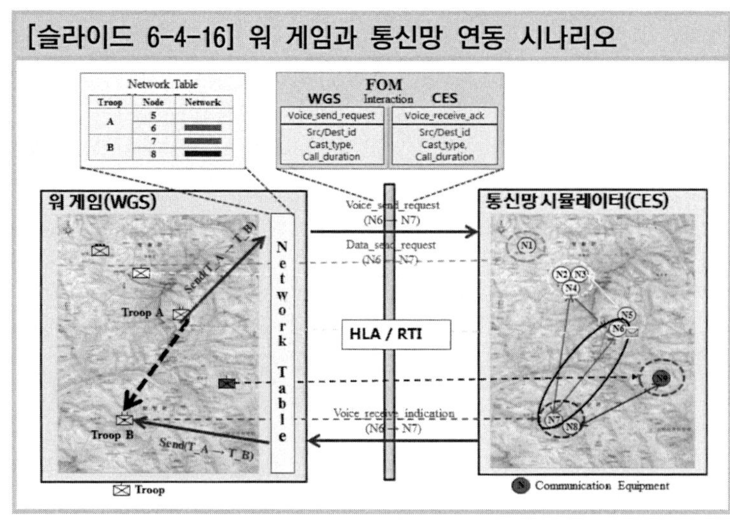

[6-4-16]
이 그림은 워 게임 모델 페드레이트와 통신망 페드레이트로 구성된 페더레이션의 연동 시나리오를 보여준다. 연동의 기본개념은 워 게임 모델에 배치된 부대와 통신망에서 관리하는 통신장비를 대응시켜(그림에서 워 게임 모델 내에 위치한 Network Table로 표현) 부대 간의 통신을 통신망 시뮬레이터를 이용한 통신장비 간의 통신으로 모의하는 것이다. Network Table에는 부대명과 이에 대응하는 통신노드, 그리고 노드가 소속된 통신망을 정의한다. 워 게임 모델 페드레이트와 통신망 페드레이트는 인터랙션(메시지 전송)을 통해 음성 및 데이터 교환이 가능하도록 FOM을 설계하였다.

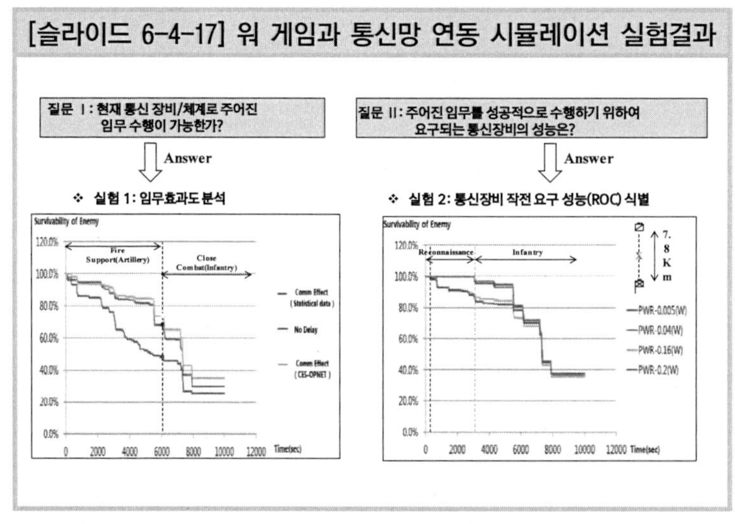

[6-4-17]
워 게임 모델 및 통신망 시뮬레이터의 연동 시뮬레이션의 결과로 분석용 및 획득용 질문에 답하기 위한 그래프를 얻었다. 이를 통해 분석 목적의 임무효과도 분석과 획득 목적의 통신장비 요구성능을 식별할 수 있었다. 실험 1에서는 통신장비의 기능/성능에 따른 전투효과를 워 게임 모델 페드레이트에서 적의 생존자 수로 측정하였다. 실험 2에서는 정해진 시간에 적의 생존자 수가 미리 정해진 수준으로 유지되도록 하기 위한 통신장비의 요구 출력을 구하였다.

실험 1에서는 임무효과도를 No Delay, Statistical Data, CES-OPNET의 3가지 경우 각각에 대하여 측정하였다. No Delay는 워 게임 모델에 통신효과를 고려하지 않는 경우, Statistical Data는 실제로 우리 육군의 과학화 훈련장(KCTC)에서 수집된 통신 로그 파일을 데이터 모델로 변환하여 워 게임 모델에 반영한 경우, 그리고 CES-OPNET은 통신망 페드레이트와 워 게임 모델 페드레이트의 연동 결과를 반영한 경우이다. KCTC의 통신 로그 파일을 사용한 이유는 CES-OPNET 페드레이트를 실증(Validation)하기 위함이었다. 근접전(Close Combat) 개시 시점을 적의 인원수가 최초 대비 60% 수준으로 감소한 때로 정의한다면 통신효과를 고려하지 않는 경우의 개시 시점(4000초)과 통신효과를 고려한 경우의 개시 시점(6000초) 사이에 큰 차이가 있음을 확인할 수 있었다.

[6-4-18]

전투실험(기술시범)용 연동체계의 예로 수행하였던 VC 연동은 우리 공군에 전력화된 통합 방공작전 모델인 EADSIM(C)과 훈련용 시뮬레이터 장비인 T-50′(V)를 연동한 페더레이션이다. 사용된 T-50′는 공군항공소프트웨어지원소에서 제작한 것으로 T-50 시뮬레이터의 전체 기능에서 전투실험 연동 목적을 만족하는 일부 기능만을 구현한 기능 축소형 시뮬레이터 장비이다. 슬라이드에는 EADSIM과 T-50′ 상호간에 연동되는 정보의 흐름을 나타내었다.

[6-4-19] 워 게임(C)과 T-50 시뮬레이터(V) 연동 목적

V(T-50′)-C(EADSIM) 연동 페더레이션의 구축 목적은 2가지로, 하나는 워 게임 모델의 신뢰성 향상이며 다른 하나는 조종사의 전술상황 대처능력 향상을 위한 다양한 전장환경 제공이다. 첫 번째 목적은, 공중전 교전결과를 워 게임 모델(EADSIM)에서 미리 계산해 놓은 살상률(PK) 테이블값을 사용하는 대신에 시뮬레이터 장비를 통한 조종사의 실제 교전

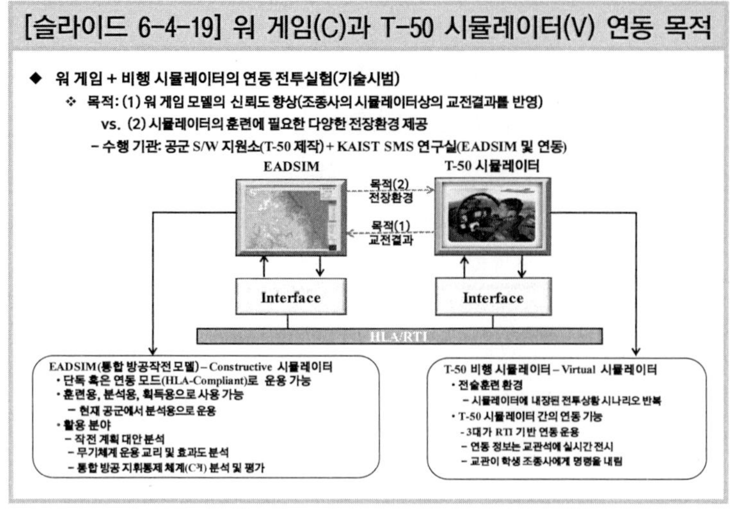

결과를 반영하는 것이다. 두 번째 목적은, 조종사의 전술훈련에서 시뮬레이터 내부에 미리 내장된 시나리오를 반복 사용하는 대신에 워 게임 모델(EADSIM)로부터 다양한 동적 시나리오를 제공받음으로써 임기응변식 대처능력을 훈련할 수 있도록 하는 것이다.

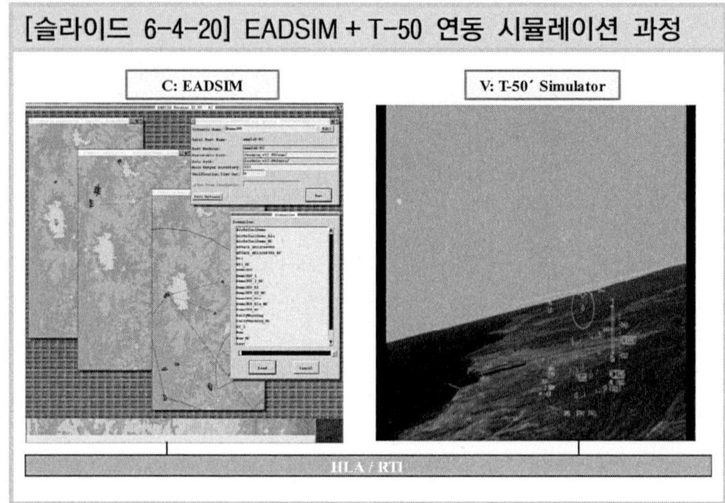

[6-4-20]

이 슬라이드에서는 구축된 페더레이션을 통한 연동 시뮬레이션 실행과정을 보여준다. 왼쪽은 EADSIM의 시뮬레이션 과정을 재생기능으로 나타낸 것이고, 오른쪽은 T-50′ 시뮬레이터에서 수행 중인 전술훈련 과정의 화면을 보여주는 것이다.

참고문헌

[6-1] 김덕수, 배장원, 박수범, 김탁곤, 「HLA/RTI를 이용한 워게임 시뮬레이터와 통신 효과 시뮬레이터의 연동 시뮬레이션 연구」, 한국군사과학기술학회지, vol. 18, no. 1, pp. 46-54, 2015. 2.

[6-2] 김호정, 이재현, 조길석, 「DEVS 형식론을 적응한 HLA기반의 분산 실시간 시뮬레이션 시스템 개발」, 한국군사과학기술학회지, vol. 9, no. 3, pp. 25-32, 2006.

[6-3] 안정현, 홍정희, 김탁곤, 「IEEE 1516 HLA/RTI 표준을 만족하는 데이터 분산 관리 모듈의 설계 및 구현」, 한국시뮬레이션학회 논문지, vol. 17, no. 2, pp. 21-29, 2008. 6.

[6-4] 유민욱, 김탁곤, 「MOM 서비스에 의한 HLA 페더레이션 연동 성능 분석」, 한국군사과학기술학회지, vol. 14, no. 6, pp. 1081-1090, 2011. 12.

[6-5] 홍정희, 성창호, 안정현, 김탁곤, 「IEEE 1516 HLA/RTI 기반 연동 시뮬레이션을 위한 연동 어댑터의 설계 및 구현」, 한국군사과학기술학회 논문지, vol. 12, no. 1, pp. 88-96, 2009. 2.

[6-6] 홍정희, 안정현, 김탁곤, 「IEEE 1516 HLA/RTI 표준을 만족하는 시간 관리 서비스 모듈의 설계 및 구현」, 한국시뮬레이션학회 논문지, vol. 17, no. 1, pp. 43-52, 2008. 3.

[6-7] Jung Hyun Ahn, Moon Gi Seok, Chang Ho Sung, and Tag Gon Kim, "Hierarchical Federation Composition for Information Hiding in HLA-Based Distributed Simulation," DSRT, IEEE/ACM 14th International Symposium, Fairfax, VA, Oct. 17-20, 2010, pp. 223-226.

[6-8] Beeker E.R., "Battlespace federation: an HLA experiment in disaggregation," In proceedings of the Spring 2000 simulation interoperability workshop, Orlando, FL, March 2000, pp. 21-31.

[6-9] B. Breholee and P. Siron, "Design and Implementation of a HLA Inter-federation Bridge," 03E-SIW-054, 2003.

[6-10] Briggs K., "A required RTI gateway as a solution to RTI interoperability," In Proceedings Simulation interoperability workshop, Orlando, FL, USA, 1998, paper no. 97S-SIW-188.

[6-11] K. Briggs, "A Required RTI Gateway standard as a solution to RTI interoperability," In Proceedings of the 1999 Spring Simulation Interoperability Workshop, 99S-SIW-188, 1999.

[6-12] Buss, A. and Jackson, L., "Distributed Simulation Modeling: A Comparison of HLA, CORBA, and RMI," In Proceedings. 30th Conf. on Winter Simulation, Washington, D.C., USA, December 13-16, 1998, pp. 819-826.

[6-13] J.S. Dahmann, F. Kuhl, and R. Weatherly, "Standards for Simulation: As Simple As Possible But Not Simple The High Level Architecture For Simulation," Simulation: Transactions of The Society for Modeling and Simulation International, vol. 71, no. 6, pp. 378-387, 1998.

[6-14] DMSO, U.S. DoD, RTI 1.3 – Next generation programmer's guide version 5://www.dmso.mil, 1998.

[6-15] DMSO, U.S. DoD, HLA Rules version 1.3, 1998 IEEE Standards Draft, February 5, 1998.

[6-16] DMSO, U.S. DoD, HLA Run-Time Infrastructure Reference Manual Version 1.3, March 27, 1998.

[6-17] DMSO, U.S. DoD, High Level Architecture RTI Interface Specification, Version 1.3, April 1998.

[6-18] DMSO, U.S. DoD, HLA Interface Specification version 1.3, 1998 IEEE Standards Draft, April 20, 1998.

[6-19] DMSO, U.S. DoD, HLA Object Model Template Specification version 1.3, 1998 IEEE Standards Draft, April 20, 1998.

[6-20] DMSO, U.S. DoD, High Level Architecture Run-Time Infrastructure RTI 1.3 – Next Generation Programmer's Guide Version 5, 1999.

[6-21] Brad Fitzgibbons, Thom McLean, Richard Fujimoto, "RTI Benchmark Studies," In Proceedings of 2002 Spring Simulation Interoperability Workshop, Orlando, Florida, USA, March 10-15, 2002. 02-SIW-105.

[6-22] Fujimoto, R.M., "Parallel discrete event simulation," Commun. ACM, vol. 33, no. 10, pp. 33-53, 1990.

[6-23] Fujimoto, R.M., "Zero lookahead and repeatability in the high level architecture," In Proceedings of the 1997 Spring Simulation Interoperability Workshop, 1997,

97S-SIW-046.

[6-24] R.M. Fujimoto and P. Hoare, "HLA RTI Performance in High Speed LAN Environments," In Proceedings of the Fall Simulation Interoperability Workshop, 1998.

[6-25] L. Granowetter, "RTI Interoperability Issues — API Standards, Wire Standards, and RTI Bridges," In Proceedings of the European Simulation Interoperability Workshop, 2003, 03E-SIW-077.

[6-26] Hong J.H., Seo K.M., Seok M.G., and Kim T.G., "Interoperation between engagement — and engineering — level models for effectiveness analyses," The Journal of Defense Modeling and Simulation, vol. 8, no. 3, pp. 143-155, 2011.

[6-27] S.Y. Hong, J.H. Kim, and T.G. Kim, "Measurement of RTI performance for tuning parameters to improve federation performance in real-time war game simulation," In Proceedings SCSC, Philadelphia, PA, Jul. 2005, pp. 71-76.

[6-28] Van Hook D.J. and Calvin J.O., "Data distribution management in RTI 1.3," In proceedings of the fall simulation interoperability workshop, 1998, p.98F-SIW-206.

[6-29] IEEE Standard for Modeling and Simulation (M&S) High Level Architecture (HLA), IEEE Std 1516-2000, 2000.

[6-30] IEEE Standard for Modeling and Simulation (M&S) High Level Architecture (HLA) — Framework and Rules, IEEE Std 1516-2000, pp. i-22, Sep. 2000.

[6-31] IEEE Standard for Modeling and Simulation (M&S) High Level Architecture (HLA) — Federate Interface Specification, IEEE Std 1516.1-2000, pp. i-467, 2000.

[6-32] IEEE Standard for Modeling and Simulation (M&S) High Level Architecture (HLA) — Object Model Template (OMT) Specification, IEEE Std 1516.2-2000, pp. i-130, 2000.

[6-33] Judith S. Dahmann and Katherine L. Morse, "High Level Architecture for Simulation: An Update," Distributed Interactive Simulation and Real-Time Applications, Proceedings of 2nd International Workshop, Montreal, Que., Canada, July 19-20, 1998, pp. 32-40.

[6-34] Katherine L. Morse, "Characterizing Scenarios for DDM Performance and Benchmarking RTIs," SIW Workshop, 1999, 99S-SIW-054.

[6-35] J.H. Kim, S.Y. Hong and Kim T.G., "Design and implementation of simulators interoperation layer for DEVS simulator," In Proceedings of M&S-MTSA'06, Ottawa, July 2006, pp. 195-199.

[6-36] Kim, Y.J. and Kim, T.G., "A Heterogeneous Simulation Framework Based on the DEVS Formalism and the High Level Architecture," In Proceedings of the 1998 Winter Simulation Conference, 1998, pp. 421-428.

[6-37] Y.J. Kim and T.G. Kim, "A Heterogeneous Simulation Framework Based on The DEVS Bus and The High Level Architecture," WSC-98, Washington, D.C., USA, Dec. 1998, pp. 421 - 428.

[6-38] J.H. Kim and T.G. Kim, "Federate-Level Reusability: Joining a Federation with SOM Document Data," In Proceedings of the Spring Simulation Interoperability Workshop, 2004, 04S-SIW-141.

[6-39] J.H. Kim and T.G. Kim, "Hierarchical HLA: Mapping Hierarchical Model Structure into Hierarchical Federation," M&S-MTSA'06, Ottawa, Canada, July 2006, pp. 75-80.

[6-40] Klein, U., Schulze, T., Straβburger, S., and Menzler, H.-P., "Traffic Simulation Based on the High Level Architecture," In Proceedings of the 1998 Winter Simulation Conference, 1998, pp. 1095-1103.

[6-41] L. Lamport, "Time, Clocks, and the Ordering of Events in a Distributed System," Communications of the ACM, vol. 21, no. 7, pp. 558-565, 1978.

[6-42] Lu T., Lee C., Hsia W., et al., "Supporting large-scale distributed simulation using HLA," ACM Transactions on Modeling and Computer Simulation (TOMACS), vol. 10, no. 3, pp. 268-294, 2000.

[6-43] Morse, K., and J.S. Steinman, "Data Distribution Management in HLA: Multidimensional Regions and Physically Correct Filtering," In Proceedings Spring Simulation Interoperability Workshop, 1997, no. 97S-SIW-053.

[6-44] C.D. Pham and R.L. Bagrodia, "Building Parallel Time-Constrained HLA Federates A Case Study with the PARSEC Parallel Simulation Language," In Proceedings of the 1988 Winter Simulation Conference, Washington, D.C., USA, Dec. 13-16, 1998, pp. 1555-1562.

[6-45] Sung, C.H. and Kim, T.G., "Framework for Simulation of Hybrid Systems: Interoperation of Discrete Event and Continuous Simulators Using HLA/RTI," 25th ACM/IEEE/SCS Workshop on PADS 2011, Nice, France, June 14-17, 2011.

[6-46] Herbert Tietje, "Benchmarking of RTIs for Real-Time Applications," In Proceedings of 2003 Euro Simulation Interoperability Workshop, Stockholm, Sweden, June 16-19, 2003, 03E-SIW-025.

제 7 장 국방 M&S 활용

국방 M&S는 안전성과 경제성을 바탕으로 부대 훈련, 국방체계 분석, 무기체계/장비 획득 등 다양한 분야에 많이 활용되고 있다. 이 장에서는 국방 M&S 활용분야를 간략하게 소개하고, 추가적인 활용분야로 인식되는 전투실험 및 시험평가 과정에서의 M&S 활용방안에 대해 설명한다. 국방 M&S 체계들(L, V, C)을 다양한 형태로 연동한 LVC체계의 개념과 HLA-RTI 기반 LVC체계 구축방안 및 활용방안을 기술한다.

7.1 훈련, 분석, 획득/체계 검증

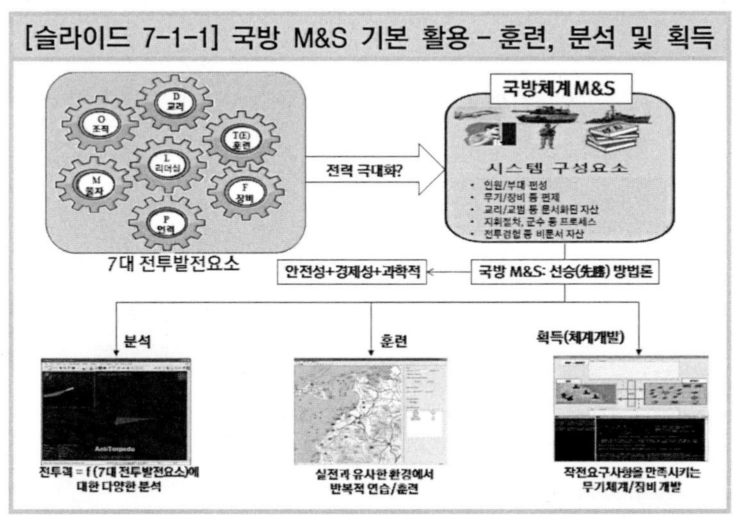

[7-1-1]
전투발전요소는 전투력을 결정짓는 요소로서 조직, 교리, 물자, 인력, 장비 등을 포함한다. 전투발전요소들은 국방 시스템 구성요소들로 구체화되며 전투력 최적화는 국방체계 구성요소들의 최적화된 조합을 의미한다. 최적화된 조합을 찾아내기 위한 여러 가지 방법이 존재하지만, 가장 현실적인 방법은 국방 M&S를 활용하는 것이다. 이러한 관점에서 국방 M&S는 싸우기 전에 승리하는 선승방법론으로서 안전하고 경제적이며 과학적인 접근방법이다. 국방 M&S는 분석, 훈련, 획득(체계개발) 및 전투실험 등에 활용된다. 분석 활용에서는 7대 전투발전요소들의 다양한 조합이 전투력에 미치는 영향을 분석하게 된다. 훈련 응용에서는 실전과 유사한 환경에서 연습/훈련을 반복적으로

수행하기 위한 방법과 도구를 제공한다. 획득 응용에서는 작전 요구사항을 만족시키는 무기체계/장비 등을 개발하는 과정에서 설계 및 검증 도구로 활용된다. 전투실험 응용에서는 신기술 및 미래전쟁 개념에 대비한 전투발전요소 개선사항을 식별하기 위한 수단으로 활용된다.

[슬라이드 7-1-2] 훈련, 분석, 획득용 모델의 비교

	훈련용	분석용	획득용
주요 목적	지휘관/참모 훈련	전력구조 분석/ 전술평가 및 대안분석	체계설계 검증 및 시험평가
주 대상 모의수준	임무급 이상	교전급 이상	교전급 / 공학급
모델 정확도	하	중	상
시뮬레이션 시간진행 간격 및 방법	분 단위이상 실시간	초-분 단위 가상시간	초 - 1/1000초 단위 실시간/가상시간
모델 운용 방법	단독/연동	단독/연동	단독/연동
대표적인 예	창조21, 청해, 창공, 천자봉, CBS, RESA, AWSIM, JTLS, TACSIM, JANUS, ONeSAF, K1-시뮬레이터 등	비전21, AWAM, Gcam, Storm, ITEM, TACWAR, EADSIM, MOASW 등	획득 관련 국가기관/연구소 혹은 방위사업체에서 자체 개발/보유하고 있는 모델들(예: 미사일 모델, 어뢰 모델, 전자전 모델 등)

1. 전투실험 M&S는 미래 전투발전요소(DOTMLPF)의 제안 및 검증을 목적으로 하는 획득 전단계(Pre-acquisition) 과정으로 새로운 가설 제안 및 검증을 위한 실제/가상 실험을 설계, 실시 및 분석하는 M&S 과정이다.
2. K-1 시뮬레이터와 같이 훈련용 시뮬레이터인 경우 장비의 모의수준은 공학급 이다.
3. 어떤 모델은 훈련용/분석용에 모두 사용될 수도 있다(예: ITEM, EADSIM 등).

[7-1-2]
국방 모델은 활용 관점에서 볼 때 훈련용, 분석용 및 획득용으로 나눌 수 있다. 전투실험은 획득 전단계(Pre-acquisition)로서 전투발전요소에 대한 소요제기를 목적으로 하며, 실험에는 세 가지 모델 모두 사용될 수 있다. 여기서는 세 가지 모델들에 대한 특징을 비교, 정리하였다. 훈련, 분석, 획득용 모델의 주요 목적은 각각 지휘관/참모 훈련, 전력구조 분석/전술평가 및 대안 분석, 그리고 체계설계 검증 및 시험평가 등이다. 이들의 주 대상 모의수준은 각각 임무급 이상, 교전급 이상, 교전급 및 공학급이며, 모델의 정확도는 각각 하, 중, 상이다. 또한 이들 모델의 시뮬레이션 시간진행 간격 및 방법은 각각 분 단위 이상 실시간, 초-분 단위의 가상시간, 초 − 1/1000초 단위의 실시간 또는 가상시간이다. 모델 운용은 훈련, 분석, 획득용 모두 단독모드 혹은 연동모드로 운용될 수 있다. 슬라이드에 한국군이 운용하고 있는 훈련, 분석, 획득용 모델들의 예를 제시하였다.

훈련용 모델 중 K-1시뮬레이터와 같은 장비는 시뮬레이터의 기능을 공학급 모의수준으로 표현한 후 이를 H/W와 주변기기들로 구현한 것이다. 또한 어떤 모델은 훈련용과 분석용 모두에 사용될 수 있도록 구현되어 있다. 분석용에 포함된 ITEM과 EADSIM 등은 실제로 훈련용으로도 사용되고 있다. 이들 모델들은 훈련용으로 운용할 경우 미리 정해진 시간진행 간격으로 실시간 시뮬레이션을 수행할 수 있다. 예를 들면, 주로 분석용으로 사용되는 통합 방공작전 모델인 EADSIM은 훈련용으로 사용되는 경우에 1초 간격으로 실시간 시뮬레이션이 가능하다.

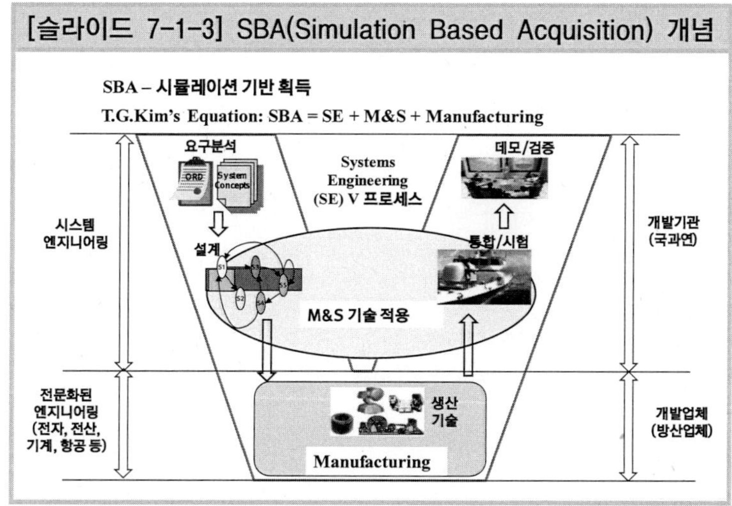

[슬라이드 7-1-3] SBA(Simulation Based Acquisition) 개념

[7-1-3]

SBA(Simulation Based Acquisition: 시뮬레이션 기반 획득)는 체계 개발 전체과정에 M&S 기술을 적용하는 기법으로 체계공학에서 유래되어 국방분야에 적용되었다. 저자는 SBA를 한 개의 방정식(Kim's Equation), 즉 SBA = SE + M&S + Manufacturing으로 정의한다. SE(System Engineering: 체계공학)는 SBA가 체계공학에서 사용하는 V(알파벳 V 모양) 프로세스를 기반으로 한다는 의미이다. M&S는 체계 설계로부터 검증/시험평가에 이르는 V 프로세스 전 과정에 M&S 기술을 적용한다는 의미이다. Manufacturing은 설계된 (부)체계를 구현/통합하고 시험하는 생산기술이다. SBA 수행 시 V 프로세스의 상위 레벨(요구분석, 설계 및 통합/시험, 데모/검증)은 시스템 엔지니어링에 해당하며 주로 개발 주관기관(국과연)이 수행하고, 하위 레벨(생산기술)은 전문화된 엔지니어링으로 개발업체(방산업체)가 수행하게 된다.

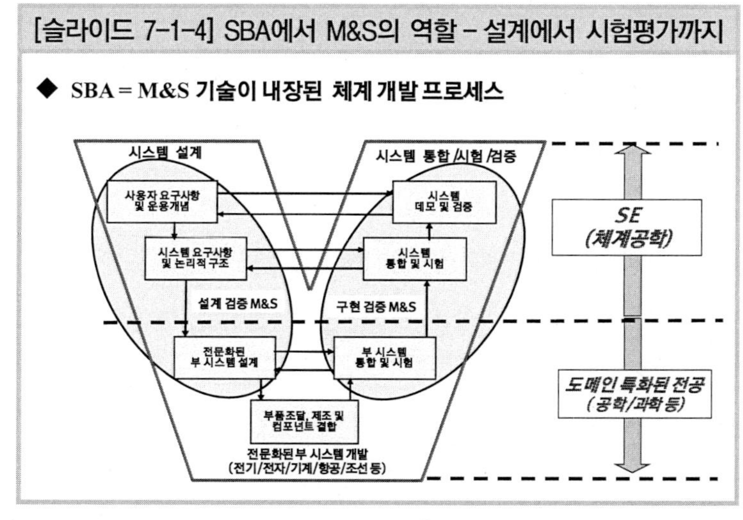

[슬라이드 7-1-4] SBA에서 M&S의 역할 – 설계에서 시험평가까지

[7-1-4]

M&S 기술은 SBA 프로세스의 시작부터 끝까지 전 과정에서 적용된다. SBA의 시작부분은 체계 설계과정으로 M&S를 적용하여 체계를 설계하고 이를 검증하게 된다. 반면, SBA의 끝부분은 구현 검증과정으로 M&S를 적용하여 구현

검증을 위한 입력 시나리오와 예상되는 출력값을 제공하게 된다. SBA 프로세스에서 설계 검증 및 구현 검증은 체계공학이 담당하며, 체계구현 부분에서는 도메인에 특화된 전기/전자/기계/항공/조선/전산 등의 전공지식이 활용된다.

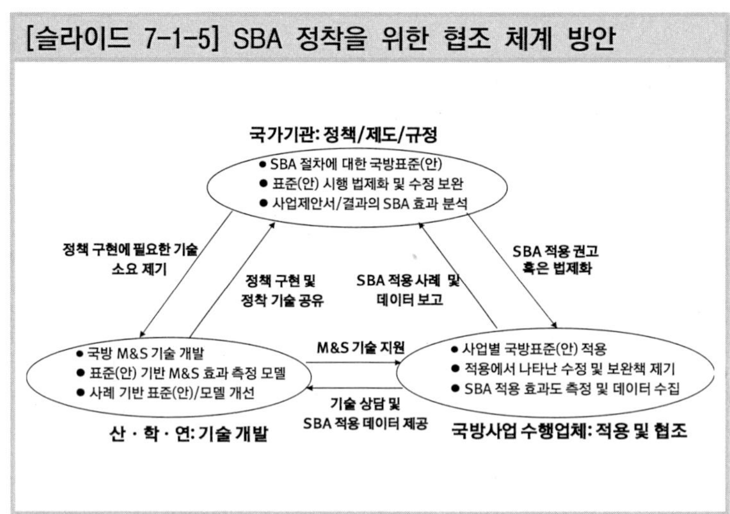

[7-1-5]

이 슬라이드는 SBA 정착을 위한 관련 기관/업체의 업무 및 협조 방안을 제시한다. 국가기관은 정책/제도/규정을 마련하고 산·학·연은 SBA 지원 기술을 개발하며 방산업체는 SBA 절차를 채택하여 적용하는 협조가 필요하다. 구체적으로, 국가기관은 SBA 절차에 대한 국방표준(안)을 마련하고 이에 대한 시행을 법제화하며 시행과정에서 나타난 문제점을 수정·보완한다. 또한, 각종 사업제안서 및 결과 평가에서 SBA 효과를 분석하여야 한다. 이러한 분석을 토대로 산·학·연에 정책 구현에 필요한 기술 소요를 제기하고 방산업체에는 SBA 적용 권고 또는 법제화를 통한 적용을 유도해야 한다.

산·학·연에서는 SBA를 지원하기 위해 국방 M&S 기술 개발, 표준(안) 기반의 M&S 효과 측정 모델 개발 및 사례를 바탕으로 표준(안)/모델의 개선을 시도해야 한다. 또한 SBA 정책 구현을 위해 개발된 기술과 정착기술을 국가기관과 공유하고 국방사업 수행업체에 M&S 기술을 지원해야 한다. 국방사업 수행업체는 사업별 SBA 국방표준(안)을 적용하고 적용 과정에서 도출된 문제점을 수정하고 보완책을 마련해야 하며 SBA 적용의 효과를 측정하는 등 결과 데이터를 수집해야 한다. 이 과정을 통해 국방사업 수행업체는 국가기관에 SBA 적용 사례를 보고하고 산·학·연으로부터 기술 상담을 받는다. 또한 SBA 적용에 따른 효과도 데이터를 모든 관련 기관과 공유해야 한다.

[슬라이드 7-1-6] SBA 프로세스에서 M&S 효과지수 측정 모델

- ◆ 1단계: 효과도 정의
  - ❖ M&S 도입에 따른 효과지수를 정의함
- ◆ 2단계: 분석 모델 개발
  - ❖ SBA 프로세스 모델링
  - ❖ SBA 프로세스상에서 각 효과지수 측정이 가능한 모델 개발
    - ● 기간(시간) 단축을 위한 모델 → 개발 프로세스의 DEVS 시뮬레이션 모델
    - ● 비용절감 모델 → 원가 분석용 해석적(방정식형) 모델
- ◆ 3단계: 모델 Calibration 및 검증
  - ❖ 기존 사례(논문 등)에서 나온 비용절감/기간단축 데이터를 이용하여 모델 구조/행위 Calibration을 통한 모델 검증
  - ❖ 산 · 학 · 연 연구실에서 개발/사업 결과 자료(기간, 비용 등) 활용
- ◆ 4단계: 검증된 모델을 사용한 효과도 측정
  - ❖ 다양한 파라미터값의 의미 있는 변화 범위에서 효과도 측정
- ◆ 5단계: 필요시 모델 재검증
  - ❖ 4단계 결과 분석
  - ❖ 분석을 토대로 모델의 신뢰도를 통계적으로 검증하고 필요시 3단계로 돌아감

[7-1-6]

SBA 프로세스에서 M&S의 역할을 정량화하기 위하여 M&S 효과를 측정하기 위한 모델이 필요하다. M&S 효과 측정 모델은 5단계로 나누어 개발하여야 한다. 1단계에서는 측정하고자 하는 효과지수를 정의해야 한다. 2단계에서는 효과지수 측정을 위한 모델이 개발되어야 한다. 개발될 모델은 SBA의 모든 프로세스를 표현해야 하며, 프로세스의 각 단계에서는 정의된 효과지수를 반영한 모델들이 실행되어야 한다. 3단계에서는 개발된 모델에 대한 조정(Calibration) 및 검증이 수행된다. 이 과정에서는 논문 등에서 발표된 기존 사례에서의 비용절감 및 시간단축 데이터를 사용한 반복적 Calibration을 통해 구현된 모델을 실증(Validation)하도록 한다. 4단계에서는 실증된 모델을 사용하여 다양한 파라미터값들의 의미 있는 변화 범위에 대하여 효과도를 측정한다. 5단계는 필요시 4단계에서 구한 데이터를 사용하여 모델을 다시 검증하고 출력을 이용한 통계적 가설검증을 실시하며 필요할 경우 3단계로 돌아가서 검증을 반복한다.

[7-1-7] SBA 과정에서 M&S 효과 측정지수 예

제시된 표는 SBA 기반의 무기체계 획득과정에서 M&S 효과를 정량화하기 위한 측정지수의 예를 보여준다. SBA 기반의 무기체계 획득 프로세스는 개념 개발 → 설계 및 분석 → 시험평가 → 생산 → 전력화 배치 및 지원에 이르는 전체 과정을 고려하고 있으며 사용된 효과지수는 비용절감, 시간단축, 품질향상 및 위험완화이다. 예시된 표는 SBA의 각 단계와 측정지수를 매트릭스 형식으로 표현하여 모든 가능한 조합에 대한 M&S의 효과를 쉽게 찾아볼 수 있다.

[슬라이드 7-1-7] SBA 과정에서 M&S 효과 측정지수 예

Acquisition Process	Metrics using M&S			
	Cost Savings	Time Savings	Quality Improvements	Risk Mitigation
Concept Development	• saved in programs that are canceled/terminated early	• saved in programs that are canceled/terminated early	• better input from users on the impact of concept design decisions	• rapid and early proof of concept prior to more detailed stages of design
Design & Analysis	• number of physical mockups or prototypes that are required • number of people required to accomplish design tasks	• time required to accomplish design tasks	• number of parts or complexity of the final design	
Test & Evaluation	• cost avoidance	• amount of testing concurrent with development	• quality and quantity of test data gathered • stimulation realism	• number of programs retained • number of safety problems resolved before human testing
Manufacturing	• reduced labor costs including fewer meetings and data submittals	• reduction in number of manufacturing process steps and time	• reduced amount of scrap and waste material • better part and assembly fit resulting in less need for rework	
Deployment & Support	• number of legacy designs, products, or tools re-used	• time to evaluate Operations and Support(O&S) costs and issues • time to analyze/create O&S requirements such as planning documents	• amount of data stored and accessed	

[출처] Sanders, Dr. Patricia, "Study on the Effectiveness of Modeling and Simulation In the Weapon System Acquisition Process", DoD Tech Report, October 1996.

[슬라이드 7-1-8] SBA를 통한 비용/시간 절감 예

Acquisition Process	Cost & Time Saving
Concept Development	• Boosted Kinetic Energy Penetrator(BKEP) - $130M • Hypervelocity Missile - $10M • Wide Area Anti-Armor Munitions(WAAM)- $30M (U.S. Air Force)
Design & Analysis	• Radar Warning System in DARPA Initiative for Concurrent Engineering(DICE) - 96 man months → 46 man months • AS400 computer development program by IBM - 2 years → 10 months • Seakeeping analysis by Naval Sea Systems Command(NAVSEA) - 27 days → 3.5 days
Test & Evaluation	• Firing Impulse Simulator(FIS) in US Army TECOM - $23M • F-16 program in AFFTC M&S facilities - $40.8M • An Analysis of the HWIL facility at Point Mugu, CA for AMRAAM testing - $2500M a year
Manufacturing	• Army's Comanche program using the Computer Aided Three-Dimensional Interactive Simulation(CATIA) - 35% reduction in time • Virtual manufacturing(VM), Redesign of the F-15E mid-fuselage airframe former at the Joint Strike Fighter(JSF) PM Office and McDonnell Douglas - $5 billion - 33% reduction in design release time, 27% reduction in cost, 19% reduction in manufacturing cycle time, 20% reduction in factory floor space use
Deployment & Support	• Electronics integration of provisioning list by Northrop - 6 months → 60 minutes • Air Force and its B2 subcontractors using CALS/Contractor Integrated Technical Information Service(CITIS) - $536M ~ $894M → $9M ~ $30M - 50% reduction in attendees at meetings, 23% reduction in modification lead time, 90% reduction in the contractor data submittals

[출처] Sanders, Dr. Patricia, "Study on the Effectiveness of Modeling and Simulation In the Weapon System Acquisition Process", DoD Tech Report, October 1996.

[7-1-8]

이 표는 앞 슬라이드에 제시된 M&S의 효과지수를 정량적으로 측정한 것으로, 비용절감 및 시간단축에 대한 수치를 보여준다. 이 표를 통해 비용 및 시간절감을 구체적으로 확인할 수 있는데, 비용절감에 관심 있는 독자들은 표 아래에 명시한 참고 보고서의 작성 시점이 1996년이라는 점을 고려하여 추정하기 바란다.

[7-1-9] M&S 기반 체계 설계 및 구현 검증

M&S를 통한 체계설계 검증과 시험평가를 통한 구현체계 검증을 몇 가지 중요한 관점에서 비교하였다. 검증 간 시간진행 방식으로 설계검증에서는 가상시간 또는 실시간을 사용할 수 있으며, 구현체계 검증에서는 실시간을 사용한다. 검증에서 이벤트를 처리하는 방법으로 설계검증에서는 이벤트 스케줄링 방식을 통해 처리되지만, 구현체계 검증에서는 인터럽트

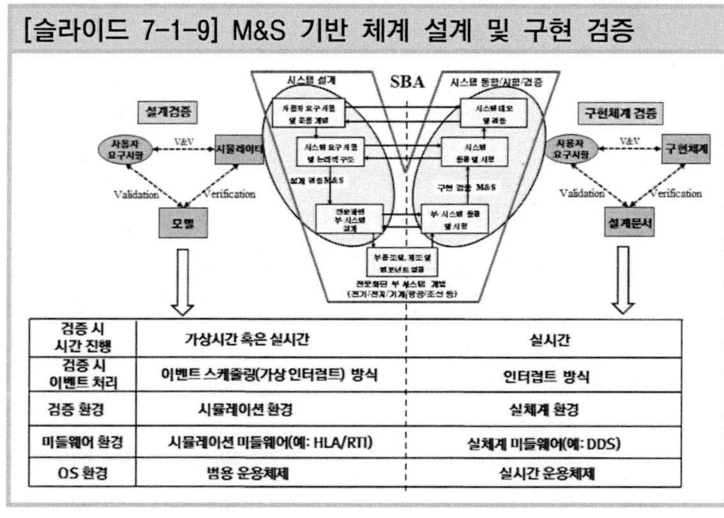

검증 시 시간 진행	가상시간 혹은 실시간	실시간
검증 시 이벤트 처리	이벤트 스케쥴링(가상 인터럽트) 방식	인터럽트 방식
검증 환경	시뮬레이션 환경	실체계 환경
미들웨어 환경	시뮬레이션 미들웨어(예: HLA/RTI)	실체계 미들웨어(예: DDS)
OS 환경	범용 운용체제	실시간 운용체제

방식을 이용하여 처리된다. 검증작업이 수행되는 환경으로 설계검증에서는 시뮬레이션 환경을 사용하며, 구현체계 검증에서는 실체계 환경이 사용된다. 미들웨어 환경으로는 설계검증에서 시뮬레이션 미들웨어가 사용되지만 구현체계 검증에서는 실체계 미들웨어가 사용된다. 운용체제(OS 환경)도 설계검증을 위한 시뮬레이션에서는 범용 운용체제가 사용되지만, 구현체계 검증의 경우는 실시간 운용체제(Real-time OS: RTOS)상에서 수행되어야 한다.

[슬라이드 7-1-10] 체계 검증(Verification)에서 M&S 역할

- ◆ 체계 검증의 종류 및 절차
  - ❖ 체계설계 검증 → 체계구현 검증
  - ❖ 부 체계 검증 → 통합 체계 검증
- ◆ 체계구현 검증을 지원하기 위한 M&S 역할
  - ❖ 역할 1: 검증 대안
    - ● 안전, 환경, 경제 등의 문제로 체계 검증이 불가능한 경우 M&S로 검증
    - ● M&S 기반 설계 검증과 동일함
  - ❖ 역할 2: 검증자료 제공
    - ● 부 체계 검증: 검증용 입력자료(문제 출제) 및 예상 출력(답안지 제공) 제공
    - ● 통합 체계 검증: 검증용 시나리오(운용 시나리오) 및 예상 결과 제공
  - ❖ 역할 3: 검증환경 제공
    - ● 부 체계 모델: 검증 대상 체계를 제외한 다른 부 체계들의 모델 제공
    - ● 운용환경 모델: 대상 통합 체계의 운용환경을 모의하는 모델 제공
- ◆ 검증 대상 체계의 국방 모델 모의수준
  - ❖ 공학급
  - ❖ 교전급

[7-1-10]

체계 검증은 체계설계 검증에서 체계구현 검증까지를 포함하며, 부 체계 검증을 거쳐 통합 체계 검증을 하게 된다. 체계구현 검증을 지원하기 위한 M&S의 역할은 개발시험평가에서의 M&S 역할과 동일하여 검증대안, 검증자료 및 검증환경을 제공할 수 있으며 주로 공학급과 교전급 모의수준 모델들이 사용된다.

[7-1-11] M&S 모델과 실체계 컴포넌트의 I/F

체계 검증을 위해서는 M&S 모델들과 실체계 컴포넌트들이 결합된 상태에서 검증이 이루어져

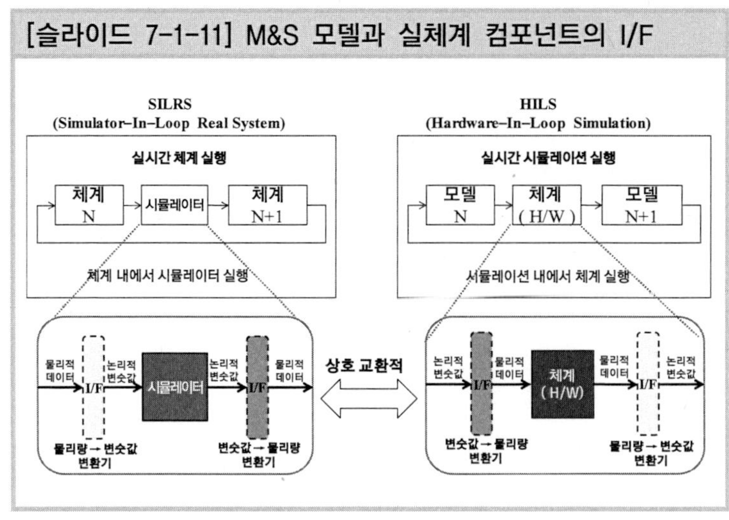

야 한다. 실체계를 실행하는 과정에서 M&S 모델들이 포함되는 경우를 SILRS(Simulator-In-the-Loop Real System)라고 정의하고, 시뮬레이션을 실행하는 과정에서 검증 대상 실체계가 포함되는 경우를 HILS(Hardware-In-the-Loop Simulation)라고 정의한다. SILRS와 HILS에서는 실체계 컴포넌트와 시뮬레이션 모델들 사이에 인터페이스가 중요하게 된다.

실체계 실행환경 내에 시뮬레이터가 참여하는 경우는 왼쪽 아래의 그림에서와 같이 실체계의 물리량을 시뮬레이션 모델의 변숫값으로 변환하는 인터페이스와, 시뮬레이션 모델의 변숫값을 실체계의 물리량으로 변환하는 인터페이스가 필요하다. 마찬가지로, 시뮬레이션 실행환경 내에 실체계가 참여하는 경우는 오른쪽 아래의 그림에서와 같이 시뮬레이션 모델의 변숫값을 실체계의 물리량으로 변환하는 인터페이스와, 실체계의 물리량을 시뮬레이션 모델의 변숫값으로 변환하는 인터페이스가 필요하다. M&S 기반의 체계 검증에서는 SILRS와 HILS가 상호 교환적으로 사용될 수 있어야 한다.

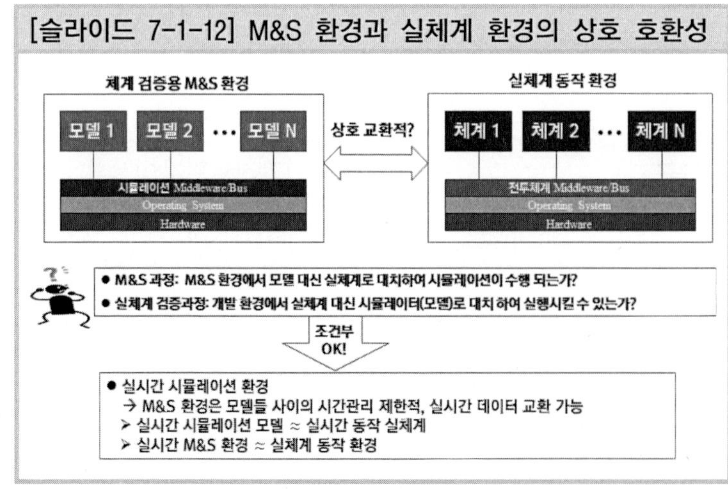

[7-1-12]

체계 검증에서 M&S 환경과 실체계 환경은 상호 교환이 가능하도록 호환성이 확인되어야 한다. 즉, M&S 환경에서 모델을 실체계로 대치하여 시뮬레이션 수행이 가능한지, 반대로 실체계 환경에서 실체계를 시뮬레이터로 대치하여 체계 실행이 가능한지 확인해야 한다. 엄격한 실시간(Hard Real-time) 시뮬레이션이 보장된다는 전제하에 이들은 상호 호환적으로 사용될 수 있다. 이 경우에 실시간 M&S 환경과 실체계의 동작 환경이 일치하게 되어 시뮬레이션 모델과 실체계의 동작이 동일하게 된다.

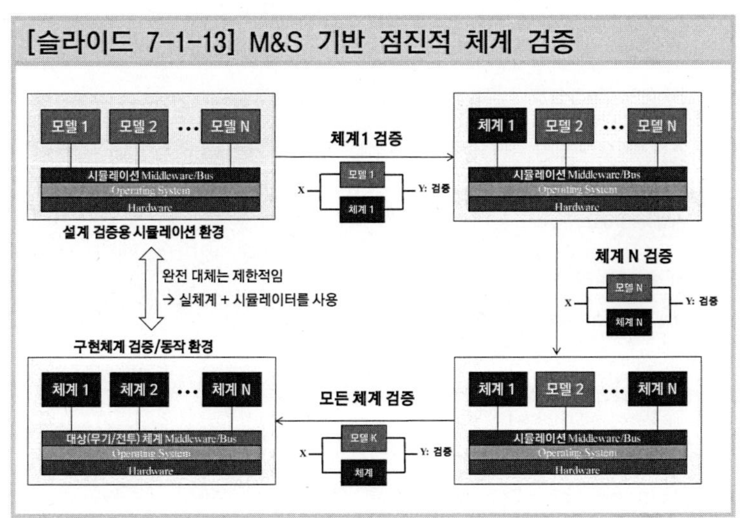

[7-1-13]

M&S 환경에서 점진적으로 체계 검증을 수행하는 개념을 제시하였다. 여기서, 점진적(Incremental)이라는 용어는 검증대상 체계를 여러 개의 부 체계 단위로 분리하고, 하나의 부 체계를 먼저 검증한 후에 검증된 부 체계와 검증 대상 부 체계를 결합하여 다시 검증하는 과정을 반복한다는 뜻이다. 먼저, 설계 검증을 위한 시뮬레이션 환경은 시뮬레이션 미들웨어상에 독립적인 시뮬레이터들을 연동하여 시뮬레이션을 실행하는 방법으로 모델들을 검증하게 된다. 검증이 완료되면 모델 1을 실체계 1로 대체하고 동일한 연동 시뮬레이션 환경에서 체계 1을 검증하게 된다. 연동 시뮬레이션을 이용하는 이러한 검증과정은 모든 모델들이 실체계로 대치되어 검증이 완료될 때까지 진행된다. 연동 시뮬레이션을 통해 모든 체계들의 검증이 완료되면 시뮬레이션 미들웨어는 대상 체계의 통신 미들웨어로 대체되어 다시 체계 검증을 실시하게 된다.

7.2 전투실험

[슬라이드 7-2-1] 전투실험 개요

◆ **정의(미군)**
  ❖ 미래 운용능력(FOC: Future Operation Capability)을 결정짓는 신기술, 미래 무기체계, 신교리 및 조직에 대한 개념을 합리적, 과학적, 경제적으로 검증하는 과정

◆ **목적**
  ❖ 미래 전투발전 요소(DOEMPF) 변화에 대한 가능성 검토
  ❖ 미래전 수행에 필요한 전투발전 요소별 소요 창출
  ❖ 미래전 수행과 관련된 문제점 분석 및 해결방안 제시

◆ **역할**
  ❖ 미래지향적 전쟁 개념/비전 → 새로운 요구능력 식별 → 소요 결정
  ❖ 획득을 결정하기 위한 전단계(Pre-acquisition)

[비교] 실험 vs. 시험
- 실험: 정답을 모르는 상태에서 정답을 가정하고 가정을 실험적으로 검증
- 시험(Test = Validation + Verification): 문제(평가항목)와 정답(평가결과)이 미리 정해져 있음
  ❖ 개발된 실제 시스템이 소요 제기된 시스템의 동작과 요구 성능(ROC: Required Operational Capability)을 만족하는지를 확인하는 절차 → 양산/전력화 여부 결정 수단

[7-2-1]
전투실험은 군의 미래 운용능력을 결정짓는 신기술, 무기체계, 신교리 및 조직에 대한 개념을 검증하는 과정이다. 전투실험의 목적은 미래 전투발전 요소 변화에 대한 가능성 검토, 미래전 수행에 필요한 전투발전요소별 소요 창출, 그리고 미래전 수행과 관련된 문제점 분석 및 해결방안을 제시하는 것이다. 전투실험의 역할은 미래지향적 전쟁개념/비전으로부터 새로운 요구능력을 식별하여 소요를 결정하는 것이다. 전투실험에서 "실험"은 정답을 모르는 상태에서 가설을 설정한 후 가설을 검증하는 과정이며, 시험평가에서 "시험"은 정답이 정해진 상태에서 정답을 확인하는 과정이다.

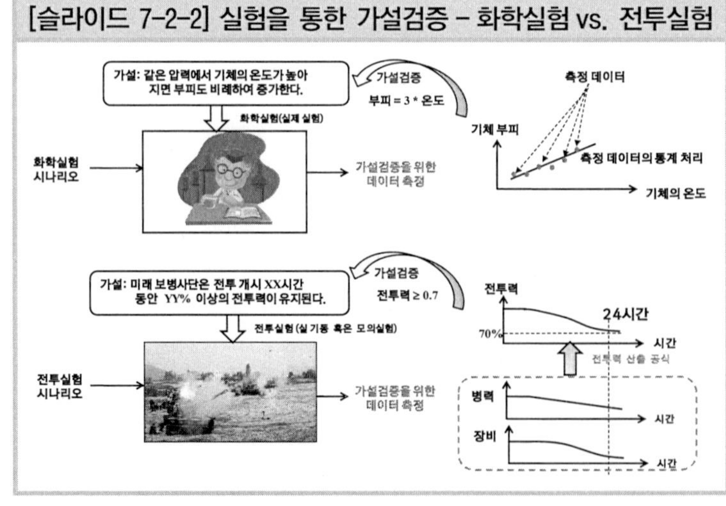

[7-2-2]
전투실험은 하나의 "실험"으로 화학실험 등 일반적인 과학실험과 동일한 절차로 수행된다. 화학실험에서는 먼저 검증하고자 하는 가설을 설정하고, 다음으로 실험을 통하여 가설검증을 위한 데이터를 수집한 후 이를 토대로 가설을

검증하게 된다. 예를 들면, 기체의 부피와 온도의 관계를 가설(예: 같은 압력에서 기체의 온도가 높아지면 부피도 비례하여 증가한다)로 설정하고 실험을 통하여 온도를 변화시키면서 부피를 측정한 후 이 값들에 기초하여 설정된 가설을 검증한다. 마찬가지로, 전투실험에서도 전투력에 대한 가설(예: 미래 보병사단의 전투력은 전투 개시 XX시간 동안 YY% 이상 유지된다)을 설정한 후 전투실험을 통하여 병력, 장비 등의 감소율을 측정하여 전투력을 산정함으로써 가설을 검증하게 된다.

[슬라이드 7-2-3] 전투실험의 필연성

- ◆ 환경적 요구
  - ❖ 국방 개혁 2020
  - ❖ NCW 기반 미래전 대비 전투발전요소 혁신
    - ● 합리적, 과학적 소요 제기 및 ROC 검증
      (현 기술에서 동급 최대성능을 ROC로 제시하는 관행 지양 요망)
- ◆ 제도적 요구
  - ❖ *국방전력발전업무규정 제27조*(신규전력소요 요청 · 제기 및 결정)
    - ● "중기 전력을 소요 요청할 때에는 과학적이고 합리적인 소요 검증을 위해 비용 대 효과 분석, 전투실험 및 특정연구 결과 등을 첨부하는 것을 원칙으로 하고, 장기 전력 소요 요청 시에는 필요시 첨부하여 제출한다"
  - ❖ *국방전력발전업무규정 제30조*(중기 전력 소요 요청)
    - ● 전력 소요 요청서의 한 항목으로 전투실험의 결과를 과학적 분석 및 검증결과로서 제출토록 규정함
- ◆ 기술적 요구
  - ❖ 전장환경이 플랫폼 중심전에서 네트워크 중심전(NCW)으로 천이
  - ❖ 신기술의 급속한 발전에 따라 이들 기술의 군 도입 검토 필요

[7-2-3]

전투실험의 필연성은 환경적 요구, 제도적 요구 및 기술적 요구에 기인한다. 환경적 요구로서 국방 개혁과 NCW 기반의 미래전에 대비하기 위해 전투발전요소의 혁신이 필수적으로 요구된다. 제도적으로는 국방전력발전업무규정에서 소요 요청 시 소요에 대해 과학적으로 검증한 전투실험 결과를 제출하도록 규정하고 있다. 기술적 요구로는 전장환경이 플랫폼 중심에서 네트워크 중심으로 전환됨에 따라 급속히 발전하고 있는 정보통신기술 등 민간 신기술을 군에 도입하여 전력화가 가능한지를 검토하는 것이 필요하다.

[7-2-4] 전투실험 종류 및 형태

전투실험은 실험의 목적에 따라 다양한 종류와 다양한 형태로 실시될 수 있다. 전투실험의 종류에는 연구분석, M&S, 야전실험 및 기술시범 등이 있으며 목적에 따라 여러 가지 형태로 수행될 수 있다. 이들을 정리하면 표에서 보여주는 것과 같다. M&S 기반의 전투실험은 모의실험을 통해 개념/제안사항을 검증하는 것으로 안전성, 경제성, 유연성 등의 측면에서 다른 방법에 비해 효율적이다.

[슬라이드 7-2-4] 전투실험 종류 및 형태

전투실험 종류	연구분석	M&S (모델링/시뮬레이션)	야전실험	기술시범
목적	미래지향적 전투발전 요소 개념 탐색	모의실험을 통한 개념/제안사항 검증	M&S와 상호 보완적 실제 실험 전술 실험 및 기술 실험	민·군 신기술의 군 전력화 가능성 탐색
형태	• 사례 및 문헌 조사/연구 • 전문 세미나 • 그룹 워크숍	• 워 게임 (Constructive) • 시뮬레이터(Virtual) • 실 기동(Live) • 공학급 모델링/시뮬레이션	• 작전/전술 개념 실험 • 첨단 전투 수행 실험 • 합동 전투 수행 실험 • 전장기능 /공학 실험	• 기술 시범 • 첨단 기술 시범 • 첨단 개념 기술 시범 • 상호 운용성 기술 시범

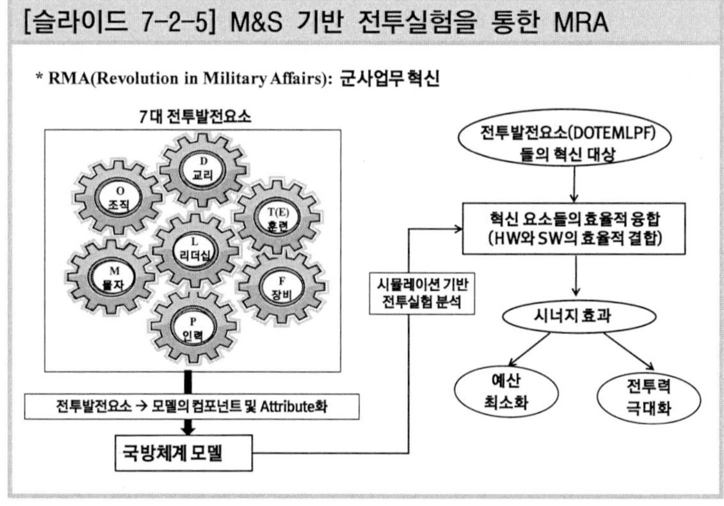

[7-2-5]
M&S 기반의 전투실험은 M&S를 통하여 현재의 군사업무를 분석하고 미래의 혁신안을 검증 및 제안하는 수단으로 사용될 수 있다. 이를 위해, 먼저 7대 전투발전요소(조직, 교리, 물자, 인력, 장비, 리더십, 훈련)들을 모델의 컴포넌트와 속성변수(Attribute)에 반영하여 국방체계 모델을 개발한다. 다음으로, 국방체계 모델을 활용한 시뮬레이션 전투실험을 통하여 전투발전요소들의 혁신방안과 융합적 시너지 효과를 탐색하여 최소의 예산으로 최대의 전투력을 달성하게 한다.

[7-2-6] M&S 기반 전투실험의 이론적 기반

전투실험은 군사과학, 통계학, 과학/공학 분야의 지식들을 융합하여 계획되고 실행된다. 군사과학 분야의 지식에는 국방체계 운용 및 분석을 위한 군사 운용분석(OR) 및 국방

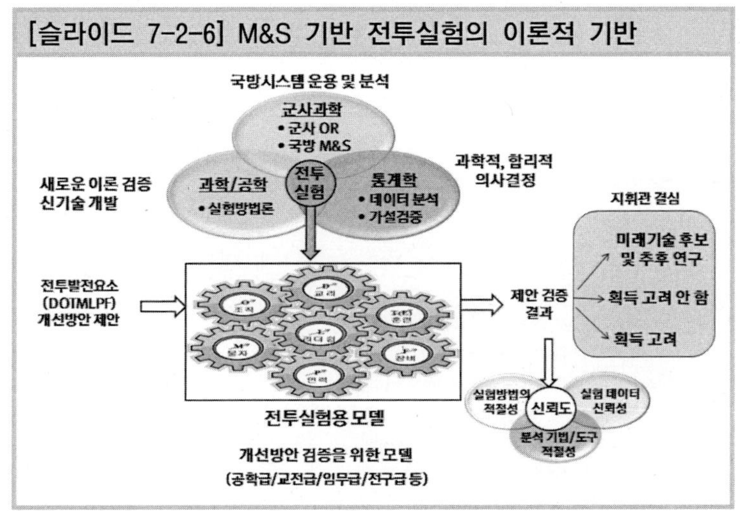

M&S 기술이 포함된다. 통계학 분야의 지식은 과학적, 합리적 의사결정을 위한 데이터 분석 및 가설검증법을 포함하며, 과학/공학 분야에는 새로운 이론/신기술 개발을 위한 실험방법론 등이 포함된다.

전투실험용 모델은 전투발전요소에 대한 개선방안을 제안하고 검증하기 위한 것으로 실험결과의 신뢰도는 실험방법의 적절성, 실험 데이터의 신뢰성 및 분석 기법/도구의 적절성 정도에 따라 결정된다. 전투발전 소요를 포함하는 전투실험 결과는 지휘관에게 보고되어야 하며, 지휘관은 3가지 방향, 즉 (1)전투발전 소요는 미래기술의 후보로서 추후 연구가 필요함; (2)전투발전 소요를 현 상태에서 획득 대상으로 고려하지 않음; 또는 (3)현 상태에서 획득 대상으로 고려함을 결정하게 된다.

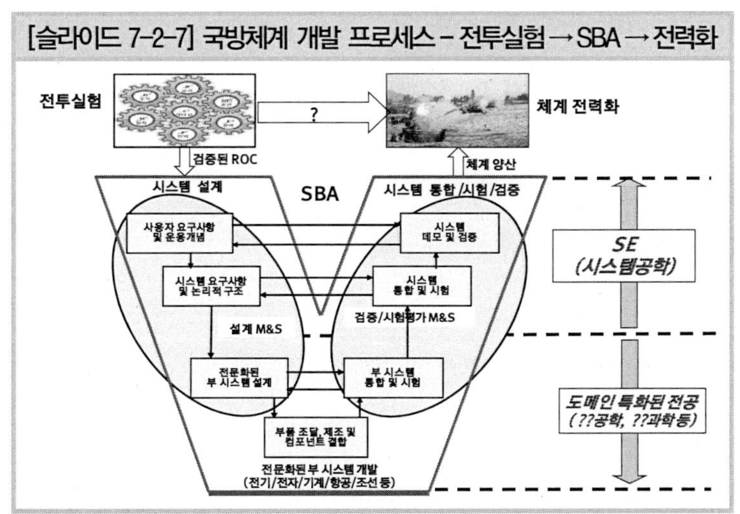

[7-2-7]

전투실험은 전력화 대상 체계의 요구운용능력(ROC: Required Operational Capability)을 검증하는 수단으로 사용될 수 있다. 검증된 ROC는 시뮬레이션 기반 획득(SBA: Simulation Based Acquisition) 과정에서 체계검증 및 시험평가를 거쳐 전력화된다. SBA에서 M&S 기술은 체계설계, 검증 및 시험평가의 도구로 사용된다. SBA과정을 나타내는 차트에서 반쪽 윗부분은 시스템공학 분야로서 체계설계 및 검증/시험평가를 담당하고, 아래쪽 부분은 도메인에 특화된 전공(예: 기계, 항공, 조선, 전기, 전자, 전산 등) 분야로서 전문화된 체계 및 부 체계를 개발하게 된다.

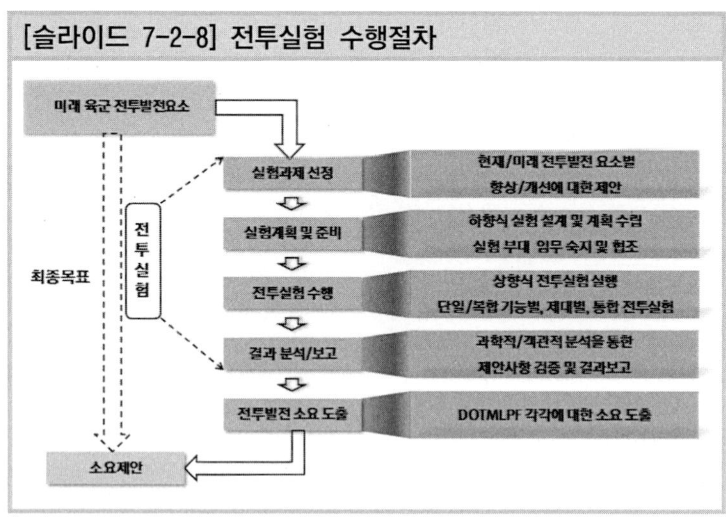

[7-2-8]

전투실험은 현재와 미래에 대한 전투발전요소별 향상/개선 사항을 제안하고 실험을 통해 검증함으로써 소요제안을 도출하는 것을 목적으로 한다. 과학/공학 실험이 과학/공학 분야의 새로운 이론/기술을 실험적으로 탐구하는 것이라면, 전투실험은 국방체계에 대한 새로운 이론/기술을 실험적으로 탐구하는 것이다. 따라서 전투실험 수행절차는 과학/공학 실험 수행절차와 유사하거나 동일하게 이루어지며, 전투실험을 위한 실험설계에도 과학/공학의 실험설계법을 그대로 적용하게 된다. 전투실험 수행절차는 실험과제 선정에서부터 전투발전 소요도출 순으로 진행되며 전 과정에 대한 단계별 업무를 그림에 도시하였다.

[슬라이드 7-2-9] 전투실험을 통한 전투발전요소 분석대상 예

전투발전요소	교리 (D)	조직/인력 (O/P)	교육훈련 (T)	무기/장비 (F)	자원관리 (M)
분석 내용	• 유동적 미래 전장환경에 대응하는 교리 대안 분석 • 무인 무기체계 전력화에 따른 교리 대안 분석	• 전장 상황에 대처하는 가변적 부대 편성에 따른 무기/장비 소요 분석 • 부대 구조변경에 따른 예산 반영 시 비용 대 효과분석	• 미래 부대 훈련평가를 위한 평가지침 대안 분석 • 미래 학교 교육 내용 및 교육계획에 대한 요구 분석 및 소요 분석	• 첨단 과학기술 발전 추세를 고려한 미래 무기체계 예측을 기반으로 한 전력분석 • 미래 병사를 위한 가상현실/증강현실 기술이 적용된 장비 소요분석	• IoT 기반 종합 군수 자원 관리체계 구축을 위한 소요 분석 • 첨단장비의 유지 보수 주기 및 보수 방법 대안 분석

[7-2-9]

전투실험을 통해 향상/개선될 수 있는 전투발전요소별 분석과제(목적)의 예를 표에 정리하였다.

[슬라이드 7-2-10] 전투실험 설계를 위한 템플릿 예

		실험소	협조부대 및 기관	전투실험 목적 / 전투 과제명	실험수단	D	O	E	M	P	F
6대 전장기능	정보				M&S / 기술실험	●		●			
	지휘통제				실기동부대실험 / 기술실험		●	●		●	
	화력				실기동부대실험 / M&S	●		●	●		
	기동				실기동부대실험	●			●		
	방호				실기동부대실험 / M&S	●		●	●		
	전투근무지원				M&S		●	●		●	

(D, O, E, M, P, F: 전투발전요소)

[7-2-10]
전투실험 설계에서는 정확한 실험목적 설정과 함께 설정된 목적이 전투발전요소의 어떤 부분과 관련되는 실험인지를 명확히 식별해야 한다. 효율적인 전투실험 설계를 위해서 여러 가지 형태의 설계 템플릿을 생각할 수 있지만 저자는 슬라이드에서와 같은 템플릿을 제안한다. 이것은 실제의 전투실험 설계에 이미 적용하기도 했다. 전투실험을 상향식으로 수행하는 것을 가정하여 실험종류를 6대 전장기능별로 분류하고 실험수행을 위한 실험소(또는 실험처)와 협조부대 및 기관을 명시하게 하였다. 또한 전투실험의 목적과 과제명을 기술하고 실험수단을 명시하도록 했다. 마지막으로 가장 중요한 것은 실험의 목적 및 내용이 전투발전요소 중 어느 것과 관련이 있는지를 명시적으로 기술하게 하였다.

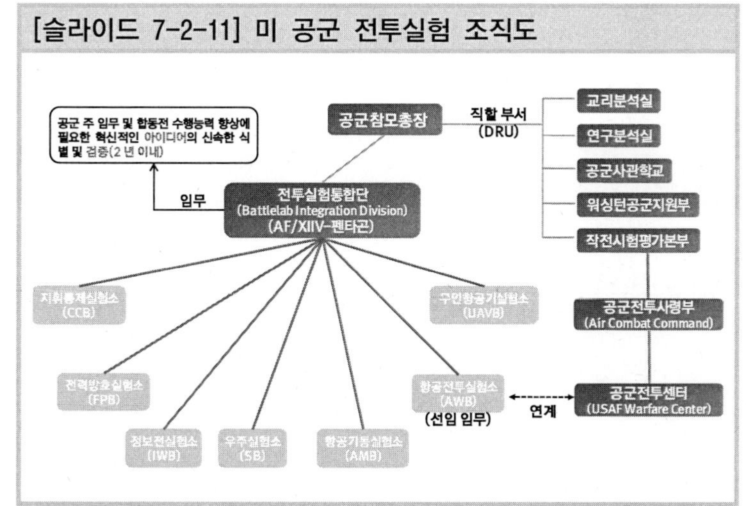

[7-2-11]
그림에는 미 공군의 전투실험 조직도를 제시하였다. 공군참모총장 직속의 전투실험 통합단의 주 임무는 미 공군의 주 임무 및 합동전 수행능력 향상에 필요한 혁신적인 아이디어를 신속히 식별하고 검증하는(2년 이내) 것이다. 실험소는 공군전투센터와 연계된 항공전투실험소를 선임으로 하여 총 7개의 전투실험소로 구성되어

있으며, 참모총장 직할 부서인 교리분석실, 연구분석실, 공군사관학교, 워싱턴공군지원부 및 작전시험평가본부 등이 협조와 지원을 하고 있다.

[7-2-12]

이 슬라이드에는 미 공군 전투실험소의 위치, 현황 및 임무를 요약하였다. 실험소 구성원은 혁신적인 아이디어를 창출하고, 계획하여 이끌어 갈 수 있는 소수 정예의 전문가로 편성되어 있다. 각 실험소의 임무를 슬라이드에 간략하게 기술하였다.

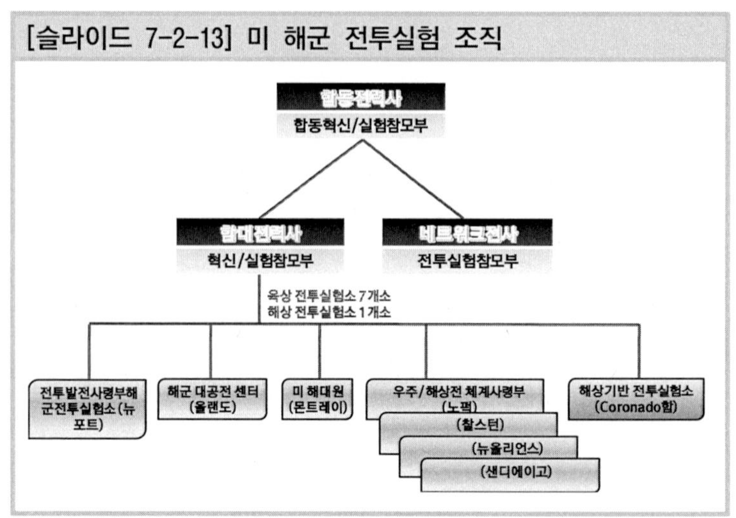

[7-2-13]

미 해군의 전투실험 조직은 함대전력사 예하의 혁신/실험참모부에 의해 통제되며 총 8개의 전투실험소로 구성된다. 7개의 지상 전투실험소와 1개의 해상 전투실험소로 나누어져 있는데, 각 실험소의 이름은 도표를 참고하기 바란다.

[7-2-14]
이 슬라이드에는 미 해군 전투실험소의 위치, 현황 및 임무를 요약하였다.

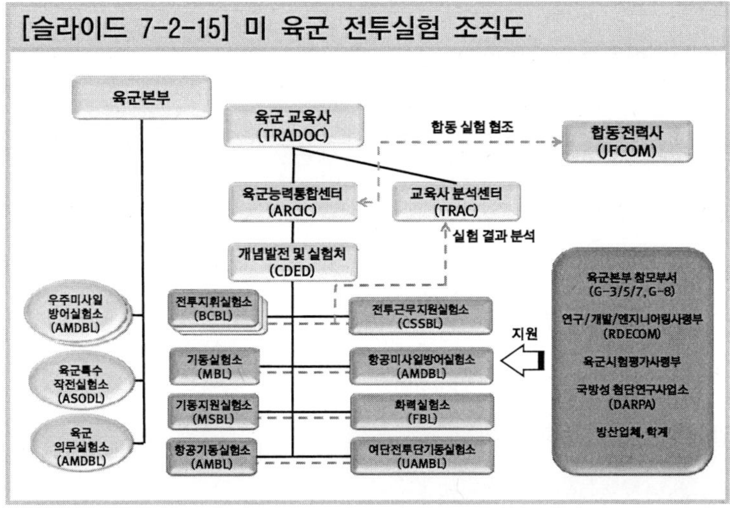

[7-2-15]
미 육군의 전투실험 조직도는 슬라이드에서 보여주는 것과 같다. 육군능력통합센터(2006년까지는 교육사 미래센터였음)는 과거의 미래센터 업무에 추가하여 미 육군의 현재 및 미래 전투발전을 위한 소요를 통합하는 임무를 수행한다. 육군능력통합센터는 합동전력사와 협조하여 합동개념 발전 및 실험을 통합하는 주무 역할을 한다. 육군능력통합센터는 개념발전 및 실험처를 비롯하여 6개의 처 조직으로 구성되어 있으며, 전투실험과 관련된 주무업무를 수행하는 부서는 개념발전 및 실험처(CDED)이다.

2007년 현재 미 육군 교육사 예하에는 10개(주 8개, 보조 2개)의 전투실험소를 운영하고 있으며 2013년부터는 전투지휘전투실험소, 기동전투실험소, 화력전투실험소, 기동지원전투실험소, 기동지속전투실험소 등 5개소로 통합하여 운영할 계획이다. 이외에도 육군본부에서 직접 통제하는 4개의 전투실험소가 있다. 교육사 분석센터는 전투실험과 관련해서 데이터베이스 관리와 시나리오 발전, 시뮬레이션, 분석결과 확인을 지원하며, 육군의 개념발전 및 실험계획에 따라 실시되는 교육사의 주요 전투실험 결과에 대한 분석업무를 수행한다. 이외에도 여러 관련 기관, 업계, 학계 등이 미 육군의 전투실험 활동을 지원하고 있다.

[슬라이드 7-2-16] 미 육군 전투실험 조직 세부 임무

구분	임 무
미 육군 교육사 (TRADOC)	•미 육군의 현행 임무수행 지원과 미래 육군 건설자로서 군사변혁 추진 등 임무를 수행하며 전투실험과 관련 총괄적인 권한과 책임을 갖고 업무를 통제함
육군능력통합센터 (ARCIC)	•미 육군의 현재 및 미래 전투발전을 위한 소요 통합
G2 (Intelligence)	•합동 및 육군 개념발전, 전투실험 및 소요결정과 관련하여 현행 및 미래 작전환경 연구 발전
교육사 분석센터 (TRAC)	•교육사의 주무분석기관 •육군 주요 실험에 대한 분석업무와 교육사의 개념발전 관련 미래 육군 개념, 개념능력 계획에 대한 분석과 미래군 작전과 관련된 시나리오 발전 •전투실험 관련 DB 관리 및 전투실험 결과 분석업무 수행
개념발전 및 실험처 (CDED)	•개념발전 및 전투실험 관련 주무업무 수행

[7-2-16]
미 육군의 전투실험 관련 주요조직에서 수행하는 세부 임무는 표에서 보여주는 것과 같다.

[7-2-17]
미 육군 전투실험소의 위치, 현황 및 임무를 슬라이드에 정리하였다.

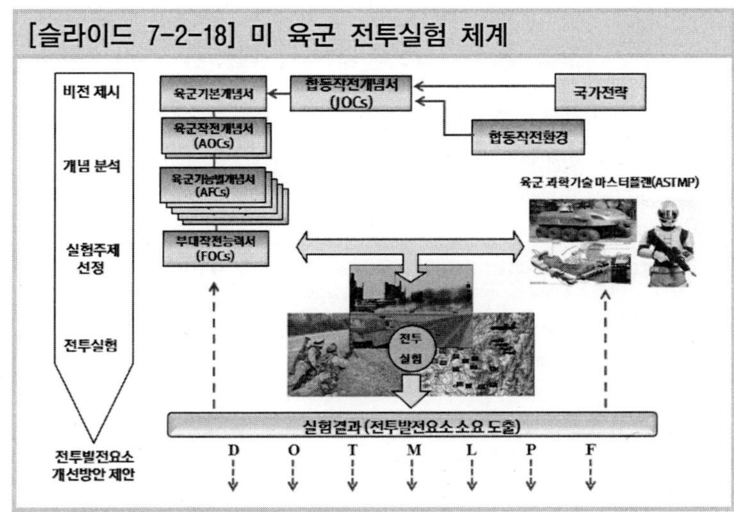

[7-2-18]

합동작전개념서와 육군기본개념서는 각각 합동전력사령부와 육군본부에서 미래의 작전개념을 발전시킨 문서에 해당된다. 실험주제 선정단계에서 고려되는 부대작전능력서(Force Operating Capabilities)는 미래의 작전환경에서 육군이 수행하게 될 특정한 임무, 기능, 작전형태에서 요구되는 능력을 구체적으로 기술한 것으로서, 개념을 검증하고 발전시키기 위한 전투실험의 기초자료로 제공되는 것이다. 육군 과학기술 마스터플랜(Army Science & Technology Master Plan)은 과학기술 측면에서 "어디까지가 가능한 영역인가?"라는 도전적 차원에서 미 육군이 무엇을 이루었으며, 무엇을 할 것인가를 종합한 계획이다. 이것은 육군의 비전을 성취하는 데 필요한 과학기술 투자를 식별하는 것으로 단기, 중기 및 장기 계획으로 구분되어 추진된다.

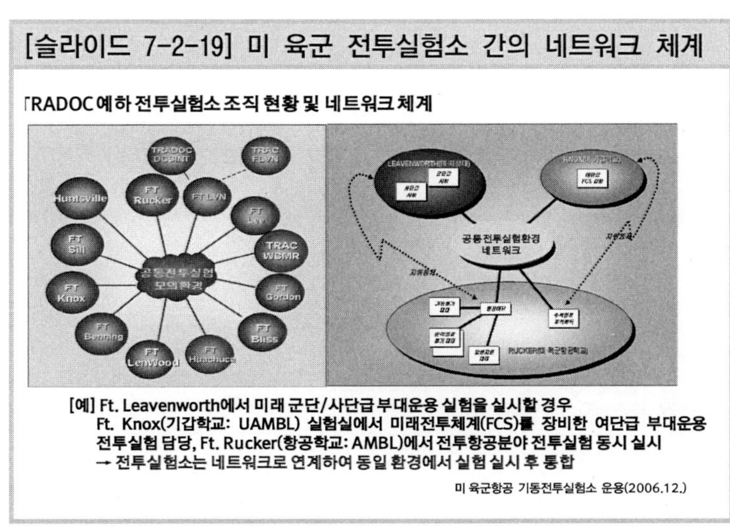

[7-2-19]

미 육군 전투실험소들은 네트워크 체계를 갖추어 각 전투실험소의 개별 전투실험을 통합하여 운영할 수 있다. 특히 제병협동작전을 위한 전투실험을 지원하기 위하여 각 전투실험소는 공통 전투실험 모의환경을 구비하고 공통 네트워크로 접속하여 동시에 여러 실험소가 참여하는 실험을 진행할 수 있다. 예를 들면, Ft. Leavenworth에서 미래군단/사단급 부대 운용실험을 실시할 경우, Ft. Knox의 기갑학교 여단전투단 기동실험소(UAMBL: 미래전투체계(FCS)를 장비한 여단급 부대운용 전투실험 담당)와 Ft. Rucker의 항공기동실험소(AMBL: 항공분야 전투실험) 담당 등이 네트워크로 연계하여 동일한 실험환경에서 전투실험을 실시한 후 결과를 통합하는 과정을 거친다.

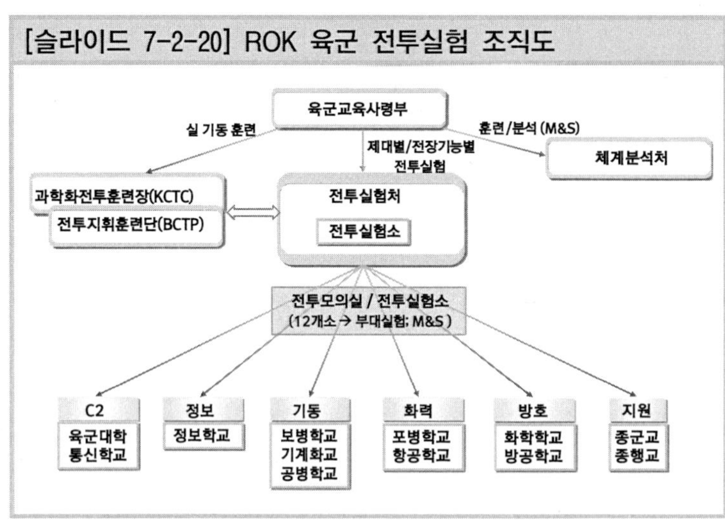

[슬라이드 7-2-20] ROK 육군 전투실험 조직도
육군교육사령부
실 기동 훈련
훈련/분석 (M&S)
제대별/전장기능별
전투실험
체계분석처
과학화전투훈련장(KCTC)
전투지휘훈련단(BCTP)
전투실험처
전투실험소
전투모의실 / 전투실험소
(12개소 → 부대실험: M&S)
C2
육군대학
통신학교
정보
정보학교
기동
보병학교
기계화교
공병학교
화력
포병학교
항공학교
방호
화학학교
방공학교
지원
종군교
종행교

[7-2-20]
대한민국 육군은 1999년 2월부로 미 육군의 전투실험소를 벤치마킹한 전투실험 조직을 잠정 편성한 이래 교육사령부에 전투실험처 및 6대 전장기능별 전투실험소를 12개 병과학교에 설치하여 운용하고 있다. 육군 교육사의 전투실험 조직을 그림으로 요약하였다.

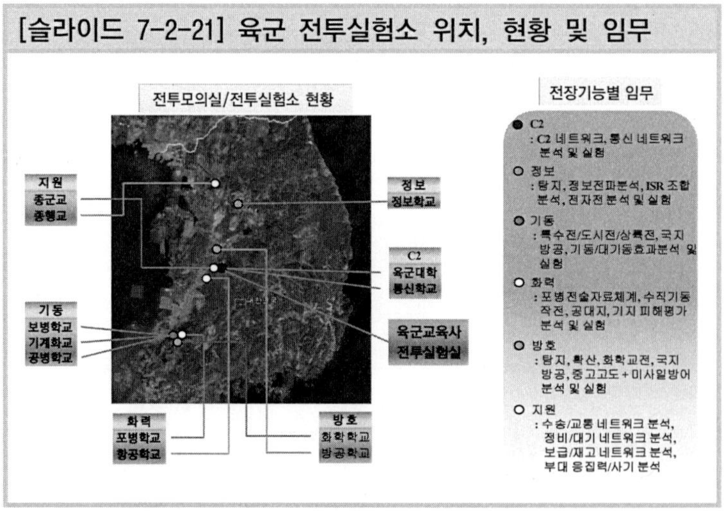

[슬라이드 7-2-21] 육군 전투실험소 위치, 현황 및 임무
전투모의실/전투실험소 현황
지원
종군교
종행교
정보
정보학교
C2
육군대학
통신학교
기동
보병학교
기계화교
공병학교
육군교육사
전투실험실
화력
포병학교
항공학교
방호
화학학교
방공학교
전장기능별 임무
C2
: C2 네트워크, 통신 네트워크 분석 및 실험
정보
: 탐지, 정보전파분석, ISR 조합 분석, 전자전 분석 및 실험
기동
: 특수전/도시전/상륙전, 국지 방공, 기동/대기동효과분석 및 실험
화력
: 포병전술자료체계, 수직기동 작전, 공대지, 기지 피해평가 분석 및 실험
방호
: 탐지, 확산, 화학교전, 국지 방공, 중고고도 + 미사일방어 분석 및 실험
지원
: 수송/교통 네트워크 분석, 정비/대기 네트워크 분석, 보급/재고 네트워크 분석, 부대 응집력/사기 분석

[7-2-21]
대한민국 육군의 전투실험소 위치, 현황 및 임무는 슬라이드에서 보여주는 것과 같다.

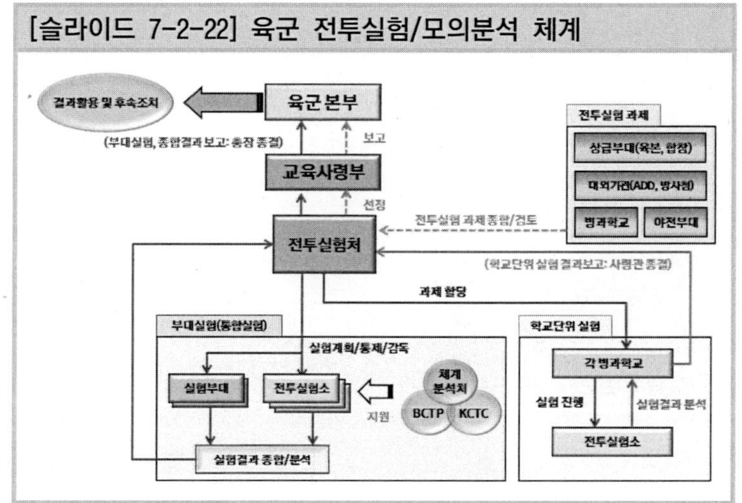

[7-2-22]
대한민국 육군의 전투실험 및 모의분석 체계를 간단하게 정리하면 슬라이드의 그림과 같다. 육군교육사 예하의 전투실험처는 매년 상급부대, 대외기관, 각 병과학교 및 야전부대 등으로부터 받은 전투실험 소요를 종합하여 대상과제 목록을 선정한 후 육군본부에 보고한다. 전투실험 과제는 단일기능 및 병과학교에 의해 진행되는 학교단위 실험과 여러 전장기능이 통합되어 다수의 실험부대와 전투실험소가 참여해야 하는 부대실험(통합실험)으로 구분된다. 기능 및 학교단위 실험의 경우는 관련 병과학교에 해당 과제를 할당해 주고 실험결과는 각 병과학교장이 교육사령관에게 보고 후 종결하도록 하고 있다.

부대실험 및 통합실험은 전투실험처가 직접 실험계획을 작성하고 교육사 예하 전투지휘훈련단, 과학화훈련장, 체계분석처 등의 지원을 받아 실험부대와 실험에 참여하는 전투실험소들을 조정 및 통제하며, 실험결과를 종합 및 분석하여 최종적으로 육군참모총장에게 보고한다. 전투실험 결과로서 전투발전 소요가 도출되면 관련 자료를 소요제기부서 또는 전력발전부서에 전달하여 전투발전요소 개선방안을 제안하며, 추가 실험이 필요할 것으로 판단된 과제는 추후 실험에 반영시켜 재실험이 가능하도록 하고 있다.

[7-2-23] 육군 전투실험 사례

2008년부터 2009년 사이에 수행된 대한민국 육군의 전투실험 사례를 예시하였다. 전장기능별 임무의 전투발전요소에 미치는 영향(●로 표시)은 [슬라이드 6-2-10]에서 제시한 템플릿의 사용 예를 보여주기 위해 가상으로 식별하여 지정한 것이다.

[슬라이드 7-2-23] 육군 전투실험 사례

		실험소	협조부대 및 기관	전장기능별 임무 전투실험 과제수행 예(2008 ~ 2009년)	실험 수단	전투발전요소 D	O	E	M	P	F
6대 전장 기능	정보	정보학교	BCTP ADD KCTC KIDA 방산업체 대학교 야전부대	**탐지, 정보전파 분석, ISR 조합 분석, 전자전 분석 및 실험** • 전술용 UAV 작전운용성능 및 소요량 검증 • 신호감청장비(HRMS-2000) 성능 검증	M&S / 기술 실험	●		●			
	지휘 통제	육군대학 정통교		**C2네트워크, 통신네트워크 분석 및 실험** • 미래 항토사단 사단 및 연대 지휘소 편성 적절성 검증 • 휴대형 전술 컴퓨터 군사적 실용성 평가	실 기동 부대 실험 / 기술 실험		●	●		●	
	화력	포병학교 항공학교		**포병전술자료체계, 수직기동작전, 공대지, 기지피해평가 분석 및 실험** • 적외선 조명탄의 육군항공 운용성 검증 • 열압력탄 ROC 및 소요량 검증	실 기동 부대 실험 / M&S	●		●	●		
	기동	보병학교 기갑학교 공병학교		**특수전/도시전/상륙전, 국지 방공, 기동/대기동 효과 분석 및 실험** • 미래 소총소대 전투수행방법 검증 • 대전차 철조망 장애물 교리 검증	실 기동 부대 실험	●			●		
	방호	화학학교 방공학교		**탐지, 확산, 화학교전, 국지 방공, 중고고도+미사일방어 분석 및 실험** • 적외선 차폐 겸용 발연장비의 연막작전 제원 산출 • 제2작전사 주요 방호 목표별 적정 방공무기 소요 검증	실 기동 부대 실험 / M&S	●		●	●		
	전투 근무 지원	종군교 종행교		**수송/정비/보급 네트워크 분석, 부대응집력/사기분석** •제2작전사 지역 군수부대 및 전투근무지원기능 전력발휘 검증 • GOP 경비여단 근무지원대대 구조/편성 및 장비 적절성 검증	M&S		●	●		●	

7.3 시험평가

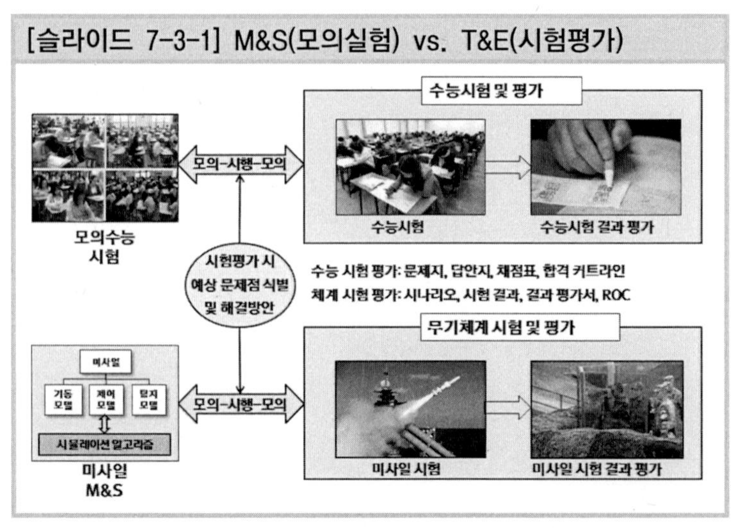

[슬라이드 7-3-1]

무기/전투체계를 개발하여 전력화하려면 해당 체계에 대하여 모의실험(M&S: Modeling and Simulation)과 시험평가(T&E: Test and Evaluation)를 모두 실시해야 한다. 모의실험은 분석 및 설계 단계에서 수행되며, 시험평가는 양산 준비 단계에서 실시된다. 모의실험과 시험평가의 공통점은 두 가지 모두 대상체계가 원하는 대로 동작하는지를 검증하는 절차라는 것이며, 모의실험이 모델을 사용한 가상적 검증이라면 시험평가는 실제체계를 사용한 물리적 검증이다. 시뮬레이션 기반 획득(SBA: Simulation Based Acquisition) 프로세스의 최대 장점은 모의실험에서 사용된 대상체계의 모델이 실제체계의 설계서 역할을 한다는 것이다. 역으로, 실제체계의 시험평가에서 얻어진 자료들은 모의실험에 사용되는 모델들의 파라미터로 사용될 수 있다. 따라서 모의실험과 시험평가는 국방체계 개발과정에서 상호협조/보완적인 절차로 활용될 수 있다.

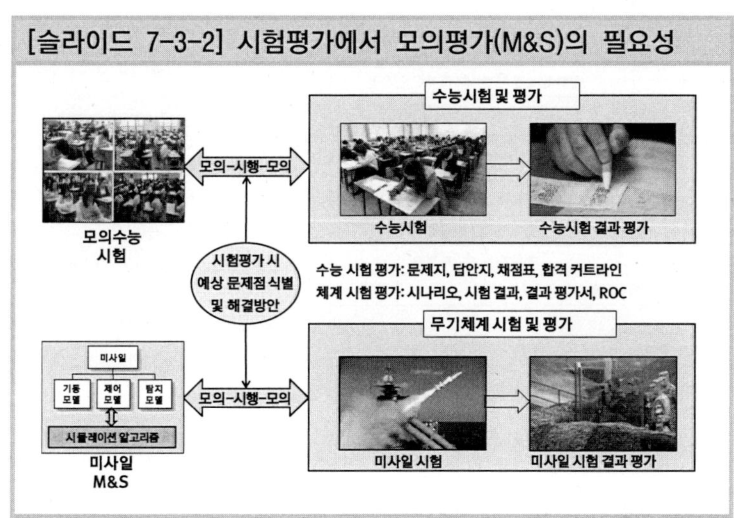

[7-3-2]

시험평가에는 많은 예산과 시간이 소요되며 안전성 측면의 문제도 발생할 수 있다. 이러한 문제점을 해결하기 위한 대안으로 모의평가(모의실험)를 실시할 수 있다. 예를 들면, 수능시험 및 평가 과정에서 발생할 수 있는 여러 가지 문제점을 해결하기 위해 우리는 몇 차례의 모의 수능시험을 시행하고 평가하여 문제점을 식별하고 개선하는 과정을 거치게 된다. 마찬가지로, 무기체계의 시험 및 평가를 위해 모의시험 및 평가 과정을 통하여 예상되는 문제점과 해결책을 마련할 수 있다. 무기체계에 대한 모의시험 및 평가를 M&S를 통한 가상적인 모의실험으로 생각할 수 있다.

[슬라이드 7-3-3] 시험평가 개요

- ◆ 시험평가(Test and Evaluation: T&E) 정의
  무기체계 획득을 위한 구매 또는 연구개발이나 설계 제작이 요구사항과 일치하는가를 판단하는 의사결정 지원단계이며 무기체계뿐만 아니라 일반물자 획득에도 적용된다. [방사청, 시험평가업무관리 지침서]
- ◆ 관련 규정
  - ❖ 방위사업법 제7845호 - 제21조(시험평가) ① - ⑤항
  - ❖ 대통령령 제19321호 - 제27조(시험평가 계획의 수립 등)
- ◆ 절차
  - ❖ 시험평가 준비
  - ❖ 시험 계획
  - ❖ 시험 실시
  - ❖ 분석/평가
  - ❖ 결과보고
- ◆ 종류
  - ❖ 개발시험평가(DT&E: Development Test and Evaluation)
  - ❖ 운용시험평가(OT&E: Operation Test and Evaluation)

[7-3-3]

방위사업청 시험평가업무관리 지침서에는 시험평가를 획득을 위한 구매, 연구개발 또는 설계 제작이 요구사항과 일치하는가를 판단하는 단계로 정의하고 있다. 시험평가는 무기체계뿐만 아니라 일반물자 획득에도

적용하도록 규정하고 있다. 시험평가 절차는 준비 → 계획 → 실시 → 평가 → 결과보고의 과정을 거친다. 시험평가는 개발시험평가(DT&E)와 운용시험평가(OT&E)로 구분된다.

[슬라이드 7-3-4] 시험평가의 종류 및 특징

	개발시험평가(DT&E)	운용시험평가(OT&E)
평가 대상	개발 완료된 체계 시제품	개발 완료된 체계 시제품 혹은 완성품
평가 목적	체계 결함 식별 / 양산 준비	전투용 적합성 / 전력화 준비
평가 목표	기술개발 목표달성 여부	작전 운용능력 달성 여부
평가 사항	기능 / 성능	운용 효과도
시험 조건	제한적 시험실 환경	실제 혹은 실제와 유사한 전장환경
판정 기준	체계 중심 / 기술 완성도	임무 중심 / 운용능력
판정 방법	기술적 기준 충족 / 미충족	전투용 적합 / 부적합
조정 통제	방위사업청	
주관 부서	품질 평가 기관(예: 기품원)	소요군
실시 부서	체계 개발 기관(예: 국과연 / 방산업체)	체계 운용 / 시험 기관

*주: 시험평가는 체계획득을 위한 판단자료를 제공하며 가격 대비 성능을 최적화한 체계획득(구매 혹은 개발) 과정을 지원하는 체계공학(System Engineering) 프로세스의 일부이다.

[7-3-4]
개발시험평가와 운용시험평가의 비교표를 슬라이드에 제시하였다. 개발시험평가는 시제품을 중심으로 수행되며, 체계의 결함을 식별하고 양산을 준비하는 단계이다. 운용시험평가는 시제품 또는 완성품을 사용하여 전투용 적합도를 평가하며 전력화를 준비하는 단계이다. 개발시험평가는 제한된 시험실 환경에서 기술개발 목표 달성 여부를 평가하는 것이지만, 운용시험평가는 실제 또는 실제와 유사한 전장환경에서 작전 운용능력 달성 여부를 평가하는 것이다. 시험평가는 체계획득을 위한 판단자료를 제공하며 가격 대비 성능을 최적화하도록 체계의 획득과정을 지원하는 체계공학(System Engineering) 프로세스의 일부이다.

[슬라이드 7-3-5] 무기체계 시험: 무엇을 어떻게 시험하는가?

평가지수	무엇을 시험하는가?	평가지수 예	어떻게 시험하는가?
효과도 (MOE) Measurement Of Effectiveness	주어진 기능/성능을 갖는 무기체계가 실제 전장환경에서 임무수행이 어느 정도 가능 한가?	명중률 회피율 (확률적 비율)	운용시험 전투환경 ●지상/해상/공중 ●우주등 전투수행능력 ●교육/훈련정도 ●교리/전술등 실제 전장환경 주어진 기능/성능을 갖는 무기체계 → 전장환경 → 명중률?
성능 (MOP) Measurement Of Performance	주어진 기능을 갖는 무기체계의 동작 능력/범위가 얼마나 되는가?	발사속도 추적시간 비행거리 (확정적 값)	개발시험 제한된 시험환경 무기체계 기능/성능 요구사항 → 시험실 환경 → 기능? 성능?
기능 (동작)	요구되는 동작은 하는가?	발사기능 추적기능 비행기능	

[7-3-5]
개발시험평가는 제한된 시험환경에서 제작된 (부)체계의 기능(동작)이나 성능(동작 능력/범위)이 요구사항을 만족하는지를 평가한다. 기능 요구사항의 예로는 발사기능, 추적기능 등이 있으며, 성능 요구사항의 예로는 발사

속도, 추적속도 등이 포함된다. 운용시험평가는 실제의 전장환경에서 주어진 기능/성능을 갖는 체계의 임무수행 효과도가 요구사항을 만족하는지를 평가하며, 평가지수로 명중률, 회피율 등이 있고 이들은 확률적 비율로 측정된다.

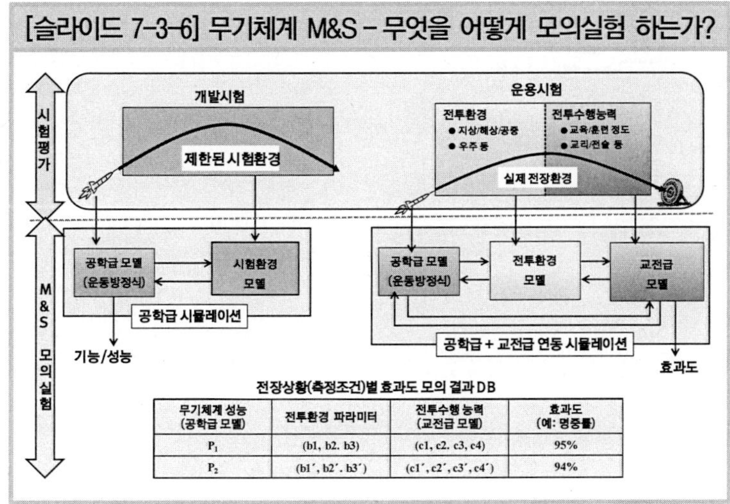

무기체계 성능 (공학급 모델)	전투환경 파라미터	전투수행 능력 (교전급 모델)	효과도 (예: 명중률)
P_1	(b1, b2. b3)	(c1, c2. c3, c4)	95%
P_2	(b1′, b2′. b3′)	(c1′, c2′, c3′, c4′)	94%

[7-3-6]
개발시험과 운용시험에서 평가하는 기능/성능 및 효과도 등의 평가지수는 M&S 기반 모의실험에서도 개발대상 체계의 설계 검증을 위해 측정하게 된다. 시뮬레이션 기반 설계(SBD: Simulation Based Design)는 SBA 과정의 일부로서 공학급 모델과 시험환경 모델의 시뮬레이션을 통하여 대상체계의 기능 및 성능을 측정하게 된다. 무기체계의 공학급 모델과 실제의 전장환경을 묘사한 전투환경 모델, 그리고 전투수행 능력을 반영한 교전급 모델이 모두 참여하는 통합 시뮬레이션을 통하여 체계의 효과도를 측정할 수 있다. 표의 형태로 제시된 모의결과 DB는 무기체계의 성능, 전투환경 및 전투수행 능력들을 조건(입력)으로 시뮬레이션을 통해 측정된 효과도로서, 향후 시험평가에서 주어진 평가문제(시험조건)에 대한 해답(효과도 결과값)을 찾는 데 활용될 수 있다.

[7-3-7] 시험평가에서 M&S 활용 – 문제/답 제공

앞 슬라이드에서 설명한 것과 같이 M&S를 시험평가에 활용할 경우 M&S는 시험평가를 위한 문제와 그에 대한 답을 제공할 수 있다. 육군 M&S 기본정책서에서도 시험평가 단계에서 M&S 기술을 활용하도록 요구하고 있다. 그림에 나타낸 SBA 프로세스에서 전투실험 결과를 통해 제기된 소요를 설계하고 검증하는 단계는 M&S를 중심으로 이루어지며, 생산된 체계의 시험평가 단계에서는 실제시험을 하게 된다. 시험평가 단계에서 사용될 시험문제와 해답은 대응하는 모의실험 단계에서 확보된 모델설계 검증용 데이터와 시뮬레이션 결과값들을 사용하여 구할 수 있다. 실제로, SBA 방법론이 처음 제안된 체계공학 분야에서는 체계공

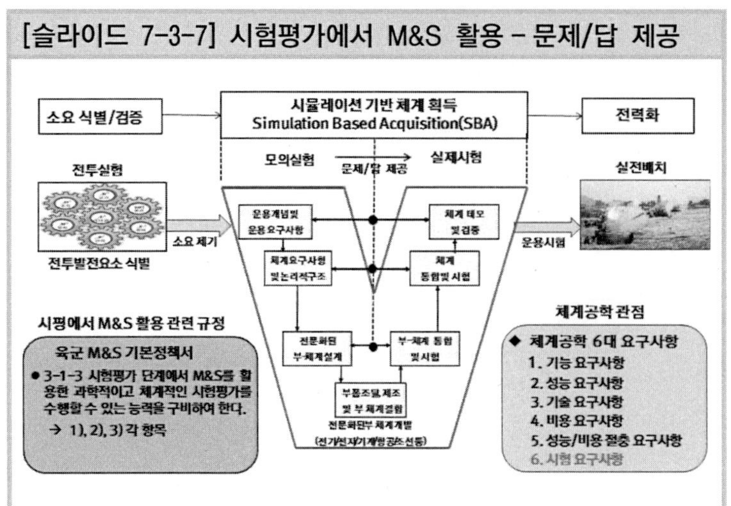

학의 6대 요구사항에 시험 요구사항을 포함하고 있다.

[슬라이드 7-3-8] 시험평가 각 단계에서 M&S 역할 및 지원방안

시평 단계	M&S 역할	M&S 지원방안
시험 준비 및 계획수립 단계	시험설계 및 시험자료 제공	• 시험목적 설정, 목적에 부합하는 시험 시나리오 개발 • 시험 조건 및 이벤트의 발생시각 결정 • 분석지수(MOEs 및 MOPs) 식별 • 제어 및 측정 대상 변수 식별 • 측정 데이터 수집 및 분석 계획 • 예상되는 문제점 식별
시험 실시 단계	시험 실행환경 제공	• 시험 제어 및 환경 변수들의 시뮬레이션 모의 • 시험할 수 없는 장비/이벤트/시나리오의 모의모델 대체 (핵 확산 효과, 대규모 연합군, 전자전 장비, 대규모 교전 등) • 시험대상 체계와 모의모델들의 통합 시뮬레이션 • 일부 실제 시험(데이터 수집 및 목적 부합 확인) → 수집된 데이터 사용 전체 영역 시뮬레이션
시험결과 분석/평가 단계	시험결과 검증 및 일반화	• 시험결과 확장 및 일반화 • 시험에 사용되지 않은 조건들을 사용한 시뮬레이션 • 시험결과 검증

[7-3-8]

시험평가 단계를 크게 3개로 나누고 각 단계에서 M&S의 역할과 구체적인 지원방안에 대해 표로 요약하였다. 시험 준비 및 계획수립 단계에서 M&S의 역할은 시험설계 및 시험자료 제공이며, 구체적 지원방안에는 시험목적 설정, 목적에 부합하는 시험 시나리오 개발, 분석지수 식별 등을 포함한다. 시험실시 단계에서 M&S의 역할은 시험 실행환경을 제공하는 것으로, 시험할 수 없는 장비/시나리오 등을 모의모델로 대체하거나 시험대상 체계와 모델들의 통합 시뮬레이션을 지원할 수 있다. 시험결과 분석/평가 단계에서 M&S의 역할은 시험결과를 검증하고 일반화하는 것으로 시험결과에 대한 확장 및 검증을 지원할 수 있다.

[슬라이드 7-3-9] 시평에서 M&S 활용 기대효과 및 모델 모의수준

- ◆ 시험평가에서 M&S 지원 기대효과
  - ❖ 가 시험성
    - 시험 실행에서 발생하는 필연적 한계점(시간, 공간, 자원, 환경 등) 극복
  - ❖ 효율성
    - 사전계획 수립 및 모의검증을 통한 효과적 시험실행 및 시험과정 제어
  - ❖ 신뢰성
    - 시험결과 검증 및 시험 표본수 증대에 따른 신뢰구간 축소
  - ❖ 안전성 및 경제성
    - 실체계의 모의모델 대치 및 실체계+모의모델의 결합 시뮬레이션 지원

  → SBA 주기 단축 및 비용절감

- ◆ **무기체계 시험평가에 사용되는 국방 모델 모의수준**
  - ❖ 개발시험평가
    - 공학급 → 체계의 기능/성능 → 부 체계/단일 무기체계 시험평가용
  - ❖ 운용시험평가
    - 교전급 → 체계의 교전 효과도 → 단일 무기체계 시험 평가용
    - 임무급/전구급 → 체계의 전투/임무 효과도 → 복합 무기체계 시험평가용

[7-3-9]

시험평가에 M&S를 활용함으로써 기대되는 효과로는 가 시험성, 효율성, 신뢰성, 안정성 및 경제성 등이 있으며, 이를 통해 SBA의 주기를 단축하고 비용을 절감하는 효과를 얻을 수 있다. 가 시험성은 실제시험을 통한 시험평가가 제한적이거나 불가능한 경우 M&S로 이러한 제약점을 극복할 수 있다는 것을 의미한다. 효율성은 M&S를 통하여 시험평가의 문제와 답을 준비함과 동시에 시험 실행과정의 제어가 가능함을 의미한다. 신뢰성은 M&S를 통하여 시험결과를 검증할 수 있음은 물론, 시험표본의 개수를 증가시킬 수 있다는 의미이다. 위험한 실체계 시험을 모의실험으로 대체함으로써 안전성을 보장할 수 있으며, 실체계와 모의모델의 결합 시뮬레이션을 통하여 경제성의 효과를 거둘 수 있다.

무기체계 시험평가에 사용되는 국방 모델의 모의수준은 개발시험평가 또는 운용시험평가에 따라 달라질 수 있다. 개발시험평가에서는 공학급 모델들이 사용되며, 개발된 부체계 또는 단일 무기체계의 성능과 기능에 대한 검증을 지원할 수 있다. 운용시험평가에서는 교전급 이상의 모델들이 사용된다. 교전급 모델은 단일 무기체계 효과도의 시험평가에 사용될 수 있으며 임무급/전구급 모델은 복합 무기체계의 전투/임무 효과도 시험평가에 사용될 수 있다.

[7-3-10] 모의사격(M&S) 명중률 계산방법

곡사화기의 명중률 시험을 M&S를 통한 모의실험으로 대체하여 수행하는 경우를 예로 설명한다. 문제를 간단하게 하기 위해서 곡사화기의 명중률을 2차원 평면에서 모의하기로 하자. 명중률은 곡사화기의 포탄이 목표물을 맞히는 비율로서 화기와 목표물 사이의 거리를 사용하여 구할 수 있다. 포탄의 시간에 따른 거리계산 모델은 초기 발사속도(v)와 발사각도(θ)만을 고려할 경우 검증된 모델인 방정식 (1)을 사용할 수 있다. 그러나 발사각도는

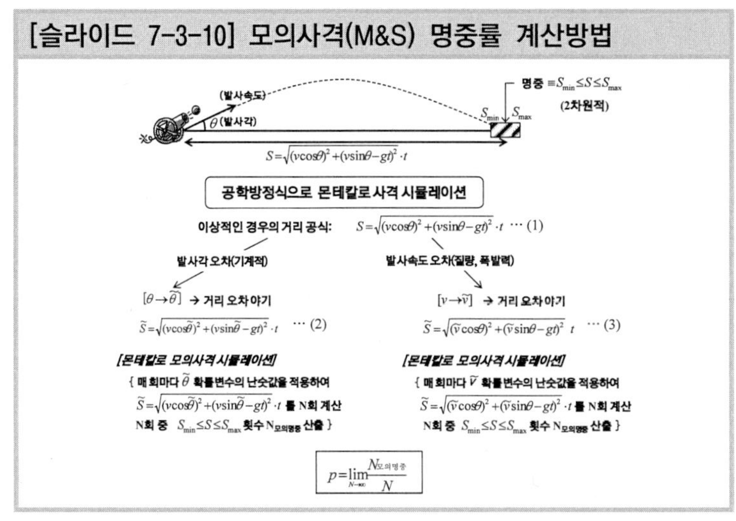

사격자가 ɵ도(예: 5도)로 맞추어 발사했다고 하더라도 기계적인 오차로 인해 정확하게 ɵ도로 발사될 수 없다. 발사속도 v는 포탄의 질량과 장약의 폭발력에 따라 결정된다. 따라서 동일한 포탄이라고 할지라도 질량과 폭발력이 정확하게 일치할 수 없으므로 동일한 포탄이 동일한 조건에서 발사되어도 출발속도가 달라질 수 있다.

사격 모의실험을 위하여 이상적인 경우의 모델인 식 (1)에 발사속도와 발사각도의 오차를 반영하여 사용하기로 한다. 식 (1)에서 발사각도의 오차를 고려한 모델이 식 (2)이며 초기 발사속도의 오차를 고려한 모델이 식 (3)이다. 식 (2)와 식 (3)은 발사각도와 발사속도가 확률변수(변수명 위에 "~"를 사용하였음)로 주어지며, 시뮬레이션을 실행할 때 이들 변숫값을 난숫값으로 정의함으로써 매번 시뮬레이션에서 다른 값으로 산출된 거리를 기반으로 명중 또는 실패가 결정된다. 모델의 변수에 난숫값이 포함된 모델을 반복하여 시뮬레이션하는 것을 몬테칼로 시뮬레이션이라 부르며, 전체 시뮬레이션의 횟수 대비 조건을 만족하는 결과를 얻은 횟수의 비율로 분석지수를 구하게 된다. 발사각의 오차 또는 발사속도의 오차를 고려한 사격모의에서 N개의 난숫값을 한 번씩 사용하여 N회의 시뮬레이션을 반복할 때 탄이 표적구간(구역)에 도달한 횟수가 $N_{모의명중}$이라면 명중률은 $N_{모의명중}$/N이 된다.

[7-3-11] 모의사격 명중률의 신뢰성 보장 조건

사격모의를 통해 명중률을 구하려면 발사각 오차 또는 발사속도 오차를 반영한 난숫값들의 확률 분포함수와 통계 파라미터(평균, 분산 등)를 정확히 알아야 한다. 확률 분포함수는 구하고자 하는 확률변수 값들의 실제 데이터를 수집한 후 이들 데이터를 기반으로 가설을 설정하고 가설검증법을 통해 식별한다. 이러한 과정을 입력 모델링 또는 데이터 모델링이라 부르며 자세한 과정은 (5.2)절을 참조하기 바란다. 주어진 곡사화기의 발사각 또는 발사

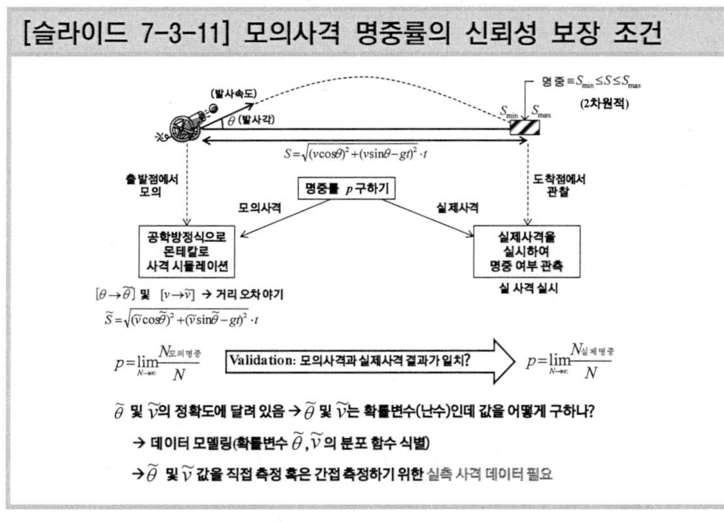

속도의 실제 데이터값들을 수집하기 위해 반복적으로 실제사격을 실시하면서 발사각도 및 속도를 측정할 수 있는 장비(레이저 등)를 사용하여 직접 측정하거나, 또는 실제사격에서 측정된 명중률에 기초하여 이들 값을 간접적으로 구할 수 있다. 결론적으로, 실제사격을 통해 직(간)접적으로 구해진 발사각 또는 발사속도의 오차를 반영하여 사격모의를 할 경우에만 구해진 명중률이 실제사격 시험평가에서 얻을 수 있는 명중률과 일치하게 된다.

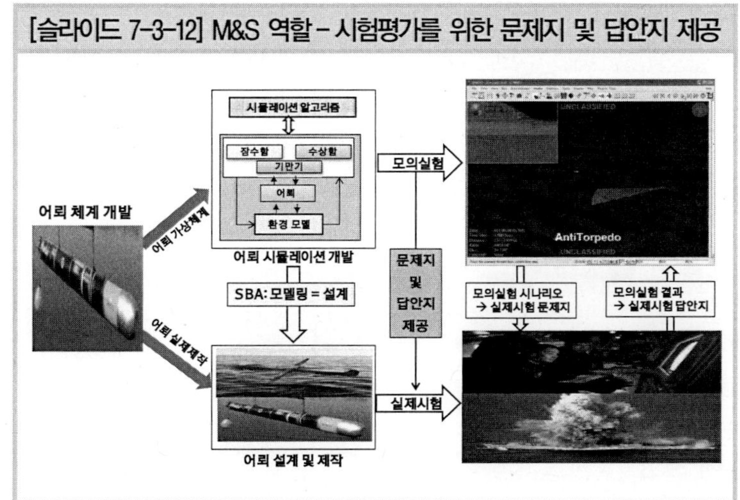

[7-3-12]

시험평가에서 M&S의 첫 번째 역할은 시험평가에서 사용할 시험문제와 답안을 제공하는 것으로 볼 수 있다. M&S를 통해 대상체계에 대한 가상체계를 만들어 모의실험을 하는 것에 비해 시험평가는 실제의 체계를 만들어 시험하는 것이다. 따라서 모의실험에 사용된 실험 시나리오는 실제의 시험평가에서 시험문제로 사용될 수 있으며, 모의실험 결과는 시험평가의 결과를 확인하는 답안지로 사용될 수 있다.

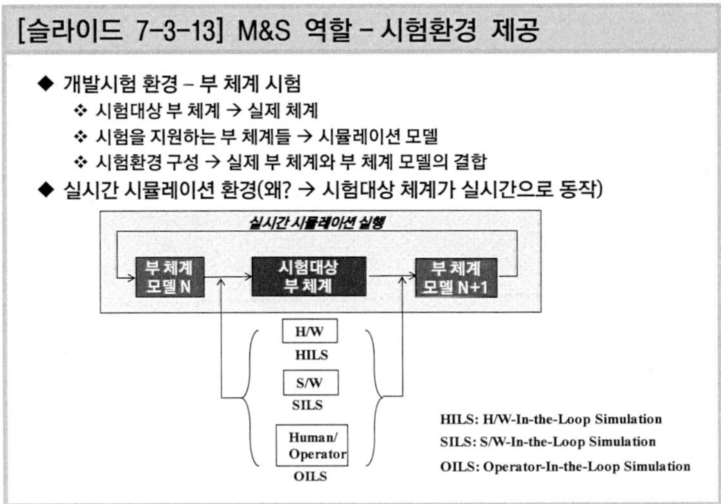

[7-3-13]

시험평가에서 M&S의 두 번째 역할은 시험환경을 제공하는 것으로서 시험대상이 되는 부 체계는 실제 체계를 사용하고 시험을 지원하는 부 체계는 모델을 사용하여 실시간 시뮬레이션 환경을 구성할 수 있다. 시험대상 부 체계는 H/W, S/W 또는 사람 등이 될 수 있다. 시험대상 부 체계가 H/W인 경우, 실제의 H/W와 시험을 지원하는 부 체계 모델들의 루프로 구성된 실시간 시뮬레이션을 HILS(H/W-In-the-Loop Simulation)라 부른다.

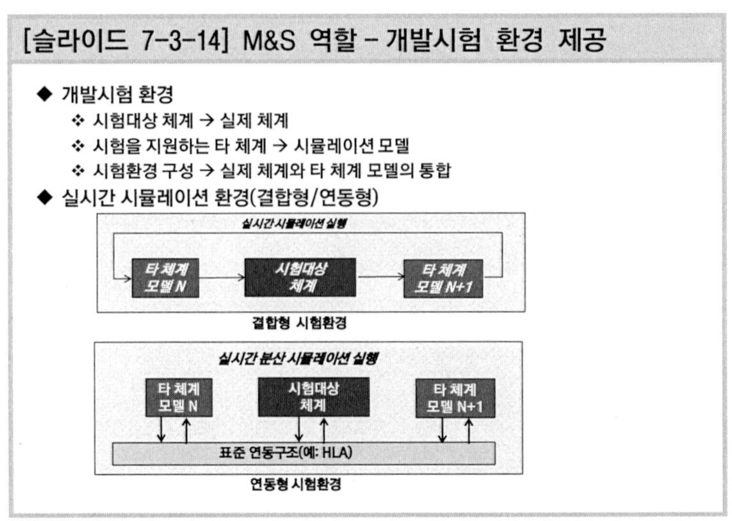

[7-3-14]

M&S가 제공하는 개발 시험 환경은 시험대상 실제체계와 시험지원 체계의 모델들이 통합된 실시간 시뮬레이션 환경으로서, 결합형 시험환경과 연동형 시험환경이 있다. 결합형 시험환경에서는 한 개의 컴퓨터를 사용하여 일체형 실시간 시뮬레이션을 수행하며, 연동형 시험환경에서는 다수의 컴퓨터를 사용하여 분산형 실시간 시뮬레이션을 수행하게 된다. 분산형 실시간 시뮬레이션 수행은 표준 연동구조를 사용할 수 있으며 제6장에서 설명한 HLA(High Level Architecture)가 표준 연동구조의 한 예이다.

[슬라이드 7-3-15] M&S 역할 – 운용시험 환경 제공

◆ 운용시험 환경 – 체계 시험
 ❖ 시험대상 체계 → 실제 체계
 ❖ 시험을 지원하는 타 체계 → 시뮬레이션 모델들
 ❖ 시험환경 구성 → 실제 체계와 타 체계 모델(시뮬레이터)들의 연동
  ● 지원 시뮬레이터의 종류: 환경, L, V, C
◆ 실시간 분산(연동) 시뮬레이션 환경

표준 연동구조를 사용한 연동형 운용시험 환경

실시간 분산 시뮬레이션 실행

환경모델 / 시험대상 체계 / Constructive 시뮬레이터 / Virtual 시뮬레이터 / Live 체계/실 기동

시험평가 및 훈련용 연동구조(TENA: Test and Training Enable Architecture)

시험 간에 주고받는 데이터/명령어 정의 — 객체모델 (LROM) → 연동구조가 달라지면 객체모델도 달라진다 (예: HLA/RTI인 경우 객체모델은 FOM)

[7-3-15]

M&S가 제공하는 운용시험 환경은 시험대상 실체계와 Live, Virtual, Constructive 모델들로 구성된 시험지원 체계의 모델들이 연동된 실시간 시뮬레이션 환경이다. 국제표준 연동구조인 TENA(Test and Training Enabling Architecture)는 시험평가 및 훈련 목적의 분산/연동 시뮬레이션에 필요한 API 집합을 정의하고 있다. TENA 기반의 운용시험평가는 환경 구성을 위하여 연동에 참여하는 응용체계(모델 또는 실체계)들이 시험/훈련 간에 주고받는 데이터를 정해진 객체모델 형식인 LROM(Logical Range Object Model)에 맞추어 정의하도록 요구한다.

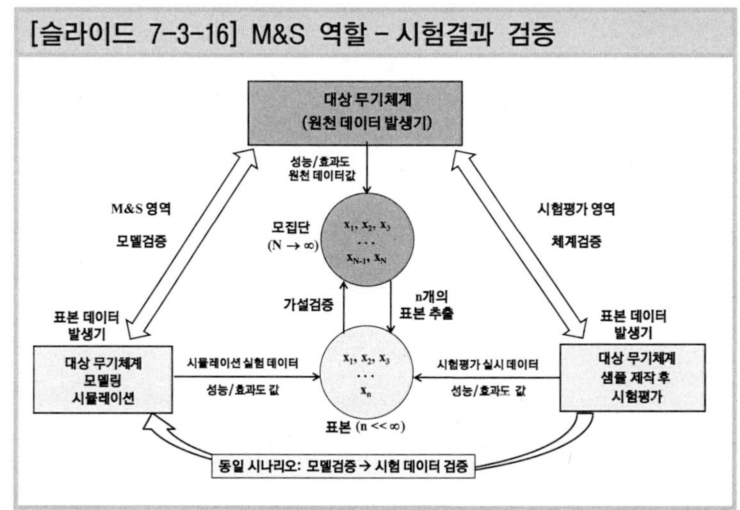

[7-3-16]

시험평가를 위한 M&S의 마지막 역할은 시험결과를 검증하는 것이다. 동일한 대상 무기체계를 사용하여 M&S 영역에서는 모델검증을, 시험평가 영역에서는 체계검증을 하게 된다. 모델검증과 체계검증은 대상 시스템에 대한 가설을 설정한 후 표본화를 통한 가설검증 방법으로 수행된다. 이때, 대상 무기체계는 무한개의 원천 데이터를 발생시키는 모집단 데이터 생성기의 역할을 하며, M&S 및 시험평가는 검증을 위한 표본 데이터 발생기의 역할을 하게 된다. 검증된 모델의 경우에 대상체계의 데이터와 동일한

입/출력 데이터를 무한히 발생시킬 수 있으므로 시나리오가 동일하다면 대상체계에 대한 시험평가 결과를 검증하는 데 M&S 데이터를 활용할 수 있다.

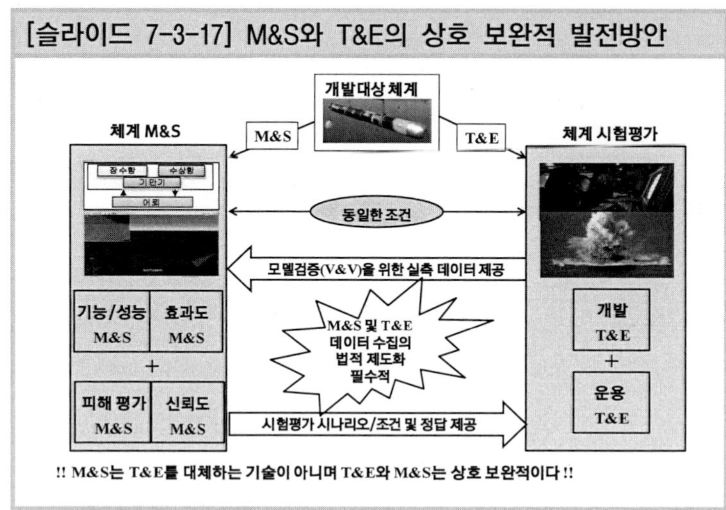

[7-3-17]
시뮬레이션 기반의 체계 개발/획득 과정에서 M&S와 시험평가는 서로 경쟁하는 것이 아니라 상호 보완적으로 활용될 수 있다. M&S는 체계의 기능/성능/효과도를 측정할 뿐만 아니라 피해 평가 및 신뢰도 예측에도 활용될 수 있다. 체계의 시험평가에서는 개발시험평가와 운용시험평가 과정을 통해 M&S를 기반으로 개발된 체계를 실제의 운용환경에서 검증할 수 있다. 시험평가는 M&S 과정에서 필요한 모델검증(V&V)을 위한 실측 데이터를 제공할 수 있으며, 역으로 M&S는 시험평가 과정에서 필요한 시나리오/시험조건 및 시험결과의 정답을 제공할 수 있다. 따라서 SBA를 통한 체계개발의 효율성 및 신뢰성을 향상시키기 위해 시험평가와 M&S 과정에서 발생되는 국방체계 관련 데이터의 수집을 법제화/제도화하는 것이 매우 중요하다.

7.4 LVC체계 개념 및 구축방안

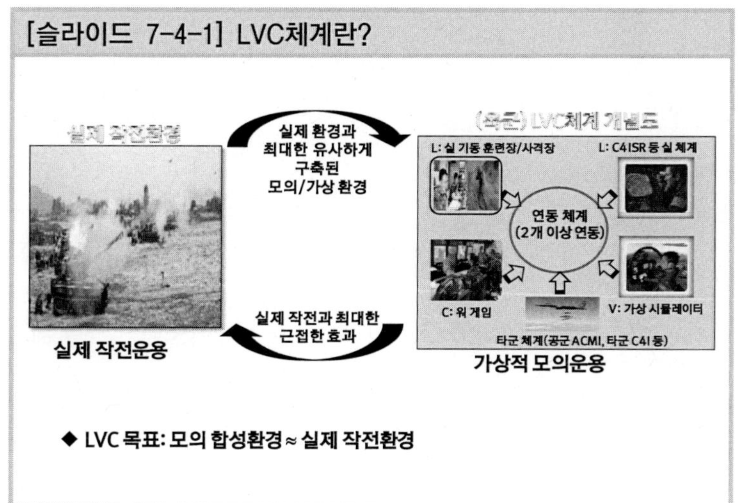

[7-4-1]

LVC체계는 L(Live)체계, V(Virtual)체계 및 C(Constructive)체계 들을 연동하여 구축한 가상의 합성 전장환경이다. LVC체계는 실제의 작전환경과 유사한 가상의 합성 전장환경을 만들어 실전적으로 훈련, 분석, 획득, 전투실험 및 시험평가를 수행할 수 있도록 하는 것이 목표이다.

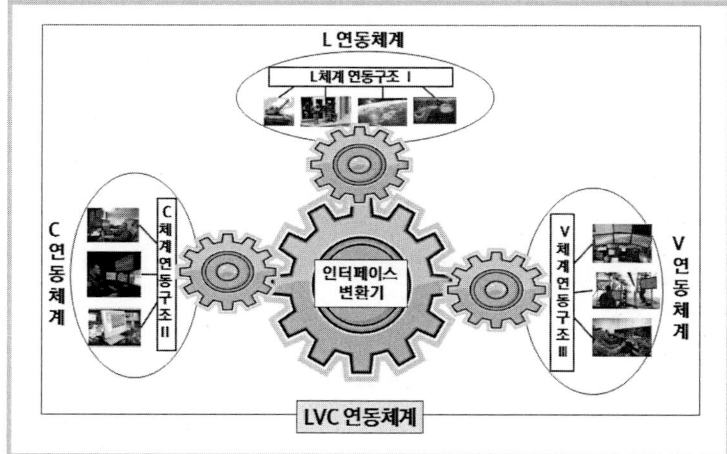

[7-4-2]

LVC체계는 기술적으로 연동체계들의 연동이며 참여 연동체계는 서로 다른 연동구조를 사용할 수도 있다. 예를 들면, L 연동체계는 연동구조 Ⅰ(예: TENA)을 사용하여 Live 체계/장비들을 연동한 것이고, C 연동체계는 연동구조 Ⅱ(예: HLA)를 통해 Constructive 모델들을 연동한 것이며, V 연동체계는 연동구조 Ⅲ(예: DIS)을 사용하여 Virtual 시뮬레이터들을 연동한 것이다. 연동구조 Ⅰ, Ⅱ, Ⅲ은 각각 인터페이스와 객체모델이 상이하므로 LVC체계 구축을 위한 기술의 핵심은 연동구조들 사이의 인터페이스와 객체모델을 변환해 주는 것이다.

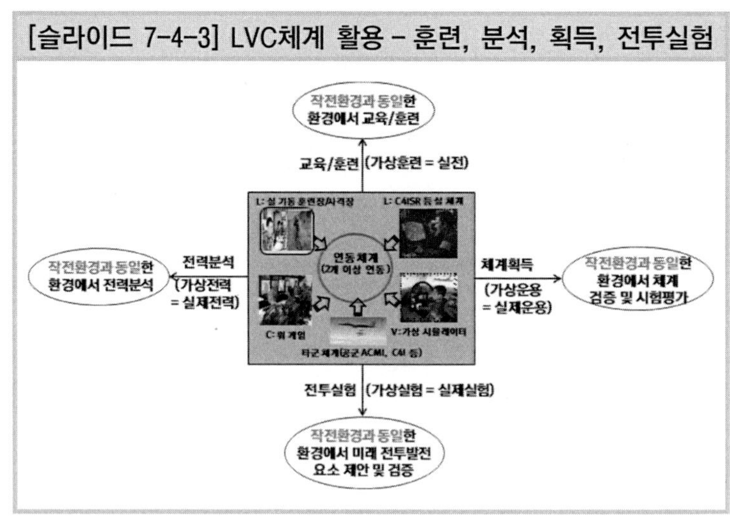

[7-4-3]

LVC체계는 실제의 작전환경과 유사한 가상환경을 제공함으로써 훈련, 분석, 획득, 전투실험 등 국방 M&S의 모든 응용분야에 활용될 수 있다. 훈련 분야에서 LVC체계는 작전환경과 유사한 교육/훈련 환경을 제공한다. 분석 분야에서 LVC체계는 작전환경과 유사한 전력분석 환경을 제공한다. 체계획득 분야에서 LVC체계는 작전환경과 비슷한 체계검증 및 시험평가 환경을 제공한다. 마찬가지로, 전투실험 분야에서 LVC체계는 작전환경과 유사한 가상의 합성환경 하에서 미래의 전투발전요소를 제안하고 검증하는 전투실험을 가능하게 한다.

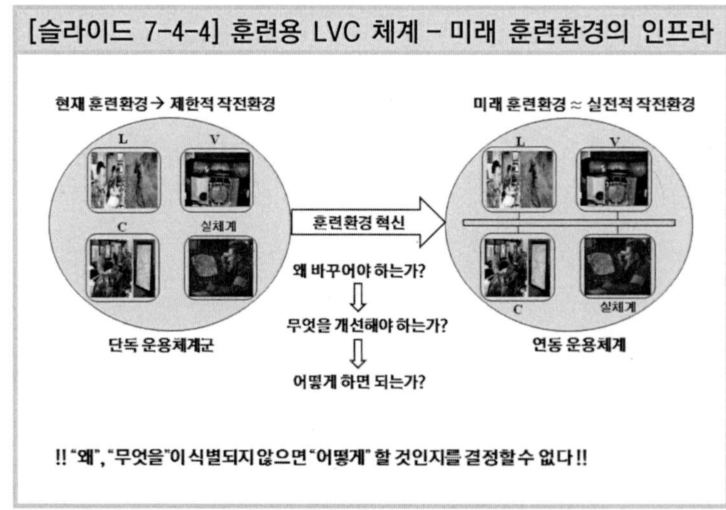

[7-4-4]

현재 M&S 기반의 훈련환경은 주로 각각의 L, V, C체계를 단독으로 운용하여 제한적인 작전환경을 제공하는 반면, 미래의 훈련환경은 L, V, C체계를 여러 형태로 연동하여 실전적인 작전환경을 제공하도록 혁신하는 것이 목표이다. 이러한 훈련체계의 혁신을 위해서는 체계공학에서 사용하는 3가지 기본 질문인

W2H(Why, What, How)가 식별되어야 한다. 즉, "왜(Why) 훈련체계를 바꾸어야 하는가?", 왜(Why)를 만족시키기 위해서 "무엇을(What) 바꾸어야 하는가?", 그리고 무엇(What)의 세부사항은 "어떻게(How) 해야 충족시킬 수 있는가?"를 식별해야 한다.

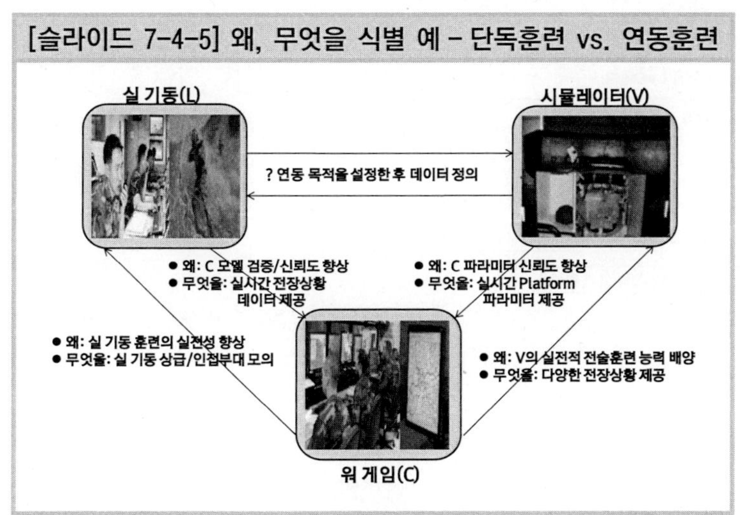

[7-4-5] 슬라이드는 단독훈련을 연동훈련으로 바꾸는 것을 제안하는 단계에서 "왜"와 "무엇을"을 식별하는 예를 보여준다. "왜"는 연동 목적이며 "무엇을"은 연동 목적을 만족하기 위한 연동 데이터(정보)들을 나타낸다. 예를 들면, 실 기동(L)과 워 게임 모델(C) 간 LV 연동의 경우에 실 기동은 워 게임 모델의 검증 및 신뢰도 향상을 목적(왜?)으로 실 기동 전장상황의 데이터(무엇을?)를 워 게임 모델에 제공할 수 있다. 역으로, 워 게임 모델은 실 기동 훈련의 실전성 향상을 목적(왜?)으로 실 기동 인접부대를 모의한 정보(무엇을?)를 실 기동에 제공할 수 있다. 시뮬레이터(V)와 워 게임 모델(C) 간 VC 연동의 경우에 시뮬레이터는 워 게임 모델의 파라미터에 대한 신뢰도 향상을 목적(왜?)으로 실시간 플랫폼의 정보(무엇을?)를 워 게임 모델에 제공할 수 있다. 역으로, 워 게임 모델은 시뮬레이터의 실전적인 전술훈련 능력 향상을 목적(왜?)으로 다양한 전장상황(무엇을?)을 시뮬레이터에 제공할 수 있다.

[7-4-6] 훈련용 LVC체계 구조 – 무슨 훈련이 중심인가?

그림에서와 같이 훈련용 LVC체계의 구조는 L 중심 훈련, V 중심 훈련 또는 C 중심 훈련인지에 따라 달라질 수 있다. L 중심의 LVC체계 Ⅰ은 L훈련의 실전성을 위해 V와 C가 연동에 참여하는 것이다. C 중심의 LVC체계 Ⅱ는 C훈련의 실전성을 위해 L과 V가 연동에 참여하는 것이다. 또한, V 중심의 LVC체계 Ⅲ은 V훈련의 실전성을 위해 L과 C가 연동에 참여하는 것이다. LVC체계 Ⅰ, Ⅱ, Ⅲ을 동일하게 하려면 하향식(Top-down)으로 설계하고 구축해야

하며, 그렇지 않으면 각 체계를 먼저 구축하고 상향식(Bottom-up)으로 통합해야 한다. 우리 군의 LVC체계 구축사업을 위해서는 이들 두 가지 접근 방법에 대하여 정책, 운용, 기술 및 비용 측면에서 장단점을 분석한 후 추진전략 및 구축계획을 수립하는 것이 필요하다.

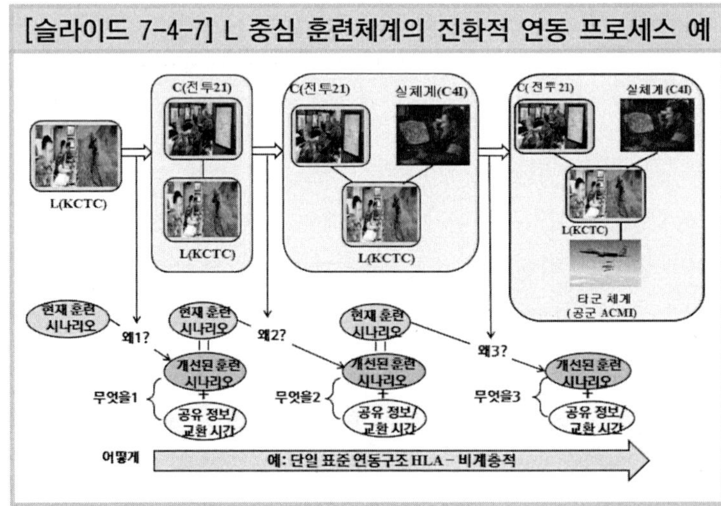

[7-4-7]

L 중심 훈련체계의 진화적 연동 프로세스에 대한 W2H 식별과정의 예를 설명한다. 먼저, 현재 운용 중인 KCTC 실 기동 훈련장(L)과 전투21 모델(C)을 연동하는 LC 연동을 생각해 보자. 실기동 훈련장(L체계)의 현재 훈련 시나리오에서 어떤 문제로 연동이 필요한지(왜?)를 식별하고 이 문제를 해결하기 위해 개선된 연동훈련 시나리오와 연동에 필요한 정보 및 정보교환 시간(무엇을?)을 식별해야 한다. LC 연동 후 추가적으로 C4I 실체계(L)를 연결하는 L-LC 연동의 경우에도 연동의 목적과 함께 목적에 부합되는 개선된 연동훈련 시나리오와 연동에 필요한 정보 및 정보교환 시간을 식별해야 한다. 다음으로 타군 체계를 연동에 추가하고자 할 때도 동일한 프로세스가 필요하다. 각각의 연동 단계에서 "무엇을(what?)"이 식별되면 이를 구현하는 데 사용될 연동구조(예: HLA)와 연동체계의 구조(예: 계층적 또는 비계층적)가 결정된다.

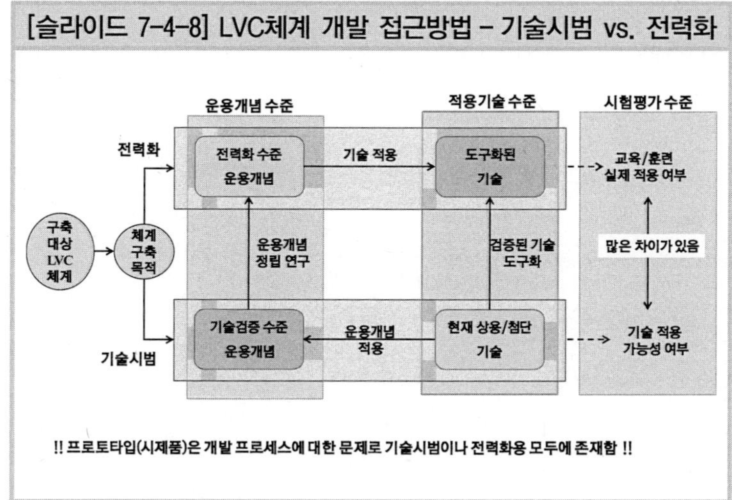

[7-4-8]

LVC체계는 미래전투에 대한 진화된 운용개념과 첨단 정보통신기술(ICT)들이 융합된 복합체계이다. LVC체계의 개발은 크게 두 가지의 구축 목적으로 접근할 수 있다. 먼저, 기술시범(또는 첨단기술시범)을 위한 체계의 개발은 현재의 상용/첨단 기술들을 적용하여 LVC체계의 운용개념을 구현할 수 있는지를 검증해 보는 것을 주목적으로 한다. 다음으로, 전력화를 위한 체계 개발은 전력화 수준의 운용개념을 기술시범을 통해 검증된 기술들로 구현하는 것을 목적으로 한다. 따라서 시험평가에서도 기술시범 수준의 LVC체계와 전력화 수준의 LVC체계는 각 체계의 구축 목적에 따라 평가기준이 달라져야 한다. 기술시범 수준의 LVC체계가 전력화 수준으로 발전하기 위해서는 기술수준 검증용 운용개념을 전력화 수준으로 발전시키는 연구가 필요하며, 기술시범에서 검증된 기술은 도구화 단계를 거쳐야 한다.

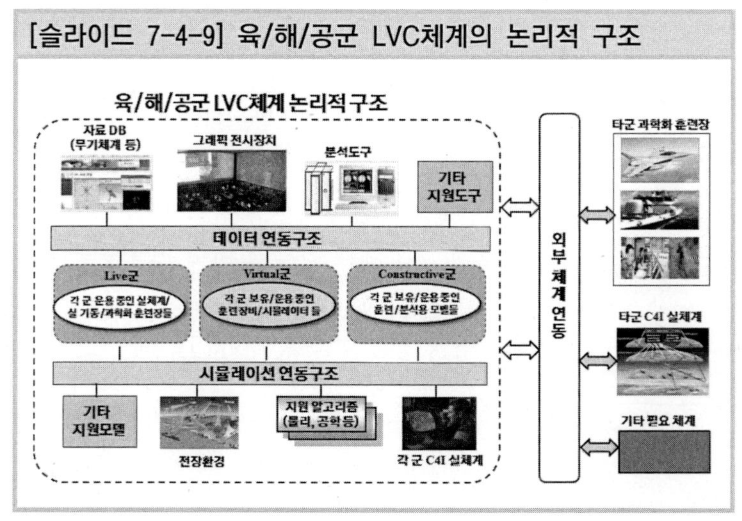

[7-4-9]

육/해/공군의 LVC체계는 구성 목적에 따라 여러 가지 형태(W2H 틀을 적용하면 됨)를 가질 수 있지만 일반적인 논리적 구조는 그림과 같다. 예시된 논리적 구조는 목적에 맞게 구축되는 실제 LVC체계의 물리적 구조와 관계없이 시뮬레이션/데이터 연동에 참여하는 구성요소들을 나타낸 것이다. 기본적인 개념은 각 군이 보유하고 있는 L, V, C 형태의 시뮬레이션 체계들을 연동하고, 시뮬레이션의 실행 및 결과분석에 필요한 DB, 그래픽 전시장치, 분석도구 들과 데이터를 연동하는 구조이다. 추가적으로, 필요에 따라 타군의 과학화 훈련장, 타군 C4I 및 기타의 체계와 연동하는 구조를 갖는다.

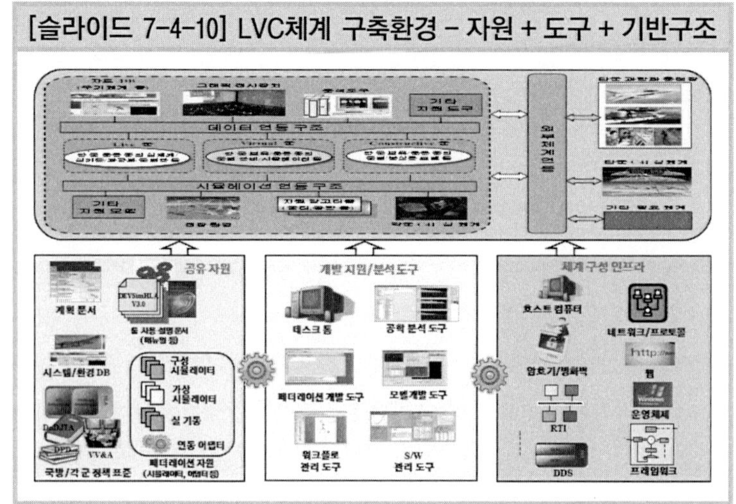

[7-4-10]

LVC체계의 구조는 체계의 구축 목적에 따라 달라지며 여러 가지 형태로 구현된다. LVC체계의 구축은 목적에 따라 임시변통적(ad hoc)으로 구축할 수도 있지만 재사용이 가능한 구축환경을 활용하면 소요시간, 비용 및 시행착오를 감소시킬 수 있다. LVC체계 구축환경은 공유 자원, 개발 지원/분석 도구 및 체계 구성 인프라로 이루어진다. 공유 자원에는 계획 문서, 도구 사용 매뉴얼, 시스템/환경 DB, 국방/각 군의 정책 표준 및 페더레이션 자원 등이 포함된다. 개발 지원/분석 도구에는 데스크톱 컴퓨터, 공학 분석 도구, 모델 개발 도구, 페더레이션 개발 도구, 워크플로 관리 도구 및 S/W 관리 도구 등이 포함된다. 체계구성 인프라에는 호스트 컴퓨터, 암호기/방화벽, 연동구조, 네트워크/프로토콜, 운영체제 및 개발 프레임워크 등이 포함된다.

[7-4-11] 체계 구축환경을 이용한 목적지향적 LVC체계 구축

LVC체계 구축환경을 이용하여 LVC체계를 구축할 경우에는 목적에 맞게 구축환경이 보유하고 있는 자원, 도구, 인프라를 선택적으로 사용하면 된다. 물론, 목적에 맞는 체계를 구축하는 데 필요한 자원 중에서 기존의 구축환경에 존재하지 않는 것들(L, V, C 등)은 추가적으로 개발하여 사용하고 타 체계 개발 시 재사용을 위하여 공유자원에 저장시켜 관리한다.

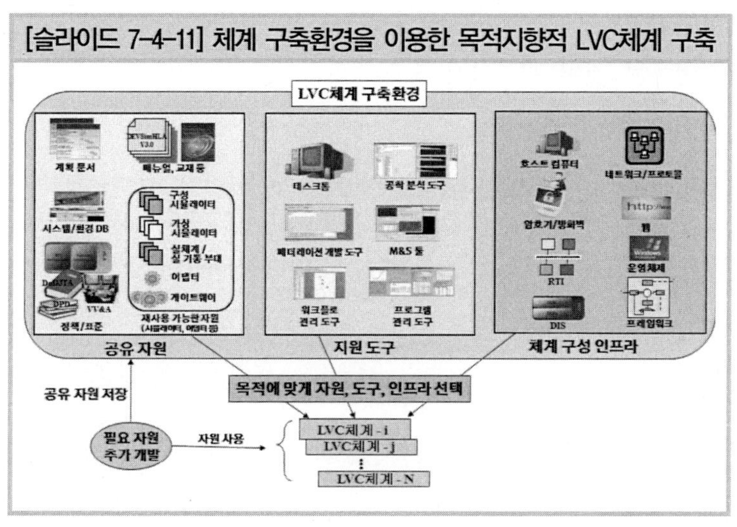

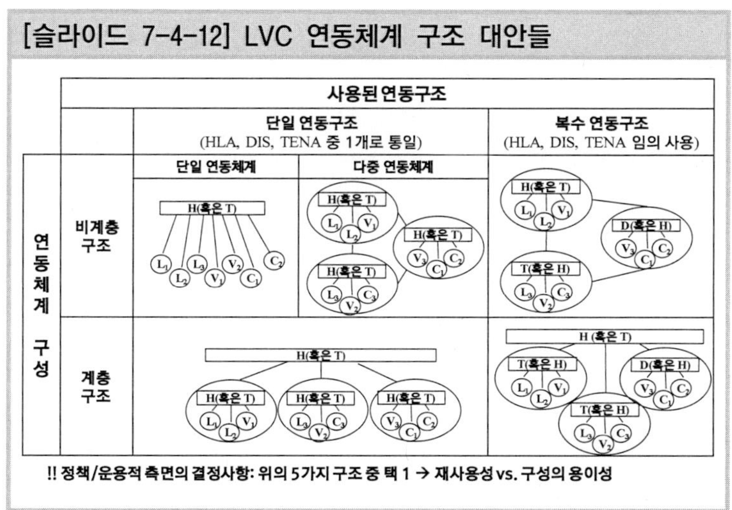

[7-4-12]

M&S 연동체계는 정해진 인터페이스와 객체모델을 갖는 표준 연동구조를 사용하여 연동에 참여한 개별 체계들을 연결한 것이다. LVC체계는 이러한 연동체계들을 연동한 것으로, 기술적으로 다양한 형태로 구현될 수 있다. 우선, 연동구조 사용 측면에서 LVC체계에 참여한 연동체계들이 모두 동일한 연동구조를 사용하는 단일 연동구조와 여러 가지 연동구조를 사용하는 복수 연동구조로 구분하기로 한다. 다음으로, 구축된 LVC체계의 구성이 참여한 연동체계들을 계층적으로 연동한 것인지 비계층적으로 연동한 것인지를 구별하기로 한다. 단일 연동구조를 사용한 비계층 구조에서는 한 개의 연동구조에 모든 체계를 연동시킨 단일 연동체계와 단일 연동체계들을 연동시킨 다중 연동체계로 구별할 수 있다. 그림에서는 연동체계의 구성과 사용된 연동구조에 따른 5가지 형태의 LVC체계 구성의 예를 보여준다. LVC체계 구축을 위한 기술을 개발하

려면 제시된 5가지 구조 대안들의 장단점을 고려하여 정책 및 운용 측면에서 미래의 육/해/공군 LVC체계의 구조를 결정하는 것이 필요하다.

[슬라이드 7-4-13] LCV-IA(Integrated Architecture) 개요

- **LVC-IA의 목표**
  - 서로 다른 연동구조를 사용한 연동체계들 사이의 연동
  - L, V, C 및 타 지휘체계들 사이의 데이터 수집, 추출 및 교환
- **LVC-IA의 목적**
  - 운용/훈련 준비태세를 한 차원 높이는 것
  - 합동훈련의 가능성을 끌어올리는 것
  - 지휘관 훈련의 시간/예산 절감
- **LVC-IA 구성요소**
  - 네트워크 기반 접속체계
  - 공통 프로토콜, 명세서, 표준 및 인터페이스
  - 연동에 필요한 도구 및 지원 인력
  - LVC 시뮬레이션 장비
  - 재사용 가능한 LVC 컴포넌트
  - 사후 분석기
  - 지형 정보 데이터베이스
  - 다단계 보안장비 등

[7-4-13] LVC-IA(Integrated Architecture)는 서로 다른 연동구조로 구축된 연동체계들을 연동한 LVC 체계 구축을 위한 통합구조로서 L, V, C 및 지휘통제 체계들 간의 데이터 수집, 추출 및 교환을 목표로 한다. LVC-IA(LVC 통합구조)의 목적은 운용/훈련의 준비태세를 한 차원 높이고 합동훈련의 가능성을 향상시켜 지휘관 훈련의 시간과 예산을 절감하는 것이다. LVC-IA의 구성요소로는 LVC체계에 속하는 모든 구성요소들이 포함될 수 있다.

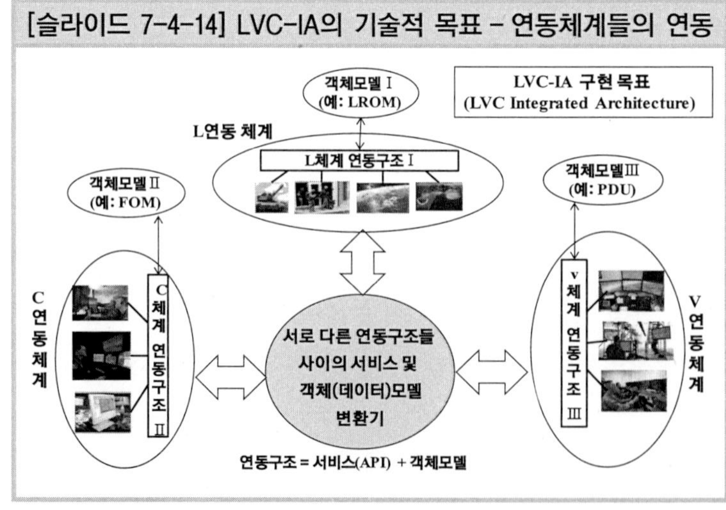

[7-4-14] LVC-IA는 상이한 서비스와 객체모델을 갖는 연동구조들을 통합적으로 연동할 수 있어야 한다. 예를 들면, HLA 연동구조를 사용한 연동체계에 참여한 체계 A, TENA 연동구조를 사용한 연동체계에 참여한 체계 B, 그리고 DIS 연동구조를 사용한 연동체계에 참여한 체계 C 사이에 데이터 교환이 가능하고 교환된 데이

터에 대한 해석이 가능해야 한다. 따라서 LVC-IA의 구현목표는 LVC체계의 운용과정에서 상이한 연동구조들 사이의 인터페이스를 중계하고 객체모델을 변환하는 것이다.

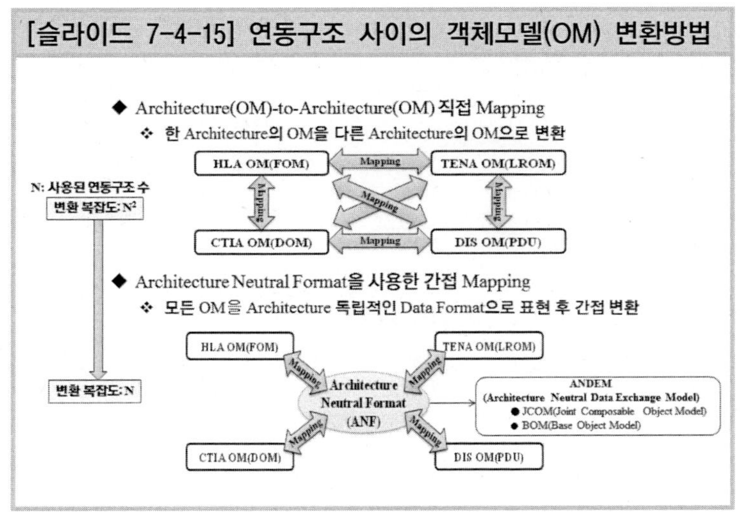

[7-4-15]

연동구조는 인터페이스와 객체모델(OM: Object Model)로 정의된다. 인터페이스는 서비스와 콜백 함수를 포함하며 객체모델은 연동체계 내의 참여 체계들이 주고받을 명령과 데이터 형태를 표현한 것이다. 프로그래머 관점에서 보면 객체모델은 연동체계 구현에 사용된 프로그램 언어의 데이터 타입 또는 클래스에 해당한다. 따라서 객체모델이 달라진다는 것은 데이터 타입 또는 클래스의 형태가 달라진다는 것을 의미한다.

객체모델(OM)을 변환하는 방법은 크게 두 가지가 있다. 첫 번째 방법은 OM-to-OM 방식으로 한 객체모델을 다른 객체모델로 직접 변환하는 것이다. 두 번째 방법은 연동구조에 독립적인 객체모델 형식인 Architecture Neutral Format(ANF)을 미리 정의한 후 모든 객체모델의 변환을 OM-to-ANF-to-OM 방식으로 간접적으로 수행하는 것이다. 대표적인 ANF가 ANDEM(Architecture Neutral Data Exchange Model)으로 JCOM 또는 BOM과 같은 객체모델들이 있다. N개의 연동구조를 갖는 연동체계들로 구성된 LVC체계의 객체모델 변환의 복잡도는 첫 번째 방법의 경우에 N^2에 비례하지만 두 번째 방법은 N에 비례한다.

[7-4-16] LVC-IA 기반 미 육군 훈련체계 예

슬라이드는 2006년에 개최된 “Virtual Media for Military Application” 관련 학술대회의 기조연설에서 발표된 LVC-IA 기반의 미 육군 훈련체계의 예를 보여준다. 예시된 훈련체계에서 L체계는 CTIA 연동구조를 사용하는 LT2-FTS 연동체계이고 C체계는 HLA 연동구조를 사용하는 JLCCTC 연동체계이다. 또한 V체계는 LVC 통합환경을 사용하는 SE Core 연동체

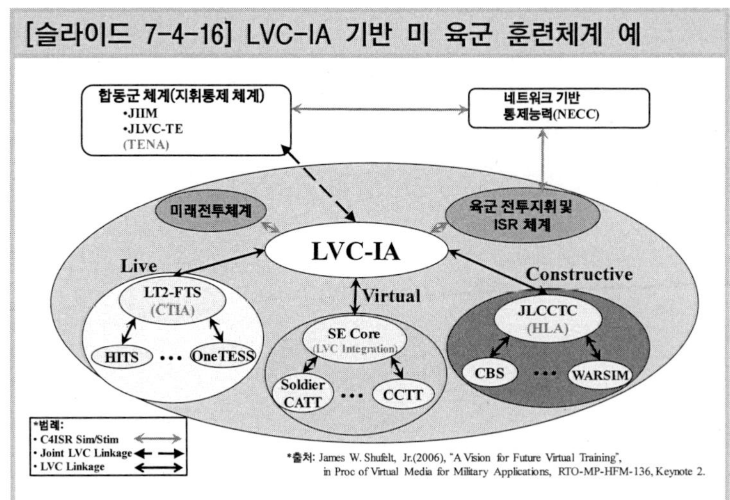

계이다. LVC-IA 기반의 훈련체계에는 미래전투체계와 육군 전투지휘 및 ISR 체계가 포함되며, 외부 체계로 TENA 연동구조를 사용한 합동군 연동체계와 네트워크 기반의 통제능력 체계가 연결된다.

[슬라이드 7-4-17] LVC 연동훈련 참여 체계들

LIVE–LT2-FTS (Live Training Transformation Family of Training Systems)	VIRTUAL–SE Core (Synthetic Environment Core)	CONSTRUCTIVE–JLCCTC (Joint Land Component Constructive Training Capability)
HITS (Homestation Instrumentation System)	Soldier CATT (Soldier Combined Arms Tactical Trainer)	CBS (Corps Battle Simulation)
OIS (Objective Instrumentation System)	CCTT (Close Combat Tactical Trainer)	DBST (Digital Battlestaff Sustainment Trainer)
CTIA (Common Training Instrumentation Architecture)	AVCATT (Aviation Combined Arms Tactical Trainer)	WARSIM (Warfighters' Simulation)
IMTS (Integrated-MOUT Training System)	Other Virtual Systems	OneSAF (One Semi-Automated Forces)
OneTESS (One Tactical Engagement Simulation System)		JCATS (Joint Conflict and Tactical Simulation)
NGATS (Next Generation Air Transportation System)		NWARS (National Wargaming Simulation)
DMPRC (Digital Multi-Purpose Range Complex)		LogFED (Logistics Federation)
		TACSIM (Tactical Simulation)
		CBCSE (Common Battle Command Simulation Equipment)

[7-4-17]
앞 슬라이드에서 보여준 LVC-IA 기반의 연동훈련에 참여하는 구체적인 체계들을 표로 정리하였다. L 연동체계에는 7개, V 연동체계에는 4개 이상, C 연동체계에는 9개의 체계들이 참여하고 있다.

[7-4-18] LVC 연동체계 관련 한·미 현 실태 비교

한국군과 미국군의 LVC 연동체계 관련 실태를 사용 중인 표준 연동구조, 연동의 형태, 연동체계 구조, 연동 기술수준 및 최종 연동기술 목표를 기준으로 비교해 보았다. 사용 중인 표준 연동구조 측면에서 한국군은 현재(2016년 기준) 일부 레거시 연동체계가 DIS로 구성되어 있지만 대부분의 연동체계는 HLA 기반이다. 반면, 미군은 DIS, HLA, TENA, CTIA 등 다양한 표준 연동구조를 사용하고 있다. 연동의 형태 측면에서 보면,

[슬라이드 7-4-18] LVC 연동체계 관련 한·미 현 실태 비교

	한국	미국
사용 표준 연동구조	DIS 혹은 HLA 기반 연동체계 구성	HLA, DIS, TENA, CTIA 등을 사용하여 연동체계 구성
연동의 형태	C-C 연동 체계 구성 위주 및 V-C 및 L-C의 제한적 구성	L-V-C 연동 체계 구성
연동체계 구조	한 개의 연동구조(HLA)를 사용한 시스템 연동체계(비계층적 구조) (예: HLA 기반 연동체계)	시스템 연동체계들을 연동한 연동체계의 연동(계층적 구조) (예: HLA 기반 연동체계 + TENA 기반 연동체계 + CTIA 기반 연동체계)
연동기술 수준	HLA/RTI 적용 수준	HLA, TENA, DIS, CTIA 적용 → LVC-IA(2011 목표) 기반 LVC 체계 개발
최종 연동기술 목표	LVC-IA → 우리 군에서 필요한 기술인가? → 정책적 준비는?	

한국은 C-C 연동 위주로 V-C 및 L-C 연동 체계가 기술시범 수준의 제한적 형태로 추진되었다. 반면, 미군은 L-V-C 연동의 형태로 구축하여 훈련에 적용하였다. 연동체계의 구조 측면에서 보면, 한국군은 단일 연동구조를 사용한 비계층 구조의 연동체계를 구축하고 있으며, 미군은 연동구조의 다양화를 통한 계층/비계층적 연동체계들을 구축하였다. 연동 기술수준 측면에서 보면, 한국군은 HLA/RTI 기술을 적용할 수 있는 수준인 반면, 미군은 다양한 연동구조를 적용할 수 있으며 이들을 통합하는 LVC-IA 기반의 LVC체계 구축이 가능한 수준이다. 우리 군이 최종적인 연동기술의 목표를 미군이 사용하고 있는 LVC-IA로 결정할 경우에 우리 군의 실정에 꼭 필요한 기술을 식별하고 이들을 개발하기 위한 정책적 준비가 필요하다.

[슬라이드 7-4-19] 한국군 LVC체계 발전방안

- ◆ **LVC 연동 체계 개발을 위한 연동구조의 정책적 결정**
  - ❖ 단일 연동구조 사용
    - ● 단일 연동구조로 연동된 체계들 사이의 연동을 통한 LVC체계 구축
  - ❖ 다중 연동구조 사용
    - ● 다른 연동구조로 연동된 체계들 사이의 연동을 통한 LVC체계 구축
- ◆ **HLA 단일 구조로 LVC체계를 개발할 경우**
  - ❖ HLA-Compliant 모델/시뮬레이터 개발
    - ● 소스코드가 확보된 C의 경우는 별 문제가 없음
    - ● V인 경우 사업 제안 시 반드시 요구사항에 포함시켜야 함
  - ❖ 도구화된 연동체계 개발환경
    - ● 예산 절감, 기간 단축, 신뢰성 확보
  - ❖ 다중 페더레이션 구성을 위한 RTI-RTI 연동기술 확보
    - ● HLA 표준의 구조적 문제로 고난이도의 기술 요구
- ◆ **다중 연동구조를 사용하여 LVC체계를 개발할 경우**
  - ❖ HLA 외에 DIS, TENA, CTIA 등 다양한 표준 연동구조에 대한 연구
  - ❖ LVC-IA 기술 연구

[7-4-19]

한국군에서 전력화 수준의 LVC체계 개발을 위해서는 정책, 운용, 기술 측면에서 긴밀한 협조와 준비가 필요하다. 최우선하여 정책적으로 결정해야 할 사항은 LVC체계에 사용될 표준 연동구조들이다. 앞에서 설명한 것과 같이 미 육군에서 구축한 LVC-IA 기반의 LVC체계에서는 참여하는 L 연동체계, V 연동체계 및 C

연동체계에서 각기 다른 연동구조를 사용하고 있다. 따라서 우리 군에서도 LVC체계에 참여할 L 연동체계, V 연동체계, C 연동체계를 구성하는 연동구조를 한 가지로 통일할 것인지(단일 연동구조), 또는 다양한 연동구조 사용을 허용할 것인지(다중 연동구조)에 대한 정책적인 결정이 필요하다.

현재 한국군이 운용하고 있는 레거시 M&S 연동체계의 연동구조는 HLA(또는 HLA의 전신인 DIS)를 사용하고 있다. 또한 전력화된 HLA 기반 연동체계의 대부분은 C-C 연동 형태이며 V-V, L-C 및 V-C 연동 형태의 연동체계도 일부 존재한다. 이러한 점을 고려할 때, 한국군의 LVC체계에 사용되는 연동구조는 HLA 기반의 단일 연동구조가 현실적이다. 따라서 군에서 연구/개발/구매하는 M&S 체계들이 HLA-Compliant 조건을 만족하도록 해야 한다. HLA-Compliant 모델/시뮬레이터를 연구/개발하기 위해서는 도구화된 연동체계 개발환경이 필수적이다. 궁극적으로, HLA 기반의 연동체계들을 연동하는 LVC체계의 구축을 위해서는 RTI-RTI 연동에 필요한 기반 기술과 도구의 개발이 선행되어야 한다. 그러나 다중 연동구조를 사용하는 연동체계들로 LVC체계를 구축하고자 하는 경우에는 사용할 모든 연동구조에 대한 연구가 선행되어야 하며, 이를 토대로 LVC-IA에 대한 연구도 이어져야 한다.

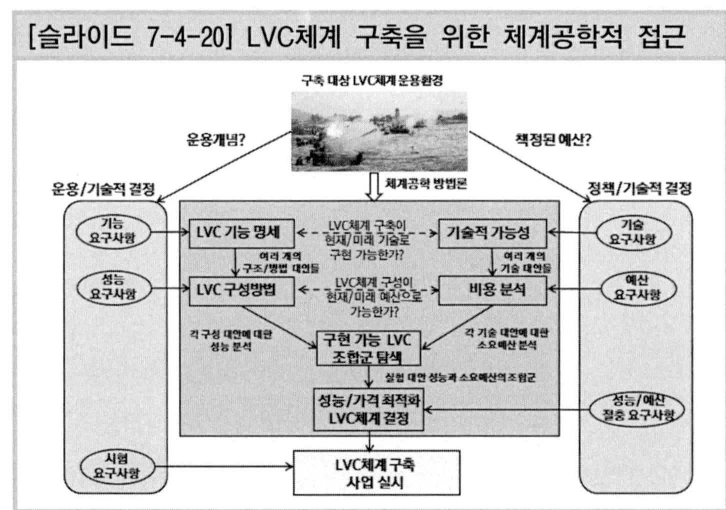

[7-4-20] 체계공학의 최종 목표는 주어진 기능 요구사항을 만족하는 체계 중에서 최소의 비용으로 최고의 성능을 갖는 체계를 개발하는 것이다. LVC체계의 개발 목표가 최소의 비용으로 최고의 성능을 갖는 가상의 합성 전장환경을 구축하는 것이라고 할 경우에 체계공학적 접근은 필수적이다. 체계공학적 접근을 위해서는 기능 요구사항, 성능 요구사항, 기술 요구사항, 예산 요구사항, 성능/예산 절충 요구사항 및 시험 요구사항을 먼저 정의해야 한다.

기능 요구사항은 LVC체계의 기능을, 기술 요구사항은 구현에 사용될 기술을 명세한 것이다. 기능 요구사항과 기술 요구사항에 대한 교차 검토를 통해 주어진 기능을 만족하는 LVC체계의 구축이 현재/미래 기술로 가능한지를 판단할 수 있다. 주어진 기능을 만족하는 LVC체계는 여러 가지의 구성방법이 존재할 수 있고 기술적 접근방법도 비용에 따라 여러 가지 대안들을 고려할 수 있다. LVC체계의 구성방법과 비용분석 결과에 대한 교차 검토를 통해서 주어진 구성방법이 현재/미래의 예산으로 실현이 가능한지를 판단할 수 있다. LVC 체계의 구성 대안들에 대한 성능 분석과 기술 대안에 대한 소요예산 분석을 통하여 구현이 가능한 LVC체계 조합군을 탐색할 수 있다. 마지막으로, 성능/가격 절충 요구사항에 기초하여 구현 가능한 조합군으로부터 성능/가격이 최적화된 LVC체계를 결정하게 된다. 체계공학 방법론을 적용하는 과정에서 수행될 여러 가지 요구사항 명세에는 체계 구축을 위한 기술, 정책, 운용 측면의 협조체계를 필수적으로 포함하여야 한다.

참고문헌

[7-1] 『국방 워게임 모델 목록집』, 합동참모본부, 2009.

[7-2] 강봉구, 김병수, 배장원, 성창호, 김탁곤, 안명길, 천재영, 「NCW 통신 체계의 전투 효과도 분석을 위한 NetSPIN 통신 모델과 워게임 모델의 시뮬레이션 연동」, 한국시뮬레이션학회 논문지, vol. 21, no. 3, pp. 43-55, 2012. 9.

[7-3] 김탁곤, 「수상함의 다중공중위협에 대한 해상 대공 방어(Hard-Kill) 교리검증(1차년도)」, 해군 전투실험 연구용역 최종보고서, 해군전발단, 2009. 11.

[7-4] 김탁곤, 김정훈, 「잠수함 전투체계 교전효과도 분석용 시뮬레이션 구축 기법 연구」, 위탁 연구 최종보고서, 국방과학연구소, 2012.

[7-5] 김탁곤, 김덕수, 성창호, 「워게임 모델과 통신 모델의 연동을 통한 전투력 및 통신시스템 요구 성능의 상호 분석」, 한국통신학회 논문지, vol. 37C, no. 10, pp. 993-1003, 2012. 10.

[7-6] 박정민, 구본화, 이영현, 류동기, 홍우영, 고한석, 임묘택, 「표적 회피기동과 어뢰음향대항 체계를 고려한 경어뢰의 효과도 분석」, 한국시뮬레이션학회 논문지, vol. 20, no. 4, pp. 1-11, 2011.

[7-7] 박상수, 이종호, 「네트워크중심 국방 모델링 및 시뮬레이션을 활용한 SBA 적용 방안 연구」, 한국통신학회지, vol. 28, no. 4, pp. 18-27, 2011.

[7-8] 박희정, 「육군의 LVC통합훈련 발전방향」, 국방과학기술정보지, 52호, pp. 6-26, 2015.

[7-9] 서경민, 김탁곤, 송해상, 김정훈, 정석문, 「성능/교전 효과도의 상호 분석이 가능한 전투 개체 기반의 모델링 방법론 — 제1부: 개념 모델 설계」, 한국군사과학기술학회지, vol. 17, no. 2, pp. 223-234, 2014. 4.

[7-10] 서경민, 최창범, 김탁곤, 「성능/교전 효과도의 상호 분석이 가능한 전투 개체 기반의 모델링 방법론 — 제2부: 상세 모델 설계 및 모델 구현」, 한국군사과학기술학회지, vol. 17, no. 2, pp. 235-247, 2014. 4.

[7-11] 석문기, 송해상, 김탁곤, 「공학급/교전급 모델의 연동 시뮬레이션을 통한 화학전 효과도 분석: 방법론 및 구현 환경」, 한국군사과학기술학회지, vol. 17, no. 1, pp. 71-81, 2014. 2.

[7-12] 육군교육사령부, 『미래전력 창출을 위한 전투실험』, 2006.

[7-13] Carles R. Hicks and Kenneth Turner, "Fundamental Concepts in the Design of Experimentation," Oxford University Press, 1999.

[7-14] Force XX1 Division Analysis: Evolution of Operational Concept and Division Design, www.tradoc.army.mil, 1998.

[7-15] James W. Shufelt, Jr., "A Vision for Future Virtual Training," In Proc of Virtual Media for Military Applications, RTO-MP-HFM-316, Keynote 2, 2006.

[7-16] Jeong Hoon Kim, Chang Beom Choi, and Tag Gon Kim, "Battle Experiments of Naval Air Defense with Discrete Event System-based Mission-level Modeling and Simulations," The Journal of Defense Modeling and Simulation: Applications, Methodology, Technology, vol. 8, no. 3, pp. 173-187, July 2011.

[7-17] Kim, J.H., Moon, I.C., and Kim, T.G., "New insight into doctrine via simulation interoperation of heterogeneous levels of models in battle experimentation," Simulation: Transactions of The Society for Modeling and Simulation International, vol. 88, no. 6, pp. 649-667, 2012.

[7-18] Tim LeTouzel, "Live, Virtual & Constructive (LVC) Training in Korea," Technical Seminar, KAIST, April 2009.

[7-19] Robert Lutz, etc, "Live-Virtual-Constructive Architecture Roadmap — Architecture Neutral Data Exchange Model (ANDEM) Assessment," Tech Report NSAD-R-2011-017, APL, Johns Hopkins Univ., 2011.

[7-20] Sanders, Patricia, "Study on the Effectiveness of Modeling and Simulation In the Weapon System Acquisition Process," DoD Tech Report, October 1996.

[7-21] Kyung-Min Seo, Hae Sang Song, Se Jung Kwon and Tag Gon Kim, "Measurement of Effectiveness for an Anti-torpedo Combat System Using a Discrete Event Systems Specification-based Underwater Warfare Simulator," The Journal of Defense Modeling and Simulation: Applications, Methodology, Technology, vol. 8, no. 3, pp. 157-171, July 2011.

제 8 장 고급 국방 M&S 기술

대상 시스템이 동일하다고 해도 모델링 목적에 따라 모의수준을 다르게 표현할 수 있으며, 동일한 모의수준이라 하더라도 모델링 방법을 달리 적용할 수 있다. 이 장에서는 모델링 목적에 따라 모델의 표현방법을 달리하는 다중해상도 및 다중충실도 모델링 방법을 소개한다. 또한 동일한 모의수준을 다른 관점에서 표현하는 모델링 방법으로서 에이전트 기반 모델링, 시스템 다이내믹스 및 이산사건 모델링 방법을 비교하여 설명한다. 또 다른 이슈로서 모델에 입력을 가한 후 출력을 관찰하는 전통적인 시뮬레이션 방법과는 달리, 주어진 출력을 만족시키는 입력변수 값들을 찾아내는 역방향 시뮬레이션 개념과 구현방법을 알아본다. 다음으로 대규모의 국방 모델 개발을 위한 체계화된 모델개발 방법론, 검증(V&V) 절차 및 자동화된 V&V 도구를 소개한다. 마지막으로, 최근 이슈가 되고 있는 인공지능 기술을 국방 M&S에 접목시키는 방안과 예에 대해서도 설명한다.

8.1 에이전트, 시스템 다이내믹스 및 이산사건 모델링

[슬라이드 8-1-1] 국방 모의수준에 따른 모델링 방법

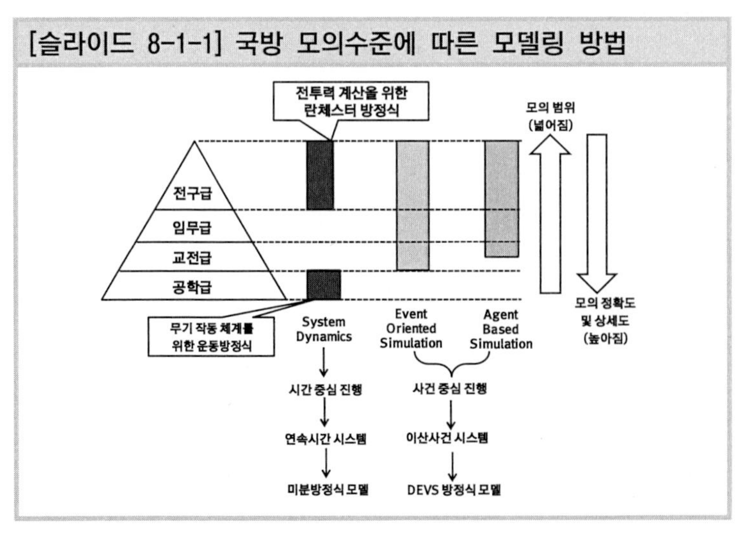

[8-1-1]

국방 모의수준을 나타내는 공학급, 교전급, 임무급 및 전구급은 각각의 모델링 목적을 가지며 모의 범위와 상세도가 다르다. 공학급은 모의 범위가 가장 협소하지만 모의 정확도 및 상세도는 가장 높은 반면, 전구급은 모의 범위는 가장

넓지만 모의 정확도 및 상세도가 가장 낮다. 모의 범위 및 정확도/상세도가 달라지면 모델링 방법이 달라질 수 있다. 일반적으로, 공학급 모델은 대상 시스템의 행위에 대해 미시적 관점에서 시간 중심으로 시스템의 동특성(System Dynamics)을 추적하는 모델링 방법을 사용하며, 교전급 이상 모델은 거시적 관점에서 사건 중심으로 추적하는 모델링 방법을 사용한다.

시간 중심으로 관찰하는 시스템을 연속시간 시스템, 사건 중심으로 관찰하는 시스템을 이산사건 시스템이라 부르며, 각각 미분방정식 및 DEVS 방정식으로 모델링할 수 있다. 전구급(또는 임무급) 모의수준의 이산사건 모델이라 할지라도 여러 가지 (비현실적인) 가정 사항을 적용하면 연속시간 모델로 변환되어 란체스터 방정식과 같은 형태로 표현할 수 있다. 이산사건 모델은 단순히 사건을 중심으로 모델을 표현하고 시뮬레이션할 수 있지만 에이전트 기반으로 모델링하여 시뮬레이션할 수도 있다.

[슬라이드 8-1-2] 전투/교전 모델링 기법의 비교

	System Dynamics	Event Oriented Simulation	Agent Based Simulation
전투상황 표현	α, β 등의 파라미터로 표현	전투행동 모델의 상태변수로 표현	전투상황 묘사 모델 필요
전투개체 표현	파라미터 값(숫자)으로 표현	수동적 데이터 모델로 표현	능동적 객체모델 (에이전트)로 표현
일반적 모델링 공식	미분방정식 (란체스터 방정식)	DEVS 방정식	DEVS 방정식
시뮬레이션 방법	미분방정식의 수치 해석	Event 기반으로 시뮬레이션 진행	에이전트의 상호작용으로 시뮬레이션 진행
국방 M&S의 예제	ITEM 등	창조, 창공, 청해, 천자봉 등	Einstein, OneSAF, MANA 등

[8-1-2]
슬라이드는 국방 모의수준에 따라 적용할 수 있는 여러 가지 모델링 기법들을 전투상황 표현, 전투개체 표현, 일반적 모델링 공식, 시뮬레이션 방법 및 국방 M&S 예제를 기준으로 비교하여 정리한 것이다.

[8-1-3] 에이전트의 정의, 특성 및 예

일반적으로 에이전트는 M&S뿐만 아니라 S/W, 인공지능 등의 분야에서 다양하게 활용되고 있는 개념이다. 에이전트란 스스로 주변 환경(상황)을 인지하여 상황에 맞추어 자율적인 행동을 수행할 수 있는 개체라고 정의한다. 국방 M&S의 경우에 에이전트의 주변 환경은 전장공간이 되며, 에이전트는 탐지된 전장상황을 인식하고 분석한 후 정해진 행동 규칙에 따라 대응방법을 결정하여 행동을 수행하게 된다. 국방체계에서 에이전트는 의사결정자(지

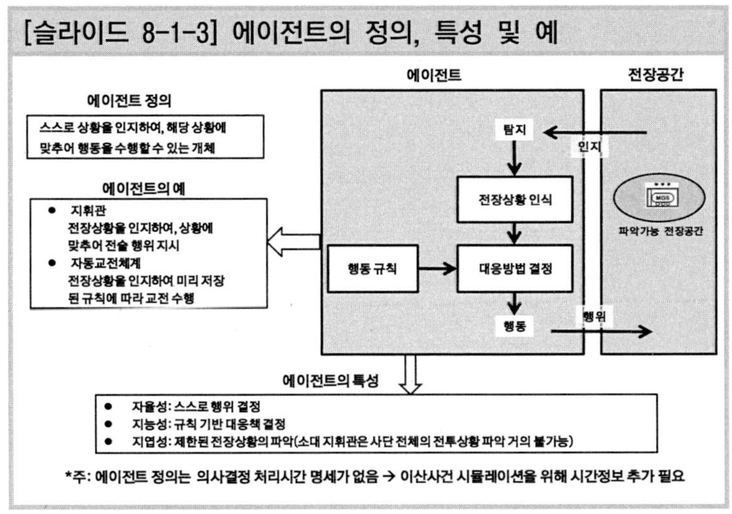

휘관) 또는 자동교전체계 등이 될 수 있다. 따라서 에이전트 기반 M&S란 지휘관 또는 자동교전체계를 에이전트 개념으로 묘사하여 시뮬레이션하는 것을 의미한다.

에이전트의 특성은 자율성, 지능성 그리고 지엽성으로 요약할 수 있다. 자율성이란 에이전트가 스스로 의사결정을 하고 그에 따라 실행한다는 뜻이다. 지능성이란 에이전트가 의사결정 과정에서 대상 시스템에 대한 지식 및 과거 경험 등을 바탕으로 구축된 규칙 기반을 이용한다는 의미이다. 지엽성이란 각 에이전트는 제한된 영역의 주변 환경만을 파악할 수 있다는 의미이다. 따라서 전역 환경에 대응하기 위해 각 에이전트들은 자신과 이웃한 에이전트들과 협업을 하게 된다. 모든 에이전트의 의사결정 과정에는 다소간의 시간이 소요되기 때문에 에이전트 기반 시뮬레이션을 위해서는 에이전트 모델의 명세에 의사결정(대응방법 결정) 소요시간을 반드시 포함시켜야 한다.

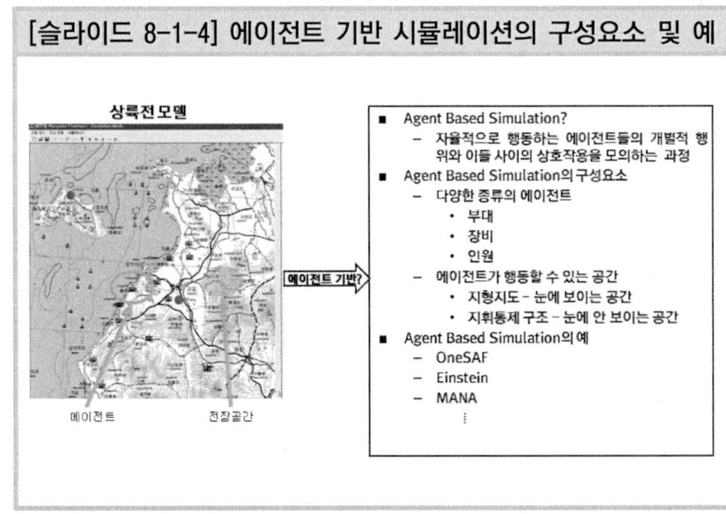

[8-1-4]

에이전트 기반 시뮬레이션(ABS: Agent Based Simulation)은 자율적으로 행동하는 에이전트들의 개별적 행위와 이들 사이의 협업적 상호작용을 모의하는 과정이다. 에이전트 기반 시뮬레이션에 참여하는 에이전트들은 부대, 장비, 인원 등이 될 수 있으며 에이전트의 행동 공간은 유형의 지형지도 또는 무형의 지휘통제 구조 등이 될 수 있다. 에이전트 기반 시뮬레이션 모델의 예로는 OneSAF, Einstein, MANA 등이 있다.

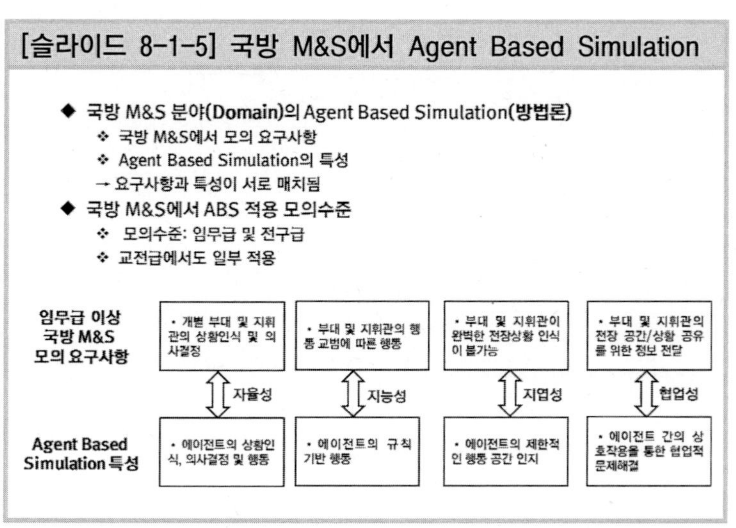

[8-1-5]

에이전트 기반 시뮬레이션은 국방 M&S에 특화된 기법이 아니며 일반적으로 자율성, 지능성 및 지엽성을 갖는 의사결정이 요구되는 M&S 분야에 적용되고 있다. 임무급 이상의 모의수준을 갖는 국방 M&S에서는 모의 요구사항과 에이전트 기반 시뮬레이션의 특성이 상당부분에서 일치한다. 그림에서는 에이전트의 특성인 자율성, 지능성, 지엽성 그리고 에이전트 기반 시뮬레이션 과정에서 에이전트 간의 상호작용을 의미하는 협업성을 모의 요구사항에 대응시켜 제시하였다.

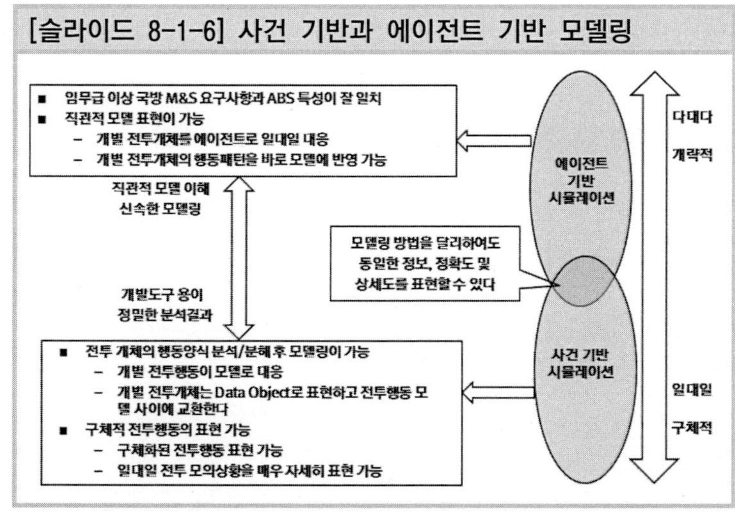

[8-1-6]

사건 기반 모델링과 에이전트 기반 모델링 방법을 비교하여 설명한다. 일반적으로, 모델링 방법이 달라도 대상 시스템에 대한 정보, 정확도 및 상세도는 동일하게 표현할 수 있다. 에이전트 기반 모델링은 개별 전투개체와 에이전트를 일대일로 대응시키는 직관적인 모델 표현이 가능하여 다대다 교전을 신속하고 개략적으로 표현하는 데 적합하다. 반면, 사건 기반 모델링은 전투개체의 정보를 데이터로, 행위를 모델에 대응시킨 후 다양한 개발도구를 활용하여 일대일(또는 일대다) 교전을 구체적으로 표현할 수 있기 때문에 정밀한 분석결과를 얻는 데 적합하다.

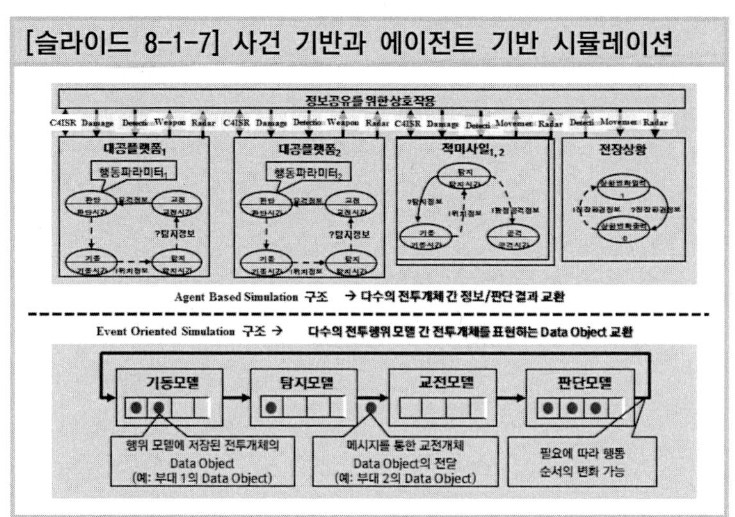
[슬라이드 8-1-7] 사건 기반과 에이전트 기반 시뮬레이션

[8-1-7]
슬라이드에서는 에이전트 기반 시뮬레이션과 사건 기반 시뮬레이션 방법을 비교하여 설명한다. 에이전트 기반 시뮬레이션은 전투개체(예: 플랫폼, 미사일 등)를 표현하는 에이전트들의 개별적인 정보/판단 결과를 상호 교환하는 방식으로 진행된다. 반면, 사건 기반 시뮬레이션은 전투행위 모델들(예: 기동 모델, 탐지 모델 등) 사이에 전투개체 정보(예: 부대자산, 장비 등)를 주고받는 방식으로 진행된다.

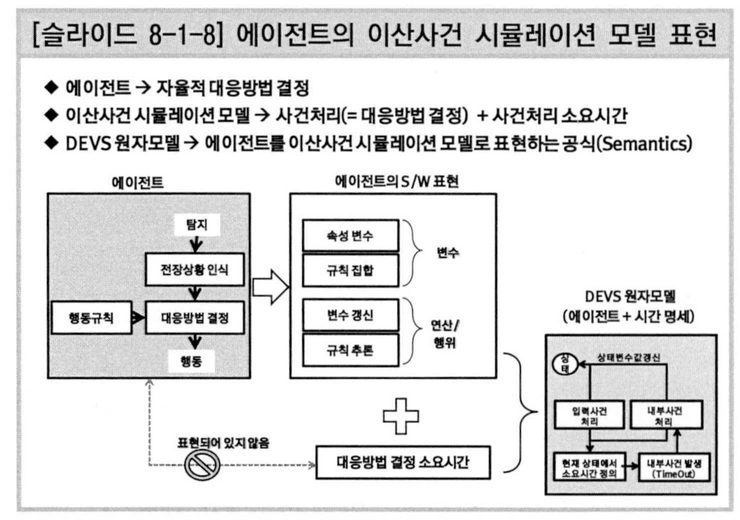
[슬라이드 8-1-8] 에이전트의 이산사건 시뮬레이션 모델 표현

[8-1-8]
에이전트는 자신의 지능을 이용하여 주변 상황에 대해 자율적으로 대응방법을 결정할 수 있다. 이산사건 모델 관점에서 보면 주변 상황은 사건에 해당되고 자율적인 대응방법은 사건처리에 해당한다. 에이전트를 S/W 모델로 나타내

면 변수와 연산으로 표현할 수 있다. 에이전트를 이산사건 모델로 표현하려면 에이전트의 S/W 모델에 자율적 대응(사건처리)에 소요되는 시간(사건처리 소요시간)을 명세할 수 있어야 한다. DEVS 모델링 방법을 사용하면 이를 구현할 수 있다. 즉, DEVS 모델의 사건처리 함수와 소요시간을 명세하는 시간전진 함수를 이용하면 에이전트를 이산사건 모델로 표현할 수 있게 된다.

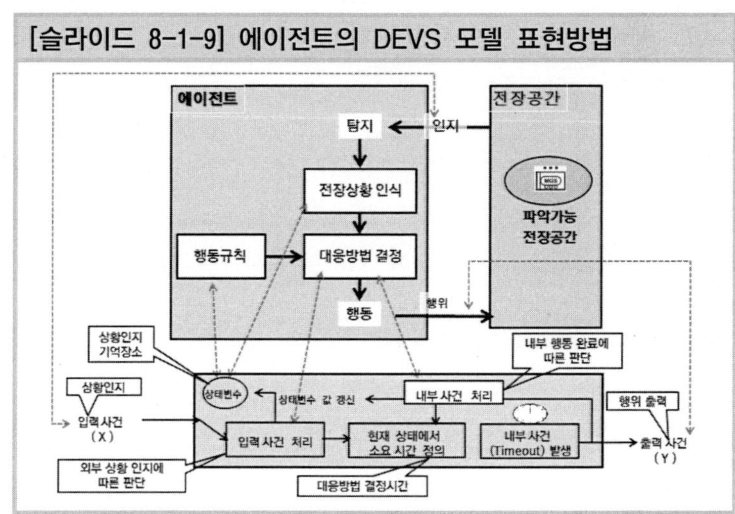

[8-1-9]

에이전트에 대한 이산사건 시뮬레이션 모델을 DEVS 원자모델로 표현하는 방법에 대해 설명한다. 먼저, 에이전트의 입력과 출력은 DEVS 원자모델의 입력과 출력에 대응된다. 에이전트의 전장상황은 원자모델의 상태변수에 저장하며 행동규칙(조건-귀결의 집합)도 상태변수에 대응시킬 수 있다. 전장상황에서 대응방법 결정은 원자모델의 상태천이 함수에 해당되며 각각의 대응방법 결정 시간은 시간전진 함수에 표현해야 한다. 외부 상태천이 함수는 외부의 상황 인지에 따른 사건처리를 담당하며 내부 상태천이 함수는 내부의 행동이 완료되었을 때 다음 행동의 결정에 대해 명세한다.

[8-1-10] 에이전트 기반 DEVS 모델링 예 - 수상함 대공전

DEVS 방법을 통한 에이전트 기반 모델 및 시뮬레이션의 한 가지 예로서 수상함정의 대공전 모델에 대해 설명한다. 우선 수상함정의 대공전 기능에 대한 에이전트 기반의 DEVS 모델을 그래프 형식의 원자모델과 블록다이어그램 형식의 결합모델로 표현하였다. 수상함의 대공전 모델은 전장환경과 전투개체들로 구성되며, 전투개체에는 대공 플랫폼과 적 미사일이 포함된다. 전투개체들을 각각의 DEVS 원자모델로 표현하고 전장환경에서 전투개체들 간의 상호작용은 결합모델에서 원자모델들 사이의 결합(Coupling)으로 나타내었다. 대공 플랫폼과 적 미사일에 대한 원자모델에서 각 임무(상태변수)는 원으로, 원의 반쪽

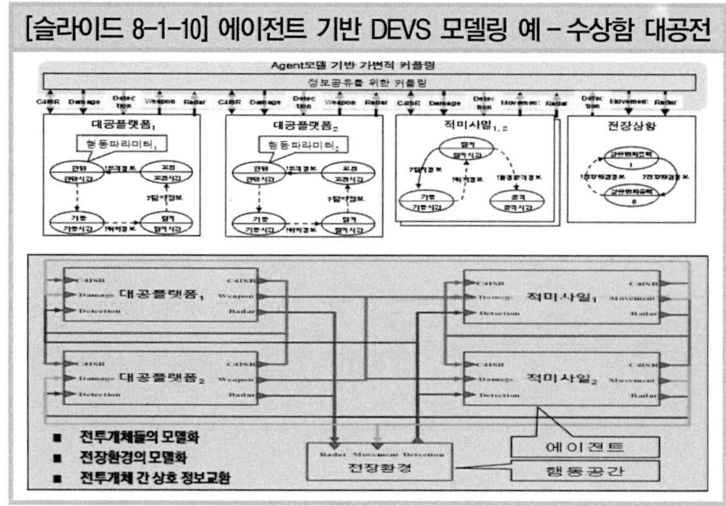

윗부분에는 임무 명칭을, 반쪽 아랫부분에는 임무 소요시간을 나타내었다. 임무와 임무 사이의 실선은 외부 상황에 대응하는 임무 변경을 나타내며 점선은 내부적 상황판단에 의한 임무 변경을 나타낸다.

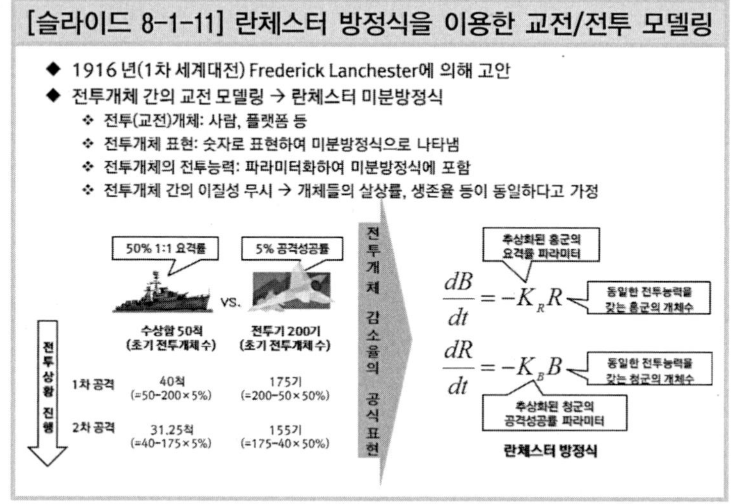

[8-1-11]

전투개체들 사이의 교전 모의는 이산사건 모델로 표현할 수 있지만 교전 상황 및 전투개체에 대해 가정 사항을 적용하면 닫힌 형태의 연립 미분방정식인 란체스터 방정식으로 대신할 수 있다. 란체스터 방정식은 1차 세계대전 중인 1916년에 Frederick Lanchester에 의해 고안된 것으로 피·아 전투개체(예: 사람, 플랫폼 등)의 숫자(예: 생존자 수)와 전투능력을 표현하는 파라미터(예: 공격성공률)들 사이의 관계(제약조건)를 연립 미분방정식 형태로 나타낸 것이다. 연립 미분방정식은 단위시간당 전투개체 수의 감소 과정을 표현하며 방정식의 해(풀이)는 시간에 따른 피·아 전투개체의 수를 명시적으로 나타낸다. 란체스터 방정식은 교전에 참여하는 전투개체들의 전투능력이 동일하다고 가정한다.

그림에는 수상함과 전투기 간의 교전상황을 가정하여 교전결과를 란체스터 방정식 개념으로 추적하여 나타내었다. 전투개체는 수상함과 전투기로, 이들의 초깃값은 각각 50척, 200기이다. 수상함의 전투능력은 수상함 1척이 50%의 요격이 가능하다고 가정하고, 전투기의 전투능력은 전투기 1기가 5%의 공격성공률을 보인다고 가정한다. 교전 시나리오로는 전투기 200기와 수상함 50척이 동시에 상대방을 공격하는 과정이 2회 반복되는 것으로 가정한다. 1차 공격의 결과로 수상함의 수는 50(초기 수상함 수) − 200 × 5%(전투기 1기의 공격성공률) = 40척이 된다. 마찬가지로 생존한 전투기의 수는 200(초기 전투기 수) − 50 × 50%(수상함 1척의 요격률) = 175기가 된다. 1차 공격의 결과로 각 전투개체의 수는 40(수상함) 및 175(전투기)로 표현된다. 같은 방법으로 2차 공격을 실시하면 수상함과 전투기의 전투개체 수는 각각 31.25척 및 155기가 남게 된다. 전투상황이 진행되는 동안 이러한 과정을 되풀이하면 전투종료 조건(교리에 의한 조건 또는 분석자가 설정한 조건)이 충족되었을 때 피·아 전투개체(수상함, 전투기)의 최종적인 생존 수량이 구해지게 된다. 전투기를 청군(B), 수상함을 홍군(R)으로 정의하여 전투개체(청군 및 홍군) 감소율을 공식으로 표현하면 오른쪽 아래와 같은 연립 미분방정식 형태의 란체스터 방정식이 된다.

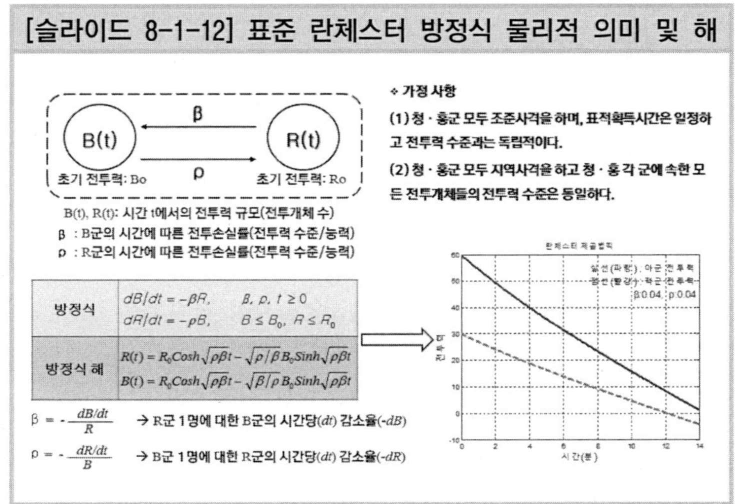

[8-1-12]

란체스터 방정식은 전투상황에 따라 여러 가지의 확장된 형태가 존재하는데, 여기서는 가장 간단한 형태의 표준 란체스터 방정식의 의미와 해에 대하여 알아본다. 우선, 전투상황을 란체스터 방정식으로 모형화하기 위한 가정 사항 (1), (2)를 제시하였다. 특히 가정 사항 (2)에서 제시한 것과 같이 모든 전투개체(예: 사람, 플랫폼 등)의 전투력 수준(전투능력)이 동일하다는 가정은 란체스터 방정식의 직관성에 기여하지만, 모델의 정확도에 대한 한계를 나타내는 요인이 된다.

두 개의 연립 미분방정식은 청·홍군의 시간에 따른 전투력 규모(전투개체 수로 인원, 장비 등)를 전투손실률을 이용하여 나타낸다. B(t) 및 R(t)는 각각 시각 t에서 청군 및 홍군의 전투력 규모, β는 청군의 시간에 따른 전투손실률, ρ는 홍군의 시간에 따른 전투손실률을 나타낸다. 란체스터 연립 미분방정식에서 구하고자 하는 B(t) 및 R(t)는 왼쪽 아래 표에 주어진 닫힌 형태의 다소 복잡한 시간함수로 표현되어 2개의 그래프로 나타낼 수 있다. 오른쪽 아래 그림은 란체스터 방정식에서 $B_0 = 60$, $R_0 = 30$, $\beta = \rho = 0.04$인 경우에 B(t)와 R(t)를 그래프로 나타낸 것이다. 미분방정식 $dB/dt = -\beta R$로부터 $\beta = -(dB/dt) / R$로 표현되며, R = 1(적군 1명)에 대한 B(아군)의 시간당 감소율(-dB/dt)을 나타낸다. 마찬가지로, $\rho = -(dR/dt) / B$로 표현되어 아군 1명에 대한 적군의 시간당 감소율을 나타낸다.

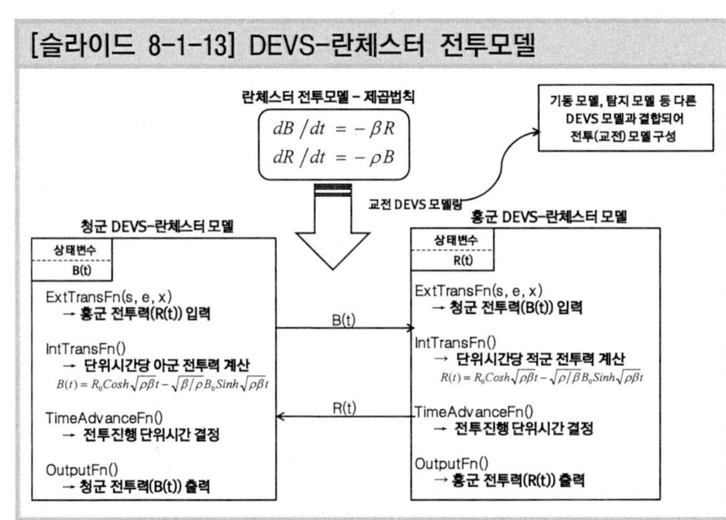

[8-1-13]

워 게임에서는 기동, 탐지, C2 및 교전 등의 절차를 거치게 되며 각 과정을 이산사건 모델로 표현할 수 있었다. DEVS 모델을 사용하여 워 게임을 표현할 경우에 교전 과정에 대한 DEVS 모델에 란체스터 방정식을 삽입한 모델을 DEVS-란체스터 모델이라고 부르기로 한다. DEVS-란체스터 모델에서는 청·홍군 각각을 DEVS 모델로 표현하고 청군모델의 상태변수를 B(t), 홍군모델의 상태변수를 R(t)로 정의하며 란체스터 방정식을 DEVS 모델의 내부천이 함수에 삽입한다. 시뮬레이션 과정에서는 DEVS의 시간전진 함수에 정의된 시간 간격에 맞춘 내부천이 실행에서 란체스터 방정식의 해에 파라미터값들을 대입하여 B(t)와 R(t)를 갱신하고 이 값들을 출력함으로써 상대방 모델에 입력으로 전달하도록 한다.

[8-1-14] 란체스터 모델의 시뮬레이션 예

란체스터 모델의 시뮬레이션은 란체스터 미분방정식의 해에 정해진 시간 간격으로 현재의 전투력 수준인 B(t)와 R(t), 그리고 전투손실률인 β 및 ρ 값을 대입하면 된다. 슬라이드에는 초기 전투력 수준과 전투손실률 값을 파라미터화하여 란체스터 방정식을 계산한 결과를 도시하였다. 표준 란체스터 방정식의 해를 다른 모양으로 정리하면 $\rho\ (B_0^2 - B^2) = \beta\ (R_0^2 - R^2)$로 표현되는데 이것을 란체스터 자승(제곱)법칙이라고 부른다. 방정식의 해는 B(t)와 R(t) 값이 음수가 될 수 있지만 물리적인 의미는 없으며 이들 값은 항상 0 이상이 되어야 한다.

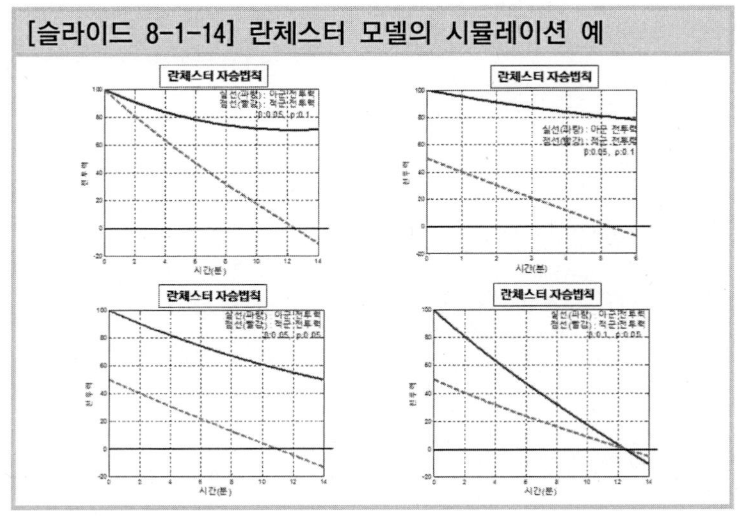

[슬라이드 8-1-14] 란체스터 모델의 시뮬레이션 예

[8-1-15] 란체스터 방정식의 제한점은 가정 사항으로부터 유추할 수 있다. 가정 사항 중 청·홍군 각각에 대하여 모든 참여 전투개체(예: 사람, 플랫폼 등)의 전투능력(전투손실률)을 동일하게 취급한 것은 비현실적인 제한 사항이 될 수 있다.

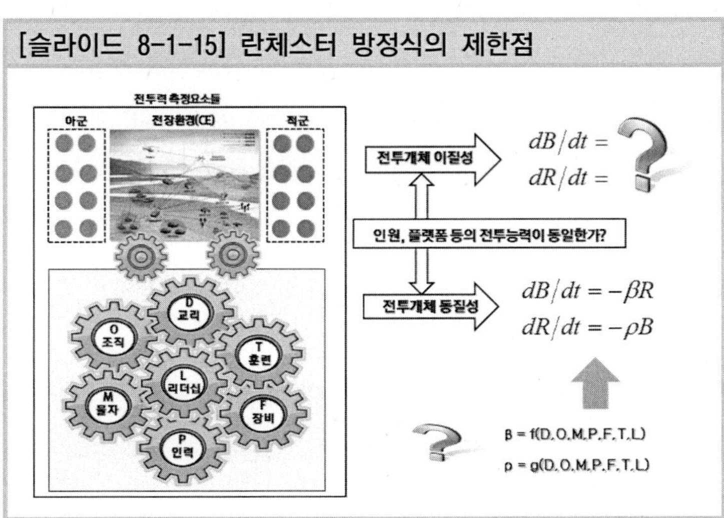

[슬라이드 8-1-15] 란체스터 방정식의 제한점

각 전투개체들의 전투능력 동질성을 인정한다 하더라도 전투손실률을 단순히 β 및 ρ 값으로 표현하는 것도 제한점이 될 수 있다. 왜냐하면, 각 전투개체의 전투손실률은 교리, 조직, 물자, 인력, 장비, 훈련 등 전투능력과 관련된 모든 요소들이 고려되어야 하기 때문이다.

[슬라이드 8-1-16] 란체스터 전투모델의 확장 및 특징

방정식의 성질	방정식 표현	특징 및 적용대상
제곱법칙 (square law)	$dB/dt = -\beta R, \quad \beta, \rho, t \geq 0$ $dR/dt = -\rho B, \quad B \leq B_0, R \leq R_0$	≻직접(직사)화기의 교전상황을 묘사 ≻피아 전투부대가 화기의 사정거리 내에 위치하고 상대방의 위치와 사격 후 표적의 생존 여부를 정확히 관측할 수 있는 경우에 적용 ≻표적이 무력화된 것이 확인되면 곧 또 다른 생존 표적으로 즉시 화력을 전환하여 집중
제1선형법칙 (first linear law)	$dB/dt = -\beta, \quad \beta, \rho, t \geq 0$ $dR/dt = -\rho, \quad B \leq B_0, R \leq R_0$	≻아군과 적군이 개별전투, 개인 대 개인, 혹은 무기 대 무기 형태로 전투하고, 조준 사격을 할 때 쌍방의 손실률이 일정한 경우에 적용되는 법칙
혼합법칙	$dB/dt = -\beta R, \quad \beta, \rho, t \geq 0$ $dR/dt = -\rho BR, \quad B \leq B_0, R \leq R_0$	≻비정규전(소규모 게릴라전투, 잠복전, 포위잠복전)에 적용 ≻지원무기의 효력, 전투부대의 훈련 혹은 사기의 효력 그리고 무기체계의 일시적 변화 등을 포함
지수법칙 (logarithmic law)	$dB/dt = -\beta B$ $dR/dt = -\rho R$	≻15,000명 이상의 전투원이 참가하는 대규모 전투에 적용 ≻전투원 손실률 혹은 각 기간에서의 손실은 자기측 전투원 수에 직접 비례
확장형 법칙	$dB/dt = -\beta R - \gamma B + K$ $dR/dt = -\rho B - \delta R + L$	≻보다 복잡한 전투상황을 모형화 ≻다양한 형태의 무기체계, 사거리, 사용된 전술 및 교리, 적 활동에 대한 정보, 전투 환경, 군수문제, 산업능력 등을 고려

[8-1-16]
란체스터 방정식은 앞서 설명한 표준형(기본형) 외에 전투상황과 조건이 다른 경우에 적용하기 위해 여러 형태의 확장된 모형이 존재한다. 표에는 확장된 란체스터 전투모델들을 요약하고 이들의 특징 및 적용대상을 제시하였다.

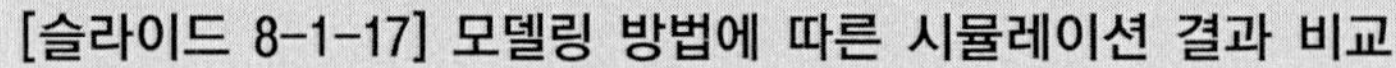

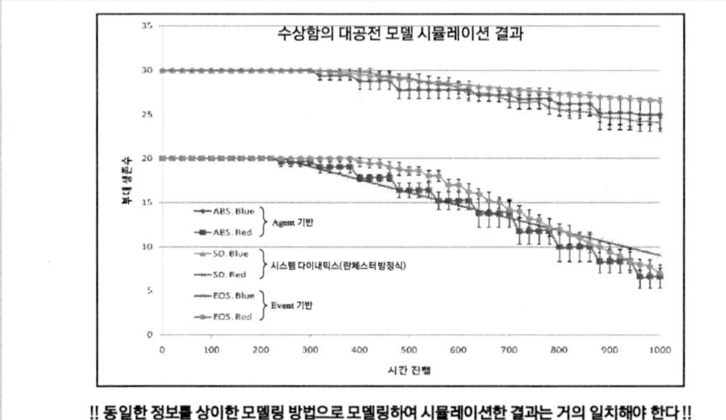

!! 동일한 정보를 상이한 모델링 방법으로 모델링하여 시뮬레이션한 결과는 거의 일치해야 한다 !!
→ 건물 화재를 영어, 한국어, 일본어, 중국어로 표현하면 무엇이 달라지는가?
→ 목적에 따라 M&S 방법을 다르게 선택할 수 있지만 결과는 크게 달라지지 않는다.

[8-1-17]
지금까지 설명을 통해 동일한 전투상황에 대하여 여러 가지 모델링 방법들이 적용될 수 있음을 알았다. 그렇다면 주어진 전투상황에 대하여 어떤 모델링 방법이 가장 쉬우면서 시뮬레이션 결과가 정확한 것일까? 만약 그런 모델링 방법이 존재한다면 우리는 오직 그 방법만을 사용하게 될 것이다. 그러나 그런 방법은 존재하지 않는다. 그 이유는 모델링 방법을 언어에 비유하면 쉽게 이해할 수 있다. 예를 들어, 건물 화재가 발생한 상황을 영어, 한국어, 중국어, 일본어로 각각 표현했을 때 어떤 언어를 사용하면 가장 쉽고 정확하게 표현할 수 있을까? 사람에 따라 사용하는 언어는 다르겠지만 건물 화재 상황은 모두 동일하게 표현될 수 있다. 마찬가지로, 모델링 방법은 모델링 목적에 따라 다르게 선택할 수 있지만 모델의 복잡도가 동일하다면 시뮬레이션의 결과는 동일해야 한다. 그림에는 동일한 교전상황에 대하여 3가지 접근방법, 즉 에이전트 기반 모델링,

란체스터 방정식 및 이산사건 기반 모델링 방법을 사용하여 시뮬레이션한 결과를 나타내었으며, 이를 통해 모델링 방법에 관계없이 유사한 결과가 얻어진다는 것을 확인할 수 있다.

8.2 다중해상도/다중충실도 M&S 기술

[슬라이드 8-2-1] Resolution(해상도)와 Fidelity(충실도) 정의

- Resolution [SISO/SIW] → **해상도(정밀도)**
  - The degree of detail and precision used in the representation of real world aspects in a model or simulation
- Fidelity [SISO/SIW] → **충실도(정확도)**
  - The degree to which the representation within a simulation is similar to a real world feature, or condition in a measurable or perceivable manner
- **다중해상도 모델:** Multi-Resolution Model(MRM)
  - **동일한 대상 시스템을 상이한 상세도를 갖는 모델들로 표현**
  - MRM**을 구성하는 각 모델은 단일 모델이거나 결합 모델**
- MRM Family(**혹은 집합)**
  - **동일한 대상 시스템을 표현하는** MRM**들의 집합**
  - MRMF**에 정의된 연산: 2개의 함수,** Aggregation**과** Disaggregation
- **다중해상도 시뮬레이션:** Multi-Resolution Simulation(MRS)
  - **전체 모델 혹은 일부 부 모델들이** MRM F**로 구성된 경우의 시뮬레이션**
  - **단독 시뮬레이션 vs. 연동 시뮬레이션**

[8-2-1]

시스템의 동작을 모델로 표현할 경우 해상도(Resolution)와 충실도(Fidelity)는 전혀 다른 개념이다. 해상도(정밀도)는 모델이 대상 시스템을 얼마나 정밀하게 표현하는가에 대한 문제이고, 충실도(정확도)는 모델이 대상 시스템을 얼마나 정확하게 표현하는가에 대한 문제이다. 다중해상도 모델(MRM)은 동일한 모델링 대상을 상세도가 다른 여러 모델들의 집합으로 표현한 것으로, 각 모델은 단독 모델(예: DEVS 원자모델)이거나 여러 모델들이 결합된 모델(예: DEVS 결합모델)이 될 수 있다. 다중해상도 모델 집합(MRM Family)은 동일한 대상 시스템을 상이한 해상도로 표현한 모델들의 집합으로 이 집합에 정의된 연산에는 결합(Aggregation)과 분해(Disaggregation)가 있다. 다중해상도 시뮬레이션은 시뮬레이션 모델 전체 또는 일부가 다중해상도 모델 집합으로 표현되는 경우이며 단독 또는 연동 모드로 실행될 수 있다.

[8-2-2] Fidelity와 Resolution 구별 – 전차 기동 모델 예

충실도(Fidelity)와 해상도(Resolution)의 차이점을 이해하기 위해 전차의 기동 모델을 예로 들어 설명한다. 전차의 이동거리 s(t), 초기속도 v_0 및 가속도 a(t) 사이의 관계식은 물리학에

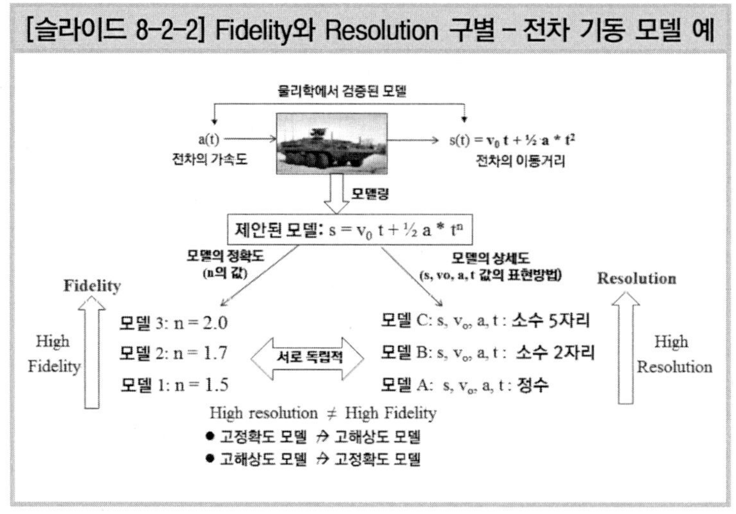

서 이미 검증된 것으로 모델의 기동방정식은 $s(t) = v_0t + 1/2at^2$으로 표현된다. 정확한 방정식을 모르는 상태에서 모델의 기동방정식을 $s(t) = v_0t + 1/2at^n$으로 제안했다고 가정하자. 모델 1, 모델 2 및 모델 3의 n값이 각각 1.5, 1.7 및 2.0이라면 각 모델의 충실도는 다르며 모델 3(n = 2.0)이 가장 충실도가 높은 모델이 된다. 그러나 해상도가 다른 모델 A, 모델 B 및 모델 C는 모두 n = 2.0이지만 s, v_0, a, t 값의 표현을 정수 또는 실수로 표현할 수 있고 실수인 경우라도 소수점 이하 자릿수를 다르게 할 수 있다. 결론적으로, 해상도와 충실도는 독립적인 성질이기 때문에 고충실도가 고해상도를 의미하는 것이 아니며, 반대로 고해상도가 고충실도를 의미하는 것도 아니다.

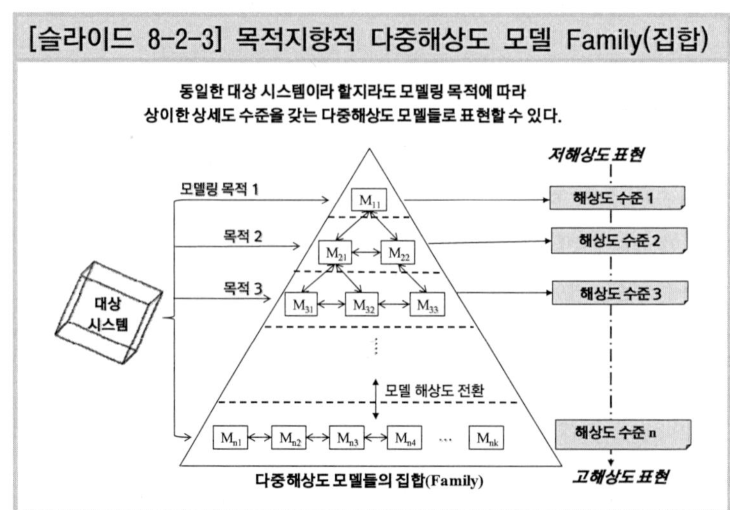

[8-2-3]

다중해상도 모델이란 동일한 대상 시스템을 목적에 따라 상이한 해상도 수준으로 표현한 모델들로, 다중해상도 모델 집합(MRM Family)을 구성한다. 일반적으로, MRM 집합에 포함된 저해상도 모델의 구조는 고해상도 모델의 구조보다 간단하며 모델 내에 포함된 정보량(상태변수의 수)도 적다. MRM 집합 내에 있는 모델들 사이의 전환을 모델 해상도 전환이라고 한다. 해상도 전환은 인접하는 해상도 수준의 모델들 사이에 가능하며 해상도 수준이 인접하지 않은 경우에는 인접 모델에 대한 해상도 전환을 순차적으로 적용함으로써 해상도 전환이 가능하다.

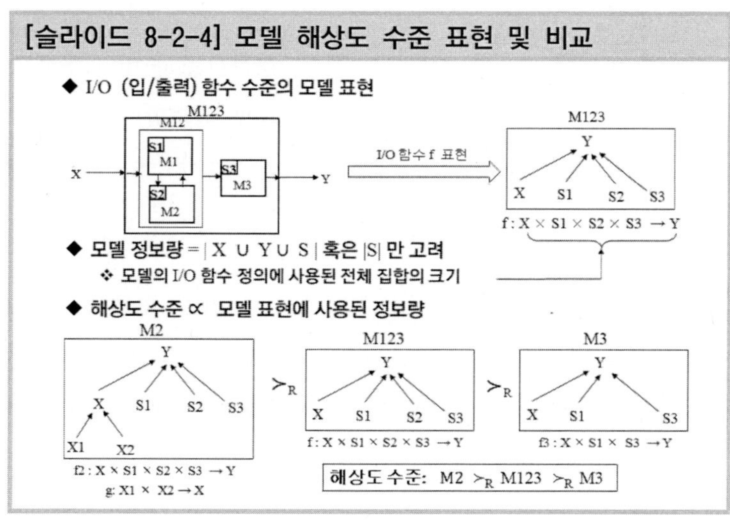

[8-2-4]

슬라이드 왼쪽 위에 표시한 모델 M123는 부모델 M1, M2 및 M3로 구성되어 있으며 이들은 각각 상태변수 S1, S2, S3를 소유하고 있다. 모델의 추상화된 표현으로 상태변수를 고려한 입력/출력(I/O) 함수 관계로 나타낼 수 있다. 모델 M123의 추상화된 표현은 슬라이드의 오른쪽 위 그림과 같으며 I/O 함수 관계는 $f{:}X \times S1 \times S2 \times S3 \rightarrow Y$로 표현할 수 있다. 여기서, 함수 f(.)의 의미는 모델 M123의 출력 Y가 입력 X 및 모델 내부에 포함된 상태변수들 S1, S2, S3에 의해서 결정된다는 것으로, $y = f(x \in X,\ s1 \in S1,\ s2 \in S2,\ s3 \in S3)$로 출력값이 얻어진다.

모델의 해상도 수준은 모델 표현에 사용된 정보량에 비례한다. 모델의 정보량은 해당 모델의 I/O 함수 표현에 사용된 전체 집합의 크기를 의미한다. 모델 M123의 I/O 함수 표현에 사용된 집합은 X, S1, S2, S3 및 Y이므로 모델 M123의 정보량은 $|X \cup S1 \cup S2 \cup S3 \cup Y|$가 된다(여기서, $|A|$는 집합 A의 원소의 수를 나타내는 연산자이다). 또한, 입출력을 제외하고 상태변수 집합의 크기만으로 정보량을 표시할 수도 있다. 이 경우에 모델 M123의 정보량은 $|S1 \cup S2 \cup S3|$가 된다.

슬라이드 아래쪽에 모델 M2와 M3에 대한 각각의 I/O 함수 f2, f3를 추가하여 나타내었다. f2(.)는 f(.)보다 많은 집합을 사용하여 정의되었고, f3는 f(.)보다 적은 집합을 사용하여 정의되었다. 세 가지 모델 M2, M123 및 M3의 정보량을 구하면 각각 $|X1 \times X2 \times S1 \times S2 \times S3 \times Y|$, $|X \times S1 \times S2 \times S3 \times Y|$, $|X \times S1 \times S2 \times Y|$가 된다. 따라서 모델 해상도 수준은 M2, M123, M3 순으로 낮아진다는 것을 알 수 있으며, 이러한 관계를 $M2 \succ_R M123 \succ_R M3$로 표현하였다.

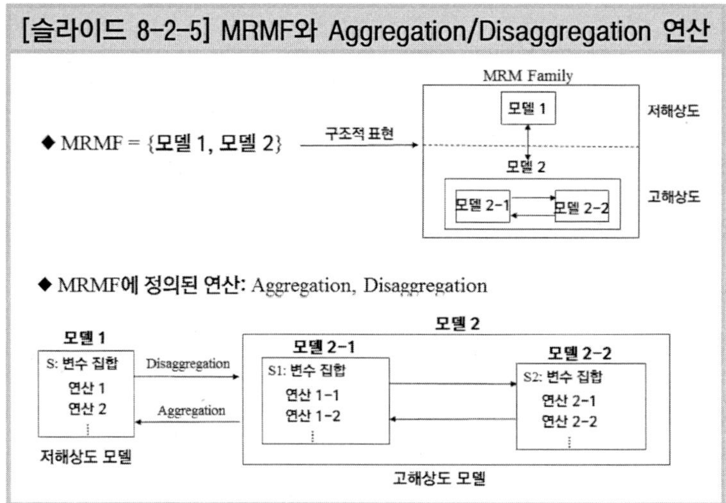

[8-2-5]

다중해상도 모델 집합(MRMF)에 정의되는 연산으로 결합(Aggregation)과 분해(Disaggregation)에 대해 설명한다. 그림에는 해상도 수준이 다른 두 개의 모델, 모델 1과 모델 2로 구성된 MRMF를 예시하였다. 모델 1은 저해상도, 모델 2는 고해상도 모델로서 모델 1은 한 개의 모델로 구성되며 모델 2는 두 개의 부 모델로 구성된다. 결합(Aggregation)연산은 고해상도 모델인 모델 2에서 저해상도 모델인 모델 1로 변환하는 것으로 정의된다. 반대로, 분해(Disaggregation)연산은 저해상도 모델인 모델 1에서 고해상도 모델인 모델 2로 변환하는 것으로 정의된다.

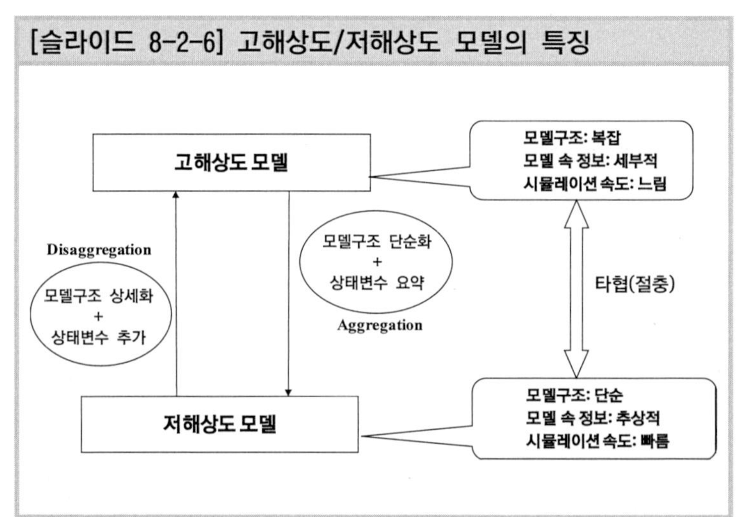

[8-2-6]

다중해상도 모델 집합(MRMF)에 포함된 저해상도 모델과 고해상도 모델의 특징을 비교하면 그림과 같다. 저해상도 모델은 구조가 단순하여 모델 내에 포함된 정보가 추상적(개략적)인 반면, 고해상도 모델은 구조가 복잡하여 모델 내에 포함된 정보가 세부적이다. 따라서 저해상도 모델의 시뮬레이션 속도는 고해상도 모델의 시뮬레이션 속도에 비해 빠르다. 결국 MRMF에 정의된 결합 및 분해 연산은 모델 구조와 상태변수를 변환하는 과정이다. 다중해상도 모델링 및 시뮬레이션은 고해상도 모델과 저해상도 모델을 조건에 따라 교체함으로써 이들 모델이 갖는 특징을 절충하는 것으로 볼 수 있다.

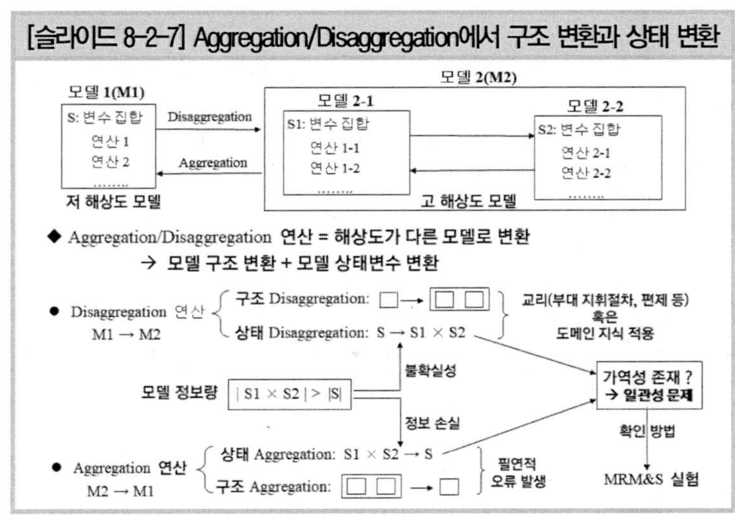

[8-2-7]
앞에서 언급했던 것처럼, 저해상도 모델과 고해상도 모델 사이에서 수행되는 결합(aggregation)과 분해(disaggregation)는 두 모델의 구조와 상태변수를 상호 변환하는 연산이다. 따라서 분해 연산은 구조 분해와 상태 분해로, 결합 연산은 구조 결합과 상태 결합으로 나눌 수 있다. 그림에 예시한 것과 같이 구조 분해는 모델 1에서 모델 2로 구조가 바뀌는 것을 의미하며, 상태 분해는 모델 1의 상태변수 S가 모델 2-1 및 모델 2-2의 상태변수인 S1과 S2로 분해되는 것을 의미한다. 반대로, 구조 결합은 모델 2에서 모델 1로 구조가 천이되는 것을 의미하며, 상태 결합은 모델 2-1과 모델 2-2 각각의 상태변수 S1과 S2가 모델 1의 상태변수 S로 요약되는 것을 의미한다.

모델 정보량 관점에서 보면, 상태 분해는 적은 정보량(|S|)에서 많은 정보량(|S1 × S2|)으로 변환하는 연산이며 상태 결합은 많은 정보량(|S1 × S2|)에서 적은 정보량(|S|)으로 변환하는 연산이다. 따라서, 상태 결합과정에서는 정보 손실로 인한 필연적 오류가 발생하며 상태 분해과정에서는 분해 결과의 불확실성이 발생하게 된다. 상태 분해의 불확실성을 줄이기 위해서는 군사 교리(부대 지휘절차, 편제 등) 혹은 체계 운용 관련 도메인 지식을 적용할 수 있다. 결합과 분해 연산의 가역성은 일반적으로 존재하지 않으며 분해/결합 과정의 일관성은 MRM 시뮬레이션 실험을 통해서 분석할 수 있다.

[8-2-8] MRM 시뮬레이션 과정

MRMF에는 구조가 다른 여러 개의 모델들이 존재하기 때문에 모델의 실행과정(시뮬레이션)에서는 MRMF에 속한 모델 중 어떤 모델을 선택하여 실행할지를 정해야 한다. 실행 모델의

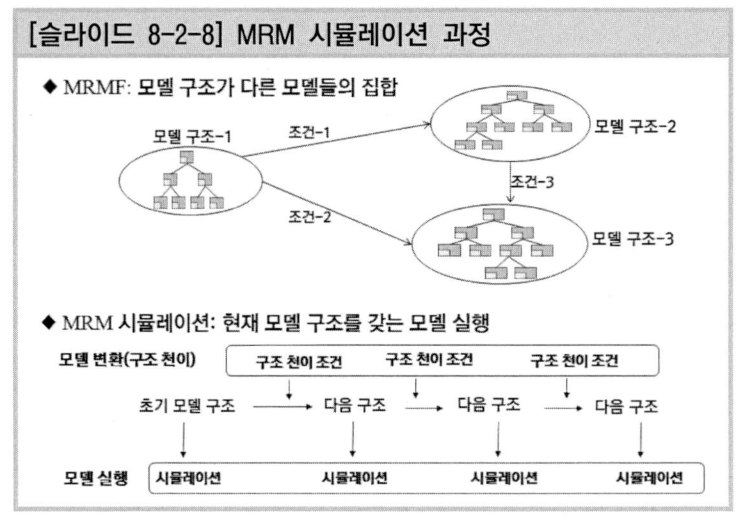

선택은 모델들의 상태변수 값들로 표현된 현재의 조건에 따라 달라지며, 이 조건은 시뮬레이션 과정에서 동적으로 변경되므로 모델 선택도 동적으로 수행된다. 그림에는 3개의 모델 구조, 구조-1, 구조-2, 구조-3을 갖는 MRMF가 시뮬레이션 동안에 조건-1, 조건-2, 조건-3에 따라 다른 구조로 실행된다는 것을 나타낸다. MRM 시뮬레이션은 초기에 선택된 모델 구조를 갖는 모델이 실행되면서 실행결과에 따른 구조 천이 조건에 따라 다음에 시뮬레이션될 모델의 구조를 결정하게 된다. 이렇게 선택된 모델을 실행하면서 그 결과에 따라 다음의 모델 구조를 선택하여 실행하는 과정을 시뮬레이션 종료시점까지 반복하는 것이다.

[슬라이드 8-2-9] 다중해상도 모델링 및 시뮬레이션 분류

모델 해상도 전환 \ 시뮬레이션		시뮬레이션 시 해상도 일치방법	
		단독 시뮬레이션	연동 시뮬레이션
정적 전환 (모델 선택)	시뮬레이션 시작 전MRMF로부터 모델(혹은 페드레이트) 선택 후 시뮬레이션 중 교체 없음	선택된 부 모델들 간의 해상도가 다른 경우 데이터 해상도 변환 필요	레거시(선택된) 페드레이트들 사이의 해상도가 다른 경우 데이터 해상도 변환 필요
동적 전환 (모델 교체)	시뮬레이션 도중 미리 정해진 조건이 만족되면 MRMF에 속한 한 모델(혹은 페드레이트)에서 다른 모델(혹은 페드레이트)로 전환	Aggregation 혹은 Disaggregation을 통한 모델 해상도 변환 필요	Aggregation 혹은 Disaggregation을 통한 페드레이트 해상도 변환 필요

*주: MRMF는 전체 모델(페더레이션) 혹은 부 모델(페드레이트) 모두에 적용된다.

[8-2-9] 다중해상도 시뮬레이션에서 모델의 해상도 전환은 정적 전환과 동적 전환으로 나눌 수 있다. 정적 해상도 전환(또는 모델 선택)은 시뮬레이션 시작 전에 MRMF로부터 한 개의 모델(연동의 경우는 페드레이트)을 선택하여 시뮬레이션 진행 동안에 교체하지 않고 계속 사용하는 경우를 말한다. 반면, 동적 해상도 전환(또는 모델 교체)은 시뮬레이션 도중에 정해진 조건이 만족되면 현재 실행 중인 모델(연동의 경우는 페드레이트)을 동일한 MRMF에 속해 있는 다른 모델(페드레이트)로 교체하는 것

을 말한다.

상이한 해상도를 갖는 모델 또는 페드레이트로 구성된 다중해상도 시뮬레이션은 단독 시뮬레이션 또는 연동 시뮬레이션 형태로 수행이 가능하며, 시뮬레이션 과정에서 해상도를 일치시켜야 한다. 정적 해상도 전환이 발생하는 시뮬레이션에서는 상이한 해상도를 갖는 모델(또는 페드레이트)들 간에 입/출력 메시지(값)의 해상도 일치를 위한 데이터 해상도의 변환이 필요하다. 동적 해상도 전환이 발생하는 시뮬레이션에서는 상이한 해상도를 갖는 모델(또는 페드레이트)들 사이의 해상도 일치를 위해 모델(또는 페드레이트)의 해상도 변환, 즉 모델(또는 페드레이트)의 교체가 필요하다.

[슬라이드 8-2-10] 데이터 해상도 변환기

- ◆ 시뮬레이션 도중 정보의 해상도가 다른 두 모델 사이의 정보교환
- ◆ 두 모델에서 사용하는 데이터의 해상도가 미리 정해진 상태

데이터 해상도 변환기
고해상도 모델
고해상도 정보처리
고해상도데이터
저→고해상도 변환
고→저해상도 변환
저해상도데이터
저해상도 모델
저해상도 정보처리

- ◆ 데이터 해상도 변환
  - ❖ 고→저해상도(데이터 Aggregation)
    - ● 정보의 요약
    - ● 고해상도: (남 = 3, 여 = 5) → 저해상도: (사람 = 8)
  - ❖ 저→고해상도(데이터 Disaggregation)
    - ● 정보의 분해로 필연적 오류 발생
      - ▪ 저해상도: (사람 = 8)
      - → 고해상도: (남 = 4, 여 = 4) 혹은 (남 = 5, 여 = 3) 혹은 (남 = 3, 여 = 5) 등등
- ◆ 데이터 Disaggregation 시 오류 분석의 일반적 이론 없음

[8-2-10]
상이한 해상도를 갖는 모델들의 입/출력 사이에는 데이터에 대한 해상도 변환이 필요하다. 그림에는 데이터 해상도 변환기의 개념도를 나타내었다. 데이터 해상도 변환기는 저해상도 모델의 출력이 고해상도 모델의 입력으로 전달될 경우의 저→고해상도 변환(Disaggregation 연산)과 고해상도 모델의 출력이 저해상도 모델의 입력으로 전달될 경우의 고→저해상도 변환(Aggregation 연산) 기능을 갖는다. 고→저해상도 변환은 다:1 매핑을 통한 정보의 요약 과정이며, 저→고해상도 변환은 1:다 매핑을 통한 정보의 분해 과정으로 필연적으로 오류가 수반된다. 예를 들면, 남자, 여자, 사람의 수를 상태변수로 사용하는 모델에서 고→저해상도 변환은 (남자 = 3, 여자 = 5)를 (사람 = 8)로 변환하는 것이다. 저→고해상도 변환은 (사람 = 8)을 (남자 = 4, 여자 = 4) 또는 (남자 = 5, 여자 = 3) 또는 (남자 = 3, 여자 = 5) 등으로 변환이 가능하여 원래의 정확한 변환값을 특정할 수 없다.

[슬라이드 8-2-11] 동적 해상도 전환

- ◆ 동적 해상도 전환
  - ❖ 시뮬레이션 도중 미리 정해진 조건이 만족되면 모델 해상도 전환
  - ❖ 시뮬레이션 속도와 시뮬레이션 정확도 사이의 절충
- ◆ 해상도 전환 조건
  - ❖ 저해상도 → 고해상도(모델 Disaggregation)
    - ● 현재 상황보다 더 세부적 상황을 묘사할 필요가 있는 경우
    - ● 주변 환경이 고해상도 모델로 저해상도 모델에 상호작용을 요구하는 경우
  - ❖ 고해상도 → 저해상도(모델 Aggregation)
    - ● 현재 상황만큼 세부적인 상황 묘사가 필요하지 않은 경우
    - ● 주변 환경이 저해상도 모델로 고해상도 모델에 상호작용을 요구하는 경우
- ◆ 전환 조건의 예
  - ❖ 피아간의 거리
    - ● 원거리: 저해상도
    - ● 단거리: 고해상도
  - ❖ 전투상황
    - ● 기동, 탐지: 저해상도
    - ● 교전: 고해상도

[8-2-11]

동적 해상도 전환은 다중 해상도 시뮬레이션 과정에서 조건에 따라 한 모델이 MRMF에 속한 다른 모델로 변환(교체)되는 것으로 시뮬레이션의 속도와 정확도 사이에 절충이 이루어진다. 동적 해상도 전환 조건은 현재 모델의 해상도와 주변 전장환경 모델의 해상도에 따라 달라질 수 있다. 주변 환경이 고(저) 해상도 모델로서 저(고) 해상도 모델과 상호작용(예: 공격 개시)을 요구하는 경우에 저(고) 해상도 → 고(저) 해상도 모델로 변환(disaggregation/aggregation)이 필요하다. 해상도 전환은 대상 모델의 내부 조건 혹은 외부 명령에 의해 결정될 수 있다. 해상도 전환 조건의 예를 들면, 피아간의 거리가 원거리인 경우는 저해상도 모델을, 단거리인 경우는 고해상도 모델을 사용한다. 또한 전투상황이 기동, 탐지인 경우는 저해상도 모델을 사용하고 교전인 경우에는 고해상도 모델을 사용할 수 있다.

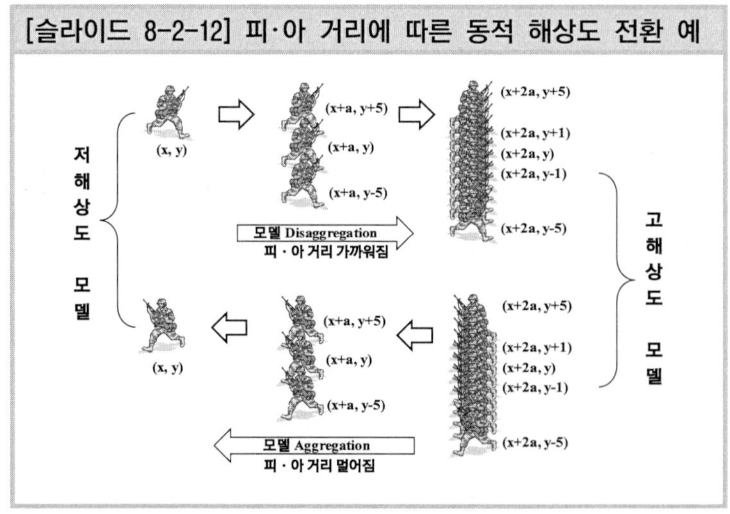

[8-2-12]

동적 해상도 전환의 예로서 피아간의 거리에 따른 모델 변환(Aggregation 또는 Disaggregation)을 그림으로 표시하였다. 원거리에서 실행하던 저해상도 모델(왼쪽)은 거리가 가까워짐에 따라 해상도 수준이 높은 모델로 전환(Disaggregation)되

어 최종적으로 고해상도 모델(오른쪽)로 전환된다. 반대로, 고해상도 모델(오른쪽)로부터 상호간의 거리가 멀어짐에 따라 점차 해상도 수준이 낮은 모델로 전환(Aggregation)되어 최종적으로 저해상도 모델(왼쪽)로 환원된다.

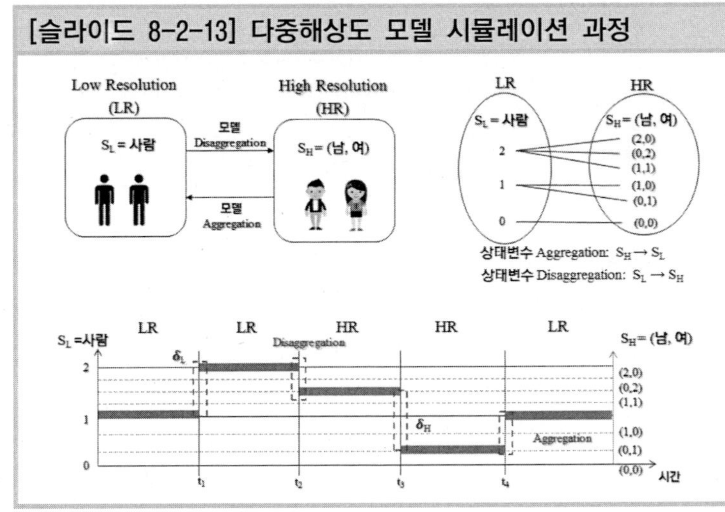

[슬라이드 8-2-13] 다중해상도 모델 시뮬레이션 과정

[8-2-13]

다중해상도 모델의 시뮬레이션 과정을 예를 들어 설명한다. 저해상도 모델의 상태변수(S_L)는 사람 수, 고해상도 모델의 상태변수(S_H)는 (남자 수, 여자 수)라고 하자. 그림에서 보듯이 저해상도 모델의 상태변수(S_L)와 고해상도 모델의 상태변수(S_H) 사이에는 1:다의 매핑 관계가 성립하여 데이터를 Disaggregation할 때 불확실성이 존재하며 결과적으로 필연적인 오류가 발생하게 된다. 시뮬레이션이 진행되는 과정에서 조건에 따라 저해상도 모델에서 고해상도 모델로 Disaggregation되거나 고해상도 모델에서 저해상도 모델로 Aggregation이 발생하는 경우에 대응되는 상태변수(데이터)에 대해 Disaggregation 또는 Aggregation 연산이 수반된다.

[8-2-14] MRM&S에서 일관성(오류) 및 속도 분석 방법

다중해상도 모델링 및 시뮬레이션에서 발생되는 오류와 실행속도 분석방법을 알아보자. 우선 고해상도(HR) 모델만을 사용하는 경우, 저해상도(LR) 모델만을 사용하는 경우, 그리고 다중해상도(MR) 모델을 사용하는 경우에 대해 동일한 입력 시나리오를 사용하여 각각의 출력을 구한다. 다음으로, 오류 분석과 시뮬레이션 속도 분석은 얻어진 3가지 출력들을 서로 비교하는 과정이다. 예를 들면, 오류 분석에서는 HR 모델의 출력을 정답으로 하고 LR 모델 또는 MR 모델의 출력을 각각 비교 분석한다. 마찬가지로, HR 모델의 실행속도를 기준으로 각각 MR 모델의 실행속도 및 LR 모델의 실행속도와의 비율을 계산함으로써 시뮬레이션의 속도를 분석할 수 있다.

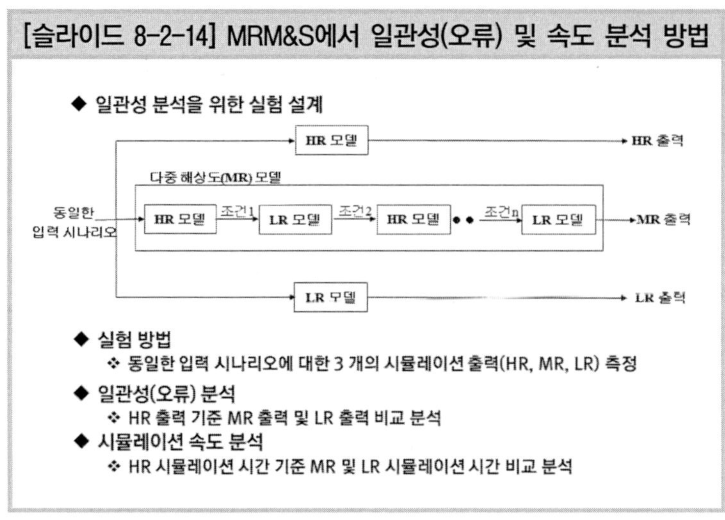

8.3 역방향 시뮬레이션 기술

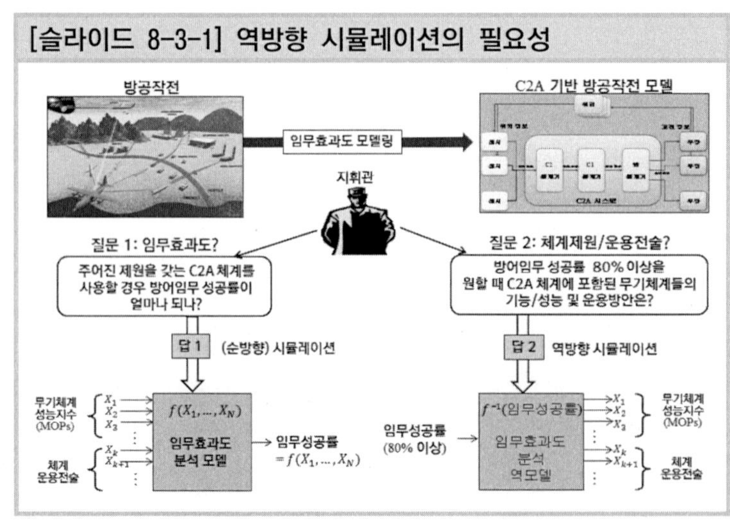

[8-3-1]

역방향 시뮬레이션의 필요성을 이해하기 위해서 방공작전 효과분석을 위한 M&S의 예를 생각해 보자. 방공작전 임무의 효과도 분석을 위하여 센서, C2A(Command and Control Alert) 및 무기체계가 포함된 C2A 기반 방공작전 모델이 가용하다고 하자. 지휘관의 질문은 크게 2가지로, (1)주어진 체계와 운용전술을 사용할 경우 임무효과도? (2)임무성공률을 80% 이상 달성하기 위한 체계제원 및 운용전술은 무엇인가? 라고 하자. 질문 (1)에 대한 답을 얻기 위해서는 그림의 왼쪽 아래와 같이 일반적인

(순방향) 시뮬레이션을 사용하면 될 것이다. 그러나 질문 (2)에 대해 답하기 위해서는 그림의 오른쪽 아래와 같이 주어진 임무효과도를 입력으로 체계제원/운용전술을 구할 수 있는 역방향 시뮬레이션이 가능하다면 가장 이상적일 것이다.

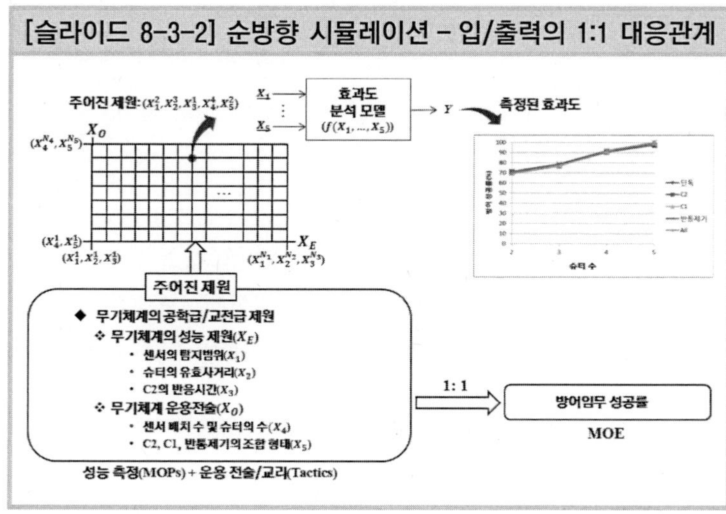

[8-3-2]
일반적인 (순방향) 시뮬레이션은 입력과 출력이 1:1 대응관계를 갖는다. 효과도 분석 모델을 사용하는 경우, 무기체계의 제원과 운용전술을 입력하면 시뮬레이션을 통하여 방어임무 성공률을 구할 수 있다. 따라서 무기체계의 제원과 운용전술을 달리하면 방어임무 성공률이 달라져서 슬라이드의 오른쪽 그래프와 같은 시뮬레이션 결과를 얻을 수 있다.

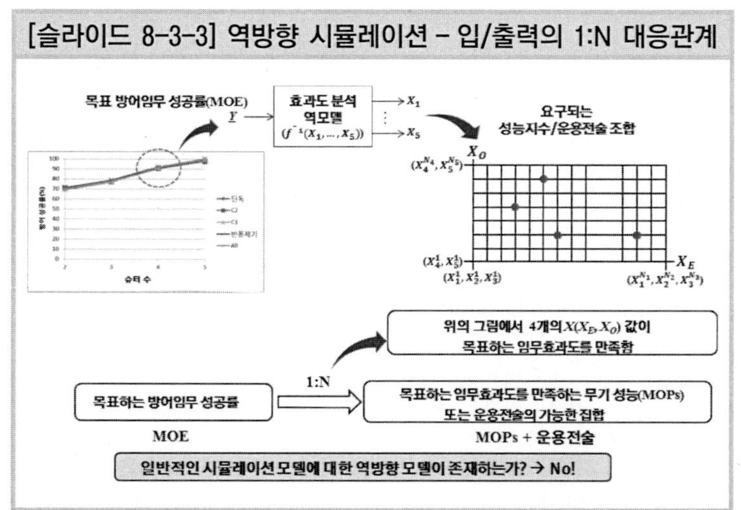

[8-3-3]
역방향 시뮬레이션을 위하여 순방향 시뮬레이션에서 사용한 모델을 역방향으로 시뮬레이션할 수 있는 역방향 모델이 존재하고 이를 사용한 역방향 시뮬레이션이 가능하다고 가정해 보자. 그러면, 역방향 모델에 목표로 하는 방어임무 성공률을 입력하면 구하고자 하는 무기체계의 제원 및 운용전술이 도출될 수 있다. 역방향

시뮬레이션의 경우, 주어진 방어임무 성공률을 만족하기 위한 무기체계 성능지수/운용전술의 조합인 (XE, Xo)는 한 가지가 아닌 다수의 대안들이 존재할 수 있다. 따라서 역방향 시뮬레이션에서는 한 개의 입력에 대하여 다수의 출력이 존재하는 1:N 대응관계가 있다.

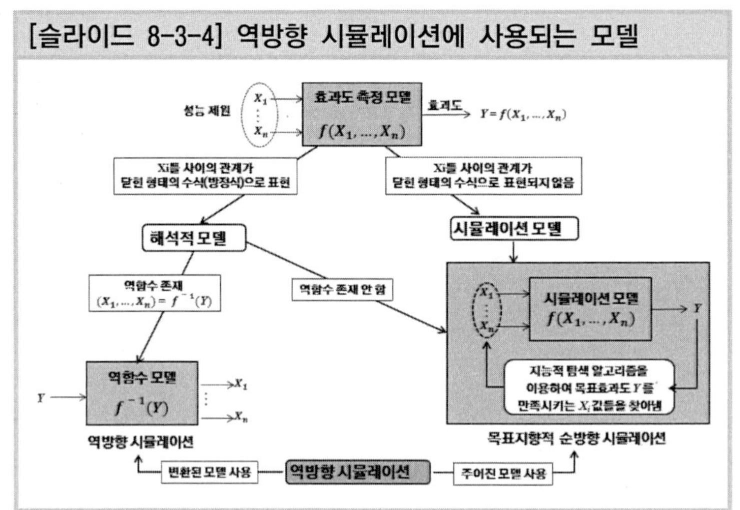

[8-3-4]
효과도 측정 모델은 그림에서와 같이 시스템의 입력과 출력 사이의 관계식 y = f(x1, x2, ⋯, xn)으로 표현할 수 있다. 해석적 모델은 입/출력 관계식이 닫힌 형태의 수식(방정식)으로 표현되는 경우를 말하며 그렇지 않는 경우는 시뮬레이션 모델이 된다. 해석적 모델 y = f(x1, x2, ⋯, xn)의 역함수, (x1, x2, ⋯, xn) = f^{-1}(y)가 존재하면 역방향 시뮬레이션은 역함수를 사용하면 된다. 역함수가 존재하지 않는 해석적 모델이거나 시뮬레이션 모델인 경우에 역방향 시뮬레이션은 순방향 시뮬레이션 모델을 사용하는 시뮬레이션 기반의 정적 최적화 기법을 구현해야 한다. 시뮬레이션 기반의 최적화는 오른쪽 아래 그림과 같이 순방향 시뮬레이션 루프에 원하는 출력을 만족하는 입력값을 탐색하는 탐색 알고리즘을 삽입하여 해당되는 입력값이 탐색될 때까지 순방향 시뮬레이션을 반복하여 실행하게 된다.

[8-3-5] 역방향 시뮬레이션의 직관적 예

역방향 시뮬레이션의 직관적인 예로서 해석적 모델인 란체스터 교전 모델을 생각해 보자. 이 슬라이드의 오른쪽 위의 표에서 제시한 것과 같이 란체스터 방정식과 해는 닫힌 형태의 방정식으로 주어진다. 란체스터 방정식을 이용하면 아군과 적군의 현재 자산(인원수 등)은 R_0, B_0, α, β 값을 입력으로 하여 출력값인 B(t), R(t)를 계산함으로써 산출할 수 있다. 만약에 아군(B)의 전투손실률 β가 주어진 경우에 시간 t = 20에서 B(t = 20)이 R(t = 20)보다 3배 이상이 되기 위한 적군의 전투손실률 α를 알고 싶다고 하자. 이때는 B(t),

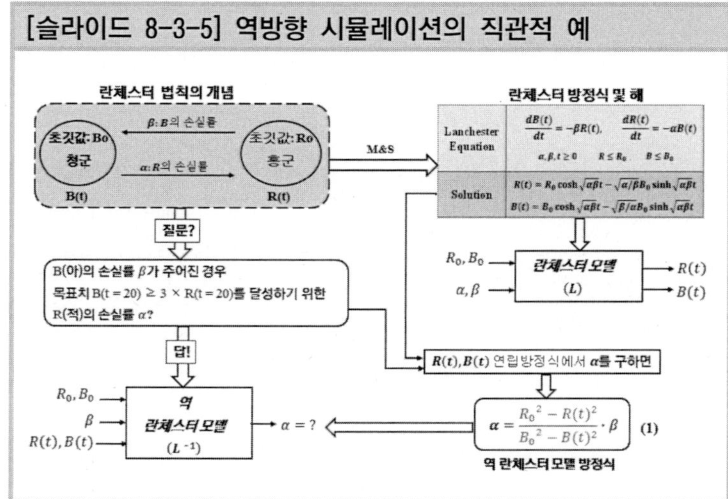

R(t)를 입력으로 하고 α를 출력으로 하는 역 란체스터 모델 L^{-1}이 필요하며, 란체스터 연립방정식을 α에 대하여 푼 식 (1)이 역방향 모델의 방정식이 된다.

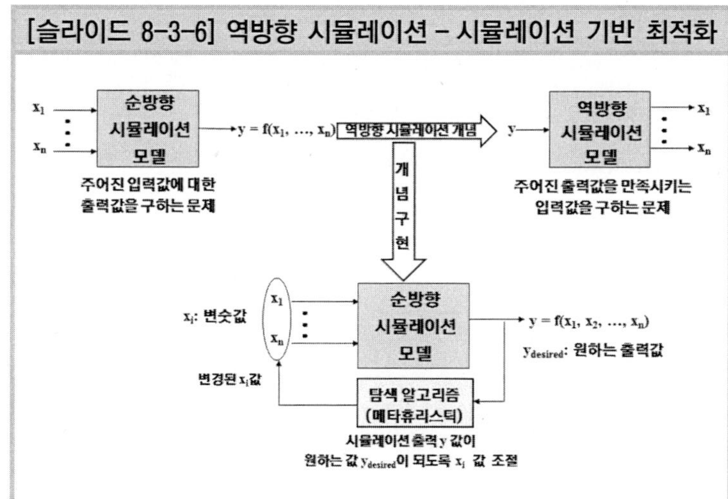

[8-3-6]

시뮬레이션 모델에 입력(x)을 가하여 출력(y)을 구하는 일반적인 시뮬레이션 방식을 순방향 시뮬레이션이라고 부르기로 하자. 순방향 시뮬레이션을 사용할 경우, 출력 y가 원하는 값을 만족하도록 입력 x를 구하는 문제는 시행착오적인 반복 시뮬레이션을 필요로 한다. 역방향 시뮬레이션의 개념은 이러한 시행착오를 제거하기 위해 역방향 시뮬레이션 모델에 원하는 출력 y를 입력하여 이를 만족시키는 입력 x를 출력하는 방식이다. 시뮬레이션 모델이 주어진 경우에 역방향 시뮬레이션을 수행할 수 있는 역방향 시뮬레이션 모델이 항상 존재할 수는 없다. 역방향 시뮬레이션 모델이 존재하지 않는 경우에 역방향 시뮬레이션은 시뮬레이션 기반의 최적화 문제가 된다. 시뮬레이션 기반의 최적화 문제는 원하는 출력과 시뮬레이션으로 구한 출력의 차이가 최소화되도록 입력을 찾는 문제이다. 시뮬레이션 기반의 최적화에서는 탐색 알고리즘을 시뮬레이션 루프에 삽입하여 관찰된 출력이 원하는 출력과 일치하도록 입력(변숫값 또는 행위)을 조절한다.

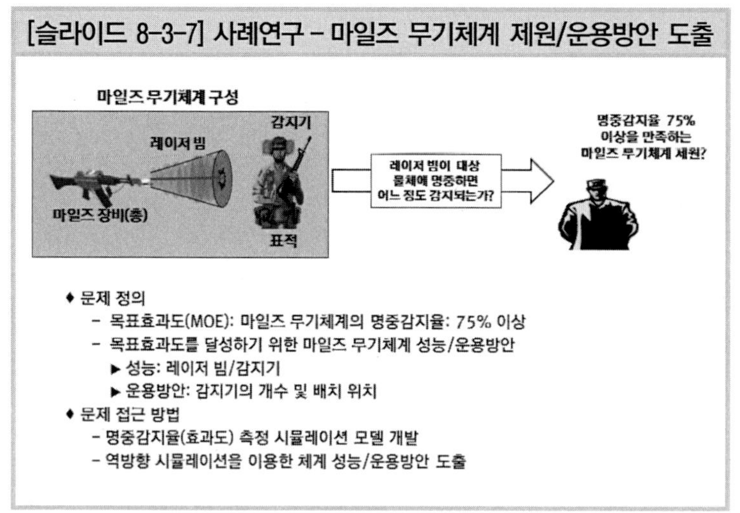

[8-3-7] 역방향 시뮬레이션의 적용 사례로서 대한민국 육군의 과학화 훈련장(KCTC)에서 사용되는 그림과 같은 마일즈 무기체계의 성능과 운용방안 연구에 대해 설명한다. 문제 정의를 마일즈 무기체계의 명중감지율이 75% 이상이 되기 위한 마일즈 장비의 성능과 표적에 부착될 감지기의 개수 및 배치 위치를 결정하는 것으로 가정한다. 문제해결을 위한 접근방법으로 마일즈 무기체계의 명중감지율 측정용 시뮬레이션 모델(순방향 모델)을 먼저 개발하고 역방향 시뮬레이션을 통하여 명중감지율이 75% 이상 보장되는 마일즈 체계의 제원 및 감지기 운용방안을 도출하기로 한다.

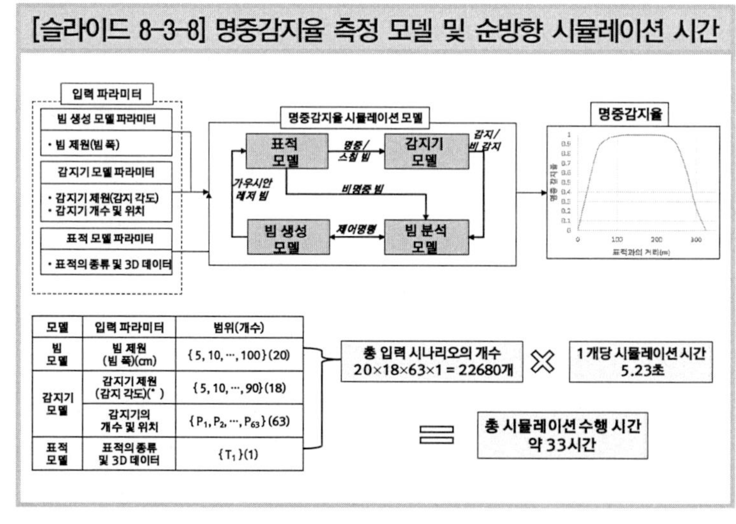

모델	입력 파라미터	범위(개수)
빔 모델	빔 제원 (빔 폭)(cm)	{5, 10, ⋯, 100}(20)
감지기 모델	감지기 제원 (감지 각도)(°)	{5, 10, ⋯, 90}(18)
	감지기의 개수 및 위치	$\{P_1, P_2, \cdots, P_{63}\}$(63)
표적 모델	표적의 종류 및 3D 데이터	$\{T_1\}$(1)

[8-3-8] 명중감지율은 레이저 빔이 표적에 명중되었을 때 표적에 부착된 감지기가 이를 감지하는 비율을 말한다. 감지기는 빔의 에너지가 특정값 이상일 때를 인식하는 센서로서 전체 표적의 일부 정해진 위치에만 부착하기 때문에 표적에

명중된 모든 빔을 감지할 수는 없다. 명중감지율 시뮬레이션 모델은 그림에서와 같은 광공학적 모델로서 빔 생성 모델, 표적 모델, 감지기 모델 및 빔 분석 모델로 구성된다.

시뮬레이션에 사용되는 입력 파라미터는 빔 생성 모델에 사용되는 파라미터, 감지기 모델에 사용되는 파라미터, 그리고 표적 모델에 사용되는 파라미터를 포함하며 이를 슬라이드에 나열하였다. 시뮬레이션의 출력은 각종 입력 파라미터값을 변경하면서 구해지는 표적과의 거리에 따른 명중감지율이다. 시뮬레이션에 사용될 각 입력 파라미터값들의 범위를 정하고 이들의 조합으로 입력 시나리오를 구성하면 총 22,680개가 된다. 데스크톱 PC(Windows OS, C++ 언어로 구현)로 모델을 구현하여 시뮬레이션을 수행한 결과, 1개의 입력 시나리오를 실행하는 데 소요되는 시간이 5.23초로 전체 시나리오에 대한 총 시뮬레이션 시간은 약 33시간이 소요되었다.

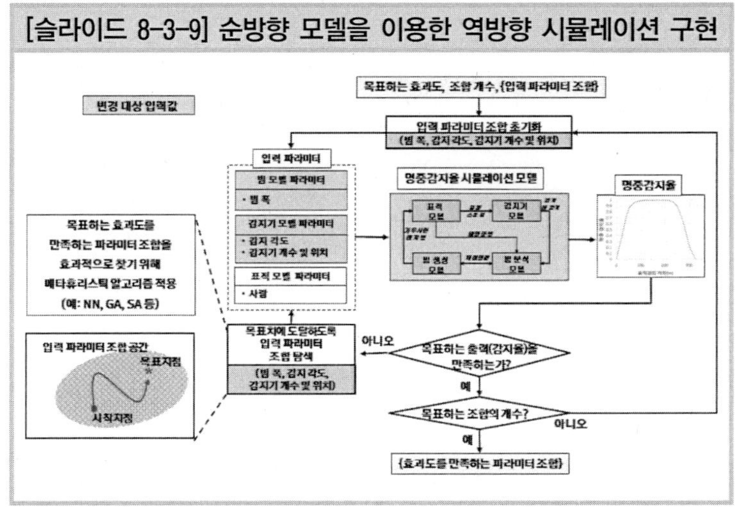

[8-3-9]
역방향 시뮬레이션의 목적은 마일즈 무기체계의 명중감지율이 주어진 경우에 이를 만족시키기 위한 무기체계의 제원과 운용전술을 구하는 것이다. 그림에는 역방향 시뮬레이션을 구현하는 방법으로 순방향 시뮬레이션 루프에 메타휴리스틱 탐색 알고리즘을 삽입한 시뮬레이션 기반의 최적화 방법을 나타내고 있다. 시뮬레이션에 필요한 파라미터들은 목표로 하는 효과도(명중감지율 75% 이상), 찾고자 하는 입력 조합의 개수와 입력 파라미터값들의 조합들이다. 시뮬레이션 루프는 목표 효과도와 이를 만족시키는 입력 파라미터 조합의 수가 만족될 때까지 반복되며, 매 루프마다 메타휴리스틱 알고리즘을 통해 목표 효과도와 시뮬레이션 실행결과인 현재 효과도의 차이를 감소시키는 입력 파라미터 조합을 탐색하게 된다.

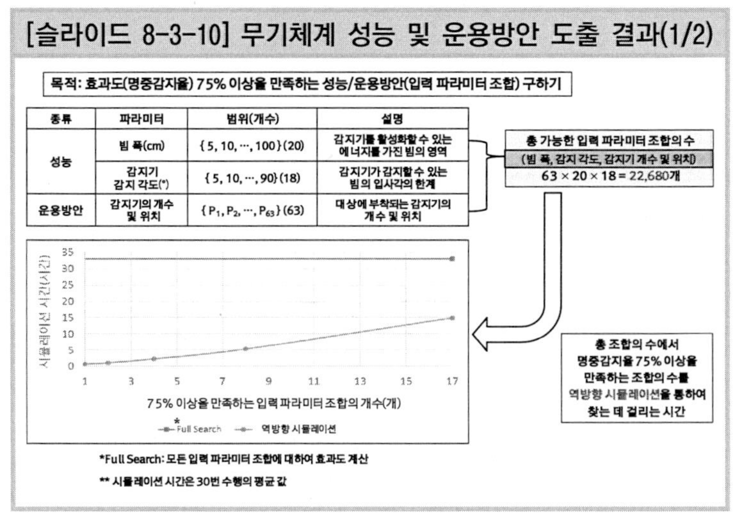

종류	파라미터	범위(개수)	설명
성능	빔 폭(cm)	{5, 10, ⋯, 100}(20)	감지기를 활성화할 수 있는 에너지를 가진 빔의 영역
	감지기 감지 각도(°)	{5, 10, ⋯, 90}(18)	감지기가 감지할 수 있는 빔의 입사각의 한계
운용방안	감지기의 개수 및 위치	{$P_1, P_2, \cdots, P_{63}$}(63)	대상에 부착되는 감지기의 개수 및 위치

[8-3-10]

역방향 시뮬레이션을 통해 얻어진 명중감지율 75% 이상을 만족하는 마일즈 무기체계의 제원과 운용방안 도출 결과에 대해 설명한다. 순방향 시뮬레이션에서 사용된 입력 파라미터 조합의 수는 22,680개로서 33시간 동안의 시뮬레이션을 통해 명중감지율 75% 이상을 만족하는 모든 입력 파라미터 조합(17개)을 찾을 수 있다. 반면, 역방향 시뮬레이션을 구현한 시뮬레이션 기반의 최적화 방법을 사용하면 동일한 17개의 입력 파라미터 조합을 찾는 데 소요되는 시간이 1/2(15시간)로 단축됨을 알 수 있다.

[8-3-11]

이 그림은 역방향 시뮬레이션을 통해 도출된 명중감지율 75% 이상을 만족하는 4가지의 무기체계 성능 및 운용방안 조합을 보여준다. 성능은 마일즈 장비의 레이저 빔 폭과 감지기의 최대 감지 각도를, 운용방안으로는 표적(사람)에 부착될 감지기의 수 및 위치를 고려하였다. 역방향 시뮬레이션에서 표적 모델은 한국인의 표준 체형에 대한 3차원 CAD 데이터를 사용하여 360도 전 방향에 대해 레이저 빔을 주사(스캐닝)하면서 명중감지율을 구하였다. 파라미터 조합 1, 2, 3, 4의 성능과 운용방안을 적용하여 구해진 명중감지율은 각기 다른 값들이지만 이들 모두 명중감지율 75%(0.75)

이상이라는 요구사항을 만족한다는 것을 알 수 있다.

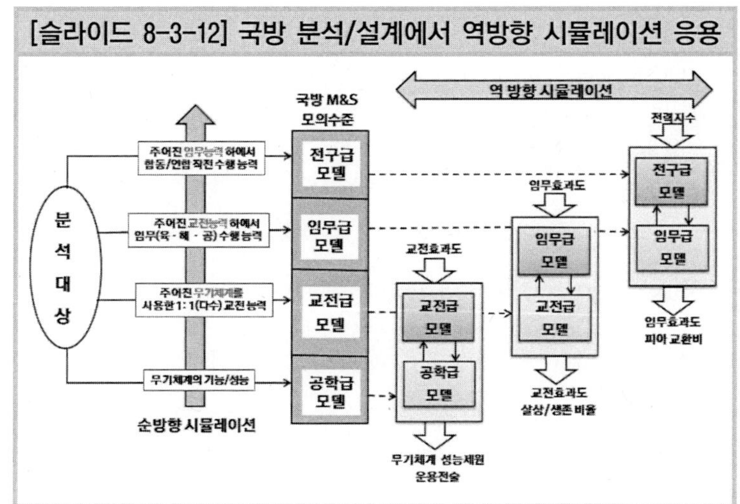

[8-3-12]
국방 M&S에서는 모델링 목적에 따라 인접한 두 모의수준 모델을 결합(또는 연동)한 모델이 사용되는 경우가 많다. 예를 들면, 무기체계 효과도 측정용 시뮬레이션은 하위 모의수준의 공학급 모델과 상위 모의수준의 교전급 모델이 결합(또는 연동)한 모델을 사용한다. 이 경우, 결합(또는 연동)모델의 입력은 하위 모의수준 모델(공학급)의 출력인 성능값을, 결합(또는 연동)모델의 출력은 상위 모의수준 모델(교전급)의 출력값인 효과도가 된다.

역방향 시뮬레이션은 인접한 두 모의수준 모델을 연결한 결합(또는 연동)모델에서도 사용될 수 있다. 역방향 시뮬레이션에서 결합(또는 연동)모델의 입력은 상위 모의수준 모델의 출력이 되고 결합(또는 연동)모델의 출력은 하위 모의수준 모델의 파라미터값들이 된다. 예를 들면, 교전급과 공학급의 결합모델을 역방향 시뮬레이션할 경우에 결합모델의 입력은 교전효과도가 되고 결합모델의 출력은 무기체계의 성능제원/운용전술이 된다. 마찬가지로 임무급과 교전급의 결합모델을 역방향 시뮬레이션할 경우, 결합모델의 입력은 임무효과도가 되고 결합모델의 출력은 교전효과도(살상/생존율 등)가 된다. 그림에는 인접하는 모의수준 모델을 연결한 결합모델을 통한 역방향 시뮬레이션에서 해당되는 입력과 출력의 예를 제시하였다.

8.4 모델개발 방법론 및 검증(V&V) 도구

[8-4-1] 모델개발 시 3가지 적용 기술

모델개발 과정에서는 요구공학 기술, 모델링 기술 및 모델구현 기술을 순차적으로 적용하

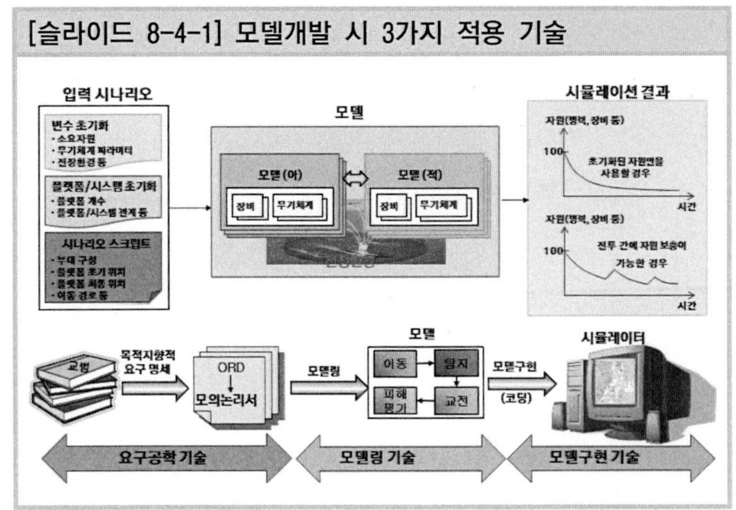

게 된다. 요구공학 기술은 교리, 교범 등의 도메인 지식으로부터 모델개발의 목적에 부합되는 부분을 발췌하여 모의논리서를 명세하는 기술이다. 모델링 기술은 모의논리서로부터 시뮬레이션 모델을 설계하는 기술이며 모델구현 기술을 통하여 시뮬레이터(모델구현물)가 완성된다.

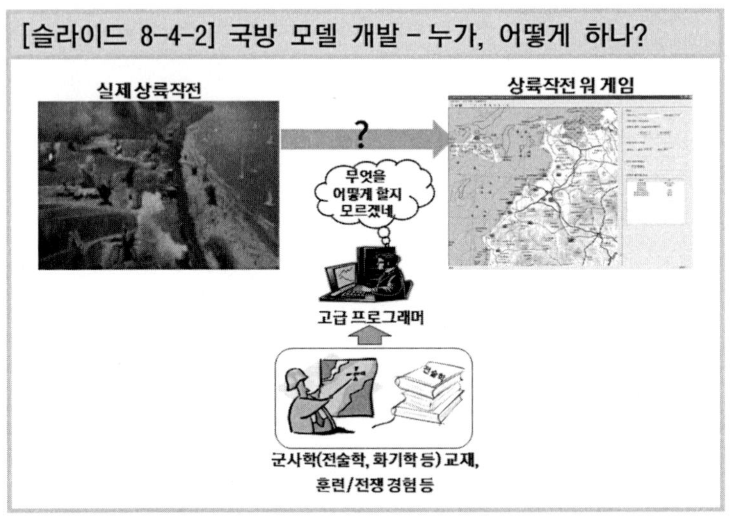

[8-4-2]

국방 M&S 모델을 누가 어떻게 개발할 것인가에 대하여 알아보자. 왼쪽 그림은 실제의 상륙작전 상황을 나타내고 오른쪽 그림은 실제의 상륙작전을 모의하는 상륙작전 워 게임 모델을 나타내고 있다. 상륙작전 워 게임 모델은 상륙작전 수행 도중에 발생되는 실제 상황과 동일한 가상적인 시나리오를 컴퓨터에 의해 실행시켜 소기의 훈련/분석 목적을 달성하도록 하는 것을 목적으로 개발된다. 워 게임 모델은 최종적으로 컴퓨터 프로그램으로 구현되지만 고급 프로그래머에게 상륙작전에 대한 일반적인 지식을 알려주는 것만으로는 구현이 불가능하다.

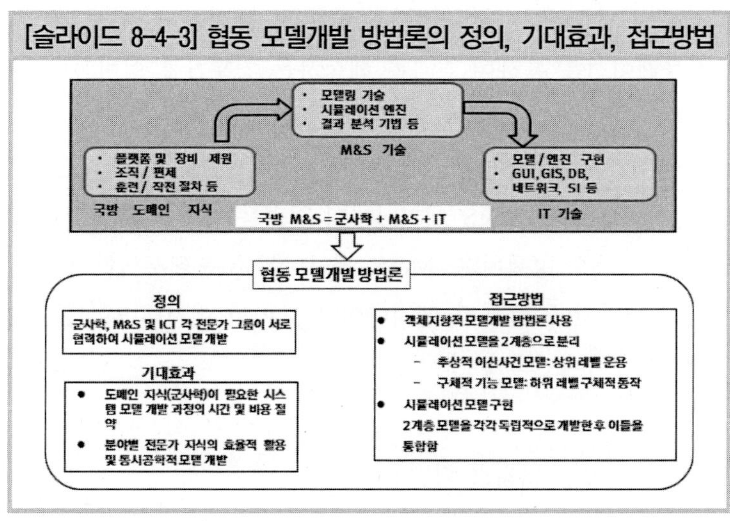

[8-4-3]

다학제적 융합 기술인 국방 M&S 기술은 모델 개발 과정에 참여하는 전문가 그룹들 사이에 유기적인 의사소통과 협조가 필요하다. 협동 모델링 방법론은 국방 모델 개발과정에서 군사학, M&S 및 ICT 전문가 그룹 사이의 협력을 통해 개발을 진행하는 효과적인 방법이다. 협동 모델링 방법론은 분야별 전문가 지식의 효과적 활용과 동시공학적인 모델개발을 가능하게 함으로써 개발시간을 단축하고 비용을 절감시켜 줄 수 있다. 협동 모델링 방법론은 객체지향 모델개발 방법론을 사용하여 동일한 객체를 추상화 수준이 다른 2개의 독립적 모델로 표현하고 구현하는 접근방법이다. 상위의 추상화 수준 모델은 이산사건 모델로 무엇을 할 것인지를 구현하고 하위의 추상화 수준 모델은 기능 모델로 어떻게 할 것인지를 구현하게 된다.

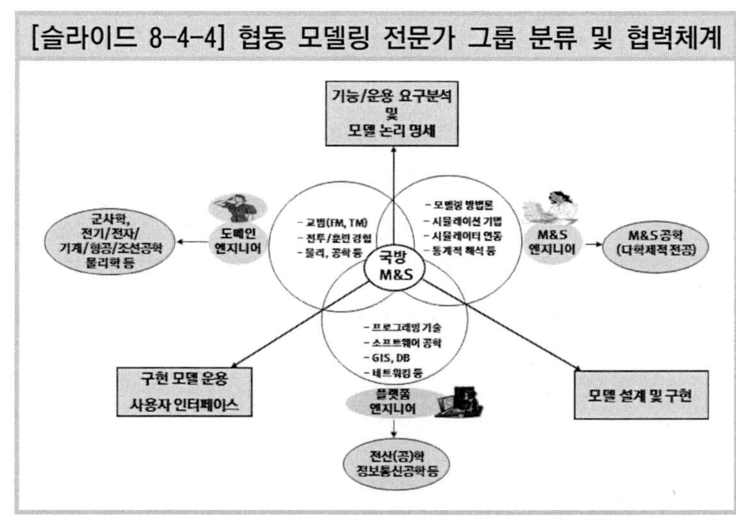

[8-4-4]

국방 모델 개발에 적용될 협동 모델링을 위한 3개의 전문가 그룹 분류와 협력체계에 대해 설명한다. 전문가 그룹은 도메인 엔지니어, M&S 엔지니어 및 플랫폼 엔지니어로 구성된다. 도메인 엔지니어는 대상체계를 모델로 표현하는데 필요한 군사학(교전급 이상 모델) 및 전기/전자/기계/항공/조선공학/물리학(공학급 모델) 등에 대한 전문지식을 소유한 전문가를 의미한다. M&S 엔지니어는 도메인 지식을 모델로 변환하여 구현하고 시뮬레이션을 통하여 결과를 해석하는 전문가를 의미한다. 플랫폼 엔지니어는 설계된 모델을 구현하고 시뮬레이션하는 프로그래밍 기술, 모델의 개발 과정을 관리하는 소프트웨어 공학, 시뮬레이션에 필요한 ICT 기술(GIS, DB, 네트워킹 등) 전문가를 의미한다. 도메인 엔지니어와 M&S 엔지니어의 협력을 통하여 개발될 모델의 기능/운용 요구분석 및 모델 논리가 명세된다. M&S 엔지니어와 플랫폼 엔지니어의 협력을 통하여 모델이 설계되고 구현된다. 플랫폼 엔지니어와 도메인 엔지니어의 협력으로 구현 모델의 운용 및 사용자 인터페이스에 대해 논의된다.

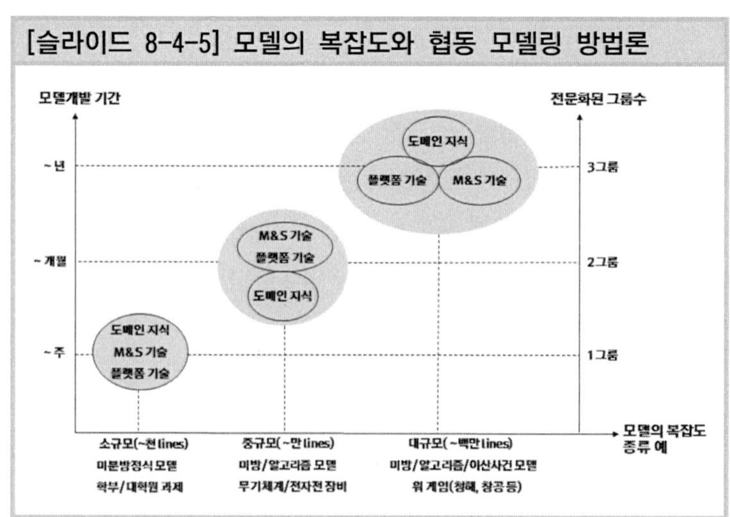

[8-4-5]

협동 모델링 방법론은 정해진 절차에 따라 모델개발이 완료되도록 하는 방법론으로, 개발 대상 모델이 매우 간단한 경우에는 오히려 절차 수행에 따른 오버헤드가 더 큰 문제가 될 수 있다. 이 슬라이드에는 모델의 복잡도에 따른 모델개발 기간 및 전문가 그룹들의 협조체계를 나타내고 있다. 학부 또는 대학원 과정에서 과제로 다루는 복잡도가 낮은 소규모(~천 lines 소스코드) 모델은 도메인 전문가, M&S 전문가 또는 플랫폼 전문가 자신(1인)이 수주 이내에 모델을 개발할 수 있다. 무기체계 모델과 같이 복잡도가 중규모(~만 lines 소스코드)인 모델은 M&S 전문가와 플랫폼 전문가가 1개의 그룹이 되어 도메인 지식을 가진 도메인 전문가와 협업으로 수개월 이내에 개발할 수 있다. 워 게임 모델과 같이 복잡도가 대규모(~백만 lines 소스코드)인 모델은 3개의 전문가 그룹, 즉 M&S 전문가, 도메인 전문가, 플랫폼 전문가들의 협업으로 수년에 걸쳐 개발하게 된다.

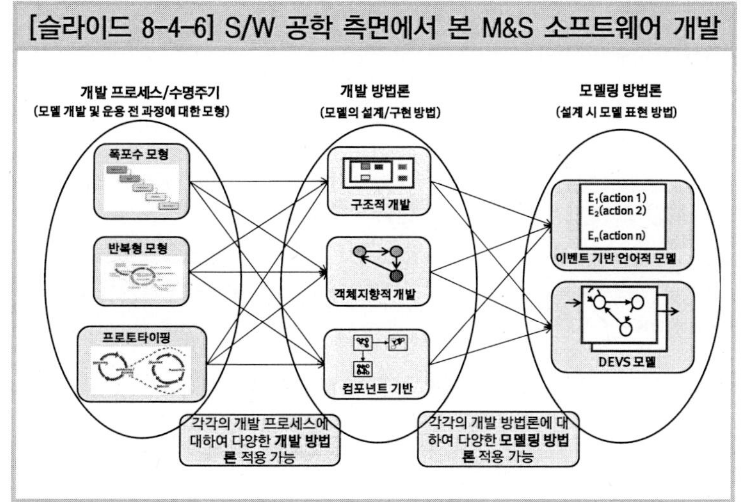

[8-4-6]

M&S 소프트웨어를 소프트웨어 개발 측면에서 보면 모델개발 프로세스/수명주기, 모델개발 방법론 및 모델링(모델 표현) 방법론이 서로 독립적임을 알 수 있다. 개발 프로세스/수명주기는 모델개발의 착수로부터 완성된 후 유지보수까지 어떤 절차로 수행할 것인지에 대한 것으로 소프트웨어 공학에서는 폭포수 모형, 반복형 모형 및 프로토타이핑 등이 있다. 개발 방법론은 모델의 설계 명세 및 구현방법에 대한 것으로 소프트웨어 공학에서는 구조적 개발, 객체지향적 개발 및 컴포넌트 기반 개발 등이 있다. 모델링 방법론은 모델을 설계할 때 모델 표현에 대한 방법으로 이벤트 기반 언어적 표현, 프로세스 기반 언어적 표현 및 시스템 이론적 DEVS 모델 명세 기법 등이 있다. M&S 소프트웨어의 개발과정에서는 각 단계에서 사용되는 각각의 모형 또는 기법들을 독립적으로 적용할 수 있다. 예를 들면, 어떤 모델개발 과제에서 폭포수 모형의 개발 프로세스와 객체지향적 개발 방법론을 적용하고 DEVS 모델링 방법을 사용할 수 있다.

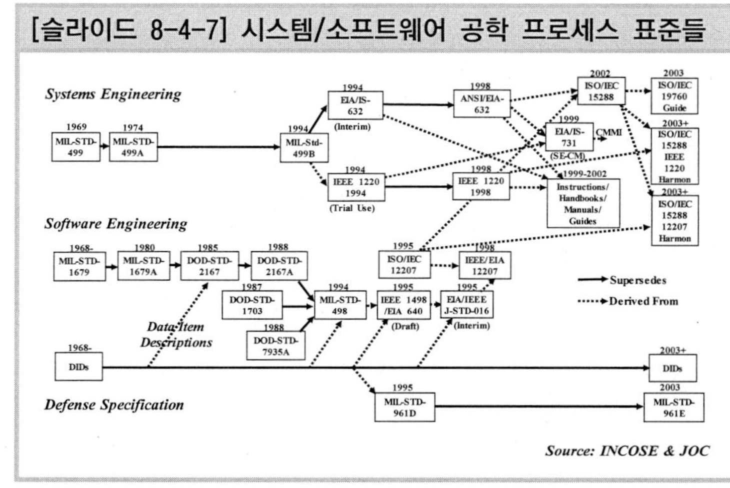

[8-4-7]

시스템 또는 소프트웨어 개발 프로세스의 선택은 개인의 실무경험 및 조직의 특성 등에 따라 달라질 수 있다. 그러나 국제적으로 공인되어 통용되고 있는 국제표준 프로세스를 적용하면 개발과정의 투명성과 효율적인 관리가 가능하여 결과물의 품질과 생산성이 향상된다. 이 슬라이드에 시스템 공학, 소프트웨어 공학 및 국방 명세(Defense Specification)에 대한 다양한 국제표준들의 진화과정을 제시하였다. 표준 명칭에서 MIL-STD는 Military Standard의 약어로서 국방표준을 의미한다.

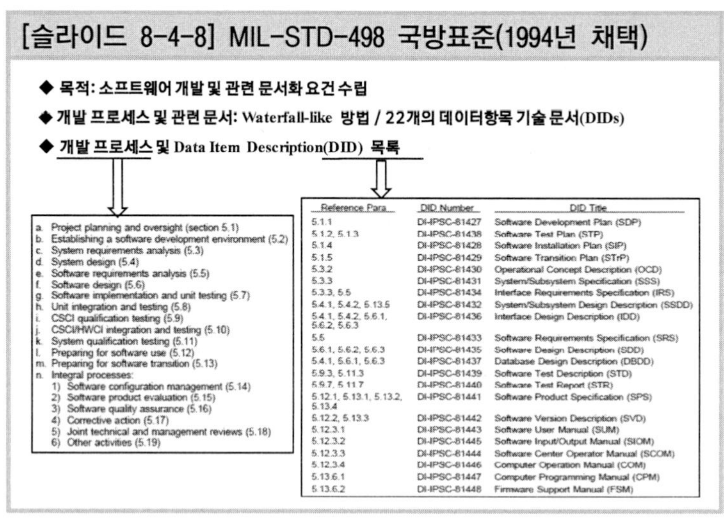

Reference Para	DID Number	DID Title
5.1.1	DI-IPSC-81427	Software Development Plan (SDP)
5.1.2, 5.1.3	DI-IPSC-81438	Software Test Plan (STP)
5.1.4	DI-IPSC-81428	Software Installation Plan (SIP)
5.1.5	DI-IPSC-81429	Software Transition Plan (STrP)
5.3.2	DI-IPSC-81430	Operational Concept Description (OCD)
5.3.3	DI-IPSC-81431	System/Subsystem Specification (SSS)
5.3.3, 5.5	DI-IPSC-81434	Interface Requirements Specification (IRS)
5.4.1, 5.4.2, 5.13.5	DI-IPSC-81432	System/Subsystem Design Description (SSDD)
5.4.1, 5.4.2, 5.6.1, 5.6.2, 5.6.3	DI-IPSC-81436	Interface Design Description (IDD)
5.5	DI-IPSC-81433	Software Requirements Specification (SRS)
5.6.1, 5.6.2, 5.6.3	DI-IPSC-81435	Software Design Description (SDD)
5.4.1, 5.6.1, 5.6.3	DI-IPSC-81437	Database Design Description (DBDD)
5.9.3, 5.11.3	DI-IPSC-81439	Software Test Description (STD)
5.9.7, 5.11.7	DI-IPSC-81440	Software Test Report (STR)
5.12.1, 5.13.1, 5.13.2, 5.13.4	DI-IPSC-81441	Software Product Specification (SPS)
5.12.2, 5.13.3	DI-IPSC-81442	Software Version Description (SVD)
5.12.3.1	DI-IPSC-81443	Software User Manual (SUM)
5.12.3.2	DI-IPSC-81445	Software Input/Output Manual (SIOM)
5.12.3.3	DI-IPSC-81444	Software Center Operator Manual (SCOM)
5.12.3.4	DI-IPSC-81446	Computer Operation Manual (COM)
5.13.6.1	DI-IPSC-81447	Computer Programming Manual (CPM)
5.13.6.2	DI-IPSC-81448	Firmware Support Manual (FSM)

[8-4-8]
소프트웨어 공학 프로세스에 대한 미 국방표준으로 1994년에 채택된 MIL-STD-498B는 소프트웨어 개발 및 관련 문서화 절차 수립을 목적으로 한다. MIL-STD-498B의 개발 프로세스 모형은 폭포수 모형과 유사하며 22개의 데이터 항목 기술 문서(Data Item Description: DID)가 정의되어 있다. 슬라이드에 MIL-STD-498B 개발 프로세스와 각 프로세스에 필요한 DID들을 제시하였다. DID 목록에는 참조할 프로세스 단계(Reference Para), DID 번호(Number) 및 DID 제목(Title)들이 명세된다.

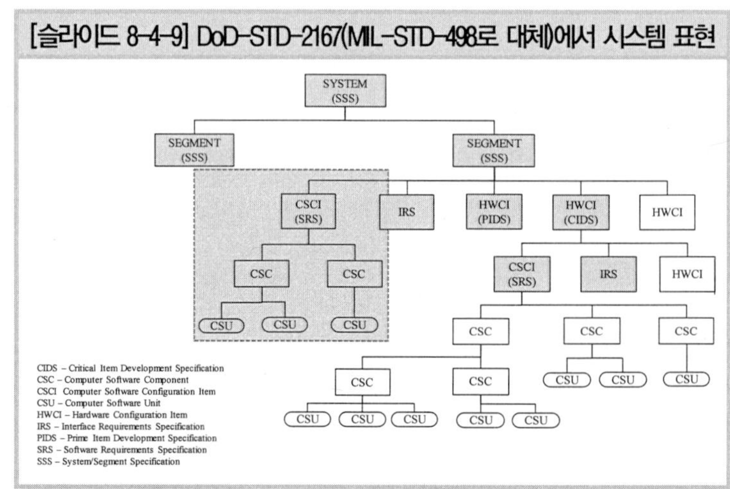

[8-4-9]
MIL-STD-498(1994년)은 DoD-STD-2167(1985년에 DID(1968년)가 추가되어 제정된 표준으로 DoD-STD-2167에서 정의된 용어들을 사용한다. 그림은 DoD-STD-2167에서 정의한 시스템 구성 요소들의 계층적 구조를

나타낸다. 국방 모델 개발 프로세스가 MIL-STD-498을 준수한다면 DoD-STD-2167의 구성요소 중 CSCI(Computer Software Configuration Item)의 SRS(Software Requirement Specification)로부터 시작한다. CSCI는 CSC(Computer Software Component)들로 구성되며 CSC는 더 이상 분해할 수 없는 CSU(Computer Software Unit)들로 구성된다. 따라서 소프트웨어 개발 프로세스의 표준인 MIL-STD-498을 준수하는 모델개발 과정은 CSCI(SRS)의 명세로부터 CSC들을 구성하고 각 CSC를 CSU로 분해하는 과정을 되풀이하게 된다.

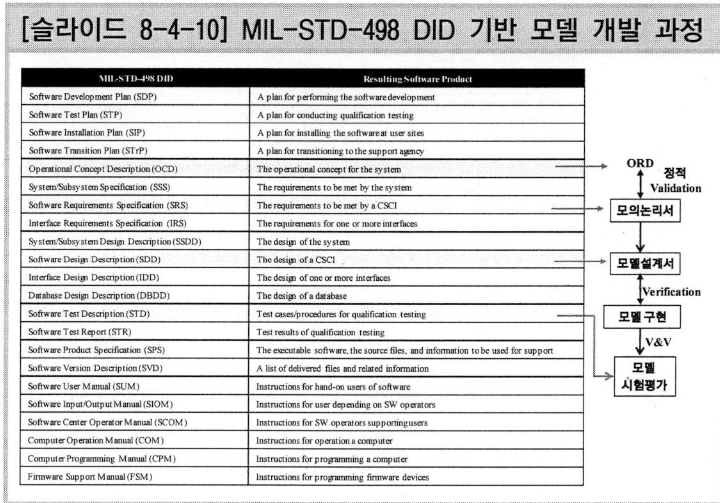

[슬라이드 8-4-10] MIL-STD-498 DID 기반 모델 개발 과정

MIL-STD-498 DID	Resulting Software Product
Software Development Plan (SDP)	A plan for performing the software development
Software Test Plan (STP)	A plan for conducting qualification testing
Software Installation Plan (SIP)	A plan for installing the software at user sites
Software Transition Plan (STrP)	A plan for transitioning to the support agency
Operational Concept Description (OCD)	The operational concept for the system
System/Subsystem Specification (SSS)	The requirements to be met by the system
Software Requirements Specification (SRS)	The requirements to be met by a CSCI
Interface Requirements Specification (IRS)	The requirements for one or more interfaces
System/Subsystem Design Description (SSDD)	The design of the system
Software Design Description (SDD)	The design of a CSCI
Interface Design Description (IDD)	The design of one or more interfaces
Database Design Description (DBDD)	The design of a database
Software Test Description (STD)	Test cases/procedures for qualification testing
Software Test Report (STR)	Test results of qualification testing
Software Product Specification (SPS)	The executable software, the source files, and information to be used for support
Software Version Description (SVD)	A list of delivered files and related information
Software User Manual (SUM)	Instructions for hand-on users of software
Software Input/Output Manual (SIOM)	Instructions for user depending on SW operators
Software Center Operator Manual (SCOM)	Instructions for SW operators supportingusers
Computer Operation Manual (COM)	Instructions for operation a computer
Computer Programming Manual (CPM)	Instructions for programming a computer
Firmware Support Manual (FSM)	Instructions for programming firmware devices

[8-4-10]

MIL-STD-498의 각 단계에서 사용되는 DID의 명칭과 소프트웨어 산출물의 목록은 슬라이드의 표에서 보는 것과 같다. 표의 오른쪽에는 간략화된 M&S 모델 개발 프로세스를 DID 산출물에 대응시켜 표시하였다. 현재 우리 군의 모델개발 사업에서 사용되는 ORD(Operational Requirement Description)는 DID의 OCD(Operational Concept Description)에 해당한다. 모델 개발 과정에서 정적 Validation은 ORD와 모의논리서의 일치성을 확인하는 개념적인 검증이며, 구현물 완성 과정에서 Verification(명세서와 구현물의 일치성)을 수행한 후 통합적인 검증 및 실증 절차인 V&V가 수행된다.

[8-4-11] SDD-Design of CSCI → 모델설계서

DID 문서 중에서 SDD(Software Design Description)는 CSCI를 설계하는 것으로 모델설계서에 대응된다. 앞에서 설명한 것과 같이 CSCI는 다수의 CSC로 구성되며 CSC는 다수의 CSU로 구성된다. 객체지향 모델 개발의 경우는 대상 시스템의 구조와 CSCI 구조를 일치시키는 것이 바람직하다. CSCI는 국방 자산 및 운용 개념 모델에 대한 기술서이고, CSC는 CSCI를 구성하는 구성요소 모델들의 기술서이며, CSU는 더 이상 나눌 수 없는

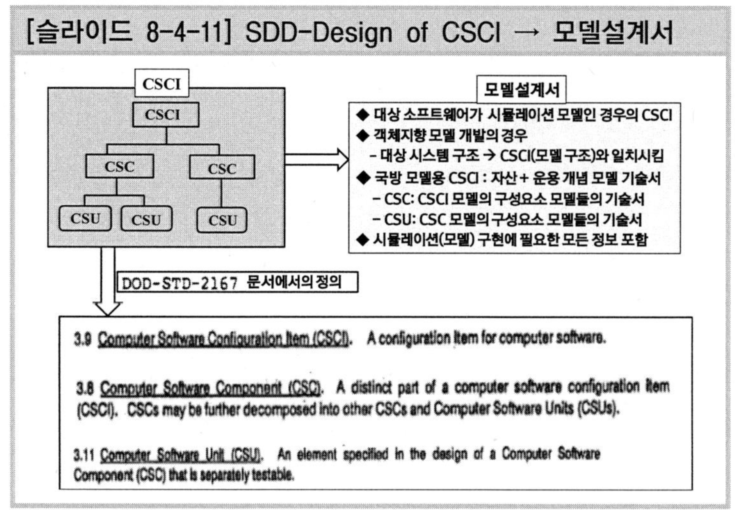

CSC의 구성요소 모델들로서 프로그램 코드로 구현된 물리적인 모델이다.

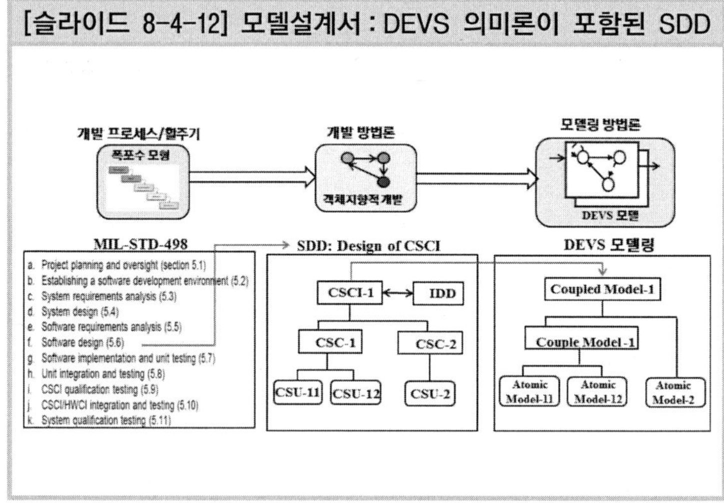

[8-4-12] 모델설계서에는 시뮬레이션 모델의 구현에 필요한 모든 정보가 포함(완전성)되어야 한다. 모델의 완전성 보장/검증을 위해서는 DEVS 의미론(3S4F)과 같은 수학적 형식론에 기반을 둔 모델설계서가 필수적이다. 이 슬라이드는 MIL-STD-498 개발 프로세스를 적용하여 CSCI를 개발하는 과정에서 DEVS 모델링 방법론의 역할을 보여준다. 개발 프로세스의 Software Design(5.6)은 CSCI를 설계하는 과정으로 모델을 설계할 때 CSCI의 계층적 구조를 DEVS 모델의 계층적 구조로 매핑시킬 수 있다. 즉, CSCI는 DEVS의 최상위 결합모델(Coupled Model)로 매핑되고 CSC는 DEVS의 결합모델로, CSU는 DEVS의 원자모델로 매핑된다.

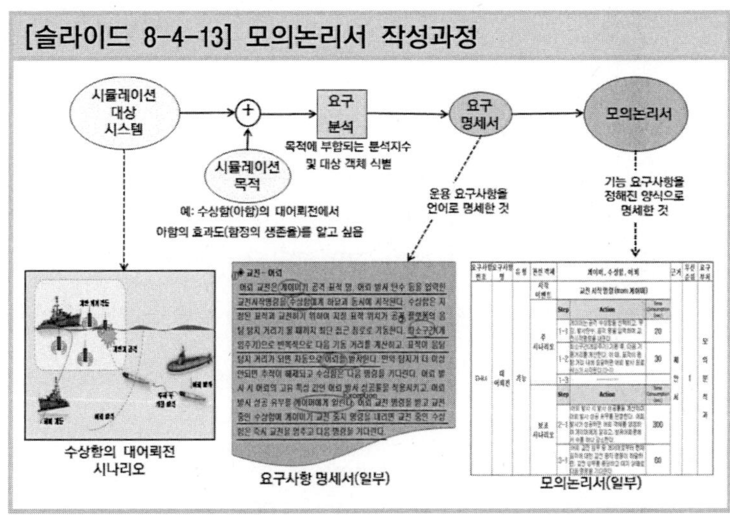

[8-4-13]

모의논리서는 시뮬레이션 모델에 대한 상위 수준의 개념적 설계 문서이다. 모의논리서를 작성하기 위해서는 시뮬레이션의 목적을 만족하는 것이 무엇인지에 대한 요구분석이 선행되어야 한다. 요구분석은 요구사항 명세에 필요한 분석과정으로 목적에 부합되는 분석지수와 분석지수 산출에 필요한 객체를 식별하는 과정이다. 요구사항 명세서는 기능 요구사항을 언어로 명세한 것이며 예로서 수상함의 대어뢰전 모델에 대한 요구사항 명세의 일부를 제시하였다. 모의논리서는 기능 요구사항을 정해진 양식(예: 슬라이드에 제시된 양식)으로 명세한 상위 수준의 모델설계서로서 상세한 모델설계에 필요한 모든 정보가 포함되어 있어야 한다.

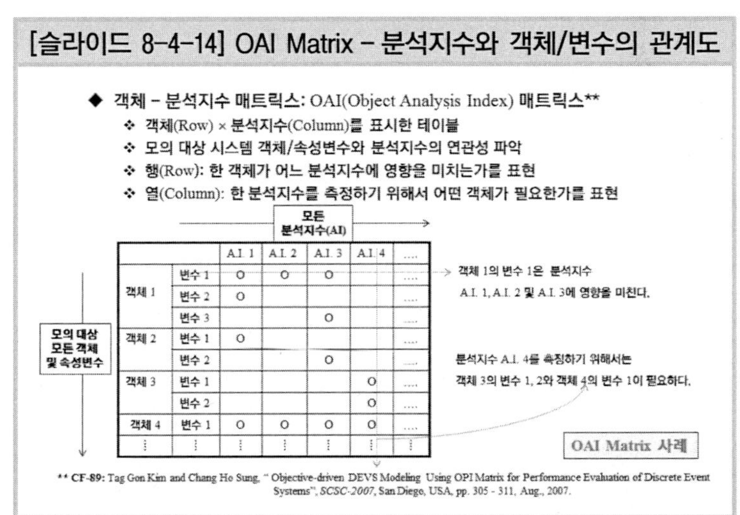

		A.I. 1	A.I. 2	A.I. 3	A.I. 4	....
객체 1	변수 1	O	O	O		....
	변수 2	O				....
	변수 3			O		....
객체 2	변수 1	O				....
	변수 2			O		....
객체 3	변수 1				O	....
	변수 2				O	....
객체 4	변수 1	O	O	O	O	....
⋮	⋮	⋮	⋮	⋮	⋮	⋮

[8-4-14]

모의논리서 작성 시 식별되어야 할 모델링의 목적은 분석지수로 구체화된다. 예를 들면, 모델링의 목적이 수상함의 대어뢰전 효과도 측정이라면 이것을 만족하는 분석지수는 회피율이 될 수 있다. OAI(Object-Analysis Index: 객체-분석지수) 매트릭스는 분석지수와 객체, 해당 객체의 변수와의 관계를 나타내는 테이블이다. 매트릭스의 행(Row)에는 모델링 대상 시스템을 구성하는 객체들과 그 객체들에 소속된 변수들을 나열하고, 매트릭스의 열(Column)에는 측정 대상이 되는 모든 분석지수들을 나열한다.

슬라이드에 제시한 매트릭스의 행에는 객체 1, 객체 2와 각 객체에 소속된 변수들(객체 1은 변수 1, 변수 2, 변수 3; 객체 2는 변수 1, 변수 2)이, 열에는 분석지수들인 A.I. 1, A.I. 2 등이 나열되었다. 매트릭스에 “O”으로 표시된 것은 해당 분석지수를 측정하는 데 주어진 객체의 해당 변숫값이 필요하다는 의미이다. 예를 들면, 객체 1의 변수 1은 분석지수 A.I. 1, A.I. 2 및 A.I. 3 모두에 영향을 미친다는 의미이다. 마찬가지로, A.I. 4를 측정하기 위해서는 객체 3의 변수 1, 변수 2, 그리고 객체 4의 변수 1이 사용된다는 의미이다.

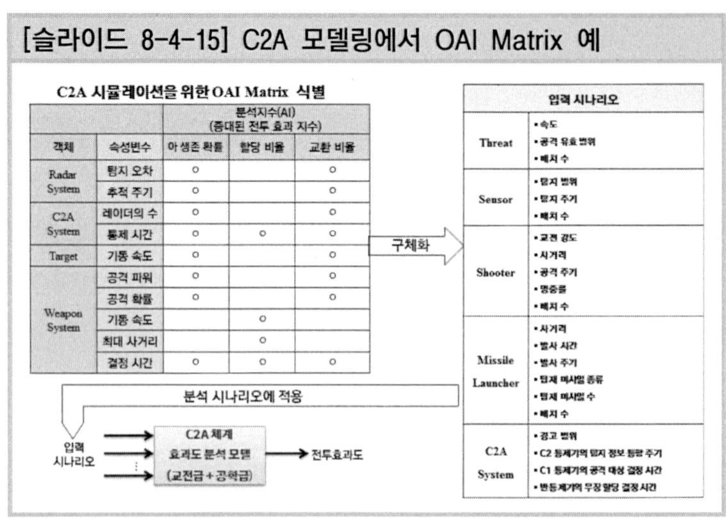

[8-4-15]

OAI 매트릭스의 작성 예로 (8.3)절에서 언급했던 방공작전 효과분석용 C2A 모델에서 측정될 분석지수와 객체 및 변수와의 관계를 슬라이드에 제시하였다. 분석지수는 아 생존 확률, 할당 비율 및 교환 비율로 정의하였고 대상 객체들은 레이더, C2A, 표적 및 무기체계이며 각 객체의 변수들을 명시하였다. 매트릭스의 칸 중 “O”은 해당 분석지수를 측정하는 데 사용되는 객체와 변수들을 나타낸다. 예를 들면, 레이더의 탐지 오차는 아 생존 확률 및 교환 비율을 측정하는 데 사용된다. 또한, 할당 비율 지수를 측정하기 위해서는 C2A의 통제 시간, 무기체계의 기동 속도, 최대 사거리 및 결정 시간이 필요하다. 오른쪽 표에는 OAI 매트릭스를 바탕으로 구체화할 수 있는 입력 시나리오의 예를 제시하였는데, 이들은 향후에 개발이 완료된 C2A 모델을 통해 방공작전 임무 효과도를 분석하는 데 사용하게 된다.

[8-4-16] 국방 모델 개발 시 V&V 프로세스

M&S의 3요소인 대상 시스템, 모델 및 시뮬레이터와 이들 간의 관계에 해당하는 실증(Validation) 및 검증(Verification)의 방법과 일반적인 절차는 [슬라이드 1-2-1]에서 이미

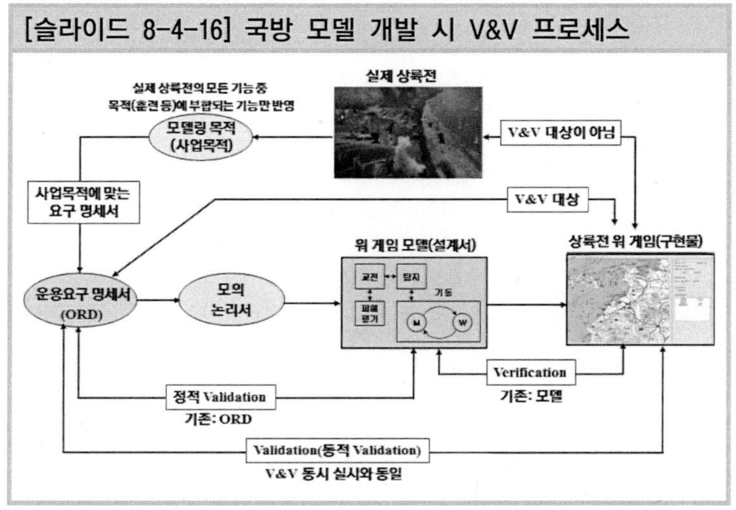

[슬라이드 8-4-16] 국방 모델 개발 시 V&V 프로세스

설명하였다. 앞에서 설명한 것과 같이 V&V의 대상 시스템은 실제 시스템 자체가 아니라 실제 시스템이 모델개발 목적에 맞도록 축약된 시스템이 된다. 실제 상륙전 모델을 개발하는 경우를 예로 들면, 모델개발의 목적(사업목적)에 맞는 요구 명세서인 운용요구 명세서(ORD: Operational Requirement Documentation)가 대상 시스템이 된다.

운용요구 명세서는 모의논리서로 변환되고 모델링 과정을 통해 모델(설계서)이 완성되며 이를 구현하면 상륙전 워 게임 시뮬레이터(구현물)가 된다. 따라서 V&V의 대상은 상륙전에 대한 ORD와 워 게임 시뮬레이터(구현물)가 된다. 실증의 기준은 ORD이며 검증의 기준은 모델로서 검증은 100% 일치성을 확인하고 실증은 미리 정해진 수용수준(Acceptance Level)을 만족하는지를 확인한다. 실증은 정적 실증과 동적 실증으로 나누어 질 수 있다. 정적 실증은 모델의 동작이 미리 정해진 수용수준에서 ORD를 만족하는지를 확인하며, 동적 실증은 워 게임 시뮬레이터 실행결과가 미리 정해진 수용수준에서 ORD를 만족하는지를 확인하는 것이다. 검증은 워 게임 시뮬레이터 실행결과가 모델(설계서)과 완전히 일치하는지를 확인하는 과정이다. 따라서 동적 실증은 정적 실증과 검증을 동시에 실시하는 것으로 볼 수 있다.

[8-4-17] V&V의 구체적 실행방법

정적 실증은 워 게임 시뮬레이터가 구현되기 전에 실시하며 동적 실증은 워 게임 시뮬레이터가 구현된 후 실시하여야 한다. 정적 실증은 2단계로 나눌 수 있다. 첫 번째 단계(정적 실증 Ⅰ)에서는 ORD와 모의논리서 사이의 실증이며, 두 번째 단계(정적 실증 Ⅱ)에서는 모의논리서와 모델 사이의 실증이다. 시스템 공학에서는 V&V의 신뢰성 확보를 위해 검증과 실증을 서로 다른 기관에서 독립적으로 수행하도록 추천하고 있다. (7.3)절에서 설명한 것과 같이 체계개발에서의 시험평가는 개발시험평가(DT)와 운용시험평가(OT)로 나눌 수

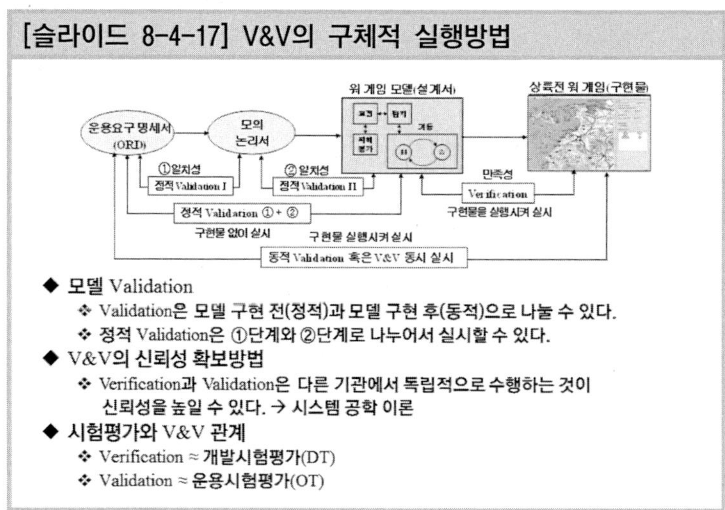

있었다. 모델(시뮬레이터) 개발을 워 게임 체계 개발 관점에서 볼 때 개발시험평가는 검증(Verification), 운용시험평가는 실증(Validation) 과정에 해당한다고 볼 수 있다.

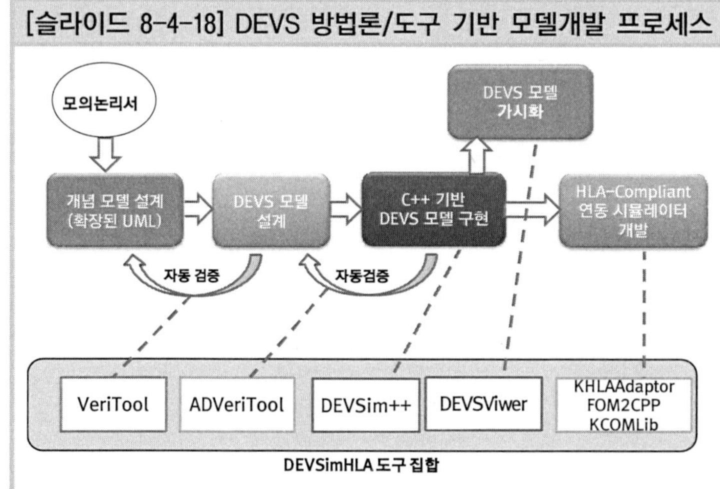

[8-4-18] DEVS 방법론 기반의 모델개발 프로세스는 모의논리서에서 모델 구현까지 일련의 과정에 DEVSimHLA 도구 집합이라고 부르는 개발환경을 활용하게 된다. DEVSim HLA 도구 집합에는 검증 도구(VeriTool과 ADVeriTool), 모델링/시뮬레이션 도구(DEVSim++), 가시화 도구(DEVSViewer), HLA/RTI와의 연동 도구(KHLAAdaptor 등)들이 포함된다. 슬라이드에 DEVS 방법론을 통한 모델개발 프로세스와 프로세스의 각 단계에서 사용되는 도구들을 표시하였다.

DEVSim++는 DEVS 형식론(공식)을 이용하여 대상체계를 계층적으로 모듈화된 이산사건 모델로 표현하고 C++로 구현하여 시뮬레이션할 수 있는 M&S 환경이다. DEVSViewer는 이산사건 시뮬레이션 과정에서 각 모델의 상태변수 값 변화와 메시지 전송과정을 가시화하는 도구이다. KHLAAdaptor(스마트 어댑터라고도 부름)는 M&S 체계를 포함한 임의의 응용체계를 HLA/RTI에 연동할 수 있는 인터페이스이다. VeriTool과 ADVeriTool은 모두 검증 도구로서 뒤에서 자세히 설명하기로 한다.

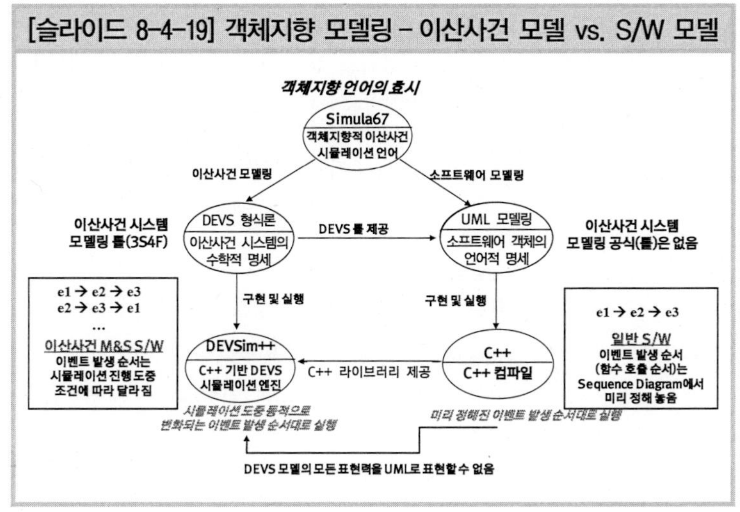

[8-4-19]
이산사건 시뮬레이션 언어인 Simula67은 최초의 객체지향 언어로서 시스템(또는 모델) 내/외부에서 발생되는 이산사건들 사이의 인과관계를 객체와 클래스 개념을 도입하여 명세하였다. Simula67은 이산사건 모델링을 위한 표현력은 우수하지만 모델의 실행시간이 길어지는 문제점이 있었다. C++ 언어는 C 언어에 클래스 개념을 구현함으로써 초기에는 "C with Classes"로 명명되기도 하였으며 Simula67의 성능을 개량한 이산사건 시뮬레이션 언어로 사용되었다. 그 후 객체와 클래스 개념이 일반 소프트웨어(S/W)로 확장됨에 따라 C++는 범용의 객체지향 프로그램 언어로 사용되고 있다.

객체지향 모델링 방법은 객체지향 프로그래밍을 위한 프로그램 명세의 설계방법으로 이산사건 모델링과 일반 S/W 모델링에 모두 적용될 수 있다. 객체지향 이산사건 모델링은 DEVS 형식론에서 제공하는 3S4F(3개의 집합과 4개의 함수)를 사용하면 객체와 DEVS 모델을 1:1로 대응시킬 수 있다. 객체지향 S/W의 모델은 UML이 제공하는 다이어그램을 사용하여 명세할 수 있다. 일반 S/W의 실행은 UML의 시퀀스 다이어그램에 명세한 함수 호출(이벤트 발생, 메시지 전달) 순서에 따라 순차적으로 함수를 호출하면서 진행된다. 반면, 시뮬레이션 S/W의 실행은 시뮬레이션에 참여하는 이벤트(함수)들의 발생시각 중에서 최소(가장 빠른) 시각을 갖는 이벤트를 찾아 실행(함수 호출)하는 방식이며 각 이벤트들의 발생시각은 시뮬레이션이 진행됨에 따라 동적으로 변하게 된다.

따라서 객체지향 S/W를 명세하는 UML로는 객체지향 이산사건 모델을 명세하는 DEVS 모델을 표현할 수 없다. UML로 명세된 객체지향 S/W는 객체지향 언어인 C++로 구현되어 실행할 수 있다. 반면, DEVS 틀로 명세된 모델을 실행(시뮬레이션)하기 위해서는 이벤트 실행 시간관리 기능 등을 지원하는 DEVSim++와 같은 별도의 시뮬레이션 엔진(알고리즘)을 C++ 라이브러리를 사용하여 구현해야 한다.

[슬라이드 8-4-20] 국방 모델링에 필요한 표현력 - DEVS vs. UML

실제 국방체계 동작	DEVS 모델 표현력	UML2.0(2005) 표현력	
임무수행에 소요되는 시간	ta(임무명)으로 표현 가능	M1 M2 임무명 임무완료 소요시간	
현재 임무 수행이 완료되기 전 임의의 시각에 도착하는 새로운 명령	δ_{ext}(현재임무, 임의시각, 새 명령)로 표현	표현 불가	UML 표현력 확장 필요
두 개 이상의 명령이 동시다발적 발생 시 명령처리 우선순위	SELECT 함수로 표현	표현 불가	
조직/명령 체계의 계층적 구조	계층적 결합 모델로 표현	표현 불가	

[8-4-20]
국방체계의 모델에 필요한 동작을 바탕으로 UML과 DEVS의 표현력에 대한 비교를 표로 나타내었다. 먼저, 국방 모델링에서는 정의된 임무를 수행하는 데 필요한 시간을 명세할 수 있어야 한다. DEVS 모델에서는 시간전진 함수인 ta(s)를 사용한다. 주어진 임무가 기동일 경우 ta(기동임무) 형태로 임무수행 소요시간을 명세할 수 있다. UML2.0에서는 시퀀스 다이어그램에 시간정보를 표현한다. 그림에서와 같이 모델 M1이 임무명을 메시지로 받을 경우 임무수행 소요시간을 지연시킨 후 임무완료 명령을 모델 M2로 보내는 방법으로 소요시간을 명세할 수 있다.

국방 모델링에서는 현재 수행 중인 임무를 완료하기 전 임의의 시각에 새로운 임무수행 명령이 발생할 수 있다. DEVS 모델에서는 외부 상태천이 함수를 사용하여 δ_{ext}(현재임무, 임의시각, 새 명령)으로 표현할 수 있다. 그러나 UML 시퀀스 다이어그램에서는 이러한 표현력이 없다. 예를 들면, N개의 메시지(명령)가 임의의 시각에 발생하는 UML 시퀀스 다이어그램을 생각해 보자. 시퀀스 다이어그램에서 (N−1)개의 메시지 발생순서가 정해진 경우에 나머지 한 개의 메시지가 미리 정해진 발생순서 사이의 임의의 시각에 발생하는 경우를 표현할 수 없다.

국방체계에서는 두 개 이상의 명령이 동시에 발생할 경우 명령처리 우선순위를 고려해야 하며 이를 국방 모델에 명세할 수 있어야 한다. DEVS에서는 SELECT 함수를 사용하여 우선순위를 명세할 수 있지만 UML 모델에서는 이것을 표현할 수 없다. 국방체계의 조직과 명령전달 체계는 계층적인 구조로서 DEVS 모델은 이러한 계층구조를 1:1로 표현할 수 있지만 UML에서는 표현할 수 없다.

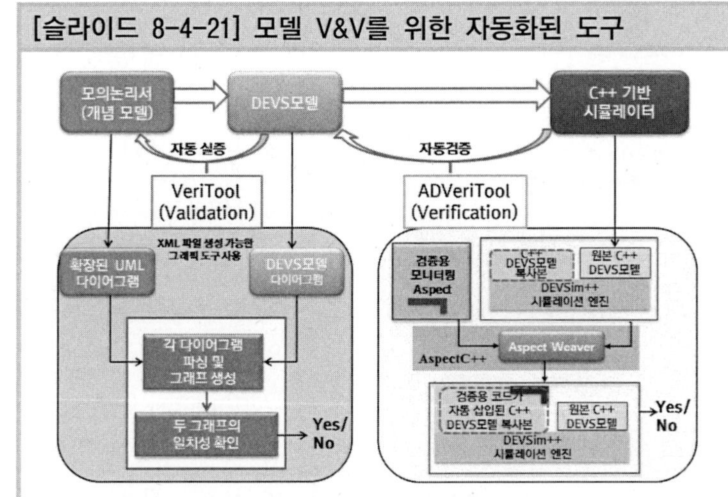

[8-4-21]
VeriTool은 두 개의 모델 설계서가 일치하는지를 확인하는 자동화된 실증 도구이고, ADVeriTool은 설계서와 구현물이 일치하는지를 자동 검증하는 도구이다. VeriTool은 표현력이 확장된 UML로 표현된 UML 모델과 DEVS 모델의 동작 일치성을 검증한다. ADVeriTool은 DEVS 모델 설계서와 이를 구현한 C++ 기반의 DEVSim++ 모델의 일치성을 검증한다. VeriTool을 사용하기 위해서는 먼저 UML 모델과 DEVS 모델을 XML 파일로 생성 가능한 그래픽 도구를 사용하여 다이어그램을 생성한다. 다음으로, 생성된 다이어그램을 파싱(Parsing)하여 각 그래프들을 생성하여 이들이 서로 일치하는지를 확인한다.

ADVeriTool은 AspectC++를 사용하여 검증 대상이 되는 DEVSim++ 모델의 소스코드에 모니터링 정보를 삽입시킨 새로운 소스코드를 자동으로 생성시킨다. 생성된 새로운 소스코드는 실행과정에서 모델 내부의 상태정보를 출력시킴으로써 DEVS 모델설계서에서 원하는 출력과 모델의 실행과정에서 발생하는 출력을 비교할 수 있다. ADVeriTool의 장점은 검증 대상이 되는 DEVSim++ 소스코드의 원본을 유지함으로써 검증용 정보 출력을 위하여 사용자가 원본 프로그램에 코드를 추가하는 과정에서 발생하는 오류를 방지할 수 있다는 것이다.

8.5 인공지능 기술의 M&S 분야 적용

[8-5-1] 인공지능(AI: Artificial Intelligence)이란?

인공지능(AI: Artificial Intelligence)이란 용어는 1955년에 미국 Dartmouth 대학 수학과

[슬라이드 8-5-1] 인공지능(AI: Artificial Intelligence)이란?

- ◆ AI 용어 등장 및 연구 태동
  - ❖ 1955년: Dartmouth College 수학과 교수 John McCarthy가 AI 용어 처음 사용
  - ❖ 1956년: Dartmouth Conference(최초의 인공지능 연구 워크숍) 개최
    - ● 주제: Thinking Machines 개념 정립 및 연구 개발
    - ● 참석자 → AI 연구 개척자들
      John McCarthy, Marvin Minsky, Allen Newell, Arthur Samuel, Herbert Simon
- ◆ AI 정의: Marvin Minsky(Dartmouth Conf. 참석자)
  "Artificial intelligence is the science of making machines do things that would require intelligence if done by men "
  "인간 지능이 필요한 일들을 할 수 있는 기계를 만드는 과학"
- ◆ AI 정의: 나무위키 사전(http://namu.mirror.wiki)
  "인간이 지닌 지적 능력의 일부 또는 전체를 인공적으로 구현한 것"

John McCarthy 교수가 처음 사용하였다. 1956년에는 McCarthy 교수의 주최로 "생각하는 기계(Thinking Machine)"의 개념 정립과 연구 개발을 목적으로 최초의 인공지능 연구 워크숍인 Dartmouth Conference가 개최되었다. 워크숍 참석자 중에는 AI 연구의 개척자 중 한 사람으로 저명한 Marvin Minsky (전)MIT 교수가 포함되어 있다. 훗날 Minsky 교수는 인공지능(AI)을 "인간 지능이 필요한 일들을 할 수 있는 기계를 만드는 과학"이라고 정의하였다. 나무위키 사전에서는 인공지능을 "인간이 지닌 지적 능력의 일부 또는 전체를 인공적으로 구현한 것"이라고 정의하고 있다.

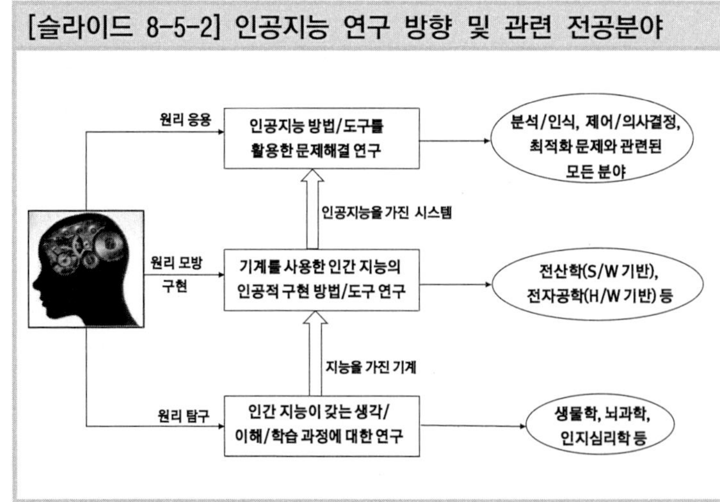

[8-5-2]

인공지능 연구 방향을 3가지로 분류하자면 원리 탐구, 원리 모방 구현 및 원리 응용으로 나눌 수 있다. 원리 탐구는 인간 지능이 갖는 생각/이해/학습 과정에 대한 연구로서 생물학, 뇌과학, 인지심리학 등의 관점에서 인공지능을 연구하는 것이다. 원리 모방 구현은 기계를 사용하여 인간 지능을 인공적으로 구현하는 방법/도구에 대한 연구로서 전산학, 전자공학 등의 분야에서 수행되는 연구이다. 원리 응용은 인공지능 방법/도구를 활용한 문제해결 방법론에 대한 연구로서 분석/인식, 제어/의사결정 및 최적화

문제와 관련된 모든 분야에 적용될 수 있다.

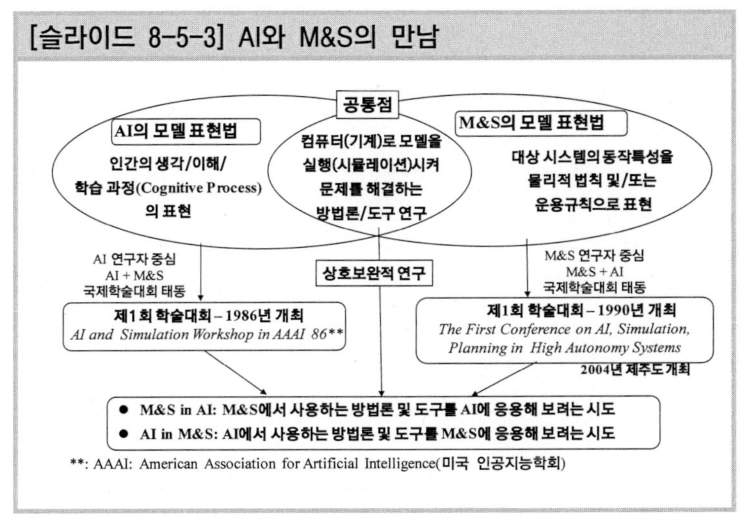

[8-5-3]
인공지능(AI)과 모델링 시뮬레이션(M&S)은 문제해결 방법/도구의 관점에서 보면 유사한 점이 많다. AI와 M&S의 공통점은 기계를 사용하여 모델을 실행(시뮬레이션)시켜 문제를 해결하는 방법론 및 도구를 연구한다는 점이다. AI에서는 인간의 생각/이해/학습 과정을 모델로 표현하는 한편, M&S에서는 대상 시스템의 동작특성을 물리적 법칙 및/또는 운용규칙으로 모델을 표현하게 된다. 따라서 일반적인 문제해결을 위해서 AI와 M&S 이론 및 방법론을 상호보완적으로 사용하고자 하는 시도들이 출현하였다. “M&S in AI” 연구는 M&S에서 사용하는 방법론 및 도구를 AI에 응용하고자 하는 시도이고, “AI in M&S” 연구는 AI에서 사용하는 방법론 및 도구를 M&S에 응용해 보고자 하는 시도이다. 이러한 노력들이 구체화되어 1986년에 AI 연구자 중심의 학술대회가 처음 개최되었으며 M&S 연구자 중심의 학술대회는 1990년에 처음 개최된 이래 2004년에는 제주도에서 개최되었다.

[8-5-4] AI와 M&S에서 시스템 모델링 접근법

M&S와 AI 연구의 공통점은 모델을 컴퓨터에 실행시켜 문제를 해결하는 것이다. M&S에서 사용되는 시뮬레이션 모델은 대상 시스템의 물리적 동작특성 및 운용 프로세스를 입력, 출력 및 상태변수 사이의 인과관계로 표현한 것이다. 한편, AI에서 사용하는 데이터 모델은 대상 시스템에서 관찰된 데이터를 이용하여 기계학습을 통해 얻어진 데이터의 특성 및 데이터들 사이의 연관관계를 표현한 것이다.

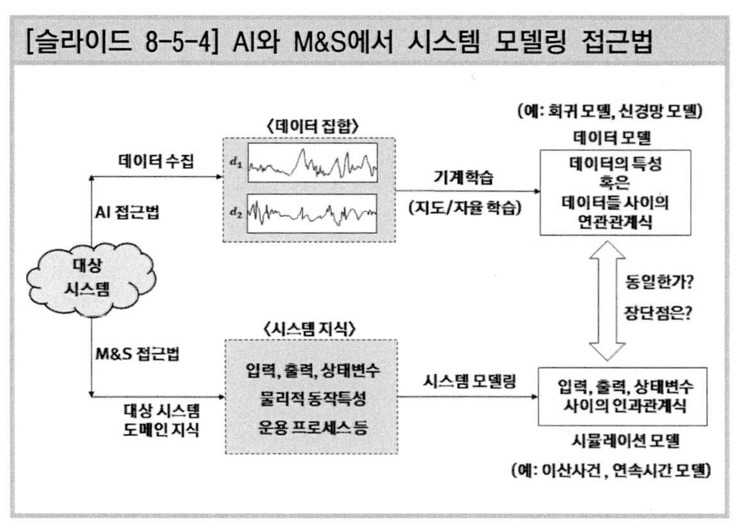

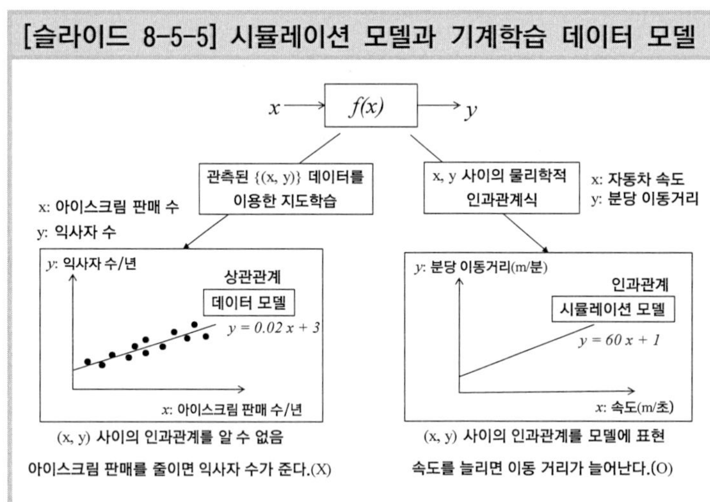

[8-5-5]

시뮬레이션 모델과 기계학습된 데이터 모델의 차이점은 모델에서 사용된 데이터들 사이의 인과관계를 알 수 있는지 여부이다. 예를 들어, y = f(x)라는 모델을 개발한다고 하자. 데이터 모델은 (x, y)의 데이터 쌍들을 관찰하여 이들 사이의 상관관계를 지도학습을 통해 산출한 상관관계식(회귀 모델)이 된다. 반면, 시뮬레이션 모델은 x, y 사이의 인과관계를 물리학적 법칙에 의해 표현한 인과관계식이 된다.

실세계의 예로서, 일정기간 동안의 아이스크림 판매 수(x)와 익사자 수(y)를 조사한 (x, y) 데이터 쌍을 지도학습한 결과로 y = 0.02x + 3의 데이터 모델이 얻어졌다고 하자. 이 모델로부터 아이스크림이 100개(x = 100) 팔렸을 때 익사자 수는 5명(y = 0.02 * 100 + 3 = 5)이라는 것은 알 수 있지만 아이스크림의 판매가 익사의 원인이 된다고 하는 인과관계의 성립 여부는 알 수 없다. 다른 예로, 자동차가 일정한 속도 x(m/초)로 움직일 때

매 분당 이동위치 y(m/분)를 나타내는 시뮬레이션 모델은 물리 법칙으로부터 y = 60x + 1(여기서 1은 최초의 위치를 의미함)이라고 표현할 수 있다. 이 모델에서 자동차의 속도가 10m/초일 때 1분 동안 이동한 위치는 601m(y = 60 * 10 + 1 = 601) 지점이 된다는 것을 알 수 있을 뿐만 아니라, 속도(x)가 증가하면 이동한 거리(y)도 증가한다는 인과관계를 파악할 수 있다.

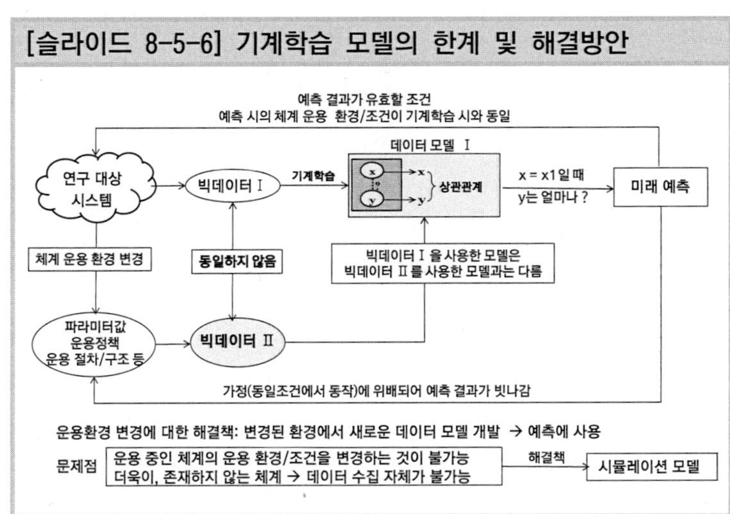

[8-5-6]
어떤 체계(시스템)를 관찰하여 얻은 (x, y)의 데이터 쌍들에 대해 지도학습을 통해 y = f(x)라는 데이터 모델을 얻었다고 하자. 이렇게 얻어진 데이터 모델을 사용하면 체계의 x값이 x1(x = x1)일 때 y값은 y = f(x1)에 의해 예측할 수 있다. 그러나 이러한 예측값의 유효성은 기계학습 당시의 체계 운용 환경/조건과 예측 시점의 체계 운용 환경/조건이 동일해야 유지될 수 있다. 왜냐하면, 체계의 운용 환경/조건이 변경되면 관찰되는 (x, y)의 데이터 쌍들이 달라져 결국 데이터 모델이 달라지기 때문이다. 따라서 정확한 예측을 위해서는 운용 환경/조건이 변경될 때마다 변화된 운용 환경/조건에서 수집된 데이터를 통해 학습시킨 새로운 데이터 모델이 필요하게 된다.

그러나 정확한 데이터 모델을 구하기 위해 실제 운용 중인 체계의 운용 환경/조건을 변경하는 것이 불가능할 수 있다. 예를 들면, 서울시 교통량을 예측하기 위한 데이터 모델을 만들기 위해서 기존 신호등 운영을 임의로 중단하고 새로운 위치에 신호등을 설치하여 교통량 데이터를 수집하는 것은 불가능하다. 더욱이, 존재하지 않는 체계에 대한 데이터 모델은 구할 수도 없다. 데이터 모델과 관련된 이러한 문제점은 시뮬레이션 모델을 사용하면 쉽게 해결할 수 있다.

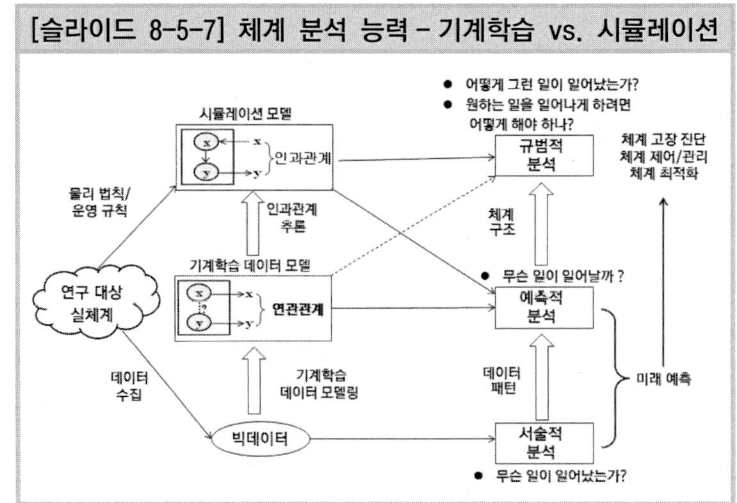

[8-5-7]

기계학습 데이터 모델과 시뮬레이션 모델의 체계 분석 능력을 비교하여 나타내었다. 대상 실체계로부터 수집된 빅데이터를 분석하면 해당 체계에서 지금까지 무슨 일이 일어났는지를 분석할 수 있는데 이것을 서술적 분석이라 부른다. 다음 단계로, 수집된 빅데이터에 대한 기계학습을 통하여 데이터 모델이 구해졌다고 하자. 그러면, 빅데이터가 수집된 조건과 동일한 조건에서 체계가 운용된다는 전제하에 앞으로 이 체계에는 무슨 일이 일어날 것인지를 예측할 수 있는데 이것을 예측적 분석이라 부른다. 앞에서 설명한 것과 같이 데이터 모델은 사용된 데이터들 사이의 인과관계를 나타내지 못하므로 대상체계에서 어떻게 그런 일이 발생했는지 또는 원하는 일을 발생하게 하려면 어떻게 해야 하는지 등의 규범적 분석이 불가능하다. 이러한 인과관계에 관한 규범적 해석은 데이터 모델을 통해서는 매우 제한적이지만 시뮬레이션 모델을 사용하면 완전한 해석이 가능하게 된다. 데이터 모델 기반의 서술적 해석과 예측적 해석은 체계의 미래를 예측하는 데 사용될 수 있는 한편, 시뮬레이션 모델 기반의 규범적 해석은 체계의 고장 진단, 체계 제어, 관리 및 최적화에 사용된다.

[8-5-8] AI 이론/기술의 M&S 분야 적용

M&S 분야에 적용 가능한 AI 이론/기술을 3개 주제로 구분하여 표의 첫 번째 열에 열거하고 각각에 대응되는 M&S 적용 분야와 구체적인 적용 사례를 두 번째 및 세 번째 열에 제시하였다. 주제 Ⅰ에 대한 사항으로 AI 분야의 지식 표현/추론 이론 및 AI 시스템 구현 연구결과는 M&S 분야의 모델 표현과 추론 엔진이 탑재된 시뮬레이션 엔진 구현에 적용될 수 있다. AI 시스템 구현에 사용된 AI 언어(LISP, Prolog, C++ 등)들은 지식 기반 및 에이전트 기반 M&S 환경 개발에 사용될 수 있다.

주제 Ⅱ에서 지도학습은 시뮬레이션을 통해 얻어진 입력과 출력을 추상화한 메타 모델

[슬라이드 8-5-8] AI 이론/기술의 M&S 분야 적용

AI 연구분야		M&S 분야 적용	구체적 적용사례
주제 I	지식 표현/추론 이론 및 AI 시스템 구현	규칙 기반 지식 표현 및 의사결정 과정을 모델 표현에 적용	지식 기반 시뮬레이션(KBS); 에이전트 기반 시뮬레이션(ABS)
		시뮬레이션 엔진에 추론 엔진 탑재	AI 시스템 + 시뮬레이션 융합; 목표지향적 추론 시뮬레이션
		AI 언어 기반 M&S 환경	LISP/Prolog/C++ 기반 M&S 환경; 온톨로지 기반 모델 자동합성
주제 II	기계학습	시뮬레이션 입/출력의 지도학습	메타 모델 기반 고속 체계 분석
		강화학습을 이용한 행위 최적화	시뮬레이션 기반 동적 최적화
		모델 파라미터의 지도학습	모델 동정화(Identification)
주제 III	빅데이터 해석	데이터/프로세스 마이닝 기술	시뮬레이션 기반 시스템 고장 예측 및 진단
		빅데이터 모델의 보완적 사용	데이터 모델 + 시뮬레이션 모델
		빅데이터 해석 기법 적용	시뮬레이션 데이터의 통계적 해석

로 변환시킴으로써 신속한 체계분석을 가능하게 한다. 강화학습은 대상 체계가 시뮬레이션 모델로 주어진 경우 체계의 동적 최적화에 이용될 수 있다. 모델 동정화(Identification; 同定化)는 시뮬레이션 또는 실체계의 관측으로부터 얻어진 입/출력 데이터를 사용하여 파라미터화된 가설적 모델의 파라미터들을 지도학습하는 과정이다.

주제 Ⅲ의 빅데이터 해석 기술/도구는 M&S 분야에서 데이터/프로세스 마이닝, 빅데이터 모델링, 그리고 시뮬레이션 데이터의 통계적 해석에 적용할 수 있다. 데이터/프로세스 마이닝 기술은 시뮬레이션 동안 발생하는 데이터/이벤트의 이상 패턴을 찾아내는 과정으로 시뮬레이션을 통한 시스템 진단 및 유지보수에 적용될 수 있다. 빅데이터 모델은 데이터 사이의 상관관계를 표현한 모델로서 데이터들 사이의 인과관계를 표현한 시뮬레이션 모델과 상호보완적으로 사용될 수 있다.

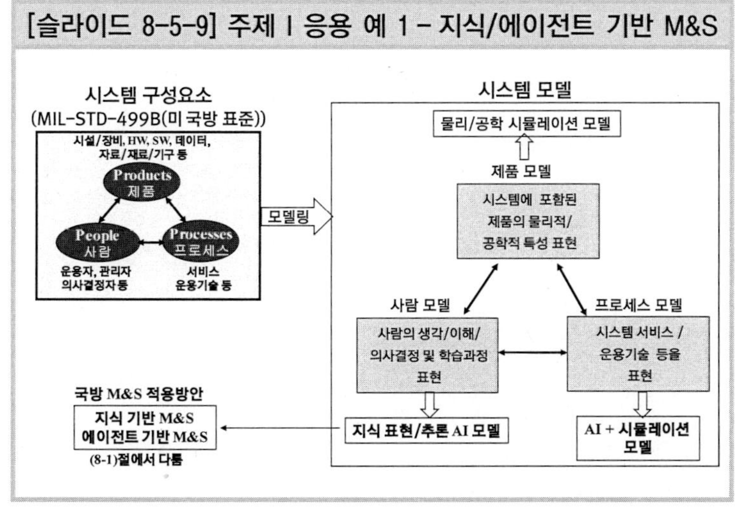

[8-5-9]

인공지능 연구 주제 I의 M&S 분야 적용 첫 번째 예는 지식/에이전트 기반 M&S이다. AI의 지식 표현 및 추론 이론과 M&S와의 연관성을 이해하기 위하여 시스템 모델의 구성요소를 알아보자. 미 국방 표준인 MIL-STD-499B에서는 시스템 구성요소를 그림에서와 같이 사람(People), 제품(Products) 및 프로세스(Processes)로 정의하고 있다. 표준으로 정의된 시스템 구성요소에 1:1로 대응시킨 시스템 모델은 그림에서와 같이 제품 모델, 사람 모델 및 프로세스 모델로 구성된다.

제품 모델은 제품의 물리적/공학적 특성을 표현하는 물리/공학 시뮬레이션 모델이다. 사람 모델은 사람의 생각/이해/의사결정 및 학습과정을 표현한 것으로 지식 표현 및 추론과 관련된 AI 모델이다. 프로세스 모델은 시스템의 서비스 및 운용기술 등을 표현하는 모델로서 AI 모델과 시뮬레이션 모델이 모두 포함된다. 국방 M&S에서는 모델 구성요소로 지휘관 모델이 포함되는 경우가 많으며 이 경우 AI의 지식 표현 및 추론 이론을 M&S에 적용할 수 있다. 실제로, 국방 M&S에서 지식 기반 및 에이전트 기반 M&S가 활용되고 있으며 (8.1)절에서 에이전트 기반 M&S를 소개하였다.

[슬라이드 8-5-10] 주제 I 국방 M&S 적용 예

발표 연도	시스템 약어	내 용 (지식 표현/추론 이론 및 시스템 중심)	발표 학술지 / 학술대회/ 단행본
1986	ROSS	Rule Oriented Simulation System	Proc. Winter Sim Conf.
1987	SONAR PLEXUS	Enhancing C2 Simulation with Reasoning	Proc. Simulators Conf.
1991	DEVS-Scheme	DEVS M&S Environment in Object-oriented LISP Dialect of Scheme	Knowledge Based Simulation
1991	UMBP	Uncertainty Management in Battle Planning	Knowledge Based Simulation
1992	ICAT	Intelligent Control Air Combat Target	Proc. Sys Sim & Scientific Comp.
1992	ISLE	Intelligent Scalable Logistic Environment	Proc. Winter Sim Conf.
1992	LCOM2000	Logistic COMposite	Applied AI: A Source Book
1992	SAD-1	Surface-to-Air Defense	Proc. Sys Sim & Scientific Comp.

[8-5-10]

1986년에 미국 인공지능 학회와 함께 개최된 제1회 “AI and Simulation Workshop in AAAI’86”을 시작으로 시뮬레이션 분야 학술대회에서도 AI 기술을 M&S에 적용하는 연구들이 발표되었다. 슬라이드에는 “AI in M&S” 연구의 태동기인 1980년대 후반부터 1990년대 초반까지 발표된 국방 M&S 분야의 관련 논문들의 간략화된 제목과 출처를 예시하였다. 이 논문들은 AI의 지식 표현/추론 이론 및 AI 시스템 관련 이론/기술을 국방 M&S에 응용하고자 하는 연구에 관한 것들이다.

[8-5-11] 주제 I 응용 예 2 - 규칙 기반 모델 자동합성

인공지능 연구 주제 Ⅰ의 M&S 분야 적용 두 번째 예로서 온톨로지 기반 모델 자동합성 시스템에 대해 설명한다. 규칙 기반 추론을 사용하는 목적은 모델 리포지토리에서 모델링 목적에 맞는 요소 모델들을 탐색/추출하여 자동적으로 합성함으로써 목표로 하는 시뮬레이

[슬라이드 8-5-11] 주제 I 응용 예 2 - 규칙 기반 모델 자동합성

◆ 목적
- ❖ 모델 리포지토리로부터 모델링 목적에 맞는 모델을 탐색/추출하여 시뮬레이션 모델을 자동합성

◆ 방법
- ❖ 모델 구조와 모델을 분리하여 지식 베이스를 구축한 후 규칙 기반 추론을 이용하여 목적에 맞는 모델 구조 탐색 후 자동합성

◆ 자동합성 시스템 구성요소
- ❖ 모델 구조 온톨로지 - SES Base
  - ● 모델 구조를 온톨로지 기반 System Entity Structure(SES)로 표현함
  - ● 모델 리포지토리에 있는 모델들로 구성 가능한 모든 모델 구조
- ❖ 모델 리포지토리 - Model Base(DEVS 모델 등)
  - ● 모듈화된 바이너리 파일 형태의 모델 저장소
- ❖ 규칙 기반 추론기
  - ● 규칙 기반 추론으로 모든 가능한 모델 구조 중 목적에 맞는 모델 구조 탐색
- ❖ 모델 합성기
  - ● 모델 구조(모델 이름)와 바이너리 모델을 결합시켜 시뮬레이션 모델 합성

◆ 국방 M&S 적용방안
- ❖ 재사용 가능한 모델 라이브러리를 통한 신속한 모델 개발

션 모델을 만드는 것이다. 모델의 자동합성은 모델 구조와 구성 내용이 되는 요소 모델을 분리하여 지식 베이스를 구축하고 규칙 기반 추론을 통해 목적에 맞는 모델 구조를 탐색하여 자동으로 합성하게 된다.

모델 자동합성 시스템의 구성요소는 모델 구조 온톨로지, 모델 리포지토리, 규칙 기반 추론기 및 모델 합성기 등이다. 모델 구조 온톨로지는 System Entity Structure(SES) 형식론을 이용하여 모델 리포지토리에 있는 모델들로 구성할 수 있는 모든 가능한 모델 구조를 표현한다. 모델 리포지토리는 모듈화된 바이너리 파일 형태 모델들의 저장소이다. 규칙 기반 추론기는 미리 정해진 규칙을 기반으로 모든 가능한 모델 구조들 중에서 목적에 맞는 모델 구조를 탐색하는 것이다. 모델 합성기는 모델 구조(이름)와 바이너리 모델을 결합하여 목표로 하는 시뮬레이션 모델을 자동으로 합성하는 것이다. 물론 모델의 자동합성을 위해서는 모든 모델들이 시뮬레이션 엔진에서 제공하는 API에 Compliance하게 개발되어 있어야 한다. 모델 자동합성 방법은 재사용 가능한 모델 라이브러리를 통한 신속한 국방모델 개발에 적용될 수 있다.

[8-5-12] 규칙 기반 모델 자동합성 시스템 구조

모델 자동합성 시스템은 그림에서 보여주는 것과 같이 SES BASE와 MODEL BASE로 구성된 지식 베이스와, 규칙 기반 추론기, 모델 합성기로 구성되어 있다. SES BASE에는 MODEL BASE에 있는 모델들로 구성 가능한 모든 시스템 구조를 나타낸 것으로 지식공학(Knowledge Engineering)을 통해 구축될 수 있다. MODEL BASE에는 시스템 구성요소의 행위를 표현하는 모델들이 모듈화된 바이너리 코드로 존재한다. 규칙 기반 추론기는 시스템(모델) 구조를 탐색하는 기능을 수행하며 모든 가능한 구조 중에서 모델링 목적을 만족하는 후보 모델들을 탐색한다. 모델 합성기는 탐색된 대안 모델들을 MODEL BASE에서 추출하여 시뮬레이션 모델을 합성하게 된다. 그림의 예에서는 모델 ABC의 구성요소인 모델 C의

[슬라이드 8-5-12] 규칙 기반 모델 자동합성 시스템 구조

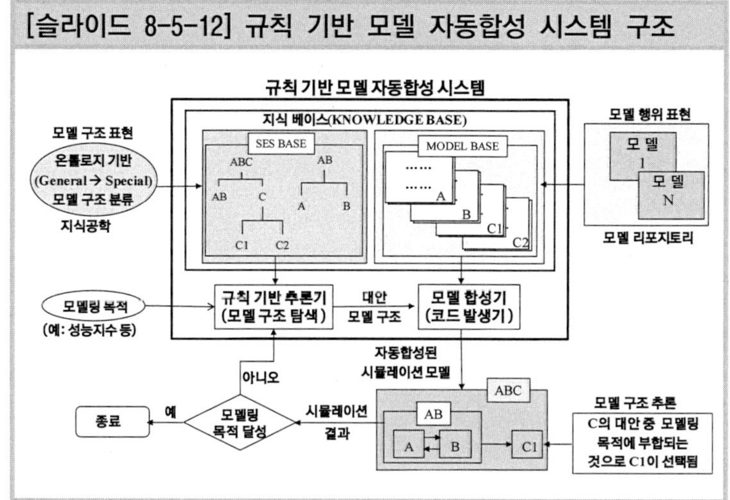

대안으로 C1과 C2가 존재하지만 목적에 부합되는 모델로서 C1이 선택되어 시뮬레이션 모델로 합성되었다. SES 형식론 및 모델 추론 과정은 다음 슬라이드에서 설명하기로 한다.

[슬라이드 8-5-13] SES 지식 표현을 이용한 시스템 구조 표현

- SES(System Entity Structure)
  - Node와 Edge(Attribute 포함)로 구성된 Attributed AND-OR 그래프의 일종
  - 규칙 기반으로 모든 가능한 시스템 구조 표현
- 구조
  - Node: Entity로서 시스템 구성요소 → 컴포넌트 모델들
  - Edge ⊆ {(Node, Node)} → Node와 Node의 연결로 아래 2종류가 있음
    - AND Edge: 연결된 Node들이 AND(구성요소) 관계임을 표현
    - OR Edge: 연결된 Node들이 OR(대안) 관계임을 표현
  - Attribute: Edge의 속성을 나타내는 정보로서 아래 2종류가 있음
    - AND Edge: 구성요소들 사이의 연결 명세 집합 → {(모델.포트, 모델.포트)}
    - OR Edge: 대안을 선택하는 데 필요한 규칙 집합 → {(조건, 대안)}
- 연산
  - 삽입, 삭제: 모든 Node, Edge, Attribute에 적용
  - Pruning – Sub 그래프(pruned SES) 추출
    - SES에 표현된 모든 가능한 구조에서 모델링 목적에 맞는 구조 추출
    - 모델링 목적을 조건으로 표현하여 OR-Edge Attribute에 나열된 규칙 {(조건, 대안)} 속의 조건들 중 일치하는 조건을 탐색하여 대안 구조 결정

[8-5-13]

규칙 기반의 시스템 구조 표현에 사용되는 SES 형식론은 Node와 Edge로 구성된 Attributed AND-OR 그래프의 일종이다. SES의 Node는 Entity로서 시스템의 구성요소 또는 컴포넌트 모델들을 나타낸다. Edge는 Node와 Node를 연결하는 것으로 AND Edge와 OR Edge로 구성된다. AND Edge는 연결된 두 Node가 AND 관계를 가지며 의미적으로는 구성요소 관계를 나타낸다. OR Edge는 연결된 두 Node가 OR 관계를 가지며 의미적으로는 대안 관계를 나타낸다. Attribute는 Edge의 속성을 나타내는 정보로서 AND Edge의 Attribute는 두 Node 사이의 연결 관계인 (모델.출력포트, 모델.입력포트)를 나타내며, OR Edge의 Attribute는 대안 선택에 필요한 규칙들의 집합인 {(조건, 대안)}을 나타낸다.

SES의 연산은 일반적으로 그래프에 사용되는 연산을 포함하며 추가적으로 Pruning

연산이 있다. 일반적인 그래프 연산으로 삽입, 삭제 등이 모든 Node, Edge 및 Attribute에 대해 정의된다. Pruning 연산은 SES로 표현된 모든 가능한 구조 중에서 모델링 목적에 맞는 구조를 추출하여 부분 구조(Sub Structure)를 만드는 것이다. 이 연산의 실행은 모델링 목적을 조건으로 표현한 후 OR-Edge Attribute에 포함된 규칙의 조건문과 일치하는 Edge들을 탐색하여 부분 구조(대안 구조)를 찾아내는 것이다.

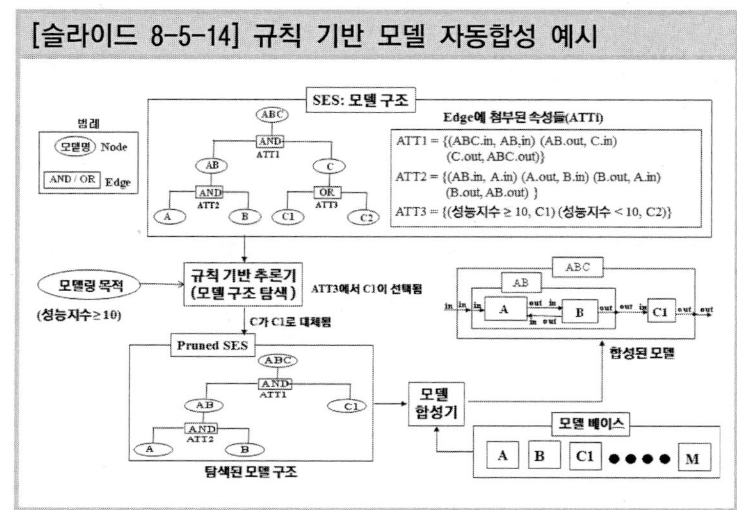

[8-5-14]

규칙 기반의 모델 자동합성 방법에 대한 간략화된 예를 살펴보자. 모델 구조를 표현하는 SES에는 ABC, AB, A, B, C, C1, C2 등의 Entity(시스템 구성요소 또는 모델)들이 포함되어 있으며 이들을 사용하여 구성 가능한 모델 구조를 나타내었다. SES를 시각화한 표현에서는 Node를 타원으로, Edge를 사각형으로 나타내었고 타원(Node) 안에는 모델명을, 사각형(Edge) 안에는 Edge의 종류(AND 또는 OR)를 나타낸다. 각 Edge에는 Attribute(ATT)인 ATT1, ATT2, ATT3을 명시하였다. AND Edge에 표시된 ATT1과 ATT2는 Node 사이의 연결 관계를 명세하였고 OR Edge에 표시된 ATT3은 노드 사이의 대안 선택 규칙을 명세하였다.

예시된 SES에는 OR Edge로 (C, C1) 및 (C, C2)가 있는데 C1 또는 C2 중에서 한 가지를 선택하는 규칙은 OR Edge의 Attribute인 ATT3에 명시되어 있다. 여기서, C는 C1과 C2의 공통적인 특성을 표현하는 일반화된 모델을 의미하며 C1과 C2는 C를 구체화시킨 모델로서 시뮬레이션이 가능하다. ATT3은 모델의 자동합성에 필요한 규칙 집합을 나타내며, 현재 예에는 2개의 규칙이 존재한다. 즉 규칙 1(성능지수 ≥ 10, C1)은 모델링 목적에서 성능지수로 10 이상을 요구하면 C1을 선택하고, 규칙 2(성능지수 < 10, C2)는 모델링 목적에서 성능지수를 10 미만으로 요구하면 C2를 선택하는 규칙이다. 모델링 목적에서 고속 시스템이 요구되어 성능지수를 10 이상인 시스템으로 명시했다면 C1이 선택되

어 C를 대체하게 된다. 따라서 모델링 목적을 만족하는 모델 구조에는 C 대신 C1이 선택되어 모델 베이스의 탐색을 통하여 최종적으로 그림에서와 같은 시뮬레이션 모델이 자동으로 합성되는 것이다.

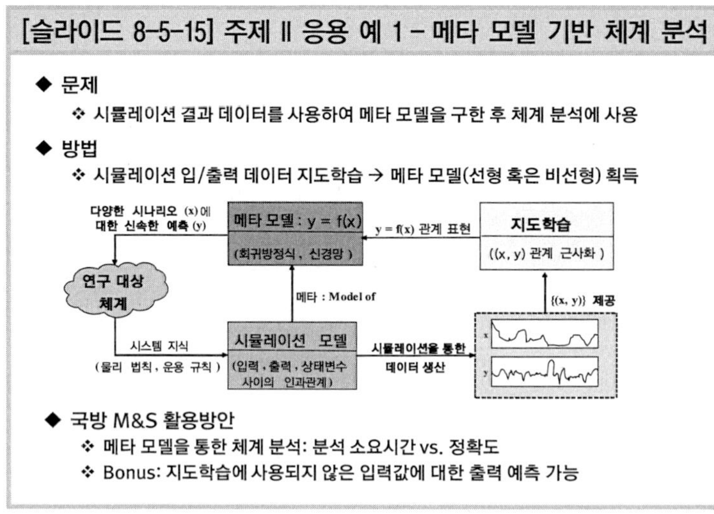

[8-5-15]

AI 연구 주제 Ⅱ의 기계학습을 시뮬레이션에 응용하는 첫 번째 예로서 메타 모델 기반의 체계 분석에 대해 설명한다. 메타 모델은 "모델의 모델"로서 시뮬레이션 모델을 근사화하여 수식으로 표현한 모델이다. 메타 모델은 시뮬레이션으로 얻어진 (입력 x, 출력 y)의 데이터 쌍들을 지도학습을 통해서 회귀방정식 또는 신경망으로 근사화하여 y = f(x) 형태로 나타낸다. 메타 모델을 사용하면 지도학습 과정에서 사용되지 않은 입력 x1값에 대응하는 출력 y1값을 시뮬레이션 없이 메타 모델의 방정식에서 y1 = f(x1)로 구할 수 있다. 따라서 메타 모델을 사용하면 신속하게 체계 분석을 수행할 수 있지만 결과의 정확도는 시뮬레이션 모델에 비해 저하되는 것이 일반적이다. 메타 모델을 구현할 때 입력 x의 개수 제한은 없으며 n개의 입력변수를 갖는 메타 모델은 y = f(x1, x2, ..., xn) 형태로 표현된다. 메타 모델을 이용한 체계 분석은 시뮬레이션 모델을 사용하는 경우에 비해 짧은 분석 시간으로 정확도는 시뮬레이션 모델에 근접하는 분석결과를 얻을 수 있다. 추가적으로 지도학습에 사용되지 않은 입력(추가적인 시나리오)에 대한 출력값의 예측도 가능하다.

[8-5-16] 주제 Ⅱ 응용 예 2 – 시뮬레이션 기반 동적 최적화

기계학습을 시뮬레이션에 응용하는 두 번째 예로서 시뮬레이션 기반 동적 최적화 문제에 대해 설명한다. 시뮬레이션 기반 동적 최적화 문제는 그림에서와 같이 강화학습을 이용하여 출력값이 최적화되는 입력 행위(이벤트)들을 시스템이 동작하는 상태에서 동적으로 결정하

[슬라이드 8-5-16] 주제 II 응용 예 2 - 시뮬레이션 기반 동적 최적화

◆ 문제
- ❖ 시스템의 현재 상태 및 보상값(지연시간 등) 관측이 가능할 때 출력값이 최적화되도록 관측된 각 상태에 대한 다음 입력 행위를 결정하는 문제

◆ 방법
- ❖ 시스템 모델: 이산사건 시뮬레이션 MDP(Markov Decision Process) 모델
- ❖ 강화학습: 몬테칼로 시뮬레이션 기반 반복적 최적 행위 결정
- ❖ 학습결과: $\{(s_i, a_i) \mid s_i$: 현재 상태, a_i : 다음 입력 행위(모델에 가해질 이벤트)$\}$

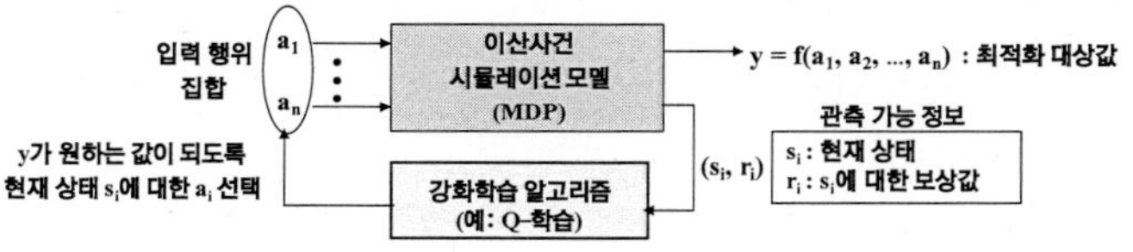

◆ 국방 M&S 적용방안
- ❖ 성능/효과도를 극대화시키는 전장상황별 대안/의사결정(C2) 행위 식별 등

는 문제이다. 강화학습은 시스템의 현재 상태와 보상값의 관찰이 가능해야 하며, 시스템의 출력값을 최적화시키기 위해 관찰된 현재 상태에서 시스템에 가해질 입력 행위(이벤트)를 학습 알고리즘(예: Q-Learning)을 이용하여 선택하는 것이다. 따라서 강화학습 결과는 (상태, 입력 행위)의 집합이 되며 강화학습의 대상이 되는 시스템 모델은 이산사건 MDP(Markov Decision Process) 모델이며 의사결정 소요시간이 고려될 경우 SMDP(Semi Markov Decision Process) 모델이 되어야 한다. 국방 M&S에서 강화학습을 통한 시뮬레이션 기반의 최적화 기술을 응용할 수 있는 대표적인 예로는 지휘통제(C2) 체계에서 성능/효과도를 극대화할 수 있는 전장상황별 의사결정 행위를 식별하는 문제이다.

[슬라이드 8-5-17] 주제 II 응용 예 3 - 모델 동정화(Identification)

◆ 문제
- ❖ 관측된 실체계의 입/출력 데이터 혹은 시뮬레이션 입/출력 데이터로부터 시스템 모델을 구하는 문제

◆ 방법
- ❖ 파라미터화된 가설적 모델을 설정하고 입/출력 데이터를 이용하여 모델 파라미터값들을 기계(지도)학습시킴

X → 실체계 → Y
혹은
X → Black-Box 시뮬레이션 체계 → Y
관측된 입력
관측된 출력
파라미터화된 가설적 모델
X → Q DEVS 모델 <X, Y, S, δ_{ext}, ta, δ_{int}, λ> → Y'
기계학습 → δ_{int}, δ_{ext}, λ, ta
학습된 모델 파라미터 들
동일한 x에 대하여 $(y-y')^2$의 평균값이 최소가 되는 4개의 함수를 구하는 문제

[8-5-17]

기계학습을 시뮬레이션에 응용하는 세 번째 예로서 시스템(모델) 동정화(Identification) 문제를 소개한다. 모델 동정화는 관측된 실체계의 입/출력 데이터 또는 내부가 알려지지 않은(Black-Box) 시뮬레이션 체계의 입/출력 데이터로부터 시스템 모델을 구하는 문제이다. 모델 동정화의 방법은 파라미터화된 가설적 모델을 설정한 후 실제 관측치 또는 시뮬레이션 데이터를 이용하여 가설적 모델에 사용된

파라미터값들을 기계학습을 통해서 찾아내는 것이다. 모델에 포함된 각 파라미터는 함수 또는 매트릭스의 형태로 표현되며 기계학습 과정에서 이들 함수 또는 매트릭스를 구하게 된다.

이산사건 시스템에 대한 모델 동정화의 경우 가설적 모델을 DEVS로 정의한 후 DEVS 정의에 포함된 4개의 함수(δ_{int}, δ_{ext}, λ, ta)를 각각 기계학습을 통하여 구하면 된다. 4개의 함수에 대한 기계학습은 함수별 입/출력 데이터가 시스템 또는 시뮬레이션으로부터 얻어질 수 있는 경우에 일반적인 지도학습 방법을 사용하면 된다. 만약, 전체 시스템의 입/출력 데이터만 주어지는 경우에는 관측된 입력 데이터를 모델에 가한 후 학습 대상 함수들이 포함된 모델의 출력값 y′와 관측된 출력값 y 사이의 차잇값인 (y − y′)의 제곱 평균이 최소가 되도록 함수들을 기계학습하게 된다.

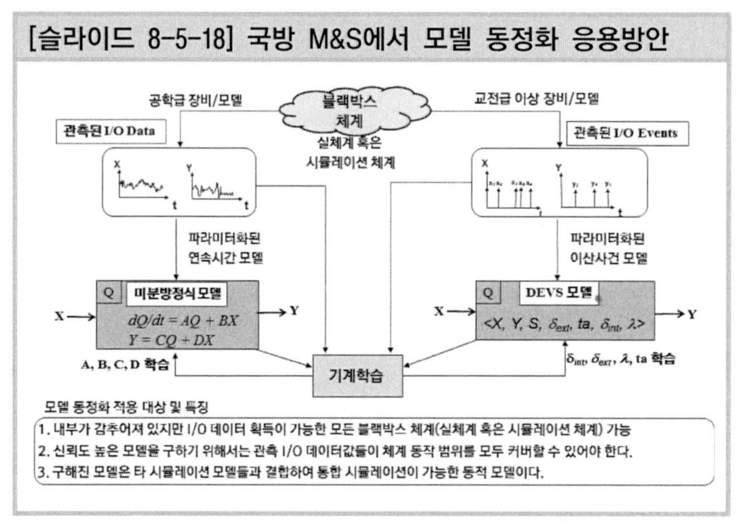

[8-5-18]

국방 M&S에서 모델 동정화 기법은 실체계 또는 시뮬레이션 체계로부터 관측된 입/출력 데이터로부터 공학급 또는 교전급 이상의 모델을 찾아내는 데 활용될 수 있다. 공학급 모델 동정화에서 파라미터화된 모델은 미분방정식 모델을 사용하며 교전급 이상 모델의 동정화에는 DEVS 모델을 사용할 수 있다. 미분방정식 모델은 A, B, C, D 등 4개의 파라미터를 기계학습해야 하며 DEVS 모델은 δ_{int}, δ_{ext}, λ, ta 등 4개의 함수를 기계학습해야 한다. 동정화된 모델의 신뢰도는 관측된 입/출력 데이터값들이 해당 체계의 동작 범위를 얼마나 광범위하게 커버하는지에 따라 달라진다. 최종적으로 정리된 파라미터화 모델은 타 모델과 결합하여 통합 시뮬레이션이 가능한 동적(Dynamic) 모델이 된다.

[슬라이드 8-5-19] 메타 모델과 동정화된 모델 비교

실체계
혹은
시뮬레이션 체계

X → 실체계 혹은 시뮬레이션 체계 → Y

{(x, y)} 관측

X/Y 함수 학습

파라미터 학습을 통한 모델 동정화
(연속시간 혹은 이산사건)

X → 메타 모델 (회귀방정식, 신경망) → Y

X → Q 동정화된 DEVS 모델 <$X, Y, S, \delta_{ext}, ta, \delta_{int}, \lambda$> → Y

결합하여 시뮬레이션 가능한가?

X1 → 이산사건 시뮬레이션 모델 → Y1

X1 → 이산사건 시뮬레이션 모델 → Y1

- 공통점: 메타 모델과 동정화된 모델은 단독으로 사용할 수 있다. (주어진 X에 대한 Y값 구하기)
- 차이점: 메타 모델은 다른 시뮬레이션 모델과 결합하여 시뮬레이션을 할 수 없지만 동정화된 모델은 다른 시뮬레이션 모델과 결합하여 시뮬레이션이 가능하다. (왜?)

[8-5-19]

메타 모델과 동정화된 모델은 공통점과 차이점을 갖는다. 두 모델은 모두 단독으로 사용하여 입력(x)에 대한 출력(y)을 예측할 수 있다는 공통점을 갖는다. 한편, 메타 모델은 의미론(Semantics)이 없는 정적인 모델인 반면 동정화된 모델은 시스템 동작에 대한 의미론이 포함된 동적인 모델이라는 차이가 있다. 따라서 메타 모델은 타 시뮬레이션 모델과 결합하여 시뮬레이션을 수행할 수 없지만 동정화된 모델은 타 시뮬레이션 모델과 결합하여 시뮬레이션을 수행할 수 있다. 예를 들면, y = f(x) 형태로 표현된 메타 모델은 이산사건 시뮬레이션에 필요한 이벤트 처리, 이벤트 스케줄링 등의 정보를 명시적으로 포함하고 있지 않기 때문에 DEVS 모델과 결합하여 이산사건 시뮬레이션을 수행할 수 없다.

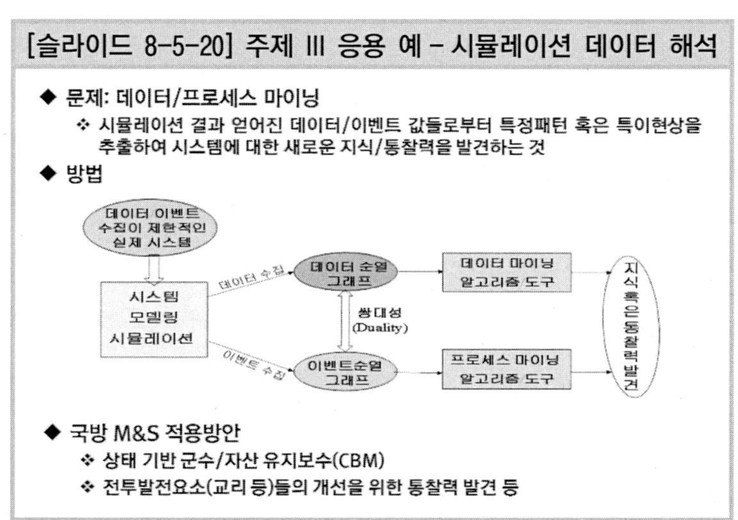

[8-5-20]

인공지능 연구 주제 III의 M&S 분야 적용 예로서 시뮬레이션을 이용한 데이터/프로세스 마이닝에 대하여 알아보자. 시뮬레이션 기반 데이터/프로세스 마이닝은 시뮬레이션 결과로 얻어진 데이터/이벤트 값들로부터 특정패턴 혹은 특이현상을 추출하여 새로운 지식/통찰력을 발견하는 과정이다. 마이닝 과정의 첫 번째 단계는 데이터/이벤트 수집이 제한적인 실제 시스템을 직접 사용하지 않고 시뮬레이션 모델을 개발하여 시뮬레이션을 통해 데이터 혹은 이벤트를 수집한다. 다음으로, 수집된 데이터/이벤트를 그래프로 표현한 후 이를 분석하는 데이터/프로세스 마이닝 알고리즘/도구를 사용하여 원하는 지식/통찰력을 발견하게 한다. 시뮬레이션 기반 데이터 마이닝 기법은 상태기반 군수/자산 유지보수(CBM: Condition Base Maintenance) 등에 적용이 가능하며 프로세스 마이닝 기법은 전투발전요소(교리 등)들의 개선을 위한 통찰력 발견 등에 적용할 수 있다.

참고문헌

[8-1] 최선한, 서경민, 권세중, 김탁곤, 「공학급 국방 모델의 시뮬레이션 성능 향상을 위한 다중 충실도 M&S 기법 연구」, 한국시뮬레이션학회 논문지, vol. 22, no. 4, pp. 67-82, 2013. 11.

[8-2] 홍정희, 서경민, 김탁곤, 「국방 시스템의 요구 성능 분석을 위한 역방향 시뮬레이션 소프트웨어 아키텍처」, 한국통신학회 논문지, vol. 40, no. 4, pp. 750-759, 2015. 4.

[8-3] Adelsberger, H.H. et al., "Rule Based object Oriented Simulation system," In Intelligent Simulation Environments(eds: P.A. Luker and H.H. Adelsverger), Simulation Series, vol. 17, SCS, San Diego, California, 1986.

[8-4] Arlow J. and Neustadt I., "UML 2 and the unified process(2nd ed.)," Addison Wesley, 2005.

[8-5] J. Banks, D. Gerstein, and S.P. Searles, "Modeling process, validation, and verification of complex simulations: A survey," Simulation series, vol. 19, no. 1, pp. 13-18, 1988.

[8-6] Baohong L., "A formal description specification for multi-resolution modeling based on DEVS formalism and its application," The Journal of Defense Modeling and Simulation, vol. 3, no. 3, pp. 229-251, 2007.

[8-7] Booch, G., Rumbaugh, J., and Jacobson, I., "The Unified Modeling Language User Guide," Addison Wesley, 1999.

[8-8] Andrei Borshchev and Alexei Filippov, "From System Dynamics and Discrete Event to Practical Agent Based Modeling: Reasons, Techniques, Tools," In Proceedings of the 22nd International Conference of the System Dynamics Society, pp. 381-403, 2004.

[8-9] Byun J.H., Choi C.B. and Kim T.G., "Verification of the DEVS model implementation using aspect embedded DEVS," In Proceedings of DEVS Integrative M&S Symposium(DEVS'09), San Diego, March 2009, pp. 393-399.

[8-10] Calfee S.H. and Rowe N.C., "Multi-agent simulation of human behavior in naval air defense," Naval engineers journal, vol. 116, no. 4, pp. 53-64, 2004.

[8-11] Changbeom Choi, Jangwon Bae, Minwook Yoo, Tag Gon Kim and Soohan Kim, "Verification Methodology for Simulation Model based on System Morphism," DHSS, Rome, Italy, Sep. 2011.

[8-12] Si Jong Choi and Tag Gon Kim, "Identification of Discrete Event Systems Using the Compound Recurrent Neural network: Extract DEVS from Trained Network," Simulation: Transactions of The Society for Modeling and Simulation International, vol. 78, no. 2, pp. 90-104, Feb. 2002.

[8-13] Seon Han Choi, Sun Ju Lee, and Tag Gon Kim, "Multi-fidelity modeling & simulation methodology for simulation speed up," 2014 ACM SIGSIM Conference on Principles of Advanced Discrete Simulation, Denver, USA, May 2014.

[8-14] O. Dahl and K. Nygaard, "SIMULA — An ALGOL — Based Simulation Language," Communications in ACM, vol. 9, no. 9, pp. 671-678, 1966.

[8-15] P.K. Davis, "Applying artificial intelligence techniques to strategic-level gaming and simulation," In Modelling und Simulation Methodology in the Artificial Intelligence Era(eds: M.S. Elzas, T.I. Oren, and B.P. Zeigler), Amsterdam: North Holland, 1986.

[8-16] Davis P.K., "Introduction to multiresolution, multiperspective modeling (MRMPM) and exploratory analysis," RAND, 2005.

[8-17] Davis P.K. and Tolk A., "Observations on new developments in compensability and multi-resolution modeling," In Proceedings of the 39th conference on Winter simulation, NJ, 2007.

[8-18] ELZAS, M.S., "Relations between artificial intelligence environments and modelling and simulation support systems," In Modelling and Simulation Methodology in the Artificial Intelligence Era(eds: M.S. Elzas, T.I. Oren, and B.P. Zeigler), North Holland, Amsterdam, 1986, 61-78.

[8-19] ELZAS, M.S., "The applicability of artificial intelligence techniques to knowledge representation in modelling and simulation," In Modelling and Simulation Methodology in the Artificial Intelligence Era(eds: M.S. Elzas, T.I. Oren, and B.P. Zeigler), North Holland, 1986, 19-40.

[8-20] Ercetin A., "Operational-level naval planning using agent-based simulation," Master's thesis, Monterey, CA: Naval Postgraduate School, 2001.

[8-21] P.A. Fishwick, "An integrated approach to system modeling using a synthesis of artificial intelligence, software engineering and simulation methodologies," ACM

Transactions on Modeling and Computer Simulation (TOMACS), vol. 2, no. 4, pp. 307-330, 1992.

[8-22] France R., Evans A., Lano K., and Rumpe B., "The UML as a formal modeling notation," Computer Standards & Interfaces, vol. 18, no. 7, pp. 325-334.

[8-23] Abhijit Gosavi, "Simulation-based Optimization :Parametric Optimization Techniques and Reinforcement Learning(2ed.)", Springer, 2015.

[8-24] Ki Jung Hong and Tag Gon Kim, "Discrete Event Model Verification Using System Morphism," In Proceedings of IEEE SMC Conference, 2001, pp. 3057-3062.

[8-25] S.Y. Hong and T.G. Kim, "Embedding UML subset into object-oriented DEVS modeling process," In Proceedings SCSC, San Jose, CA, Jul. 2004, pp. 161-166.

[8-26] Ki J. Hong and Tag G. Kim, "Timed I/O Sequences for Discrete Event Model Verification," Lecture Notes in Computer Science, vol. LNAI 3397, pp. 275-284, Feb. 2005.

[8-27] Hong, S.Y., and Kim, T.G., "Specification of multi-resolution modeling space for multi-resolution system simulation," Simulation: Transactions of The Society for Modeling and Simulation International, vol. 89, no. 1, pp. 28-40, 2012.

[8-28] Hong, J.H., Seo, K.M., and Kim, T.G., "Simulation-based optimization for design parameter exploration in hybrid system: a defense system example," Simulation: Transactions of The Society for Modeling and Simulation International, vol. 89, no. 3, pp. 362-380, 2013.

[8-29] MIL-STD-3022, Documentation of Verification, Validation and Accreditation (VV&A) for Modeling and Simulations, April 2012, available at "http://everyspec.com"

[8-30] MIL-STD-498, Software Development and Documentation, Nov. 1994, available at "http://everyspec.com"

[8-31] DoD-STD-2167A, Defense Systems Software Development, Feb. 1988, available at "http://everyspec.com"

[8-32] Bong Gu Kang and Tag Gon Kim, "Reconfigurable C3 Simulation Framework: Interoperation between C2 and Communication Simulators," 2013 Winter Simulation Multiconference, Washington D.C., USA, Dec. 2013.

[8-33] Karr C., Franceschini R., Perumalla K., and Petty M., "Integrating battlefield simulations of different granularity," In Proceedings of the Southeastern simulation conference 1992, Pensacola, FL, October 22-23, 1992, pp. 48-55.

[8-34] Kim, T.G., "A knowledge-based environment for hierarchical modelling and simulation," PhD Thesis, University of Arizona, Tucson, AZ, USA, May 1988.

[8-35] Do Hyong Kim, "Method and Implementation for Consistency Verification of DEVS Model against User Requirement," Master's Thesis, Dept. of EECS, KAIST, 2005.

[8-36] J. Kim and T. Kim, "DEVS-Based Framework for Modeling/Simulation of Mobile Agent Systems," Simulation: Transactions of The Society for Modeling and Simulation International, June 2001.

[8-37] Jung K. Kim and Tag G. Kim, "A Plan-Generation-Evaluation Framework for Design Space Exploration of Digital Systems Design," IEICE Transactions on Fundamentals of Electronics, vol. E89-A, no. 3, pp. 772-781, 2006.

[8-38] Jung H. Kim, Tag G. Kim and Jin L. Jeong, "Embedding DEVS Methodology in CBD Process for Development of War Game Simulators," SCSC-2007, San Diego, USA, Aug. 2007.

[8-39] Kim, T.G., C. Lee, E.R. Christensen, and B.P. Zeigler, "System Entity Structuring and Model Base Management," IEEE Trans. Systems, man, and Cybernetics, vol. 20, no. 5, pp. 1013-1024, 1990.

[8-40] Kim, T.G. and C.H. Sung, "Objective-driven DEVS Modeling Using OPI Matrix for performance Evaluation of Discrete Event Systems," In Proceedings of the 2007 Summer Computer Simulation(San Diego, USA, Aug.), 2007, pp. 305-311.

[8-41] T.G. Kim and B.P. Zeigler, "A Knowledge-Based Environment for Investigating Multicomputer Architectures," Journal of Information and Software Technology, vol. 31, no. 10, pp. 512-520, Oct. 1989.

[8-42] Tag G. Kim(ed), "Artificial Intelligence and Simulation," Lecture Note in Artificial Intelligence 3397, Springer, 2005.

[8-43] Klahr, P., "Expressibility in ROSS, an Object-Oriented Simulation System," In Artificial Intelligence in Simulation(eds: G.C. Vansteenkiste, E.J.H. Kerckhoffs and B.P. Zeigler), SCS Publications, San Diego, California, 1986.

[8-44] M. Lauren and R. Stephen, "Map-aware Non-uniform Automata (MANA) — A New Zealand Approach to Scenario Modeling," Journal of Battlefield Technology, vol. 5, no. 1, March 2002.

[8-45] Meketon, M.S., "Optimization in simulation: a survey of recent results," In Proceedings of 1987 Winter Simulation Conference, 1987, pp. 58-67.

[8-46] Michael J. Artelli and Richard F. Deckro, "Modeling the Lanchester Laws with System Dynamics," The Journal of Defense Modeling and Simulation, vol. 5, no. 1, pp. 1-20, 2008.

[8-47] O'Keefe, R., "Simulation and Expert Systems — A Taxonomy and Some Examples," Simulation: Transactions of The Society for Modeling and Simulation International, vol. 46, no. 1, pp. 10-16, 1986.

[8-48] 0rnn, T.I., "Implications of Machine Learning in Simulation," In Modelling: and Simulation in the Artificial Intelligence Era(eds: M.S. Elzas, T.I. Oren, B.P. Zleigler), North Holland Publishing Co., Amsterdam, 1986.

[8-49] Park, H.C. and Kim, T.G., "Relational Algebraic System Entity Structure for Models Management," IEEE Computers and Digital Techniques, vol. 32, no. 1, pp. 49-54, January 1996.

[8-50] Petty M.D. and Panagos J.A., "Unit-level combat resolution algorithm based on entity-level data," In Proceedings of the 2008 interservice/industry training, simulation and education conference, Orlando, FL, December 1-4, 2008, pp. 267-277.

[8-51] Ramana Reddy, Y.V., Mark S. Fox, Husain N., McRoberts M., "The knowledge-based simulation system," IEEE Software, vol. 3, no. 2, pp. 26-37, 1986.

[8-52] Hendrik Richter and Lothar Marz, "Toward a Standard Process: The Use of UML For Designing Simulation Models," In Proceedings. Simulation Conference, Orlando, FL, USA, vol. 1, pp. 394-398, Dec. 2000.

[8-53] Risco-Mart ı n J.L., Mittal S., Zeigler B.P., and Jesus M., "From UML state charts to DEVS state machines using XML," In Proceedings of the workshop on multi-paradigm modeling: concepts and tools, Nashville, TN, September 30 - October 5, 2007.

[8-54] J.L. Risco-Martn, J.M. de la Cruz, S. Mittal, and B.P. Zeigler, "eUDEVS: Executable UML with DEVS theory of modeling and simulation," Simulation: Transactions of The Society for Modeling and Simulation International, vol. 85, no. 11, pp. 750-555, 2009.

[8-55] Robertson, P., "A Rule based Expert Simulation Environment," In Intelligent Simulation Environments(eds: P.A. Luker and H.H. Adelsberger), Simulation Series, vol. 17, SCS, San Diego, California, 1986.

[8-56] Seiger T., Holm G. and Bergston U., "Aggregation/disaggregation modeling in HLA-based

multi resolution simulations," In Proceedings of the Fall 2000 simulation interoperability workshop, Orlando, FL, September 17-22, 2000.

[8-57] Changho Sung and Tag Gon Kim, "Collaborative Modeling Process for Development of Domain-Specific Discrete Event Simulation Systems," IEEE Transactions on Systems, Man, and Cybernetics — Part C: Applications and Reviews, vol. 42, no. 4, pp. 532-546, Jul. 2012.

[8-58] Tan G.S.H., Ng W.N. and Moradi F., "Aggregation/disaggregation in HLA multi-resolution distributed simulation," In Proceedings 5th IEEE international workshop on DSRT 2001, Cincinnati, OH, August 13-15, 2001, pp. 76-83.

[8-59] P.H. Winston, "Artificial Intelligence(2nd ed.)," Additional Wesley, Reading, MA, 1984.

[8-60] Zeigler, B.P., "Knowledge Representation from Newton to Minsky and Beyond," Applied Artificial Intelligence, 1986.

[8-61] B.P. Zeigler, C.J. Luh, and T.G. Kim, "Model Base Management for Multifaceted Systems," ACM Transactions on Modeling and Computer Simulation, vol. 11, no. 3, pp. 195-218, 1991.

찾아보기

ㅇ